“十三五”国家重点出版物出版规划项目

中国土系志

Soil Series of China

（中西部卷）

总主编 张甘霖

湖 南 卷

Hunan

张杨珠 周 清 盛 浩 欧阳宁相 等 著

科 学 出 版 社
龍 門 書 局
北 京

内 容 简 介

《中国土系志·湖南卷》是一部区域性土壤分类专著。本书在对湖南省区域成土环境和主要土壤类型进行全面调查研究的基础上，根据《中国土壤系统分类（修订方案）》、《中国土壤系统分类检索（第三版）》和《中国土壤系统分类土族和土系划分标准》的诊断指标、检索顺序和分类方案，对所调研的湖南省代表性单个土体进行了土壤高级分类单元（土纲、亚纲、土类、亚类）和土壤基层分类单元（土族、土系）的鉴定和划分，内容丰富新颖。全书分为上、下两篇。上篇第 1～3 章论述湖南省的区域概况与成土因素、成土过程和主要土层、诊断层与诊断特性及湖南省土壤分类的发展与本次土系调查概况。下篇第 4～9 章具体介绍建立的湖南省典型土系，包括每个土系所属的高级分类单元、分布与环境条件、土系特征与变幅、对比土系、利用性能综述、参比土种、代表性单个土体的剖面形态特征与相应的理化性质。

本书是湖南省土壤系统分类研究的阶段性成果，可供与土壤学相关学科的专业技术人员，包括农业、林业、生态、环境和地理学等学科的科研和教学人员，以及从事土壤与自然资源调查的部门、公益组织和科研机构的人员参考。

审图号：GS（2020）3822 号

图书在版编目（CIP）数据

中国土系志. 中西部卷. 湖南卷/张甘霖主编；张杨珠等著. —北京：龙门书局，2020.12

“十三五”国家重点出版物出版规划项目

ISBN 978-7-5088-5705-3

Ⅰ.①中…　Ⅱ.①张…　②张…　Ⅲ.①土壤地理-中国②土壤地理-湖南　Ⅳ.①S159.2

中国版本图书馆 CIP 数据核字（2019）第 291496 号

责任编辑：胡　凯　周　丹　沈　旭/责任校对：杨聪敏

责任印制：师艳茹/封面设计：许　瑞

科学出版社
龍門書局 出版

北京东黄城根北街 16 号

邮政编码：100717

http://www.sciencep.com

中国科学院印刷厂 印刷

科学出版社发行　各地新华书店经销

*

2020 年 12 月第　一　版　开本：787 × 1092　1/16

2020 年 12 月第一次印刷　印张：32 1/2

字数：771 000

定价：398.00 元

（如有印装质量问题，我社负责调换）

《中国土系志》编委会顾问

土系审定小组

《中国土系志》编委会

《中国土系志·湖南卷》作者名单

主要作者 张杨珠 周 清 盛 浩 欧阳宁相

参编人员 （以姓氏笔画为序）

张 亮 袁 红 黄运湘 谢红霞

丛 书 序 一

土壤分类作为认识和管理土壤资源不可或缺的工具，是土壤学最为经典的学科分支。现代土壤学诞生后，近150年来不断发展，日渐加深人们对土壤的系统认识。土壤分类的发展一方面促进了土壤学整体进步，同时也为相邻学科提供了理解土壤和认知土壤过程的重要载体。土壤分类水平的提高也极大地提高了土壤资源管理的水平，为土地利用和生态环境建设提供了重要的科学支撑。在土壤分类体系中，高级单元主要体现土壤的发生过程和地理分布规律，为宏观布局提供科学依据；基层单元主要反映区域特征、层次组合以及物理、化学性状，是区域规划和农业技术推广的基础。

我国幅员辽阔，自然地理条件迥异，人类活动历史悠久，造就了我国丰富多样的土壤资源。自现代土壤学在中国发端以来，土壤学工作者对我国土壤的形成过程、类型、分布规律开展了卓有成效的研究。就土壤基层分类而言，自20世纪30年代开始，早期的土壤分类引进美国Marbut体系，区分了我国亚热带低山丘陵区的土壤类型及其续分单元，同时定名了一批土系，如孝陵卫系、萝岗系、徐闻系等，对后来的土壤分类研究产生了深远的影响。

与此同时，美国土壤系统分类（soil taxonomy）也在建立过程中，当时Marbut分类体系中的土系（soil series）没有严格的边界，一个土系的属性空间往往跨越不同的土纲。典型的例子是迈阿密（Miami）系，在系统分类建立后按照属性边界被拆分成为不同土纲的多个土系。我国早期建立的土系也同样具有属性空间变异较大的情形。

20世纪50年代，随着全面学习苏联土壤分类理论，以地带性为基础的发生学土壤分类迅速成为我国土壤分类的主体。1978年，中国土壤学会召开土壤分类会议，制定了依据土壤地理发生的《中国土壤分类暂行草案》。该分类方案成为随后开展的全国第二次土壤普查中使用的主要依据。通过这次普查，于20世纪90年代出版了《中国土种志》，其中包含近3000个典型土种。这些土种成为各行业使用的重要土壤数据来源。限于当时的认识和技术水平，《中国土种志》所记录的典型土种依然存在“同名异土”和“同土异名”的问题，代表性的土壤剖面没有具体的经纬度位置，也未提供剖面照片，无法了解土种的直观形态特征。

随着“中国土壤系统分类”的建立和发展，在建立了从土纲到亚类的高级单元之后，建立以土系为核心的土壤基层分类体系是“中国土壤系统分类”发展的必然方向。建立我国的典型土系，不但可以从真正意义上使系统完整，全面体现土壤类型的多样性和丰富性，而且可以为土壤利用和管理提供最直接和完整的数据支持。

在科技部国家科技基础性工作专项项目“我国土系调查与《中国土系志》编制”的支持下，以中国科学院南京土壤研究所张甘霖研究员为首，联合全国二十多所大学和相关科研机构的一批中青年土壤科学工作者，经过数年的努力，首次提出了中国土壤系统分类框架内较为完整的土族和土系划分原则与标准，并应用于土族和土系的建立。通过艰苦的野外工作，先后完成了我国东部地区和中西部地区的主要土系调查和鉴别工作。在比土、评土的基础上，总结和建立了具有区域代表性的土系，并编纂了以各省市为分册的《中国土系志》，这是继“中国土壤系统分类”之后我国土壤分类领域的又一重要成果。

作为一个长期从事土壤地理学研究的科技工作者，我见证了该项工作取得的进展和一批中青年土壤科学工作者的成长，深感完善这项成果对中国土壤系统分类具有重要的意义。同时，这支中青年土壤分类工作者队伍的成长也将为未来该领域的可持续发展奠定基础。

对这一基础性工作的进展和前景我深感欣慰。是为序。

中国科学院院士

2017 年 2 月于北京

丛 书 序 二

土壤分类和分布研究既是土壤学也是自然地理学中的基础工作。认识和区分土壤类型是理解土壤多样性和开展土壤制图的基础，土壤分类的建立也是评估土壤功能，促进土壤技术转移和实现土壤资源可持续管理的工具。对土壤类型及其分布的勾画是土地资源评价、自然资源区划的重要依据，同时也是诸多地表过程研究所不可或缺的数据来源，因此，土壤分类研究具有显著的基础性，是地球表层系统研究的重要组成部分。

我国土壤资源调查和土壤分类工作经历了几个重要的发展阶段。20 世纪 30 年代至 70 年代，老一辈土壤学家在路线调查和区域综合考察的基础上，基本明确了我国土壤的类型特征和宏观分布格局；80 年代开始的全国土壤普查进一步摸清了我国的土壤资源状况，获得了大量的基础数据。当时由于历史条件的限制，我国土壤分类基本沿用了苏联的地理发生分类体系，强调生物气候带的影响，而对母质和时间因素重视不够。此后虽有局部的调查考察，但都没有形成系统的全国性数据集。

以诊断层和诊断特性为依据的定量分类是当今国际土壤分类的主流和趋势。自 20 世纪 80 年代开始的“中国土壤系统分类”研究历经 20 多年的努力构建了具有国际先进水平的分类体系，成果获得了国家自然科学奖二等奖。“中国土壤系统分类”完成了亚类以上的高级单元，但对基层分类级别——土族和土系——仅仅开展了一些样区尺度的探索性研究。因此，无论是从土壤系统分类的完整性，还是土壤类型代表性单个土体的数据积累来看，仅有高级单元与实际的需求还有很大距离，这也说明进行土系调查的必要性和紧迫性。

在科技部国家科技基础性工作专项的支持下，自 2008 年开始，中国科学院南京土壤研究所联合国内 20 多所大学和科研机构，在张甘霖研究员的带领下，先后承担了“我国土系调查与《中国土系志》编制”（项目编号 2008FY110600）和“我国土系调查与《中国土系志（中西部卷）》编制”（项目编号 2014FY110200）两期研究项目。自项目开展以来，近百名项目参加人员，包括数以百计的研究生，以省区为单位，依据统一的布点原则和野外调查规范，开展了全面的典型土系调查和鉴定。经过 10 多年的努力，参加人员足迹遍布全国各地，克服了种种困难，不畏艰辛，调查了近 7000 个典型土壤单个土体，结合历史土壤数据，建立了近 5000 个我国典型土系；并以省区为单位，完成了我国第一部包含 30 分册、基于定量标准和统一分类原则的土系志，朝着系统建立我国基于定量标准的基层分类体系迈进了重要的一步。这些基础性的数据，无疑是我国自第二次土壤普查以来重要的土壤信息来源，相关成果可望为各行业、部门和相关研究者，特别是土壤质量提升、土地资源评价、水文水资源模拟、生态系统服务评估等工作提供最新的、系统的数据支撑。

我欣喜于并祝贺《中国土系志》的出版，相信其对我国土壤分类研究的深入开展，对促进土壤分类在地球表层系统科学研究中的应用有重要的意义。欣然为序。

傅伯杰

中国科学院院士

2017 年 3 月于北京

丛 书 前 言

土壤分类的实质和理论基础，是区分地球表面三维土壤覆被这一连续体发生重要变化的边界，并试图将这种变化与土壤的功能相联系。区分土壤属性空间或地理空间变化的理论和实践过程在不断进步，这种演变构成土壤分类学的历史沿革。无论是古代朴素分类体系所使用的土壤颜色或土壤质地，还是现代分类采用的多种物理、化学属性乃至光谱（颜色）和数字特征，都携带或者代表了土壤的某种潜在功能信息。土壤分类正是基于这种属性与功能的相互关系，构建特定的分类体系，为使用者提供土壤功能指标，这些功能可以是农林生产能力，也可以是固存土壤有机碳或者无机碳的潜力或者抵御侵蚀的能力，乃至是否适合作为建筑材料。分类体系也构筑了关于土壤的系统知识，在一定程度上厘清了土壤之间在属性和空间上的距离关系，成为传播土壤科学知识的重要工具。

毫无疑问，对土壤变化区分的精细程度决定了对土壤功能理解和合理利用的水平，所采用的属性指标也决定了其与功能的关联程度。在大陆或国家尺度上，土纲或亚纲级别的分布已经可以比较准确地表达大尺度的土壤空间变化规律。在农场或景观水平，土壤的变化通常从诊断层（发生层）的差异变为颗粒组成或层次厚度等属性的差异，表达这种差异正是土族或土系确立的前提。因此，建立一套与土壤综合功能密切相关的土壤基层单元分类标准，并据此构建亚类以下的土壤分类体系（土族和土系），是对土壤变异精细认识的体现。

基于现代分类体系的土系鉴定工作在我国基本处于空白状态。我国早期（1949 年以前）所建立的土系沿用了美国土壤系统分类建立之前的 Marbut 分类原则，基本上都是区域的典型土壤类型，大致可以相当于现代系统分类中的亚类水平，涵盖范围较大。“中国土壤系统分类”研究在完成高级单元之后尝试开展了土系研究，进行了一些局部的探索，建立了一些典型土系，并以海南等地区为例建立了省级尺度的土系概要，但全国范围内的土系鉴定一直未能实现。缺乏土族和土系的分类体系是不完整的，也在一定程度上制约了分类在生产实际中特别是区域土壤资源评价和利用中的应用，因此，建立“中国土壤系统分类”体系下的土族和土系十分必要和紧迫。

所幸，这项工作得到了国家科技基础性工作专项的支持。自 2008 年开始，我们联合国内 20 多所大学和科研机构，先后开展了“我国土系调查与《中国土系志》编制”（项目编号 2008FY110600）和“我国土系调查与《中国土系志（中西部卷）》编制”（项目编号 2014FY110200）两个项目的连续研究，朝着系统建立我国基于定量标准的基层分类体系迈进了重要的一步。经过 10 多年的努力，项目调查了近 7000 个典型土壤单个土体，结合历史土壤数据，建立了近 5000 个我国典型土系，并以省区为单位，完成了我国第一部基于定量标准和统一分类原则的全国土系志。这些基础性的数据，将成为自第二次全国土壤普查以来重要的土壤信息来源，可望为农业、自然资源管理、生态环境建设等部门和相关研究者提供最新的、系统的数据支撑。

项目在执行过程中，得到了两届项目专家小组和项目主管部门、依托单位的长期指导和支持。孙鸿烈院士、赵其国院士、龚子同研究员和其他专家为项目的顺利开展提供了诸多重要的指导。中国科学院前沿科学与教育局、重大科技任务局、科技促进发展局、中国科学院南京土壤研究所以及土壤与农业可持续发展国家重点实验室都持续给予关心和帮助。

值得指出的是，作为研究项目，在有限的资助下只能着眼主要的和典型的土系，难以开展全覆盖式的调查，不可能穷尽亚类单元以下所有的土族和土系，也无法绘制土系分布图。但是，我们有理由相信，随着研究和调查工作的开展，更多的土系会被鉴定，而基于土系的应用将展现巨大的潜力。

由于有关土系的系统工作在国内尚属首次，在国际上可资借鉴的理论和方法也十分有限，因此我们在对于土系划分相关理论的理解和土系划分标准的建立上难免会存在诸多不足；而且，由于本次土系调查工作在人员和经费方面的局限性以及项目执行期限的限制，书中疏误恐在所难免，希望得到各方的批评与指正！

张甘霖

2017 年 4 月于南京

前　言

湖南省位于长江中下游，洞庭湖以南，东、南、西分别与江西、两广、川黔相邻，北连湖北，土地面积共有 21.18 万 km^2，耕地面积 414.88 万 hm^2，占全省土地总面积的 19.59%。在耕地中，丘岗区、山区、湖区耕地面积分别占全省耕地面积的 40.5 %、36.3 % 和 23.2 %。湖南省是一个典型的农业大省，农业生产以粮食为主，其中又以水稻为主，棉花、油料、茶叶、水果、蔬菜及养殖业也占有重要地位。因此，土壤资源是湖南省非常重要的农业自然资源，搞好湖南省土壤资源的调查和分类具有非常重要的理论和实践意义。

湖南省土壤分类始于 20 世纪 30 年代。1934 年 11 月至 1935 年 2 月底，中央地质调查所在长沙、湘潭、湘乡及衡山等地做了土壤调查，将该区土壤分为红土、黄色土、森林土等 7 大类和老红土、黄色土、棕色森林土、灰棕色森林土等 12 个亚类。中华人民共和国成立后，按照全国的统一部署，先后开展了两次全省性的土壤普查和分类活动。1958～1960 年，湖南省开展了第一次土壤普查，采用土组、土种、变种三级分类制，将全省土壤分为 17 个土组、53 个土种和 91 个变种。湖南省第二次土壤普查从 1978 年冬至 1982 年，历时 4 年多，完成了县级土壤普查任务，同时开展了全省 5 座主要山峰土壤垂直带谱和棕红壤等专项调查，1986 年完成全省土壤普查资料汇总工作。根据全国土壤普查办公室拟定的“全国第二次土壤普查土壤分类系统”，通过对湖南省第二次土壤普查资料的汇总，提出了湖南省主要土壤类型的划分指标，建立了“湖南省第二次土壤普查土壤分类系统”。在此基础上，编辑出版了《湖南土壤》（杨锋等，1989）和《湖南土种志》（湖南省农业厅，1987）。湖南省第二次土壤普查基本查清了湖南省土壤资源的数量和质量及影响农业生产的土壤障碍因素，为湖南省农业生产的发展和土壤的改良利用提供了重要的科学依据。根据“湖南省第二次土壤普查土壤分类系统”，将湖南省土壤划分为土纲、土类、亚类、土属、土种和亚种六级。其中，土纲、土类、亚类为高级分类单元，供中、小比例尺土壤调查确定制图单元用；土属、土种、亚种为基层分类单元，供大比例尺土壤调查确定制图单元用。这一分类系统一直沿用至今。

湖南省第二次土壤普查建立的土壤分类系统属于土壤发生分类系统。这一分类系统的多年应用实践表明，该分类系统存在如重视生物气候条件，忽视时间因素；强调中心概念，土类与土类之间的边界模糊；缺乏定量指标，难以适应信息社会的需求；缺乏共同语言，无法与国际同仁交流等诸多问题，难以对外进行有效交流和推广应用。

当今国际土壤分类正在向着定量化、标准化和国际化的土壤系统分类趋势发展。20 世纪 90 年代以来，在中国土壤系统分类方案的指导下，诸多科技工作者对湖南土壤进行了系统分类的探索性研究。黄承武和罗尊长（1994）较系统地研究了湘中和湘北丘岗地区发育于第四纪红色黏土的第四纪红土红壤的成土条件、剖面构型和剖面性状，据此对其进行了土种划分。韦启璠（1993）曾对位于湖南西北部的湘西土家族苗族自治州的吉首、龙山、保靖和永顺 4 县市的石灰土进行了初步研究。龚子同等（1992）、韦启璠和龚子同（1995）分别对湘西雪峰山发育于花岗岩风化物和变质岩风化物母质的两个山地土壤系列的发生特性及其系统分类进行了研究。进入 21 世纪以后，吴甫成和方小敏(2001)、冯跃华等（2005）和刘杰等（2012）分别对衡山山地垂直带土壤、湘赣边境的井冈山山地垂直带土壤和湖南省中南部丘岗地区的部分耕地土壤剖面进行了土壤形成环境和发生特性及其系统分类研究。以上对湖南省土壤系统分类的探索性研究，为我们进一步开展湖南省土壤系统分类研究以及基于中国土壤系统分类体系的土族、土系调查工作奠定了基础。2014 年启动的“我国土系调查与《中国土系志》编制”第二期工作——“我国土系调查与《中国土系志（中西部卷）》编制”项目中，湖南省有幸入内，给湖南省的土系调查和土壤系统分类研究带来了很好的发展契机，具有重大的现实意义和深远的历史意义。

“湖南省土系调查与土系志编制”（2014FY110200A15）是这一国家科技基础性工作专项的课题之一。从 2014 年开始，历时 5 年多，按时超额完成了这一课题的各项任务。首先，广泛收集了湖南省气候、母质、地形资料和图件，湖南省第二次土壤普查资料，包括《湖南土壤》（杨锋等，1989）、《湖南省土种志》（湖南省农业厅，1987）、各县市（区）土壤普查资料及 1∶20 万和 1∶5 万土壤图。通过气候分区图、母质（母岩）图、地形图叠加后形成的不同综合单元图，再考虑各综合单元对应的第二次土壤普查土壤类型及其代表的面积大小，确定本次典型土系调查的样点分布。根据以上原则，共挖掘覆盖全省 14 个市、州，93 个县（市、区）的 7 大类成土母质的 7 个土纲、10 个土类、21 个亚类、50 个土属和 76 个土种（湖南省第二次土壤普查分类系统）的 199 个单个土体剖面，共采集 849 个发生层的理化分析、容重、原状和纸盒共 4 套样品，76 件 1～1.2m 长的整段剖面标本，测定了 849 个发生层分析样品的 20 余种常规理化性质和 271 个诊断层样品黏土矿物的 X 射线衍射分析工作，获得有效数据 10 万多条，拍摄了 8000 多张（条）地理景观、土壤剖面和新生体等照片和录像片，通过资料整理和比对、兼并、检索等程序，建立了 198 个典型土系及其在《中国土壤系统分类（修订方案）》中的归属，初步构建了湖南省的土壤系统分类体系。采样点（单个土体）的土壤剖面挖掘、地理景观、剖面形态描述均依据《野外土壤描述与采样手册》（张甘霖和李德成，2016）。土样样品测定分析方法依据《土壤调查实验室分析方法》（张甘霖和龚子同，2012）进行，土壤系统分类高级单元的确定依据《中国土壤系统分类检索（第三版）》（中国科学院南京土壤研究所土壤系统分类课题组和中国土壤系统分类课题研究协作组，2001），土族和土系的建立依据《中国土壤系统分类土族和土系划分标准》（张甘霖等，2013）。

《中国土系志 • 湖南卷》是“湖南省土系调查与土系志编制”（2014FY110200A15）课题的主要成果。全书共分上、下两篇，上篇为总论（第 1～3 章），主要介绍湖南省的区域概况、成土因素与成土过程特征、土壤诊断层、诊断特性与诊断现象、土壤分类简史与本次土系调查工作概况等；下篇为区域典型土系（第 4～9 章），详细介绍所建立的土系及其在中国土壤系统分类中的归属，包括分布与环境条件、土系特征与变幅、对比土系、利用性能综述、参比土种、代表性单个土体剖面形态特征和理化性质描述以及土壤主要理化性质、土系景观与剖面照片等，按照从高级到基层分类的检索顺序，逐个描述所建的 198 个土系及其在中国土壤系统分类中的归属。

作为湖南省的区域性土壤分类专著，《中国土系志 · 湖南卷》与湖南省首部区域性土壤分类专著《湖南土壤》等历史著作既联系紧密，又显著不同。所谓联系紧密是指本书与湖南省第二次土壤普查形成的《湖南土壤》和《湖南土种志》等历史著作是继承和发展的关系，上述历史著作较清楚地阐述了湖南省土壤的形成条件、成土过程、发生发育规律、土壤肥力与生产性能及改良利用等，是指导《中国土系志 · 湖南卷》调查与撰写的基本依据；所谓显著不同是指土壤分类体系的不同，历史著作属于土壤（地理）发生学分类，土壤类型是根据剖面形态、成土条件和成土过程等综合推断出来的，而本书采用的是定量化的诊断分类（即土壤系统分类），土壤类型是依据一定的分类指标检索出来的，不同土壤类型之间有明确的指标定量界线。湖南省土系调查与《中国土系志 · 湖南卷》尽管覆盖了湖南省分布面积较大、农业利用性较高和区域特点较强的主要土壤类型，但由于湖南省地形地貌复杂、土地利用类型多样，加上时间、经费所限，本次调查仅属于点上工作，未及面上铺开，难以确定土系边界和面积，更难以形成土系图，只能起到抛砖引玉的作用，为日后的土系普查提供参考依据，更全面、更完整的湖南省土系志还有待进一步调查、完善和补充。

湖南省土系调查与《中国土系志 · 湖南卷》的编制是一项集众多人员之力的集体性成果。首先，湖南农业大学土壤学科等众多老师和研究生在野外调查采样、样品处理、室内分析化验、资料整理、土系撰写与最后专著的撰写和修改等全过程中都积极参与。其中，周清教授、黄运湘教授、段建南教授、盛浩副教授、袁红副教授、廖超林副教授、张亮老师及欧阳宁相、张义、罗卓、于康、张伟畅、冯旖、满海燕、彭涛、翟橙、曹俏、余展、薛涛等研究生参与了野外调查采样和样品处理工作，欧阳宁相、张义、罗卓、于康、张伟畅、冯旖、满海燕、彭涛、翟橙、曹俏等研究生及农资专业 60 多名本科生参与了样品的分析化验工作。本书的撰写分工如下：第 1 章，谢红霞、周清、张杨珠；第 2、5、7 章，欧阳宁相、张杨珠；第 3、6 章，张杨珠、欧阳宁相；第 4 章，周清、欧阳宁相；第 8 章，盛浩、欧阳宁相；第 9 章，欧阳宁相、张亮；全书由张杨珠和欧阳宁相统稿，大家辛苦啦！其次，感谢“我国土系调查与《中国土系志（中西部卷）》编制”项目组为“湖南省土系调查与土系志编制”课题的立项资助以及项目组各位专家的指导，尤其是项目首席张甘霖研究员、华南农业大学卢瑛教授、中国科学院南京土壤研究所李德成研究员对本书稿件的多次审查、指导。最后，在 4 年来的野外调查采样过程中，得到了湖南省土肥站、长沙市土肥站、湘西州土肥站、郴州市土肥站、益阳市土肥站以及宁乡、浏阳、渌口、零陵、东安、资兴、永兴、桂阳、赫山、祁东、衡南、衡阳、南县、沅江、安乡、澧县、鼎城、龙山、泸溪、吉首、沅陵、芷江、中方、邵阳、武冈、娄星等县（市、区）农业局和中国农业科学院衡阳红壤实验站等众多单位的支持和帮助，在此，致以衷心的感谢。

本书虽经多次的再稿修订，但由于著者水平有限，不妥之处终是难免，恳请读者指正，以期完善。

著　者

2019 年 7 月 16 日

目　　录

下篇　区域典型土系

上篇　总　　论

第 1 章　区域概况与成土因素

1.1　区 域 概 况

1.1.1　地理位置

湖南省位于我国中南部，长江中下游，洞庭湖以南，湘、资、沅、澧四水贯穿全省，属于云贵高原向江南丘陵、南岭山地向江汉平原的过渡地带，雪峰山自西南向东北方向延伸，倾没于洞庭湖滨，以雪峰山为界，省内地势分为两大部分：雪峰山及其以西是云贵高原的东部边缘，属于我国地形的第二级阶梯，其西北部为山原山地形态，西南部为中低山山地形态；雪峰山以东为我国地形的第三级阶梯，地形多为丘岗形态，但东部及南部边界分布中低山，该部分区域处于南岭山地向江汉平原过渡的斜面上，又形成了地势由南向北递降的格局，南部从南岭山地大致为海拔 1500m 的山地逐渐向北至湘中一带降为 500m 左右及以下的丘岗，地形起伏和缓，向北至洞庭湖滨再降至 50m 左右及以下的平原区，地势开阔平坦，显现烟波浩渺的“八百里洞庭”的平原-湖沼地貌景观。湖南省东以幕阜、罗霄山脉与江西交界，西以云贵高原与贵州相邻，西北以武陵山脉毗邻重庆，南以南岭与广东、广西相连，北以滨湖平原与湖北接壤。因全省大部分地区在洞庭湖以南，故名“湖南”，又因省内最大河流为湘江，故简称“湘”。地理坐标范围为东经 108°47′～114°15′，北纬 24°39′～30°08′。东西宽的直线距离约 667km（浏阳铁山关至新晃岩洞），南北长的直线距离约 774km（江华尖山至石门壶瓶山）。湖南省东、南、西三面环山，中部、北部低平，形成了向北开口的“马蹄形”地形。湖南省交通区位优势相对突出，南达粤港澳，北接中原腹地，东达长三角，西连川贵渝，是东部沿海地区与中西部交流的枢纽地域（朱翔，2014）。

湖南省省会为长沙市，全省辖长沙市、株洲市、湘潭市、衡阳市、邵阳市、岳阳市、常德市、张家界市、益阳市、郴州市、永州市、怀化市、娄底市共 13 个地级市及湘西土家族苗族自治州（共计 14 个地级行政区划单位），35 个市辖区、16 个县级市、71 个县（含 7 个自治县）、1135 个镇、401 个乡（图 1-1）（湖南省统计局，2017）。

1.1.2　土地利用

湖南省土地总面积为 21.18 万 km^2，地貌形态可划分为平原、岗地、丘陵、山地（含山原）等类型，以山地和丘陵地貌为主，分别占 51.22%和 15.40%，两者合计占全省土地总面积的 66.62%，岗地占 13.87%，平原占 13.12%，水面占 6.39%（湖南省农业厅，1989）。耕地主要分布在湘北平原区和湘中丘陵区（图 1-2）。至 2016 年末，全省耕地面积为 414.88 万 hm^2，人均耕地面积为 $0.06hm^2$，由于城镇、工矿及交通运输用地面积的增大，耕地面积呈减少的趋势；农作物播种面积为 879.33 万 hm^2，其中粮食作物播种面

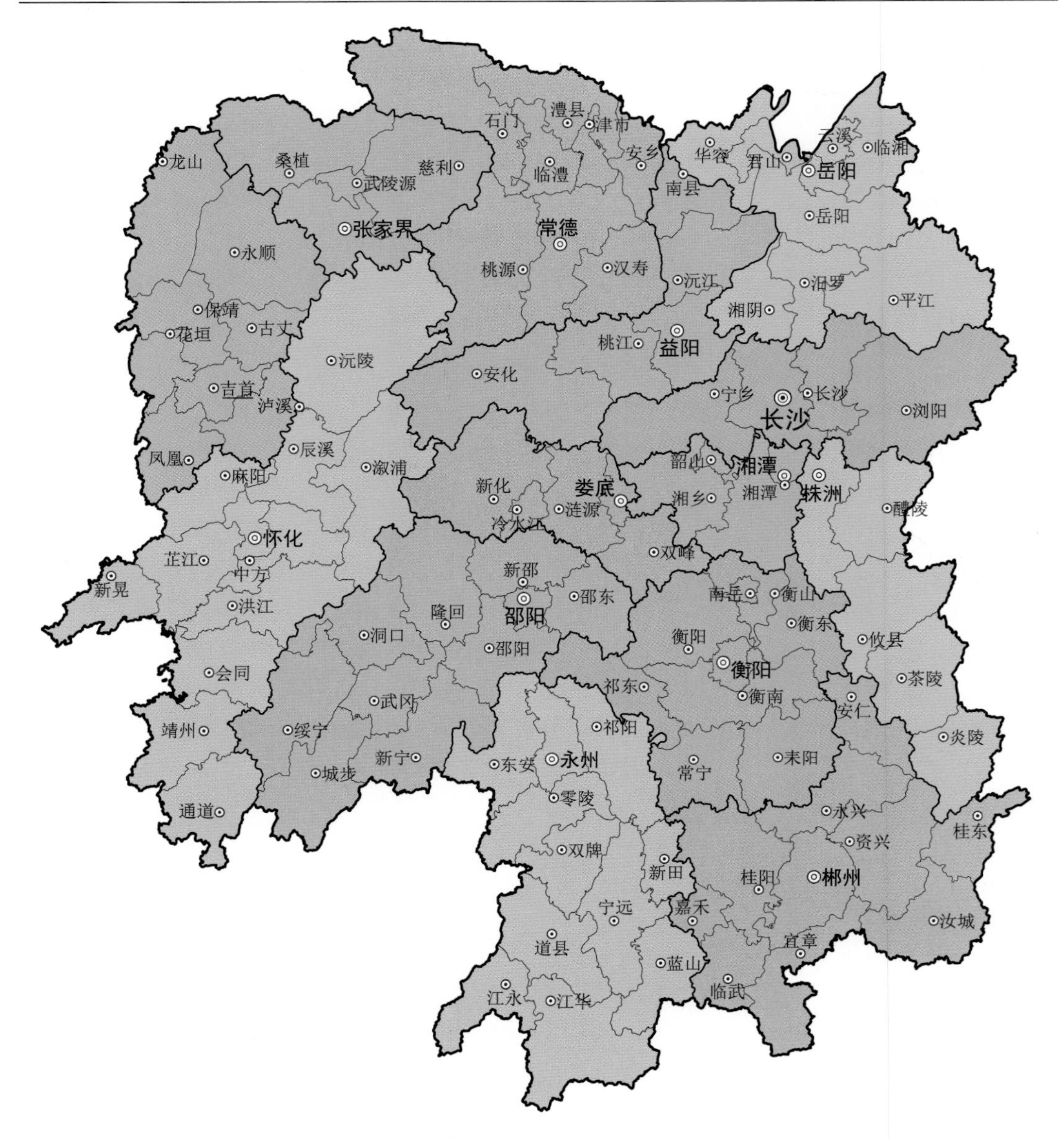

图 1-1 湖南省 2017 年行政区划图

数据来源：湖南省基础地理信息中心

积为 489.06 万 hm^2，农业产值为 3255.11 亿元（湖南省统计局，2017）。湖南省林地分布广泛，林地面积为 1298.59 万 hm^2，森林覆盖率为 59.64%，活立木总蓄积量为 5.26 亿 m^3，林业产值达到 321.60 亿元（湖南省统计局，2017）。全省城区面积 4373km^2，其中建成区面积为 1626km^2；园林绿地面积 61453hm^2，公园绿地面积 16292hm^2，人均公园绿地面积 10.57m^2（湖南省统计局，2017）。

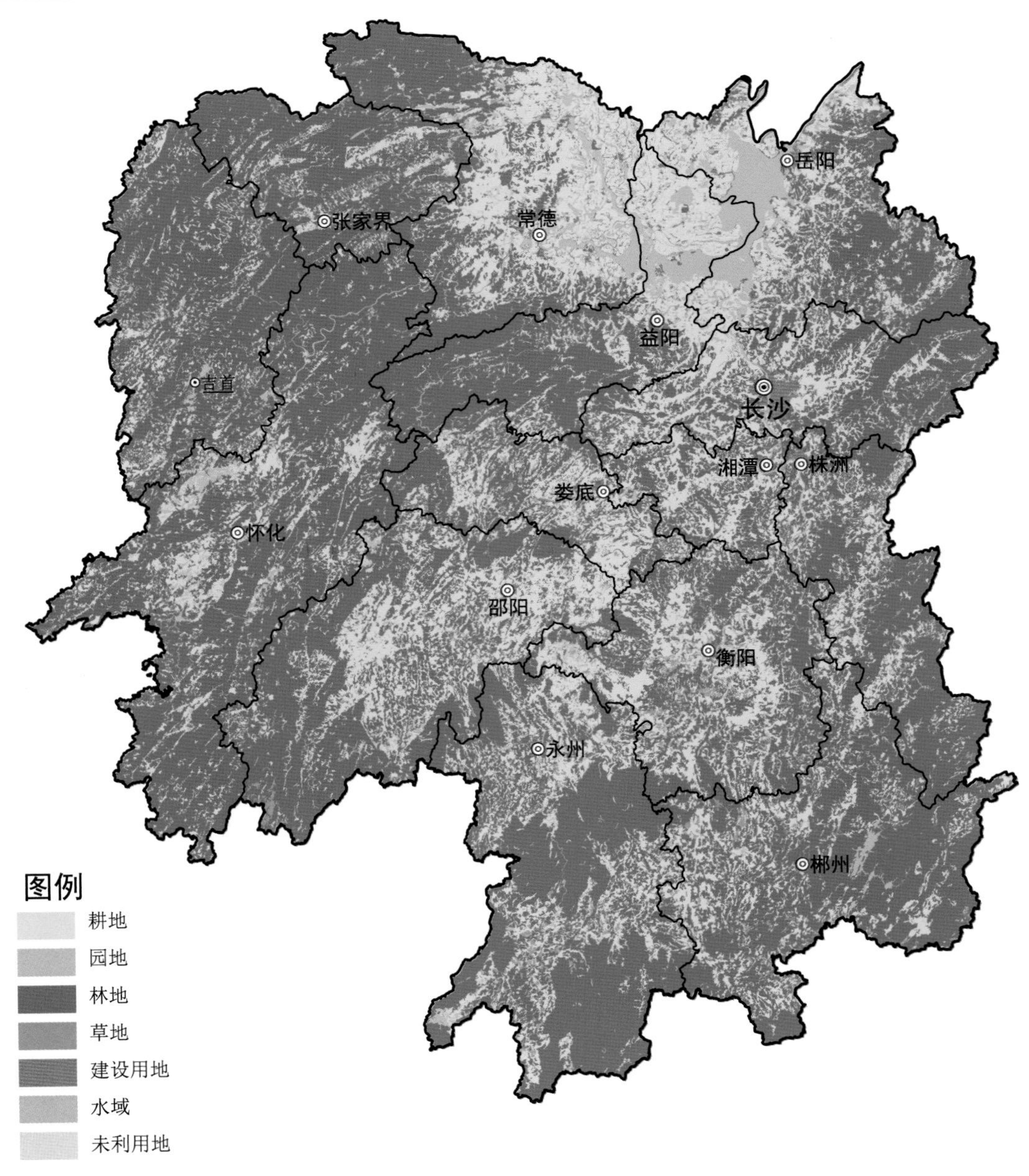

图 1-2　湖南省 2013 年土地利用图

数据来源：湖南省基础地理信息中心

1.1.3　社会经济基本情况

2016 年全省常住人口 6822.02 万人，其中城镇人口占比为 52.75%，乡村人口占比为 47.25%，男女性别比例为 51.56∶48.44；年底户籍人口数为 7318.81 万人，人口密度为 322.10 人/km^2。2016 年湖南省地区生产总值（GDP）为 31551.37 亿元，按常住人口算，人均地区生产总值为 46382 元，第一产业、第二产业和第三产业结构为 11.3∶42.3∶46.4；

财政收入为 2697.88 亿元，城镇居民人均可支配收入为 31284 元，农村居民人均可支配收入为 11930 元，社会消费品零售总额为 13436.53 亿元；粮食、油料和棉花产量分别为 2953.20 万 t、242.87 万 t 和 12.27 万 t，农林牧渔业总产值为 6081.92 亿元，工业利润总额为 1953.67 亿元。湖南省交通区位优势明显，2016 年底全省铁路营业里程为 4716km，航道里程为 11968km，公路里程高达 238273km，其中高速公路里程突破 6000km（6080km），居全国前列（湖南省统计局，2017）。

1.2 成土因素

土壤是在母质、气候、生物、地形和时间五大自然成土因素及人类生产活动的影响下形成的。土壤的发生及其属性的差异与自然成土因素和人类活动紧密相关，成土因素空间分布的差异性决定了湖南省土壤类型的多样性。了解成土因素及其空间分布对理解湖南省土壤的形成、土壤属性差异等具有重要作用（湖南省农业厅，1989）。

1.2.1 母质

岩石是组成地壳的主要物质成分，也是土壤形成的物质基础。岩石的矿物组成、结构、构造和风化等特点，对土壤的理化性质和发育状况有着直接的影响，进而影响土壤的利用方式、农作物的生长与生产布局等。

1. 地质发展简史及地层

湖南省的地质情况十分复杂，不同地质时代的地层都有出露，构成了湖南省成土母岩众多的特点。湖南省出露不同时代的地层从老至新依次表现为：①元古代末的武陵、雪峰时期，湘中、湘西北、湘北及湘东北地区为一个广阔的古海槽，沉积了 1 万～2 万 m 厚的浅海碎屑岩建造，经武陵、雪峰两次强烈的地壳运动，遭受了褶皱变质，成为湖南省境内最古老的浅变质岩系（板溪群和冷家溪群）。雪峰运动后，原始雪峰山脉（也称“江南古陆”）形成。其后，长期隆起遭受风化剥蚀，此时全省古地貌呈现南海北陆的格局。②震旦纪初期，“古雪峰山地”继续隆起，两侧断陷形成湘西、湘西北及湘中、湘东两个沉积区。湘西北地区自震旦纪至奥陶纪末沉积了厚度较大的浅海相碳酸盐岩建造，为今日广布于湘西北地区的岩溶地貌准备了物质条件。湘中、湘东南地区为“华夏古陆”的边缘古海槽沉积区，堆积了巨厚的浅海碎屑岩建造。③志留纪末的加里东运动，在湘西北及湘东北地区主要表现为大面积的上升运动，海底隆起为陆地，湘中、湘东南、湘南地区，则发生强烈的挤压褶皱及伴生的断裂，并使震旦系至志留系地层普遍发生区域变质作用，形成湘中、湘南、湘东南一带的浅变质岩系，同时伴有大规模的酸性岩浆活动，形成了彭公庙、万洋山等巨大花岗岩体，经加里东运动，初步形成东西向的古南岭构造山地。晚古生代全省地壳运动和缓，以间歇升降为主，从中泥盆世开始至中三叠世，除“江南古陆”一直处于隆起状态外，其他地区多变为浅海，沉积了浅海碎屑岩及碳酸盐岩建造，为湘中、湘南地区广泛分布的岩溶地貌奠定了物质基础。④中三叠世的印支运动，在古雪峰山以东的湘中、湘东南和湘南地区，表现为强烈的挤压褶皱，使泥盆系至中三叠统地层普遍产生褶皱和断裂，并伴有强烈的酸性岩浆侵入活动，形成巨大的关帝庙、塔山、骑田岭等岩体；在湘西、湘西北地区，印支运动表现为升降运动，印支运动后，基本上结束了湖南省内海侵的历史，形成了湖南省大部分北东—南西走向的山地，古南岭山脉也开始出现了北北东向、南北向的山脉及山间盆（谷）地。⑤中侏罗世末强烈的燕山运动席卷湖南全省，在湘西北地区表现为褶皱运动，使震旦系至下侏罗统地层全部褶皱，并伴有纵向断层，构成一系列的背斜山及向斜谷地，在湘西、湘西南则构成弧形构造山地及其间的小块山间盆地，在湘中、湘东南地区主要表现为断块运动，形成一系列的褶断山、断块山地和山间盆地，如湘东地区的山间盆地有桃（林）汨（罗）盆地、长（沙）平（江）盆地、醴（陵）攸（县）盆地、茶（陵）永（兴）盆地等，湘北的洞庭湖盆地，湘西的沅麻盆地、会同盆地、黔阳盆地等，以及湘中的衡阳盆地。这些中、新生代形成的红色盆地外缘都是地面坡度陡峻的褶断山地，受强烈的物理风化和化学风化，同时受以流水为主的剥蚀侵蚀作用，大量碎屑物质被搬运至盆地内沉积。由于白垩纪至古近纪时，湖南气候炎热干燥，蒸发旺盛，形成了厚达3000～6000m的内陆盆地红色建造，成为现今广布的红岩丘陵、岗地的物质基础；湖南境内，燕山运动主要表现为断裂运动，“江南古陆”以东地区，伴随断裂变动的同时，发生了强烈的酸性岩浆侵入活动，形成大规模的花岗闪长岩岩体，如湘中、湘东北地区的幕阜山、衡山、沩山等岩体，湘南的九嶷山、诸广山、五峰山等岩体。纵观全省，燕山运动造成了湖南马蹄形盆地的雏形：西部、西北部武陵、雪峰山脉继续抬升，屹立于盆地的西缘，东部湘赣边境幕阜山—武功山山地崛起，构成盆地东缘屏障，南部古南岭继续断裂上升，构成盆地南缘山地，而湘北、湘中地区则为三面环山、内部盆地罗列的大山间盆地；燕山运动后白垩纪至古近纪时，地壳运动以间歇性差异升降运动为主，盆地周围的山地经多次间歇性抬升剥蚀夷平，而盆地内部则相继下陷，接受来自山地的大量碎屑物质，形成数千米厚的山麓相、洪积相和河湖相的红色岩系。⑥古近纪末的喜马拉雅运动以上升运动为主，使大部分中、新生代盆地基本形成并隆起为陆地，遭受风化剥蚀，唯有洞庭湖区仍处于继续下沉的状态，成为新构造盆地。⑦新近纪开始，地壳发展进入新构造期发展阶段，全省大部分地区处于相对稳定和遭受风化剥蚀的状态，由于当时气候已变得潮湿多雨，各山间盆地逐渐产生溪谷流水，在河流的侵蚀切割和溯源侵蚀作用下，溪谷流水兼并袭夺，各盆地中的河流水系在新近纪至第四纪初逐渐沟通，形成一定流向的水系系统。由于湘北洞庭湖区新构造期继续下陷，东、南、西三面山地不断抬升，河流循主要构造线方向发育，湘、资、沅、澧四水以及新墙河、汨罗河沿近南北向、北东向及南西向注入洞庭盆地，至此，洞庭水系始告形成。第四纪早更新世以来，湘北洞庭湖区仍处于不断的振荡式下降中，堆积了厚达500～600m、以更新统至全新统的河湖相为主的松散堆积物，成为湖南省最广阔的平原地貌，湖盆的边缘则长期处于间歇性的缓慢上升或相对稳定状态，经长期的风化、剥蚀及流水切割形成滨湖岗地及环湖低丘地貌。湘中地区新构造期处于间歇性缓慢上升或相对稳定状态，由于洞庭湖下陷，河流侵蚀基面下降，侵蚀作用加强，造成湘中地区丘岗起伏、盆谷交错的地貌。湘西、湘西北地区新构造运动以大面积上升为主，使燕山期造成的湘西北准平原抬升到1500m以上的高度，形成今日的中山原、中低山原等地貌。湘南及湘东地区，新构造期继续断块上升，上升区形成中山、中低山地貌，相对下降区则形成盆地谷地，构成岭谷相间的地貌格局。⑧第四纪更新世时全球气候波动，冰期和间冰期交替出现，湖南受全球性气候波动的影响，在部分中山地区曾多次发生山岳冰川，留下了第四纪冰川的剥蚀地貌和冰川堆积地貌及冰碛物的遗迹，因后期改造，多已残存不全。

2. 母质类型

岩石出露地表风化为疏松的碎屑物质即母质，这种直接由岩石风化残积或搬运沉积而来的矿物质部分是形成土壤的骨架、土壤中矿质营养的主要来源和土壤形成的物质基础，对土壤的理化性质有直接的影响。根据不同成土母质对土壤发育的影响不同的母质分类原则,《湖南省第二次土壤普查技术规程》将全省地表的成土母质分为花岗岩风化物，板、页岩风化物，砂、砾岩风化物，石灰岩风化物，紫色砂、页岩风化物，第四纪红色黏土和河、湖沉积物等七大类（图 1-3）。

（1）花岗岩风化物：花岗岩是由地下深处的高温岩浆侵入到地壳的岩层中，温度降低冷凝而形成的酸性岩浆岩类。它广泛地分布于湖南省雪峰山以东地区，主要岩石有黑云母花岗岩、二云母花岗岩、二长花岗岩、花岗闪长岩、花岗斑岩、石英斑岩、伟晶岩和细晶岩等。大部分花岗岩呈岩基产出。据统计，出露面积大于 100km^2 的岩基有 43 个，大于 1km^2 的岩体有 250 多个，这些花岗岩体以加里东期、印支期及燕山期的岩体为主。加里东期花岗岩岩体主要分布于湘南地区的东西两侧，如彭公庙岩体、万洋山岩体、越城岭岩体和海洋山岩体等，它们以黑云母花岗岩和黑云母二长花岗岩为主；印支期花岗岩岩体主要分布于湘中和湘南，如塔山岩体、土坳-白果岩体、阳明山岩体和骑田岭岩体等，它们以黑云母花岗岩和白云母花岗岩为主；燕山期花岗岩岩体广泛分布于湘东、湘北、湘中及湘南等地，如大东山岩体、关帝庙岩体、南岳岩体、沩山岩体、诸广山岩体、雪峰山岩体、幕阜山岩体和望湘岩体等，它们以黑云母花岗岩、二云母花岗岩和二长花岗岩为主。花岗岩类面积约占全省总面积的 8.5%。花岗岩类主要由长石、石英、云母及角闪石等矿物组成，常为粒状结构，块状构造。在湖南省高温多湿的中亚热带气候条件下，由于花岗岩各种矿物的膨胀系数不一，极易发生粒状崩解，使之变散，花岗岩风化物发育的土壤具有土层深厚、土体疏松、淋溶现象十分明显、盐基不饱和、呈酸性等特点。一般全钾（K_2O）含量较高，全磷（P_2O_5）含量较低。由于花岗岩风化物结构疏松，当植被遭受破坏时，常造成严重的水土流失。

（2）板、页岩风化物：湖南省境内板、页岩有浅变质板岩和沉积页岩两种。板岩主要有泥质板岩、千枚状板岩、硅质板岩、粉砂质板岩、碳质板岩和砂质板岩等。页岩主要有泥质页岩、碳质页岩、粉砂质页岩和砂质页岩等。板、页岩广泛分布于湖南马蹄形盆地的东、南、西部的中山、低山丘。其中，板岩在湘西北和湘北地区主要为元古界冷家溪群地层，在湘西雪峰山及武陵山地区为元古界冷家溪群和板溪群地层，湘中地区仅部分地段出露板溪群地层，湘南和湘东南地区主要为震旦系至志留系地层。而页岩的地层在湘西北地区有下震旦统、下奥陶统、下志留统和上中泥盆统等，在湘西和湘南地区有中泥盆统和下石炭统，湘东、湘东北地区主要有中泥盆统、下石炭统和下二叠统等。板、页岩分布面积约占全省面积的 18.8%。板、页岩风化物发育的土壤一般土层较厚，

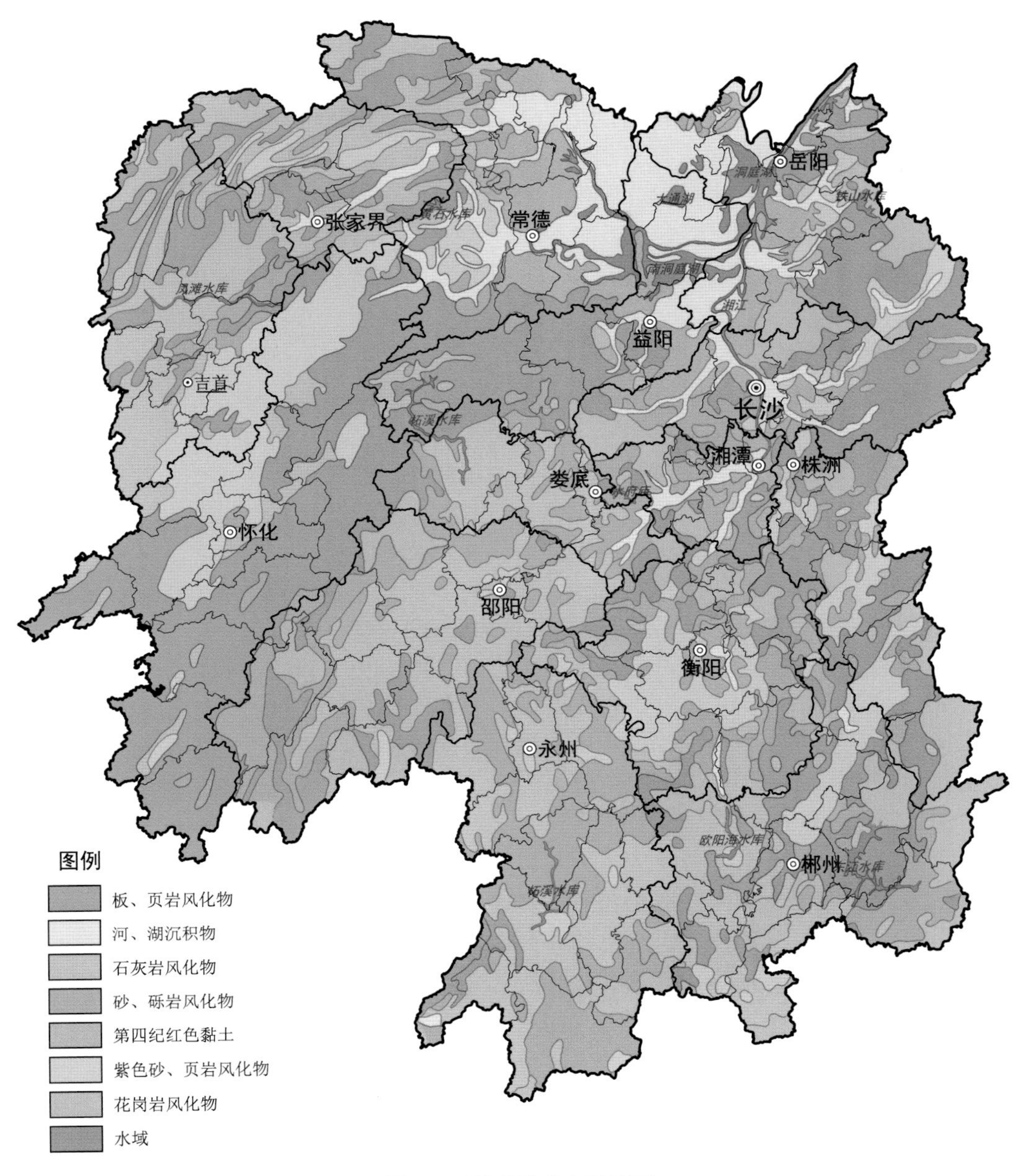

图1-3　湖南省成土母质图

数据来源：《湖南土壤》

磷、钾等矿质养分含量较丰富。板、页岩常与砂岩成互层，故质地较好，砂黏适中，土壤通透性和保水保肥性能较好，利于农林生产。如江华瑶族自治县、靖州苗族侗族自治县和会同县等地的板、页岩分布地区已成为湖南省用材林的主要生产基地。

（3）砂、砾岩风化物：湖南省的砂岩多为海相沉积的碎屑岩类，主要岩石有粉砂岩、砂岩（石英砂岩、长石石英砂岩、泥质砂岩、钙质砂岩和含砾砂岩）、砂砾岩及砾岩等。它们较广泛地分布于全省各地，但主要分布于湘西地区，特别在沅水支流、澧水上游和怀化市各县分布更广，在雪峰山脉以东的湘中、湘东及湘南等地也有分布。属于本类岩石的地层在湘西北地区有下震旦统，下奥陶统，上志留统，上、中泥盆统和下二叠统等；在湘西及湘南地区有中泥盆统跳马涧组和下石炭统测水组；湘东及湘东北地区主要有中泥盆统跳马涧组，上泥盆统云麓宫组、岳麓山组，下石炭统邵东组、测水组和下二叠统黔阳组等。其分布面积约占全省总面积的18.28%，是湖南省大面积砂性土壤的主要成土母质。砂岩由于沉积环境及所含杂质的不同，其色泽与风化物和机械组成也有很大差异。不过，砂岩多由石英砂粒、长石砂粒和铁、硅质等胶结物组成，其风化物发育的土壤土层较薄，质地粗松，多为砂土或砂质壤土，这种土壤通透性能好，保水保肥力弱，易遭干旱，养分缺乏，全钾（K_2O）含量为1.5%左右，全磷（P_2O_5）含量在0.1%以下，呈酸性。如地面植被遭受破坏，则水土流失严重。因此，搞好水土保持，是砂、砾岩风化物分布地区综合开发的根本措施。

（4）石灰岩风化物：湖南省的石灰岩多为浅海相沉积的碳酸盐岩类，以化学沉积岩为主，常见的岩石有石灰岩、白云岩、白云质灰岩、泥质灰岩、硅质灰岩及泥灰岩等。全省各地均有分布，但主要集中分布于湘南、湘中及湘西地区。省内含这类岩石的地层在湘西地区有二叠系-三叠系、泥盆-石炭系、寒武-奥陶系和震旦系等，在湘中及湘南地区有二叠系-三叠系和上、中泥盆统，在湘东地区有泥盆-石炭系，上、中石炭统全省均有分布。石灰岩类分布面积约占全省总面积的30.44%。由于石灰岩种类多，成分较为复杂，一般主要由方解石组成，此外常含有砂粒、黏土及白云石和二氧化硅等混入物，故易于化学风化。由石灰岩风化物发育的土壤土层厚薄不一，多数质地较黏重，透水性能差，含钙质较多，凝聚力强，耕性不良，但保水保肥力强，矿质养分较丰富，全钾（K_2O）为2.0%～2.3%，全磷（P_2O_5）为0.1%～0.2%。因钙质被淋溶的强弱不同，所成土壤呈微酸性至微碱性，部分有石灰反应。石灰岩风化物是湘西、湘南和湘中一带灰泥田、鸭屎泥田、红色石灰土、黑色石灰土和石灰岩红壤等的主要成土母质。

（5）紫色砂、页岩风化物：紫色砂、页岩是在湖南省中、新生代各大小内陆盆地中沉积形成的陆相沉积岩，其面积约占全省总面积的13.95%。这些内陆盆地沉积物，由于侏罗纪、三叠纪、白垩纪至古近纪时，湘南气候炎热干燥，蒸发旺盛，形成了厚达几千米的内陆盆地红色岩系，成为现在湖南广布的“红岩”丘陵和岗地的物质基础，主要岩石有紫色及紫红色砂岩、粉砂岩、粉砂质泥岩、页岩、含砾砂岩和砾岩等，较广泛地分布于湖南省的衡阳、长（沙）平（江）、沅（陵）麻（阳）、醴（陵）攸（县）、茶（陵）永（兴）、祁（阳）零（陵）和黔阳、会同等各大小盆地内。紫色砂、页岩由于它们大部分是由铁质、钙质和泥质胶结而成的砂砾碎屑岩及黏土岩，成岩年代短，胶结不如老地层坚实，结构较疏松，透水性能较好，极易风化剥落，群众称为“见风消”。紫色砂、页岩风化物发育的土壤剖面层次分化很不明显，整个土体均为紫色或紫红色，故命名为“紫色土”。这类土壤由于受淋溶强弱和所含胶结物的种类不同，酸碱度有酸性、中性与碱性的差异，在这些母质上发育的水稻土有酸紫泥、中性紫泥和碱紫泥等土属。土壤质地一般为砂壤土至中黏土，富含磷、钾、钙等矿质养分，据分析，全磷（P_2O_5）为0.17%，全钾（K_2O）为2.3%～3.0%，全钙（CaO）为2.1%～2.6%。机械组成中砂粒、粉粒和黏粒的比例相当，有时砂粒与粉粒略多于黏粒，一般具有较良好的结构性和通透性。故由紫色砂、页岩风化物发育的土壤适种性广，有利于种植块根、块茎、豆类、油菜等作物。

（6）第四纪红色黏土：新生代第四纪冰期过后的间冰期，气候热湿，冰川融化，冰水将冰碛物中的大量泥沙和砾石搬运到他处沉积下来，在当时热湿的气候条件下，矿物的化学风化强烈，矿物彻底分解，淋溶作用强，盐基、硅酸流失，铁、铝相对富集，母质层含有大量 Fe_2O_3、$Fe_2O_3 \cdot nH_2O$ 等使土色变红，这就是第四纪红色黏土。第四纪红色黏土主要分布于湖南省湘中低丘、岗地、沿河两岸和滨湖平原的边缘地区，其面积约占全省总面积的 4.1%。第四纪红色黏土以湖南省衡阳、长（沙）浏（阳）、茶（陵）攸（县）等盆地最为典型，大部分覆盖在白沙井砾石层及中、新生代的红色岩层上，但也有不少覆盖在较古老的地层之上，土体构造保留着较明显的红土层、网纹层和砾石层。一般红土层较黏重（中黏土—重黏土），养分含量较低，呈酸性，厚度可从数厘米至数十米，在湖区边缘最大厚度达 18m，而平原边缘及丘陵地带可厚达 30～40m，也有不少地区遭受流水侵蚀，网纹层或白沙井砾石层则直接暴露于地表。它是湖南省湘中丘陵、岗地和滨湖平原边缘地区红黄泥、青夹泥及第四纪红土红壤等的主要成土母质。

（7）河、湖沉积物：湖南省的河流沉积物多分布于湘、资、沅、澧四水及其支流两岸的河漫滩地及冲积平原上，由河流流水泛滥时所携带的泥沙等碎屑物质沉积而成。湖积物则多分布于湘北的滨湖平原，一般是静水沉积，其物质主要来源于长江，不含砾石，以粉砂粒和黏粒为主，有近于水平的砂黏相间的厚层层理。湖南省长江沉积物一般有石灰反应，而河相沉积物一般无石灰反应，近代河、湖沉积物约占全省总面积的 5.93%。河流沉积物和湖积物母质形成年代短，淋溶作用较弱，土层深厚，质地疏松，灌、排水条件好，加之地势开阔，阳光充足，其发育的土壤一般较肥沃，多为发展农业生产的主要基地。如由河湖沉积物构成的湘北滨湖平原就是我国七大商品粮生产基地之一。近代河、湖沉积物因物质来源不同，土壤的 pH 差异较大，分布在沅水、澧水下游及洞庭湖西北部的沉积物含有游离碳酸钙，土壤反应普遍偏碱性；而分布在湘水、资水下游及洞庭湖东南部的沉积物不含游离碳酸钙，土壤反应偏酸性。

在成土过程中，不同母质对土壤性质有较深刻的影响，直接或间接地影响土壤的理化性质、耕作性能及肥力特性等。具体表现为：①成土母质对土壤物理性质的影响。不同母质所含矿物颗粒大小不等，在成土过程中直接影响土壤的颗粒组成与质地类型。根据土壤机械组成的测定表明，由砂岩、砂砾岩和白云母花岗岩风化物发育的土壤，因物理性砂粒的含量较高，故土壤质地一般偏砂，易漏水漏肥，养分含量少，但通透性良好，易耕作；页岩、石灰岩风化物发育的土壤，物理性黏粒的含量较高，质地偏黏，保水保肥力较强，养分含量较丰富，但通透性差，养分转化慢，耕作比较困难；板岩、千枚岩和片岩等黏土岩风化物发育的土壤，含有适量的砂粒、粉粒和黏粒，质地为壤性，保水保肥，通透性好，耕作性能优良，是农业生产较理想的土壤质地；河流沉积物发育的土壤，近河床的质地偏砂，远河床的质地偏黏，中间地带质地偏壤；湖积物发育的土壤，近湖盆边缘的质地偏砂，近湖盆中心的质地偏黏等。成土母质对土壤热量状况也有影响。土壤热量最基本的来源是太阳的辐射能，各种成土母质发育的土壤，由于含有颜色深浅不同的矿质颗粒，对太阳的热量吸收有强弱之分。如湖南省少量玄武岩风化物发育的土壤，含暗色的铁、锰矿质颗粒较多，吸热性强，土温上升快；由砂岩和砂砾岩等风化物发育的土壤，含浅色硅、铝矿质颗粒较多，吸热性弱，土温上升慢。由砂岩、砂砾岩和白云母花岗岩风化物发育的砂性土壤保水性差，热容量小，导热率高，早春土温上升快，有利于作物的早生快发；而由页岩、石灰岩风化物和第四纪红土发育的土壤，保水性强，热容量大，导热率低，升温降温缓慢，不利于早春土温的提高和作物的生长。由于不同母岩母质发育的土壤质地差异，影响着土壤的通透性与渍水性，这直接关系到土壤微生物种类、数量的变化及土壤肥力的提高。故不同母质对土壤热量状况和微生物的影响非常显著。②成土母质对土壤化学性状的影响。母质的矿物组成不同，其风化物发育而成的土壤在化学成分和矿质养分的含量上有显著的差异性。花岗岩风化物发育的土壤铝、钾含量较高，硅、锰、镁含量较低；板、页岩风化物发育的土壤磷、钾含量较丰富；砂岩风化物发育的土壤硅的含量丰富；紫色砂、页岩风化物发育的土壤矿质养分含量一般，缓效钾含量丰富；石灰岩风化物发育的土壤磷、钾含量一般，但富含镁；第四纪红土发育的土壤铁、钛含量较多，钾含量较少；近代河流沉积物发育的土壤矿质养分含量均较丰富。

1.2.2 气候

湖南省位于长江以南，纬度较低，处于东亚季风区内，属于中亚热带季风湿润气候。气候特点表现为：气候温和，四季分明；热量丰富，无霜期长；降水充沛，干湿季明显；日照偏少，辐射很强。由于季风的影响，且处于冬夏季风与冷暖气流交绥的过渡地带，锋面和气旋活动频繁，加之复杂地形的制约，形成春温多变、阴湿多雨，夏热期长、温高湿重，夏秋多旱，冬寒期短的气候现象，一年中气候变化较大。

湖南省热量丰富，气温较高，无霜期长，水热状况同步。全省年平均气温为 16～18℃，南部高于北部，东部高于西部，东南部高于西北部，一般温差为 1.5～2℃。在同一个区域内，平原盆地平均气温比丘陵地高 1～2℃或更高。1 月平均气温 4～7℃，最低气温一般低于–6℃，出现的极端最低气温为–18.1℃（北部临湘）。7 月平均气温 26.5～30℃，最高气温多在 38℃以上，极端最高气温出现过 43℃（长沙、益阳、永州等地）。全省日平均气温≥10℃的持续日数，南部为 250～260 天，其他地区为 240～250 天，起止日期一般为 3 月下旬至 11 月上旬。≥10℃的年活动积温为 5000～5800℃，以衡阳盆地和湘南的新田、宁远、道县一带较高，可达 5600～5800℃，而西部安化等地仅 5000～5200℃。北部和南部的无霜期分别在 260 天和 310 天左右，南北相差 50 天左右，湘东和湘西分别为 294 天和 285 天，东西相差约 10 天左右，植物几乎全年可以生长。

全省全年降水量与气温同步，雨量充沛，为全国雨水较多的省份之一。年降水量在 1200～1700mm（图1-4）。雪峰山北麓、东南部山地和东部的幕阜山、九岭山一带为多雨区，年降水量一般为 1500～1700mm；北部滨湖区、衡邵盆地和西部边远区为少雨区，年降水量为 1200～1300mm。总的规律是：湘南大于湘北，湘东大于湘西，山区大于平丘区，年降水量分配不均，雨季和旱季分明。各地降水量以 12 月至次年 1 月最少，月平均不超过 60mm，5～6 月降水量最多，月平均可达 200mm 以上；雨季常年在 4～6 月，南早北迟。雨季期间，雨量多且雨强大是造成某些地区土壤侵蚀的重要原因。除山区外，旱季一般是 7～9 月，降水量月平均为 100mm 左右，有的地区（中部丘陵盆地）不到 100mm，易发生干旱。

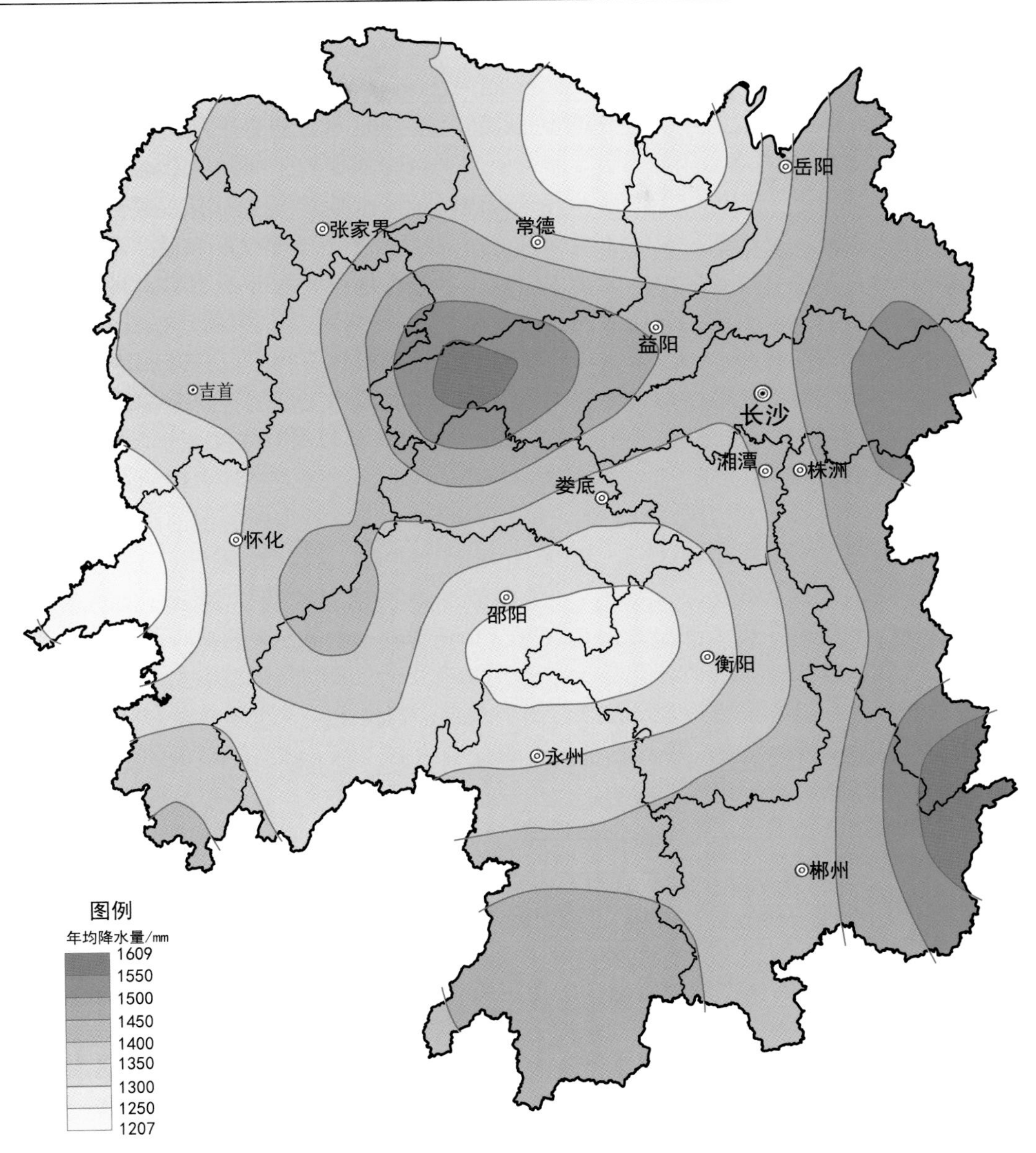

图 1-4　湖南省多年平均年降水量图

数据来源：气象防灾减灾湖南省重点实验室

全省年蒸发量为 1000～1700mm。蒸发量总趋势服从于温度，但由于地理位置和地形条件的不同，蒸发量有很大的地域性差别，总的规律是东部多于西部，南部多于北部，以湘西北和湘西南山区最低，年蒸发量不足 1200mm，而湘中、湘东和南部丘陵平原区，年蒸发量都在 1400mm 以上。

按上述热量、降水和蒸发情况，可以把湖南省的气候划分为以下三个类型：①水分平衡型。位于湘北湖区平原和湘中一带，降水量与蒸发量年均差一般在 50mm 左右。常年在 7 月前后，因气温高而降水量减少，蒸发量超过降水量，水分不足将持续两个月之久，12 月至次年 5 月水分不缺或过剩，6～7 月为水分间歇交错期。②水分不足型。位于湘南衡邵盆地，蒸发量大于降水量 150mm 或更多，7 月后水分明显不足，将持续两个月以上，12 月至次年 5 月水分不缺，但无过剩现象，因土壤比较干燥，旱季也比湘北来得早。③湿润（或常温）型。位于湘西和湘东南山区，降水量与气温同步，由于气温较低（15℃左右），年降水量超过蒸发量 300mm 以上。在气温最高季节（6～8 月），降水量也是大于蒸发量，全年有冷暖之分，无干湿之别。水分平衡型和水分不足型的共同之处为降水与气温同步，气温较高，有明显的湿季和旱季。

湖南省位于中亚热带，热量丰富，雨量充沛，气候可细分为平原丘陵典型的中亚热带和山地湿润或常湿的亚热带两个亚型。不同的气候类型对土壤的性质会产生深刻的影响：①气候对土壤有机质的影响。湖南省中部平丘区，气温较高（17℃以上），降水量多，季节性强（集中于 4～6 月），干湿季明显。7～10 月，蒸发量大于降水量，在这种气候条件下，微生物活动非常活跃，有机质分解快，积累少，这是湖南省中部红壤丘岗地区有机质含量少的主要原因。而湘东、湘西、湘南广大中低山区，气温低、雨量多、蒸发量少，全年降水量大于蒸发量，湿度大、气温低，微生物的活动弱，有利于有机质的积累。所以在年平均温度高（一般大于 16℃），土壤以黄、红壤为主的典型中亚热带气候区，有机质含量较低；而年平均温度低（小于 16℃），土壤以暗黄棕壤为主的山地湿润亚热带气候区，土壤有机质的含量较高，两者相差一倍以上，有机质含量表现为山地草甸土>暗黄棕壤>黄壤>红壤，有机质含量有随温度的上升而下降、随雨量的增加而增加的趋势。②气候对土壤矿物质的影响。在中亚热带气候条件下，岩石矿物的物理风化、化学风化和生物风化强烈，原生矿物在长期风化过程中发生分解、转化，形成次生黏土矿物，如高岭石、水云母、蛭石及铁铝氧化物等。在长期风化作用的影响下，岩石及其矿物都发生了深刻的变化。在典型中亚热带气候条件下，充沛的降水量使土壤中物质淋溶作用强烈，风化产物和土体中的钾、钠、钙、镁等盐基被淋失，而铁、铝三氧化物相对富集，脱硅富铝化作用明显，形成了中亚热带代表性的地带性土壤——红壤。土壤酸性强，阳离子交换量不高，交换性盐基离子含量低，土壤盐基呈极不饱和状态。黏粒硅铝率较低，一般在 2.3 以下，土壤风化度高，风化淋溶系数（ba 值）为 0.24～0.42，土壤风化指数大于 2。全省山地占土地面积的 51.22%，地势高峻，地形复杂，气候的垂直变化大。温暖、潮湿、多雨、湿度大、冰冻期较长的条件有利于矿物的物理风化，温暖多雨也有利于化学风化作用的进行，原生矿物转化为次生黏土矿物的过程中，山地土壤虽仍有脱硅富铁铝化现象，但比中亚热带气候区的地带性土壤——红壤要弱，表现为土壤风化淋溶系数、阳离子交换量、盐基总量和盐基饱和度和硅铝率等都比红壤区高，而土壤风化指数较低。

1.2.3　植被

湖南省自然分区属中亚热带季风红壤-常绿阔叶林区（带），植物区系成分复杂，省内的植物由南向北可划分为两大区域，即北部中亚热带常绿阔叶林与南部南岭山地常绿阔叶林，其分界线大致蜿蜒在北纬 26°～26°30′，即东起万洋山北段，经茶陵、永兴、耒阳、常宁、阳明山和泗州山北缘、零陵，止于都庞岭北段省界（朱翔，2014）。湖南植物有248科、1245属（土著属1119属）、4320种（含327变种）。湖南省土著植物1119属中，世界分布属为86属，泛热带分布属为193属，热带美洲—热带亚洲分布属为24属，旧世界热带分布属为72属，热带亚洲—热带大洋洲分布属为35属，热带亚洲—热带非洲分布属为37属，热带亚洲分布属为138属，北温带分布属为205属，东亚—北美分布属为67属，旧世界温带和亚洲温带分布属为42属，地中海、西亚和中亚分布属为9属，东亚分布属为148属，中国特有分布属为63属（祁承经，1990）。壳斗科、樟科、山茶科、木兰科、金缕梅科、冬青科、杜英科为地带性植被主要区系成分，此外，木通科、山茱萸科、绣球花科、蓝果树科、安息香科、胡桃科、桦木科、榆科、无患子科、锦葵科（椴属）在湖南省分布也较集中。由于地理位置和水热条件的不同， 地区性的差异也较明显。湘南是中亚热带向南亚热带的过渡地带，分布着含热带成分较多的常绿阔叶林，如华南锥、大果马蹄荷等。向北，湘中、湘东自然植被是中亚热带常绿阔叶林，以苦槠、青冈、栲、钩锥、甜槠、小叶青冈等种类占优势，常混生柯、樟、冬青、木荷、枫香树等种类。到湘北的环湖丘岗地带，处于中亚热带向北亚热带的过渡区，则以白栎、化香树、枫香树、槲栎、黄檀等落叶种类为主；而苦槠、青冈等种类则仅在背风谷地出现，组成常绿落叶阔叶混交林，使得植被类型也具有过渡的性质。西部的雪峰山脉和湘西北与湘中、湘东相似，但湘西南渗入华南或黔东、桂北的一些种类，如华南锥、罗浮锥、乐东拟单性木兰、乐昌含笑、瑶山梭罗、瓜馥木、湖南山核桃等。湘西北因山多而位置偏北，故温带性种属成分较多，有许多川、鄂、黔种类在此分布，并残存银杏、水杉、香果树、领春木、连香树、水青树、珙桐等孑遗植物或珍贵树种。因此，基本反映出湖南省植物区系成分是随纬度由南向北逐渐过渡的变化规律（湖南省农业厅，1989）。

湖南省土地面积较大，地形多样。从垂直分布看，随着海拔增加，逐渐形成各种不同的植被带：①常绿阔叶林带。湘北和湘西北海拔600m以下，湘中、湘西、湘东一般在海拔1000m以下（孤山800m以下），湘南、湘东南及湘西南一般在海拔1200m以下（群山、大山体可高至1400m）。一般以壳斗科的栲类为主，丘陵以苦槠、柯为建群种；低山以青冈、甜槠、栲、钩锥、木荷、银木荷为建群种。此外，还有马尾松、杉木、柏木、油茶、油桐、乌桕等。②常绿落叶阔叶混交林带（或混生亚热带中山针叶树）。湘西北海拔600～1500m，湘中在海拔1000m（孤山800m）以上至接近山顶，湘南及湘西南在海拔1200m以上至接近山顶。常绿树多系硬厚的革质叶种，如多脉青冈、柯等占优势，且常混生一些落叶阔叶树，如桦木属、鹅耳枥属、榛属、槭属、椴属、水青冈属、花楸属、榆属、苦木属、紫茎属、黄檗属等。人工林则有油松林、华山松林、柳杉林。经济林有漆、栓皮栎、盐肤木、结香、黄檗、厚朴等。③落叶阔叶林带。地带性的落叶阔叶林只分布于湘西北八大公山，海拔1600～1900m，基本为光叶水青冈纯林，林下有或疏或密的箭竹，一般低山只有阳性阔叶树，如枫香树、赤杨叶、亮叶桦、响叶杨组成的次生林。④山顶苔藓矮林带（或灌丛、草丛）。一般在中山山顶海拔1508～2000m，树高5～8m，树冠整齐，分枝丛密，树皮与干枝满挂苔藓与地衣类，林下有箭竹或玉山竹类。该林带主要为杜鹃类、山柳类、吊钟花、红茴香、南烛、短柄枹栎、化香树、扁枝越橘、半边月等。山顶矮林之上还可出现灌丛和草丛，常见草类有野古草、芒、拂子茅、荩草、一枝黄花、小连翘等，但带幅较窄。

1.2.4　地形

在内、外地质营力的长期作用下，湖南省的地形大体上形成了东、南、西三面山地围绕，中部丘岗起伏，北部湖泊平原展布，南高北低，东、西高而中部低的朝东北开口、不对称的马蹄形（图 1-5）。湖南省东面是湘赣交界的幕阜山脉、连云山脉、武功山脉、万洋山脉和诸广山脉等，这些山脉大致是北东—南西走向，雁行式排列，是湘江水系和

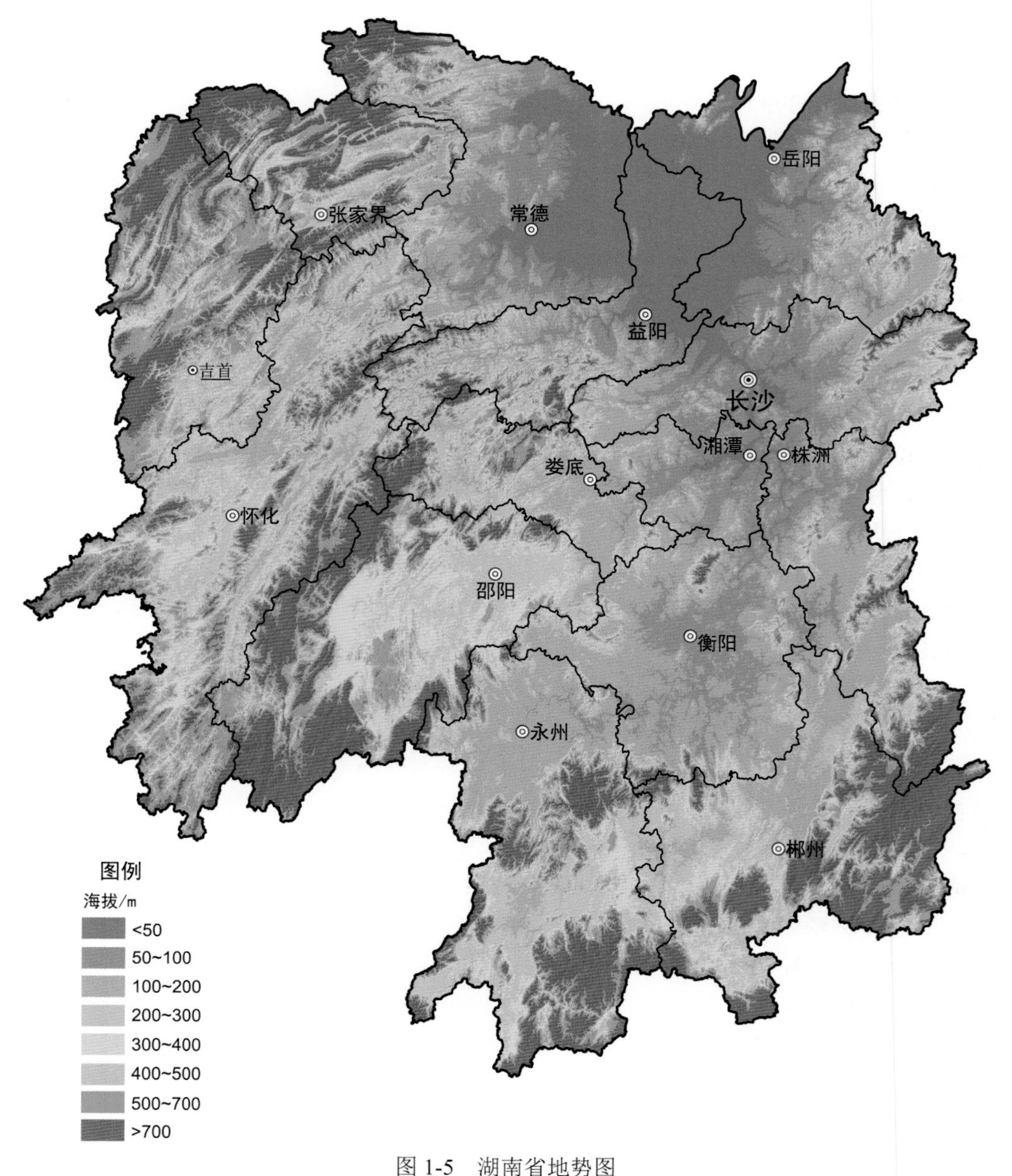

图 1-5　湖南省地势图

数据来源：美国地质调查局全球 DEM 数据

赣江水系的分水岭。山峰海拔大都超过1000m，罗霄山的酃峰，海拔2115m，是湘赣边境的最高峰。南面是五岭山脉（即大庾岭、骑田岭、萌渚岭、都庞岭和越城岭），也称南岭山脉，山脊是北东—南西走向， 山体大致是东西向。它是长江水系和珠江水系的分水岭，海拔大都在1000m以上，比如，湘粤边界莽山的石坑崆，海拔1902m；湘桂边界的大庙山二宝顶，海拔2021m；桂东与资兴交界的八面山，海拔2042.1m，是湖南省境内较高的山峰之一。西面有雪峰山脉，走向北北东—南南西，南起城步向北北东延伸，到安化为向东西向，至益阳消失于洞庭湖平原。雪峰山的南段海拔高达1500m左右，最高峰苏宝顶，海拔1934.3m，北段较低，海拔500～1000m，雪峰山脉跨地之广、山势之雄，为湖南省之冠。西北面为武陵山脉，走向为北东—南西，海拔大多在1000m以上，最高的壶瓶山海拔高达2099m，是湘鄂边境的最高峰。湘中大都为起伏的丘陵、岗地和河谷两岸的冲积平原，地势南面高而逐渐向西北降低，唯有南岳衡山屹立其中，地势除祝融峰海拔高达1289.2m以外，大多在海拔500m以下。北部则是我国第二大淡水湖——洞庭湖。洞庭湖沿岸是平坦的湖积、冲积平原和人工围垦平原，是湖南省地势最低、最平坦的地区，海拔大多在50m以下，最低地面谷花洲海拔仅23m。根据地貌形态特征的区域性差异、分布状况及成因的不同，全省可分为6个地貌区：湘西北褶皱侵蚀、溶蚀山原山地区，湘西断褶侵蚀、剥蚀山地区，湘南断褶侵蚀、溶蚀山地丘陵区，湘中褶断剥蚀、溶蚀丘陵区，湘东断褶侵蚀、剥蚀山丘区，西北洞庭湖凹陷盆地堆积平原区。

地形是影响土壤和环境之间物质、能量交换的一个重要因素，各种地貌类型及不同的地形部位均有不同的母岩母质、气候、植被、生物和水热状况，直接或间接地影响土壤的类型、性状及肥力特性。湖南省的地形按照以形态为主，形态、成因相结合的原则进行划分，大致可分为平原、岗地、丘陵、山地和山原等地貌类型。根据对湖南省地貌类型的初步统计，省境内的山丘合计约占全省总面积的80.49%，其他为19.51%（其中平原为13.12%，水面约为6.39%），故湖南省总的土地构成大致是七山半水分半田，一分道路和庄园，充分说明湖南省地貌组合的特点以山丘为主，兼有岗地、平原、水面的地貌格局：①冲积湖积的低平原，集中分布于洞庭湖滨及湘、资、沅、澧四水的尾闾与小支流的河谷地带，具体分布在南县、华容、临澧、临湘、沅江、湘阴、安乡、汉寿、常德等县市的部分地区或该县市的全部。由于河流及湖泊的沉积作用，形成深厚肥沃的冲积物、湖积物，为灰白色细砂土、亚砂土、亚黏土及粉砂土等，厚度25～30cm，层次明显，地下水位高，有涝渍之害，常发育成潜育水耕人为土。在海拔低于30m的地区，常形成有机土。溪谷平原多分布于湖南省四水上游及其支流的河谷地带，湖南省较大的溪谷平原在张家界（原大庸市）的阳湖坪、西溪坪，龙山县的城郊和泸溪县的浦阳等地。在花岗岩地区，溪谷平原多为砂性土壤；在砂页岩及变质岩地区，下部为砂砾层，土质黏性，如湘潭县的新桥铺、中路铺一带的溪谷平原。溶蚀平原指碳酸盐岩经化学风化后残积而成的平原，主要分布于蓝山、花垣、宁远、道县、祁东和湘乡等县市石灰岩地区的低平地带，由于周围山地地表水和溶洞水在这里汇集，碳酸盐不断补给，土壤pH为7.2～8.0，黏重，通透性差。②岗地，主要分布于湖南省各山间盆地低平地带向丘陵的过渡地区，以及湘、资、沅、澧四水与主干流的中下游河道交汇处两侧。由于地势平缓，地表水径流缓慢，水分运动以下渗淋溶为主，土壤多呈酸性反应，土层分异明显，大部分为耕地。在岗顶及岗地上部土层厚度变化较大（0.5～3.0m），水田面积很大，在平缓地带形成铁聚水耕人为土，在岗地上部发育成简育水耕人为土。③丘陵，在湖南省的分布面积较广，主要分布在湘中、湘东、湘南和湘西的山间盆地内部。丘陵地表起伏较大，坡陡，部分地区基岩裸露，在植被遭到破坏后，沟状侵蚀严重，地表切割密度为 4～6km/km^2，丘陵侵蚀地貌主要由红色或紫红色砂页岩、砂砾岩、变质岩和花岗岩等组成，其中尤以红岩丘陵分布最广。土壤多呈酸性，土质黏重，肥力低。成土年龄短，母岩特性的继承性较强，多呈中性至碱性。丘坡地表水径流强度较大，水土流失较严重，土层浅薄，多形成幼年性土壤。而丘间谷地及丘坡脚地带不断接受坡积物，土层深厚，土壤层次分化明显，土质较黏。④山地，按形态特征和高度可以分为低山、中低山与中山等地貌类型。湖南省低山海拔多在 300～500m，相对高度为 200～400m，坡度一般为 25°～30°，河网冲沟密度为 4.5～6km/km^2，山脊脉络清楚，山顶浑圆，山坡多呈凸形，上缓下陡，主要分布于湘东、湘南、湘西等中山、中低山的外围。低山周围是起伏不大的丘岗地与平原，低山区的风化作用强烈，风化层深厚，一般为 5～10m，山脚残积坡积物发育，土层约 0.5～2.0m，主要是红壤，顶部也有黄红壤分布，现代地貌过程以流水的线状侵蚀为主。低山区的年积温较高，雨量充沛，是单、双季稻交错分布地区，也是松、杉、竹、油茶生长的好地方。湖南省的中低山主要分布于湘东、湘南、湘西低山与中山之间及湘中地区的部分地带，其主要特征是有明显的山脊线，山岭陡峻，流水线状下切侵蚀强烈，多形成峡谷或局部的盆谷地，海拔为 500～800m，相对高度为 250～500m，坡度一般大于 30°，具有中等切割的山地地貌。由于中低山的地势较高，自然垂直带谱也较低山明显，在海拔 500m 以下发育成红壤，500～700m 多为黄红壤，800m 可出现黄壤，植被在山体的中下段以针叶阔叶林、落叶与常绿混交林为主，也有灌丛和疏马尾松矮林。海拔 300（北坡）～350（南坡）m 以下的沟谷地带，是双季稻的种植区。湖南省的中山主要分布于东部湘赣边境的罗霄山脉，均为北东—南西走向， 岭谷相间作雁行式排列，自北至南有幕阜山、九岭山和武功山等；南部湘粤、湘桂边界的五岭山脉，它包括骑田岭、越城岭、都庞岭、大庾岭和萌诸岭；西部沅、澧两水之间的武陵山脉，斜贯整个湘西东部的雪峰山脉；湘中衡阳盆地北缘的衡山和省境内的八面山、阳明山等中山，海拔大都在 1000m 以上，相对高度大于 500m，坡度 35°以上，山脊尖峭，坡陡谷深，峰峦叠嶂，连绵成脉。中山地区山高气温低，冬季冰冻期长，气温的差异明显，自山麓向上不断降低，海拔每升高 100m，年平均气温一般降低 0.5～0.7℃，湘西北比湘南温度递减程度更大。山地多年平均降水量为 1700mm，故中山具有气温低、雨量多、湿度大、日照短等气象特点，同时，它的水系也多呈放射状。中山地区的植被也具有明显的自然垂直带谱，一般海拔 500～700m 为常绿阔叶林，800～1000m 是常绿阔叶林与落叶阔叶混交林，1000～1200m 多为灌丛，1200m 以上为草丛。这种分布界线，湘南高于湘北，群山高于孤山，如衡山的常绿阔叶林上限为 700m，而罗翁八面山可达 1000m 左右，莽山可达 1300m。由于中山具有上述的生物气候带，其土浅薄，质地粗松，土体中夹有大量的石砾与半风化碎片，土层分化不大明显。又因母质的不断更新，土壤中的盐基及其他矿质养料不断补充，加之气候阴凉、植被繁茂，有利于有机质的积累，故山地土壤一般薄而不瘠，尤以表土较为疏松肥沃；山坡平缓地带及台阶地，由于承受坡积下来的泥沙，土层较厚，有的可达 2～3m。中山地区土壤的分布也具有明显的垂直地带性。而山坡的稻田土壤多为简育水耕人为土，山间谷地的稻田土壤多为潜育水耕人为土，山脚多发育成铁聚水耕人为土等。山原主要分布于湖南省湘西北的花垣、古丈、保靖、永顺、龙山、桑植、永定、吉首、凤凰、石门、慈利，以及桃源、沅陵的西北部和澧县的部分地区，主要由石灰岩、白云岩构成，边缘陡峻，顶面为平缓起伏丘、岗状山原。山原上地势比较开阔，溶蚀洼地错落其中，地表漏斗状、落水洞等岩溶地貌广为发育，地下溶洞、暗河甚多，除坡脚洼地有涌泉，大部分地区地表水极缺。丘、岗山坡岩石裸露，岩石风化成土过程中，有源源不断的石灰岩新风化物和崩解碎片及含有碳酸盐的地表水进入土体，延缓了土壤中盐基成分的淋溶与脱硅富铝化作用的进行。缓坡平地，成土时间长，土壤风化程度高，土层深厚，层次分化明显。谷、坡地带的稻田土壤一般呈微酸性反应，多发育简育和铁聚水耕人为土。直接引用岩洞水灌溉的稻田，土壤 pH 多为碱性。

1.2.5　时间

时间因素对土壤形成没有直接的影响，但时间因素可体现土壤的不断发展。成土时间长，受气候作用持久，土壤剖面发育完整，与母质差别大；成土时间短，受气候作用短暂，土壤剖面发育差，与母质差别小（黄昌勇和徐建明，2010）。

地表的岩石转变为母质，形成土壤需要一定的时间。但母质和环境条件的差异又会影响风化作用和土壤形成的速率。据报道，在湿润气候下，石灰岩只需 100 年就可产生剥蚀，而抗蚀性较强的砂岩经过 200 年才可看出风化的痕迹。随成土年龄的增长，土壤渐渐形成发生层，产生剖面分异。例如，我国南方的紫色砂岩经十余年的风化，成土就可形成较肥沃的土壤；在俄罗斯平原上，3000 年便可形成 40cm 厚的黑钙土，7000 年就可形成 150cm 厚的黑钙土，形成速率达每年 0.2mm。

在土壤形成过程中，有些土壤性质和土层的分化比其他的快。许多土壤在 100 年内就可使有机质达到准平衡；在较有利的条件下，一个弱发育的 B 层可在数百年内形成；在 400～500 年的成土时间内，就可看出黏粒由 A 层向 B 层的迁移。Buol 等（2011）曾对土壤形成速率进行了总结，发现不同的土壤之间差异很大，对于火山岩发育的幼年土壤，形成每厘米土需 1.3 年，而非洲的氧化土，每厘米土的形成时间却需 750 年。

土壤发育速率与自然界许多过程一样随时间的变化而变化。一般当土壤处于幼年阶段时，土壤的特性随时间变化很快，随着成土年龄的增加，变化速率渐渐转慢，且不同的成土过程在时间上的变化强度也是不同的。例如，土壤有机质的变化一般可分为三个阶段：在年轻的土壤中，有机质的积累速率大于矿化速率，有机质含量迅速增加；在成熟的土壤中，有机质的增加量与矿化量相当，有机质趋向平衡；随着成土年龄进一步的增加，有机质的矿化率随之增加，土壤有机质含量将趋向减少。又如硅酸盐矿物的形成也有类似的情况：年轻的土壤黏粒含量低，原生矿物丰富，黏粒矿物形成速率大；而在成熟或老年的土壤中，大部分原生矿物已被风化分解，黏粒形成速率变小，同时高黏粒量将促进黏粒的分解。可见在土壤形成过程中，有些过程在初期较快，有些过程在后期较快。

在众多的土壤性质中，有些性质变化很快，短期内可达到动力学准平衡状态，如土壤有机质、土壤全氮、土壤表层碳酸钙含量；有些性质则需要经历很长的时间才能达到动力学准平衡，如黏化层和氧化层的形成。Yaalon（1970）曾根据土壤性质达到动力学准平衡所需的时间，把土壤性质分为三组：①快速类（$<10^3$年），②慢速类（$>10^3$年），③持续类（在极长的时间内也不能达到动力学平衡）。

不同地区、类型的土壤，形成的时间有很大的差异。Arduino 等（1986）对意大利北部土壤和时间关系的研究发现，土壤形成年龄淋溶土为 3000～7300 年，始成土为 1300～3000 年，新成土为 100～1300 年。Busacca（1987）对美国加利福尼亚州土壤年龄的研究表明，新成土年龄小于 3000 年，软土年龄为 3000～29000 年，老成土年龄为 50 万～320 万年。总的看来，土壤年龄相差很大，年龄短者在数百年以内，年龄长者（氧化土）可达 400 万年之久。

1.2.6　人类活动

关于土壤形成的作用，传统看法认为是母质、气候、生物、地形和时间五种因素的相互作用，而把人类的作用简单地包括在生物因素之内。其实人类活动在土壤形成过程中具有独特的作用，与其他五个因素有本质的区别，人类活动对土壤的影响有自己的特点：人类活动对土壤的影响是有意识、有目的、定向的，人类活动的影响可通过改变各自然因素而起作用，并可分为有利和有害两个方面（利用合理，有助于土壤肥力的提高；利用不当，就会破坏土壤）。农业生产实践中，在逐渐认识土壤发生发展客观规律的基础上，利用和改造土壤、培肥土壤，这种人类活动的影响可以是较快的。此外，由于人类活动的社会性，受社会制度和社会生产力的影响，在不同的社会制度和不同的生产力水平下，人类活动对土壤的影响及其效果有很大的差别（黄昌勇和徐建明，2010）。

人类活动对土壤形成的影响，其性质与自然因素的影响有着本质的不同。在自然状态下，土壤肥力主要受自然环境因素的制约，土壤肥力的演变和提高都比较缓慢，有时还因某些自然因素的干扰和阻碍，使土壤肥力变化停滞。人类活动对土壤的影响是有意识、有目的地进行的，如对丘陵山区的开发利用，绿化荒山，发展经济林木，扩大旱粮和经济作物种植范围，这些措施有利于发展农业生产，提高经济效益。但森林砍伐过度，破坏了生态平衡而引起水旱灾害频繁，使地力衰退。据湖南省常德市的调查，1958 年以前，山地面积中，有林地占 68%，荒山只占 32%，森林覆盖率在海拔 1000m 以上的中山为 90%，低山丘陵为 85%，丘陵为 50%～70%，水土流失面积只占山地面积的 7.4%，土壤的形成和发育处于较好的生态环境中；1958 年以后，由于大量砍伐或毁林开荒，部分山地森林受到严重破坏而沦为灌草丛或石头山；1982 年调查，全地区山地面积的 40.56%表土部分被冲走，土壤发育受到影响，导致土壤生态失调，严重影响土壤物质的交换和能量的转化，使土壤向着不良方向发展。兴修水利，扩大了灌溉面积，使水稻种植面积增大，总产提高，但部分地区排灌渠系不配套，水库、水渠渗漏大，抬高了低田的地下水位，使稻田潜育化面积不断增加，成为水稻高产的障碍。灌溉与排水影响土壤的水热条件，从而改变了土壤物质的运动过程，施肥、耕作、合理管理等措施可定向培肥土壤，使土壤向高度熟化方向发展（湖南省农业厅，1989）。当今在地表采矿和城市化地区，推土机对土壤的影响就像是古代冰川那样，它们削平和搅混土壤层次，使得土壤的计时回归零点（Nyle and Ray，2019）。

上述各种成土因素可大概分为自然成土因素（气候、生物、母质、地形、时间）和人类活动因素。前者存在于一切土壤形成过程中，产生自然土壤；后者是在人类社会活动的范围内起作用，对自然土壤进行改造，可改变土壤的发育程度和发育方向。各种成土因素对土壤形成的作用不同，但都是互相影响、互相制约的。一种或几种成土因素的改变，会引发其他成土因素的变化。土壤形成的物质基础是母质，能量的基本来源是气候，生物则把物质循环和能量交换向形成土壤的方向发展，使无机能转变为有机能，太阳能转变为生物化学能，促进有机物质积累和土壤肥力的产生，地形、时间及人类活动则影响土壤的形成速度、发育程度及方向（黄昌勇和徐建明，2010）。

第 2 章　成土过程与诊断指标

2.1　成 土 过 程

湖南省地处亚热带季风气候区，地形地貌复杂，东、南、西三面环山，中部丘岗起伏，北部湖泊平原展布，呈南高北低，东、西高而中部低，朝东北开口的不对称马蹄形盆地；成土母质多样，包括花岗岩风化物，板、页岩风化物，砂、砾岩风化物，石灰岩风化物，紫色砂、页岩风化物，第四纪红色黏土和河、湖沉积物等七大类；土地利用类型多样，包括耕地、园地、林地、草地等，造就了湖南省的成土过程复杂多样，其主要的成土过程有脱硅富铁铝化过程、有机质积累过程、黏化过程、潜育化和潴育化过程、漂白过程和人为土壤形成过程等（湖南省农业厅，1989）。

2.1.1　脱硅富铁铝化过程

脱硅富铁铝化过程是指在热带、亚热带高温多雨地区，土体内硅酸盐的矿化水解释放出盐基物质，使土壤呈中性或弱碱性，随着盐基离子和硅酸的大量淋失，铁铝在土体内发生沉淀富集的过程。因此，该过程分为两方面的作用，即脱硅作用和富铁铝化作用，在两个作用的相互影响下形成了富铁铝化风化壳及其上层的红色酸性土壤。热带、亚热带地区水热丰沛，化学风化强烈，生物循环活跃，元素迁移十分强烈，涉及的化学过程主要有矿物的分解和合成、盐基的释放和淋失、部分 SiO_2 的释放和淋溶及铁铝氧化物的释放和富集。富铁铝化过程继承了古富铁铝风化壳的特点，很多实例证明这一过程当前仍在继续进行，从而形成富铁铝风化壳及其上面的红色酸性土壤。在热带、亚热带内部，由于母岩、生物、气候、水热状况的区域差异，元素迁移量强度也有明显的差异。湖南省地处亚热带地区，水热丰沛，化学风化强烈，生物循环活跃，据湖南省第二次土壤普查数据显示，湖南省土壤风化过程中，硅的迁移量达 20%～80%，钙的迁移量达 77%～99%，镁的迁移量为 50%～80%，钠的迁移量为 40%～80%，铁、铝则明显富集，其最高富集量可达 40.8%，土壤呈现中度富铁铝化现象，铁质特性和铝质现象普遍，易形成低活性的黏粒富铁层，但未达到高度富铁铝化过程，因此难以形成铁铝层。

2.1.2　有机质积累过程

有机质积累过程指在动物、植物和微生物作用下，土壤中腐殖质的形成及含量增加的过程。该过程广泛存在于各种土壤中，主要发生在腐殖质层。土壤中钙离子、镁离子和黏粒共同存在是腐殖质累积的良好条件。有机质的加入和分解使土壤矿物或土壤中其他物质颜色变深和变黑的过程称为黑化（melanization）。根据腐殖质积累的差异从而形成的表层可分为暗沃表层、暗瘠表层和淡薄表层。湖南省地处亚热带气候区，高温高湿，生物输入量大，分解速率也大，有机质累积速率较温带地区小，但由于地形地貌、水热条件和植被类型的不同，有机质的累积类型也不同。湖南省东、南、西为山地区域，中部为丘陵起伏区，北部为湖泊平原区。在幕阜山脉、雪峰山脉、武陵山脉、南岭山脉等高山区域，受山地草甸植被影响，大量草本根系进入土体，土体有机质以草甸植被下土壤腐殖质的积累过程为主；在湘中的丘陵起伏区域，大量木本植物的枯枝残体在矿质土表堆积，土体有机质累积以森林植被下腐殖化为主；在湘北湖泊平原区域，受长期积水与高水位的影响，大量沼泽植物残体堆积在土表，在厌氧环境下，形成了泥炭累积过程。

2.1.3　黏化过程

黏化过程是指土壤剖面受淋溶淀积或土体风化等作用影响形成黏粒和累积的过程，可分为残积黏化和淀积黏化，是一种主要的成土过程。

残积黏化是指在缺乏稳定下降水流的条件下，土体风化形成黏粒，黏粒没有向深土层移动，就地累积形成一个明显黏化土层的过程。其特点为土壤颗粒只表现为由粗变细，土体内黏粒胶膜不多，该过程多发生在温暖的半湿润和半干旱地区。

淀积黏化是指土内在风化过程中，土壤表层的层状硅酸盐黏粒分解随下降水流淋溶淀积，并形成黏化层的过程。此过程形成的黏化层结构面上有明显的黏粒胶膜，具有清晰的光性定向黏粒，多发生在温暖湿润地区。湖南省地处亚热带地区，高温、多雨的气候环境促进了物质的淋溶淀积，故土壤黏化过程以淀积黏化为主。

2.1.4　潜育化和潴育化过程

潜育化过程是土壤受长期渍水影响，有机质嫌气分解，铁锰强烈还原，产生较多还原性物质（可达 8～11 cmol/kg），形成灰蓝至灰绿色潜育层（Bg 或 G）的过程。潜育过程是潜育土纲和潜育水耕人为土土类主要的成土过程。潜育化过程要求土壤有长期渍水和有机质处于厌氧分解状态两方面条件，土壤矿物质中的铁锰处于还原低价状态，可产生磷铁矿、菱铁矿等次生矿物，使土体染成灰蓝色或青灰色。湖南省的潜育化过程主要有：①在湘西北武陵山区、湘西雪峰山区、湘东大围山区及湘南南岭山区等海拔 1000m 以上的地势低洼、空气潮湿、长期积水地段容易形成潜育土。②在湘中丘陵沟谷冲垄地段和湘北洞庭湖平原地区因地下水位高，地表长期积水，容易形成潜育特征，进而形成潜育水耕人为土。

潴育化过程是指在潜水处于动态变化的状态下，土体内干湿交替较明显，使土壤中不断发生氧化还原反应的过程。在氧化还原交替过程中，土体内会出现锈纹锈斑、铁锰结核和铁锰氧化物胶膜。湖南省潴育化过程主要发生在湘北环湖平原的潮湿雏形土及湘中丘陵地段地势平坦的斑纹湿润雏形土和水耕人为土中。

2.1.5　漂白过程

漂白过程是在季节性还原淋溶条件下，黏粒与铁锰随水从上层土壤中漂洗淋溶，从而形成漂白层的过程。其实质是由于季节性降雨或人工灌溉而导致氧化还原交替所产生的潴育淋溶。在湿润、半湿润地区，又存在较明显干湿季节变动的气候条件下，土壤就处于氧化还原交替的环境中。在雨季，有机质含量较高的表土层处于水分饱和的还原环境，颜色较深的铁、锰呈低价易溶态向下淋移，与黏粒结合的部分深色有机质也向下淋移，表土层及以下次表土层黏粒含量降低，颜色逐渐变浅，出现漂白层。向下淋溶的 Fe^{2+} 和 Mn^{2+} 随渗透水和黏粒下移到土壤中、下部后，由于水分减少，遇空气氧化为高价态的 Fe^{3+} 和 Mn^{4+}，并在颗粒表面发生淀积而形成灰褐色的胶膜，甚至形成铁锰结核，在底土中形成黏重淀积层。据报道，漂白过程形成的白土层中活性铁含量明显减少，仅为 1.4 g/kg，而锰更少。滞水黏重的淀积层进一步加剧表土层的滞水现象，促使 Fe^{2+}、Mn^{2+} 和黏粒进一步下移，土壤次表层质地粉粒化，颜色变浅，甚至几乎呈白色。漂白过程主要发生在湖南省地势稍高的湘北平原区的水耕人为土中。

2.1.6　人为土壤形成过程

人为土壤形成过程是在人为耕作条件下，土壤兼受自然因素和人为因素的综合影响而进行的以人为因素为主导的土壤发育过程。人为土壤形成过程是人为土纲的主要成土过程。人为土壤形成过程大多具有定向性，人们通过合理的耕作、灌溉、施肥与改良等农业措施，促使土壤中的水、肥、气、热等因素不断协调，改善土壤结构，有机质及各种养分含量不断增加，土壤肥力和生产力显著提高，使不同起源的土壤逐步形成了独特的有别于同一地带或地区其他土壤的、具有人工培育特征的土壤新类型，原有土壤仅作为母土或埋藏土壤存在。这种具有定向性的人为成土过程称为“土壤熟化过程”。其中，在旱作条件下定向培肥的土壤过程称为旱耕熟化过程，在淹水耕作条件下培肥土壤的过程称为水耕熟化过程（龚子同等，2007）。

1. 水耕熟化过程

水耕熟化过程是指在频繁淹水耕作和施肥条件下形成水耕表层（包括耕作层和犁底层）和水耕氧化还原层的土壤形成过程。一般说来，水耕熟化过程包括氧化还原过程、有机质的合成与分解、复盐基和盐基淋溶及黏粒的积聚和淋失等一系列矛盾统一过程，它们互相联系、互为条件、互相制约且不可分割。

淹水条件有利于有机质的积累，排水会促进有机质的矿化。从土壤有机质的含量来看，水耕人为土比自然土壤有明显提高。湖南省第二次土壤普查统计结果表明，除山地草甸土外，水耕人为土有机质含量普遍比自然土壤高，C/N 则普遍比自然土壤低，胡敏酸含量与自然土壤接近，富里酸含量比自然土壤低，胡/富比较自然土壤大。

水耕条件下，灌溉水由耕层向下渗透，发生一系列的淋溶作用，包括机械淋溶、溶解淋溶、还原淋溶、络合淋溶和铁解淋溶，都与淹水耕作相联系，统称为水耕淋溶作用。

（1）水耕机械淋溶是指土体内的硅酸盐黏粒分散于水中形成的悬粒迁移。这种悬粒迁移在灌溉水作用下可以得到充分发展。黏粒、细粉砂粒在水的重力作用下，沿土壤孔隙做垂直运动，造成黏粒下移，加之耕作过程中犁壁的挤压以及农机具和人畜的践踏碾压，在耕作层之下形成了一层比旱作土更加明显的犁底层。另外，这些物质在稻田灌溉不当时也可做表面移动，从而造成田面黏粒的淋失，这种情况在山区尤为严重，甚至可造成上部土层黏粒的“贫瘠”、土壤“粉砂化”或“砂化”。

（2）水耕溶解淋溶是指土体内物质形成真溶液随土壤渗漏水迁移的作用，被迁移的

主要是 Na^+、K^+、Ca^{2+}、Mg^{2+}等阳离子和 Cl^-、SO_4^{2-}、NO_3^-等阴离子。

（3）水耕还原淋溶是指土壤中变价元素在还原条件下，溶解度或活动性增加而发生的淋溶。由于季节性灌水，造成土壤干湿交替的环境，使土壤中氧化还原过程加剧，土壤中出现铁、锰的还原淋溶和氧化淀积过程。在土壤剖面中出现锈纹、锈斑、铁锰结核等新生体，并可形成明显的铁渗层和铁聚层等。

（4）水耕络（螯）合淋溶是指土体内金属离子以络（螯）合物形态进行的迁移。从铁、锰淋溶看，与还原淋溶作用的主要区别是络（螯）合淋溶不改变铁、锰离子的价态，却可因某些有机配位基具有极强的与铁、锰离子络合的能力而使之从土壤固相转入液相。对已还原的铁、锰来说，由于形成络合物而增加了其在溶液中的浓度，所以络合作用有助于铁、锰的淋溶作用。

（5）水耕铁解淋溶（铁解作用）是指土壤在还原条件下发生的交换性亚铁，在排水后又解吸，而交换位又被氢所占，氢进而转化为交换性铝的过程，是水耕熟化过程中的一个突出特征。这一过程导致亚铁流失，黏土矿物被破坏，引起铝的活化和移动，土壤变酸，所以又叫水耕离铁作用。

上述五种作用在水耕人为土形成过程中都有各自的贡献，但很难区分，一个元素的迁移常涉及几个过程的共同作用，灌水加强了机械淋溶作用，络合作用则是叠加于还原作用之上的作用，铁解作用则指明了还原作用之后引起的变化。

不同母土的交换性能差异很大，在水耕过程中，经过复盐基或脱盐基作用，土壤交换性盐基总量和盐基饱和度逐步趋于稳定和提高。

氧化还原过程是指土壤渍水经常上下移动，土体中出现干湿交替过程，使土壤中氧化还原过程反复交替进行，在土体内出现锈纹、锈斑、红色胶膜或铁锰结核等物质的过程。

2. 旱耕熟化过程

自然土壤在旱耕种植条件下，经过长期人工耕作、施肥等影响，逐步形成与自然土壤形态和形状不同的旱作土壤，称为旱耕熟化过程。湖南省旱耕熟化过程主要为肥熟旱耕过程。

肥熟旱耕过程是指在长期种植蔬菜的条件下，大量施用人畜粪便、厩肥、有机垃圾和土杂肥等，精耕细作、频繁灌溉而形成高度熟化的肥熟表层和磷质耕作淀积层的过程。由于持续大量施用有机肥，且土壤湿度较大，肥熟土有机质积累明显，0～25cm 土层的土壤有机质含量多为 18～45g/kg。在蚯蚓活动下，腐殖质层向下延伸，形成厚达 35cm 的肥熟层。此外，肥熟表层与母土养分状况相比，磷高度积累，全磷和有效磷含量均较母土高，肥熟表层有效磷含量（Olsen-P）均在 35mg/kg 以上。但是，最近 20～30 年以来，随着我国城市化和工业化的快速发展，原来城市周围的露天专业菜地大多数被转为城市建设用地，现在的菜地主要是最近 20 多年以来由蔬菜生产公司和蔬菜专业合作社新开的菜地，有的是露天的，有的是大棚的，其施肥基本上是按照测土配方施肥原理来进行的，有机肥用量大大减少，这些菜地土壤大多达不到肥熟旱耕人为土的指标。

2.2　诊断层、诊断特性与现象

诊断层与诊断特性是土壤系统分类中划分土壤类型的依据，其中诊断层是指在鉴别土壤类型时性质上有一系列定量规定的特定土层；若用于分类目的的不是土层，而是具有定量规定的土壤性质（形态的、物理的、化学的），称为诊断特性。若在土壤性质上已有明显差异，但不满足诊断层和诊断特性所规定的条件，而在分类上又具有重要意义，即足以作为划分土壤类别依据的，称为诊断现象。

《中国土壤系统分类检索（第三版）》共设 33 个诊断层、25 个诊断特性和 20 个诊断现象，其中湖南省 198 个土系涉及的诊断层、诊断特性与诊断现象见表 2-1。

表 2-1　湖南省土壤系统分类的诊断层、诊断特性与诊断现象

诊断层		诊断特性	诊断现象
（一）诊断表层	（二）诊断表下层		
A.腐殖质表层类	1.漂白层	1.岩性特征	1.潜育现象
1.暗沃表层	2.雏形层	2.石质接触面	2.铝质现象
2.暗瘠表层	3.低活性富铁层	3.准石质接触面	
3.淡薄表层	4.聚铁网纹层	4.土壤水分状况	
B.人为表层类	5.水耕氧化还原层	5.潜育特征	
1.水耕表层	6.黏化层	6.氧化还原特征	
		7.土壤温度状况	
		8.腐殖质特性	
		9.铁质特性	
		10.铝质特性	
		11.石灰性	
		12.盐基饱和度	

2.2.1　暗沃表层

暗沃表层是有机碳含量高或较高、盐基饱和、结构良好的暗色腐殖质表层。在湖南省本次调查的 198 个土系中，有 5 个剖面具备暗沃表层条件，主要分布于丘陵山区，母质以紫色砂砾岩、砂岩和石灰岩风化物为主，表层厚度介于 20～36cm，润态明度均值为 3，润态彩度介于 1～3，有机碳含量介于 8.1～21.3g/kg，盐基饱和度介于 51.6%～84.9%（表 2-2）。

表 2-2　典型土系代表性土体暗沃表层属性统计表

项目	厚度/cm	明度（润态）	彩度（润态）	有机碳/（g/kg）	全氮（N）/（g/kg）	全磷（P）/（g/kg）	全钾（K）/（g/kg）	盐基饱和度/%
最大值	36	3	3	21.3	2.34	0.45	23.4	84.9
最小值	20	3	1	8.0	0.86	0.15	5.2	51.6
平均值	27	3	2.6	13.3	1.26	0.28	16.3	68.7

2.2.2　暗瘠表层

暗瘠表层是有机碳含量高或较高、盐基不饱和的暗色腐殖质表层，除盐基饱和度＜50%和土壤结构的发育比暗沃表层稍差外，其余均同暗沃表层。暗瘠表层主要分布于植被丰富的丘陵山岗区，母质以板、页岩风化物和石灰岩风化物、花岗岩风化物、砂岩风化物、紫色砂砾岩风化物、第四纪红色黏土等为主。在湖南省本次调查的 198 个土系中，共有 35 个剖面具备暗瘠表层条件，表层厚度介于 10～45cm，润态明度介于 2～3，润态彩度介于 1～3，有机碳含量介于 8.6～183.2g/kg，盐基饱和度介于 1.7%～45.9%（表 2-3）。

表 2-3　典型土系代表性土体暗瘠表层属性统计表

项目	厚度/cm	明度（润态）	彩度（润态）	有机碳/（g/kg）	全氮（N）/（g/kg）	全磷（P）/（g/kg）	全钾（K）/（g/kg）	盐基饱和度/%
最大值	45	3	3	183.2	6.04	1.53	46.0	45.9
最小值	10	2	1	8.6	0.30	0.17	8.7	1.7
平均值	25	2.8	2.6	42.3	2.23	0.59	24.21	14.8

2.2.3　淡薄表层

淡薄表层主要分布在植被稀疏的丘岗旱地土壤中，是发育程度较差的淡色或较薄的腐殖质表层，在湖南省广泛分布于除人为土的各种土系中。在本次调查的 198 个土系中，共有 96 个土系具有淡薄表层，厚度介于 7～55cm，润态明度介于 3～6，润态彩度介于 2～8，有机碳含量介于 3.0～92.0g/kg，盐基饱和度介于 1.9%～86.6%（表 2-4）。

表 2-4　典型土系代表性土体淡薄表层属性统计表

项目	厚度/cm	明度（润态）	彩度（润态）	有机碳/（g/kg）	全氮（N）/（g/kg）	全磷（P）/（g/kg）	全钾（K）/（g/kg）	盐基饱和度/%
最大值	55	6	8	92.1	3.23	1.12	47.30	86.6
最小值	7	3	2	3.0	0.15	0.12	3.70	1.9
平均值	24	4	5	17.0	1.24	0.40	18.91	19.9

2.2.4　水耕表层

水耕表层是因长期淹水耕作形成的人为表层，是水耕人为土中特有的层次。淹水时，土壤呈半流体泥糊状，由于有机质嫌气分解，土壤呈青灰色；排水后，受氧化作用，孔隙周围产生红棕色的锈纹锈斑。在调查的 198 个土系中，共有 62 个土系具有水耕表层，其中潜育水耕人为土的耕作层厚度为 12～18cm，游离氧化铁含量介于 2.4～28.5g/kg，均值为 14.0g/kg，犁底层厚度为 5～13cm，游离氧化铁含量介于 3.2～29.4g/kg，均值为 17.1g/kg，容重比均值为 1.30；铁聚水耕人为土的耕作层厚度为 13～22cm，游离氧化铁含量介于 2.1～24.5g/kg，均值为 11.0g/kg，犁底层厚度为 6～20cm，游离氧化铁含量介于 2.9～27.6g/kg，均值为 14.6g/kg，容重比均值为 1.33；简育水耕人为土的耕作层厚度为 10～23cm，游离氧化铁含量介于 8.6～31.9g/kg，均值为 18.0g/kg，犁底层厚度为 6～12cm，游离氧化铁含量介于 10.9～40.6g/kg，均值为 22.5g/kg，容重比均值为 1.26（表 2-5）。

表 2-5　典型土系代表性土体水耕表层属性统计表

土类	耕作层				犁底层				容重比	
	厚度/cm		游离氧化铁/（g/kg）		厚度/cm		游离氧化铁/（g/kg）			
	范围	平均	范围	平均	范围	平均	范围	平均	范围	平均
潜育水耕人为土	12～18	16	2.4～28.5	14.0	5～13	8	3.2～29.4	17.1	1.02～1.63	1.30
铁聚水耕人为土	13～22	16	2.1～24.5	11.0	6～20	9	2.9～27.6	14.6	1.14～1.80	1.33
简育水耕人为土	10～23	16	8.6～31.9	18.0	6～12	9	10.9～40.6	22.5	0.95～1.70	1.26

2.2.5　漂白层

漂白层是由黏粒或游离氧化铁淋失，有时伴有氧化铁的就地分凝，所形成颜色主要取决于砂粒和粉粒的漂白物质构成的土层。在湖南省调查的 198 个土系中，受地下水位的影响，铁聚水耕人为土中放羊坪系和中塘系均出现了漂白层。

2.2.6　雏形层

雏形层形成于各种气候、地形、母质和植被条件下发育程度较弱的土壤中，形成的风化 B 层无或基本上无物质淀积，未发生明显黏化。在调查的 198 个土系中，共有 62 个土系具有雏形层，其中潮湿雏形土上界深度出现在 25cm，土壤质地为粉壤土，结构面上有 2%～5%的铁锰斑纹；常湿雏形土出现上界一般为 12～19cm，土壤质地从砂土至黏壤土；湿润雏形土出现上界一般为 11～20cm，土壤质地从砂质壤土到黏土，结构面上有＜40%的铁锰斑纹和结核（表 2-6）。

表 2-6　典型土系代表性土体雏形层属性统计表

土类	范围/cm	厚度/cm	质地	铁锰斑纹/%	铁锰结核/%	土系数量
暗色潮湿雏形土	25～130	105	粉壤土	2～5	—	2
铝质常湿雏形土	12～160	148	壤质砂土-黏壤土	—	—	6
酸性常湿雏形土	19～46	27	砂土-壤质砂土	—	—	2
钙质湿润雏形土	20～110	90	粉黏壤土	—	—	2
铝质湿润雏形土	11～200	189	砂质壤土-黏土	2～40	2～40	36
铁质湿润雏形土	15～200	185	砂质壤土-粉黏土	2～40	0～15	13
简育湿润雏形土	14～138	124	壤土-砂质壤土	—	—	1

2.2.7　低活性富铁层

低活性富铁层形成于气候湿热的热带、亚热带地区，是由中度富铁铝化作用形成的具低活性黏粒和富含游离铁的土层，全称为低活性黏粒-富铁层。湖南省低活性富铁层主要形成于湘中、湘南丘陵岗地的由第四纪红色黏土，石灰岩风化物和板、页岩风化物发育的土壤中，分布于黏化湿润富铁土（15 个土系）和简育湿润富铁土（6 个土系）中，低活性富铁层厚度介于 29～200cm，游离铁含量介于 19.4～77.5g/kg，CEC_7 介于 16.9～24.3cmol/kg（黏粒）（表 2-7）。

表 2-7　典型土系代表性土体低活性富铁层属性统计表

亚类	范围/cm	平均厚度/cm	游离铁/（g/kg）	铁游离度/%	CEC_7 /（cmol/kg）（黏粒）	质地	土系数量
表蚀黏化湿润富铁土	0～200	200	48.3～65.4	75.2～95.7	16.9～24.2	黏土	2
斑纹黏化湿润富铁土	13～200	129	40.4～70.7	88.1～94.1	20.5～22.5	黏土	2
网纹黏化湿润富铁土	40～110	70	40.8	82.9	20.8	黏土	1
普通黏化湿润富铁土	15～200	84	19.4～77.5	49～90.1	18.0～23.8	砂质壤土-黏土	10
斑纹简育湿润富铁土	80～200	120	32.6～36.4	79.7～81.3	23.3～24.3	粉砂质黏土	1
网纹简育湿润富铁土	100～121	21	39.0	75.8	22.5	黏土	1
暗红简育湿润富铁土	90～119	29	30.2	78.7	23.9	砂质黏壤土	1
普通简育湿润富铁土	20～200	95	21.3～39.0	57.6～96.5	17.4～23.8	粉砂质黏土-黏壤土	3

2.2.8　聚铁网纹层

聚铁网纹层是由铁、黏粒与石英等混合并分凝成多角状或网状红色或暗红色的富铁、贫腐殖质聚铁网纹体的土层。在湖南省调查的 198 个土系中，共有 8 个土系出现了聚铁网纹层，其成土母质均为第四纪红色黏土，分布于黏化湿润富铁土（1 个土系）、简育湿润富铁土（1 个土系）、铝质湿润淋溶土（3 个土系）、铝质湿润雏形土（2 个土系）和铁质湿润雏形土（1 个土系）中（表 2-8）。

表 2-8　典型土系代表性土体聚铁网纹层属性统计表

土类	范围/cm	平均厚度/cm	游离铁/（g/kg）	土系个数
网纹黏化湿润富铁土	110～170	60	40.8～60.6	1
网纹简育湿润富铁土	100～170	70	39.0～39.7	1
黄色铝质湿润淋溶土	60～200	140	23.5～35.4	1
普通铝质湿润淋溶土	60～200	120	26.8～51.8	2
网纹铝质湿润雏形土	60～200	110	29.5～63.1	2
红色铁质湿润雏形土	80～200	120	38.2～46.1	1

2.2.9　水耕氧化还原层

水耕氧化还原层是指水耕条件下铁锰自水耕表层或兼自其下垫土层的上部亚层还原淋溶，或兼有由下面具潜育特征或潜育现象的土层还原上移，并在一定深度中氧化淀积的土层。在湖南省调查的 198 个土系中，水耕氧化还原层主要出现于潜育水耕人为土（8 个土系）、铁聚水耕人为土（29 个土系）、简育水耕人为土（25 个土系）中（表 2-9）。

表 2-9　典型土系代表性土体水耕氧化还原层属性统计表

土纲	土类	锈纹锈斑/%	铁锰结核/%	土系数量
人为土	潜育水耕人为土	2～40	2～5	8
	铁聚水耕人为土	2～40	15～40	29
	简育水耕人为土	2～40	2～40	25

2.2.10　黏化层

黏化层主要是由表层黏粒分散后随悬浮液向下迁移并淀积于一定深度中而形成的黏粒淀积层，或是由原土层中原生矿物发生土内风化作用就地形成黏粒并聚集而形成的次生黏化层。在湖南省广泛分布于各地，成土母质多样，在调查的 198 个土系中，共有 59 个土系形成了黏化层，其中黏化湿润富铁土中包含 15 个土系，铝质常湿淋溶土中包含 8 个土系，简育常湿淋溶土中包含 3 个土系，钙质湿润淋溶土中包含 1 个，铝质湿润淋溶土中包含 22 个土系，酸性湿润淋溶土中包含 1 个土系，铁质湿润淋溶土中包含 8 个土系，简育湿润淋溶土中包含 1 个土系。59 个黏化层理化属性数据见表 2-10。

表 2-10　典型土系代表性土体黏化层属性统计表

土类	平均出现深度/cm	胶膜/%	黏粒平均含量/(g/kg)	质地范围	土系数量
黏化湿润富铁土	48	2～40	567	砂质黏壤土-黏土	15
铝质常湿淋溶土	40	2～5	235	砂质壤土-黏壤土	8
简育常湿淋溶土	54	5～15	508	粉黏壤土-黏土	3
钙质湿润淋溶土	25	2～5	311	砂质黏壤土	1
铝质湿润淋溶土	51	0～80	412	壤土-黏土	22
酸性湿润淋溶土	30	5～15	315	粉砂质黏壤土	1
铁质湿润淋溶土	51	2～40	437	砂质黏壤土-黏土	8
简育湿润淋溶土	60	2～5	346	砂质黏壤土	1

2.2.11　岩性特征

本次湖南省调查的 198 个土系中，共有 3 个土系出现了岩性特征，其中 2 个土系出现了红色砂、页岩和砂砾岩岩性特征，分别为上湾系和湾塘系，其中上湾系成土母质为紫色砂页岩风化物，湾塘系成土母质为紫色页岩风化物，3 个土系出现了碳酸盐岩岩性特征（表 2-11）。

表 2-11　典型土系代表性土体岩性特征属性统计表

土纲	亚类	土系	母质	岩性特征
新成土	普通红色正常新成土	上湾系	紫色砂页风化物	红色砂、页岩和砂砾岩岩性特征
		湾塘系	紫色岩风化物	红色砂、页岩和砂砾岩岩性特征
淋溶土	普通钙质湿润淋溶土	田坪系 双湖系源泉系	石灰岩风化物	碳酸盐岩岩性特征

2.2.12　石质接触面与准石质接触面

湖南省石质接触面与准石质接触面的岩石类型主要有花岗岩，紫色砂砾岩，板、页岩，石灰岩和砂、砾岩，分布于潜育土（1 个土系）、富铁土（1 个土系）、淋溶土（11 个土系）、雏形土（20 个土系）、新成土（8 个土系）中（表 2-12）。

表 2-12　典型土系代表性土体（准）石质接触面属性统计表

土纲	土类	出现深度/cm	母岩类型	土系数量
潜育土	简育滞水潜育土	91	花岗岩	1
富铁土	简育湿润富铁土	140	花岗岩	1
淋溶土	铝质常湿淋溶土	75～110	花岗岩	4
	简育常湿淋溶土	110	石灰岩	1
	钙质湿润淋溶土	65	石灰岩	1
	铝质湿润淋溶土	70～160	砂岩、板页岩	4
	铁质湿润淋溶土	70	紫色砂页岩	1
雏形土	铝质常湿雏形土	86～90	花岗岩	3
	酸性常湿雏形土	46	花岗岩	1
	钙质湿润雏形土	110	石灰岩	1
	铝质湿润雏形土	40～150	砂岩、板页岩、花岗岩、紫色砂页岩	10
	铁质湿润雏形土	55～150	紫色砂页岩、砂质板岩、板页岩	5
新成土	红色正常新成土	65～123	紫色砂页岩	2
	湿润正常新成土	25～60	紫色砂砾岩，板、页岩，紫色砂砾岩，花岗岩	6

2.2.13　土壤水分状况

湖南省地处亚热带季风气候区，全省降水量大致呈自东向西递减的趋势，且有南部、中部和东部边缘大，中西部和北部边缘小的分布特征，年均降水量在 1200～1700mm，以西部的怀化市南部降水量相对最少，在 1300mm 以下，而省域东部各市及永州市南部降水量高达 1500mm。土壤水分状况主要包括人为滞水、滞水、潮湿、常湿润、湿润等类型（表 2-13）。

表 2-13　典型土系代表性土体土壤水分状况属性统计表

亚纲	土壤水分状况	土系数量	亚纲	土壤水分状况	土系数量
水耕人为土	人为滞水	62	潮湿雏形土	潮湿	2
滞水潜育土	滞水	1	常湿雏形土	常湿润	8
湿润富铁土	湿润	21	湿润雏形土	湿润	52
常湿淋溶土	常湿润	11	正常新成土	常湿润	1
湿润淋溶土	湿润	33	正常新成土	湿润	7

2.2.14　潜育特征

潜育特征是指长期被水饱和，导致土壤发生强烈还原的特征。在湖南省调查的 198 个土系中，潜育特征出现在水耕人为土（21 个土系）和潜育土（1 个土系）中，车溪系、惠农系（铁聚潜育水耕人为土）和贺家湾系、燕朝系、双家冲系、六合围系、中塅系和姜畲系（普通潜育水耕人为土）在 50cm 以上土体具有潜育特征，廖家坡系、排兄系、永和系（底潜铁聚水耕人为土）和红阳系、桥口系、金桥系、小河口系、罗巷新系（底潜简育水耕人为土）在 55～100cm 内有潜育特征，梅林系、勒石系和蹇家渡系在土体 100cm 以下出现了潜育特征。具有潜育特征的土层色调为 10YR～2.5Y，润态明度为 3～7，土体中可见少量至多量的铁锰斑纹、胶膜和结核。

潜育土的祷泉湖系位于海拔 1000m 以上的高山沼泽湖底地带，成土母质为花岗岩风化物，受降水和潮湿空气等影响，土体常年积水，水耕表层以下到 80cm 具有潜育特征，色调为 2.5Y～5Y，润态明度为 2～3，润态彩度为 1～2。

2.2.15　氧化还原特征

氧化还原特征是指由于潮湿水分状况、滞水水分状况或人为滞水水分状况的影响，大多数年份某一时期土壤受季节性水分饱和，发生氧化还原交替作用而形成的特征。在湖南省调查的 198 个土系中，出现氧化还原特征的有人为土（62 个土系）、富铁土（7 个土系）、淋溶土（8 个土系）、雏形土（10 个土系）（表 2-14）。

表 2-14　典型土系代表性土体氧化还原特征属性统计表

土纲	土类	锈纹锈斑/%	铁锰结核/%	土系数量
人为土	潜育水耕人为土	2～40	2～40	8
	铁聚水耕人为土	2～40	15～40	29
	简育水耕人为土	2～40	2～40	25
富铁土	黏化湿润富铁土	2～15	2～15	3
	简育湿润富铁土	2～40	2～15	2
淋溶土	铝质湿润淋溶土	5～40	2～40	4
	铁质湿润淋溶土	5～40	2～5	2
雏形土	暗色潮湿雏形土	2～5	—	1
	铝质湿润雏形土	5～40	5～15	2
	铁质湿润雏形土	2～40	2～15	3
	简育湿润雏形土	15～30	—	1

2.2.16　土壤温度状况

土壤温度状况是指土表下 50cm 深处或浅于 50cm 的石质、准石质接触面处的土壤温度。湖南省地处亚热带季风气候区，受经纬度和海拔等影响，年均气温约为 16～18℃，50cm 深度处年均土温约 11.5～21.1℃，大部分年均土温大于 16℃，只有部分海拔在 800～1000m 以上的中高山区 50cm 深度处土温小于 16℃，为温性土壤温度状况（表 2-15）。

表 2-15　典型土系代表性土体土壤温度状况属性统计表

土壤温度状况	区域	地区	地点
温性（16℃≥年均土壤温度≥9℃）	湘东	浏阳	大围山区（800m 以上）
	湘西	湘西	古丈、永顺、龙山（800m 以上）
	湘中	邵阳	城步（800m 以上）
热性（23℃≥年均土壤温度>16℃）	湘东	浏阳	大围山区（800m 以下）
		长沙	长沙县、望城区、宁乡
		湘潭	韶山、雨湖、湘潭县、湘乡
		株洲	炎陵、醴陵、攸县、芦淞、茶陵、渌口区
	湘北	岳阳	平江、临湘、岳阳县、云溪、汨罗、湘阴
		常德	石门、临澧、澧县、安乡、桃源、鼎城、汉寿
	湘中	益阳	安化、南县、桃江、沅江、赫山区
		娄底	新化、涟源、娄星、双峰
		邵阳	隆回、新邵、城步、洞口、邵东、武冈、邵阳县、新宁、绥宁
	湘南	衡阳	衡阳县、衡东、衡山、祁东、衡南、耒阳、常宁
		郴州	桂东、汝城、资兴、临武、宜章、安仁、嘉禾、桂阳、永兴
		永州	新田、东安、蓝山、宁远、双牌、祁阳、冷水滩、零陵、江华、道县、江永
	湘西	怀化	新晃、中方、芷江、会同、溆浦、沅陵、辰溪、通道、靖州、洪江、麻阳
		湘西	永顺、花垣、龙山、吉首、保靖、泸溪
		张家界	桑植、永定、慈利

2.2.17　腐殖质特性

腐殖质特性是指热带、亚热带地区土壤或黏质开裂土壤中除 A 层或 A+AB 层有腐殖质的生物积累外，B 层也有腐殖质的淋淀积累或重力积累的特性。在湖南省本次调查的 136 个旱地剖面中，共有 19 个土系具有腐殖质特性，均分布在海拔 600m 以上的中山区，其中淋溶土 11 个土系，雏形土 7 个土系，新成土 1 个土系（表 2-16）。

表 2-16　典型土系代表性土体腐殖质特性属性统计表

土纲	亚类	有机碳储量/（kg/m^2）	土系个数
淋溶土	腐殖铝质常湿淋溶土	22.2～29.5	5
	腐殖简育常湿淋溶土	20.9～34.0	2
	腐殖铝质湿润淋溶土	16.9～75.5	2
	腐殖铁质湿润淋溶土	15.4～18.6	2
雏形土	腐殖铝质常湿雏形土	35.5～37.8	2
	腐殖酸性常湿雏形土	60.7	1
	腐殖钙质湿润雏形土	19.6	1
	腐殖铝质湿润雏形土	29.8～30.6	2
	普通铁质湿润雏形土	21.5	1
新成土	普通湿润正常新成土	24.3	1

2.2.18　铁质特性

铁质特性是指土壤中有游离氧化铁非晶质部分的浸润和赤铁矿、针铁矿微晶的形成，并充分分散于土壤基质内使土壤红化的特性。在本次调查的 198 个土系中，共有 132 个土系具备铁质特性，占本次建立土系总数的 66.7%，分布于人为土（10 个土系）、富铁土（21 个土系）、淋溶土（43 个土系）、雏形土（52 个土系）和新成土（6 个土系）中（表 2-17）。

表 2-17　典型土系代表性土体铁质特性属性统计表

土类	范围/cm	土壤颜色	游离氧化铁 /（g/kg）	游离度/%	土系数量
潜育水耕人为土	27~130	10YR 4/2~10YR 5/2	34.0~38.4	76.5~82.7	1
铁聚水耕人为土	24~140	7.5YR 4/3~10YR 7/6	21.0~60.4	23.4~92.4	8
简育水耕人为土	25~130	7.5YR 4/4~7.5YR 5/8	29.7~36.9	63.8~72.4	1
黏化湿润富铁土	13~200	10R 3/3～10YR 7/6	27.0～110.8	43.0～100	13
简育湿润富铁土	20~200	10R 3/8～10YR 7/4	20.2～93.5	28.0～96.5	8
铝质常湿淋溶土	10～180	5YR 3/3～10YR 5/6	19.7～45.6	31.8～87.2	6
简育常湿淋溶土	15～160	2.5YR 4/6～7.5YR 5/6	28.6～43.0	53.0～66.2	2
铝质湿润淋溶土	7～200	10R 3/6～10YR 6/8	14.3～97.3	43.7～94.0	23
酸性湿润淋溶土	13～200	2.5YR 3/3～10YR 6/8	11.2～45.3	41.0～72.4	5
铁质湿润淋溶土	15～170	5YR 3/3～2.5Y 7/8	11.2~59.4	36.1~86.3	6
简育湿润淋溶土	25~60	10YR 5/6	9.4	40	1
暗色潮湿雏形土	20～130	2.5YR 5/4～7.5YR 4/4	21.8～38.1	53.8～65.0	1
铝质常湿雏形土	12～160	2.5YR 5/4～10YR 7/4	20.3～38.2	32.2～62.1	6
酸性常湿雏形土	45～200	7.5YR 6/4～7.5YR 6/6	26.9～31.1	57.1～69.5	1
钙质湿润雏形土	20～110	7.5YR 5/3～7.5YR 5/4	42.5～46.6	91.6～92.4	1
铝质湿润雏形土	10～200	10R 3/4～10YR 6/6	24.9～90.3	27.9～98.1	29
铁质湿润雏形土	15～200	10R 3/3～7.5YR 6/6	12.0～66.0	47.1～93.8	13
简育湿润雏形土	14～110	10YR 4/4～2.5Y 4/2	22.2～38.8	43.7～64.4	1
红色正常新成土	22～65	7.5R 4/4～2.5YR 5/8	20.2～28.9	37.1～42.7	2
湿润正常新成土	16～65	7.5YR 2/1～10YR 5/6	20.3～36.6	39.1～80.6	4

2.2.19　铝质特性与铝质现象

在本次调查的 136 个旱地剖面中共有 77 个土系具备铝质特性与铝质现象，占本次调查的 136 个旱地剖面的 56.6%，广泛分布于潜育土（1 个土系）、淋溶土（33 个土系）、雏形土（39 个土系）和新成土（4 个土系）中（表 2-18）。

表 2-18　典型土系代表性土体铝质特性与铝质现象属性统计表

土类	范围/cm	CEC_7 /(cmol/kg) (黏粒)	pH（KCl）	铝饱和度 /%	$Al_{(KCl)}$ /(cmol/kg) (黏粒)	土系数量
简育滞水潜育土	12~90	6.8~11.4	3.8~4.2	50.0~71.5	18.3~25.2	1
铝质常湿淋溶土	14～180	35.9～307.5	3.9～4.4	62.9～88.4	6.4～74.1	6
铝质湿润淋溶土	13～200	24.5～198.8	3.3～4.1	60.3～93.7	8.9～64.9	23
酸性湿润淋溶土	15～160	28.5～37.7	3.6～4.4	65.0～71.9	9.0～15.0	3
铁质湿润淋溶土	25～100	27.6～28.8	3.6～3.8	54.3～67.5	12.0～13.0	1
铝质常湿雏形土	12～160	25.9～203.1	3.8～4.5	60.0～83.0	7.7～43.6	6
铝质湿润雏形土	11～200	24.7～80.3	3.2～4.3	48.7～92.9	8.4～34.4	30
铁质湿润雏形土	20～165	26.4～51.7	3.7～4.1	60.9～79.2	11.6～21.3	3
湿润正常新成土	11～60	39.0～713.7	3.6～4.4	41.9～88.7	6.3～105.7	4

2.2.20　石灰性

土表至 50cm 范围内所有亚层中 $CaCO_3$ 相当物含量均≥10g/kg，用 1∶3 HCl 处理有泡沫反应。在湖南省石灰性主要存在于石灰岩风化物、紫色砂砾岩风化物和河湖沉积物发育的土壤中。

第3章　土 壤 分 类

3.1　土壤分类的历史回顾

3.1.1　1949年以前的土壤分类

同全国一样，湖南省土壤分类工作开始于20世纪30年代（湖南省农业厅，1989）。1934年11月至1935年2月底，中央地质调查所在湖南的长沙、湘潭、湘乡及衡山等地开展了土壤调查工作，将该区域的土壤分为红土、黄色土、森林土、色深棕土、高山草原土、砾石土和湿土等7大类，并将其进一步划为老红土、灰化红土、黄色土、棕色森林土、灰棕色森林土、色深棕土、泛滥平原之湿土等12个亚类。

3.1.2　1949年以后的土壤分类

1. 湖南省第一次土壤普查及其土壤分类

按照全国的统一部署，1958～1960年湖南省开展了第一次全省土壤普查，采用土组、土种、变种三级分类制，将全省土壤分为17个土组、53个土种和91个变种，同时提出了有关农业土壤的三个分类原则，即体现农业土壤的特殊性、水田和旱土的差异性及土壤熟化过程中肥力发展的阶段性（湖南省农业厅，1989）。这是真正由湖南省土壤工作者开展的第一次土壤调查和土壤分类，也由此建立了湖南省历史上第一个土壤分类系统。此外，1965年高冠民和窦秀英（1965）首次在《土壤通报》发表了第一篇关于湖南土壤分类的研究论文，对湖南省衡山之山地土壤进行了发生分类的研究。

2. 湖南省第二次土壤普查及其土壤分类系统

1）湖南省第二次土壤普查

在农业部的统一部署下，从1978年冬开始，湖南省农业厅土肥站牵头，组织湖南土壤肥料研究所、湖南农学院（现湖南农业大学）土壤教研室和湖南师范学院（现湖南师范大学）地理系等主要技术骨干单位，指导全省各地（市）、县开展了湖南省第二次土壤普查。1978年冬开始进行土壤普查试点，从1979年起，先后分4批，以4年的时间完成了县级土壤普查任务。同时对全省5个主要山峰进行土壤垂直带谱调查和对棕红壤进行专项调查，并进行了全省骨干剖面样的采集工作，共采集山地不同海拔的垂直土样78个，骨干剖面样137个，专题调查土样42个。1986年，完成全省土壤普查资料汇总工作（湖南省农业厅，1989）。

湖南省第二次土壤普查基本查清了湖南省土壤资源的数量和质量以及影响农业生产的土壤障碍因素；根据土壤发生条件和分类指标，细化了湘西土壤类型和红壤亚类的划分；提出了湖南省主要土壤类型的划分指标。此外，还开展了潜育性稻田改良、增施钾肥、碱性稻田停施石灰等土壤普查成果的应用。

1987年，根据第二次土壤普查汇总资料，选择收集了湖南省第二次土壤普查中查清的405个土种资料，编纂了《湖南土种志》（湖南省农业厅，1987）。1989年，杨锋任主编，汤辛农、肖泽宏和余太万任副主编，全省25位土肥专家参与撰写的《湖南土壤》由农业出版社公开出版（湖南省农业厅，1989）。1990年，“湖南省第二次土壤普查及其成果应用”荣获“湖南省科学技术进步奖一等奖”和“中华人民共和国科学技术进步奖三等奖”。

表3-1　湖南省第二次土壤普查的分类方案

高级分类单元			基层分类单元	
土纲	土类	亚类	土属/个	土种/个
人为土	水稻土	潴育性水稻土	16	89
		淹育性水稻土	12	44
		漂白性水稻土	1	4
		潜育性水稻土	5	25
铁铝土	红壤	红壤	8	52
		黄红壤	8	30
		棕红壤	6	11
		红壤性土	8	15
	黄壤	黄壤	9	35
		黄壤性土	5	13
淋溶土	黄棕壤	暗黄棕壤	9	35
		暗黄棕壤性土	1	9
初育土	紫色土	酸性紫色土	4	16
		中性紫色土	4	8
		石灰性紫色土	4	8
	粗骨土	铁铝质粗骨土	1	3
		钙质粗骨土	1	1
	红黏土	酸性红黏土	1	1
	石质土	铁铝质石质土	2	2
		钙质石质土	1	1
	黑色石灰土	黑色石灰土	2	4
		黄色石灰土	2	4
		棕色石灰土	2	6
半淋溶土	红色石灰土	淋溶石灰土	2	5
		红色石灰土	2	5
半水成土	山地草甸土	山地灌丛草甸土	4	4
	潮土	潮土	6	31
水成土	沼泽土	沼泽土	1	1
		腐泥沼泽土	1	2
合计	13	29	128	464

2）湖南省第二次土壤普查的土壤分类系统

湖南现行的土壤分类系统是在湖南省第二次土壤普查过程中建立和逐步完善的。1978 年 11 月湖南省专家组提出了一个“暂拟”的土壤分类意见，以用于全省第二次土壤普查试点工作，第一次按土类、亚类、土属、土种、变种五级分类制划分湖南省土壤。在此基础上，经过修订，1979 年 4 月提出了《湖南省第二次土壤普查工作分类暂行方案（初稿）》，为湖南省第二次土壤普查的土壤分类奠定了基础。1979 年 7 月和 1981 年 6 月，根据全国土壤普查科学技术顾问组组长会议和土壤普查的实践，先后两次修改了该分类方案，使湖南省土壤分类进一步系统化（湖南省土壤肥料工作站，1981）。1984 年 12 月，根据全国土壤普查办公室昆明会议拟定的“全国第二次土壤普查土壤分类系统”，将湖南省土壤划分为土纲、土类、亚类、土属、土种和亚种六级，遂建立和完善了“湖南省第二次土壤普查土壤分类系统”（湖南省农业厅，1989）。其中，土纲、土类、亚类为高级分类单元，供中、小比例尺土壤调查确定制图单元用，土属、土种、亚种为基层分类单元，供大比例尺土壤调查确定制图单元用。

（1）土纲：最高级的土壤分类单元，反映主要成土过程的诊断层或诊断特性。湖南省土壤共划分为 7 个土纲（表 3-1）。其中，铁铝土纲、淋溶土纲和半淋溶土纲根据诊断层划分，分别具有铁铝层和淋溶层等诊断层；人为土纲、半水成土纲和水成土纲等根据诊断特性划分，具有潮湿土壤水分状况等诊断特性；初育土纲没有明显的成土过程、诊断层和诊断特性，但母质对土壤性质影响大，故以成土母质作为划分的依据（湖南省农业厅，1989）。

（2）土类：土壤高级分类的基本分类单元，是在一定的自然条件和人为因素作用下，经过一个主导或几个相结合的成土过程，主要反映主导成土过程的强度或反映附加成土过程或次要控制因素的土壤性质，并具有一定可资鉴别的发生层次，或在土壤性质上有明显的差异。据此，可将湖南土壤划分为 13 个土类（表 3-1）（湖南省农业厅，1989）。

（3）亚类：土类的辅助单元和续分，主要反映同一成土过程的不同发育阶段或土类间的相互过渡，或具有附加的诊断层或诊断特性。据此，可将湖南土壤划分为 29 个亚类（表 3-1）。例如水稻土下分为潴育性水稻土、淹育性水稻土、漂白性水稻土和潜育性水稻土 4 个亚类，红壤分为红壤、黄红壤、棕红壤和红壤性土 4 个亚类，紫色土分为酸性紫色土、中性紫色土和石灰性紫色土 3 个亚类，黑色石灰土分为黑色石灰土、黄色石灰土和棕色石灰土 3 个亚类，红色石灰土分为淋溶石灰土和红色石灰土 2 个亚类，等等（湖南省农业厅，1989）。

（4）土属：土属是地方性成土因素使土壤亚类性质发生分异的土壤中级分类单元，它根据水文地质、异源物质等地方性因素对土壤发育和肥力性状影响的大小来划分。成土母质是土壤形成的物质基础，在不同自然条件下，风化物的搬运堆积影响着土壤颗粒的大小、色泽、矿物组成和盐基组成等差异，因此土壤母质就成为湖南省划分土属的主要依据。另外，自然土壤和旱耕地土壤之间差异很小，没有诊断层和诊断特性，因而只能在土属中进行区分，在自然土壤名称前冠以“耕型”二字，即为耕地土壤，如第四纪红土红壤和耕型第四纪红土红壤、花岗岩红壤和耕型花岗岩红壤，以此类推。据此，将湖南省土壤划分为 128 个土属（湖南省农业厅，1989）。

（5）土种：土种是土壤分类的基层单元，主要根据土壤的土体构型、障碍层次，以及它所反映的土壤发育程度和肥力性状变化的量级差异进行划分。同一土种，其发育的母质相同，层次排列、厚度、质地、结构、颜色、有机质含量和 pH 等基本相似，只在量上有些差异。但土壤的属性比较稳定，非一般耕作措施在短期内所能改变。在土种类型划分上主要考虑土体构型、土层厚度和土壤属性等要素。据此，将湖南省土壤划分为464个土种（湖南省农业厅，1989）。

（6）亚种：亚种是土种的进一步划分，主要反映在土种范围内某个性状量上的差异。这些性质的差异是不稳定的，如在土种范围内的熟化程度、障碍土层位置、肥力高低、砾石含量多寡及毒害物质含量等（湖南省农业厅，1989）。实际上，这一分类系统只在水稻土、菜园土、潮土和红壤4个土类中进一步划分出86个亚种，其中水稻土土类可划分出71个亚种。

根据湖南省第二次土壤普查结果，湖南省土壤以红壤土类分布面积最大，全省共12955.80万亩，占全省土壤总面积的51.00%，分布在全省各地的丘、岗地区及海拔700m以下的低山地区，发育于板页岩、砂岩、石灰岩、花岗岩等风化物和第四纪红土母质上，是湖南省最主要的旱地土壤和园地土壤。其次是水稻土土类，全省共4133.65万亩，占全省土壤面积的16.27%，广泛分布于平原、丘陵和山区，是湖南省主要的农业土壤资源之一。再次是黄壤土类，全省共3159.58万亩，占全省土壤面积的12.44%，主要分布于湘南、湘西和湘西北地区的中低山地区。第四是紫色土土类，全省共1969.02万亩，占全省土壤面积的7.75%，主要分布于湘江中游、沅江谷地、澧水谷地及洞庭湖东侧海拔在300m以下大小不等的红色盆地中。第五是红色石灰土土类，全省共820.96万亩，占全省土壤面积的3.23%，主要发育于石灰岩、泥质灰岩、铁质灰岩、白云质灰岩和硅质灰岩等碳酸盐岩风化物上，主要分布于湘西土家族苗族自治州、常德、零陵和郴州等市州。其余8个土类面积均较小，其总和不到全省土壤总面积的10.00%，其中面积较大的有黄棕壤、黑色石灰土和潮土（湖南省农业厅，1989）。

20世纪80年代，刘博学（1983，1986，1987）根据第二次土壤普查资料，对湖南土壤的垂直分布规律、水平分布规律、中域和微域分布规律及红壤的水平分布规律进行了较系统的分析讨论，并据此对湖南土壤的合理开发利用提出了建议。在水平分布上，从南向北，湖南省土壤的脱硅富铝化程度逐渐减弱，土壤类型从赤红壤（砖红壤性红壤）、红壤向棕红壤变化；从湘东到湘西，随着海拔升高和山地比例增多，则由湘东地区的以红壤为主向湘西地区的以黄红壤为主变化。在垂直分布上，湖南海拔1000m以上的山地地区土壤从山脚到山顶均呈现红壤—黄红壤—黄壤—黄棕壤—山地灌丛草甸土的垂直带谱结构。此外，由于中、小地形，成土母质，水文地质及人类生产活动的影响，湖南土壤还呈现出明显的区域性分布，其中，中域分布规律有枝状土壤组合和环状土壤组合（沉陷湖盆潴育性水稻土和红壤组合、石灰岩溶蚀盆地石灰土和潴育性水稻土组合）两种。

3.1.3　土壤系统分类

1. 基于《中国土壤系统分类（首次方案）》的湖南土壤系统分类探索

20世纪80～90年代，在中国土壤系统分类方案的指导下，黄承武和罗尊长（1994）

对湘中和湘北丘岗地区发育于第四纪白沙井组和汨罗江组红色黏土的第四纪红土红壤的成土条件、剖面构型和剖面性状进行了较系统的研究，并据此进行了土种划分。研究结果表明，第四纪红土红壤其土种可据第四纪红色黏土母质的成因及不同特性母质层次分布状况划分。据此，将其划分为均质黏质普通红壤、底位网纹-均质黏质普通红壤、上位网纹-均质黏质普通红壤、网纹黏质普通红壤、底位斑淀-均质黏质普通红壤、上位斑淀-均质黏质普通红壤、斑淀黏质普通红壤、底位网纹斑淀黏质普通红壤、底砾黏质普通红壤和砾石表蚀黏质普通红壤共 10 个土种。

韦启璠（1993）曾对位于湖南西北部的湘西土家族苗族自治州的吉首、龙山、保靖和永顺 4 县市的石灰土进行了初步研究。研究结果表明，该地区是个新构造运动较强烈、地形破碎、地势陡峻的低中山山原区域，成土母岩基本上全是碳酸盐岩地层或碳酸盐岩与薄层钙质页岩或砂页岩互层；土壤中的元素处于强烈淋溶状态，铁的游离度较高，为 60%～80%，而铁的活化度较低，在 20%以下，且随海拔升高活化度增大；黏土矿物组成以水云母和蛭石为主，高岭石为次，与同一地区的红、黄壤明显不同；受母质的影响，与其他地区的石灰土不同，土壤质地变异较大，为黏土、壤黏土或壤土，多数剖面中含直径＞2mm 的砾石；受侵蚀-坡积的影响，土壤发育不深，无黏化现象和典型 B 层。根据《中国土壤系统分类（首次方案）》的指标，该区石灰土分为红色石灰土和黄色石灰土两个土类，其中，红色石灰土分布于海拔 500m 以下的喀斯特丘陵低山和残原，均有湿润土壤水分状况；黄色石灰土分布于海拔 500m 以上的喀斯特山地，具有常湿润土壤水分状况，原发生分类中黑色石灰土因不具备均腐殖质表层，而归于黄色石灰土的腐殖质亚类，并建议在红色石灰土和黄色石灰土两个土类中均增设黏淀亚类。

2. 基于《中国土壤系统分类（修订方案）》的湖南土壤系统分类研究

龚子同等（1992）和韦启璠等（1993，1995）还对湘西雪峰山分别发育于花岗岩风化物和变质岩风化物母质两个山地土壤系列的发生特性及其系统分类进行了研究。结果表明，湘西雪峰山地以海拔 800m 为界，800m 以下为热性土壤温度状况和湿润土壤水分状况，800m 以上为温性土壤温度状况和常湿润土壤水分状况，由于山高坡陡，侵蚀堆积现象普遍，土壤发育具有弱风化强淋溶特征，土壤剖面均以黄色为主，且随海拔升高黄色成分增强，B 层黏化现象不明显，无黏化层出现，仅海拔 100m 以下的两个剖面出现富铁层，其余 6 个剖面均既无富铁层，又无黏化层，强酸性，大多数土层 pH（水）在 5.5 以下，盐基饱和度均较低，在 20%以下，铝饱和度较高，均在 75%以上。根据《中国土壤系统分类（修订方案）》的分类指标，确认该地区土壤在中国系统分类中位置分别为富铁土纲的常湿富铁土和湿润富铁土亚纲、雏形土纲的常湿雏形土和湿润雏形土亚纲。

进入 21 世纪以后，吴甫成和方小敏（2001）基于中国土壤系统分类体系，根据对衡山土壤的野外调查和室内分析资料，特别是根据各土壤剖面诊断层和诊断特性指标，对衡山土壤进行了分类研究。据此，衡山土壤垂直分布规律为：海拔 550m 以下为湿润富铁土（红壤），550～780m 为黄色湿润富铁土（黄红壤），780～1000m 为常湿富铁土（黄壤），1000m 以上为常湿淋溶土（山地黄棕壤或黄壤），山峰顶部及陡坡处为酸性常湿雏形土（山地草甸土），在衡山呈斑块状分布。

冯跃华等（2005）对位于湘赣边境的井冈山山地土壤进行了系统的野外调查采样和室内理化性质分析，根据调查和测定结果，依照《中国土壤系统分类检索（第三版）》，对井冈山山地土壤的垂直带谱结构进行了系统分类研究。其结果是：该区土壤垂直带谱结构为湿润富铁土（<500m）、湿润淋溶土（500～1000m）、常湿淋溶土（1000～1500m）、正常新成土（1500～1900m）。其诊断层和诊断特性是：诊断表层有暗瘠表层和淡薄表层；诊断表下层有低活性富铁层、黏化层、雏形层；诊断特性有热性、温性和冷性土壤温度状况，常湿润、湿润和滞水土壤水分状况，铁质特性，盐基不饱和特性和石质接触面。

刘杰等（2012）选取湖南省中南部丘岗地区 11 个土壤剖面，研究其土壤形成环境和形成特点。结果表明，该区土壤质地以黏土为主，土壤黏粒淋溶明显，黏化过程较强，各剖面表现出铁游离度高、活化度低的特点，处于中度富铁铝化过程。根据《中国土壤系统分类检索（第三版）》，鉴定了研究区土壤所具有的诊断层和诊断特性。其中，诊断表层有暗瘠表层、淡薄表层和肥熟表层；诊断表下层有耕作淀积层、低活性富铁层、雏形层和聚铁网纹层；诊断特性有湿润土壤水分状况、热性土壤温度状况、石质接触面、铁质特性、贫盐基特性、石灰岩岩性特征和紫色砂页岩岩性特征。据此确定了供试土壤在中国土壤系统分类中的归属，其中原发生分类中的红壤属普通强育湿润富铁土和网纹简育湿润富铁土，菜园土属斑纹肥熟旱耕人为土，紫色土属酸性紫色正常新成土和斑纹紫色湿润雏形土，粗骨土属普通湿润正常新成土，石灰土属普通钙质湿润雏形土。

以上对湖南土壤系统分类的探索性研究为进一步开展湖南土壤系统分类研究以及土族、土系调查工作奠定了基础，提供了重要依据。

3.2　本次土系调查

自 20 世纪 80 年代中期以来，在国家自然科学基金和中国科学院的共同资助下，由中国科学院南京土壤研究所牵头，组织全国 30 多所高等院校和科研院所 240 多人开展了长达 20 多年的中国土壤系统分类研究。先后出版了《中国土壤系统分类（首次方案）》（中国科学院南京土壤研究所土壤系统分类课题组和中国土壤系统分类课题研究协作组，1993）、《中国土壤系统分类（修订方案）》（中国科学院南京土壤研究所土壤系统分类课题组和中国土壤系统分类课题研究协作组，1995）、《中国土壤系统分类——理论、方法、实践》（龚子同，1999）、《中国土壤系统分类检索（第三版）》（中国科学院南京土壤研究所土壤系统分类课题组和中国土壤系统分类课题研究协作组，2001）和《土壤发生与系统分类》（龚子同等，2007）等中国土壤系统分类专著，1996 年中国土壤学会已正式接受这一分类体系为我国的通用土壤分类体系，与土壤发生分类体系并用，并将逐步取代之。中国土壤系统分类体系的建立、发展和完善，使得我国终于有了具有明显中国特色的、与国际土壤分类基本接轨的、进入国际先进行列的土壤分类体系，也为这次土系调查提供了有力的理论依据和技术支撑（IUSS Working Group WRB，2015；Soil Survey Staff in USDA，2014）。

3.2.1 分类体系

中国土壤系统分类体系为谱系式多级分类制，共 6 级，即土纲、亚纲、土类、亚类、土族和土系。土纲至亚类为高级分类单元，土族和土系为基层单元。高级分类单元比较概括，理论性强，主要供中、小比例尺土壤制图确定制图单元用；基层单元以土壤理化性质和生产性能为依据，与生态环境保护和农林业生产联系紧密，主要供大比例尺土壤制图确定制图单元用。

中国土壤系统分类体系共划分出 14 个土纲、39 个亚纲、138 个土类、588 个亚类。根据该分类体系，每一种土壤都可以通过检索找到自己唯一的位置，彻底免除了同名异土或同土异名的弊病，从而实现了我国土壤分类从定性到定量的跨越。

土纲：土纲为最高土壤分类级别，根据主要成土过程产生的性质或影响主要成土过程的性质划分。在 14 个土纲中，除火山灰土和变性土是根据影响成土过程的火山灰物质和由高胀缩性黏土物质所造成的变性特征划分之外，其他 12 个土纲均是依据主要成土过程产生的性质划分（表 3-2）。有机土、人为土、灰土、盐成土、潜育土、均腐土和淋溶土是根据泥炭化、人为熟化、灰化、盐渍化、潜育化、腐殖化和黏化过程及在这些过程下形成的诊断层和诊断特性划分；铁铝土和富铁土是依据富铁铝化过程形成的铁铝层和低活性富铁层划分；雏形土和新成土是土壤形成的初级阶段，分别由矿物蚀变形成的雏形层和淡薄表层划分；干旱土则以在干旱土壤水分状况下，弱腐殖化过程形成的干旱表层为其鉴别特征。

表 3-2 中国土壤系统分类土纲划分依据（龚子同等，2014）

土纲名称	主要成土过程或影响成土过程的性状	主要诊断层、诊断特性
有机土	泥炭化过程	有机土壤物质
人为土	水耕或旱耕人为过程	水耕表层和水耕氧化还原层、灌淤表层、土垫表层、泥垫表层、肥熟表层和磷质耕作淀积层
灰土	灰化过程	灰化淀积层
火山灰土	影响成土过程的火山灰物质	火山灰特性
铁铝土	高度富铁铝化过程	铁铝层
变性土	高胀缩性黏土物质所造成的土壤扰动过程	变性特征
干旱土	干旱土壤水分状况影响下，弱腐殖化过程及钙化、石膏化、盐渍化过程	干旱表层、钙积层、石膏层、盐积层
盐成土	盐渍化过程	盐积层、碱积层
潜育土	潜育化过程	潜育特征
均腐土	腐殖化过程	暗沃表层、均腐殖质特性
富铁土	中度富铁铝化过程	富铁层
淋溶土	黏化过程	黏化层
雏形土	矿物蚀变过程	雏形层
新成土	无明显发育	淡薄表层

亚纲：亚纲是土纲的辅助级别，主要根据影响现代成土过程的控制因素所反映的性质划分。按土壤水分状况划分的亚纲有人为土纲中的水耕人为土和旱耕人为土，火山灰

土纲中的湿润火山灰土，铁铝土纲中的湿润铁铝土，变性土纲中的潮湿变性土、干润变性土和湿润变性土，潜育土纲中的滞水潜育土和正常（地下水）潜育土，均腐土纲中的干润均腐土和湿润均腐土，淋溶土纲中的干润淋溶土和湿润淋溶土，富铁土纲中的干润富铁土、湿润富铁土和常湿富铁土，雏形土纲中的潮湿雏形土、干润雏形土、湿润雏形土和常湿雏形土。按温度状况划分的亚纲有干旱土纲中的寒性干旱土和正常（温暖）干旱土，有机土纲中的永冻有机土和正常有机土，火山灰土纲中的寒性火山灰土，淋溶土纲中的冷凉淋溶土和雏形土纲中的寒冻雏形土。按岩性特征划分的亚纲有火山灰土纲中的玻璃质火山灰土，均腐土纲中的岩性均腐土，新成土纲中的砂质新成土、冲积新成土和正常新成土。此外，个别土纲由于影响现代成土过程的控制因素差异不大，所以直接按主要成土过程发生阶段所表现的性质划分，如灰土土纲中的腐殖灰土和正常灰土，盐成土纲中的碱积盐成土和正常（盐积）盐成土。

土类：土类是亚纲的续分。土类类别多根据反映主要成土过程强度或次要成土过程或次要控制因素的表现性质划分。根据主要过程强度的表现性质划分的有正常有机土中反映泥炭化过程强度的高腐正常有机土、半腐正常有机土和纤维正常有机土土类；根据次要成土过程的表现性质划分的有正常干旱土中反映钙化、石膏化、盐化、黏化和土内风化等次要过程的钙积正常干旱土、石膏正常干旱土、盐积正常干旱土、黏化正常干旱土和简育正常干旱土等土类；根据次要控制因素的表现性质划分的有反映母质岩性特征的钙质干润淋溶土、钙质湿润富铁土、钙质湿润雏形土和富磷岩性均腐土等，以及反映气候控制因素的寒冻冲积新成土、干旱冲积新成土、干润冲积新成土和湿润冲积新成土等。

亚类：亚类是土类的辅助级别，主要根据是否偏离中心概念、是否具有附加过程的特性和是否具有母质残留的特性划分。代表中心概念的亚类为普通亚类，具有附加过程特性的亚类为过渡性亚类，如灰化、漂白、黏化、龟裂、潜育、斑纹、表蚀、耕淀、堆垫和肥熟等；具有母质残留特性的亚类为继承亚类，如石灰性、酸性和含硫等。

3.2.2 土壤命名

高级分类级别的土壤类型名称采用从土纲到亚类的属性连续命名。名称结构以土纲名称为基础，其前依次叠加反映亚纲、土类和亚类性质的术语，以分别构成亚纲、土类和亚类的名称。土壤性状术语尽量限制为2个汉字，所以土纲的名称一般为3个汉字，亚纲为5个汉字，土类为7个汉字，亚类为9个汉字。个别类别由于性质术语超过2个汉字或采用复合名称时可略高于上述数字。各级类别名称一律选用反映诊断层或诊断特性的名称，部分或选有发生意义的性质名称或诊断现象名称。如为复合亚类，在两个亚类形容词之间加连接号“–”。例如，表蚀黏化湿润富铁土（亚类），属于富铁土（土纲）、湿润富铁土（亚纲）、黏化湿润富铁土（土类）。

3.2.3 分类检索

中国土壤系统分类的各级类别是通过诊断层和诊断特性的检索系统确定的。使用者可按照检索顺序，自上而下逐一排除那些不符合某种土壤要求的类别，最终找到某种土壤的正确分类位置。所以，土壤检索系统既包括各级别的鉴别特性，又包括其检索顺序。

检索顺序是土壤类别在检索系统中的先后检出次序。在自然界中，土壤的发生及其性质十分复杂，除优势的或主要成土过程及其产生的鉴别性质外，还有次要的或附加的成土过程及其产生的性质。一种土壤的优势成土过程及其产生的性质很可能是另一类土壤的次要成土过程及其产生的性质；相反，一类土壤的次要成土过程与性质可能成为另一类土壤的优势过程与性质。因此，如果没有一个严格的土壤检索顺序，这些鉴别性质相同但优势成土过程不同的土壤就可能被并入同一类别。在分类中首先检索土纲，然后按同样的方法检索亚纲、土类和亚类。

中国土壤系统分类 14 个土纲的检索详见表 3-3。

表 3-3　中国土壤系统分类 14 个土纲检索表（龚子同等，2014）

序号	诊断层和/或诊断特性	土纲
1	土壤中有机土壤物质总厚度≥40cm，若容重<0.lmg/m^3，则其厚度为≥60cm，且其上界在土表至 40cm 深范围内	有机土
2	其他土壤中有水耕表层和水耕氧化还原层，或肥熟表层和磷质耕作淀积层，或灌淤表层，或堆垫表层	人为土
3	其他土壤中在土表下 100cm 深范围内有灰化淀积层	灰土
4	其他土壤中在土表至 60cm 深或至更浅的石质或准石质接触面范围内有 60%或更厚的土层具有火山灰特性	火山灰土
5	其他土壤中上界在土表至 150cm 深范围内有铁铝层	铁铝土
6	其他土壤中土表至 50cm 深范围内黏粒含量≥30%，且无石质或准石质接触面，土壤干燥时有宽度>0.5cm 的裂隙，土表至 100cm 深范围内有滑擦面或自吞特征	变性土
7	其他土壤中有干旱表层和上界在土表至 100cm 深范围内的下列任一个诊断层：盐积层、超盐积层、盐磐、石膏层、超石膏层、钙积层、超钙积层、钙磐、黏化层或雏形层	干旱土
8	其他土壤中土表至 30cm 深范围内有盐积层，或土表至 75cm 深范围内有碱积层	盐成土
9	其他土壤中土表至 50cm 深范围内有一土层厚度≥10cm 有潜育特征	潜育土
10	其他土壤中有暗沃表层和均腐殖质特性，且在矿质土表至 180cm 深或更浅的石质或准石质接触面范围内盐基饱和度≥50%	均腐土
11	其他土壤中有上界在土表至 125cm 深范围内有低活性富铁层	富铁土
12	其他土壤中有上界在土表至 125cm 深范围内有黏化层或黏磐	淋溶土
13	其他土壤中有雏形层；或矿质土表至 100cm 深范围内有如下任一诊断层：漂白层、钙积层、超钙积层、钙磐、石膏层、超石膏层；或矿质土表下 20～50cm 范围内有一土层（≥10cm 厚）的 n 值<0.7；或黏粒含量<80g/kg，并有有机表层，或暗沃表层，或暗瘠表层；或有永冻层和矿质土表至 50cm 深范围内有滞水土壤水分状况	雏形土
14	其他有淡薄表层的土壤	新成土

3.2.4　土系调查

中国土壤系统分类体系的建立已正式成为我国通用的土壤分类系统，但这一分类系统仅有高级分类单元，缺乏基层分类单元，给这一分类体系的应用带来了不便。基于此，1992 年，中国土壤系统分类项目组成立了土壤基层分类研究组，开展土壤基层分类研究。

1992 年初拟了《中国土壤系统分类中土种和土属分类单元的建立》（试用方案），并进行多点样区实践，探索了不同区域重要土壤类型基层单元的具体划分，为建立我国土壤基层分类单元系统奠定了科学基础。在此基础上，1996 年 1 月重新拟订了《中国土壤系统分类中土种和土属分类单元的建立》（修订试用方案），决定中国土壤系统分类采用土系为基层分类单元，赋予其明确的实体概念，并将土属改称土族，以进一步与国际接轨（张甘霖等，2013）。

2008 年以来，科技部国家基础性工作专项项目“我国土系调查与《中国土系志》编制”启动实施，2013 年第一期工作进入总结验收阶段。经过 5 年的探索和实践，制订出了“中国土壤系统分类土族和土系划分标准”（张甘霖等，2013）。2014 年启动了第二期工作“我国土系调查与《中国土系志（中西部卷）》编制”项目（2014FY110200，2014～2018 年），“湖南省土系调查与土系志编制”即是这一国家基础性工作专项的课题之一。根据本次土系调查的任务要求，调查了湖南省典型土壤类型。首先，广泛收集湖南省气候、母质、地形资料和图件，以及湖南省第二次土壤普查资料，包括《湖南土壤》（湖南省农业厅，1989）、《湖南土种志》（湖南省农业厅，1987）、各县市（区）土壤普查资料及 1∶20 万和 1∶5 万土壤图。通过气候分区图、母质（母岩）图和地形图叠加后形成不同的综合单元图，再考虑各综合单元对应的第二次土壤普查土壤类型及其代表的面积大小，确定本次典型土系调查样点分布。本次土系调查共挖掘单个土体剖面 199 个，单个土体空间分布见图 3-1。

每个采样点（单个土体）土壤剖面的挖掘、地理景观和剖面形态描述依据《野外土壤描述与采样手册》（张甘霖和李德成，2016），土样样品测定分析方法依据《土壤调查实验室分析方法》（张甘霖和龚子同，2012），土壤系统分类高级单元的确定依据《中国土壤系统分类检索（第三版）》（中国科学院南京土壤研究所土壤系统分类课题组和中国土壤系统分类课题研究协作组，2001），土族和土系的建立依据《中国土壤系统分类土族和土系划分标准》（张甘霖等，2013）。

根据土壤剖面形态的观察和土壤分析结果，本次土系调查的单个土体中诊断层有暗沃表层、暗瘠表层、淡薄表层、水耕表层、耕作淀积层、水耕氧化还原层、低活性富铁层、聚铁网纹层、黏化层和雏形层。根据高级单元土壤检索和统计结果，本次调查的单个土体分别归属人为土、潜育土、富铁土、淋溶土、雏形土和新成土 6 个土纲，9 个亚纲，22 个土类，48 个亚类，详见表 3-4。与全国土壤系统分类相比，在湖南省尚未调查到灰土、干旱土、火山灰土、盐成土、有机土、变性土、均腐土和铁铝土 8 个土纲，其中，火山灰土、盐成土、灰土和干旱土土纲的不存在是由于不具备形成所需的自然环境条件，其他土纲的缺少则可能是受本次调查数量和掌握资料不足所限。随着今后土壤调查的深入和资料信息的不断补充，所划分的具体土壤类型还会增加。

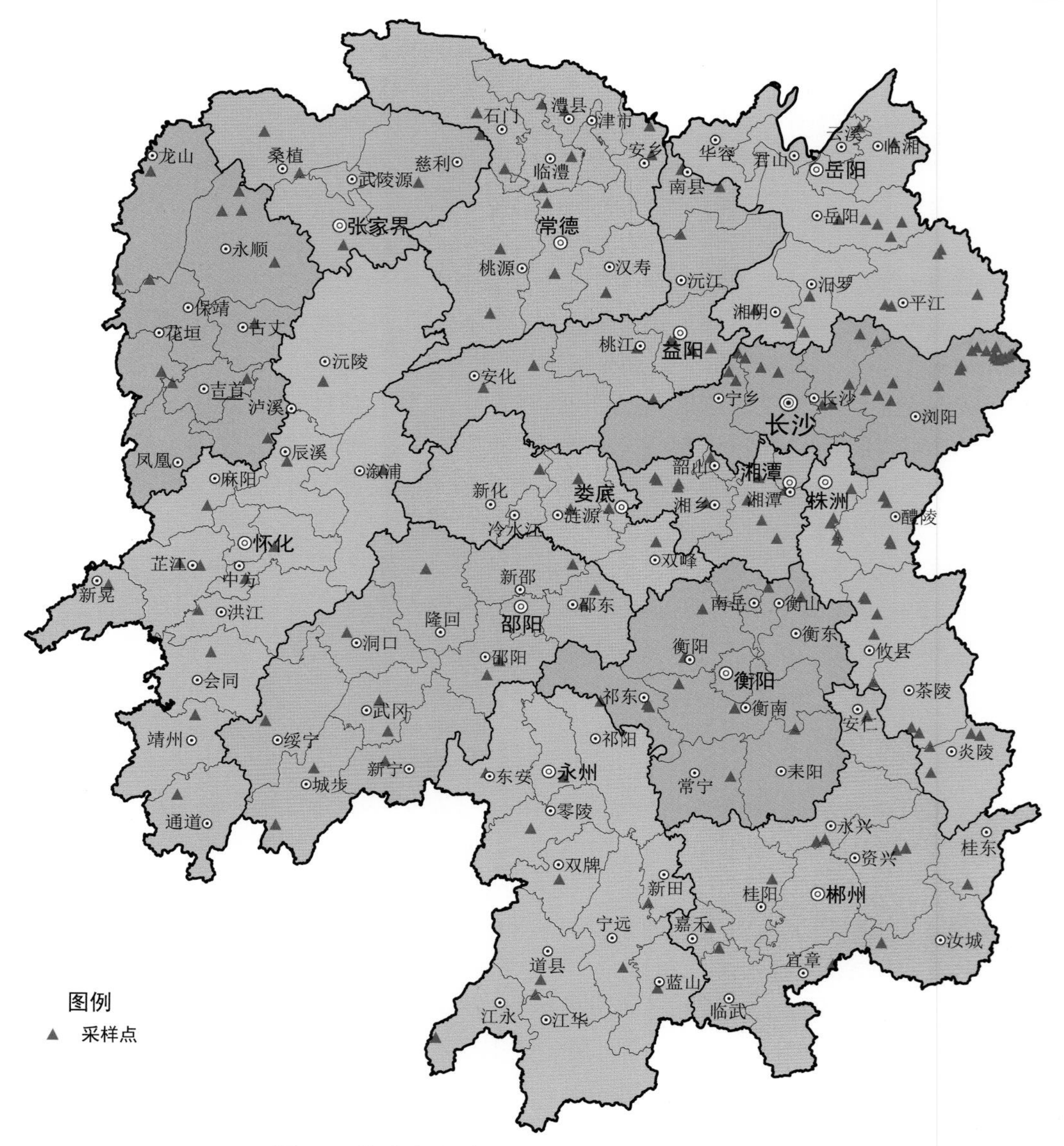

图 3-1　湖南省土系调查典型单个土体空间分布图

表 3-4　湖南省土系调查的高级分类单元

土纲	亚纲	土类	亚类
人为土	水耕人为土	潜育水耕人为土	铁聚潜育水耕人为土
			普通潜育水耕人为土
		铁聚水耕人为土	漂白铁聚水耕人为土
			底潜铁聚水耕人为土
			普通铁聚水耕人为土
		简育水耕人为土	底潜简育水耕人为土
			普通简育水耕人为土

续表

土纲	亚纲	土类	亚类
潜育土	滞水潜育土	简育滞水潜育土	普通简育滞水潜育土
富铁土	湿润富铁土	黏化湿润富铁土	表蚀黏化湿润富铁土
			斑纹黏化湿润富铁土
			网纹黏化湿润富铁土
			普通黏化湿润富铁土
		简育湿润富铁土	斑纹简育湿润富铁土
			网纹简育湿润富铁土
			暗红简育湿润富铁土
			普通简育湿润富铁土
淋溶土	常湿淋溶土	铝质常湿淋溶土	腐殖铝质常湿淋溶土
			普通铝质常湿淋溶土
		简育常湿淋溶土	腐殖简育常湿淋溶土
			普通简育常湿淋溶土
	湿润淋溶土	钙质湿润淋溶土	普通钙质湿润淋溶土
		铝质湿润淋溶土	腐殖铝质湿润淋溶土
			黄色铝质湿润淋溶土
			普通铝质湿润淋溶土
		酸性湿润淋溶土	铝质酸性湿润淋溶土
		铁质湿润淋溶土	腐殖铁质湿润淋溶土
			红色铁质湿润淋溶土
			普通铁质湿润淋溶土
		简育湿润淋溶土	普通简育湿润淋溶土
雏形土	潮湿雏形土	暗色潮湿雏形土	普通暗色潮湿雏形土
	常湿雏形土	铝质常湿雏形土	腐殖铝质常湿雏形土
			普通铝质常湿雏形土
		酸性常湿雏形土	腐殖酸性常湿雏形土
			铁质酸性常湿雏形土
	湿润雏形土	钙质湿润雏形土	腐殖钙质湿润雏形土
			棕色钙质湿润雏形土
		铝质湿润雏形土	石质铝质湿润雏形土
			腐殖铝质湿润雏形土
			黄色铝质湿润雏形土
			斑纹铝质湿润雏形土
			网纹铝质湿润雏形土
			普通铝质湿润雏形土
		铁质湿润雏形土	红色铁质湿润雏形土
			普通铁质湿润雏形土
		简育湿润雏形土	斑纹简育湿润雏形土
新成土	正常新成土	红色正常新成土	普通红色正常新成土
		湿润正常新成土	石质湿润正常新成土
			普通湿润正常新成土

3.2.5　土族划分

土族是土壤系统分类的基层分类单元，它是亚类的续分，主要反映与土壤利用管理有关的土壤理化性质的分异。同一亚类中的各土族是地域性（或地区性）成土因素引起土壤性质变化，在不同地理景观区域的具体体现。用于土族分类的主要鉴别特征是剖面土族控制层段的土壤颗粒大小级别、不同颗粒级别的土壤矿物组成类型、土壤温度状况、石灰性与土壤酸碱性和土体厚度等，反映成土因素和土壤性质的地域性差异。不同亚类的土壤划分土族的依据及指标可以不同，但同一亚类的土壤划分土族的依据及指标必须一致。此外，鉴别土族的依据及指标不能与上一级或下一级分类单元交叉或重复使用。

本次湖南省土系调查中划分土族的具体步骤如下：

（1）确定土族控制层段。

（2）判别土族控制层段内是否存在颗粒级别强对比。

（3）计算土族控制层段颗粒组成加权平均值，确定颗粒大小级别。

（4）根据颗粒大小级别，确定矿物学类别。

（5）确定石灰性和酸碱反应类别。

（6）根据 50cm 深度处土壤温度，确定土壤温度状况。

本次湖南省土系调查用于土族划分的颗粒大小级别依据美国土壤质地三角图自动查询结果（郭彦彪等，2013），矿物学类别通过 X 射线衍射分析测定 199 个样点的矿物类型结果来确定，石灰性和酸碱反应类别则根据野外石灰反应检测和室内 pH 测定结果来确定。

土壤 50cm 深度处年均温度常被作为分异特性用于土壤不同分类级别的区分，土壤 50cm 深度处年均温度一般比年均气温高 1～3℃（龚子同，1999）。研究表明（于康等，2019b），50cm 深度处年均土壤温度与纬度、经度和海拔之间具有很好的相关性，y（50cm 深度处土温）与纬度（x_1）、经度（x_2）和海拔（x_3）的回归方程为 y=37.013–0.516x_1–0.027x_2–0.004x_3（R^2=0.866**），由此推算出本次调查单个土体 50cm 深度处的年均土壤温度，并确定土壤温度状况。

土族命名采用格式为：颗粒大小级别、矿物学类型、石灰性和酸碱反应、土壤温度状况-亚类名称，如“砂质硅质混合型非酸性高热性-铁聚潜育水耕人为土”。土族修饰词连续使用，在修饰词与亚类之间加“–”，以示区别。

根据以上土族划分方法，本次土系调查的 199 个单个土体共划分出 118 个土族。

3.2.6　土系划分

土系是土壤系统分类中最基层的分类单元，是发育于相同母质、处于相同景观部位、具有相同土层排列和相似土壤属性的土壤集合（聚合土体）（张甘霖等，2013）。土系是土壤的“全息身份证”，能够全面准确地提供成土环境、成土过程、土壤性状等信息。土系划分依据的土壤性质指标主要有土体厚度，特定土层深度和厚度，表层土壤质地和厚度，土壤中岩石碎屑、结核、侵入体等，土壤盐分含量，人为扰动层和土体颜色等。本次湖南省土系划分选用的土壤性质与划分标准如下。

1. 特定土层深度和厚度

（1）特定土层或属性：包括诊断表下层、根系限制层、残留母质层、特殊土层、诊断特性、诊断现象（雏形层除外），依上界出现深度分为0～50cm、50～100cm和100～150cm。如指标在高级单元已经使用，则不再在土系中使用。

（2）诊断表下层厚度：在出现深度范围一致的情况下，如诊断表下层厚度差异达到两倍（即相差达到3倍），或厚度差异超过30cm，可以区分为不同的土系。

2. 表层土壤质地、厚度

当表层（或耕作层）20cm混合后质地为不同的类别时，可以按照质地类别区分土系。土壤质地类别有砂土类（砂土、壤质砂土、粉砂土）、壤土类（砂质壤土、壤土、粉砂壤土）、黏壤土类（砂质黏壤土、黏壤土、粉砂质黏壤土）和黏土类（砂质黏土、粉砂质黏土、黏土）。

表层（腐殖质层）厚度：＜20cm和≥20cm。

3. 土壤中岩石碎屑、结核、侵入体等

在同一土族中，当土体内加权碎屑、结核和侵入体等（直径或最大尺寸2～75mm）绝对含量差异超过30%时，可以划分为不同土系。

4. 人为扰动层

在同一土族中，当土体有人为扰动层时，若厚度≥20cm，可以区分为不同的土系。

5. 土体颜色

在同一土族中，当土系控制层段中土体色调相差2个级别以上，超过人为判断误差范围，可以划分为不同的土系。

3.2.7 湖南典型土系在中国土壤系统分类体系的归属

通过对调查的199个单个土体的筛选和归并，初步建立了198个土系，涉及6个土纲、9个亚纲、22个土类、48个亚类、118个土族（表3-5）。

表3-5 湖南省土系分布统计

土纲	亚纲	土类	亚类	土族	土系
人为土	1	3	7	25	62
潜育土	1	1	1	1	1
富铁土	1	2	8	18	21
淋溶土	2	7	13	31	44
雏形土	3	7	16	35	62
新成土	1	2	3	8	8
合计	9	22	48	118	198

根据人为土纲的诊断指标，湖南省本次土系调查共检索出 62 个土系符合人为土纲的鉴别条件，占所建土系的 31.3%。它们分布在水耕人为土亚纲的潜育水耕人为土、铁聚水耕人为土和简育水耕人为土 3 个土类。其中潜育水耕人为土包含 8 个土系，铁聚水耕人为土包含 29 个土系，简育水耕人为土包含 25 个土系。调查的人为土分别由花岗岩风化物，石灰岩风化物，板、页岩风化物，第四纪红色黏土，紫色砂、页岩风化物和近代河、湖沉积物 6 种母质发育而成。

根据潜育土纲的诊断指标，只有 1 个符合潜育土鉴别条件，占所建土系的 0.5%，分布在滞水潜育土亚纲，简育滞水潜育土土类，普通简育滞水潜育土亚类，粗骨砂质混合型酸性温性-普通简育滞水潜育土土族，成土母质为花岗岩风化物。

根据富铁土纲的诊断指标，湖南这次土系调查共检索出 21 个土系符合富铁土纲的鉴别条件，占所建土系的 10.6%。它们分布在湿润富铁土亚纲的黏化湿润富铁土和简育湿润富铁土 2 个土类，其中前者包含 15 个土系，后者包含 6 个土系。从成土母质来看，主要由石灰岩风化物、板、页岩风化物和第四纪红色黏土 3 种母质发育而成，分别有 9 个、5 个和 3 个土系，其他的成土母质还有花岗岩风化物、砂岩风化物和紫红色砂、页岩风化物。从空间分布上来看，主要分布在湘南、湘东和湘中地区海拔 500m 以下的低山丘岗地带，其中湘南地区有 8 个，湘东地区有 6 个，湘中地区有 5 个，怀化地区有 2 个。

在本次湖南调查建立的 198 个土系中，共有 44 个土系符合淋溶土的鉴别条件，占所建土系的 22.2%，分布在常湿淋溶土、湿润淋溶土 2 个亚纲，铝质常湿淋溶土、简育常湿淋溶土、钙质湿润淋溶土、铝质湿润淋溶土、酸性湿润淋溶土、铁质湿润淋溶土和简育湿润淋溶土 7 个土类中，下属 13 个亚类、31 个土族、44 个土系。主要成土母质为花岗岩风化物（14 个），板、页岩风化物（9 个），石灰岩风化物（8 个），第四纪红色黏土（8 个），砂岩风化物（3 个）和紫色泥页岩风化物（2 个）也有分布。

根据雏形土纲的诊断指标，湖南这次土系调查共检索出 62 个土系符合雏形土纲的鉴别条件，占所建土系的 31.3%。它们分布在潮湿雏形土、常温雏形土和湿润雏形土 3 个亚纲，暗色潮湿雏形土、铝质常温雏形土、酸性常温雏形土、钙质湿润雏形土、铝质湿润雏形土、铁质湿润雏形土和简育湿润雏形土 7 个土类，16 个亚类，35 个土族和 62 个土系。主要由板、页岩风化物，第四纪红色黏土和花岗岩风化物母质发育而成，其他的母质还有砂岩风化物和紫红色砂页岩风化物，分布范围广泛。

根据新成土纲的诊断指标，湖南这次土系调查共检索出 8 个土系符合新成土纲的鉴别条件，占所建土系的 4.0%。它们分布于正常新成土亚纲的红色正常新成土和湿润正常新成土 2 个土类，其中前者包含 2 个土系，后者包含 6 个土系。主要分别由紫色砂页岩或砂砾岩风化物（5 个）、花岗岩风化物（2 个）和板页岩风化物（1 个）3 种母质发育而成，主要分布在海拔 450m 以下的低山丘岗陡坡地带。

下篇　区域典型土系

第4章　人　为　土

4.1　铁聚潜育水耕人为土

4.1.1　车溪系（Chexi Series）

土　族：砂质硅质混合型酸性热性-铁聚潜育水耕人为土

拟定者：张杨珠，周　清，彭　涛，欧阳宁相

分布与环境条件　该土系主要分布于湘东地区丘陵地带的中坡和坡麓，海拔 220～350m；成土母质为花岗岩风化物；土地利用类型为水田；代表性种植制度为稻-稻或稻-稻-油；属于中亚热带湿润季风气候，年均气温 16～19℃，年均降水量 1300～1500mm。

车溪系典型景观

土系特征与变幅　诊断层包括水耕表层和水耕氧化还原层；诊断特性包括人为滞水土壤水分状况、潜育特征、氧化还原特征和热性土壤温度状况。土壤润态色调 2.5Y，明度 3～4，彩度 2～3。土体厚度在 120cm 以上，土体构型为 Ap1-Ap2-Bg-Br-Bg。25～150cm 为水耕氧化还原层。耕作层较浅薄，犁底层较厚且坚实，细土质地为砂质壤土，土体中可见多量黏粒-铁锰胶膜。剖面 25～65cm、115～150cm 有亚铁反应，具潜育特征。pH（H_2O）介于 5.0～5.5，有机碳含量介于 3.8～18.4g/kg，全锰含量介于 0.13～0.18g/kg，游离铁含量介于 2.1～6.2g/kg。

对比土系　贺家湾系，属于同一亚类，成土母质同为花岗岩风化物，但地形部位不同，属于沟谷地底部，通体具有 15%左右的砾石，底层具有少量瓦片等侵入体，土体润态颜色色调为 10YR。惠农系，属于同一土族，母质相同，但地形部位不同，位于低丘冲垄地带，23cm 以下土层有铁锰结核，土壤润态色调 10YR。

利用性能综述　该土系土体发育深厚，耕作层虽较浅薄但结构良好、疏松易耕，耕层质

地较轻，犁底层以下呈砂质壤土，坚实，通透性较好。土壤呈酸性，酸化严重，有必要因地制宜施用石灰或碱性改良剂，以提升耕层 pH。土体潜育层出现在较浅位置，应加强农田基础设施建设，强化排水能力，防止潜育作用向耕作层扩展。该土系有机碳、全氮含量和全钾含量丰富，全磷含量很低，有必要增施磷肥。

参比土种　青麻沙泥。

代表性单个土体　位于湖南省株洲市炎陵县十都镇车溪村安家组，26°33′49.92″N，113°55′29.46″E，海拔 281m，低丘陵地带的坡麓，成土母质为花岗岩风化物，水田。50cm 深处土温 19.1℃。野外调查时间为 2015 年 11 月 8 日，野外编号 43-ZZ11。

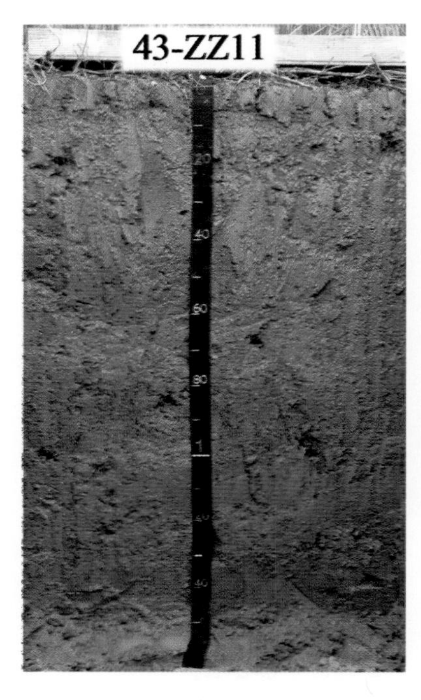

车溪系代表性单个土体剖面

Ap1：0～12cm，灰黄色（2.5Y 7/2，干），黑棕色（2.5Y 3/2，润），多量中、细根系，砂质壤土，中发育团粒状结构，多量中、细粒间孔隙、气孔、根孔，多量次圆状岩石碎屑，疏松，稍黏着，稍塑，多量铁锰斑纹，向下层平滑渐变过渡。

Ap2：12～25cm，淡灰色（2.5Y 7/1，干），黑棕色（2.5Y 3/2，润），中量细根，砂质壤土，弱发育块状结构，少量细孔隙，多量次圆状岩石碎屑，稍坚实，稍黏着，稍塑，向下层平滑清晰过渡。

Bg1：25～40cm，灰黄色（2.5Y 7/2，干），黑棕色（2.5Y 3/2，润），少量极细根，砂质壤土，弱发育棱块状结构，少量细孔隙，中量次圆状岩石碎屑，稍坚实，有多量铁锰斑纹和黏粒-铁锰胶膜分布，中度亚铁反应，向下层平滑清晰过渡。

Bg2：40～65cm，灰黄色（2.5Y 7/2，干），暗橄榄棕色（2.5Y 3/3，润），砂质壤土，很弱发育的棱块状结构，少量细孔隙，中量次圆状岩石碎屑，稍坚实，稍黏着，稍塑，有少量铁锰斑纹和黏粒-铁锰胶膜分布，中度亚铁反应，向下层波状清晰过渡。

Br：65～115cm，淡黄色（2.5Y 7/3，干），橄榄棕色（2.5Y 4/3，润），砂质壤土，很弱发育的棱块状结构，少量细孔隙，多量次圆状岩石碎屑，稍坚实，稍黏着，稍塑，有多量铁锰斑纹和黏粒-铁锰胶膜分布，向下层波状清晰过渡。

Bg3：115～150cm，灰黄色（2.5Y 7/2，干），暗灰黄色（2.5Y 4/2，润），砂质壤土，很弱发育的棱块状结构，少量细孔隙，多量次圆状岩石碎屑，疏松，稍黏着，稍塑，有少量铁锰斑纹分布，土体内有 1～2 块瓦片等侵入体，强度亚铁反应。

车溪系代表性单个土体物理性质

土层	深度/cm	石砾(>2mm，体积分数)/%	细土颗粒组成(粒径：mm)/(g/kg)			质地	容重/(g/cm³)
			砂粒 2～0.05	粉粒 0.05～0.002	黏粒 <0.002		
Ap1	0～12	25	651	220	129	砂质壤土	0.89
Ap2	12～25	25	725	144	131	砂质壤土	1.32
Bg1	25～40	10	712	150	138	砂质壤土	1.47
Bg2	40～65	10	747	134	119	砂质壤土	1.53
Br	65～115	30	705	179	116	砂质壤土	1.75
Bg3	115～150	30	806	109	85	砂质壤土	1.59

车溪系代表性单个土体化学性质

深度/cm	pH(H_2O)	有机碳/(g/kg)	全氮(N)/(g/kg)	全磷(P)/(g/kg)	全钾(K)/(g/kg)	全锰/(g/kg)	CEC/(cmol/kg)	交换性盐基总量/(cmol/kg)	游离铁/(g/kg)
0～12	5.1	18.4	2.29	0.55	33.84	0.13	8.0	2.3	2.4
12～25	5.0	14.3	1.94	0.56	31.19	0.14	11.3	2.6	3.2
25～40	5.2	6.0	0.86	0.38	31.15	0.13	9.0	2.4	4.1
40～65	5.4	11.8	1.47	0.41	32.11	0.18	7.8	3.2	3.4
65～115	5.3	5.6	0.78	0.31	33.86	0.13	7.0	2.4	6.2
115～150	5.5	3.8	0.63	0.24	37.32	0.13	4.2	1.9	2.1

4.1.2　惠农系（Huinong Series）

土　族：砂质硅质混合型酸性热性-铁聚潜育水耕人为土

拟定者：张杨珠，周　清，黄运湘，廖超林，盛　浩，欧阳宁相

惠农系典型景观

分布与环境条件　该土系主要分布于湘东地区的低山丘陵下部或冲垄地带，海拔 70～100m；成土母质为花岗岩风化物；土地利用类型为水田；代表性种植制度为稻-稻或稻-稻-油；属于中亚热带湿润季风气候，年均气温 16.5～17.4℃，年均降水量为 1400～1500mm。

土系特征与变幅　诊断层包括水耕表层和水耕氧化还原层；诊断特性包括人为滞水土壤水分状况、潜育特征、氧化还原特征和热性土壤温度状况。土壤润态色调 10YR，明度 4～6，彩度 3～8。土体厚度在 99cm 以上，土体构型为 Ap1-Ap2-Bg-Br。耕作层较厚，犁底层较薄但坚实，细土质地为砂质黏壤土、砂质壤土，酸性。剖面 23～99cm 有亚铁反应，具潜育特征。剖面各发生层 pH（H_2O）介于 5.2～6.2，土壤有机碳含量介于 2.6～14.3g/kg，全锰含量介于 0.13～0.53g/kg，游离铁含量介于 10.1～41.9g/kg。

对比土系　车溪系，同一土族，成土母质相同，地形部位为丘陵地带的中坡和坡麓，表层质地为砂质壤土，通体具有数量不等的岩石碎屑，115～150cm 有少量瓦片等侵入体，土体润态色调为 2.5Y。贺家湾系，属于同一亚类，成土母质同为花岗岩风化物，但地形部位不同，属于沟谷地底部，通体具有 15%左右的砾石，底层具有少量瓦片等侵入体，土体润态色调为 10YR。

利用性能综述　该土系土体发育较深厚，耕作层厚度较厚；表层质地为砂质黏壤土，质地偏砂，通透性和耕性较好。有机质、全钾含量较高，全磷含量一般，全氮含量较低。培肥与改良建议：搞好农田基本建设，强化排水条件；增施有机肥和实行秸秆还田以培肥土壤，改善土壤结构；大力种植绿肥，实行用地养地相结合。

参比土种　麻沙泥。

代表性单个土体　位于湖南省长沙市长沙县金井镇惠农村洪家组，28°30′51″N，113°24′56″E，海拔 89m，低丘冲垄中下部，成土母质为花岗岩风化物，水田。50cm 深处土温 18.9℃。野外调查时间为 2014 年 12 月 25 日，野外编号 43-CS04。

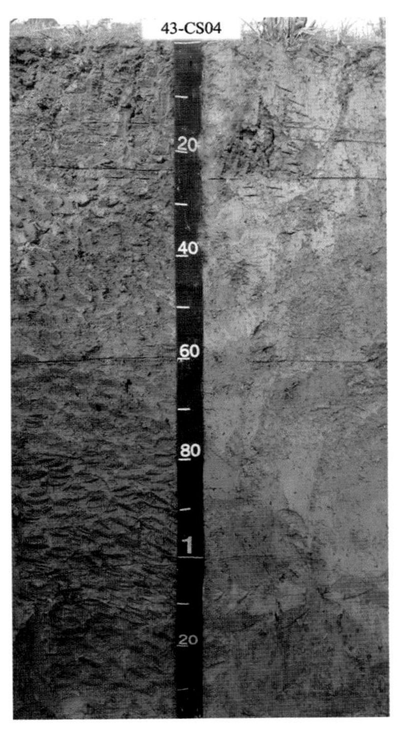

惠农系代表性单个土体剖面

Ap1：0～16cm，浊黄橙色（10YR 6/4，干），浊黄橙色（10YR 6/3，润），多量中、细根系，砂质黏壤土，中发育大、中团粒状结构，中量中、细孔隙，疏松，稍黏着，中塑，有多量铁锰斑纹分布，向下层波状渐变过渡。

Ap2：16～23cm，浊黄橙色（10YR 6/4，干），浊黄橙色（10YR 6/3，润），少量中、细根系，砂质黏壤土，中发育大、中块状结构，少量细孔隙，稍坚实，稍黏着，中塑，有多量铁锰斑纹分布，向下层不规则渐变过渡。

Bg1：23～59cm，浊黄橙色（10YR 6/4，干），浊黄橙色（10YR 6/3，润），很少量极细根系，砂质黏壤土，中发育大、中块状结构，少量细孔隙，疏松，稍黏着，中塑，有少量易碎球形铁锰结核分布，有中度的亚铁反应，向下层平滑清晰过渡。

Bg2：59～99cm，棕色（10YR 4/4，干），棕色（10YR 4/4，润），砂质壤土，弱发育大、中棱块状结构，少量细孔隙，稍坚实，稍黏着，稍塑，有少量易碎球形铁锰结核分布，有强度的亚铁反应，向下层波状清晰过渡。

Br：99～138cm，亮黄棕色（10YR 6/8，干），黄棕色（10YR 5/8，润），砂质黏壤土，弱发育中棱块状结构，少量细孔隙，稍坚实，稍黏着，稍塑，有多量铁斑纹、少量易碎球形铁锰结核分布。

惠农系代表性单个土体物理性质

土层	深度/cm	石砾(>2mm，体积分数)/%	细土颗粒组成(粒径：mm)/(g/kg)			质地	容重/(g/cm³)
			砂粒 2～0.05	粉粒 0.05～0.002	黏粒 <0.002		
Ap1	0～16	0	572	164	264	砂质黏壤土	0.89
Ap2	16～23	0	609	142	249	砂质黏壤土	1.44
Bg1	23～59	0	605	160	235	砂质黏壤土	1.28
Bg2	59～99	0	672	131	197	砂质壤土	1.23
Br	99～138	0	678	70	252	砂质黏壤土	1.43

惠农系代表性单个土体化学性质

深度/cm	pH (H_2O)	有机碳/(g/kg)	全氮(N)/(g/kg)	全磷(P)/(g/kg)	全钾(K)/(g/kg)	全锰/(g/kg)	CEC/(cmol/kg)	交换性盐基总量/(cmol/kg)	游离铁/(g/kg)
0～16	5.4	14.2	0.56	0.46	31.71	0.18	9.6	4.9	13.1
16～23	5.3	11.8	0.49	0.37	30.83	0.16	8.7	4.7	11.3
23～59	5.2	11.7	0.49	0.38	31.13	0.16	9.1	4.3	12.2
59～99	5.4	14.3	0.56	0.31	27.55	0.13	9.3	4.1	10.1
99～138	6.2	2.6	0.2	0.03	24.66	0.53	9.6	4.6	41.9

4.2　普通潜育水耕人为土

4.2.1　贺家湾系（Hejiawan Series）

土　族：砂质硅质混合型酸性热性-普通潜育水耕人为土

拟定者：张杨珠，周　清，盛　浩，张　亮，欧阳宁相

贺家湾系典型景观

分布与环境条件　该土系主要分布于湘东地区低丘陵地带沟谷地底部，海拔 100～350m；成土母质为花岗岩风化物；土地利用类型为水田，代表性耕作制度为稻-稻或稻-稻-油；属于中亚热带湿润季风气候，年均气温 16～19℃，年均降水量 1300～1500mm。

土系特征与变幅　诊断层包括水耕表层；诊断特性包括人为滞水土壤水分状况、潜育特征、氧化还原特征和热性土壤温度状况。土体厚度大于 140cm，土体构型为 Ap1-Ap2-Bg。土壤润态色调为 10YR，明度 3～4，彩度 2～4。耕作层较厚，犁底层坚实，细土质地为砂质壤土，土体中有中量黏粒-铁锰胶膜分布。剖面各发生层 pH（H_2O）介于 5.0～5.1，有机碳含量介于 9.8～17.9g/kg，全锰含量介于 0.16～0.28g/kg，游离铁含量介于 2.4～7.3g/kg。

对比土系　双家冲系，属于同一亚类，地形部位相似，成土母质相同，表层质地为壤土，土体润态色调为 10YR。燕朝系，属于同一亚类，成土母质为石灰岩风化物，地形部位为低丘低阶地，表层质地为粉砂质黏壤土，土体润态色调 10YR。

利用性能综述　该土系土体发育深厚，耕作层较厚且结构良好、疏松易耕，耕层质地适中；犁底层呈砂质壤土，稍坚实，保水性能好。土壤呈酸性反应，酸化严重，有必要因地制宜施用石灰或碱性改良剂，以提升耕层 pH。耕作层有机质、全氮、全钾含量丰富，全磷含量较低，有必要增施磷肥。

参比土种　青麻沙泥。

代表性单个土体　位于湖南省株洲市攸县槚山乡贺家湾村刘家场组，27°15′13.74″N，113°19′4.44″E，海拔 118m，低丘沟谷地，成土母质为花岗岩风化物，水田。50cm 深处

土温 19.4℃。野外调查时间为 2015 年 11 月 22 日，野外编号 43-ZZ14。

贺家湾系代表性单个土体剖面

Ap1：0～18cm，浊黄橙色（10YR 7/2，干），暗棕色（10YR 3/4，润），多量中、细根系，砂质壤土，中发育大、中团粒状结构，多量中、细孔隙，石砾含量约 15%，极疏松，稍黏着，稍塑，有中量铁斑纹分布，向下层平滑渐变过渡。

Ap2：18～25cm，浊黄橙色（10YR 7/2，干），暗棕色（10YR 3/4，润），中量中、细根系，砂质壤土，弱发育大、中块状结构，少量细孔隙，石砾含量约 15%，稍坚实，稍黏着，稍塑，有少量铁斑纹、中量黏粒-铁锰胶膜分布，向下层波状渐变过渡。

Bg1：25～85cm，浊黄橙色（10YR 7/2，干），暗棕色（10YR 3/4，润），少量极细根系，砂质壤土，弱发育大、中棱块状结构，少量细孔隙，石砾含量约 15%，稍坚实，稍黏着，稍塑，有中量黏粒-铁锰胶膜分布，有中度亚铁反应，向下层波状渐变过渡。

Bg2：85～140cm，淡灰色（10YR 7/1，干），灰黄棕色（10YR 4/2，润），砂质壤土，很弱发育中棱块状结构，少量细孔隙，石砾含量约 15%，稍坚实，稍黏着，无塑，土体内有 2～3 块木片和瓦片等侵入体，有中度亚铁反应。

贺家湾系代表性单个土体物理性质

土层	深度/cm	石砾(>2mm，体积分数)/%	细土颗粒组成(粒径：mm)/(g/kg)			质地	容重/(g/cm³)
			砂粒 2～0.05	粉粒 0.05～0.002	黏粒 <0.002		
Ap1	0～18	15	560	310	130	砂质壤土	0.88
Ap2	18～25	15	659	234	107	砂质壤土	1.27
Bg1	25～85	15	702	181	117	砂质壤土	1.50
Bg2	85～140	15	671	222	107	砂质壤土	1.33

贺家湾系代表性单个土体化学性质

深度/cm	pH (H_2O)	有机碳/(g/kg)	全氮(N)/(g/kg)	全磷(P)/(g/kg)	全钾(K)/(g/kg)	全锰/(g/kg)	CEC/(cmol/kg)	交换性盐基总量/(cmol/kg)	游离铁/(g/kg)
0～18	5.0	17.9	1.20	0.45	27.03	0.19	10.2	2.0	6.6
18～25	5.1	11.9	1.07	0.30	28.71	0.22	8.9	2.8	5.5
25～85	5.1	9.8	0.51	0.16	28.53	0.28	11.1	3.8	7.3
85～140	5.0	14.9	0.80	0.14	29.75	0.16	9.9	2.2	2.4

4.2.2 燕朝系（Yanzhao Series）

土　族：黏质伊利石混合型石灰性热性-普通潜育水耕人为土

拟定者：张杨珠，周　清，于　康，欧阳宁相

燕朝系典型景观

分布与环境条件　该土系主要分布于湘南地区的丘陵低阶地。海拔 100～200m；成土母质为石灰岩风化物，土地利用类型为水田；代表性种植制度为稻-稻或稻-稻-油；属于中亚热带湿润大陆性季风气候，年均气温 17.6～18.6℃，年均降水量 1290～1900mm。

土系特征与变幅　诊断层包括水耕表层和水耕氧化还原层；诊断特性包括人为滞水土壤水分状况、潜育特征、氧化还原特征、热性土壤温度状况、铁质特性和石灰性。土壤润态色调 10YR，明度 3～5，彩度 2。土体厚度大于 130cm，土体构型为 Ap1-Ap2g-Bg。表层土壤质地为粉砂质黏壤土。剖面各层遇稀盐酸均冒气泡，具有石灰反应。土体自上而下极疏松—稍坚实—疏松。各发生层具有数量不等的铁锰斑纹和数量不等的黏粒、黏粒铁锰胶膜。犁底层及以下各发生层有亚铁反应，具潜育特征。剖面各发生层 pH（H_2O）和 pH（HCl）分别介于 7.8～7.9 和 7.1～7.3，有机碳含量介于 12.4～44.8g/kg，全锰含量介于 0.55～0.88g/kg，游离铁含量介于 23.8～30.6g/kg。

对比土系　姜畲系，属于同一亚类，成土母质是紫色砂、页岩风化物，地形部位为低丘高阶地，表层质地为粉砂质壤土，15～50cm 内有瓦片和砖头等侵入体，土体润态色调为 7.5YR。双家冲系，属于同一亚类，地形部位为低丘高阶地，但成土母质为花岗岩风化物，表层质地为壤土，土壤润态色调为 10YR。

利用性能综述　该土系土体发育深厚，耕作层厚度一般；表层质地为粉砂质黏壤土，质地偏砂，通透性和耕性较好。有机质、全氮、全磷、全钾含量很高。培肥与改良建议：搞好农田基本建设，强化排水条件；增施有机肥和实行秸秆还田，以培肥土壤，改善土壤结构；大力种植绿肥，实行用地养地相结合；水旱轮作，干耕晒垡，改善土壤通透性能。

参比土种　灰泥田。

代表性单个土体　位于湖南省永州市零陵区石山脚街道燕朝村，26°7′51.241″N，111°30′22.242″E，海拔 131.1m，低丘低阶地，成土母质为石灰岩风化物，水田。50cm 深处土温 20.0℃。野外调查时间为 2017 年 12 月 6 日，野外编号为 43-YZ11。

燕朝系代表性单个土体剖面

Ap1：0～15cm，浊黄色（2.5Y 6/3，干），黑棕色（10YR 3/2，润），大量中、细根系，粉砂质黏壤土；中发育大、中团粒状结构，多量直径<0.5mm 的粒间孔隙、根孔、气孔和动物穴，极疏松，黏着，中塑，有中量铁锰斑纹，少量黏粒胶膜，有轻度亚铁反应和石灰反应，向下层波状渐变过渡。

Ap2g：15～27cm，浊黄色（2.5Y 7/3，干），黑棕色（10YR 3/2，润），中量中、细根系，粉砂质黏壤土，中发育小块状结构，中量细粒间孔隙、根孔、气孔和动物穴，疏松，黏着，中塑，有少量很小的铁锰斑纹、多量铁锰氧化物胶膜分布于结构面，有中度亚铁反应和轻度石灰反应，向下层平滑模糊过渡。

Bg1：27～58cm，淡黄色（2.5Y 7/3，干），灰黄棕色（10YR 5/2，润），少量细根系，粉砂质黏壤土，中发育小块状结构，少量细粒间孔隙，稍坚实，稍黏着，中塑，有中量中铁锰斑纹和多量黏粒-铁锰氧化物胶膜分布于结构面，有中度亚铁反应和石灰反应，向下层平滑渐变过渡。

Bg2：58～97cm，浊黄色（2.5Y 6/3，干），灰黄棕色（10YR 5/2，润），粉砂质黏壤土，弱发育块状结构，少量细粒间孔隙，稍坚实，稍黏着，中塑，结构面有多量中铁锰斑纹和极多量黏粒-铁锰氧化物胶膜分布，有强度亚铁反应和强度石灰反应，向下层平滑渐变过渡。

Bg3：97～130cm，浊黄色（2.5Y 6/3，干），灰黄棕色（10YR 4/2，润），粉砂质黏壤土，弱发育中块状结构，少量细粒间孔隙，疏松，极黏着，强塑，少量小铁锰斑纹和多量黏粒-铁锰氧化物胶膜分布于结构面，有强度亚铁反应和强度石灰反应。

燕朝系代表性单个土体物理性质

土层	深度/cm	石砾(>2mm，体积分数)/%	细土颗粒组成(粒径：mm)/(g/kg)			质地	容重/(g/cm^3)
			砂粒 2～0.05	粉粒 0.05～0.002	黏粒 <0.002		
Ap1	0～15	0	0	674	326	粉砂质黏壤土	0.91
Ap2g	15～27	0	9	643	348	粉砂质黏壤土	1.05
Bg1	27～58	0	65	551	384	粉砂质黏壤土	1.27
Bg2	58～97	0	67	563	370	粉砂质黏壤土	1.33
Bg3	97～130	0	8	623	369	粉砂质黏壤土	1.26

燕朝系代表性单个土体化学性质

深度/cm	pH (H_2O)	pH (HCl)	有机碳/(g/kg)	全氮(N)/(g/kg)	全磷(P)/(g/kg)	全钾(K)/(g/kg)	全锰/(g/kg)	CEC/(cmol/kg)	交换性盐基总量/(cmol/kg)	游离铁/(g/kg)
0～15	7.9	7.2	44.8	3.27	0.93	15.33	0.77	24.9	20.9	30.6
15～27	7.8	7.1	27.9	2.01	0.63	14.85	0.88	20.4	17.6	24.8
27～58	7.8	7.1	12.4	1.06	0.44	13.75	0.55	16.9	13.9	25.5
58～97	7.9	7.3	13.2	1.24	0.51	14.52	0.64	22.3	17.7	26.8
97～130	7.8	7.3	20.3	1.59	0.58	15.51	0.78	21.3	17.7	23.8

4.2.3　双家冲系（Shuangjiachong Series）

土　族：黏壤质硅质混合型酸性热性-普通潜育水耕人为土

拟定者：张杨珠，周　清，盛　浩，张　亮，彭　涛，欧阳宁相

双家冲系典型景观

分布与环境条件　该土系主要分布于湘东地区的低丘高阶地，海拔 60～150m；成土母质为花岗岩风化物；土地利用类型为水田；代表性种植制度为稻-稻或稻-稻-油；属于中亚热带湿润季风气候，年均气温 16～19℃，年均降水量 1300～1500mm。

土系特征与变幅　诊断层包括水耕表层和水耕氧化还原层；诊断特性包括人为滞水土壤水分状况、潜育特征、氧化还原特征和热性土壤温度状况。土壤润态色调 10YR，明度 4～6，彩度 3～8。土体厚度在 120cm 以上，土体构型为 Ap1-Ap2-Br-Bg-Br-Bg。耕作层较厚，犁底层较厚且坚实，细土质地为壤土-砂质黏壤土-砂质壤土，土体中可见多量黏粒-铁锰胶膜。剖面 48～102cm、125～148cm 有亚铁反应，具潜育特征。剖面各发生层 pH（H_2O）介于 4.7～6.1，有机碳含量介于 2.3～22.9g/kg，全锰含量介于 0.07～0.15g/kg，游离铁含量介于 11.4～20.0g/kg。

对比土系　姜畲系，属于同一亚类，地形部位相似，但成土母质是紫色砂、页岩风化物，表层质地为粉砂质壤土，15～50cm 内有瓦片和砖头等侵入体，土壤润态色调为 7.5YR。燕朝系，属于同一亚类，成土母质为石灰岩风化物，地形部位为低丘低阶地，表层质地为粉砂质黏壤土，土体润态色调 10YR。

利用性能综述　该土系土体发育深厚，耕作层较厚；耕层质地适中，通透性好，耕性较好，犁底层以下呈砂质黏壤土，坚实，通透性较差。改良培肥建议：用深翻耕加深耕层或种植根系生长力强的作物品种；土壤呈酸性反应，酸化严重，有必要因地制宜施用石灰或碱性物质，以提升耕层 pH；有机质、全氮、全钾含量丰富，但全磷含量很低，有必要增施磷肥。

参比土种　麻沙泥。

代表性单个土体　位于湖南省株洲市芦淞区白关镇双牌村双家冲组，27°47′19.32″N，113°15′39.78″E，海拔 79m，低丘高阶地，成土母质为花岗岩风化物，水田。50cm 深处土温 19.3℃。野外调查时间为 2015 年 11 月 26 日，野外编号 43-ZZ19。

Ap1：0～17cm，浊黄橙色（10YR 7/3，干），浊黄棕色（10YR 5/3，润），多量中、细根系，壤土，中发育大、中团粒状结构，有多量中、细孔隙，疏松，稍黏着，中塑，有少量铁斑纹分布，向下层波状渐变过渡。

Ap2：17～23cm，淡黄橙色（10YR 8/3，干），棕色（10YR 4/4，润），少量中、细根系，砂质黏壤土，中发育大、中块状结构，少量细孔隙，疏松，稍黏着，中塑，有少量铁斑纹、少量黏粒-铁锰胶膜分布，向下层平滑清晰过渡。

Br1：23～48cm，淡黄橙色（10YR 8/3，干），浊黄橙色（10YR 6/4，润），少量细根系，砂质黏壤土，中发育大、中棱块状结构，少量细孔隙，稍坚实，稍黏着，中塑，有多量铁斑纹、多量黏粒-铁锰胶膜分布，向下层不规则突变过渡。

Bg1：48～102cm，淡黄橙色（10YR 8/3，干），浊黄棕色（10YR 5/4，润），砂质黏壤土，弱发育大、中棱块状结构，少量细孔隙，稍坚实，稍黏着，中塑，有中量铁锰斑纹、多量黏粒-铁锰胶膜分布，中度亚铁反应，向下层平滑清晰过渡。

双家冲系代表性单个土体剖面

Br2：102～125cm，亮黄棕色（10YR 7/6，干），亮黄棕色（10YR 6/8，润），砂质壤土，很弱发育块状结构，中量中、细孔隙，坚实，稍黏着，稍塑，有很少量铁锰斑纹、很少量黏粒-铁锰胶膜分布，向下层平滑清晰过渡。

Bg2：125～148cm，淡黄橙色（10YR 8/3，干），黄棕色（10YR 5/8，润），砂质黏壤土，很弱发育中块状结构，少量细孔隙，坚实，稍黏着，中塑，有多量铁锰斑纹、多量黏粒-铁锰胶膜分布，中度亚铁反应。

双家冲系代表性单个土体物理性质

土层	深度/cm	石砾(>2mm，体积分数)/%	细土颗粒组成(粒径：mm)/(g/kg)			质地	容重/(g/cm³)
			砂粒 2～0.05	粉粒 0.05～0.002	黏粒 <0.002		
Ap1	0～17	1	419	373	208	壤土	0.94
Ap2	17～23	1	576	212	212	砂质黏壤土	1.18
Br1	23～48	1	516	260	224	砂质黏壤土	1.15
Bg1	48～102	1	510	220	270	砂质黏壤土	1.22
Br2	102～125	30	670	250	80	砂质壤土	1.50
Bg2	125～148	3	524	216	260	砂质黏壤土	1.33

双家冲系代表性单个土体化学性质

深度/cm	pH (H_2O)	有机碳/(g/kg)	全氮(N)/(g/kg)	全磷(P)/(g/kg)	全钾(K)/(g/kg)	全锰/(g/kg)	CEC/(cmol/kg)	交换性盐基总量/(cmol/kg)	游离铁/(g/kg)
0～17	4.8	22.9	1.90	0.62	14.95	0.07	10.6	2.0	11.4
17～23	4.7	11.4	—	0.29	15.15	0.08	9.2	1.9	17.8
23～48	4.7	7.9	0.61	0.20	14.64	0.11	10.1	2.1	18.5
48～102	5.0	6.7	0.49	0.21	14.33	0.15	8.4	2.1	20.0
102～125	6.1	2.3	0.27	0.12	33.01	0.12	3.8	2.0	17.6
125～148	5.4	5.2	0.56	0.23	15.63	0.15	9.6	3.8	17.7

4.2.4 六合围系（Liuhewei Series）

土　族：黏壤质硅质混合型非酸性热性-普通潜育水耕人为土

拟定者：张杨珠，周　清，盛　浩，廖超林，欧阳宁相

六合围系典型景观

分布与环境条件　该土系主要分布于湘东地区环湖低丘平原地带，海拔 20～80m；成土母质为河流冲积物；土地利用类型为水田；代表性种植制度为稻-稻或稻-稻-油；属于中亚热带湿润季风气候，年均气温 16.6～18.0℃，年均降水量 1300～1610mm。

土系特征与变幅　诊断层包括水耕表层和水耕氧化还原层；诊断特性包括人为滞水土壤水分状况、潜育特征、氧化还原特征和热性土壤温度状况。土壤润态色调 10YR，明度 2～6，彩度 1～4。土体厚度在 140cm 以上，土体构型为 Apg1-Apg2-Br-Bg。耕作层厚度一般，犁底层较厚且坚实，土体细土质地为粉砂质壤土、黏壤土、砂质黏壤土和粉砂质黏壤土。土体中可见少量黏粒胶膜和铁锰斑纹。剖面 120～140cm 有中度亚铁反应，具潜育特征。剖面各发生层 pH（H_2O）介于 5.7～8.0，有机碳含量介于 5.2～26.0g/kg，全锰含量介于 0.72～0.89g/kg，游离铁含量介于 11.3～20.4g/kg。

对比土系　中塅系，属于同一亚类，成土母质为板、页岩风化物，地形部位为低山丘陵沟谷地，22～43cm 内有少量铁锰结核。姜畲系，属于同一亚类，地形部位相似，但成土母质是紫色砂、页岩风化物，表层质地为粉砂质壤土，15～50cm 内有瓦片和砖头等侵入体，土体润态色调为 7.5YR。

利用性能综述　该土系土体发育深厚，耕作层厚度一般；表层质地为粉砂质壤土，质地偏砂，通透性和耕性较好。有机质和全钾含量高，全氮和全磷含量较高。培肥与改良建议：搞好农田基本建设，强化排水条件；增施有机肥和实行秸秆还田以培肥土壤，改善土壤结构；大力种植绿肥，实行用地养地相结合。

参比土种　河潮泥。

代表性单个土体　位于湖南省长沙市望城区新康乡（今高塘岭街道）六合围村钩底组，28°23′40″N，112°46′52″E，海拔 35m，湖泛平原，成土母质为近代河流冲积物和湖积物，水田。50cm 深处土温 19.2℃。野外调查时间为 2015 年 1 月 8 日，野外编号 43-CS07。

六合围系代表性单个土体剖面

Apg1：0～15cm，黄棕色（2.5Y 5/4，干），灰黄棕色（10YR 4/2，润），多量中、细根系，粉砂质壤土，中发育大、中团块状结构，中量中、细孔隙，稍坚实，稍黏着，稍塑，有少量铁锰斑纹分布，轻度亚铁反应，向下层平滑渐变过渡。

Apg2：15～22cm，橄榄棕色（2.5Y 4/3，干），暗棕色（10YR 3/3，润），中量中、细根系，粉砂质壤土，中发育大、中块状结构，少量中、细孔隙，稍坚实，稍黏着，稍塑，有少量铁斑纹分布，轻度亚铁反应，向下层平滑清晰过渡。

Br1：22～49cm，橄榄棕色（2.5Y 4/6，干），浊黄棕色（10YR 5/4，润），少量细根系，黏壤土，中发育大、中棱块状结构，极少量细孔隙，稍坚实，稍黏着，中塑，分布有少量铁斑纹、少量黏粒胶膜、极少量铁锰结核，向下层平滑清晰过渡。

Br2：49～120cm，黄棕色（2.5Y 7/6，干），浊黄橙色（10YR 6/4，润），砂质黏壤土，弱发育大、中棱块状结构，少量细孔隙，稍坚实，稍黏着，稍塑，有中量铁斑纹、少量黏粒胶膜分布，向下层波状清晰过渡。

Bg：120～140cm，黑棕色（2.5Y 3/1，干），黑色（10YR 2/1，润），粉砂质黏壤土，弱发育中块状结构，很少量细孔隙，疏松，稍黏着，稍塑，有少量铁斑纹分布，有中度的亚铁反应。

六合围系代表性单个土体物理性质

土层	深度/cm	石砾(>2mm，体积分数)/%	细土颗粒组成(粒径：mm)/(g/kg)			质地	容重/(g/cm^3)
			砂粒 2～0.05	粉粒 0.05～0.002	黏粒 <0.002		
Apg1	0～15	0	217	526	257	粉砂质壤土	1.05
Apg2	15～22	0	172	593	235	粉砂质壤土	1.09
Br1	22～49	0	409	235	356	黏壤土	1.50
Br2	49～120	0	598	69	333	砂质黏壤土	1.35
Bg	120～140	0	183	441	376	粉砂质黏壤土	1.33

六合围系代表性单个土体化学性质

深度/cm	pH (H_2O)	有机碳/(g/kg)	全氮(N)/(g/kg)	全磷(P)/(g/kg)	全钾(K)/(g/kg)	全锰/(g/kg)	CEC/(cmol/kg)	交换性盐基总量/(cmol/kg)	游离铁/(g/kg)
0～15	6.1	26.0	1.37	0.68	39.59	0.89	16.6	12.9	12.6
15～22	6.8	21.5	1.87	0.57	40.01	0.87	16.4	15.4	12.6
22～49	8.0	9.6	0.82	0.21	43.76	0.77	12.1	11.1	11.3
49～120	6.7	5.4	0.48	0.49	40.85	0.72	13.8	12.2	16.7
120～140	5.7	5.2	0.51	0.64	40.74	0.84	13.7	7.7	20.4

4.2.5　中塅系（Zhongduan Series）

土　族：黏壤质混合型非酸性热性-普通潜育水耕人为土

拟定者：张杨珠，黄运湘，盛　浩，廖超林，欧阳宁相

中塅系典型景观

分布与环境条件　该土系主要分布于湘东北地区低山丘陵沟谷地，海拔 150～250m；成土母质为板、页岩风化物；土地利用现状为水田，典型种植制度为稻-油或单季稻；属于中亚热带湿润季风气候，年均气温 16～17℃，年均降水量在 1500mm 以上。

土系特征与变幅　诊断层包括水耕表层和水耕氧化还原层；诊断特性包括人为滞水土壤水分状况、潜育特征、氧化还原特征和热性土壤温度状况。土壤润态色调为 10YR，明度 4～6，彩度 3～4。土体厚度在 130cm 以上，土体构型为 Ap1-Ap2-Br-Bg。细土质地为粉砂质壤土、壤土。剖面 43～130cm 有中、强度亚铁反应，具潜育特征。剖面各发生层 pH(H_2O)介于 5.2～5.8，有机碳含量介于 8.0～20.0g/kg，全锰含量介于 0.36～0.78g/kg，游离铁含量介于 9.4～29.4g/kg。

对比土系　六合围系，属于同一亚类，成土母质为河流沉积物，地形部位为低丘平原，表层质地为粉砂质壤土，22～49cm 内有很少量铁锰结核。姜畲系，属于同一亚类，地形部位相似，但成土母质是紫色砂、页岩风化物，表层质地为粉砂质壤土，15～50cm 内有瓦片和砖头等侵入体，土体润态色调为 7.5YR。

利用性能综述　该土系土体发育深厚，耕作层一般；耕层质地为粉砂质壤土，通透性较好，耕性较好，犁底层以下呈壤土，坚实，通透性较差。改良增肥建议：应注重深耕深翻、加深耕层；土壤呈酸性反应，酸化严重，有必要因地制宜施用石灰或碱性改良剂，提升耕层 pH；有机质、全氮和全钾含量丰富，全磷含量较高，可适量增施磷肥。

参比土种　青隔黄泥。

代表性单个土体　位于湖南省长沙市浏阳市大围山镇中塅村赵家组，28°28′21″N，113°58′02″E，海拔 164m，丘陵低丘沟谷地带，成土母质为板、页岩风化物，水田。50cm 深处土温 18.6℃。野外调查时间为 2015 年 1 月 23 日，野外编号 43-CS14。

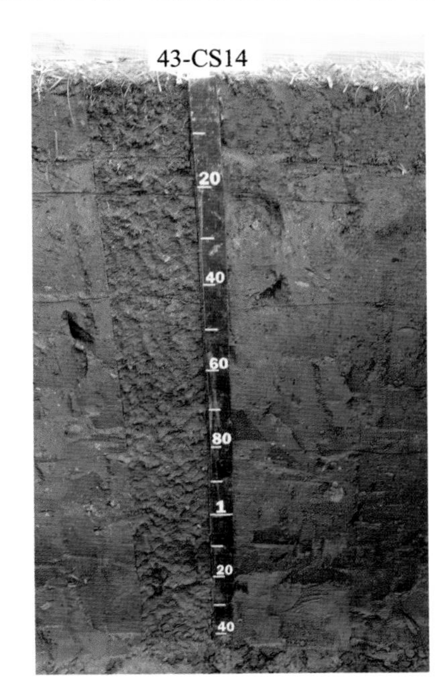

中塅系代表性单个土体剖面

Ap1：0～15cm，黄棕色（2.5Y 5/6，干），浊黄橙色（10YR 6/3，润），中量中、细根系，粉砂质壤土，中发育大、中团粒状结构，多量中、细孔隙，孔隙度≥40%，稍坚实，稍黏着，稍塑，有多量铁锰斑纹分布，向下层平滑渐变过渡。

Ap2：15～22cm，亮黄棕色（2.5Y 6/6，干），浊黄橙色（10YR 6/3，润），少量中、细根系，粉砂质壤土，中发育大、中块状结构，中量中、细孔隙，稍坚实，稍黏着，稍塑，有中量铁锰斑纹和铁斑纹分布，向下层平滑渐变过渡。

Br：22～43cm，亮黄棕色（2.5Y 6/6，干），浊黄橙色（10YR 6/3，润），少量极细根系，壤土，中发育大、中棱块状结构，中量中、细孔隙，坚实，稍黏着，稍塑，有多量铁锰斑纹、少量黏粒胶膜、少量易碎球形铁锰结核分布，向下层不规则清晰过渡。

Bg1：43～81cm，浊黄色（2.5Y 6/3，干），棕色（10YR 4/4，润），壤土，中发育大、中棱块状结构，中量细孔隙，稍坚实，稍黏着，稍塑，有多量铁锰斑纹和少量黏粒胶膜分布，强度亚铁反应，向下层波状渐变过渡。

Bg2：81～119cm，灰黄色（2.5Y 7/2，干），棕色（10YR 4/4，润），粉砂质壤土，弱发育中棱块状结构，中量细孔隙，稍坚实，稍黏着，稍塑，强度亚铁反应，向下层波状突变过渡。

Bg3：119～130cm，灰黄色（2.5Y 7/2，干），浊黄棕色（10YR 5/3，润），粉砂质壤土，弱发育中块状结构，少量细孔隙，稍坚实，稍黏着，稍塑，中度亚铁反应。

中塅系代表性单个土体物理性质

土层	深度/cm	石砾(>2mm，体积分数)/%	细土颗粒组成(粒径：mm)/(g/kg)			质地	容重/(g/cm^3)
			砂粒 2～0.05	粉粒 0.05～0.002	黏粒 <0.002		
Ap1	0～15	1	158	636	206	粉砂质壤土	1.14
Ap2	15～22	10	165	620	215	粉砂质壤土	1.17
Br	22～43	10	392	395	213	壤土	1.57
Bg1	43～81	30	364	416	220	壤土	1.40
Bg2	81～119	30	229	556	215	粉砂质壤土	1.49
Bg3	119～130	0	237	534	229	粉砂质壤土	1.70

中塅系代表性单个土体化学性质

深度 /cm	pH (H_2O)	有机碳 /(g/kg)	全氮(N) /(g/kg)	全磷(P) /(g/kg)	全钾(K) /(g/kg)	全锰 /(g/kg)	CEC /(cmol/kg)	交换性盐基总量 /(cmol/kg)	游离铁 /(g/kg)
0～15	5.4	20.0	2.00	0.78	29.66	0.57	12.9	6.7	21.9
15～22	5.7	17.5	1.66	0.43	31.82	0.78	11.4	6.3	29.4
22～43	5.8	13.6	1.28	0.06	32.55	0.61	8.8	4.9	28.1
43～81	5.4	15.5	1.27	0.10	30.38	0.56	8.6	2.5	15.8
81～119	5.3	18.1	1.21	0.00	29.34	0.41	8.0	1.9	12.5
119～130	5.2	8.0	0.81	0.06	30.34	0.36	5.6	1.7	9.4

4.2.6　姜畲系（Jiangshe Series）

土　族：壤质硅质混合型非酸性热性-普通潜育水耕人为土

拟定者：张杨珠，周　清，盛　浩，廖超林，张　亮，欧阳宁相

分布与环境条件　该土系主要分布于湘东地区的丘陵低丘高阶地，海拔 30～100m；成土母质为紫色砂、页岩风化物；土地利用类型为水田，代表性种植制度为稻-稻或稻-稻-油；属于中亚热带湿润季风气候，年均气温 16～19℃，年均降水量 1300～1500mm。

姜畲系典型景观

土系特征与变幅　诊断层包括水耕表层和水耕氧化还原层；诊断特性包括人为滞水土壤水分状况、潜育特征、氧化还原特征和热性土壤温度状况。土体厚度在 140cm 以上，土体构型为 Ap1-Ap2g-Br-Bg-Br。耕作层厚度一般，疏松，质地为粉砂质壤土；犁底层较厚且坚实，质地为粉砂质壤土。土壤润态色调为 7.5YR，明度 3～4，彩度 4～6。土体中有很少量到少量铁斑纹和很少量到中量黏粒-铁锰胶膜分布。剖面各发生层 pH（H_2O）介于 6.5～7.5，有机碳含量介于 0.31～0.51g/kg，全锰含量介于 12.9～18.0g/kg，游离铁含量介于 12.1～18.2g/kg。

对比土系　燕朝系，属于同一亚类，成土母质为石灰岩风化物，地形部位为低丘低阶地，表层质地为粉砂质黏壤土，土壤润态色调为 10YR。双家冲系，属于同一亚类，地形部位相似，但成土母质为花岗岩风化物，表层质地为壤土，土体润态色调为 10YR。

利用性能综述　该土系土体发育较深厚，耕作层厚度一般，但结构良好，疏松易耕，耕层质地较轻，犁底层以下呈粉砂质壤土，坚实，通透性较差。改良增肥建议：用深翻耕加深耕层。该土系有机质和全氮含量丰富，全钾含量较低，应增施钾肥。

参比土种　碱紫泥。

代表性单个土体　位于湖南省湘潭市雨湖区姜畲镇姜畲村腰塘组，27°51′16.44″N，112°45′45.36″E，海拔 47m，丘陵下部，成土母质为紫色砂、页岩风化物，水田。50cm 深处土温 19.4℃。野外调查时间为 2016 年 1 月 6 日，野外编号 43-XT11。

姜畲系代表性单个土体剖面

Ap1：0～15cm，浊棕色（7.5YR 6/3，干），暗棕色（7.5YR 3/4，润），多量中、细根系，粉砂质壤土，中发育大、中团粒状结构，多量中、细孔隙，疏松，黏着，中塑，有少量铁斑纹、很少量黏粒-铁锰胶膜分布，向下层波状渐变过渡。

Ap2g：15～23cm，浊棕色（7.5YR 5/4，干），暗棕色（7.5YR 3/4，润），中量中、细根系，粉砂质壤土，中发育大、中块状结构，中量细孔隙，稍坚实，黏着，中塑，有少量铁斑纹、很少量黏粒-铁锰胶膜分布，有瓦片（2～3 块）等侵入体分布，轻度亚铁反应，向下层平滑渐变过渡。

Br1：23～50cm，亮棕色（7.5YR 5/6，干），暗棕色（7.5YR 3/4，润），少量极细根系，粉砂质壤土，弱发育大、中块状结构，少量细孔隙，石砾含量约 5%，很坚实，黏着，中塑，有很少量铁斑纹、中量黏粒-铁锰胶膜分布，有小砖头（2～3 块）等侵入体分布，向下层平滑渐变过渡。

Bg：50～70cm，亮棕色（7.5YR 5/6，干），棕色（7.5YR 4/6，润），粉砂质壤土，弱发育大、中棱柱状结构，很坚实，黏着，中塑，有少量铁斑纹、中量黏粒-铁锰胶膜分布，中度亚铁反应，向下层波状渐变过渡。

Br2：70～95cm，浊橙色（7.5YR 6/4，干），棕色（7.5YR 4/6，润），粉砂质壤土，弱发育大、中棱柱状结构，很坚实，黏着，中塑，有很少量铁斑纹、中量黏粒-铁锰胶膜分布，向下层平滑渐变过渡。

Br3：95～145cm，浊橙色（7.5YR 6/4，干），棕色（7.5YR 4/6，润），粉砂质壤土，弱发育大、中棱柱状结构，很坚实，黏着，中塑，有很少量锰斑纹、中量黏粒-铁锰胶膜分布。

姜畲系代表性单个土体物理性质

土层	深度/cm	石砾(>2mm，体积分数)/%	细土颗粒组成(粒径：mm)/(g/kg)			质地	容重/(g/cm^3)
			砂粒 2～0.05	粉粒 0.05～0.002	黏粒 <0.002		
Ap1	0～15	0	253	523	224	粉砂质壤土	0.90
Ap2g	15～23	0	246	548	206	粉砂质壤土	1.23
Br1	23～50	5	253	564	183	粉砂质壤土	1.46
Bg	50～70	0	261	579	160	粉砂质壤土	1.52
Br2	70～95	0	247	558	195	粉砂质壤土	1.56
Br3	95～145	0	278	520	202	粉砂质壤土	1.62

姜畲系代表性单个土体化学性质

深度/cm	pH (H_2O)	有机碳/(g/kg)	全氮(N)/(g/kg)	全磷(P)/(g/kg)	全钾(K)/(g/kg)	全锰/(g/kg)	CEC/(cmol/kg)	交换性盐基总量/(cmol/kg)	游离铁/(g/kg)
0～15	6.6	0.33	27.6	2.22	0.55	15.4	6.6	18.3	13.5
15～23	6. 5	0.33	24.2	1.81	0.59	15.2	6.5	20.2	13.9
23～50	7.5	0.39	14.3	1.11	0.23	14.7	7.5	21.7	18.2
50～70	7.3	0.31	11.0	0.83	0.39	12.9	7.3	21.6	15.1
70～95	7.3	0.47	6.8	0.57	0.45	18.0	7.3	21.1	14.0
95～145	7.5	0.51	4.9	0.00	0.28	17.7	7.5	17.3	12.1

4.3　漂白铁聚水耕人为土

4.3.1　放羊坪系（Fangyangping Series）

土　族：黏壤质硅质混合型非酸性热性-漂白铁聚水耕人为土

拟定者：张杨珠，张　亮，曹　俏，罗　卓，欧阳宁相

放羊坪系典型景观

分布与环境条件　该土系主要分布于湘西北地区平原地带，海拔 20～80m，成土母质为第四纪红色黏土。土地利用现状为水田，典型种植制度为稻-稻。属于中亚热带湿润季风气候，年均气温 16～17℃，年均降水量 1200～1900mm。

土系特征与变幅　诊断层包括水耕表层、水耕氧化还原层和漂白层；诊断特性包括人为滞水土壤水分状况、氧化还原特征、热性土壤温度状况和铁质特性。土壤润态色调为 10YR，明度 4～7，彩度 3～8。土体厚度在 130cm 以上，土体构型为 Ap1-Ap2-Br-E-BrE。耕作层较厚，犁底层厚且坚实，剖面细土质地上层为粉砂质黏壤土，下层为粉砂质壤土。剖面各发生层 pH（H_2O）介于 6.0～7.1，有机碳含量介于 2.1～26.0g/kg，全锰含量介于 0.28～0.91g/kg，游离铁含量介于 14.4～22.3g/kg。

对比土系　中塘系，属于同一土族，成土母质相同，地形地貌相似，表层具有少量砖片等侵入体，表层以下具有中、多量铁锰结核，土体润态色调为 7.5YR。

利用性能综述　土体深厚，土质适中，有机质和全氮含量高，但全磷和全钾含量偏低，应增施磷肥和钾肥，增施有机肥和实行秸秆还田以培肥土壤，改善土壤结构。

参比土种　白散泥。

代表性单个土体　位于湖南省常德市鼎城区草坪镇放羊坪村，28°52′06″N，111°39′28″E，海拔 38m，平原，成土母质为第四纪红色黏土，水田。50cm 深处土温 19.0℃。野外调查时间为 2016 年 12 月 16 日，野外编号 43-CD13。

放羊坪系代表性单个土体剖面

Ap1：0～22cm，浊黄橙色（10YR 7/3，干），浊黄棕色（10YR 4/3，润），多量中、细根系，粉砂质黏壤土，强发育大、中团粒状结构，多量细粒间孔隙、根孔、气孔和动物穴，疏松，黏着，稍塑，有多量铁锰斑纹分布，向下层波状渐变过渡。

Ap2：22～33cm，灰黄棕色（10YR 6/2，干），棕色（10YR 4/4，润），中量中、细根系，粉砂质壤土，强发育大块状结构，中量细粒间孔隙、根孔、气孔和动物穴，坚实，稍黏着，稍塑，有多量铁锰斑纹分布，向下层平滑清晰过渡。

Br：33～50cm，淡黄橙色（10YR 8/4，干），亮黄棕色（10YR 6/8，润），少量极细根系，粉砂质壤土，强发育大块状结构，少量很细粒间孔隙、根孔，稍坚实，稍黏着，稍塑，有中量铁锰斑纹、多量铁锰胶膜分布，有少量瓦片等侵入体，向下层平滑清晰过渡。

E：50～70cm，黄橙色（10YR 8/6，干），浊黄橙色（10YR 7/4，润），粉砂质壤土，中发育大块状结构，少量很细粒间孔隙，坚实，稍黏着，中塑，有多量铁锰斑纹、多量黏粒胶膜和铁锰胶膜、少量铁锰结核分布，向下层波状清晰过渡。

BrE：70～130cm，黄橙色（10YR 8/8，干），浊黄橙色（10YR 6/4，润），粉砂质壤土，中发育大块状结构，少量很细粒间孔隙，极坚实，稍黏着，中塑，有很多量铁锰斑纹、多量黏粒胶膜和铁锰胶膜、多量铁锰结核分布。

放羊坪系代表性单个土体物理性质

土层	深度/cm	石砾(>2mm,体积分数)/%	细土颗粒组成(粒径：mm)/(g/kg)			质地	容重/(g/cm^3)
			砂粒 2～0.05	粉粒 0.05～0.002	黏粒 <0.002		
Ap1	0～22	0	92	626	282	粉砂质黏壤土	0.94
Ap2	22～33	0	72	721	207	粉砂质壤土	1.42
Br	33～50	0	57	705	238	粉砂质壤土	1.55
E	50～70	0	144	594	262	粉砂质壤土	1.77
BrE	70～130	0	198	549	253	粉砂质壤土	1.59

放羊坪系代表性单个土体化学性质

深度/cm	pH(H_2O)	有机碳/(g/kg)	全氮(N)/(g/kg)	全磷(P)/(g/kg)	全钾(K)/(g/kg)	全锰/(g/kg)	CEC/(cmol/kg)	交换性盐基总量/(cmol/kg)	游离铁/(g/kg)
0～22	6.0	26.0	2.39	0.58	13.97	0.28	14.0	6.6	14.6
22～33	6.9	13.3	1.27	0.31	15.71	0.49	11.9	10.7	14.4
33～50	7.0	3.3	0.51	0.24	16.21	0.91	7.6	5.3	21.0
50～70	7.1	2.1	0.48	0.19	15.66	0.52	8.9	3.9	14.7
70～130	7.1	2.1	0.37	0.26	16.28	0.65	8.5	4.2	22.3

4.3.2　中塘系（Zhongtang Series）

土　族：黏壤质硅质混合型非酸性热性-漂白铁聚水耕人为土

拟定者：张杨珠，周　清，张　亮，曹　俏，罗　卓，欧阳宁相

中塘系典型景观

分布与环境条件　该土系主要分布于湘北地区洞庭湖平原地带，海拔 20～50m；成土母质为第四纪红色黏土；土地利用现状为水田，典型种植制度为稻-稻；属于中亚热带湿润季风气候，年均气温 16.9℃～17.5℃，年均降水量 1432.8mm 左右。

土系特征与变幅　诊断层包括水耕表层、水耕氧化还原层和漂白层；诊断特性包括人为滞水土壤水分状况、氧化还原特征、热性土壤温度状况和铁质特性。土壤润态色调为 7.5YR，明度 3～6，彩度 3～4。土体厚度大于 130cm，土体构型为 Ap1-Ap2-Br-E-Br。30～60cm 为水耕氧化还原层。耕作层厚，底层较厚且坚实，土壤剖面上层质地为粉砂质黏壤土，下层为黏壤土。剖面各发生层 pH（H_2O）介于 5.4～7.6，有机碳含量介于 3.6～28.9g/kg，全锰含量介于 0.23～1.41g/kg，游离铁含量介于 16.5～42.2g/kg。

对比土系　放羊坪系，属于同一土族，成土母质相同，地形部位相似，33～50cm 有少量瓦片等侵入体，50～130cm 内有少、多量铁锰结核，土体润态色调为 10YR。

利用性能综述　该土系土体发育深厚，耕作层厚；耕层质地为粉砂质黏壤土，耕性好。有机质、全氮、全磷含量高，全钾含量较高。改良增肥建议：应注意合理利用，施用有机肥、种植绿肥，培肥土壤。

参比土种　铁子白散泥。

代表性单个土体　位于湖南省益阳市赫山区泉交河镇中塘村，28°29′50″N，112°30′31″E，海拔 32m，平原低阶地，成土母质为第四纪红色黏土，水田。50cm 深处土温 19.1℃。野外调查时间为 2016 年 12 月 29 日，野外编号 43-YIY11。

中塘系代表性单个土体剖面

Ap1：0～18cm，浊橙色（7.5YR 7/3，干），暗棕色（7.5YR 3/3，润），多量中、细根系，粉砂质黏壤土；强发育团粒状结构，中量细粒间孔隙、根孔、气孔和动物穴，疏松，极黏着，中塑，少量砖片，少量蚯蚓、蚂蚁，向下层平滑渐变过渡。

Ap2：18～30cm，浊橙色（7.5YR 6/4，干），浊棕色（7.5YR 5/4，润），多量中、细根系，粉砂质黏壤土，强发育块状结构，多量细粒间孔隙、根孔、气孔，稍坚实，稍黏着，中塑，有中量铁锰胶膜，有少量砖片，向下层平滑渐变过渡。

Br1：30～60cm，浊棕色（7.5YR 6/3，干），红棕色（7.5YR 5/4，润），少量极细根系，粉砂质壤土，强发育大块状结构，中量细粒间孔隙、气孔、根孔，稍坚实，黏着，中塑，有多量铁锰斑纹、胶膜和中量结核分布，向下层平滑清晰过渡。

E：60～77cm，淡黄橙色（7.5YR 8/3，干），浊橙色（7.5YR 6/4，润），粉砂质壤土，强发育大块状结构，中量细粒间孔隙、气孔，稍坚实，稍黏着，强塑，有多量铁锰斑纹、胶膜和中量结核分布，向下层平滑突变过渡。

Br2：77～110cm，淡黄橙色（7.5YR 8/3，干），浊橙色（7.5YR 6/4，润），粉砂质黏壤土，中发育块状结构，少量细粒间孔隙，稍坚实，黏着，中塑，有多量铁锰斑纹、胶膜和结核分布，向下层不规则渐变过渡。

Br3：110～130cm，淡棕灰色（7.5YR 7/2，干），浊棕色（7.5YR 5/3，润），黏壤土，中发育块状结构，少量细粒间孔隙，坚实，稍黏着，中塑，有多量铁锰斑纹、多量铁锰胶膜和黏粒胶膜和多量铁锰结核分布。

中塘系代表性单个土体物理性质

土层	深度/cm	石砾(>2mm，体积分数)/%	细土颗粒组成(粒径：mm)/(g/kg)			质地	容重/(g/cm^3)
			砂粒 2～0.05	粉粒 0.05～0.002	黏粒 <0.002		
Ap1	0～18	0	70	591	339	粉砂质黏壤土	0.75
Ap2	18～30	0	26	640	334	粉砂质黏壤土	1.34
Br1	30～60	0	96	649	255	粉砂质壤土	1.55
E	60～77	0	131	618	251	粉砂质壤土	1.56
Br2	77～110	0	151	559	290	粉砂质黏壤土	1.51
Br3	110～130	0	276	418	306	黏壤土	1.38

中塘系代表性单个土体化学性质

深度 /cm	pH (H_2O)	有机碳 /(g/kg)	全氮(N) /(g/kg)	全磷(P) /(g/kg)	全钾(K) /(g/kg)	全锰 /(g/kg)	CEC /(cmol/kg)	交换性盐基总量 /(cmol/kg)	游离铁 /(g/kg)
0～18	5.4	28.9	2.75	0.92	14.08	0.28	19.3	5.5	24.5
18～30	6.5	14.0	1.44	0.60	15.28	0.46	14.4	8.0	27.6
30～60	6.7	7.0	0.67	0.42	15.88	0.82	14.1	7.8	25.6
60～77	7.3	3.6	1.73	0.28	13.97	0.60	8.4	7.2	16.5
77～110	7.6	4.4	0.48	0.35	13.99	0.23	13.1	5.4	42.2
110～130	7.4	4.8	0.54	0.42	16.79	1.41	26.3	10.2	35.2

4.4 底潜铁聚水耕人为土

4.4.1 廖家坡系（Liaojiapo Series）

土 族：黏壤质硅质混合型非酸性热性-底潜铁聚水耕人为土

拟定者：张杨珠，周 清，盛 浩，曹 俏，欧阳宁相

分布与环境条件 该土系主要分布于湘西北地区武陵山脉北麓的中山和丘陵岗地带，海拔400～500m；成土母质以板、页岩风化物居多；土地利用类型为水田，典型种植制度为稻-油或单季稻；属中亚热带湿润季风气候，年均气温16.5～17.5℃，年均降水量1300～1400mm。

廖家坡系典型景观

土系特征与变幅 诊断层包括水耕表层和水耕氧化还原层；诊断特性包括人为滞水土壤水分状况、潜育特征、氧化还原特征和热性土壤温度状况。土壤润态色调为7.5YR，明度5～7，彩度1～3。土体厚度大于110cm，土体构型为Ap1-Ap2-Br-Bg。剖面大于70cm有中、强度亚铁反应，为潜育特征。表层土壤质地为粉砂质黏壤土。剖面各发生层pH（H_2O）介于5.4～5.8，有机碳含量介于5.3～24.5g/kg，全锰含量介于0.15～0.38g/kg，游离铁含量介于6.8～11.9g/kg。

对比土系 排兄系，属于同一土族，但成土母质为石灰岩风化物，地形部位为丘陵低丘中坡，13～24cm有少量瓦片等侵入体，土体润态色调为7.5YR。

利用性能综述 该土系土体深厚，质地适中，耕性好。有机质、磷和钾含量较高。下层通透性差，上层滞水严重。改良增肥建议：应改善排水条件，深沟排水，降低渍害；水旱轮作，干耕晒垡，改善土壤通透性能；增施有机肥和实行秸秆还田以培肥土壤，改善土壤结构；合理施用磷肥和钾肥。

参比土种 黄泥田。

代表性单个土体 位于湖南省张家界市桑植县沙塔坪乡廖家坡村，29°34′40″N，110°3′25″E，海拔409.6m，丘陵高丘的沟谷地底部，成土母质为板、页岩风化物，水田。50cm深处土温17.1℃。野外调查时间是2017年11月29日，野外编号43-ZJJ04。

廖家坡系代表性单个土体剖面

Ap1：0～16cm，棕灰色（10YR 6/1，干），灰棕色（7.5YR 5/1，润），多量中、细根系，粉砂质黏壤土，强发育大、中团粒状结构，多量细粒间孔隙和多量根孔、气孔、动物穴，疏松，黏着，强塑，有中量大铁斑纹、少量黏粒胶膜分布，有少量黄鳝，向下层波状模糊过渡。

Ap2：16～25cm，淡灰色（10YR 7/1，干），灰棕色（7.5YR 6/2，润），中量中、细根系，粉砂质黏壤土，强发育大、中块状结构，少量细粒间孔隙、根孔、气孔，稍坚实，稍黏着，强塑，有中量中铁斑纹、少量黏粒胶膜分布，向下层波状模糊过渡。

Br1：25～40cm，浊黄橙色（10YR 7/2，干），灰棕色（7.5YR 5/2，润），少量极细根系，粉砂质黏壤土，强发育大块状结构，中量中、细孔隙，坚实，稍黏着，强塑，有中量大铁斑纹、少量黏粒胶膜分布，向下层波状模糊过渡。

Br2：40～70cm，浊黄橙色（10YR 7/2，干），浊橙色（7.5YR 7/3，润），少量极细根系，粉砂质黏壤土，中发育大棱块状结构，少量细孔隙，少量页岩碎屑，坚实，稍黏着，强塑，有中量大铁斑纹、少量黏粒胶膜分布，向下层波状清晰过渡。

Bg1：70～90cm，棕灰色（10YR 6/1，干），浊棕色（7.5YR 6/3，润），粉砂质黏壤土，中发育大棱块状结构，少量细孔隙，坚实，稍黏着，强塑，有中量大铁斑纹、多量黏粒胶膜分布，有中度亚铁反应，向下层平滑渐变过渡。

Bg2：90～110cm，棕灰色（10YR 6/1，干），棕灰色（7.5YR 6/1，润），粉砂质黏壤土，弱发育的大块状结构，少量细孔隙，少量页岩碎屑，稍坚实，黏着，中塑，有少量铁锰斑纹和黏粒胶膜分布，有强度亚铁反应，向下层波状模糊过渡。

Bg3：110cm 以下，淡灰色（10YR 7/1，干），浊棕色（7.5YR 5/3，润），粉砂质壤土，弱发育小块状结构，中量中、细孔隙，中量页岩碎屑，坚实，稍黏着，稍塑，有强度亚铁反应。

廖家坡系代表性单个土体物理性质

土层	深度/cm	石砾(>2mm，体积分数)/%	细土颗粒组成(粒径：mm)/(g/kg)			质地	容重/(g/cm³)
			砂粒 2～0.05	粉粒 0.05～0.002	黏粒 <0.002		
Ap1	0～16	0	84	566	350	粉砂质黏壤土	0.86
Ap2	16～25	0	101	582	317	粉砂质黏壤土	1.03
Br1	25～40	0	91	597	312	粉砂质黏壤土	1.30
Br2	40～70	2	85	562	353	粉砂质黏壤土	1.41
Bg1	70～90	0	64	651	285	粉砂质黏壤土	1.24
Bg2	90～110	2	78	635	287	粉砂质黏壤土	1.42
Bg3	>110	15	157	596	247	粉砂质壤土	—

廖家坡系代表性单个土体化学性质

深度 /cm	pH (H_2O)	有机碳 /(g/kg)	全氮(N) /(g/kg)	全磷(P) /(g/kg)	全钾(K) /(g/kg)	全锰 /(g/kg)	CEC /(cmol/kg)	交换性盐基总量 /(cmol/kg)	游离铁 /(g/kg)
0～16	5.4	24.5	1.54	0.47	18.22	0.15	11.1	2.5	6.8
16～25	5.7	19.9	1.22	0.37	24.27	0.15	9.9	2.8	10.1
25～40	5.7	16.8	1.18	0.29	21.75	0.22	9.9	3.4	11.9
40～70	5.8	15.1	1.02	0.36	21.14	0.32	9.7	4.0	11.0
70～90	5.5	15.1	1.00	0.23	21.12	0.28	9.3	3.5	9.1
90～110	5.5	14.6	0.93	0.23	21.72	0.33	8.6	2.8	7.6
>110	5.7	5.3	0.57	0.31	28.20	0.38	8.9	3.0	10.4

4.4.2　排兄系（Paixiong Series）

土　族：黏壤质硅质混合型非酸性热性-底潜铁聚水耕人为土

拟定者：张杨珠，周　清，黄运湘，盛　浩，曹　俏，欧阳宁相

排兄系典型景观

分布与环境条件　该土系主要分布于湘西地区丘陵低丘中坡地带，海拔 600～630m；成土母质为石灰岩风化物；土地利用现状为水田，典型种植制度为稻-油或单季稻；属中亚热带湿润季风气候，年均气温 16.0～17.3℃，年均降水量 1300～1450mm。

土系特征与变幅　诊断层包括水耕表层和水耕氧化还原层；诊断特性包括人为滞水土壤水分状况、潜育现象、氧化还原特征、热性土壤温度状况、潜育特征和铁质特性。土壤润态色调为 7.5YR，明度 4～6，彩度 3～8。土体厚度在 130cm 以上，土体构型为 Ap1-Ap2-Br-Bg-Br。Bg 层有中度亚铁反应，具有潜育特征。表层土壤质地为粉砂质黏壤土，土体自上而下由松软变为稍坚实再变为坚实。剖面各发生层 pH（H_2O）介于 5.9～7.0，有机碳含量介于 6.2～27.1g/kg，全锰含量介于 0.14～0.56g/kg，游离铁含量介于 11.9～32.8g/kg。

对比土系　廖家坡系，属于同一土族，但成土母质为板、页岩风化物，地形部位为丘陵高丘的沟谷地底部，40～70cm、90cm 以下具有少、中量岩石碎屑，土体润态色调为 7.5YR。

利用性能综述　该土系土体发育深厚，虽耕作层较浅，但表层质地为粉砂质黏壤土，质地适中，耕性好。耕层土壤有机质含量丰富，全氮、全磷和全钾含量较丰富。表层土壤有轻度滞水现象。培肥与改良建议：搞好农田基本建设，强化灌溉条件；增施有机肥和实行秸秆还田以培肥土壤，改善土壤结构；大力种植绿肥，实行用地养地相结合；合理施用磷肥和钾肥，平衡土壤养分。

参比土种　灰黄泥。

代表性单个土体　位于湖南省湘西土家族苗族自治州吉首市矮寨镇排兄村，28°20′00″N，109°33′30″E，海拔 606.2m，丘陵低丘中坡地带，水田。50cm 深处土温 17.0℃。野外调查时间是 2018 年 1 月 15 日，野外编号 43-XX09。

排兄系代表性单个土体剖面

Ap1：0～13cm，棕灰色（10YR 6/1，干），棕色（7.5YR 4/3，润），多量中、细根系，粉砂质黏壤土，强发育和中发育团粒状结构，多量细粒间孔隙、根孔、气孔、动物孔穴，疏松，黏着，中塑，多量中铁锰斑纹，多量黏粒-铁锰氧化物胶膜，有少量蚯蚓、蚂蟥等土壤动物，向下层波状模糊过渡。

Ap2：13～24cm，灰黄棕色（10YR 6/2，干），棕色（7.5YR 4/3，润），中量中、细根系，粉砂质黏壤土，中发育的块状结构，多量细粒间孔隙、根孔、气孔和动物孔穴，稍坚实，稍黏着，中塑，有少量小铁锰斑纹、多量黏粒-铁锰氧化物胶膜分布，有少量瓦片，少量蚯蚓、蚂蟥等土壤动物，向下层波状清晰过渡。

Br1：24～35cm，浊黄橙色（10YR 7/3，干），浊棕色（7.5YR 5/4，润），少量极细根系，粉砂质黏壤土，中发育中棱块状结构，中量细粒间孔隙、根孔，稍坚实，稍黏着，中塑，有少量小铁锰斑纹、多量黏粒-铁锰氧化物胶膜分布，向下层波状渐变过渡。

Br2：35～60cm，浊黄橙色（10YR 7/2，干），棕色（7.5YR 4/3，润），粉砂质黏壤土，中发育中棱块状结构，少量细粒间孔隙、根孔、气孔，稍坚实，稍黏着，中塑，有少量小铁锰斑纹、多量黏粒-铁锰氧化物胶膜分布，向下层波状渐变过渡。

Bg：60～80cm，浊黄橙色（10YR 7/3，干），棕色（7.5YR 4/3，润），黏壤土，中发育中棱块状结构，少量中孔隙度的细粒间孔隙，稍坚实，稍黏着，中塑，有少量小铁锰斑纹、中量黏粒-铁锰氧化物胶膜分布，中度亚铁反应，向下层波状渐变过渡。

Br3：80～140cm，浊黄橙色（10YR 7/4，干），橙色（7.5YR 6/8，润），粉砂质黏壤土，中发育中棱块状结构，少量中孔隙度的细粒间孔隙，坚实，稍黏着，稍塑，有少量黏粒-铁锰氧化物胶膜分布。

排兄系代表性单个土体物理性质

土层	深度/cm	石砾(>2mm，体积分数)/%	细土颗粒组成(粒径：mm)/(g/kg)			质地	容重/(g/cm^3)
			砂粒 2～0.05	粉粒 0.05～0.002	黏粒 <0.002		
Ap1	0～13	0	78	601	321	粉砂质黏壤土	0.92
Ap2	13～24	0	79	609	312	粉砂质黏壤土	1.18
Br1	24～35	0	144	513	343	粉砂质黏壤土	1.26
Br2	35～60	0	154	540	306	粉砂质黏壤土	1.33
Bg	60～80	0	218	453	329	黏壤土	1.35
Br3	80～140	0	61	575	364	粉砂质黏壤土	1.42

排兄系代表性单个土体化学性质

深度 /cm	pH (H_2O)	有机碳 /(g/kg)	全氮(N) /(g/kg)	全磷(P) /(g/kg)	全钾(K) /(g/kg)	全锰 /(g/kg)	CEC /(cmol/kg)	交换性盐基总量 /(cmol/kg)	游离铁 /(g/kg)
0～13	6.3	27.1	1.70	0.81	14.55	0.14	16.3	8.6	11.9
13～24	5.9	20.8	1.36	0.65	14.52	0.17	14.6	6.5	15.9
24～35	7.0	7.1	0.64	0.47	18.24	0.40	14.1	7.3	28.1
35～60	6.7	8.7	0.57	0.53	14.88	0.40	12.0	7.5	15.8
60～80	6.8	9.3	0.61	0.52	14.87	0.39	13.0	7.9	17.8
80～140	6.6	6.2	0.50	0.33	17.26	0.56	19.6	10.4	32.8

4.4.3 永和系（Yonghe Series）

土 族：黏壤质硅质混合型非酸性热性-底潜铁聚水耕人为土

拟定者：张杨珠，周 清，黄运湘，廖超林，盛 浩，欧阳宁相

分布与环境条件 该土系主要分布于湘中地区长浏平原丘陵低山湖缘地带，海拔 30～80m；成土母质为紫色砂、页岩风化物。土地利用现状为水田，典型种植制度为稻-稻或稻-稻-油，属中亚热带湿润季风气候，年均气温 16.5～17.4℃，年均降水量 1400～1500mm。

永和系典型景观

土系特征与变幅 诊断层包括水耕表层和水耕氧化还原层；诊断特性包括人为滞水土壤水分状况、潜育特征、氧化还原特征和热性土壤温度状况。土体润态色调为 10YR，明度 3～6，彩度 1～4。土体厚度≥130cm，土体构型为 Ap1-Ap2-Br-Bg-Br-Bg，Br 层厚度≥20cm，有铁锰斑纹，甚至结核、棱柱块结构。土体自上而下较坚实-坚实。表层以下具有数量不等的铁锰斑纹和结核，仅 Bg 层有少量黏粒胶膜。Bg 层具有潜育特征。剖面各发生层 pH（H_2O）介于 7.3～8.2，有机碳含量介于 2.7～23.8g/kg，全锰含量介于 0.12～0.33g/kg，游离铁含量介于 12.5～30.3g/kg。

对比土系 廖家坡系，属于同一土族，但成土母质为板、页岩风化物，地形部位为丘陵高丘的沟谷地底部，40～70cm、90cm 以下具有少、中量岩石碎屑，土体润态色调为 7.5YR。排兄系，属于同一土族，但成土母质为石灰岩风化物，地形部位为丘陵低丘中坡，13～24cm 有少量瓦片等侵入体，土体润态色调为 7.5YR。

利用性能综述 该土系土体发育深厚，且耕作层较厚，表层质地为黏壤土，质地适中，耕性好。耕层土壤有机质含量丰富，全氮、全磷和全钾含量较丰富。60cm 深处土壤有轻度滞水现象。培肥与改良建议：搞好农田基本建设，强化灌溉与排水条件；增施有机肥和实行秸秆还田以培肥土壤，改善土壤结构；大力种植绿肥，实行用地养地相结合；适当增施磷肥和钾肥，平衡土壤养分。

参比土种 碱紫泥。

代表性单个土体 位于湖南省长沙市浏阳市永安镇永和村湖家组，28°16′29″N，113°21′05″E，海拔 60m，低丘沟谷地带，水田。50cm 深处土温 19.1℃。野外调查时间为 2014 年 12 月 24 日，野外编号 43-CS03。

永和系代表性单个土体剖面

Ap1：0～18cm，浊黄橙色（10YR 6/3，干），棕色（10YR 4/4，润），多量中、细根系，黏壤土，强发育大、中团粒状结构，多量中、细孔隙，稍坚实，稍黏着，中塑，有多量铁锰斑纹分布，向下层波状渐变过渡。

Ap2：18～25cm，浊黄橙色（10YR 6/3，干），暗棕色（10YR 3/3，润），中量中、细根系，壤土，强发育大、中块状结构，少量中、细孔隙，稍坚实，黏着，中塑，向下层平滑清晰过渡。

Br1：25～37cm，浊黄橙色（10YR 6/3，干），黑棕色（10YR 3/2，润），少量极细根系，壤土，中发育大、中棱块状结构，少量细孔隙，坚实，黏着，中塑，有中量铁锰斑纹分布，向下层波状渐变过渡。

Br2：37～57cm，灰黄棕色（10YR 5/2，干），黑棕色（10YR 3/1，润），很少量极细根系，黏壤土，中发育棱块状结构，少量中、细孔隙，稍坚实，黏着，中塑，有中量铁锰斑纹、少量易碎球形铁锰结核分布，向下层波状渐变过渡。

Bg1：57～72cm，灰黄棕色（10YR 6/2，干），暗棕色（10YR 3/4，润），砂质黏壤土，中发育大、中棱块状结构，少量中、细孔隙，坚实，稍黏着，稍塑，有中量铁锰斑纹、少量易碎球形铁锰结核分布，有轻度亚铁反应，向下层波状清晰过渡。

Br3：72～99cm，浊黄橙色（10YR 7/3，干），浊黄橙色（10YR 6/3，润），砂质黏土，中发育大、中棱块状结构，少量中、细孔隙，稍坚实，稍黏着，稍塑，有中量铁锰斑纹、少量易碎球形铁锰结核分布，向下层平滑清晰过渡。

Bg2：99～130cm，浊黄橙色（10YR 7/3，干），浊黄橙色（10YR 6/3，润），黏土，中发育大、中棱块状结构，少量细孔隙，坚实，黏着，中塑，有中量铁锰斑纹、少量黏粒胶膜分布，少量易碎球形铁锰结核。

永和系代表性单个土体物理性质

土层	深度/cm	石砾(>2mm，体积分数)/%	细土颗粒组成(粒径：mm)/(g/kg)			质地
			砂粒 2～0.05	粉粒 0.05～0.002	黏粒 <0.002	
Ap1	0～18	0	301	422	277	黏壤土
Ap2	18～25	0	368	387	245	壤土
Br1	25～37	0	295	453	252	壤土
Br2	37～57	0	429	295	276	黏壤土
Bg1	57～72	0	565	107	328	砂质黏壤土
Br3	72～99	0	550	86	364	砂质黏土
Bg2	99～130	0	333	255	412	黏土

永和系代表性单个土体化学性质

深度/cm	pH (H_2O)	有机碳/(g/kg)	全氮(N)/(g/kg)	全磷(P)/(g/kg)	全钾(K)/(g/kg)	全锰/(g/kg)	CEC/(cmol/kg)	交换性盐基总量/(cmol/kg)	游离铁/(g/kg)
0～18	8.0	23.8	0.75	0.69	15.83	0.33	17.0	14.7	18.1
18～25	8.1	22.8	0.81	0.32	16.24	0.25	17.9	15.4	17.3
25～37	8.1	19.0	0.70	0.28	13.28	0.20	17.3	15.5	16.3
37～57	8.2	19.7	0.53	0.15	10.79	0.15	16.3	14.4	15.8
57～72	8.2	8.9	0.31	0.16	15.83	0.12	15.0	13.1	12.5
72～99	7.4	5.8	0.15	0.12	19.51	0.28	16.9	11.8	21.3
99～130	7.3	2.7	0.12	0.07	19.46	0.19	20.4	15.3	30.3

4.5　普通铁聚水耕人为土

4.5.1　柏树系（Baishu Series）

土　族：砂质硅质混合型非酸性热性-普通铁聚水耕人为土

拟定者：张杨珠，盛　浩，张　亮，彭　涛，欧阳宁相

柏树系典型景观

分布与环境条件　该土系主要分布于湘东地区的低山丘陵地带，海拔 150～250m；成土母质为花岗岩风化物；土地利用现状为水田，典型种植制度为稻-稻或稻-稻-油；属于中亚热带湿润季风气候，年均气温 16～19℃，年均降水量 1300～1500mm。

土系特征与变幅　诊断层包括水耕表层和水耕氧化还原层；诊断特性包括人为滞水土壤水分状况、氧化还原特征和热性土壤温度状况。土壤润态色调为 10YR，明度 3～5，彩度 2～4。土体厚度在 135cm 以上，土体构型为 Ap1-Ap2-Br，表层质地为壤土，下层为砂质壤土。土体中可见多量铁斑纹和黏粒-铁锰胶膜。剖面各发生层 pH（H_2O）介于 5.1～6.5，有机碳含量介于 3.7～21.7g/kg，全锰含量介于 0.12～0.24g/kg，游离铁含量介于 2.9～7.9g/kg。

对比土系　梅林系，属于同一土族，地形部位相似，但成土母质不同，为紫色砂、页岩风化物和第四纪红色黏土混合物，表层质地为砂质壤土。下铺系，属于同一土族，母质为板、页岩风化物，50～140cm 范围内具有中、多量锰结核。高家场系，属于同一土族，但地形部位不同，为中丘中坡，表层质地为砂质黏壤土，通体均无铁锰结核、新生体。

利用性能综述　该土系土体发育深厚，耕作层较深厚，耕作层质地为壤土，质地较轻，结构良好、疏松易耕，犁底层坚实，保水保肥能力强。耕层土壤有机质、全氮、全钾含量丰富，全磷含量偏低。耕层土壤呈酸性。培肥与改良建议：增施有机肥和实行秸秆还田以培肥土壤，改善土壤结构；施用石灰或碱性改良剂，提升耕层土壤 pH；大力种植绿肥，实行用地养地相结合；适当增施磷肥，平衡土壤养分。

参比土种　麻沙泥。

代表性单个土体　位于湖南省岳阳市平江县南江镇柏树村上铺组，28°56′3.66″N，113°46′5.82″E，海拔 191m，低山丘陵冲垅中下部，水田。50cm 深处土温 18.2℃。野外调查时间为 2016 年 1 月 14 日，野外编号 43-YY13。

Ap1：0～16cm，灰黄色（2.5Y 7/2，干），黑棕色（10YR 3/2，润），多量中、细根系，壤土，强发育大、中团粒状结构，多量中、细孔隙，疏松，稍黏着，稍塑，有很少量黏粒-铁锰胶膜分布，向下层平滑渐变过渡。

柏树系代表性单个土体剖面

Ap2：16～24cm，淡黄色（2.5Y 7/4，干），暗棕色（10YR 3/3，润），中量中、细根系，壤土，中发育块状结构，少量中、细孔隙，坚实，稍黏着，稍塑，有中量铁斑纹、少量铁锰胶膜分布，向下层平滑清晰过渡。

Br1：24～40cm，淡黄色（2.5Y 7/3，干），浊黄棕色（10YR 5/3，润），少量极细根系，砂质壤土，中发育大、中块状结构，少量中、细孔隙，坚实，稍黏着，稍塑，有中量铁斑纹、少量黏粒-铁锰胶膜分布，向下层平滑清晰过渡。

Br2：40～55cm，灰黄色（2.5Y 7/2，干），棕色（10YR 4/4，润），砂质壤土，弱发育大、中棱块状结构，少量中、细孔隙，很坚实，稍黏着，无塑，有少量铁斑纹、中量黏粒-铁锰胶膜分布，向下层平滑清晰过渡。

Br3：55～90cm，淡黄色（2.5Y 7/3，干），棕色（10YR 4/4，润），砂质壤土，弱发育大、中块状结构，坚实，稍黏着，无塑，有多量铁斑纹、中量黏粒-铁锰胶膜分布，向下层平滑清晰过渡。

Br4：90～135cm，浅淡黄色（2.5Y 8/4，干），浊黄棕色（10YR 5/4，润），砂质壤土，弱发育中块状结构，很坚实，稍黏着，无塑，有多量铁斑纹、多量黏粒-铁锰胶膜分布，有侵入体（2～3块瓦片）。

柏树系代表性单个土体物理性质

土层	深度/cm	石砾(>2mm，体积分数)/%	细土颗粒组成(粒径：mm)/(g/kg)			质地	容重/(g/cm³)
			砂粒 2～0.05	粉粒 0.05～0.002	黏粒 <0.002		
Ap1	0～16	10	453	391	156	壤土	1.04
Ap2	16～24	10	487	383	130	壤土	1.52
Br1	24～40	15	592	288	120	砂质壤土	1.70
Br2	40～55	20	599	279	122	砂质壤土	1.86
Br3	55～90	15	581	274	145	砂质壤土	1.83
Br4	90～135	30	687	184	129	砂质壤土	1.74

柏树系代表性单个土体化学性质

深度/cm	pH(H_2O)	有机碳/(g/kg)	全氮(N)/(g/kg)	全磷(P)/(g/kg)	全钾(K)/(g/kg)	全锰/(g/kg)	CEC/(cmol/kg)	交换性盐基总量/(cmol/kg)	游离铁/(g/kg)
0～16	5.1	21.7	1.83	0.44	33.25	0.13	14.0	2.6	2.9
16～24	5.3	12.6	1.00	0.36	34.36	0.16	10.1	2.9	6.9
24～40	5.5	7.1	0.66	0.28	36.62	0.12	8.6	3.6	4.9
40～55	6.1	3.8	0.41	0.28	35.13	0.21	7.3	4.4	3.4
55～90	6.2	3.8	0.36	0.57	33.82	0.16	8.0	4.8	7.9
90～135	6.5	3.7	0.36	0.73	35.63	0.24	9.6	5.9	5.8

4.5.2　高家场系（Gaojiachang Series）

土　族：砂质硅质混合型非酸性热性-普通铁聚水耕人为土

拟定者：张杨珠，周　清，盛　浩，欧阳宁相

高家场系典型景观

分布与环境条件　该土系主要分布于湘东地区中低丘地带冲垅中部，海拔 40～70m；成土母质为花岗岩风化物；土地利用现状为水田，典型种植制度为稻-稻或稻-稻-油；属于中亚热带湿润季风气候，年均气温 16.6～18.0℃，年均降水量 1300～1610mm。

土系特征与变幅　诊断层包括水耕表层和水耕氧化还原层；诊断特性包括人为滞水土壤水分状况、氧化还原特征和热性土壤温度状况。土壤润态色调为 2.5Y，明度 3～6，彩度 2～8。土体厚度在 135cm 以上，土体构型为 Ap1-Ap2-Br。表层质地为砂质黏壤土。剖面各发生层 pH(H_2O)介于 5.3～6.5，有机碳含量介于 1.7～17.4g/kg，全锰含量介于 0.23～0.91g/kg，游离铁含量介于 4.3～16.0g/kg。

对比土系　梅林系，属于同一土族，但成土母质不同，为紫色砂、页岩风化物和第四纪红色黏土混合物，地形部位为低丘底部，表层质地为砂质壤土。下铺系，属于同一土族，但母质不同，为板、页岩风化物，地形部位为低丘下坡，表层质地为壤土，50～140cm 范围内具有中、多量锰结核，土体颜色偏黄，色调为 2.5Y。柏树系，属于同一土族，成土母质相同，但地形部位为低山丘陵冲垅中下部，表层质地为壤土。

利用性能综述　该土系土体发育深厚，耕作层较厚；耕层质地适中，通透性好，耕性好，犁底层坚实，保水保肥能力好。耕层土壤有机质、全氮、全磷和全钾含量丰富。耕层土壤呈酸性，酸化严重。培肥与改良建议：搞好农田基本建设，强化灌溉排水条件；增施有机肥和实行秸秆还田以培肥土壤，改善土壤结构；施用石灰或碱性改良剂，提升耕层土壤 pH；大力种植绿肥，实行用地养地相结合。

参比土种　麻沙泥。

代表性单个土体　位于湖南省长沙市望城区丁字湾街道金云村高家场组，28°22′17″N，112°52′33″E，海拔 55m，中低丘中坡，水田，典型种植制度为稻-稻或稻-稻-油。50cm 深处土温 19.1℃。野外调查时间为 2015 年 1 月 9 日，野外编号 43-CS08。

Ap1：0～15cm，黑棕色（2.5Y 3/1，干），黑棕色（2.5Y 3/2，润），多量中、细根系，砂质黏壤土，强发育大、中团块状结构，中量孔隙，极疏松，稍黏着，中塑，有少量铁斑纹分布，向下层波状渐变过渡。

Ap2：15～21cm，暗黄棕色（2.5Y 4/2，干），橄榄棕色（2.5Y 4/3，润），多量中、细根系，砂质壤土，中发育大、中棱块状结构，少量孔隙，疏松，黏着，强塑，有少量铁斑纹、少量黏粒胶膜分布，向下层平滑清晰过渡。

Br1：21～40cm，黄棕色（2.5Y 5/3，干），黄棕色（2.5Y 5/4，润），中量极细根系，砂质壤土，中发育大、中棱块状结构，疏松，少量孔隙，有少量铁斑纹、中量黏粒胶膜分布，向下层平滑清晰过渡。

Br2：40～57cm，浊黄色（2.5Y 6/4，干），亮黄棕色（2.5Y 6/8，润），砂质壤土，中发育大、中棱块状结构，少量孔隙，稍坚实，黏着，强塑，有少量铁锰斑纹、中量黏粒胶膜分布，向下层平滑渐变过渡。

Br3：57～113cm，浊黄色（2.5Y 6/3，干），亮黄棕色（2.5Y 6/8，润），砂质壤土，中发育大、中棱块状结构，少量孔隙，稍坚实，黏着，强塑，向下层平滑清晰过渡。

高家场系代表性单个土体剖面

Br4：113～135cm，亮黄棕色（2.5Y 7/6，干），亮黄棕色（2.5Y 6/8，润），弱发育中块状结构，砂质壤土，少量孔隙，疏松，黏着，中塑，有少量黏粒胶膜分布。

高家场系代表性单个土体物理性质

土层	深度/cm	石砾(>2mm，体积分数)/%	细土颗粒组成(粒径：mm)/(g/kg)			质地	容重/(g/cm³)
			砂粒 2～0.05	粉粒 0.05～0.002	黏粒 <0.002		
Ap1	0～15	0	699	87	214	砂质黏壤土	1.13
Ap2	15～21	0	550	259	191	砂质壤土	1.45
Br1	21～40	0	772	62	167	砂质壤土	1.64
Br2	40～57	0	799	29	172	砂质壤土	1.64
Br3	57～113	0	793	44	163	砂质壤土	1.61
Br4	113～135	0	606	227	167	砂质壤土	1.74

高家场系代表性单个土体化学性质

深度/cm	pH(H_2O)	有机碳/(g/kg)	全氮(N)/(g/kg)	全磷(P)/(g/kg)	全钾(K)/(g/kg)	全锰/(g/kg)	CEC/(cmol/kg)	交换性盐基总量/(cmol/kg)	游离铁/(g/kg)
0～15	5.4	17.4	1.18	1.06	51.90	0.25	9.4	4.7	4.3
15～21	5.3	9.5	0.85	0.56	50.95	0.23	8.0	4.4	8.0
21～40	6.1	5.0	0.40	0.26	54.29	0.28	6.6	4.6	11.2
40～57	6.3	4.0	0.34	0.31	53.90	0.47	8.0	6.6	16.0
57～113	6.5	3.5	0.23	0.26	53.41	0.72	6.9	5.8	14.3
113～135	6.5	1.7	0.11	0.33	61.74	0.91	7.7	6.2	14.4

4.5.3 梅林系（Meilin Series）

土　族：砂质硅质混合型非酸性热性-普通铁聚水耕人为土

拟定者：张杨珠，周　清，满海燕，欧阳宁相

梅林系典型景观

分布与环境条件　该土系主要分布于湘东地区的低丘底部，海拔 100～200m；成土母质为紫色砂、页岩风化物和第四纪红色黏土混合物；土地利用现状为水田，典型种植制度为稻-稻或稻-稻-油；属于中亚热带湿润季风气候，年均气温 16～19℃，年均降水量 1300～1500mm。

土系特征与变幅　诊断层包括水耕表层和水耕氧化还原层；诊断特性包括人为滞水土壤水分状况、潜育特征、氧化还原特征和热性土壤温度状况。土壤润态色调为 10YR，明度 2～4，彩度 3～6。土体厚度在 120cm 以上，土体构型为 Ap1-Ap2-Br-Bg。耕作层较厚，犁底层较厚且坚实，细土质地为砂质壤土，土体中可见少量黏粒-铁锰胶膜、斑纹。剖面各发生层 pH（H_2O）介于 5.0～6.3，有机碳含量介于 3.3～24.2g/kg，全锰含量介于 0.06～0.38g/kg，游离铁含量介于 2.2～12.0g/kg。

对比土系　下铺系，属于同一土族，地形部位相似，但母质不同，为板、页岩风化物，表层质地为壤土，50～140cm 范围内具有中、多量锰结核，土体颜色偏黄，色调为 2.5Y。高家场系，属于同一土族，但成土母质不同，为花岗岩风化物，地形部位为中低丘中坡，表层质地为砂质黏壤土，通体均无结核。柏树系，属于同一土族，地形部位相同，但成土母质为花岗岩风化物，表层质地为壤土，通体均无铁锰结核。

利用性能综述　土体发育深厚，耕作层较厚，耕作层结构良好、疏松易耕，各发生层质地均为砂质壤土，坚实，保水能力较强。土壤呈酸性反应到弱酸性，酸化较严重，有必要因地制宜施用石灰或碱性改良剂，提升耕层 pH。有机质、全氮、全钾含量丰富，全磷含量较低，应合理利用土壤，施用有机肥、增施磷肥、种植绿肥，以培肥土壤。

参比土种　酸紫沙泥。

代表性单个土体　位于湖南省株洲市茶陵县浣溪镇梅林村十一组，26°36′41.34″N，113°21′32.58″E，海拔 175m，丘陵冲垅中下部，成土母质为紫色砂、页岩风化物和第四纪红色黏土混合物，水田。50cm 深处土温 19.5℃。野外调查时间为 2015 年 11 月 9 日，野外编号 43-ZZ12。

Ap1：0～17cm，浊黄橙色（10YR 7/2，干），暗棕色（10YR 3/3，润），多量中、细根系，砂质壤土，强发育大、中团块状结构，多量孔隙，极疏松，黏着，中塑，有多量铁锰斑纹分布，向下层波状渐变过渡。

Ap2：17～30cm，浊黄橙色（10YR 7/3，干），暗棕色（10YR 3/4，润），中量中、细根系，砂质壤土，强发育大、中块状结构，少量细孔隙，稍坚实，黏着，中塑，有少量铁斑纹、很少量黏粒-铁锰胶膜分布，向下层波状清晰过渡。

Br1：30～70cm，淡黄橙色（10YR 8/3，干），棕色（10YR 4/6，润），少量极细根系，砂质壤土，强发育大、中棱块状结构，少量细孔隙，很坚实，黏着，中塑，有多量铁斑纹、少量黏粒-铁锰胶膜分布，向下层波状渐变过渡。

梅林系代表性单个土体剖面

Br2：70～125cm，橙白色（10YR 8/1，干），棕色（10YR 4/4，润），砂质壤土，中发育大、中棱块状结构，少量细孔隙，很坚实，黏着，中塑，有很多量铁斑纹、多量黏粒-铁锰胶膜分布，有木炭（1～2块）等侵入物分布，向下层平滑清晰过渡。

Bg：125～150cm，浊黄橙色（10YR 7/2，干），黑棕色（10YR 2/3，润），砂质壤土，弱发育中棱块状结构，中量中、细孔隙，疏松，稍黏着，稍塑，有少量铁锰斑纹分布，有轻度亚铁反应。

梅林系代表性单个土体物理性质

土层	深度/cm	石砾(>2mm，体积分数)/%	细土颗粒组成(粒径：mm)/(g/kg)			质地	容重/(g/cm³)
			砂粒 2～0.05	粉粒 0.05～0.002	黏粒 <0.002		
Ap1	0～17	0	593	289	118	砂质壤土	1.04
Ap2	17～30	3	624	259	117	砂质壤土	1.31
Br1	30～70	3	637	241	122	砂质壤土	1.74
Br2	70～125	10	623	261	116	砂质壤土	1.57
Bg	125～150	10	705	207	88	砂质壤土	1.71

梅林系代表性单个土体化学性质

深度/cm	pH(H_2O)	有机碳/(g/kg)	全氮(N)/(g/kg)	全磷(P)/(g/kg)	全钾(K)/(g/kg)	全锰/(g/kg)	CEC/(cmol/kg)	交换性盐基总量/(cmol/kg)	游离铁/(g/kg)
0～17	5.0	24.2	1.69	0.37	21.85	0.07	10.5	4.4	4.1
17～30	5.1	7.5	1.48	0.34	21.89	0.07	9.7	4.5	4.6
30～70	5.2	5.4	0.76	0.15	22.14	0.08	10.9	4.9	11.2
70～125	6.3	3.3	0.65	0.14	21.50	0.38	10.8	6.9	12.0
125～150	6.3	7.0	1.07	0.12	21.44	0.06	8.0	5.5	2.2

4.5.4　下铺系（Xiapu Series）

土　族：砂质硅质混合型非酸性热性-普通铁聚水耕人为土

拟定者：张杨珠，周　清，彭　涛，欧阳宁相

下铺系典型景观

分布与环境条件　该土系主要分布于湘东地区中低丘地带下部，海拔 100～150m；成土母质为板、页岩风化物；土地利用现状为水田，典型种植制度为稻-稻或稻-稻-油；属于中亚热带湿润季风气候，年均气温 16～19 ℃，年均降水量 1300～1500mm。

土系特征与变幅　诊断层包括水耕表层和水耕氧化还原层；诊断特性包括人为滞水土壤水分状况、氧化还原特征和热性土壤温度状况。土壤润态色调为 2.5Y，明度 6～7，彩度 3～8。酸性。土体厚度在 114cm 以上，土壤土体构型为 Ap1-Ap2-Br。耕作层较浅薄，土体可见多量铁锰斑纹、中量到多量黏粒-铁锰胶膜、多量锰结核。剖面各发生层 pH（H_2O）介于 4.8～5.9，有机碳含量介于 4.8～27.6g/kg，全锰含量介于 0.09～0.94g/kg，游离铁含量介于 16.1～42.1g/kg。

对比土系　梅林系，属于同一土族，地形部位相似，但成土母质不同，为紫色砂、页岩风化物和第四纪红色黏土混合物，表层质地为砂质壤土，通体均无铁锰结核，土壤润态色调为 10YR。高家场系，属于同一土族，但成土母质为花岗岩风化物，地形部位为中低丘中坡，表层质地为砂质黏壤土，通体均无铁锰结核、新生体，土体色调为 2.5Y。柏树系，属于同一土族，地形部位相似，但成土母质不同，为花岗岩风化物，表层质地为壤土，通体无铁锰结核，土体色调为 10YR。

利用性能综述　土体发育深厚，但耕作层浅薄；耕层质地为壤土，质地良好，通透性好，耕性较好；但犁底层以下呈砂质黏壤土，坚实，通透性较差。有机质、全氮、全磷和全钾含量丰富。土壤呈酸性反应，酸化严重。应因地制宜施用石灰或碱性改良剂，提升耕层 pH；施用有机肥、种植绿肥，培肥土壤。

参比土种　砂质黄泥田。

代表性单个土体　位于湖南省株洲市茶陵县平水镇五峰村，26°50′20.04″N，113°21′32.58″E，海拔 113m，低丘下坡，成土母质为板、页岩风化物，水田。50cm 深处土温 19.7℃。野外调查时间为 2015 年 11 月 10 日，野外编号 43-ZZ13。

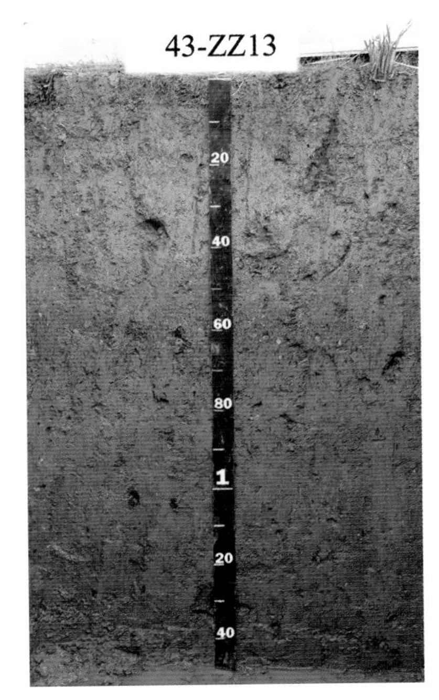

下铺系代表性单个土体剖面

Ap1：0～13cm，灰白色（2.5Y 8/2，干），淡黄色（2.5Y 7/3，润），多量中、细根系，壤土，强发育大、中团粒状结构，多量中、细孔隙，疏松，黏着，中塑，有很多量铁锰斑纹分布，向下层波状渐变过渡。

Ap2：13～23cm，浅淡黄色（2.5Y 8/3，干），亮黄色（2.5Y 7/6，润），多量中、细根系，壤土，强发育大、中块状结构，少量细孔隙，稍坚实，黏着，中塑，有多量铁锰斑纹、中量黏粒-铁锰胶膜分布，向下层波状渐变过渡。

Br1：23～50cm，浅淡黄色（2.5Y 8/3，干），浊黄色（2.5Y 6/4，润），少量极细根系，砂质黏壤土，中发育大、中棱块状结构，少量细孔隙，稍坚实，黏着，中塑，有多量铁锰斑纹、中量黏粒-铁锰胶膜分布，有瓦片等侵入体（1～2块），向下层波状渐变过渡。

Br2：50～80cm，淡黄色（2.5Y 7/4，干），亮黄棕色（2.5Y6/8，润），砂质黏壤土，中发育大、中棱块状结构，少量细孔隙，很坚实，黏着，中塑，有很多量铁锰斑纹、多量黏粒-铁锰胶膜、中量锰结核分布，有砖头等侵入体（1～2块），向下层波状渐变过渡。

Br3：80～140cm，亮黄棕色（2.5Y 7/6，干），亮黄棕色（2.5Y 6/8，润），砂质黏壤土，中发育大、中棱块状结构，很坚实，黏着，中塑，有多量铁锰斑纹、多量黏粒-铁锰胶膜、多量锰结核分布。

下铺系代表性单个土体物理性质

土层	深度/cm	石砾(>2mm，体积分数)/%	细土颗粒组成(粒径：mm)/(g/kg)			质地	容重/(g/cm^3)
			砂粒 2～0.05	粉粒 0.05～0.002	黏粒 <0.002		
Ap1	0～13	3	390	383	227	壤土	0.78
Ap2	13～23	10	308	434	258	壤土	1.20
Br1	23～50	10	634	132	234	砂质黏壤土	1.47
Br2	50～80	10	699	87	214	砂质黏壤土	1.59
Br3	80～140	10	585	185	230	砂质黏壤土	1.52

下铺系代表性单个土体化学性质

深度/cm	pH(H_2O)	有机碳/(g/kg)	全氮(N)/(g/kg)	全磷(P)/(g/kg)	全钾(K)/(g/kg)	全锰/(g/kg)	CEC/(cmol/kg)	交换性盐基总量/(cmol/kg)	游离铁/(g/kg)
0～13	4.9	27.6	2.96	0.89	18.07	0.09	12.9	1.2	16.1
13～23	4.8	14.7	2.14	0.80	18.12	0.10	16.4	0.9	23.7
23～50	5.1	12.4	0.89	0.49	18.67	0.13	8.3	1.5	31.2
50～80	5.6	5.7	0.64	0.48	18.11	0.94	11.7	4.3	32.4
80～140	5.9	4.8	0.51	0.42	16.26	0.58	10.4	4.8	42.1

4.5.5 石板桥系（Shibanqiao Series）

土　族：砂质混合型非酸性热性-普通铁聚水耕人为土

拟定者：张杨珠，周　清，盛　浩，欧阳宁相

石板桥系典型景观

分布与环境条件　该土系主要分布于湖南东部地区的丘陵地带，海拔 30～100m；成土母质为紫色砂、页岩风化物，土地利用现状为水田，典型种植制度为稻-稻或稻-稻-油；属于中亚热带湿润季风气候，年均气温 16～19℃，年均降水量 1300～1500mm。

土系特征与变幅　诊断层包括水耕表层和水耕氧化还原层；诊断特性包括人为滞水土壤水分状况、氧化还原特征和热性土壤温度状况。土壤润态色调为 10YR，明度 5～6，彩度 6～8。土体厚度大于 120cm，土体构型为 Ap1-Ap2-Br。细土质地为黏壤土和砂质黏壤土，土体中可见少量黏粒胶膜、铁锰结核。剖面各发生层 pH（H_2O）介于 5.1～7.0，有机碳含量介于 1.9～24.1g/kg，全锰含量介于 0.14～2.10g/kg，游离铁含量介于 11.5～22.8g/kg。

对比土系　石虎系，属于同一亚类，地形部位和成土母质相似，但土族控制层段内颗粒大小级别为黏壤质，为不同土族。

利用性能综述　土体发育较深厚，耕作层较浅薄，耕作层结构良好、疏松易耕，耕层质地较轻，犁底层以下呈砂质黏壤土，坚实，通透性较差。应注重深耕深翻、加深耕层或种植根系生长力强的作物品种。土壤呈酸性反应，酸化较严重，有必要因地制宜施用石灰或碱性物质，提升耕层 pH。有机质和全钾含量丰富。

参比土种　酸紫砂泥土。

代表性单个土体　位于湖南省株洲市渌口区洲坪乡（今南洲镇）石板桥村下火冲组，27°32′9.6″N，113°10′33.59″E，海拔 59m，丘陵下部地带，水田。50m 深处土温 19.5℃。野外调查时间为 2015 年 5 月 26 日，野外编号 43-ZZ01。

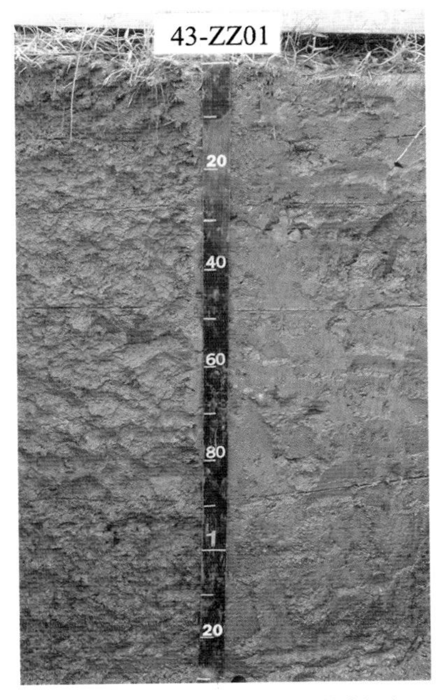

石板桥系代表性单个土体剖面

Ap1：0～12cm，浊黄橙色（10YR 7/4，干），亮黄棕色（10YR 6/8，润），多量中、细根系，黏壤土，强发育大、中团粒状结构，多量中、细孔隙，疏松，黏着，强塑，中量铁斑纹，向下层平滑渐变过渡。

Ap2：12～24cm，浊黄橙色（10YR 7/4，干），亮黄棕色（10YR 6/8，润），多量中、细根系，黏壤土，强发育大、中块状结构，少量细孔隙，石砾含量约 3%，稍坚实-坚实，黏着，强塑，有中量铁斑纹分布，向下层平滑渐变过渡。

Br1：24～48cm，浊黄橙色（10YR 7/4，干），亮黄棕色（10YR 6/6，润），少量极细根系，砂质黏壤土，强发育大、中棱块状结构，少量细孔隙，稍坚实-坚实，黏着，中塑，有多量铁锰斑纹、少量黏粒胶膜、少量铁锰结核分布，向下层平滑渐变过渡。

Br2：48～88cm，淡黄橙色（10YR 8/4，干），亮黄棕色（10YR 6/6，润），砂质黏壤土，中发育大、中棱块状结构，少量细孔隙，稍坚实-坚实，黏着，中塑，有多量铁锰斑纹、少量黏粒胶膜、中量铁锰结核分布，向下层平滑渐变过渡。

Br3：88～130cm，亮黄棕色（10YR 7/6，干），黄棕色（10YR 5/8，润），砂质黏壤土，中发育中棱块状结构，少量细孔隙，疏松，黏着，中塑，有多量铁锰斑纹、多量铁锰结核分布。

石板桥系代表性单个土体物理性质

土层	深度/cm	石砾(>2mm，体积分数)/%	细土颗粒组成(粒径：mm)/(g/kg)			质地	容重/(g/cm³)
			砂粒 2～0.05	粉粒 0.05～0.002	黏粒 <0.002		
Ap1	0～12	0	238	420	342	黏壤土	0.92
Ap2	12～24	3	360	309	331	黏壤土	1.30
Br1	24～48	3	671	66	263	砂质黏壤土	1.56
Br2	48～88	0	700	64	236	砂质黏壤土	1.62
Br3	88～130	0	608	79	313	砂质黏壤土	1.61

石板桥系代表性单个土体化学性质

深度/cm	pH(H_2O)	有机碳/(g/kg)	全氮(N)/(g/kg)	全磷(P)/(g/kg)	全钾(K)/(g/kg)	全锰/(g/kg)	CEC/(cmol/kg)	交换性盐基总量/(cmol/kg)	游离铁/(g/kg)
0～12	5.1	24.1	1.96	0.41	22.66	0.42	13.7	6.5	14.8
12～24	5.4	13.2	1.08	0.29	18.91	0.26	11.3	6.6	20.5
24～48	5.8	5.9	0.55	0.17	16.30	0.14	8.4	5.5	11.5
48～88	6.5	3.3	0.37	0.13	15.60	0.47	8.5	6.8	22.8
88～130	7.0	1.9	0.38	0.17	18.63	2.10	9.4	7.4	22.3

4.5.6　拗才系（Aocai Series）

土　族：黏质高岭石混合型非酸性热性-普通铁聚水耕人为土

拟定者：张杨珠，周　清，张　亮，彭　涛，欧阳宁相

拗才系典型景观

分布与环境条件　该土系主要分布于湘东地区低丘陵地带的坡脚，海拔 50～150m；成土母质为板、页岩风化物；土地利用现状为水田，典型种植制度为稻-稻或稻-稻-油；属于中亚热带湿润季风气候，年均气温 16～19℃，年均降水量 1300～1500mm。

土系特征与变幅　诊断层包括水耕表层和水耕氧化还原层；诊断特性包括人为滞水土壤水分状况、氧化还原特征、热性土壤温度状况和铁质特性。土壤润态色调为 10YR，明度 5～7，彩度 2～8。土体厚度在 100cm 以上，土体构型为 Ap1-Ap2-Br，耕作层较浅薄、疏松，犁底层较厚、坚实。土体细土质地表层为粉砂质黏壤土，以下各发生层为黏壤土和粉砂质黏土。剖面各发生层 pH（H_2O）介于 5.1～6.2，有机碳含量介于 3.4～22.8g/kg，全锰含量介于 0.19～2.58g/kg，游离铁含量介于 15.5～32.4g/kg。

对比土系　富盈系，属于同一土族，成土母质相同，地形部位相似，但表层质地为黏壤土，表层有极少量岩石碎屑，通体均无铁锰结核、侵入体，土体润态色调为 7.5YR 和 10YR。

利用性能综述　该土系土体发育较深厚，耕作层较浅薄，质地为粉砂质黏壤土，质地良好，耕性好。耕层土壤全氮含量丰富，有机质、全磷和全钾含量较高。耕层土壤呈酸性。培肥与改良建议：搞好农田基本建设，强化灌溉排水条件；增施有机肥和实行秸秆还田以培肥土壤，改善土壤结构；施用石灰或碱性改良剂，提升耕层土壤 pH；大力种植绿肥，实行用地养地相结合；合理施用磷肥和钾肥，平衡土壤养分。

参比土种　黄泥田。

代表性单个土体　位于湖南省湘潭市湘潭县中路铺镇拗才村，27°33′16.02″N，112°51′15.6″E，海拔 80m，低丘坡脚，成土母质为板、页岩风化物，水田。50cm 深处土温 19.4℃。野外调查时间为 2015 年 12 月 23 日，野外编号 43-XT09。

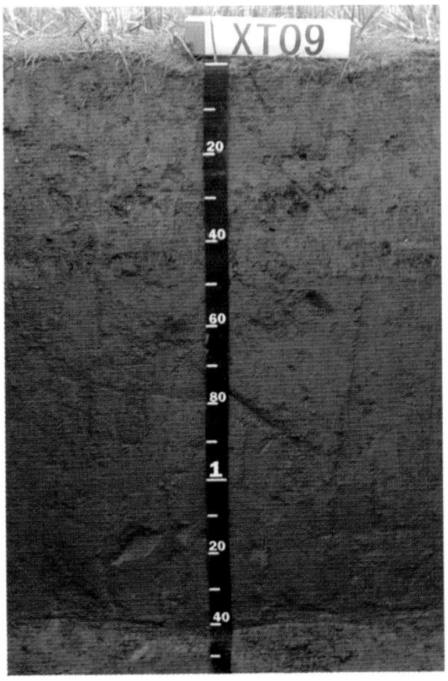

Ap：0～15cm，浊黄橙色（10YR 7/3，干），灰黄棕色（10YR 6/2，润），多量中、细根系，粉砂质黏壤土，强发育大、中团粒状结构，有多量中、细孔隙，疏松，稍黏着，中塑，有少量铁斑纹分布，向下层波状清晰过渡。

Br1：15～27cm，黄橙色（10YR 7/8，干），亮黄棕色（10YR 7/6，润），中量中、细根系，黏壤土，强发育大、中块状结构，少量细孔隙，稍坚实，黏着，强塑，有多量铁锰斑纹、多量黏粒-铁锰胶膜分布，向下层波状渐变过渡。

Br2：27～48cm，浊黄橙色（10YR 7/4，干），浊黄橙色（10YR 6/4，润），很少量极细根系，黏壤土，强发育大、中块状结构，少量细孔隙，很坚实，黏着，强塑，有多量锰斑纹、多量铁锰胶膜、多量铁锰结核分布，向下层平滑渐变过渡。

扬才系代表性单个土体剖面

Br3：48～90cm，黄橙色（10YR 7/8，干），黄棕色（10YR 5/6，润），粉砂质黏土，中发育中块状结构，少量细孔隙，很坚实，黏着，强塑，有少量铁锰斑纹、少量黏粒胶膜、少量铁锰结核分布，向下层平滑渐变过渡。

Br4：90～140cm，亮黄棕色（10YR 6/8，干），黄棕色（10YR 5/8，润），黏壤土，中发育中块状结构，少量细孔隙，很坚实，稍黏着，中塑，有少量铁锰斑纹、少量黏粒胶膜、少量铁锰结核分布。

扬才系代表性单个土体物理性质

土层	深度/cm	石砾(>2mm，体积分数)/%	细土颗粒组成(粒径：mm)/(g/kg)			质地	容重/(g/cm^3)
			砂粒 2～0.05	粉粒 0.05～0.002	黏粒 <0.002		
Ap	0～15	1	185	508	307	粉砂质黏壤土	1.05
Br1	15～27	1	204	450	346	黏壤土	1.54
Br2	27～48	1	255	412	333	黏壤土	1.57
Br3	48～90	1	155	409	436	粉砂质黏土	1.28
Br4	90～140	1	274	330	396	黏壤土	1.34

扬才系代表性单个土体化学性质

深度/cm	pH(H_2O)	有机碳/(g/kg)	全氮(N)/(g/kg)	全磷(P)/(g/kg)	全钾(K)/(g/kg)	全锰/(g/kg)	CEC/(cmol/kg)	交换性盐基总量/(cmol/kg)	游离铁/(g/kg)
0～15	5.1	22.8	2.09	0.68	15.99	0.19	16.0	3.7	15.5
15～27	5.4	9.9	1.05	0.57	15.85	0.39	16.8	3.5	32.4
27～48	5.8	4.9	0.62	0.48	16.49	2.58	14.3	6.9	26.6
48～90	6.1	4.0	0.64	0.54	17.10	1.40	20.7	7.5	30.1
90～140	6.2	3.4	0.60	0.52	16.31	1.42	20.7	7.7	28.3

4.5.7 富盈系（Fuying Series）

土　族：黏质高岭石混合型非酸性热性-普通铁聚水耕人为土

拟定者：张杨珠，周　清，于　康，欧阳宁相

富盈系典型景观

分布与环境条件 该土系主要分布于湘南地区低丘地带沟谷部位，海拔 250～300m；成土母质为板、页岩风化物；土地利用现状为水田，典型种植制度为稻-稻或稻-稻-油；属于中亚热带湿润大陆性季风气候，年均气温 17.0～18.5℃，年均降水量 1437～1537mm。

土系特征与变幅 诊断层包括水耕表层和水耕氧化还原层；诊断特性包括人为滞水土壤水分状况、氧化还原特征、热性土壤温度状况和铁质特性。土壤润态色调为 7.5YR 和 10YR，明度 2～6，彩度 2～6。土体厚度为 130～140cm，土体构型为 Ap1-Ap2-Br，表层土壤质地为黏壤土。土体分布有数量不等的铁斑纹、数量不等的黏粒和黏粒铁锰胶膜。土表以下无岩石碎屑。剖面各发生层 pH（H_2O）介于 6.2～6.7，有机碳含量介于 4.1～27.6g/kg，全锰含量介于 0.08～0.51g/kg，游离铁含量介于 9.4～31.9g/kg。

对比土系 拗才系，属于同一土族，成土母质相同，地形部位相似，但表层质地为粉砂质黏壤土，27cm 以下均具有数量不等的铁锰结核，土体润态色调为 10YR。

利用性能综述 该土系土体发育深厚，耕作层厚；耕层质地为黏壤土，质地较好，通透性较好，耕性较好，犁底层稍坚实，保水保肥能力好。耕层土壤有机质、全氮和全磷含量丰富，全钾含量较高。耕层土壤呈酸性，酸化较严重。培肥与改良建议：搞好农田基本建设，强化灌溉排水条件；增施有机肥和实行秸秆还田以培肥土壤，改善土壤结构；施用石灰或碱性改良剂，提升耕层土壤 pH；大力种植绿肥，实行用地养地相结合，适当施用钾肥，平衡土壤养分。

参比土种 砂质黄泥田。

代表性单个土体 位于湖南省郴州市资兴市兴宁镇富盈村枫树丘组，26°0′19.731″N，113°27′41.767″E，海拔 287.1m，低丘底部，水田。50cm 深处土温 19.4℃。野外调查时间为 2017 年 12 月 13 日，野外编号 43-CZ10。

Ap1：0～18cm，灰黄棕色（10YR 6/2，干），黑棕色（7.5YR 2/2，润），黏壤土，强发育中块状结构，疏松，有中量中粒间孔隙、根孔、气孔和动物穴分布于土壤结构内外，土壤稍黏着，中塑，有中量中根系分布，有很少量小石英岩碎屑分布，有少量很小的铁斑纹分布在孔隙、根系周围，明显，边界清楚；有少量黏粒胶膜位于结构体表面、孔隙周围，模糊，向下层波状清晰过渡。

富盈系代表性单个土体剖面

Ap2：18～26cm，浊黄橙色（10YR 6/3，干），灰棕色（7.5YR 4/2，润），多量细根系，黏壤土，强发育很大团粒状结构，中量分布于土壤结构内外的中粒间孔隙、根孔、气孔和动物穴，稍坚实，黏着，强塑，有少量大砂砾岩岩石碎屑分布，有多量很小的铁斑纹分布于孔隙、根系周围，显著，边界扩散，有少量黏粒、黏粒铁锰胶膜位于孔隙、结构体表面，模糊，向下层平滑渐变过渡。

Br1：26～46cm，浊黄橙色（10YR 7/3，干），浊棕色（7.5YR 5/4，润），很少量极细根系，黏壤土，强发育很大块状结构，少量中粒间孔隙、气孔，稍坚实，极黏着，强塑，有少量小铁斑纹分布于孔隙、根系周围，模糊，边界扩散，有多量黏粒、黏粒铁锰胶膜分布于孔隙内表面和结构体表面，明显，向下层平滑清晰过渡。

Br2：46～90cm，浊黄橙色（10YR 7/4，干），橙色（7.5YR 6/6，润），黏壤土，强发育很大块状结构，少量细粒间孔隙、气孔分布于土壤结构内外，极坚实，极黏着，强塑，有很少量很小的铁斑纹分布于孔隙、根系周围，模糊，边界扩散，有中量黏粒胶膜分布于孔隙内表面和结构体表面，显著，向下层平滑模糊过渡。

Br3：90～130cm，亮黄棕色（10YR 7/6，干），橙色（7.5YR 6/6，润），黏土，中发育很大块状结构，有极少量很细粒间孔隙分布于土壤结构内外，极坚实，极黏着，强塑。

富盈系代表性单个土体物理性质

土层	深度/cm	石砾(>2mm，体积分数)/%	细土颗粒组成(粒径：mm)/(g/kg)			质地	容重/(g/cm^3)
			砂粒 2～0.05	粉粒 0.05～0.002	黏粒 <0.002		
Ap1	0～18	2	287	392	321	黏壤土	1.01
Ap2	18～26	5	256	373	371	黏壤土	1.21
Br1	26～46	0	309	360	331	黏壤土	1.33
Br2	46～90	0	242	379	379	黏壤土	1.47
Br3	90～130	0	193	376	431	黏土	1.47

富盈系代表性单个土体化学性质

深度/cm	pH (H_2O)	有机碳/(g/kg)	全氮(N)/(g/kg)	全磷(P)/(g/kg)	全钾(K)/(g/kg)	全锰/(g/kg)	CEC/(cmol/kg)	交换性盐基总量/(cmol/kg)	游离铁/(g/kg)
0～18	6.2	27.6	2.28	1.10	17.90	0.08	15.4	6.4	9.4
18～26	6.2	13.1	1.11	0.62	16.92	0.12	12.4	6.5	25.6
26～46	6.3	7.4	0.60	0.46	16.93	0.51	12.3	7.0	22.9
46～90	6.5	4.1	0.50	0.51	15.82	0.38	14.3	7.2	31.8
90～130	6.7	4.7	0.61	0.68	17.08	0.32	14.8	7.4	31.9

4.5.8　城望系（Chengwang Series）

土　族：黏壤质硅质混合型非酸性热性-普通铁聚水耕人为土

拟定者：周　清，盛　浩，彭　涛，欧阳宁相

分布与环境条件　该土系主要分布于湘东地区低丘陵地带坡地下部，海拔40～58m；成土母质为板、页岩风化物；土地利用现状为水田，典型种植制度为稻-稻或稻-稻-油；中亚热带湿润季风气候，年均气温16～19℃，年均降水量1300～1500mm。

城望系典型景观

土系特征与变幅　诊断层包括水耕表层和水耕氧化还原层；诊断特性包括人为滞水土壤水分状况、氧化还原特征和热性土壤温度状况。土体润态色调10YR，明度6～7，彩度3～4。土体厚度大于120cm，土体构型为Ap1-Ap2-Br，表层厚度≥18cm。Br1、Br2、Br3层厚度≥20cm，具有黏粒铁锰胶膜、铁锰斑纹，棱块状结构。通体具有数量不等的铁锰斑纹，表层以下有黏粒-铁锰胶膜。剖面各发生层pH（H_2O）介于5.7～6.8，有机碳含量介于1.9～15.3g/kg，全锰含量介于0.41～0.83g/kg，游离铁含量介于18.0～28.1g/kg。

对比土系　大屋系，属于同一土族，成土母质不同，为第四纪红色黏土，地形部位为丘岗地带低阶地，表层质地为壤土，90cm以下有铁锰结核，土体润态色调为2.5Y。

利用性能综述　该土系土体发育较深厚，但耕作层浅薄；耕层质地适中，通透性好，耕性较好，但犁底层以下呈壤土-黏壤土，稍坚实，通透性较差。应注重深耕深翻、加深耕层或种植根系生长力强的作物品种。有机质和氮素丰富，磷、钾素匮乏，有必要增施磷、钾肥。土壤呈酸性反应，酸化严重，有必要因地制宜施用石灰或碱性物质，提升耕层pH。

参比土种　黄泥田。

代表性单个土体　位于湖南省岳阳市云溪区文桥镇望城村，29°34′2.82″N，113°21′6.06″E，海拔49m，低丘坡地下部，成土母质为板、页岩风化物，水田。50m深处土温18.5℃。野外调查时间为2016年3月3日，野外编号43-YY17。

城望系代表性单个土体剖面

Ap1：0～10cm，浊黄色（2.5Y 6/4，干），浊黄橙色（10YR 7/3，润），多量中、细根系，粉砂质壤土，强发育大、中团粒状结构，多量中、细孔隙，疏松，稍黏着，中塑，有多量铁斑纹、中量黏粒-铁锰胶膜分布，向下层波状渐变过渡。

Ap2：10～20cm，淡黄色（2.5Y 7/4，干），浊黄橙色（10YR 6/3，润），中量中、细根系，粉砂质壤土，强发育大、中块状结构，很少量细孔隙，很坚实，稍黏着，中塑，石砾含量约 5%，有中量铁锰斑纹、中量黏粒-铁锰胶膜分布，侵入体为 1～2 块瓦片，向下层波状清晰过渡。

Br1：20～50cm，暗黄棕色（2.5Y 7/6，干），浊黄橙色（10YR 7/4，润），少量极细根系，壤土，强发育大、中棱块状结构，少量细孔隙，稍坚实，稍黏着，中塑，有中量锰斑纹、多量黏粒-铁锰胶膜、中量铁锰结核分布，向下层平滑渐变过渡。

Br2：50～85cm，浅淡黄色（2.5Y 8/4，干），浊黄橙色（10YR 7/3，润），壤土，中发育大、中块状结构，少量细孔隙，稍坚实，稍黏着，中塑，有多量锰斑纹、很多量黏粒-铁锰胶膜、少量铁锰结核分布，向下层不规则渐变过渡。

Br3：85～130cm，淡黄色（2.5Y 7/4，干），浊黄橙色（10YR 7/3，润），黏壤土，中发育中块状结构，很少量细孔隙，很坚实，黏着，强塑，有多量锰斑纹、很多量黏粒-铁锰胶膜分布，少量铁锰结核。

城望系代表性单个土体物理性质

土层	深度/cm	石砾(>2mm，体积分数)/%	细土颗粒组成(粒径：mm)/(g/kg)			质地	容重/(g/cm^3)
			砂粒 2～0.05	粉粒 0.05～0.002	黏粒 <0.002		
Ap1	0～10	0	204	561	235	粉砂质壤土	1.13
Ap2	10～20	5	266	553	181	粉砂质壤土	1.27
Br1	20～50	0	346	438	216	壤土	1.50
Br2	50～85	0	402	402	196	壤土	1.55
Br3	85～130	0	238	446	316	黏壤土	1.45

城望系代表性单个土体化学性质

深度/cm	pH (H_2O)	有机碳/(g/kg)	全氮(N)/(g/kg)	全磷(P)/(g/kg)	全钾(K)/(g/kg)	全锰/(g/kg)	CEC/(cmol/kg)	交换性盐基总量/(cmol/kg)	游离铁/(g/kg)
0～10	5.7	15.3	1.57	0.87	18.43	0.41	11.5	5.9	18.0
10～20	6.1	11.0	1.10	0.82	15.15	0.79	11.9	6.8	21.6
20～50	6.8	2.3	0.36	0.55	15.75	0.66	13.2	8.1	23.1
50～85	6.7	1.9	0.30	0.98	31.72	0.83	12.9	7.1	27.4
85～130	6.5	2.4	0.32	0.98	26.21	0.56	16.9	8.1	28.1

4.5.9 大屋系（Dawu Series）

土 族：黏壤质硅质混合型非酸性热性-普通铁聚水耕人为土

拟定者：张杨珠，周 清，盛 浩，张 亮，彭 涛，欧阳宁相

分布与环境条件 该土系主要分布于湘东地区丘岗地带低阶地，海拔 80～110m；成土母质为第四纪红色黏土；土地利用现状为水田，典型种植制度为稻-稻或稻-稻-油；属于中亚热带湿润季风气候，年均气温 16～19℃，年均降水量 1300～1500mm。

大屋系典型景观

土系特征与变幅 诊断层包括水耕表层和水耕氧化还原层；诊断特性包括人为滞水土壤水分状况、氧化还原特征、热性土壤温度状况和铁质特征。土壤润态色调为 2.5Y，明度 3～6，彩度 3～6。土体厚度在 120cm 以上，土体构型为 Ap1-Ap2-Br，分布有中量到多量铁锰斑纹和黏粒-铁锰胶膜。耕作层较浅薄、疏松，犁底层较厚、坚实，土体细土质地为壤土和黏壤土。剖面各发生层 pH（H_2O）介于 5.2～6.2，有机碳含量介于 1.4～30.6g/kg，全锰含量介于 0.05～0.62g/kg，游离铁含量介于 6.8～24.9g/kg。

对比土系 袁家系，属于同一土族，成土母质均为第四纪红色黏土，但地形部位不同，为低丘高阶地，表层质地为粉砂质黏壤土，36～60cm 内有少量瓷片等侵入体，36cm 以下具有数量不等的铁锰结核，土体润态色调为 2.5Y。天门山系，属于同一土族，但成土母质不同，为石灰岩风化物，地形部位为中山地坡麓地带，表层质地为粉砂质黏壤土，30cm 以下具有数量不等的岩石碎屑，土体润态色调为 7.5YR。

利用性能综述 该土系土体发育较深厚，虽耕作层较浅，但表层质地为壤土，质地良好，耕性好。耕层土壤有机质、全氮含量丰富，全磷和全钾含量较高。耕层土壤呈酸性。培肥与改良建议：搞好农田基本建设，强化排水条件；增施有机肥和实行秸秆还田以培肥土壤，改善土壤结构；大力种植绿肥，实行用地养地相结合；施用石灰或碱性改良剂，改善耕层土壤 pH；适当增施磷肥和钾肥，平衡土壤养分。

参比土种 红黄泥。

代表性单个土体 位于湖南省株洲市攸县新市镇新中村大屋组，27°10′8.4″N，113°22′58.8″E，海拔 90m，丘岗地中部，成土母质为第四纪红色黏土，水田。50cm 深处土温 19.6℃。野外调查时间为 2015 年 11 月 23 日，野外编号 43-ZZ15。

大屋系代表性单个土体剖面

Ap1：0～15cm，灰黄色（2.5Y 7/2，干），暗橄榄棕色（2.5Y 3/3，润），多量中、细根系，壤土，强发育大、中团粒状结构，多量中、细孔隙，极疏松，稍黏着，中塑，有中量铁斑纹分布，向下层波状模糊过渡。

Ap2：15～22cm，灰黄色（2.5Y 7/2，干），暗橄榄棕色（2.5Y 3/3，润），中量中、细根系，壤土，强发育大、中块状结构，少量细孔隙，稍坚实，黏着，中塑，有少量铁斑纹、中量黏粒-铁锰胶膜分布，向下层波状清晰过渡。

Br1：22～40cm，浅淡黄色（2.5Y 8/3，干），橄榄棕色（2.5Y 4/6，润），很少量极细根系，壤土，强发育大、中棱块状结构，少量细孔隙，稍坚实，黏着，中塑，有中量铁锰斑纹、多量黏粒-铁锰胶膜分布，向下层波状渐变过渡。

Br2：40～60cm，灰白色（2.5Y 8/2，干），黄棕色（2.5Y 5/4，润），壤土，强发育大、中棱块状结构，少量细孔隙，稍坚实，黏着，中塑，有多量铁锰斑纹、多量黏粒-铁锰胶膜分布，向下层平滑渐变过渡。

Br3：60～90cm，灰白色（2.5Y 8/2，干），黄棕色（2.5Y 5/6，润），壤土，中发育大、中棱块状结构，少量细孔隙，稍坚实，黏着，中塑，有多量铁锰斑纹和黏粒-铁锰胶膜分布，向下层波状渐变过渡。

Br4：90～110cm，浅淡黄色（2.5Y 8/3，干），亮黄棕色（2.5Y 6/6，润），黏壤土，弱发育大、中棱块状结构，很少量细孔隙，很坚实，黏着，中塑，有多量铁锰斑纹、很多量黏粒-铁锰胶膜、少量铁锰结核分布，向下层波状渐变过渡。

Br5：110～140cm，浅淡黄色（2.5Y 8/3，干），黄棕色（2.5Y 5/6，润），壤土，很弱发育中块状结构，很少量细孔隙，很坚实，有多量铁锰斑纹、多量黏粒-铁锰胶膜分布。

大屋系代表性单个土体物理性质

土层	深度/cm	石砾(>2mm，体积分数)/%	细土颗粒组成(粒径：mm)/(g/kg)			质地	容重/(g/cm^3)
			砂粒 2～0.05	粉粒 0.05～0.002	黏粒 <0.002		
Ap1	0～15	0	419	338	243	壤土	1.03
Ap2	15～22	1	428	326	246	壤土	1.25
Br1	22～40	0	437	344	219	壤土	1.51
Br2	40～60	0	347	389	264	壤土	1.57
Br3	60～90	0	441	330	229	壤土	1.59
Br4	90～110	0	373	336	291	黏壤土	1.61
Br5	110～140	0	380	394	226	壤土	1.61

大屋系代表性单个土体化学性质

深度/cm	pH(H_2O)	有机碳/(g/kg)	全氮(N)/(g/kg)	全磷(P)/(g/kg)	全钾(K)/(g/kg)	全锰/(g/kg)	CEC/(cmol/kg)	交换性盐基总量/(cmol/kg)	游离铁/(g/kg)
0～15	5.2	30.6	2.64	0.62	12.83	0.05	15.1	4.2	6.8
15～22	5.3	18.3	1.89	0.55	12.80	0.06	12.6	4.1	7.8
22～40	5.7	6.8	0.67	0.26	14.58	0.12	11.8	3.6	24.9
40～60	5.8	4.7	0.78	0.19	16.70	0.45	13.6	5.2	20.3
60～90	6.0	2.8	0.51	0.15	15.55	0.39	13.5	4.1	19.4
90～110	5.8	1.9	0.61	0.16	17.93	0.62	13.6	5.3	20.5
110～140	6.2	1.4	0.56	0.24	18.84	0.28	14.0	5.6	23.7

4.5.10　江洲系（Jiangzhou Series）

土　族：黏壤质硅质混合型非酸性热性-普通铁聚水耕人为土

拟定者：张杨珠，盛　浩，彭　涛，欧阳宁相

江洲系典型景观

分布与环境条件　该土系主要分布于湘北地区平原地带，海拔 20～50m；成土母质为近代河流冲积物和湖积物，土地利用现状为水田，典型种植制度为稻-稻或单季稻；属于中亚热带湿润季风气候，年均气温 16.5～17.9℃，年均降水量 1300～1450mm。

土系特征与变幅　诊断层包括水耕表层和水耕氧化还原层；诊断特性包括人为滞水土壤水分状况、氧化还原特征和热性土壤温度状况。土壤润态色调为 10YR，明度 4，彩度 4～6。土体厚度大于 140cm，土体构型为 Ap1-Ap2-Br，质地为粉砂质黏壤土-黏壤土。在结构体表面和孔隙中有少量铁斑纹、黏粒-铁锰胶膜、黏粒胶膜、铁锰结核。剖面各发生层 pH（H_2O）介于 5.1～6.9，有机碳含量介于 6.2～24.6g/kg，全锰含量介于 0.23～1.38g/kg，游离铁含量介于 16.0～29.3g/kg。

对比土系　塔灯田系，属于同一土族，但成土母质不同，为板、页岩风化物，地形部位为低山高丘下坡，土壤通体均无岩石碎屑、铁锰结核，土体润态色调为 2.5Y。衍嗣系，属于同一土族，地形部位相同，但成土母质不同，为第四纪红色黏土，32cm 以下具有数量不等的铁锰结核。

利用性能综述　该土系土体发育深厚，虽耕作层较浅，但表层质地为粉砂质黏壤土，质地适中，耕性好。耕层土壤有机质、全氮和全钾含量丰富，全磷含量较高。培肥与改良建议：搞好农田基本建设，强化灌排条件；适当深耕，提升耕作层厚度；增施有机肥和实行秸秆还田以培肥土壤，改善土壤结构；大力种植绿肥，实行用地养地相结合；适当增施磷肥，平衡土壤养分。

参比土种　河潮泥。

代表性单个土体　位于湖南省岳阳市湘阴县鹤龙湖镇江洲村十五组，28°40′44″N，112°44′59″E，海拔 27m，平原低阶地，成土母质为近代河流冲积物和湖积物，水田。50cm 深处土温 19.1℃。野外调查时间为 2016 年 1 月 19 日，野外编号 43-YY16。

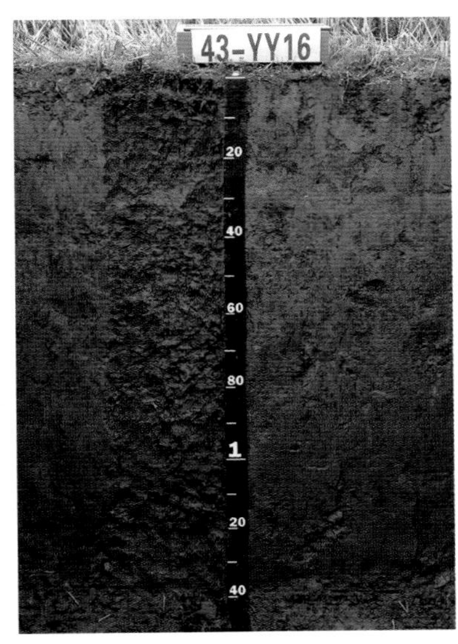

江洲系代表性单个土体剖面

Ap1：0～14cm，黄棕色（10YR 5/8，干），棕色（10YR 4/4，润），多量中、细根系，粉砂质黏壤土，强发育大、中团粒状结构，多量中、细孔隙，疏松，稍黏着，中塑，有少量铁斑纹、少量黏粒-铁锰胶膜分布，向下层平滑渐变过渡。

Ap2：14～23cm，亮黄棕色（10YR 6/6，干），棕色（10YR 4/4，润），中量中、细根系，黏壤土，强发育大、中块状结构，少量细孔隙，很坚实，稍黏着，中塑，有多量铁斑纹、少量黏粒-铁锰胶膜分布，向下层波状渐变过渡。

Br1：23～37cm，亮黄棕色（10YR 6/6，干），棕色（10YR 4/6，润），很少量极细根系，黏壤土，强发育大、中棱柱状结构，少量细孔隙，坚实，稍黏着，中塑，有少量铁斑纹、中量黏粒胶膜、少量铁锰结核分布，向下层波状渐变过渡。

Br2：37～84cm，浊黄橙色（10YR 7/4，干），棕色（10YR 4/6，润），黏壤土，强发育大、中棱块状结构，少量细孔隙，坚实，稍黏着，中塑，有很少量锰斑纹、很多量黏粒胶膜、中量铁锰结核分布，向下层平滑渐变过渡。

Br3：84～140cm，亮黄棕色（10YR 6/6，干），棕色（10YR 4/6，润），粉砂质黏壤土，中发育大、中棱块状结构，少量细、很细孔隙，很坚实，稍黏着，中塑，有很少量锰斑纹、中量黏粒胶膜、少量铁锰结核分布。

江洲系代表性单个土体物理性质

土层	深度/cm	石砾(>2mm，体积分数)/%	细土颗粒组成(粒径：mm)/(g/kg)			质地	容重/(g/cm^3)
			砂粒 2～0.05	粉粒 0.05～0.002	黏粒 <0.002		
Ap1	0～14	0	161	522	317	粉砂质黏壤土	0.85
Ap2	14～23	0	176	491	333	黏壤土	1.17
Br1	23～37	0	259	399	342	黏壤土	1.37
Br2	37～84	0	266	427	307	黏壤土	1.44
Br3	84～140	0	172	510	318	粉砂质黏壤土	1.35

江洲系代表性单个土体化学性质

深度/cm	pH(H_2O)	有机碳/(g/kg)	全氮(N)/(g/kg)	全磷(P)/(g/kg)	全钾(K)/(g/kg)	全锰/(g/kg)	CEC/(cmol/kg)	交换性盐基总量/(cmol/kg)	游离铁/(g/kg)
0～14	5.1	24.6	2.28	0.77	22.01	0.23	15.6	5.8	16.0
14～23	5.7	16.1	1.58	0.56	21.15	0.32	16.4	8.6	24.6
23～37	6.3	6.7	0.79	0.49	22.84	1.38	16.8	9.6	29.3
37～84	6.6	6.2	0.73	0.57	24.20	1.15	16.6	10.2	27.7
84～140	6.9	6.4	0.69	0.56	23.74	0.86	15.9	10.1	25.0

4.5.11　落洞坡系（Luodongpo Series）

土　族：黏壤质硅质混合型非酸性热性-普通铁聚水耕人为土

拟定者：张杨珠，周　清，黄运湘，盛　浩，曹　俏，欧阳宁相

落洞坡系典型景观

分布与环境条件　该土系主要分布于湘西地区武陵山脉中段低山坡地下部，海拔 350～450m；成土母质为板、页岩风化物；土地利用现状为水田，典型种植制度为稻-油或单季稻；属于亚热带湿润季风气候，年均气温 16.0～17.0℃，年均降水量 1300～1400mm。

土系特征与变幅　诊断层包括水耕表层和水耕氧化还原层；诊断特性和现象包括人为滞水土壤水分状况、潜育现象、氧化还原特征和热性土壤温度状况。土壤润态色调为 7.5YR，明度 4～6，彩度 1～4。土体厚度为 130～140cm，土体构型为 Ap1-Ap2g-Br，Ap2g 有轻度亚铁反应，为潜育现象；表层土壤质地为粉砂质黏壤土。剖面各发生层 pH（H_2O）介于 5.7～6.5，有机碳含量介于 11.7～18.2g/kg，全锰含量介于 0.17～0.35g/kg，游离铁含量介于 2.6～18.7g/kg。

对比土系　沙湾系，属于同一土族，成土母质相同，地形部位相同，但表层质地为壤土，92cm 以下具有中量铁锰结核，土体润态色调为 10YR。石虎系，成土母质为紫红色砂、页岩风化物，地形部位为丘陵高阶地，但表层质地为壤土，通体无铁锰结核，73～130cm 有石砾分布，土体润态色调为 7.5YR。

利用性能综述　该土系土体发育深厚，耕作层较厚，表层质地为粉砂质黏壤土，质地适中，耕性好。耕层土壤有机质、全氮和全钾含量较丰富，全磷含量偏低。表层土壤有轻度滞水现象。培肥与改良建议：搞好农田基本建设，强化排水条件；增施有机肥和实行秸秆还田以培肥土壤，改善土壤结构；大力种植绿肥，实行用地养地相结合；适当增施磷肥，平衡土壤养分。

参比土种　黄泥田。

代表性单个土体　位于湖南省湘西土家族苗族自治州永顺县塔卧镇洛洞村落洞坡，29°11′05″N，109°56′06″E，海拔 397.9m，低山坡地下部，水田。50cm 深处土温 17.4℃。野外调查时间为 2018 年 1 月 16 日，野外编号 43-XX11。

落洞坡系代表性单个土体剖面

Ap1：0～17cm，棕灰色（10YR 6/1，干），棕灰色（7.5YR 4/1，润），多量中、细根系，粉砂质黏壤土，强发育大、中团粒状结构，多量细粒间孔隙、根孔、气孔、动物穴，疏松，黏着，中塑，有中量小铁锰斑纹、多量黏粒-铁锰氧化物胶膜分布，向下层波状模糊过渡。

Ap2g：17～37cm，淡灰色（10YR 7/1，干），灰棕色（7.5YR 4/2，润），中量中、细根系，粉砂质黏壤土，强发育大、中块状结构，多量细粒间孔隙、根孔、气孔、动物孔穴，稍坚实，稍黏着，稍塑，有多量中铁锰斑纹、多量黏粒-铁锰氧化物胶膜分布，轻微亚铁反应，向下层平滑清晰过渡。

Br1：37～57cm，浊黄橙色（10YR /4，干），浊棕色（7.5YR 5/4，润），很少量极细根系，粉砂质黏壤土，强发育大、中棱块状结构，结构体内外有多量细粒间孔隙、根孔、气孔、动物孔穴，稍坚实，稍黏着，稍塑，有中量铁斑纹、多量黏粒-铁锰氧化物胶膜分布，向下层波状渐变过渡。

Br2：57～95cm，灰黄棕色（10YR 6/2，干），浊橙色（7.5YR 6/4，润），壤土，强发育大、中棱块状结构，结构体内外有多量中粒间孔隙、气孔，稍坚实，稍黏着，稍塑，有中量中铁锰斑纹、多量黏粒-铁锰氧化物胶膜分布，向下层波状渐变过渡。

Br3：95～140cm，浊黄橙色（10YR 7/3，干），浊棕色（7.5YR5/4，润），粉砂质壤土，中发育中块状结构，结构体内外有中量细粒间孔隙、气孔，坚实，稍黏着，稍塑，有多量直径6～20mm的铁锰斑纹、多量黏粒-铁锰氧化物胶膜分布，有少量卵石等侵入体。

落洞坡系代表性单个土体物理性质

土层	深度/cm	石砾(>2mm，体积分数)/%	细土颗粒组成(粒径：mm)/(g/kg)			质地	容重/(g/cm^3)
			砂粒 2～0.05	粉粒 0.05～0.002	黏粒 <0.002		
Ap1	0～17	0	153	546	301	粉砂质黏壤土	0.99
Ap2g	17～37	0	150	531	319	粉砂质黏壤土	1.25
Br1	37～57	0	184	521	295	粉砂质黏壤土	1.31
Br2	57～95	0	317	451	232	壤土	1.35
Br3	95～140	0	235	513	252	粉砂质壤土	1.41

落洞坡系代表性单个土体化学性质

深度 /cm	pH (H_2O)	有机碳 /(g/kg)	全氮(N) /(g/kg)	全磷(P) /(g/kg)	全钾(K) /(g/kg)	全锰 /(g/kg)	CEC /(cmol/kg)	交换性盐基总量 /(cmol/kg)	游离铁 /(g/kg)
0～17	5.7	16.5	1.28	0.39	20.04	0.19	11.1	5.3	2.6
17～37	5.9	18.2	0.60	0.23	18.86	0.17	8.3	4.5	5.0
37～57	6.1	16.4	0.39	0.29	16.31	0.27	8.0	4.9	18.7
57～95	6.4	11.7	0.36	0.28	18.51	0.34	7.0	5.5	7.3
95～140	6.5	14.6	0.27	0.26	18.83	0.35	8.4	6.9	8.8

4.5.12　欧溪系（Ouxi Series）

土　族：黏壤质硅质混合型非酸性热性-普通铁聚水耕人为土

拟定者：张杨珠，周　清，黄运湘，盛　浩，曹　俏，欧阳宁相

分布与环境条件　该土系主要分布于湘西地区低山坡麓地带下部，海拔500～550m；成土母质为石灰岩风化物；土地利用现状为水田，典型种植制度为稻-油或单季稻；属于亚热带湿润季风气候，年均气温15.4～16.6℃，年均降水量1300～1400mm。

欧溪系典型景观

土系特征与变幅　诊断层包括水耕表层和水耕氧化还原层；诊断特性包括人为滞水土壤水分状况、氧化还原特征、热性土壤温度状况和铁质特性。土壤润态色调为7.5YR，明度4～5，彩度3～6。土体厚度大于120cm，土体构型为Ap1-Ap2-Br，表层土壤质地为粉砂质壤土。剖面各发生层pH（H_2O）介于7.0～7.7，有机碳含量介于5.3～19.0g/kg，全锰含量介于0.78～1.97g/kg，游离铁含量介于21.1～32.9g/kg。

对比土系　天门山系，属于同一土族，但成土母质相同，地形部位为中山地坡麓地带，表层质地为粉砂质黏壤土，30cm以下具有数量不等的岩石碎屑，土体润态色调为7.5YR。落洞坡系，属同一土族，但成土母质为板、页岩风化物，地形部位为低山坡地下部，表层质地为粉砂质黏壤土，土体润态色调为7.5YR。石虎系，成土母质为紫红色砂、页岩风化物，地形部位为丘陵高阶地，但表层质地为壤土，土体无铁锰结核，73～130cm有石砾分布，土体润态色调为7.5YR。

利用性能综述　该土系土体发育深厚，耕作层厚，质地为粉砂质壤土，质地良好，耕性好。耕层土壤有机质、全氮和全磷含量丰富，全钾含量较高。耕层土壤呈中性到弱碱性。培肥与改良建议：搞好农田基本建设，强化灌溉排水条件；增施有机肥和实行秸秆还田以培肥土壤，改善土壤结构；大力种植绿肥，实行用地养地相结合；适当增施钾肥，平衡土壤养分。

参比土种　灰泥田。

代表性单个土体　位于湖南省湘西土家族苗族自治州龙山县洗洛镇欧溪村，29°22′33″N，109°25′43″E，海拔549.5m，陡峭切割的低山坡麓下部，成土母质为石灰岩风化物，水田。50m深处土温16.7℃。野外调查时间为2018年1月17日，野外编号43-XX12。

欧溪系代表性单个土体剖面

Ap1：0～22cm，灰黄棕色（10YR 6/2，干），棕色（7.5YR 4/3，润），多量中、细根系，粉砂质壤土，强发育中、大团粒状结构，中量细粒间孔隙、根孔、气孔和动物穴，疏松，黏着，中塑，有少量黏粒胶膜分布，少量蚂蟥，向下层平滑模糊过渡。

Ap2：22～32cm，浊黄橙色（10YR 6/3，干），棕色（7.5YR 4/3，润），中量中、细根系，粉砂质黏壤土，强发育中、大棱块状结构，少量细粒间孔隙、根孔、气孔和动物穴，稍坚实，极黏着，强塑，有多量黏粒胶膜分布，少量蚂蟥，向下层平滑渐变过渡。

Br1：32～48cm，浊黄橙色（10YR 6/3，干），棕色（7.5YR 4/6，润），很少量极细根系，粉砂质黏壤土，强发育中、大棱块状结构，中量细粒间孔隙、根孔、气孔和动物穴，稍坚实，黏着，中塑，有中量小铁锰斑纹、多量黏粒-铁锰氧化物胶膜分布，向下层平滑模糊过渡。

Br2：48～63cm，浊黄橙色（10YR 7/3，干），棕色（7.5YR 4/6，润），很少量极细根系，粉砂质黏壤土，强发育中等块状结构，中量细粒间孔隙、根孔和气孔，坚实，黏着，中塑，有多量小铁锰斑纹、多量黏粒-铁锰氧化物胶膜分布，向下层波状清晰过渡。

Br3：63～73cm，浊黄橙色（10YR 6/4，干），浊棕色（7.5YR 5/4，润），黏壤土，中发育中块状结构，中量中粒间孔隙、气孔，坚实，稍黏着，稍塑，有多量小铁锰斑纹、中量黏粒-铁锰氧化物胶膜分布，少量侵入体螺壳，向下层波状清晰过渡。

Br4：73～120cm，亮黄棕色（10YR 6/6，干），亮棕色（7.5YR 5/6，润），黏壤土，中发育中、大棱块状结构，少量细粒间孔隙、气孔，极坚实，稍黏着，稍塑，有中量小铁锰斑纹、少量黏粒-铁锰氧化物胶膜分布。

欧溪系代表性单个土体物理性质

土层	深度 /cm	石砾 (>2mm，体积分数)/%	细土颗粒组成(粒径：mm)/(g/kg)			质地	容重 /(g/cm^3)
			砂粒 2～0.05	粉粒 0.05～0.002	黏粒 <0.002		
Ap1	0～22	0	166	664	170	粉砂质壤土	1.16
Ap2	22～32	0	141	560	299	粉砂质黏壤土	1.10
Br1	32～48	0	145	551	304	粉砂质黏壤土	1.24
Br2	48～63	0	168	526	306	粉砂质黏壤土	1.30
Br3	63～73	0	222	459	319	黏壤土	1.39
Br4	73～120	0	286	339	375	黏壤土	1.44

欧溪系代表性单个土体化学性质

深度 /cm	pH (H_2O)	有机碳 /(g/kg)	全氮(N) /(g/kg)	全磷(P) /(g/kg)	全钾(K) /(g/kg)	全锰 /(g/kg)	CEC /(cmol/kg)	交换性盐基总量 /(cmol/kg)	游离铁 /(g/kg)
0～22	7.0	19.0	1.26	1.02	13.03	0.91	18.1	12.8	21.1
22～32	7.5	12.3	1.28	0.65	14.35	0.78	15.7	12.0	22.4
32～48	7.7	9.9	0.92	0.59	22.28	1.24	17.0	12.0	24.0
48～63	7.6	8.7	0.60	0.67	20.23	1.45	16.6	11.6	23.4
63～73	7.4	8.8	0.57	0.66	16.31	1.97	16.9	11.3	27.2
73～120	7.4	5.3	0.80	0.82	21.97	1.02	18.5	11.8	32.9

4.5.13　沙湾系（Shawan Series）

土　族：黏壤质硅质混合型非酸性热性-普通铁聚水耕人为土

拟定者：张杨珠，周　清，廖超林，盛　浩，彭　涛，欧阳宁相

沙湾系典型景观

分布与环境条件　该土系主要分布于湘东地区低丘陵地带坡地下部低阶地，海拔 30～100m；成土母质为板、页岩风化物；土地利用现状为水田，典型种植制度为稻-稻或稻-稻-油；属于中亚热带湿润季风气候，年均气温 16～19℃，年均降水量 1300～1500mm。

土系特征与变幅　诊断层包括水耕表层和水耕氧化还原层；诊断特性包括人为滞水土壤水分状况、氧化还原特征、热性土壤温度状况和铁质特征。土壤润态色调为 10YR，明度 6～7，彩度 3～8。土体厚度为 130～140cm，土体构型为 Ap1-Ap2-Br。水耕表层为壤土，氧化还原层为壤土-黏壤土。剖面各发生层 pH（H_2O）介于 4.9～6.0，有机碳含量介于 2.0～23.8g/kg，全锰含量介于 0.15～4.82g/kg，游离铁含量介于 13.9～46.4g/kg。

对比土系　落洞坡系，成土母质相同，地形部位为低山坡地下部，表层质地为粉砂质黏壤土，土体润态色调为 7.5YR。石虎系，成土母质为紫红色砂页岩风化物，地形部位为丘陵高阶地，但表层质地为壤土，土体无铁锰结核，73～130cm 有石砾分布，土体润态色调为 7.5YR。

利用性能综述　该土系土体发育较深厚，但耕作层较浅薄；耕层质地适中，通透性好，耕性好，犁底层坚实，保水保肥能力好。耕层土壤有机质和全氮含量丰富，全磷和全钾含量较高。耕层土壤呈酸性，酸化严重。培肥与改良建议：搞好农田基本建设，强化灌溉排水条件；注重深耕深翻、加深耕层；增施有机肥和实行秸秆还田以培肥土壤，改善土壤结构；施用石灰或碱性改良剂，提升耕层土壤 pH；大力种植绿肥，实行用地养地相结合；适当增施磷肥和钾肥，平衡土壤养分。

参比土种　黄泥田。

代表性单个土体　位于湖南省株洲市醴陵市均楚镇黄田村，27°33′44.16″N，113°10′48.6″E，海拔 45m，低丘坡脚，成土母质为板、页岩风化物，水田。50cm 深处土温 19.6℃。野外调查时间为 2016 年 1 月 7 日，野外编号 43-ZZ20。

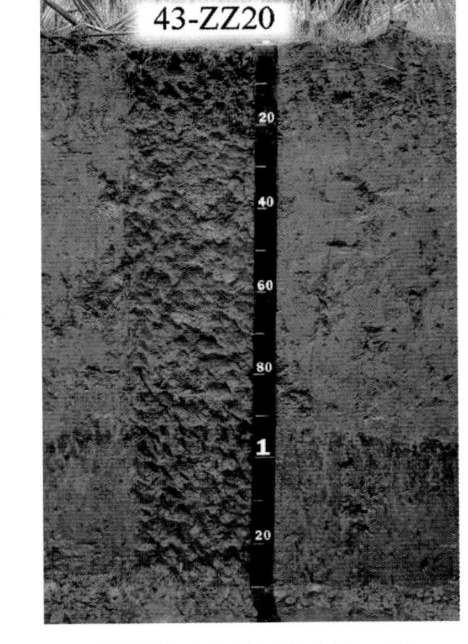

沙湾系代表性单个土体剖面

Ap1：0～15cm，浊黄橙色（10YR 7/3，干），浊黄橙色（10YR 6/3，润），多量中、细根系，壤土，强发育大、中团粒状结构，多量中、细孔隙，疏松，稍黏着，中塑，有少量铁斑纹、少量黏粒胶膜分布，向下层平滑渐变过渡。

Ap2：15～24cm，淡黄橙色（10YR 8/3，干），浊黄橙色（10YR 6/4，润），中量中、细根系，壤土，强发育大、中块状结构，少量细孔隙，很坚实，稍黏着，中塑，有少量铁斑纹、少量黏粒-铁锰胶膜分布，有侵入体(2～3 块瓦片)，向下层平滑渐变过渡。

Br1：24～38cm，浊黄橙色（10YR 7/4，干），亮黄棕色（10YR 6/8，润），很少量极细根系，壤土，强发育大、中棱块状结构，少量细孔隙，很坚实，稍黏着，中塑，有少量铁斑纹、少量黏粒-铁锰胶膜分布，向下层平滑模糊过渡。

Br2：38～68cm，淡黄橙色（10YR 8/4，干），亮黄棕色（10YR 6/6，润），黏壤土，强发育大、中棱块状结构，少量细孔隙，很坚实，黏着，强塑，有少量铁斑纹、很少量黏粒-铁锰胶膜分布，向下层平滑渐变过渡。

Br3：68～92cm，浊黄橙色（10YR 7/4，干），亮黄棕色（10YR 7/6，润），壤土，中发育大、中棱块状结构，少量细孔隙，很坚实，稍黏着，中塑，有中量锰斑纹、多量黏粒-铁锰胶膜分布，向下层波状清晰过渡。

Br4：92～130cm，浊黄橙色（10YR 7/4，干），黄橙色（10YR 7/8，润），壤土，中发育大、中棱块状结构，少量细孔隙，很坚实，稍黏着，中塑，有多量锰斑纹、少量黏粒-铁锰胶膜、中量铁锰结核分布。

沙湾系代表性单个土体物理性质

土层	深度/cm	石砾(>2mm，体积分数)/%	细土颗粒组成(粒径：mm)/(g/kg)			质地	容重/(g/cm³)
			砂粒 2～0.05	粉粒 0.05～0.002	黏粒 <0.002		
Ap1	0～15	0	333	442	225	壤土	1.00
Ap2	15～24	3	340	446	214	壤土	1.14
Br1	24～38	3	399	346	255	壤土	1.43
Br2	38～68	3	378	340	282	黏壤土	1.52
Br3	68～92	3	326	409	265	壤土	1.42
Br4	92～130	3	479	288	233	壤土	1.50

沙湾系代表性单个土体化学性质

深度 /cm	pH (H_2O)	有机碳 /(g/kg)	全氮(N) /(g/kg)	全磷(P) /(g/kg)	全钾(K) /(g/kg)	全锰 /(g/kg)	CEC /(cmol/kg)	交换性盐基总量 /(cmol/kg)	游离铁 /(g/kg)
0～15	5.0	23.8	2.10	0.47	15.95	0.15	10.5	3.0	13.9
15～24	4.9	18.8	1.76	0.41	16.43	0.16	12.2	2.5	16.5
24～38	5.4	6.9	0.82	0.38	16.93	0.37	10.3	3.9	46.4
38～68	5.6	5.9	0.68	0.40	17.61	0.65	10.7	6.7	34.1
68～92	5.8	4.6	0.60	0.32	17.40	0.85	10.7	6.8	26.2
92～130	6.0	2.0	0.51	0.28	18.79	4.82	14.2	6.7	30.4

4.5.14　石虎系（Shihu Series）

土　族：黏壤质硅质混合型非酸性热性-普通铁聚水耕人为土

拟定者：张杨珠，周　清，盛　浩，张　亮，满海燕，欧阳宁相

分布与环境条件　该土系主要分布于湘东地区的丘陵高阶地，海拔 50～150m；成土母质为紫红色砂、页岩风化物；土地利用现状为水田，典型种植制度为稻-稻或稻-稻-油；属于中亚热带湿润季风气候，年均气温 16～19℃，年均降水量 1300～1500mm。

石虎系典型景观

土系特征与变幅　诊断层包括水耕表层和水耕氧化还原层；诊断特性包括人为滞水土壤水分状况、氧化还原特征和热性土壤温度状况。土体润态色调为 7.5YR，明度 4，彩度 6。土体厚度大于 130cm，土体构型为 Ap1-Ap2-Br，Br1、Br2 层厚度≥20cm，表层土壤质地为壤土，有黏粒-铁锰胶膜、铁锰斑纹，棱块状结构。Br3 层以上均具有瓦片等侵入体。剖面各发生层 pH（H_2O）介于 5.2～5.9，有机碳含量介于 1.1～18.9g/kg，全锰含量介于 0.08～0.36g/kg，游离铁含量介于 11.7～23.8g/kg。

对比土系　天门山系，属于同一土族，但成土母质不同，为石灰岩风化物，地形部位为中山地坡麓地带，表层质地为粉砂质黏壤土，30cm 以下具有数量不等的岩石碎屑，土体润态色调为 7.5YR。落洞坡系，属同一土族，但成土母质不同，为板、页岩风化物，地形部位为低山坡地下部，表层质地为粉砂质黏壤土，土体润态色调为 7.5YR。

利用性能综述　该土系土体发育较深厚，耕作层较浅薄，耕作层结构良好、疏松易耕，耕层质地较轻，犁底层以下呈壤土，坚实，通透性较差。应注重深耕深翻、加深耕层或种植根系生长力强的作物品种。土壤呈酸性反应，酸化较严重，有必要因地制宜施用石灰或碱性物质，提升耕层 pH。有机质丰富，全钾含量较高，应合理施用有机肥，配施磷肥和钾肥，平均土壤养分。

参比土种　酸紫沙泥。

代表性单个土体　位于湖南省株洲市醴陵市泗汾镇石虎村张公组，27°31′54.9″N，113°27′50.7″E，海拔 78m，丘陵下部，成土母质为紫红色砂、页岩风化物，水田。50cm 深处土温 19.4℃。野外调查时间为 2015 年 11 月 24 日，野外编号 43-ZZ17。

石虎系代表性单个土体剖面

Ap1：0～13cm，浊黄橙色（10YR 7/4，干），棕色（7.5YR 4/6，润），多量中、细根系，壤土，强发育大、中团粒状结构，多量中、细孔隙，疏松，稍黏着，中塑，有多量铁斑纹分布，向下层波状渐变过渡。

Ap2：13～20cm，亮黄棕色（10YR 7/6，干），棕色（7.5YR 4/6，润），中量中、细根系，壤土，中发育大、中块状结构，少量细孔隙，稍坚实-坚实，黏着，中塑，有很少量铁斑纹分布，侵入体为2～3块瓦片，向下层平滑清晰过渡。

Br1：20～45cm，浊橙色（10YR 7/4，干），棕色（7.5YR 4/6，润），很少量极细根系，砂质黏壤土，中发育大、中棱块状结构，少量细孔隙，稍坚实-坚实，黏着，强塑，有少量铁斑纹、多量黏粒-铁锰胶膜分布，侵入体为 2～3 块瓦片，向下层平滑渐变过渡。

Br2：45～73cm，浊橙色（10YR 7/4，干），棕色（7.5YR 4/6，润），砂质黏壤土，棱块状结构，稍坚实-坚实，有少量铁斑纹、中量黏粒-铁锰胶膜分布，侵入体为 2～3 块瓦片，向下层平滑清晰过渡。

Br3：73～130cm，橙色（10YR 6/8，干），棕色（7.5YR 4/6，润），砂质黏壤土，弱发育大、中棱块状结构，很少量细孔隙，很坚实，黏着，强塑，有少量铁斑纹、少量黏粒-铁锰胶膜分布。

石虎系代表性单个土体物理性质

土层	深度/cm	石砾(>2mm，体积分数)/%	细土颗粒组成(粒径：mm)/(g/kg)			质地	容重/(g/cm^3)
			砂粒 2～0.05	粉粒 0.05～0.002	黏粒 <0.002		
Ap1	0～13	0	494	306	200	壤土	1.13
Ap2	13～20	0	452	332	216	壤土	1.46
Br1	20～45	0	533	246	221	砂质黏壤土	1.49
Br2	45～73	0	502	294	204	砂质黏壤土	1.61
Br3	73～130	25	551	377	72	砂质黏壤土	—

石虎系代表性单个土体化学性质

深度/cm	pH (H_2O)	有机碳/(g/kg)	全氮(N)/(g/kg)	全磷(P)/(g/kg)	全钾(K)/(g/kg)	全锰/(g/kg)	CEC/(cmol/kg)	交换性盐基总量/(cmol/kg)	游离铁/(g/kg)
0～13	5.3	18.9	1.59	0.45	15.05	0.08	14.8	5.9	11.7
13～20	5.2	7.5	0.87	0.39	15.31	0.08	11.7	5.9	17.6
20～45	5.3	5.0	0.58	0.24	15.35	0.12	11.3	5.5	17.6
45～73	5.7	3.5	0.39	0.25	14.98	0.14	12.4	6.6	23.8
73～130	5.9	1.1	0.22	0.18	17.05	0.36	12.6	8.1	19.9

4.5.15 塔灯田系（Tadengtian Series）

土 族：黏壤质硅质混合型非酸性热性-普通铁聚水耕人为土

拟定者：张杨珠，周 清，张 亮，翟 橙，欧阳宁相

分布与环境条件 该土系主要分布于湘西地区低山高丘下坡，海拔在240～270m；成土母质为板、页岩风化物；土地利用现状为水田，典型种植制度为麦/油-稻或单季稻；属于亚热带湿润季风气候，年均气温 16～17℃，年均降水量 1300～1400mm。

塔灯田系典型景观

土系特征与变幅 诊断层包括水耕表层和水耕氧化还原层；诊断特性包括人为滞水土壤水分状况、氧化还原特征和热性土壤温度状况。土壤润态色调为2.5Y，明度6～7，彩度1～6。土体厚度在125cm以上，土体深厚，土体构型为Ap1-Ap2-Br，表层土壤质地为粉砂质黏壤土。剖面各发生层pH（H_2O）介于5.0～7.0，有机碳含量介于2.0～19.5g/kg，全锰含量介于0.25～0.49g/kg，游离铁含量介于2.1～21.2g/kg。

对比土系 衍嗣系，属于同一土族，但成土母质不同，为第四纪红色黏土，表层质地为粉砂质黏壤土，32cm以下具有数量不等的铁锰结核，土体色调为7.5YR。江州系，属于同一土族，但成土母质不同，为近代河流冲积物和湖积物，表层质地为粉砂质黏壤土，37cm以下具有少、中量铁锰结核，土体润态色调为10YR。

利用性能综述 该土系土体发育较深厚，耕作层较厚，表层土壤质地为粉砂质黏壤土，质地适中，耕性好，表层土壤呈酸性。耕层土壤有机质、全氮和全钾含量丰富，全磷含量较高。培肥与改良建议：搞好农田基本建设，强化灌溉条件；增施有机肥和实行秸秆还田以培肥土壤，改善土壤结构；大力种植绿肥，实行用地养地相结合；适当增施磷肥和钾肥，平衡土壤养分。

参比土种 黄泥田。

代表性单个土体 位于湖南省怀化市中方县中方镇塔灯田村，27°22′09″N，109°58′12″E，海拔258m；低山坡地下部，成土母质为板、页岩风化物，水田。50cm深处土温18.9℃。野外调查时间为2017年1月17日，野外编号43-HH12。

塔灯田系代表性单个土体剖面

Ap1：0～18cm，灰白色（2.5Y 8/1，干），黄灰色（2.5Y 6/1，润），多量中细根系，粉砂质黏壤土，强发育大、中团粒状结构，多量细根孔、气孔、粒间孔隙和动物孔穴，疏松，稍黏着，中塑，有多量铁斑纹分布，向下层平滑清晰过渡。

Ap2：18～25cm，灰白色（2.5Y 8/1，干），灰黄色（2.5Y 6/2，润），中量中、细根系，粉砂质黏壤土，强发育大、中块状结构，少量细孔隙，稍坚实，稍黏着，中塑，结构面上有少量铁锰斑纹分布，向下层平滑渐变过渡。

Br1：25～50cm，灰白色（2.5Y 8/2，干），灰黄色（2.5Y 6/2，润），很少量极细根系，粉砂质黏壤土，强发育大、中棱块状结构，少量中、细孔隙，稍坚实，稍黏着，中塑，结构面上有中量铁锰斑纹、中量黏粒-铁锰胶膜分布，向下层不规则渐变过渡。

Br2：50～90cm，灰白色（2.5Y 8/2，干），浊黄色（2.5Y 7/3，润），粉砂质黏壤土，中发育大、中棱块状结构，少量细孔隙，稍坚实，稍黏着，中塑，结构面上有多量铁锰斑纹、多量黏粒-铁锰胶膜分布，向下层平滑清晰过渡。

Br3：90～125cm，浅淡黄色（2.5Y 8/3，干），亮黄棕色（2.5Y 6/6，润），粉砂质黏壤土，弱发育中块状结构，少量细粒间孔隙，坚实，稍黏着，中塑，结构面上有中量铁锰斑纹、少量黏粒-铁锰胶膜分布。

塔灯田系代表性单个土体物理性质

土层	深度/cm	石砾(>2mm，体积分数)/%	细土颗粒组成(粒径：mm)/(g/kg)			质地	容重/(g/cm^3)
			砂粒 2～0.05	粉粒 0.05～0.002	黏粒 <0.002		
Ap1	0～18	0	98	586	316	粉砂质黏壤土	1.19
Ap2	18～25	0	155	511	334	粉砂质黏壤土	1.40
Br1	25～50	0	42	654	304	粉砂质黏壤土	1.54
Br2	50～90	0	148	543	309	粉砂质黏壤土	1.44
Br3	90～125	0	174	496	330	粉砂质黏壤土	1.64

塔灯田系代表性单个土体化学性质

深度/cm	pH (H_2O)	有机碳/(g/kg)	全氮(N)/(g/kg)	全磷(P)/(g/kg)	全钾(K)/(g/kg)	全锰/(g/kg)	CEC/(cmol/kg)	交换性盐基总量/(cmol/kg)	游离铁/(g/kg)
0～18	5.3	19.5	2.20	0.56	18.08	0.25	11.9	3.1	2.1
18～25	5.0	13.9	1.76	0.44	19.76	0.25	11.1	1.9	2.8
25～50	6.8	4.9	0.75	0.34	20.88	0.37	9.6	3.4	6.3
50～90	7.0	4.4	0.78	0.28	20.92	0.48	8.1	3.9	14.9
90～125	6.9	2.0	0.58	0.33	21.02	0.49	7.9	3.6	21.2

4.5.16 天门山系（Tianmenshan Series）

土 族：黏壤质硅质混合型非酸性热性-普通铁聚水耕人为土
拟定者：张杨珠，周 清，盛 浩，曹 俏，欧阳宁相

分布与环境条件 该土系主要分布于湘西地区中山地坡麓地带，海拔 500～530m；成土母质为石灰岩风化物；土地利用现状为水田，典型种植制度为稻-油或单季稻；属中亚热带湿润季风气候，年均气温 16.5～17.5℃，年均降水量 1400～1550mm。

天门山系典型景观

土系特征与变幅 诊断层包括水耕表层和水耕氧化还原层；诊断特性包括人为滞水土壤水分状况、热性土壤温度状况、氧化还原特征和铁质特性。土壤润态色调为 7.5YR，明度 3～5，彩度 2～4。土体厚度为 100～130cm，土体构型为 Ap1-Ap2-Br。表层厚度≥20cm，有效磷加权平均 26.30mg/kg。表层土壤质地为粉砂质黏壤土，土体自上而下由疏松变为稍坚实再变为坚实。剖面各发生层 pH（H_2O）介于 6.2～7.0，有机碳含量介于 4.7～27.6g/kg，全锰含量介于 0.10～0.67g/kg，游离铁含量介于 17.2～32.3g/kg。

对比土系 袁家系，属于同一土族，但成土母质不同，为第四纪红色黏土，地形部位为低丘高阶地，表层质地为粉砂质黏壤土，36～60cm 内有瓷片等侵入体，36cm 以下具有数量不等的铁锰结核，土体润态色调为 2.5Y。大屋系，属于同一土族，成土母质不同，为第四纪红色黏土，地形部位为丘岗地带低阶地，表层质地为壤土，90cm 以下有铁锰结核，土体润态色调为 2.5Y。

利用性能综述 该土系土体发育较深厚，耕作层厚，质地为粉砂质黏壤土，质地良好，耕性好。耕层土壤有机质、全氮和全磷含量丰富，全钾含量较高。耕层土壤呈弱酸性。培肥与改良建议：搞好农田基本建设，强化灌溉条件；增施有机肥和实行秸秆还田以培肥土壤，改善土壤结构；大力种植绿肥，实行用地养地相结合；适当增施钾肥，平衡土壤养分。

参比土种 灰泥田。

代表性单个土体 位于湖南省张家界市永定区天门山镇大坪居委会，29°0′57″N，110°29′34″E，海拔 510m，低山坡麓下部，成土母质为石灰岩风化物，水田。50cm 深处土温 17.0℃。野外调查时间为 2017 年 11 月 28 日，野外编号 43-ZJJ03。

天门山系代表性单个土体剖面

Ap1：0～20cm，灰黄棕色（10YR 6/2，干），灰棕色（7.5YR 4/2，润），多量中、细根系，粉砂质黏壤土，强发育大、中团粒状结构，多量细粒间孔隙、根孔、气孔、动物穴，疏松，稍黏着，中塑，有很少量铁锰斑纹分布，对比模糊，边界扩散，有中量黏粒胶膜分布，对比明显，有少量蚯蚓，向下层波状渐变过渡。

Ap2：20～30cm，灰黄棕色（10YR 6/2，干），灰棕色（7.5YR 4/2，润），中量中、细根系，粉砂质黏壤土，中发育大、中块状结构，中量细粒间孔隙、根孔、气孔，稍坚实，稍黏着，中塑，有中量铁锰斑纹分布，对比模糊，边界扩散，有多量黏粒胶膜分布，对比显著，向下层平滑清晰过渡。

Br1：30～40cm，浊黄橙色（10YR 6/4，干），浊棕色（7.5YR 5/3，润），很少量极细根系，粉砂质黏壤土，弱发育大、中棱块状结构，中量细粒间孔隙、根孔、气孔，有很少量很细次棱角状石灰岩碎屑分布，莫氏硬度 7，微风化，稍坚实，稍黏着，中塑，有多量铁锰斑纹分布，对比模糊，边界扩散，有多量黏粒胶膜分布，对比模糊，向下层平滑清晰过渡。

Br2：40～70cm，浊黄棕色（10YR 5/3，干），暗棕色（7.5YR 3/3，润），很少量细根系，黏壤土，弱发育大、中棱块状结构，少量很细粒间孔隙、根孔、气孔，有中量小棱角状石英、石灰岩碎屑分布，莫氏硬度 7，微风化，坚实，黏着，中塑，有少量很小铁锰斑纹分布，对比模糊，边界扩散，有多量黏粒胶膜分布，对比明显，向下层平滑渐变过渡。

Br3：70～105cm，灰黄棕色（10YR 5/2，干），黑棕色（7.5YR 3/2，润），粉砂质黏壤土，弱发育大、中棱块状结构，少量很细粒间孔隙，有少量棱角状石英碎屑，直径 5～20mm，莫氏硬度 7，微风化，坚实，黏着，中塑，有少量直径<2mm 的铁锰斑纹分布，对比模糊，边界扩散，有多量黏粒胶膜分布，对比明显，向下层波状清晰过渡。

Br4：105～130cm，浊黄橙色（10YR 7/3，干），浊棕色（7.5YR 5/4，润），黏壤土，弱发育中块状结构，少量很细粒间孔隙，有多量小棱角状、圆状鹅卵石石灰岩碎屑分布，莫氏硬度 7，微风化，坚实，黏着，中塑。

天门山系代表性单个土体物理性质

土层	深度/cm	石砾(>2mm，体积分数)/%	细土颗粒组成(粒径：mm)/(g/kg)			质地	容重/(g/cm^3)
			砂粒 2～0.05	粉粒 0.05～0.002	黏粒 <0.002		
Ap1	0～20	0	29	604	367	粉砂质黏壤土	0.97
Ap2	20～30	0	78	581	341	粉砂质黏壤土	1.30
Br1	30～40	1	107	550	343	粉砂质黏壤土	1.51
Br2	40～70	5	239	421	340	黏壤土	1.22
Br3	70～105	2	145	516	339	粉砂质黏壤土	1.38
Br4	105～130	25	307	365	328	黏壤土	1.40

天门山系代表性单个土体化学性质

深度/cm	pH(H_2O)	有机碳/(g/kg)	全氮(N)/(g/kg)	全磷(P)/(g/kg)	全钾(K)/(g/kg)	全锰/(g/kg)	CEC/(cmol/kg)	交换性盐基总量/(cmol/kg)	游离铁/(g/kg)
0～20	6.2	27.6	2.01	1.74	16.78	0.10	15.3	10.2	17.2
20～30	6.5	15.1	1.42	1.51	20.07	0.14	14.3	10.9	22.6
30～40	6.8	21.1	0.87	1.70	16.79	0.25	17.2	11.6	32.3
40～70	7.0	13.2	0.82	1.42	14.18	0.48	21.7	13.7	28.6
70～105	6.5	15.2	1.02	1.28	18.11	0.67	12.8	17.5	24.0
105～130	6.8	4.7	0.52	1.58	26.85	0.64	15.3	9.8	26.1

4.5.17　衍嗣系（Yansi Series）

土　族：黏壤质硅质混合型非酸性热性-普通铁聚水耕人为土

拟定者：张杨珠，张　亮，曹　俏，欧阳宁相

衍嗣系典型景观

分布与环境条件　该土系主要分布于湘北地区平原地带，海拔30～100m；成土母质为第四纪红色黏土；土地利用现状为水田，典型种植制度为稻-稻或稻-油。属于中亚热带湿润季风气候，年均气温15.5～16.5℃，年均降水量1200～1300mm。

土系特征与变幅　诊断层包括水耕表层和水耕氧化还原层；诊断特性包括人为滞水土壤水分状况、氧化还原特征、热性土壤温度状况和铁质特性。土壤润态色调为7.5YR，明度4～6，彩度4～6。土体厚度在140cm以上，土体构型为Ap1-Ap2-Br，剖面土壤质地上层为粉砂质黏壤土，下层为粉砂质壤土。剖面各发生层pH（H_2O）介于5.7～6.7，有机碳含量介于2.0～18.2g/kg，全锰含量介于0.14～3.81g/kg，游离铁含量介于13.3～25.2g/kg。

对比土系　塔灯田系，属于同一土族，但成土母质不同，为板、页岩风化物，地形部位为低山高丘下坡，土壤通体均无岩石碎屑、铁锰结核、侵入体，土体润态色调为2.5Y。江洲系，属于同一土族，地形部位相似，但成土母质不同，为近代河流冲积物和湖积物，37cm以下具有少、中量铁锰结核，土体润态色调为10YR。

利用性能综述　该土系土体发育深厚，虽耕作层较浅，但表层质地为粉砂质黏壤土，质地适中，耕性好。耕层土壤有机质含量丰富，全氮、全磷和全钾含量较高。培肥与改良建议：搞好农田基本建设，强化排水条件；适当深耕，提升耕作层厚度；增施有机肥和实行秸秆还田以培肥土壤，改善土壤结构；大力种植绿肥，实行用地养地相结合；适当增施磷肥和钾肥，平衡土壤养分。

参比土种　熟红黄泥。

代表性单个土体　位于湖南省常德市临澧县太浮镇衍嗣社区，29°17′36″N，111°35′48″E，海拔70m，平原，成土母质为第四纪红色黏土，水田。50cm深处土温18.6℃。野外调查时间为2016年12月15日，野外编号43-CD12。

Ap1：0～13cm，浊黄橙色（10YR 7/3，干），棕色（7.5YR 4/4，润），多量中、细根系，粉砂质黏壤土，强发育大、中团粒状结构，多量细粒间孔隙、根孔、气孔、动物穴，疏松，稍黏着，中塑，有中量铁斑纹分布，向下层平滑渐变过渡。

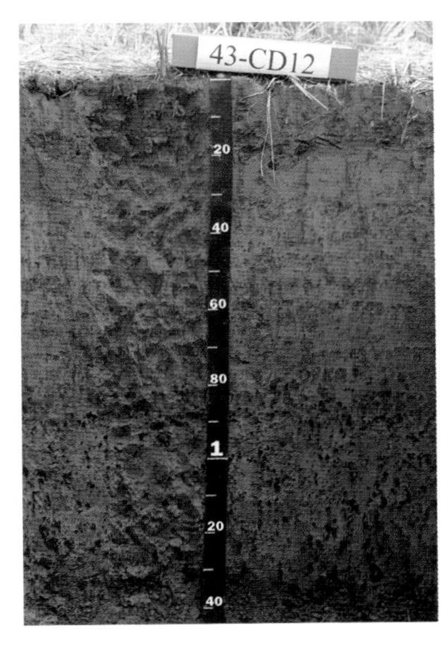

衍嗣系代表性单个土体剖面

Ap2：13～24cm，浊黄橙色（10YR 7/3，干），棕色（7.5YR 4/4，润），中量中、细根系，粉砂质黏壤土，强发育大、中块状结构，少量细孔隙，坚实，稍黏着，中塑，有中量铁斑纹分布，向下层平滑清晰过渡。

Br1：24～32cm，黄橙色（10YR 7/8，干），浊橙色（7.5YR 6/4，润），很少量极细根系，粉砂质黏壤土，强发育大、中、小块状或棱块状结构，中量细粒间孔隙、根孔，稍坚实，稍黏着，稍塑，有多量铁锰斑纹和多量铁锰胶膜分布，向下层平滑渐变过渡。

Br2：32～60cm，浊黄橙色（10YR 7/4，干），浊橙色（7.5YR 6/4，润），粉砂质壤土，强发育大、小块状或棱块状结构，中量细粒间孔隙，坚实，黏着，稍塑，有多量铁锰斑纹、多量铁锰胶膜、多量铁锰结核分布，向下层平滑渐变过渡。

Br3：60～90cm，亮棕色（10YR 7/6，干），亮棕色（7.5YR 5/6，润），粉砂质黏壤土，中发育大、中块状结构，中量细粒间孔隙，坚实，稍黏着，稍塑，有多量铁锰斑纹、铁锰胶膜、铁锰结核分布，向下层平滑渐变过渡。

Br4：90～140cm，淡棕灰色（10YR 7/2，干），橙色（7.5YR 6/6，润），粉砂质壤土，中发育大、中块状结构，少量细粒间孔隙，坚实，稍黏着，稍塑，有多量铁锰斑纹、多量铁锰胶膜、多量铁锰结核分布。

衍嗣系代表性单个土体物理性质

土层	深度/cm	石砾(>2mm，体积分数)/%	细土颗粒组成(粒径：mm)/(g/kg)			质地	容重/(g/cm³)
			砂粒 2～0.05	粉粒 0.05～0.002	黏粒 <0.002		
Ap1	0～13	0	86	615	299	粉砂质黏壤土	1.20
Ap2	13～24	0	68	634	298	粉砂质黏壤土	1.37
Br1	24～32	0	38	666	296	粉砂质黏壤土	1.67
Br2	32～60	0	114	639	247	粉砂质壤土	1.65
Br3	60～90	0	55	665	280	粉砂质黏壤土	1.56
Br4	90～140	0	104	693	203	粉砂质壤土	1.59

衍嗣系代表性单个土体化学性质

深度 /cm	pH (H_2O)	有机碳 /(g/kg)	全氮(N) /(g/kg)	全磷(P) /(g/kg)	全钾(K) /(g/kg)	全锰 /(g/kg)	CEC /(cmol/kg)	交换性盐基总量 /(cmol/kg)	游离铁 /(g/kg)
0～13	5.7	18.2	1.80	0.65	14.99	0.14	12.4	4.3	13.3
13～24	5.9	13.9	1.43	0.53	15.06	0.17	11.6	4.4	16.6
24～32	6.4	6.5	0.77	0.32	15.16	0.21	10.2	4.6	22.3
32～60	6.5	4.3	0.54	0.32	15.17	1.05	9.6	4.7	21.2
60～90	6.6	4.1	0.49	0.25	15.19	1.00	9.4	4.5	19.7
90～140	6.7	2.0	0.31	0.25	13.90	3.81	8.2	4.4	25.2

4.5.18　袁家系（Yuanjia Series）

土　族：黏壤质硅质混合型非酸性热性-普通铁聚水耕人为土

拟定者：张杨珠，盛　浩，彭　涛，欧阳宁相

分布与环境条件　该土系主要分布于湘东地区低丘高阶地，海拔 30～80m；成土母质为第四纪红色黏土；土地利用现状为水田，典型种植制度为稻-稻或稻-稻-油；属于中亚热带湿润季风气候，年均气温 16～19℃，年均降水量 1300～1500mm。

袁家系典型景观

土系特征与变幅　诊断层包括水耕表层和水耕氧化还原层；诊断特性包括人为滞水土壤水分状况、氧化还原特征、热性土壤温度状况和铁质特征。土壤润态色调为 2.5Y，明度 3～4，彩度 3～6。土体厚度在 120cm 以上，土体构型为 Ap1-Ap2-Br，耕作层较浅薄、疏松，犁底层较厚、坚实。土体中可见中量黏粒-铁锰胶膜。剖面各发生层 pH（H_2O）介于 5.1～6.6，有机碳含量介于 4.4～25.8g/kg，全锰含量介于 0.13～1.50g/kg，游离铁含量介于 15.5～30.2g/kg。

对比土系　大屋系，属于同一土族，成土母质相同，但地形部位为丘岗低阶地，表层质地为壤土，90cm 以下有铁锰结核，土体润态色调为 2.5Y。天门山系，属于同一土族，但成土母质不同，为石灰岩风化物，地形部位为中山坡麓地带，表层质地为粉砂质黏壤土，30cm 以下具有数量不等的岩石碎屑，土体润态色调为 7.5YR。

利用性能综述　该土系土体发育深厚，虽耕作层较浅，但表层质地为粉砂质黏壤土，质地适中，耕性好。耕层土壤呈酸性。培肥与改良建议：增施有机肥和实行秸秆还田以培肥土壤，改善土壤结构；大力种植绿肥，实行用地养地相结合；施用石灰或碱性改良剂，改善耕层土壤 pH；适当增施磷肥和钾肥，平衡土壤养分。

参比土种　红黄泥。

代表性单个土体　位于湖南省岳阳市湘阴县袁家铺镇袁家村东风组，28°36′36″N，113°56′80″E，海拔 46m，低丘下部，成土母质为第四纪红色黏土，水田。50cm 深处土温 19.0℃。野外调查时间为 2016 年 1 月 18 日，野外编号 43-YY15。

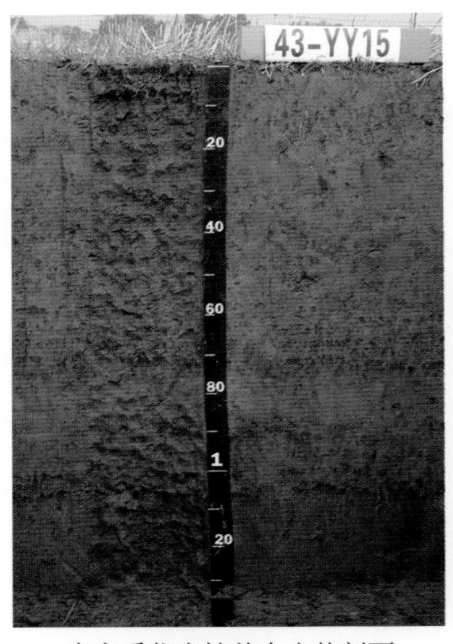

袁家系代表性单个土体剖面

Ap1：0～11cm，淡黄色（2.5Y 7/3，干），暗橄榄棕色（2.5Y 3/3，润），多量中、细根系，粉砂质黏壤土，强发育大、中团粒状结构，多量中、细孔隙，疏松，稍黏着，中塑，有多量铁斑纹、少量黏粒-铁锰胶膜分布，向下层平滑渐变过渡。

Ap2：11～21cm，淡黄色（2.5Y 7/3，干），暗橄榄棕色（2.5Y 3/3，润），中量中、细根系，黏壤土，强发育大、中块状结构，少量细孔隙，疏松，稍黏着，中塑，有多量铁斑纹、少量黏粒-铁锰胶膜分布，向下层平滑渐变过渡。

Br1：21～36cm，亮黄棕色（2.5Y 7/6，干），橄榄棕色（2.5Y 4/4，润），很少量极细根系，壤土，强发育大、中棱块状结构，少量细孔隙，坚实，稍黏着，中塑，有少量铁斑纹、很少量黏粒-铁锰胶膜分布，向下层平滑渐变过渡。

Br2：36～60cm，亮黄棕色（2.5Y 7/6，干），橄榄棕色（2.5Y 4/6，润），黏壤土，强发育大、中棱块状结构，少量细孔隙，很坚实，黏着，强塑，有多量锰斑纹、很少量黏粒-铁锰胶膜、少量铁锰结核分布，有瓷片等侵入体（2～3 块），向下层平滑渐变过渡。

Br3：60～77cm，亮黄棕色（2.5Y 7/6，干），橄榄棕色（2.5Y 4/6，润），黏壤土，中发育大、中块状结构，少量细孔隙，很坚实，黏着，强塑，有中量锰斑纹、中量黏粒-铁锰胶膜、多量铁锰结核分布，向下层平滑渐变过渡。

Br4：77～100cm，黄色（2.5Y 8/8，干），橄榄棕色（2.5Y 4/6，润），壤土，中发育大、中块状结构，很少量细孔隙，很坚实，稍黏着，中塑，有中量铁锰斑纹、少量黏粒-铁锰胶膜、少量铁锰结核分布，向下层平滑渐变过渡。

Br5：100～135cm，淡黄色（2.5Y 7/4，干），橄榄棕色（2.5Y 4/6，润），壤土，弱发育中块状结构，很少量细孔隙，很坚实，稍黏着，中塑，有中量锰斑纹、少量黏粒-铁锰胶膜、很少量铁锰结核分布。

袁家系代表性单个土体物理性质

土层	深度/cm	石砾(>2mm，体积分数)/%	细土颗粒组成(粒径：mm)/(g/kg)			质地	容重/(g/cm³)
			砂粒 2～0.05	粉粒 0.05～0.002	黏粒 <0.002		
Ap1	0～11	0	106	569	325	粉砂质黏壤土	1.22
Ap2	11～21	0	209	497	294	黏壤土	1.35
Br1	21～36	0	365	387	248	壤土	1.54
Br2	36～60	0	275	464	261	黏壤土	1.57
Br3	60～77	0	279	434	287	黏壤土	1.53
Br4	77～100	0	367	398	235	壤土	1.46
Br5	100～135	0	425	343	232	壤土	1.51

袁家系代表性单个土体化学性质

深度/cm	pH (H_2O)	有机碳/(g/kg)	全氮(N)/(g/kg)	全磷(P)/(g/kg)	全钾(K)/(g/kg)	全锰/(g/kg)	CEC/(cmol/kg)	交换性盐基总量/(cmol/kg)	游离铁/(g/kg)
0～11	5.1	25.8	2.22	0.74	16.62	0.13	14.1	4.2	15.5
11～21	5.4	19.4	1.72	0.65	16.30	0.19	15.1	5.5	19.3
21～36	5.8	9.8	0.96	0.51	15.82	0.27	16.6	7.5	25.1
36～60	6.1	4.4	0.51	0.48	15.48	1.44	16.7	6.8	25.9
60～77	6.4	4.9	0.63	0.59	17.01	0.92	20.6	6.9	23.6
77～100	6.3	4.8	0.58	0.50	18.49	0.37	18.2	6.9	30.2
100～135	6.6	4.4	0.46	0.69	21.52	1.50	13.3	7.1	21.4

4.5.19　白玉系（Baiyu Series）

土　族：黏壤质混合型非酸性热性-普通铁聚水耕人为土

拟定者：张杨珠，周　清，盛　浩，张伟畅，欧阳宁相

白玉系典型景观

分布与环境条件　该土系主要分布于湘东地区丘陵岗地低阶地带，海拔 30～80m；成土母质为第四纪红色黏土；土地利用现状为水田，典型种植制度为稻-稻或稻-稻-油；属于中亚热带湿润季风气候，年均气温 16.5～18.0℃，年均降水量 1300～1610mm。

土系特征与变幅　诊断层包括水耕表层和水耕氧化还原层；诊断特性包括人为滞水土壤水分状况、潜育特征、氧化还原特征和热性土壤温度状况。土壤润态色调为 10YR，明度 3～6，彩度 2～8。土体厚度为 130～140cm，土体构型为 Ap1-Ap2-Br。土体细土质地为粉砂质壤土、壤土、砂质黏壤土和黏壤土。剖面各发生层 pH（H_2O）介于 5.0～6.8，有机碳含量介于 2.0～23.1g/kg，全锰含量介于 0.19～3.57g/kg，游离铁含量介于 8.0～19.6g/kg。

对比土系　北麓园系，属于同一土族，但成土母质不同，为花岗岩风化物，地形部位为低山坡麓丘陵下部宽谷地带，表层质地为壤土，53～64 cm 内有多量铁锰斑纹、多量黏粒胶膜、中量铁锰结核分布，土体润态色调为 10YR。

利用性能综述　该土系土体发育深厚，耕作层较浅；耕层质地为粉砂质壤土，质地适中，通透性较好，耕性较好，犁底层坚实，保水保肥能力好。耕层土壤有机质和全钾含量丰富，全氮含量较高，全磷含量偏低。耕层土壤呈酸性，酸化严重。培肥与改良建议：搞好农田基本建设，强化灌溉排水条件；增施有机肥和实行秸秆还田以培肥土壤，改善土壤结构；施用石灰或碱性改良剂，提升耕层土壤 pH；大力种植绿肥，实行用地养地相结合；适当施用磷肥，平衡土壤养分。

参比土种　红黄泥。

代表性单个土体　位于湖南省长沙市宁乡市双江口镇白玉村肉铺组，28°20′07″N，112°38′29″E，海拔 39m，低丘岗地低阶地，成土母质为第四纪红色黏土，水田。50cm 深处土温 19.2℃。野外调查时间为 2015 年 1 月 13 日，野外编号 43-CS10。

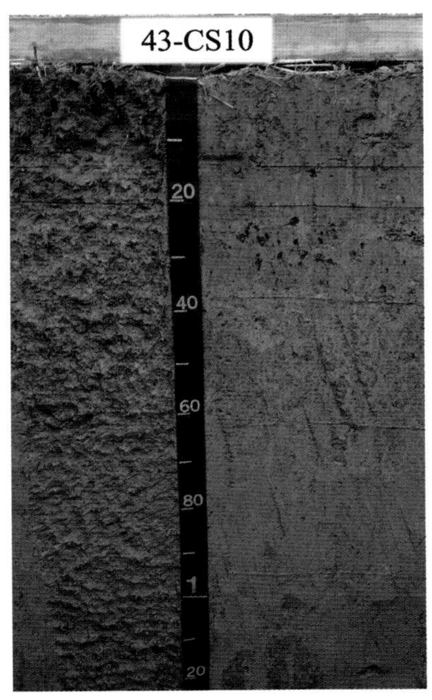

白玉系代表性单个土体剖面

Ap1：0～14cm，灰黄棕色（10YR 6/2，干），黑棕色（10YR 3/2，润），多量中、细根系，粉砂质壤土，强发育大、中团粒状结构，多量中、细孔隙，稍坚实，稍黏着，中塑，有中量铁斑纹分布，轻度亚铁反应，向下层波状渐变过渡。

Ap2：14～20cm，灰黄棕色（10YR 6/2，干），浊黄棕色（10YR 5/3，润），少量中、细根系，壤土，强发育大、中块状结构，少量细孔隙，稍坚实，稍黏着，中塑，有少量铁锰斑纹分布，向下层波状清晰过渡。

Br1：20～37cm，浊黄橙色（10YR 7/3，干），棕色（10YR 4/4，润），少量极细根系，砂质黏壤土，强发育大、中棱块状结构，少量细孔隙，稍坚实，黏着，强塑，有少量铁锰斑纹、少量黏粒胶膜分布，向下层平滑渐变过渡。

Br2：37～64cm，淡黄棕色（10YR 8/4，干），黄棕色（10YR 5/8，润），少量极细根系，黏壤土，强发育大、中棱块状结构，少量细孔隙，稍坚实，黏着，强塑，有多量铁锰斑纹、中量黏粒胶膜分布，向下层平滑渐变过渡。

Br3：64～95cm，浊黄橙色（10YR 7/3，干），亮黄棕色（10YR 6/6，润），黏壤土，中发育大、中块状结构，少量细孔隙，稍坚实，黏着，强塑，有少量铁锰斑纹、黏粒胶膜分布，向下层平滑渐变过渡。

Br4：95～137cm，浊黄橙色（10YR 7/3，干），黄棕色（10YR 5/8，润），砂质黏壤土，中发育大、中块状结构，少量细孔隙，稍坚实，稍黏着，中塑，有中量铁锰斑纹、少量黏粒胶膜分布。

白玉系代表性单个土体物理性质

土层	深度/cm	石砾(>2mm，体积分数)/%	细土颗粒组成(粒径：mm)/(g/kg)			质地	容重/(g/cm^3)
			砂粒 2～0.05	粉粒 0.05～0.002	黏粒 <0.002		
Ap1	0～14	0	233	525	242	粉砂质壤土	1.14
Ap2	14～20	0	283	469	248	壤土	1.54
Br1	20～37	0	463	222	315	砂质黏壤土	1.58
Br2	37～64	0	375	292	333	黏壤土	1.55
Br3	64～95	0	398	275	327	黏壤土	1.54
Br4	95～137	0	494	268	238	砂质黏壤土	1.53

白玉系代表性单个土体化学性质

深度/cm	pH(H_2O)	有机碳/(g/kg)	全氮(N)/(g/kg)	全磷(P)/(g/kg)	全钾(K)/(g/kg)	全锰/(g/kg)	CEC/(cmol/kg)	交换性盐基总量/(cmol/kg)	游离铁/(g/kg)
0～14	5.0	23.1	1.82	0.38	34.14	0.19	13.5	6.5	8.0
14～20	5.5	12.9	1.11	0.35	34.84	0.40	10.8	6.9	16.4
20～37	6.7	4.2	0.39	0.30	35.47	3.57	11.0	8.5	19.6
37～64	6.5	3.2	0.28	0.22	32.25	0.70	12.4	10.0	19.6
64～95	6.7	2.5	0.22	0.24	30.97	0.49	12.6	9.8	15.6
95～137	6.8	2.0	0.25	0.27	35.32	0.44	9.5	8.3	12.8

4.5.20　北麓园系（Beiluyuan Series）

土　族：黏壤质混合型非酸性热性-普通铁聚水耕人为土
拟定者：张杨珠，周　清，廖超林，张伟畅，欧阳宁相

北麓园系典型景观

分布与环境条件　该土系主要分布于湘东地区低山坡麓丘陵下部宽谷地带，海拔 100～200m；成土母质为花岗岩风化物；土地利用现状为水田，典型种植制度为稻-稻或稻-稻-油；属于中亚热带湿润季风气候，年均气温 16～17℃，年均降水量 1500～1600mm。

土系特征与变幅　诊断层包括水耕表层和水耕氧化还原层；诊断特性包括人为滞水土壤水分状况、氧化还原特征和热性土壤温度状况。土壤润态色调为 10YR，明度 2～6，彩度 3～4。土体厚度大于 130cm，土体构型为 Ap1-Ap2-Br，剖面细土质地为黏壤土、砂质壤土、壤土。剖面各发生层 pH（H_2O）介于 5.2～6.4，有机碳含量介于 2.2～23.7g/kg，全锰含量介于 0.16～1.80g/kg，游离铁含量介于 10.0～40.6g/kg。

对比土系　白玉系，属于同一土族，但成土母质不同，为第四纪红色黏土，地形部位为丘陵岗地低阶地，土体各发生层具有数量不等的铁锰斑纹，表层以下有黏粒胶膜和铁锰斑纹，土体润态色调为 10YR。

利用性能综述　该土系土体发育较深厚，但耕作层较浅；耕层质地为壤土，质地良好，通透性好，耕性好，犁底层稍坚实，保水保肥能力好。耕层土壤有机质、全氮和全钾含量丰富，全磷含量较高。耕层土壤呈酸性，酸化严重。培肥与改良建议：搞好农田基本建设，强化灌溉排水条件；注重深耕深翻、加深耕层；增施有机肥和实行秸秆还田以培肥土壤，改善土壤结构；施用石灰或碱性改良剂，提升耕层土壤 pH；大力种植绿肥，实行用地养地相结合；适当增施磷肥，平衡土壤养分。

参比土种　麻沙泥。

代表性单个土体　位于湖南省长沙市浏阳市大围山镇北麓园村葵花组，28°28′05″N，114°04′03″E，海拔 152 m，低丘下部，成土母质为花岗岩风化物，水田。50m 深处土温 18.6℃。野外调查时间为 2015 年 1 月 20 日，野外编号 43-CS13。

Ap1：0～14cm，橄榄棕色（2.5Y 4/4，干），黑棕色（10YR 2/3，润），多量中、细根系，壤土，强发育大、中团粒状结构，多量中、细孔隙，疏松，稍黏着，中塑，有多量铁斑纹分布，向下层平滑清晰过渡。

Ap2：14～20cm，亮黄棕色（2.5Y 6/8，干），浊黄橙色（10YR 6/3，润），中量中、细根系，黏壤土，强发育大、中团块状结构，少量细孔隙，疏松，黏着，中塑，有少量铁锰胶膜分布，向下层平滑清晰过渡。

Br1：20～29cm，亮黄棕色（2.5Y 6/6，干），浊黄橙色（10YR 6/4，润），很少量极细根系，壤土，中发育大、中棱块状结构，少量细孔隙，疏松，稍黏着，中塑，有少量铁锰胶膜分布，向下层平滑清晰过渡。

Br2：29～53cm，亮黄棕色（2.5Y 6/6，干），浊黄橙色（10YR 6/4，润），很少量极细根系，砂质壤土，中发育大、中棱块状结构，少量细孔隙，疏松，稍黏着，稍塑，有多量铁锰斑纹、多量黏粒胶膜、中量铁锰结核分布，向下层平滑清晰过渡。

北麓园系代表性单个土体剖面

Br3：53～64cm，浊黄色（2.5Y 6/4，干），浊黄橙色（10YR 6/3，润），很少量极细根系，壤土，中发育大、中块状结构，少量细孔隙，疏松，稍黏着，稍塑，有多量铁锰斑纹、多量黏粒胶膜、中量铁锰结核分布，向下层波状清晰过渡。

Br4：64～116cm，亮黄棕色（2.5Y 6/6，干），浊黄橙色（10YR 6/3，润），壤土，中发育中块状结构，少量细孔隙，疏松，稍黏着，稍塑，有少量铁锰胶膜和很少量黏粒胶膜分布，向下层平滑清晰过渡。

Br5：116～140cm，黄棕色（2.5Y 5/4，干），浊黄橙色（10YR 6/3，润），壤土，弱发育中、小块状结构，少量细孔隙，疏松，稍黏着，稍塑，有中量铁锰胶膜，极少量铁锰结核分布。

北麓园系代表性单个土体物理性质

土层	深度/cm	石砾(>2mm，体积分数)/%	细土颗粒组成(粒径：mm)/(g/kg)			质地	容重/(g/cm^3)
			砂粒 2～0.05	粉粒 0.05～0.002	黏粒 <0.002		
Ap1	0～14	1	407	370	223	壤土	1.00
Ap2	14～20	1	364	333	303	黏壤土	1.47
Br1	20～29	1	381	361	258	壤土	1.46
Br2	29～53	0	670	143	187	砂质壤土	1.42
Br3	53～64	0	328	483	189	壤土	1.54
Br4	64～116	0	381	408	211	壤土	1.52
Br5	116～140	0	338	458	204	壤土	1.47

北麓园系代表性单个土体化学性质

深度 /cm	pH (H_2O)	有机碳 /(g/kg)	全氮(N) /(g/kg)	全磷(P) /(g/kg)	全钾(K) /(g/kg)	全锰 /(g/kg)	CEC /(cmol/kg)	交换性盐基总量 /(cmol/kg)	游离铁 /(g/kg)
0～14	5.2	23.7	2.08	0.44	40.74	0.16	11.2	3.6	10.0
14～20	5.6	8.5	0.85	0.26	25.90	0.20	8.7	3.9	40.6
20～29	6.2	5.7	0.71	0.33	28.23	0.43	8.4	4.5	25.8
29～53	6.2	3.9	0.46	0.32	27.05	1.47	7.3	4.8	22.8
53～64	6.3	2.2	0.39	0.25	25.98	0.70	5.7	4.1	21.0
64～116	6.4	2.2	0.52	0.38	28.55	0.83	6.7	4.4	25.8
116～140	6.2	2.2	0.56	0.37	29.19	1.80	7.1	4.7	27.3

4.5.21 洪鸟系（Hongniao Series）

土 族：壤质硅质混合型非酸性热性-普通铁聚水耕人为土

拟定者：张杨珠，周 清，张 亮，彭 涛，欧阳宁相

分布与环境条件 该土系主要分布于湘东地区低丘地带冲垅中部，海拔 100～200m；成土母质为板、页岩风化物；土地利用现状为水田，典型种植制度为稻-稻或稻-稻-油；属于中亚热带湿润季风气候，年均气温 16～19℃，年均降水量 1300～1500mm。

洪鸟系典型景观

土系特征与变幅 诊断层包括水耕表层和水耕氧化还原层；诊断特性包括人为滞水土壤水分状况、氧化还原特征、热性土壤温度状况和铁质特征。土壤润态色调为 2.5Y，明度 6～8，彩度 2～6。土体厚度在 130～150cm，土体构型为 Ap1-Ap2-Br。耕作层较浅薄、疏松，犁底层较厚、坚实。剖面各发生层 pH（H_2O）介于 5.6～6.7，有机碳含量介于 3.1～20.8g/kg，全锰含量介于 0.16～1.05g/kg，游离铁含量介于 7.7～36.3g/kg。

对比土系 乌泥系，属于同一土族，地形部位相似，但成土母质不同，为紫色砂岩坡积物和红色砂岩风化物的混合物，表层质地为黏壤土，通体均无铁锰结核、新生体，土体润态色调为 7.5YR。晋坪系，属于同一土族，成土母质相同，地形部位不同，但表层质地为粉砂质壤土，通体无结核、侵入体，土体润态色调为 2.5Y。

利用性能综述 该土系土体发育深厚，但耕作层较浅薄；耕层质地适中，通透性好，耕性较好，犁底层坚实，保水保肥能力好。耕层土壤有机质、全氮和全钾含量丰富，全磷含量偏低。耕层土壤呈酸性，酸化严重。培肥与改良建议：搞好农田基本建设，强化灌溉排水条件；注重深耕深翻、加深耕层；增施有机肥和实行秸秆还田以培肥土壤，改善土壤结构；施用石灰或碱性改良剂，提升耕层土壤 pH；大力种植绿肥，实行用地养地相结合；适当增施磷肥，平衡土壤养分。

参比土种 砂质黄泥田。

代表性单个土体 位于湖南省湘潭市湘乡市翻江镇红鸟村，27°51′41.4″N，112°11′56.94″E，海拔 160m，低丘冲垅中部，成土母质为板、页岩风化物，水田。50cm 深处土温 19.0℃。野外调查时间为 2015 年 12 月 22 日，野外编号 43-XT08。

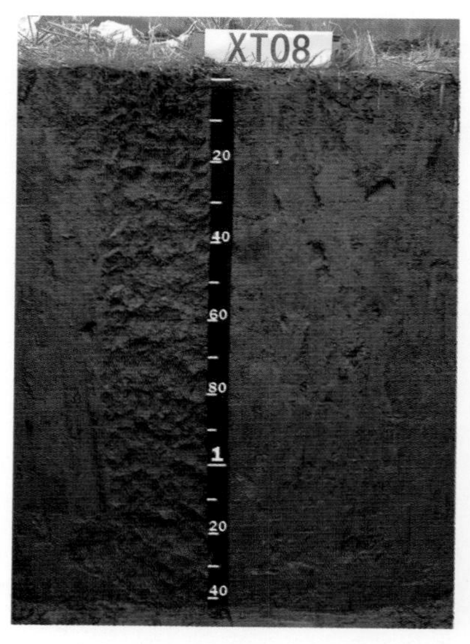

洪鸟系代表性单个土体剖面

Ap1：0～13cm，灰黄色（2.5Y 7/2，干），灰黄色（2.5Y 7/2，润），多量中、细根系，壤土，强发育大、中团粒状结构，多量中、细孔隙，疏松，稍黏着，中塑，有少量铁斑纹分布，向下层平滑渐变过渡。

Ap2：13～22cm，浅淡黄色（2.5Y 8/4，干），淡黄色（2.5Y 7/4，润），中量中、细根系，粉砂质壤土，强发育大、中块状结构，少量细孔隙，稍坚实，稍黏着，中塑，有中量铁斑纹、少量黏粒-铁锰胶膜分布，向下层平滑渐变过渡。

Br1：22～35cm，浅淡黄色（2.5Y 8/4，干），淡黄色（2.5Y 7/4，润），少量极细根系，粉砂质壤土，强发育大、中棱块状结构，少量细孔隙，很坚实，稍黏着，稍塑，有中量铁斑纹、中量黏粒-铁锰胶膜分布，向下层波状渐变过渡。

Br2：35～55cm，黄色（2.5Y 7/8，干），浅淡黄色（2.5Y 8/4，润），壤土，强发育大、中棱块状结构，少量细孔隙，很坚实，稍黏着，中塑，有多量铁斑纹、中量黏粒-铁锰胶膜、少量铁锰结核分布，有侵入体（1～2 块瓦片），向下层平滑渐变过渡。

Br3：55～100cm，亮黄棕色（2.5Y 7/6，干），浅淡黄色（2.5Y 8/4，润），壤土，强发育大、中棱块状结构，少量细孔隙，很坚实，稍黏着，中塑，有中量铁斑纹、多量黏粒-铁锰胶膜、少量铁锰结核分布，向下层平滑渐变过渡。

Br4：100～130cm，亮黄棕色（2.5Y 7/6，干），淡黄色（2.5Y 7/4，润），粉砂质壤土，中发育大、中块状结构，很少量很细孔隙，极坚实，稍黏着，稍塑，有中量铁斑纹、中量黏粒-铁锰胶膜、少量铁锰结核分布，侵入体为 1～2 块瓦片，向下层平滑渐变过渡。

Br5：130～145cm，黄色（2.5Y 8/6，干），亮黄棕色（2.5Y 6/6，润），壤土，中发育块状结构，很少量很细孔隙，极坚实，稍黏着，中塑，有中量锰斑纹、中量黏粒-铁锰胶膜、多量铁锰结核分布，侵入体为 1～2 块瓦片。

洪鸟系代表性单个土体物理性质

土层	深度/cm	石砾(>2mm，体积分数)/%	细土颗粒组成(粒径：mm)/(g/kg)			质地	容重/(g/cm³)
			砂粒 2～0.05	粉粒 0.05～0.002	黏粒 <0.002		
Ap1	0～13	1	311	463	226	壤土	0.96
Ap2	13～22	3	306	517	177	粉砂质壤土	1.24
Br1	22～35	10	327	531	142	粉砂质壤土	1.50
Br2	35～55	10	397	443	160	壤土	1.49
Br3	55～100	10	371	442	187	壤土	1.42
Br4	100～130	10	265	519	216	粉砂质壤土	1.40
Br5	130～145	10	310	450	240	壤土	1.52

洪鸟系代表性单个土体化学性质

深度/cm	pH (H_2O)	有机碳/(g/kg)	全氮(N)/(g/kg)	全磷(P)/(g/kg)	全钾(K)/(g/kg)	全锰/(g/kg)	CEC/(cmol/kg)	交换性盐基总量/(cmol/kg)	游离铁/(g/kg)
0～13	5.6	20.8	1.98	0.36	22.82	0.16	15.2	7.1	7.7
13～22	6.0	9.6	0.96	0.26	23.49	0.17	12.9	7.4	16.3
22～35	6.4	4.0	0.54	0.25	25.46	0.19	12.5	8.6	18.8
35～55	6.7	3.3	0.49	0.34	25.16	0.26	11.6	8.6	23.3
55～100	6.7	4.0	0.51	0.32	24.37	0.26	12.1	9.0	19.9
100～130	6.7	4.2	0.49	0.24	22.91	0.71	11.2	8.3	23.3
130～145	6.6	3.1	0.40	0.37	20.63	1.05	15.7	8.2	36.3

4.5.22　晋坪系（Jinping Series）

土　族：壤质硅质混合型非酸性热性-普通铁聚水耕人为土

拟定者：张杨珠，盛　浩，张　亮，彭　涛，欧阳宁相

晋坪系典型景观

分布与环境条件　该土系主要分布于湘东地区低丘的沟谷地带，海拔 50～150m；成土母质为板、页岩风化物；土地利用现状为水田，典型种植制度为稻-稻或稻-稻-油；属于中亚热带湿润季风气候，年均气温 16～19 ℃，年均降水量 1300～1500mm。

土系特征与变幅　诊断层包括水耕表层和水耕氧化还原层；诊断特性包括人为滞水土壤水分状况、氧化还原特征、热性土壤温度状况和铁质特征。土壤润态色调为 2.5Y，明度 6～7，彩度 3～8。土体厚度为 120～130cm，土体构型为 Ap1-Ap2-Br，耕作层较浅薄，犁底层较厚且坚实。剖面各发生层 pH（H_2O）介于 5.3～6.4，有机碳含量介于 3.4～25.5g/kg，全锰含量介于 0.11～2.41g/kg，游离铁含量介于 12.7～33.4g/kg。

对比土系　乌泥系，属于同一土族，地形部位相似，但成土母质不同，为紫色砂岩坡积物和红色砂岩风化物的混合物，表层质地为黏壤土，土体均无铁锰结核、新生体，土体润态色调为 7.5YR。洪鸟系，属于同一土族，成土母质相同，但地形部位不同，为低丘冲垅中部，表层质地为壤土，35cm 以下具有数量不等的铁锰结核，100cm 以下具有少量瓦片等侵入体，土体颜色偏黄，色调为 2.5Y。

利用性能综述　该土系土体发育较深厚，但耕作层浅薄；耕层质地适中，通透性好，耕性较好，犁底层坚实，保水保肥能力好。耕层土壤有机质、全氮和全钾含量丰富，全磷含量较高。耕层土壤呈酸性，酸化严重。培肥与改良建议：搞好农田基本建设，强化灌溉排水条件；注重深耕深翻、加深耕层；增施有机肥和实行秸秆还田以培肥土壤，改善土壤结构；施用石灰或碱性改良剂，提升耕层土壤 pH；大力种植绿肥，实行用地养地相结合；适当增施磷肥，平衡土壤养分。

参比土种　黄泥田。

代表性单个土体　位于湖南省岳阳市平江县翁江镇晋坪村，28°41′0.54″N，113°30′12.48″E，海拔 77m，低丘沟谷地带，成土母质为板、页岩风化物，水田。50cm 深处土温 18.8℃。野外调查时间为 2016 年 1 月 15 日，野外编号 43-YY14。

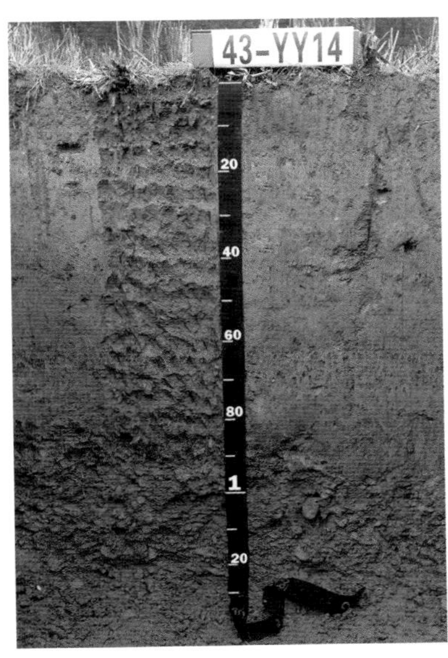

晋坪系代表性单个土体剖面

Ap1：0～12cm，灰白色（2.5Y 8/2，干），浊黄色（2.5Y 6/3，润），多量中、细根系，粉砂质壤土，强发育大、中团粒状结构，多量中、细孔隙，疏松，稍黏着，中塑，有少量黏粒-铁锰胶膜分布，向下层平滑渐变过渡。

Ap2：12～21cm，浅淡黄色（2.5Y 8/4，干），淡黄色（2.5Y 7/4，润），多量中、细根系，粉砂质壤土，强发育大、中块状结构，少量很细孔隙，坚实，稍黏着，中塑，有很少量铁锰斑纹、少量黏粒-铁锰胶膜分布，向下层平滑渐变过渡。

Br1：21～34cm，浅淡黄色（2.5Y 8/4，干），淡黄色（2.5Y 7/4，润），少量极细根系，粉砂质壤土，强发育大、中棱块状结构，少量细孔隙，坚实，稍黏着，中塑，有很少量铁锰斑纹、少量黏粒-铁锰胶膜分布，向下层平滑渐变过渡。

Br2：34～53cm，浅淡黄色（2.5Y 8/4，干），淡黄色（2.5Y 7/4，润），粉砂质壤土，强发育大、中棱块状结构，少量细孔隙，坚实，稍黏着，中塑，有少量铁锰斑纹、黏粒-铁锰胶膜分布，向下层平滑渐变过渡。

Br3：53～75cm，浅淡黄色（2.5Y 8/4，干），亮黄棕色（2.5Y 6/6，润），粉砂质壤土，强发育大、中棱块状结构，少量细孔隙，坚实，稍黏着，中塑，有中量铁锰斑纹、少量黏粒-铁锰胶膜分布，向下层平滑渐变过渡。

Br4：75～96cm，淡黄色（2.5Y 7/4，干），亮黄棕色（2.5Y 7/6，润），粉砂质壤土，中发育大、中块状结构，少量细孔隙，坚实，稍黏着，中塑，有多量锰斑纹、少量黏粒-铁锰胶膜、很少量铁锰结核分布，向下层平滑渐变过渡。

Br5：96～120cm，浅淡黄色（2.5Y 8/4，干），黄色（2.5Y 7/8，润），壤土，中发育中块状结构，少量细孔隙，坚实，稍黏着，中塑，有很少量锰斑纹、少量黏粒胶膜分布。

晋坪系代表性单个土体物理性质

土层	深度/cm	石砾(>2mm，体积分数)/%	细土颗粒组成(粒径：mm)/(g/kg)			质地	容重/(g/cm^3)
			砂粒 2～0.05	粉粒 0.05～0.002	黏粒 <0.002		
Ap1	0～12	1	207	623	170	粉砂质壤土	1.03
Ap2	12～21	5	243	571	186	粉砂质壤土	1.30
Br1	21～34	5	253	557	190	粉砂质壤土	1.37
Br2	34～53	5	287	539	174	粉砂质壤土	1.42
Br3	53～75	10	299	566	135	粉砂质壤土	1.41
Br4	75～96	40	326	469	205	粉砂质壤土	1.49
Br5	96～120	80	438	344	218	壤土	1.58

晋坪系代表性单个土体化学性质

深度 /cm	pH (H_2O)	有机碳 /(g/kg)	全氮(N) /(g/kg)	全磷(P) /(g/kg)	全钾(K) /(g/kg)	全锰 /(g/kg)	CEC /(cmol/kg)	交换性盐基总量 /(cmol/kg)	游离铁 /(g/kg)
0～12	5.3	25.5	2.73	0.70	21.68	0.11	11.6	2.7	12.7
12～21	5.5	12.9	1.52	0.52	20.95	0.13	10.1	2.7	25.9
21～34	5.5	9.3	1.18	0.47	20.74	0.14	9.6	2.7	29.7
34～53	5.8	4.4	0.75	0.48	21.61	0.91	9.5	3.5	23.8
53～75	5.9	4.1	0.84	0.46	20.53	1.07	13.5	3.6	27.5
75～96	6.4	3.8	0.79	0.58	23.54	2.41	12.5	4.1	33.4
96～120	6.0	3.4	0.83	0.53	24.37	1.60	10.9	4.3	23.2

4.5.23 湾头系（Wantou Series）

土 族：壤质硅质混合型非酸性热性-普通铁聚水耕人为土

拟定者：周 清，盛 浩，彭 涛，欧阳宁相

分布与环境条件 该土系主要分布于湘东地区丘陵地带中下部，海拔 80～150m；成土母质为花岗岩风化物和板、页岩风化物混合物；土地利用现状为水田，典型种植制度为稻-稻或稻-稻-油；属于中亚热带湿润季风气候，年均气温 16～19℃，年均降水量 1300～1500 mm。

湾头系典型景观

土系特征与变幅 诊断层包括水耕表层和水耕氧化还原层；诊断特性包括人为滞水土壤水分状况、氧化还原特征和热性土壤温度状况。土壤润态色调为 10YR，明度 4～6，彩度 3～4。土体厚度在 120cm 以上，土体构型为 Ap1-Ap2-Br。耕作层较浅薄，细土质地为壤土，疏松，犁底层较厚，坚实。土体中可见多量铁斑纹、黏粒-铁锰胶膜。剖面各发生层 pH（H_2O）介于 5.0～5.9，有机碳含量介于 4.6～15.0g/kg，全锰含量介于 0.20～0.36g/kg，游离铁含量介于 8.6～23.7g/kg。

对比土系 洪鸟系，属于同一土族，但成土母质不同，为板、页岩风化物，地形部位为低丘冲垅中部，表层质地为壤土，35cm 以下具有数量不等的铁锰结核，土体颜色偏黄，润态色调为 2.5Y。晋坪系，属于同一土族，地形部位相似，但成土母质不同，为板、页岩风化物，表层质地为粉砂质壤土，土体无结核、侵入体，土体润态色调为 2.5Y。

利用性能综述 该土系土体发育较深厚，耕作层较浅薄，耕作层质地为壤土，质地适中，结构良好、耕作性能较好，犁底层坚实，保水保肥能力强。耕层土壤全钾含量丰富，有机质和全氮含量较高，全磷含量偏低。耕层土壤呈强酸性，酸化严重。培肥与改良建议：搞好农田基本建设，强化灌溉排水条件；增施有机肥和实行秸秆还田以培肥土壤，改善土壤结构；施用石灰或碱性改良剂，提升耕层土壤 pH；大力种植绿肥，实行用地养地相结合；适当增施磷肥，平衡土壤养分。

参比土种 麻沙泥，黄泥田。

代表性单个土体 位于湖南省岳阳市岳阳县月田镇湾头村邹鲁组，29°05′30.6″N，113°34′27″E，海拔 113m，丘陵冲垅中下部，成土母质为花岗岩风化物和板、页岩风化物混合物，水田。50cm 深处土温 18.5℃。野外调查时间为 2016 年 3 月 4 日，野外编号 43-YY18。

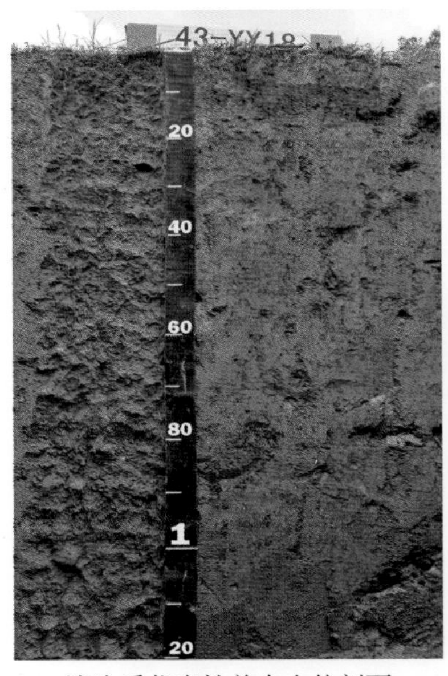

湾头系代表性单个土体剖面

Ap1：0～12cm，灰黄棕色（10YR 6/2，干），浊黄棕色（10YR 4/3，润），多量中、细根系，壤土，强发育大、中团粒状结构，多量中、细孔隙，疏松，稍黏着，中塑，有多量铁斑纹分布，向下层波状渐变过渡。

Ap2：12～20cm，亮黄棕色（10YR 6/8，干），浊黄棕色（10YR 5/4，润），中量中、细根系，壤土，强发育大、中块状结构，少量细孔隙，坚实，稍黏着，中塑，有中量铁斑纹、少量黏粒-铁锰胶膜分布，有侵入体（3～4 块砖头/瓷片），向下层平滑清晰过渡。

Br1：20～50cm，黄棕色（10YR 5/8，干），浊黄橙色（10YR 6/4，润），少量极细根系，壤土，强发育大、中棱块状结构，少量细孔隙，很坚实，有多量铁斑纹、中量黏粒-铁锰胶膜分布，有侵入体（3～4 块砖头/瓷片），向下层平滑清晰过渡。

Br2：50～70cm，亮黄棕色（10YR 7/6，干），浊黄橙色（10YR 6/3，润），壤土，强发育大、中棱块状结构，少量细孔隙，坚实，稍黏着，中塑，有多量铁斑纹、多量黏粒-铁锰胶膜分布，向下层平滑清晰过渡。

Br3：70～125cm，亮黄棕色（10YR 6/8，干），浊黄橙色（10YR 6/4，润），壤土，中发育块状结构，少量细孔隙，坚实，稍黏着，中塑，有很多量铁斑纹、很多量黏粒-铁锰胶膜分布。

湾头系代表性单个土体物理性质

土层	深度 /cm	石砾 (>2mm，体积分数)/%	细土颗粒组成(粒径：mm)/(g/kg)			质地	容重 /(g/cm³)
			砂粒 2～0.05	粉粒 0.05～0.002	黏粒 <0.002		
Ap1	0～12	0	330	482	188	壤土	1.10
Ap2	12～20	0	493	372	135	壤土	1.18
Br1	20～50	0	475	398	127	壤土	1.42
Br2	50～70	0	436	422	142	壤土	1.45
Br3	70～125	0	436	403	161	壤土	1.37

湾头系代表性单个土体化学性质

深度 /cm	pH (H_2O)	有机碳 /(g/kg)	全氮(N) /(g/kg)	全磷(P) /(g/kg)	全钾(K) /(g/kg)	全锰 /(g/kg)	CEC /(cmol/kg)	交换性盐基总量 /(cmol/kg)	游离铁 /(g/kg)
0～12	5.0	15.0	1.42	0.42	21.30	0.20	8.0	2.1	8.6
12～20	5.0	10.7	1.14	0.39	21.79	0.22	8.4	4.7	23.7
20～50	5.7	5.7	0.58	0.31	20.92	0.27	8.5	2.3	13.1
50～70	5.9	4.6	0.45	0.32	20.34	0.36	9.5	4.0	18.9
70～125	5.9	5.8	0.52	0.36	22.02	0.35	11.5	4.6	19.7

4.5.24 乌泥系（Wuni Series）

土 族：壤质硅质混合型非酸性热性-普通铁聚水耕人为土

拟定者：张杨珠，周 清，于 康，欧阳宁相

分布与环境条件 该土系主要分布于湘南地区低丘盆地，四周被低丘环绕，海拔 80～150m；成土母质为紫色砂岩坡积物和红色砂岩风化物的混合物；土地利用现状为水田，典型种植制度为稻-稻或稻-稻-油；属于中亚热带湿润大陆性季风气候，年均气温 16.9～18.4℃，年均降水量 1350～1450mm。

乌泥系典型景观

土系特征与变幅 诊断层包括水耕表层和水耕氧化还原层；诊断特性包括人为滞水土壤水分状况、氧化还原特征和热性土壤温度状况。土体润态色调为 7.5YR，明度 2～5，彩度 2～6。土体厚度大于 140cm，土体构型为 Ap1-Ap2-Br-Brt-Br。耕作层较厚，表层土壤质地为黏壤土，土体自上而下疏松-稍坚定-疏松。土体中无岩石碎屑，土体具有数量不等的铁斑纹、铁锰斑纹，数量不等的黏粒、黏粒-铁锰胶膜。剖面各发生层 pH（H_2O）介于 6.0～6.8，有机碳含量介于 0.6～38.4g/kg，全锰含量介于 0.13～1.17g/kg，游离铁含量介于 8.2～21.5g/kg。

对比土系 洪鸟系，属于同一土族，但成土母质不同，为板、页岩风化物，地形部位为低丘冲垅中部，表层质地为壤土，35cm 以下具有数量不等的铁锰结核，土体颜色偏黄，土体润态色调为 2.5Y。晋坪系，属于同一土族，地形部位相似，但成土母质不同，为板、页岩风化物，表层质地为粉砂质壤土，土体无结核、侵入体，土体润态色调为 2.5Y。湾头系，属于同一土族，但成土母质不同，为花岗岩风化物与板、页岩风化物混合物，地形部位为丘陵冲垅中下部，表层质地为壤土，表层以下就有少量砖头等侵入体，通体无矿质瘤结核，土体润态色调为 10YR。

利用性能综述 该土系土体发育深厚，耕作层较厚，表层质地为黏壤土，质地偏黏，通透性和耕性较好。有机碳和全氮含量高，全磷及全钾含量一般。表层 CEC 为 19.6cmol/kg。保水保肥能力较好。培肥与改良建议：搞好农田基本建设，强化灌排条件；增施有机肥和实行秸秆还田以培肥土壤，改善土壤结构；大力种植绿肥，用养结合；适当增施磷肥和钾肥，平衡土壤养分。

参比土种　紫泥田，红砂泥。

代表性单个土体　位于湖南省郴州市永兴县便江镇乌泥村温塘组，26°3′47.772″N，113°4′50.853″E，海拔 105.7m，低丘盆地，成土母质为紫色砂岩坡积物和红色砂岩风化物的混合物，水田。50cm 深处土温 20.1℃。野外调查时间为 2017 年 12 月 12 日，野外编号 43-CZ09。

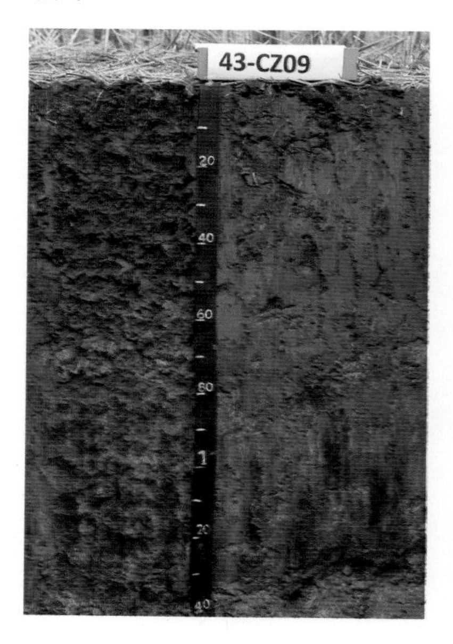

乌泥系代表性单个土体剖面

Ap1：0～18cm，棕色（10YR 4/4，干），黑棕色（7.5YR 2/2，润），中量中、细根系，黏壤土，强发育大、中团粒状结构，多量细粒间孔隙、根孔、气孔，疏松，黏着，强塑，有很少量小铁斑纹，边界扩散，有少量黏粒胶膜分布，边界模糊扩散，向下层平滑模糊过渡。

Ap2：18～30cm，棕色（10YR 4/4，干），黑棕色（7.5YR 2/2，润），中量中、细根系，粉砂质壤土，强发育大、中块状结构，中量细粒间孔隙、根孔、气孔，稍坚实，黏着，强塑，有少量小铁斑纹，边界扩散，有少量黏粒胶膜分布，边界模糊，向下层平滑模糊过渡。

Br1：30～50cm，浊黄棕色（10YR 5/4 干），暗棕色（7.5YR 3/3，润），少量极细根系，粉砂质壤土，强发育大、中棱块状结构，少量细粒间孔隙，稍坚实，黏着，强塑，有中量小铁斑纹分布，边界扩散，有中量黏粒胶膜和黏粒-铁锰胶膜分布，边界明显，向下层平滑渐变过渡。

Brt：50～75cm，浊黄橙色（10YR 6/3，干），浊棕色（7.5YR 5/3，润），粉砂质壤土，强发育大、中棱块状结构，很少量细粒间孔隙，稍坚实，稍黏着，中塑，有少量中铁斑纹分布，边界扩散，有多量黏粒胶膜和黏粒-铁锰胶膜分布，向下层平滑清晰过渡。

Br2：75～95cm，亮黄棕色（10YR 7/6，干），亮棕色（7.5YR 5/6，润），粉砂质壤土，中发育大、中棱块状结构，很少量细粒间孔隙，稍坚实，稍黏着，中塑，有多量大铁锰斑纹（铁为主）分布，边界扩散，有中量黏粒胶膜和黏粒-铁锰胶膜分布，向下层波状模糊过渡。

Br3：95～140cm，亮黄棕色（10YR 6/6，干），亮棕色（7.5YR 5/6，润），壤土，弱发育大、中块状结构，很少量细粒间孔隙，疏松，稍黏着，稍塑，有多量大铁锰斑纹（锰为主）分布，边界扩散，有中量黏粒胶膜和黏粒-铁锰胶膜分布。

乌泥系代表性单个土体物理性质

土层	深度/cm	石砾(>2mm，体积分数)/%	细土颗粒组成(粒径：mm)/(g/kg)			质地	容重/(g/cm^3)
			砂粒 2～0.05	粉粒 0.05～0.002	黏粒 <0.002		
Ap1	0～18	0	210	493	297	黏壤土	0.95
Ap2	18～30	0	186	588	226	粉砂质壤土	1.30
Br1	30～50	0	154	666	180	粉砂质壤土	1.44
Brt	50～75	0	126	707	167	粉砂质壤土	1.46
Br2	75～95	0	203	639	159	粉砂质壤土	1.48
Br3	95～140	0	413	465	123	壤土	1.47

乌泥系代表性单个土体化学性质

深度/cm	pH(H_2O)	有机碳/(g/kg)	全氮(N)/(g/kg)	全磷(P)/(g/kg)	全钾(K)/(g/kg)	全锰/(g/kg)	CEC/(cmol/kg)	交换性盐基总量/(cmol/kg)	游离铁/(g/kg)
0～18	6.0	38.4	2.75	0.54	15.30	0.13	19.6	10.8	8.2
18～30	6.5	26.4	1.82	0.31	14.50	0.17	18.7	12.3	8.8
30～50	6.4	18.8	1.15	0.21	15.80	0.19	17.6	14.8	10.1
50～75	6.4	4.7	0.44	0.19	14.50	0.43	16.3	12.3	19.8
75～95	6.5	0.6	0.14	0.13	11.80	0.49	10.3	8.9	21.5
95～140	6.8	2.4	0.22	0.13	12.10	1.17	7.0	6.2	12.4

4.6　底潜简育水耕人为土

4.6.1　红阳系（Hongyang Series）

土　族：砂质硅质混合型非酸性热性-底潜简育水耕人为土

拟定者：张杨珠，周　清，张　亮，彭　涛，欧阳宁相

红阳系典型景观

分布与环境条件　该土系分布于湖南东部地区低丘岗地盆地地带，海拔 50～150m；成土母质为花岗岩风化物；土地利用现状为水田，典型种植制度为稻-稻或稻-稻-油；属于中亚热带湿润季风气候，年均气温 16～19 ℃，年均降水量 1300～1500 mm。

土系特征与变幅　诊断层包括水耕表层和水耕氧化还原层；诊断特性包括人为滞水土壤水分状况、潜育特征、氧化还原特征和热性土壤温度状况。土壤润态色调为 2.5Y，明度 4～5，彩度 1～4。土体厚度在 120cm 以上，土体构型为 Ap1-Ap2-Br-Bg，耕作层较浅薄，犁底层较厚且坚实，细土质地为壤土和砂质壤土，土体中可见多量黏粒-铁锰胶膜。剖面各发生层 pH（H_2O）介于 5.6～6.7，有机碳含量介于 5.5～26.1g/kg，全锰含量介于 0.18～0.34g/kg，游离铁含量介于 5.5～12.6g/kg。

对比土系　桥口系，属于同一亚类，地形部位相似，成土母质为石灰岩风化物，表层质地为粉砂质黏壤土，0～90cm 内有少量贝壳、瓦片等侵入体，土体润态色调为 2.5Y。小河口系，属于同一亚类，成土母质为紫色砂、页岩风化物，地形部位为丘陵下部，表层质地为粉砂质壤土，0～70cm 内有少量贝壳等侵入体，土体润态色调为 7.5YR。

利用性能综述　土体发育较深厚，耕作层较浅薄，耕作层结构良好、疏松易耕，通透性好，耕层质地较轻，犁底层以下呈砂质壤土，坚实，通透性较好，潜育层很浅。土壤呈酸性反应，酸化严重，有必要因地制宜施用石灰或碱性物质，提升耕层 pH。潜育层很浅，应加强排水，防止潜育作用向土体上部扩张。有机质、全氮和全钾含量丰富，全磷含量很低，有必要增施磷肥。

参比土种　麻沙泥。

代表性单个土体　位于湖南省湘潭市湘乡市月山镇红阳村廖家湾组，27°49′36.6″N，112°19′10.44″E，海拔98m，阶地，成土母质为花岗岩风化物，水田。50cm深处土温19.2℃。野外调查时间为2015年12月21日，野外编号43-XT07。

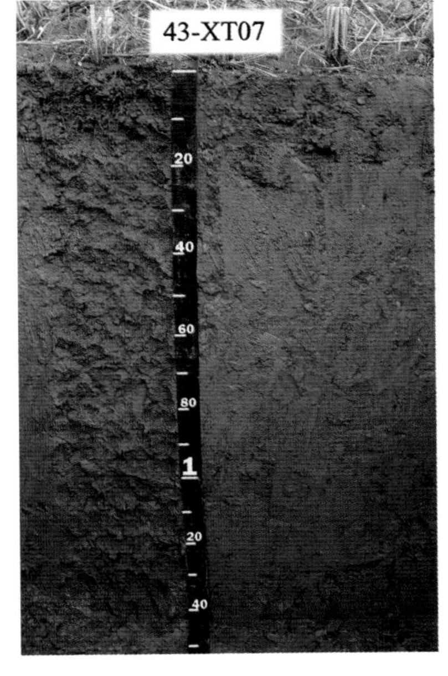

红阳系代表性单个土体剖面

Ap1：0～15cm，浅淡黄色（2.5Y 8/4，干），橄榄棕色（2.5Y 4/3，润），多量中、细根系，壤土，中发育大、中团粒状结构，多量中、细孔隙，疏松，稍黏着，稍塑，有很少量铁斑纹、少量黏粒-铁锰胶膜分布，向下层波状渐变过渡。

Ap2：15～24cm，淡黄色（2.5Y 7/4，干），橄榄棕色（2.5Y 4/4，润），少量中、细根系，砂质壤土，中发育大、中块状结构，少量细孔隙，砾石含量约5%，稍坚实-坚实，稍黏着，稍塑，有少量铁斑纹、中量黏粒-铁锰胶膜分布，向下层平滑清晰过渡。

Br1：24～39cm，浊橙色（2.5Y 6/4，干），橄榄棕色（2.5Y 4/3，润），很少量极细根系，砂质壤土，中发育大、中块状结构，少量细孔隙，稍坚实-坚实，稍黏着，稍塑，有中量铁斑纹、中量黏粒-铁锰胶膜分布，向下层平滑清晰过渡。

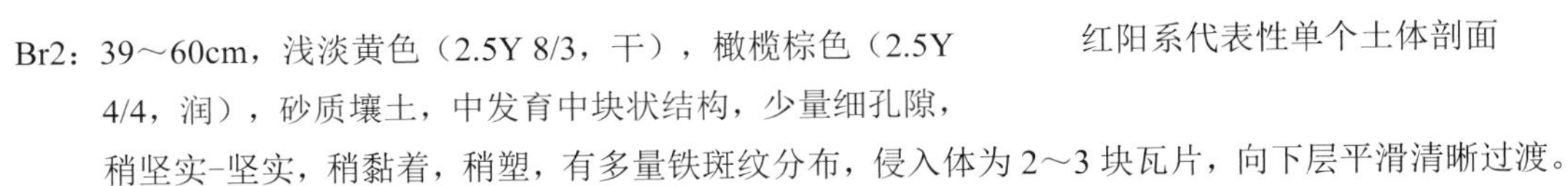

Br2：39～60cm，浅淡黄色（2.5Y 8/3，干），橄榄棕色（2.5Y 4/4，润），砂质壤土，中发育中块状结构，少量细孔隙，稍坚实-坚实，稍黏着，稍塑，有多量铁斑纹分布，侵入体为2～3块瓦片，向下层平滑清晰过渡。

Br3：60～90cm，淡黄色（2.5Y 7/3，干），橄榄棕色（2.5Y 4/4，润），砂质壤土，中发育中块状结构，少量细孔隙，稍坚实-坚实，稍黏着，稍塑，有中量铁斑纹、多量黏粒-铁锰胶膜分布，侵入体为2～3块瓦片，向下层不规则渐变过渡。

Bg：90～140cm，淡灰色（2.5Y 7/1，干），黄灰色（2.5Y 5/1，润），砂质壤土，弱发育中、小块状结构，少量细孔隙，很坚实，稍黏着，稍塑，少量黏粒胶膜，有亚铁反应。

红阳系代表性单个土体物理性质

土层	深度/cm	石砾(>2mm，体积分数)/%	细土颗粒组成(粒径：mm)/(g/kg)			质地	容重/(g/cm^3)
			砂粒 2～0.05	粉粒 0.05～0.002	黏粒 <0.002		
Ap1	0～15	0	427	371	202	壤土	0.84
Ap2	15～24	5	577	299	124	砂质壤土	1.19
Br1	24～39	0	587	318	95	砂质壤土	1.44
Br2	39～60	0	573	319	108	砂质壤土	1.46
Br3	60～90	0	553	338	109	砂质壤土	1.49
Bg	90～140	0	503	356	141	砂质壤土	1.30

红阳系代表性单个土体化学性质

深度 /cm	pH (H_2O)	有机碳 /(g/kg)	全氮(N) /(g/kg)	全磷(P) /(g/kg)	全钾(K) /(g/kg)	全锰 /(g/kg)	CEC /(cmol/kg)	交换性盐基总量 /(cmol/kg)	游离铁 /(g/kg)
0～15	5.6	26.1	2.11	0.58	31.59	0.18	14.3	9.4	8.6
15～24	6.3	12.7	1.16	0.34	32.00	0.31	11.5	8.7	12.4
24～39	6.4	6.9	0.60	0.22	34.26	0.26	11.2	8.9	11.3
39～60	6.5	5.5	0.53	0.21	35.13	0.26	11.7	8.5	11.6
60～90	6.7	6.5	0.55	0.19	32.92	0.34	11.9	9.3	12.6
90～140	6.6	10.2	0.81	0.15	29.21	0.34	14.0	10.8	5.5

4.6.2　桥口系（Qiaokou Series）

土　族：黏壤质硅质混合型石灰性热性-底潜简育水耕人为土

拟定者：张杨珠，周　清，满海燕，欧阳宁相

分布与环境条件　该土系主要分布于湘中地区丘陵低丘沟谷地，海拔200～300m；成土母质为石灰岩风化物；土地利用状况为水田，典型种植制度为稻-稻或单季稻；中亚热带湿润季风气候，夏无酷暑，冬无严寒，年均气温15.5～17.5℃，年均降水量1300～1400mm。

桥口系典型景观

土系特征与变幅　诊断层包括水耕表层和水耕氧化还原层；诊断特性包括人为滞水土壤水分状况、潜育特征、氧化还原特性、热性土壤温度状况和石灰性。土壤润态色调为2.5Y，明度3～4，彩度3。土体深厚，厚度大于140cm，土体构型为Ap1-Ap2-Br-Bg。因地下水位较高，潜育特征土层出现在90cm以下，厚度大于50cm。潜育特征以上土层常见褐色铁锈纹，水耕表层有黏粒胶膜，水耕氧化还原层出现黏粒-铁锰氧化物胶膜。细土质地为粉砂质黏壤土-粉砂质壤土；土壤有石灰反应。剖面各发生层pH（H_2O）介于7.0～7.3，有机碳含量介于12.8～26.4g/kg，全锰含量介于0.39～0.78g/kg，游离铁含量介于20.3～25.4g/kg。

对比土系　罗巷新系，属于同一亚类，地形部位相似，但成土母质为第四纪红色黏土，表层质地为粉砂质黏壤土，土体润态色调为10YR。

利用性能综述　该土系所处地势低洼，排水不畅，地下水位高，质地稍黏着，结构及通气透水性不良，供肥前劲不足，后劲稍佳。磷钾缺乏，作物产量不高。改良利用措施：进行土地整治，修建和完善农田水利设施，开沟排水，降低地下水位；施用有机肥料，推广秸秆回田，增加土壤有机质含量，改良土壤结构，提高地力；测土平衡施肥，重施钾肥，协调土壤养分供应。

参比土种　灰泥田。

代表性单个土体　位于湖南省邵阳市邵东市周官桥乡桥口村十四组，27°14′18.0″N，111°47′46.3″E，海拔254 m，丘陵低丘沟谷地，成土母质为石灰岩风化物，水田。50cm深处土温18.9℃。野外调查时间为2016年11月29日，野外编号43-SY11。

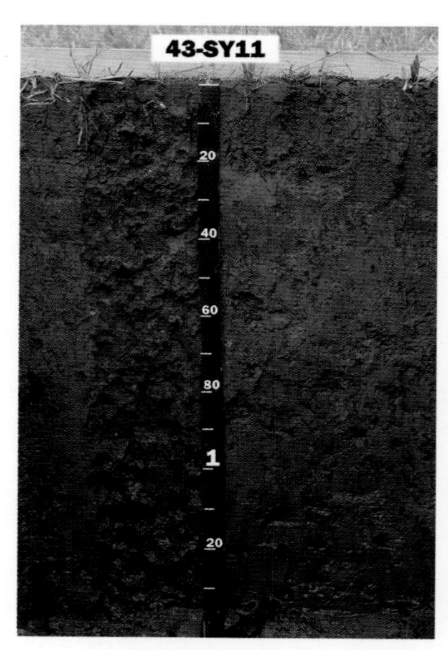

桥口系代表性单个土体剖面

Ap1：0～15cm，浊黄色（2.5Y 6/4，干），暗橄榄棕色（2.5Y 3/3，润），多量中、细根系，粉砂质黏壤土，强发育大、中团粒状结构，多量中、细孔隙，稍坚实，黏着，中塑，有少量小的对比模糊的铁斑纹、少量黏粒胶膜分布，有少量贝壳，向下层平滑渐变过渡。

Ap2：15～25cm，浊黄色（2.5Y 6/4，干），暗橄榄棕色（2.5Y 3/3，润），中量中、细根系，粉砂质黏壤土，强发育大、中块状结构，少量细孔隙，稍坚实，黏着，强塑，有少量小的对比模糊的铁斑纹、少量黏粒胶膜分布，向下层平滑渐变过渡。

Br1：25～55cm，淡黄色（2.5Y 7/4，干），橄榄棕色（2.5Y 4/3，润），少量细根系，粉砂质壤土，强发育大、中块状结构，少量细孔隙，坚实，黏着，中塑，少量直径 2～6mm 的对比明显的铁斑纹、中量黏粒-铁锰氧化物胶膜分布，有少量草木灰、瓦块，向下层平滑渐变过渡。

Br2：55～90cm，淡黄色（2.5Y 7/3，干），橄榄棕色（2.5Y 4/3，润），粉砂质黏壤土，中发育大、中块状结构，少量细孔隙，坚实，黏着，强塑，有多量直径≥20mm 的对比显著的铁斑纹、中量黏粒-铁锰氧化物胶膜分布，有少量贝壳，向下层平滑清晰过渡。

Bg：90～140cm，灰黄色（2.5Y 6/2，干），暗橄榄棕色（2.5Y 3/3，润），粉砂质壤土，弱发育直径≥50mm 块状结构，少量细孔隙，坚实，极黏着，强塑，有中量黏粒-铁锰氧化物胶膜分布，轻度石灰反应，中度亚铁反应。

桥口系代表性单个土体物理性质

土层	深度 /cm	石砾 (>2mm，体积分数)/%	细土颗粒组成(粒径：mm)/(g/kg)			质地	容重 /(g/cm^3)
			砂粒 2～0.05	粉粒 0.05～0.002	黏粒 <0.002		
Ap1	0～15	0	122	575	303	粉砂质黏壤土	1.04
Ap2	15～25	0	115	609	276	粉砂质黏壤土	1.14
Br1	25～55	0	109	642	249	粉砂质壤土	1.19
Br2	55～90	0	61	660	279	粉砂质黏壤土	1.37
Bg	90～140	0	133	606	261	粉砂质壤土	1.19

桥口系代表性单个土体化学性质

深度 /cm	pH (H$_2$O)	有机碳 /(g/kg)	全氮(N) /(g/kg)	全磷(P) /(g/kg)	全钾(K) /(g/kg)	全锰 /(g/kg)	CEC /(cmol/kg)	交换性盐基总量 /(cmol/kg)	游离铁 /(g/kg)
0～15	7.0	26.4	2.46	0.60	10.49	0.40	17.3	5.4	25.4
15～25	7.1	22.3	1.98	0.44	10.45	0.42	15.1	5.3	23.1
25～55	7.2	18.2	1.50	0.28	10.42	0.44	12.8	5.2	20.8
55～90	7.2	12.8	1.37	0.23	10.42	0.39	11.2	5.8	22.3
90～140	7.3	20.5	1.80	0.26	9.32	0.78	13.5	4.4	20.3

4.6.3 金桥系（Jinqiao Series）

土　族：黏壤质硅质混合型非酸性热性-底潜简育水耕人为土

拟定者：张杨珠，张　亮，曹　俏，罗　卓，欧阳宁相

分布与环境条件　该土系主要分布于湘北地区洞庭湖平原地带，海拔20～50m，成土母质为河湖沉积物；土地利用现状为水田，典型种植制度为单季稻；中亚热带湿润季风气候，年均气温16.1～17.1℃，年均降水量1237.7mm。

金桥系典型景观

土系特征与变幅　诊断层包括水耕表层和水耕氧化还原层；诊断特性包括人为滞水土壤水分状况、潜育特征、氧化还原特征和热性土壤温度状况。土壤润态色调为7.5YR，明度3～5，彩度4～6。土体深度大于80cm，土体构型为Ap1-Ap2-Br-Bg，剖面土壤质地上部为粉砂质黏壤土，下部为粉砂质壤土。剖面各发生层pH（H_2O）介于7.8～8.0，有机碳含量介于3.0～26.0g/kg，全锰含量介于0.49～1.03g/kg，游离铁含量介于8.0～22.9g/kg。

对比土系　小河口系，属于同一土族，地形部位为丘陵下部，成土母质为紫色砂、页岩风化物，表层质地为粉砂质壤土，0～70cm内有少量贝壳等侵入体，土体润态色调为7.5YR。桥口系，属于同一土族，地形部位为丘陵低丘沟谷地，成土母质为石灰岩风化物，表层质地为粉砂质黏壤土，0～90cm内有少量贝壳、瓦片等侵入体，土体润态色调为2.5Y。罗巷新系，属于同一土族，但地形部位为环湖低丘地带，成土母质为第四纪红色黏土，表层质地为粉砂质黏壤土，土体润态色调为10YR。

利用性能综述　该土系耕作层较厚，土壤质地好，耕性好。有机质含量丰富，但磷和钾含量偏低，又因所处地势较低，应改善排水条件，深沟排水，降低渍害，增施磷肥和钾肥。

参比土种　紫潮泥。

代表性单个土体　位于湖南省益阳市南县浪拔湖镇金桥村，29°22′38″N，112°21′52″E，海拔29m，洞庭湖平原地带，成土母质为河湖沉积物，水田。50cm深处土温18.7℃。野外调查时间为2016年12月27日，野外编号43-YIY09。

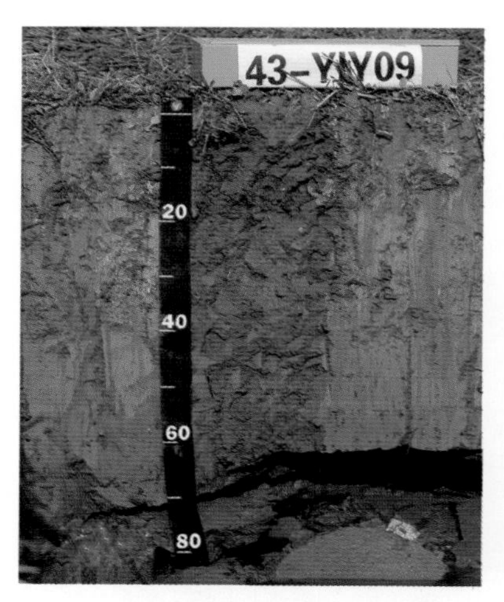

金桥系代表性单个土体剖面

Ap1：0～12cm，灰棕色（7.5YR 6/2，干），棕色（7.5YR 4/6，润），多量中、细根系，粉砂质黏壤土，强发育大、中团粒状结构，多量细粒间孔隙、根孔、气孔或动物穴，疏松，黏着，中塑，有中量斑纹、多量胶膜分布，少量田螺壳侵入体，向下层平滑模糊过渡。

Ap2：12～22cm，淡棕灰色（7.5YR 7/2，干），浊棕色（7.5YR 5/4，润），中量中、细根系，粉砂质黏壤土，强发育大、中块状结构，少量细粒间孔隙，稍坚实，稍黏着，中塑，少量蚂蚁，向下层平滑模糊过渡。

Br1：22～43cm，淡棕灰色（7.5YR 7/2，干），浊棕色（7.5YR 5/4，润），少量细根系，粉砂质黏壤土，强发育中块状结构，中量细粒间孔隙、根孔或气孔，稍坚实，稍黏着，中塑，向下层平滑模糊过渡。

Br2：43～80cm，淡棕灰色（7.5YR 7/2，干），棕色（7.5YR 4/4，润），多量中、细根系，粉砂质黏壤土，中发育中块状结构，中量细粒间孔隙、气孔，稍坚实，黏着，中塑，有多量斑纹、多量胶膜分布，有少量田螺壳等侵入体，向下层平滑渐变过渡。

Bg：80～100cm，灰棕色（7.5YR 6/2，干），暗棕色（7.5YR 3/4，润），中量细根系，粉砂质壤土，弱发育细粒状结构，少量细粒间孔隙，疏松，稍黏着，有中度亚铁反应。

金桥系代表性单个土体物理性质

土层	深度 /cm	石砾 (>2mm，体积分数)/%	细土颗粒组成(粒径：mm)/(g/kg)			质地	容重 /(g/cm^3)
			砂粒 2～0.05	粉粒 0.05～0.002	黏粒 <0.002		
Ap1	0～12	0	7	651	342	粉砂质黏壤土	1.18
Ap2	12～22	0	8	660	332	粉砂质黏壤土	1.30
Br1	22～43	0	11	695	294	粉砂质黏壤土	1.33
Br2	43～80	0	122	595	283	粉砂质黏壤土	1.17
Bg	80～100	0	386	537	77	粉砂质壤土	1.32

金桥系代表性单个土体化学性质

深度 /cm	pH (H_2O)	有机碳 /(g/kg)	全氮(N) /(g/kg)	全磷(P) /(g/kg)	全钾(K) /(g/kg)	全锰 /(g/kg)	CEC /(cmol/kg)	交换性盐基总量 /(cmol/kg)	游离铁 /(g/kg)
0～12	7.9	26.0	2.93	1.14	27.80	0.71	21.7	5.5	19.5
12～22	7.9	22.9	2.57	1.03	28.01	0.75	20.8	5.8	20.1
22～43	7.9	10.4	1.15	0.62	28.84	0.91	17.2	7.3	22.9
43～80	7.8	10.0	0.85	0.67	28.61	1.03	16.6	7.5	21.1
80～100	8.0	3.0	0.14	0.63	20.03	0.49	4.4	4.4	8.0

4.6.4 小河口系（Xiaohekou Series）

土 族：黏壤质硅质混合型非酸性热性-底潜简育水耕人为土
拟定者：张杨珠，周 清，张 亮，翟 橙，欧阳宁相

分布与环境条件 该土系主要分布于湘西地区高山丘陵下部地带；海拔在200～300m，主要母质为紫色砂、页岩风化物；土地利用现状为水田，典型种植制度为稻-油或单季稻，质地多为粉砂质壤土；属亚热带湿润季风气候，年均气温15.8～17.3℃，年均降水量1150～1450mm。

小河口系典型景观

土系特征与变幅 诊断层包括水耕表层和水耕氧化还原层；诊断特性包括人为滞水土壤水分状况、潜育特征、氧化还原特征、热性土壤温度状况和石灰性。土壤润态色调为7.5YR，明度3～4，彩度3～4。土体厚度在140cm以上，稍坚实，质地黏重，质地类型为粉砂质壤土，土体构型为Ap1-Ap2-Br-Bg。Ap1层有多量根孔、气孔、粒间孔隙和动物穴，Br1层有中量铁锰斑纹和多量黏粒铁锰胶膜。剖面各发生层pH（H_2O）介于7.4～7.8，有机碳含量介于5.1～28.3g/kg，全锰含量介于0.27～0.41g/kg，游离铁含量介于9.8～11.5g/kg。

对比土系 金桥系，属于同一土族，但地形部位为平原地带，成土母质为河湖沉积物，表层质地为粉砂质黏壤土，0～12cm、43～80cm内有少量田螺壳等侵入体，土体润态色调为7.5YR。桥口系，属于同一土族，地形部位相似，成土母质为石灰岩风化物，表层质地为粉砂质黏壤土，0～90cm内有少量贝壳、瓦片等侵入体，土体润态色调为2.5Y。罗巷新系，属于同一土族，但地形部位为环湖低丘地带，成土母质为第四纪红色黏土，表层质地为粉砂质黏壤土，土体润态色调为10YR。

利用性能综述 该土系土壤质地较黏，通透性差，土壤呈碱性，有机质含量丰富，早稻易发生浮土僵苗、早衰，晚稻易受返盐危害。改良利用措施：增施钾肥，减少磷肥，改善土壤物理性状，提高土壤肥力。此外，提倡水旱轮作，冬季翻耕晒垡，燥耕水耥，防止沉苗发僵。

参比土种 浅碱紫泥。

代表性单个土体 位于湖南省怀化市芷江侗族自治县芷江镇小河口村，27°26′14″N，109°42′59″E，海拔248m；丘陵下部，成土母质为紫色砂、页岩风化物，水田。50cm深处土温18.9℃。野外调查时间为2017年1月18日，野外编号43-HH13。

小河口系代表性单个土体剖面

Ap1：0～14cm，浊棕色（7.5YR 5/3，干），暗棕色（7.5YR 3/3，润），多量中、细根系，粉砂质壤土，中发育中团粒状结构，多量细根孔、气孔、粒间孔隙和动物穴，疏松，稍黏着，中塑，有少量贝壳，轻度石灰反应，向下层平滑渐变过渡。

Ap2：14～24cm，浊棕色（7.5YR 5/4，干），暗棕色（7.5YR 3/3，润），中量中、细根系，粉砂质壤土，中发育大、中块状结构，多量细根孔、气孔、粒间孔隙，稍坚实，稍黏着，中塑，有中量铁锰斑纹、多量黏粒-铁锰胶膜分布，有少量贝壳，轻石灰反应，向下层平滑渐变过渡。

Br1：24～40cm，浊棕色（7.5YR 5/4，干），暗棕色（7.5YR 3/3，润），少量细根系，粉砂质壤土，中发育大、中块状结构，中量直径 0.5～2mm 的气孔、粒间孔隙，稍坚实，稍黏着，中塑，有中量铁锰斑纹、多量黏粒-铁锰胶膜分布，有少量贝壳，轻度石灰反应，向下层平滑渐变过渡。

Br2：40～70 cm，亮棕色（7.5YR 5/6，干），棕色（7.5YR 4/4，润），少量细根系，粉砂质壤土，弱发育大、中块状结构，中量直径 0.5～2mm 的气孔、粒间孔隙，稍坚实，稍黏着，稍塑，有少量铁锰斑纹、多量黏粒-铁锰胶膜分布，有少量贝壳，向下层平滑清晰过渡。

Bg：70～140cm，浊棕色（7.5YR 5/3，干），暗棕色（7.5YR 3/4，润），粉砂质壤土，弱发育中棱块状结构，中量细粒间孔隙，稍坚实，稍黏着，中塑，有少量铁锰斑纹、中量黏粒-铁锰胶膜分布，中度亚铁反应。

小河口系代表性单个土体物理性质

土层	深度/cm	石砾(>2mm，体积分数)/%	细土颗粒组成(粒径：mm)/(g/kg)			质地	容重/(g/cm^3)
			砂粒 2～0.05	粉粒 0.05～0.002	黏粒 <0.002		
Ap1	0～14	0	194	591	215	粉砂质壤土	1.01
Ap2	14～24	0	201	574	225	粉砂质壤土	1.11
Br1	24～40	0	212	549	239	粉砂质壤土	1.15
Br2	40～70	0	203	571	226	粉砂质壤土	1.23
Bg	70～140	0	231	538	231	粉砂质壤土	1.58

小河口系代表性单个土体化学性质

深度/cm	pH(H_2O)	有机碳/(g/kg)	全氮(N)/(g/kg)	全磷(P)/(g/kg)	全钾(K)/(g/kg)	全锰/(g/kg)	CEC/(cmol/kg)	交换性盐基总量/(cmol/kg)	游离铁/(g/kg)
0～14	7.7	28.3	2.75	0.47	18.88	0.37	18.7	12.7	10.3
14～24	7.6	28.3	2.61	0.40	19.11	0.39	18.0	12.8	10.1
24～40	7.4	28.1	2.41	0.30	19.45	0.41	16.9	13.0	9.9
40～70	7.8	17.2	1.81	0.29	21.21	0.31	14.4	9.1	9.8
70～140	7.5	5.1	0.72	0.24	20.45	0.27	12.4	7.6	11.5

4.6.5 罗巷新系（Luoxiangxin Series）

土　族：黏壤质混合型非酸性热性-底潜简育水耕人为土

拟定者：张杨珠，周　清，盛　浩，张伟畅，翟　橙，欧阳宁相

分布与环境条件　该土系主要分布于湘中地区环湖低丘地带；海拔 50～150m，成土母质为第四纪红色黏土；土地利用现状为水田，典型种植制度为稻-稻或稻-油，质地多为粉砂质黏壤土和黏壤土；属亚热带湿润季风气候，年均气温 16.6～18.0℃，年均降水量 1300～1610mm。

罗巷新系典型景观

土系特征与变幅　诊断层包括水耕表层和水耕氧化还原层；诊断特性包括人为滞水土壤水分状况、潜育特征、氧化还原特征和热性土壤温度状况。土体润态色调为 10YR，明度 3～4，彩度 4。土体厚度大于 130cm，土体构型为 Ap1-Ap2-Br-Bg。土体各发生层有数量不等的铁锰斑纹、黏粒或黏粒-铁锰胶膜。Bg1、Bg2 具有中度、轻度潜育特征。剖面各发生层，pH（H_2O）介于 5.6～6.8，有机碳含量介于 7.1～26.4g/kg，全锰含量介于 0.32～1.16g/kg，游离铁含量介于 11.9～21.9g/kg。

对比土系　小河口系，属于同一土族，但成土母质为紫色砂、页岩风化物，地形部位为丘陵下部，表层质地为粉砂质壤土，0～70cm 内有少量贝壳等侵入体，土体润态色调为 7.5YR。桥口系，属于同一亚类，地形部位相似，成土母质为石灰岩风化物，表层质地为粉砂质黏壤土，0～90cm 内有少量贝壳、瓦片等侵入体，土体润态色调为 2.5Y。

利用性能综述　该土系土体深厚，质地较好，耕性好。有机质含量丰富，含氮量丰富，磷、钾含量偏低。下层通透性差，上层通透性较差。改良利用措施：水旱轮作，改善土壤通透性能，减少氮肥的投入，增施磷肥和钾肥。

参比土种　红黄泥。

代表性单个土体　位于湖南省长沙市宁乡市朱良桥乡（今双江口镇）罗巷新村新婆冲组，28°22′51″N，112°36′29″E，海拔 72m，丘陵低丘沟谷地带，成土母质为第四纪红色黏土，水田。50cm 深处土温 19.0℃。野外调查时间为 2015 年 1 月 12 日，野外编号 43-CS09。

罗巷新系代表性单个土体剖面

Ap1：0～13cm，浊黄橙色（10YR 6/3，干），暗棕色（10YR 3/4，润），多量中、细根系，粉砂质黏壤土，强发育大、中团粒状结构，多量中、细孔隙，稍坚实，稍黏着，中塑，有少量铁斑纹、很少量铁胶膜分布，向下层平滑清晰过渡。

Ap2：13～21cm，浊黄橙色（10YR 6/3，干），棕色（10YR 4/4，润），中量中、细根系，粉砂质黏壤土，强发育大、中块状结构，极少量细孔隙，坚实，稍黏着，中塑，有少量铁斑纹、很少量铁胶膜分布，向下层平滑清晰过渡。

Br1：21～36cm，浊黄橙色（10YR 6/3，干），棕色（10YR 4/4，润），少量细根系，黏壤土，强发育大、中棱块状结构，少量细孔隙，很坚实，黏着，强塑，有少量铁斑纹、很少量铁和少量黏粒胶膜分布，向下层平滑清晰过渡。

Br2：36～64cm，浊黄橙色（10YR 7/3，干），棕色（10YR 4/4，润），少量极细根系，黏壤土，强发育大、中棱块状结构，少量细孔隙，坚实，黏着，强塑，有少量铁斑纹、中量铁胶膜分布，向下层不规则清晰过渡。

Bg1：64～87cm，浊黄橙色（10YR 7/3，干），暗棕色（10YR 3/4，润），砂质黏壤土，中发育大、中棱块状结构，少量细孔隙，稍坚实，稍黏着，稍塑，有少量铁斑纹、少量黏粒和铁胶膜分布，中度亚铁反应，向下层平滑清晰过渡。

Bg2：87～132cm，浊黄橙色（10YR 7/3，干），棕色（10YR 4/4，润），黏壤土，中发育大、中棱块状结构，少量细孔隙，稍坚实，黏着，强塑，有少量铁斑纹、中量铁胶膜分布，轻度的亚铁反应。

罗巷新系代表性单个土体物理性质

土层	深度/cm	石砾(>2mm，体积分数)/%	细土颗粒组成(粒径：mm)/(g/kg)			质地	容重/(g/cm^3)
			砂粒 2～0.05	粉粒 0.05～0.002	黏粒 <0.002		
Ap1	0～13	0	168	488	344	粉砂质黏壤土	0.85
Ap2	13～21	0	139	480	381	粉砂质黏壤土	1.14
Br1	21～36	0	261	393	346	黏壤土	1.22
Br2	36～64	0	444	185	371	黏壤土	1.36
Bg1	64～87	0	520	168	312	砂质黏壤土	1.40
Bg2	87～132	0	280	375	345	黏壤土	1.35

罗巷新系代表性单个土体化学性质

深度/cm	pH(H_2O)	有机碳/(g/kg)	全氮(N)/(g/kg)	全磷(P)/(g/kg)	全钾(K)/(g/kg)	全锰/(g/kg)	CEC/(cmol/kg)	交换性盐基总量/(cmol/kg)	游离铁/(g/kg)
0～13	5.7	26.4	2.13	0.89	25.66	0.73	16.2	10.4	16.8
13～21	6.4	20.2	1.38	0.60	21.42	0.97	15.3	10.9	20.4
21～36	6.8	15.1	1.05	0.32	22.01	0.84	15.1	10.8	18.3
36～64	6.8	10.5	0.77	0.24	22.02	1.16	14.0	10.3	21.9
64～87	5.6	9.7	0.73	0.25	21.70	0.32	11.4	6.5	15.9
87～132	6.3	7.1	0.55	0.13	21.98	0.51	11.9	5.4	11.9

4.7　普通简育水耕人为土

4.7.1　金沙系（Jinsha Series）

土　族：砂质混合型非酸性热性-普通简育水耕人为土

拟定者：张杨珠，周　清，廖超林，彭　涛，欧阳宁相

分布与环境条件　该土系主要分布于湘东北地区低山丘陵地带冲垅中下部，海拔 80～200m；成土母质为紫色砂、页岩风化物；土地利用现状为水田，典型种植制度为稻-稻或稻-稻-油；属于中亚热带湿润季风气候，年均气温 16～17℃，年均降水量 1450～1550mm。

金沙系典型景观

土系特征与变幅　诊断层包括水耕表层和水耕氧化还原层；诊断特性包括人为滞水土壤水分状况、氧化还原特征和热性土壤温度状况。土壤润态色调为 10YR，明度 4～7，彩度 4～8。酸性到中性。土体厚度大于 130cm，土体构型为 Ap1-Ap2-Br，细土质地为砂质壤土、壤土、砂质黏壤土。剖面各发生层 pH（H_2O）介于 5.1～7.5，有机碳含量介于 1.5～11.6g/kg，全锰含量介于 0.34～2.09g/kg，游离铁含量介于 14.6～28.3g/kg。

对比土系　上波系，属同一亚类，成土母质相同，地形部位相似，但土族控制层段内颗粒大小级别为黏壤质，为不同土族。

利用性能综述　该土系土体发育深厚，耕作层较浅薄，耕作层质地为砂质壤土，质地较轻，但结构较差，不易耕作，犁底层坚实，保水保肥能力强。耕层土壤全钾含量丰富，有机质、全氮和全磷含量偏低。耕层土壤呈强酸性。培肥与改良建议：搞好农田基本建设，强化灌溉排水条件；深翻耕、增施有机肥和实行秸秆还田以培肥土壤，改善土壤结构；施用石灰或碱性改良剂，提升耕层土壤 pH；大力种植绿肥，实行用地养地相结合；适当增施磷肥，平衡土壤养分。

参比土种　碱紫泥。

代表性单个土体　位于湖南省长沙市浏阳市达浒镇金沙村山下组，28°22′52″N，113°52′41″E，海拔 111m，低丘冲垅下部，成土母质为紫色砂、页岩风化物，水田。50cm 深处土温 18.8℃。野外调查时间为 2015 年 5 月 11 日，野外编号 43-CS17。

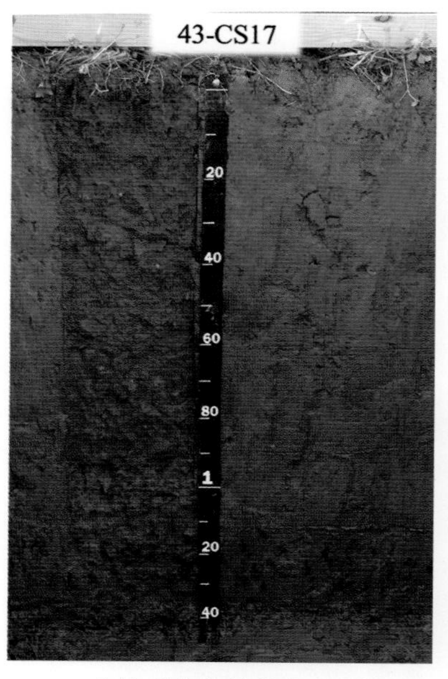

金沙系代表性单个土体剖面

Ap1：0～13cm，浊黄橙色（10YR 7/4，干），棕色（10YR 4/6，润），多量中、细根系，砂质壤土，强发育大、中团粒状结构，中量中、细孔隙，稍坚实，黏着，中塑，有多量铁锰斑纹分布，向下层平滑模糊过渡。

Ap2：13～22cm，浊黄橙色（10YR 7/4，干），亮黄棕色（10YR 6/8，润），中量中、细根系，壤土，强发育大、中块状结构，极少量细孔隙，稍坚实，黏着，中塑，有少量铁锰斑纹分布，向下层平滑模糊过渡。

Br1：22～40cm，亮黄棕色（10YR 7/6，干），亮黄棕色（10YR 6/6，润），少量极细根系，砂质黏壤土，强发育大、中棱块状结构，少量细孔隙，坚实，黏着，强塑，有少量黏粒胶膜分布，向下层波状模糊过渡。

Br2：40～61cm，淡黄橙色（10YR 8/4，干），亮黄棕色（10YR 6/8，润），很少量极细根系，砂质壤土，中发育棱块状结构，极少量细孔隙，稍坚实，黏着，中塑，有极少量黏粒胶膜分布，向下层波状渐变过渡。

Br3：61～80cm，黄橙色（10YR 8/6，干），黄橙色（10YR 7/8，润），砂质黏壤土，中发育大、中棱块状结构，极少量孔隙，稍坚实，黏着，强塑，有极少量黏粒胶膜和易碎角块铁锰结核分布，向下层平滑清晰过渡。

Br4：80～111cm，浊黄橙色（10YR 7/3，干），浊黄橙色（10YR 6/4，润），砂质黏壤土，中发育大、中棱块状结构，极少量细孔隙，稍坚实，黏着，强塑，有少量黏粒胶膜分布，向下层波状渐变过渡。

Br5：111～130cm，黄橙色（10YR 8/6，干），黄橙色（10YR 7/8，润），砂质黏壤土，中发育中棱块状结构，极少量细孔隙，稍坚实，黏着，强塑，有极少量易碎角块铁锰结核分布。

金沙系代表性单个土体物理性质

土层	深度/cm	石砾(>2mm，体积分数)/%	细土颗粒组成(粒径：mm)/(g/kg)			质地	容重/(g/cm^3)
			砂粒 2～0.05	粉粒 0.05～0.002	黏粒 <0.002		
Ap1	0～13	1	729	99	172	砂质壤土	1.28
Ap2	13～22	1	382	436	182	壤土	1.56
Br1	22～40	3	609	181	210	砂质黏壤土	1.66
Br2	40～61	3	677	134	189	砂质壤土	1.62
Br3	61～80	3	614	145	241	砂质黏壤土	1.66
Br4	80～111	0	685	73	242	砂质黏壤土	1.64
Br5	111～130	0	539	204	257	砂质黏壤土	1.61

金沙系代表性单个土体化学性质

深度 /cm	pH (H_2O)	有机碳 /(g/kg)	全氮(N) /(g/kg)	全磷(P) /(g/kg)	全钾(K) /(g/kg)	全锰 /(g/kg)	CEC /(cmol/kg)	交换性盐基总量 /(cmol/kg)	游离铁 /(g/kg)
0～13	5.1	11.6	1.04	0.49	28.16	0.34	10.8	5.2	18.5
13～22	6.3	6.3	0.66	0.15	25.43	0.47	10.1	8.2	18.1
22～40	7.4	4.9	0.54	0.09	33.19	0.63	9.8	9.0	14.6
40～61	7.5	3.9	0.55	0.12	24.26	0.56	8.8	8.4	17.2
61～80	7.5	3.2	0.53	0.08	22.14	0.71	10.5	9.3	22.0
80～111	6.7	2.1	0.44	0.08	19.21	1.04	8.6	8.4	22.9
111～130	7.2	1.5	0.42	0.04	24.70	2.09	13.3	11.7	28.3

4.7.2　新高堰系（Xingaoyan Series）

土　族：黏壤质盖黏质硅质混合型非酸性热性-普通简育水耕人为土

拟定者：张杨珠，张　亮，周　清，曹　俏，罗　卓，欧阳宁相

新高堰系典型景观

分布与环境条件　该土系分布于湘北地区冲积平原低阶地带，海拔 30～80m；成土母质为河流冲积物；土地利用现状为水田，典型种植制度为单季稻；中亚热带湿润季风气候，年均气温 15.9～17.5℃，年均降水量 1200～1900mm。

土系特征与变幅　诊断层包括水耕表层和水耕氧化还原层；诊断特性包括人为滞水土壤水分状况、氧化还原特征、热性土壤温度状况和铁质特性。土壤润态色调为 7.5YR，明度 4～5，彩度 3～8。土体厚度>130cm，土体构型为 Ap1-Ap2-Br，剖面土壤质地上层为粉砂质黏壤土，下层为粉砂质壤土。剖面各发生层 pH（H_2O）介于 6.5～7.6，有机碳含量介于 3.5～13.5g/kg，全锰含量介于 0.45～0.55g/kg，游离铁含量介于 19.0～25.8g/kg。

对比土系　银井冲系，属于同一亚类，成土母质为紫色砂、页岩风化物，地形部位为丘陵低丘中下部，0～10cm 内有少量瓦片等侵入体，18～28cm 内有少量铁锰结核，28～100cm 内有少、中量岩石碎屑，土体润态色调为 5YR。航渡系，属于同一亚类，但地形部位为丘陵低丘盆地，成土母质为紫色页岩风化物，18～25cm 有少量瓦片、砖头，土壤润态色调为 2.5YR。

利用性能综述　土体深厚，土质适中，但有机质、磷和钾含量偏低，有效养分含量较低，应增施磷肥和钾肥，增施有机肥和实行秸秆还田以培肥土壤，改善土壤结构。

参比土种　河砂泥。

代表性单个土体　位于湖南省常德市澧县澧西街道新高堰社区，29°40′23.52″N，111°43′22.44″E，海拔 39m，平原低阶地带，成土母质为河流冲积物，水田。50cm 深处土温 18.5℃。野外调查时间为 2016 年 12 月 14 日，野外编号 43-CD11。

新高堰系代表性单个土体剖面

Ap1：0～15cm，浊黄橙色（10YR 6/3，干），棕色（7.5YR 4/3，润），多量中、细根系，粉砂质黏壤土，强发育大、中团粒状结构，多量细粒间孔隙、根孔、气孔和动物穴，疏松，黏着，强塑，有多量铁锰斑纹分布，少量陶瓷片侵入，向下层平滑渐变过渡。

Ap2：15～25cm，浊黄橙色（10YR 6/3，干），浊棕色（7.5YR 5/4，润），多量中、细根系，粉砂质壤土，强发育大、中块状结构，中量细粒间孔隙、根孔，稍坚实，黏着，中塑，少量陶瓷片侵入，向下层平滑渐变过渡。

Br1：25～60cm，浊黄棕色（10YR 5/3，干），浊棕色（7.5YR 5/4，润），少量细根系，粉砂质壤土，强发育大、中块状结构，少量细粒间孔隙、根孔，坚实，稍黏着，中塑，有少量斑纹、多量胶膜分布，向下层平滑渐变过渡。

Br2：60～90cm，灰黄棕色（10YR 6/2，干），棕色（7.5YR 4/4，润），黏土，强发育大、中块状结构，少量中粗粒间孔隙，坚实，极黏着，稍塑，有多量斑纹、多量胶膜分布，向下层平滑渐变过渡。

Br3：90～130cm，浊黄棕色（10YR 5/4，干），亮棕色（7.5YR 5/8，润），粉砂质壤土，中发育大、中块状结构，少量中粗粒间孔隙，坚实，黏着，稍塑，有多量斑纹、多量胶膜分布。

新高堰系代表性单个土体物理性质

土层	深度/cm	石砾(>2mm，体积分数)/%	细土颗粒组成(粒径：mm)/(g/kg)			质地	容重/(g/cm³)
			砂粒 2～0.05	粉粒 0.05～0.002	黏粒 <0.002		
Ap1	0～15	0	42	630	328	粉砂质黏壤土	1.14
Ap2	15～25	0	60	699	241	粉砂质壤土	1.46
Br1	25～60	0	97	657	246	粉砂质壤土	1.66
Br2	60～90	0	92	354	554	黏土	1.54
Br3	90～130	0	43	711	247	粉砂质壤土	1.57

新高堰系代表性单个土体化学性质

深度/cm	pH(H_2O)	有机碳/(g/kg)	全氮(N)/(g/kg)	全磷(P)/(g/kg)	全钾(K)/(g/kg)	全锰/(g/kg)	CEC/(cmol/kg)	交换性盐基总量/(cmol/kg)	游离铁/(g/kg)
0～15	6.5	13.5	1.45	0.50	16.51	0.53	20.8	9.1	19.0
15～25	6.8	7.2	0.91	0.41	16.03	0.46	22.9	12.2	19.6
25～60	7.3	3.9	1.01	0.26	19.95	0.45	26.7	15.1	20.8
60～90	7.6	3.5	0.36	0.31	19.68	0.50	26.3	12.7	25.5
90～130	7.5	3.6	0.45	0.41	20.17	0.55	25.5	13.0	25.8

4.7.3 航渡系（Hangdu Series）

土　族：黏壤质硅质混合型石灰性热性-普通简育水耕人为土

拟定者：张杨珠，周　清，张　亮，袁　红，满海燕，欧阳宁相

航渡系典型景观

分布与环境条件　该土系主要分布于湘中地区“衡阳盆地”北沿的丘陵低丘盆地，海拔 50～100m；成土母质为紫色页岩风化物；土地利用现状为水田，典型种植制度为稻-稻；为中亚热带湿润季风气候，年均气温 18.0～20.0℃，年均降水量 1300～1400mm。

土系特征与变幅　诊断层包括水耕表层和水耕氧化还原层；诊断特性包括人为滞水土壤水分状况、氧化还原特性、热性土壤温度状况和石灰性。土壤润态色调为 2.5YR，明度 3～5，彩度 3～6。土体厚度大于 130cm，土体构型为 Ap1-Ap2-Br，表层厚度为 18cm。水耕氧化还原层常见褐色铁锰斑纹和黏粒-铁锰氧化物胶膜。细土质地为黏壤土-粉砂质壤土；有石灰反应。剖面各发生层 pH（H_2O）介于 7.1～7.8，有机碳含量介于 4.0～21.2g/kg，全锰含量介于 0.17～0.97g/kg，游离铁含量介于 15.3～20.7g/kg。

对比土系　勒石系，属于同一土族，地形部位相似，但成土母质为石灰岩风化物，表层土壤质地为粉砂质壤土，土壤润态色调为 2.5Y。立新系，属于同一土族，但地形部位为低丘下坡处，成土母质为石灰岩风化物，表层土壤质地为粉砂质壤土，土壤润态色调为 7.5YR。

利用性能综述　本土系土层深厚，耕作较易，宜种性广，肥力中上。改良利用措施：完善农田基本设施，修建灌渠排沟，防止洪涝灾害；增施有机肥，推广秸秆回田、冬种豆科绿肥，实行水旱轮作，提高土壤有机质含量，培肥土壤，提高地力；测土平衡施肥，增施磷、氮肥等，平衡营养元素供应。

参比土种　碱紫泥。

代表性单个土体　位于湖南省衡阳市衡阳县西渡镇航渡村高兴组，26°58′26.5″N，112°20′7.8″E，海拔 64m，丘陵低丘盆地，成土母质为紫色页岩风化物，水田。50cm 深处土温 19.8℃。野外调查时间为 2017 年 1 月 10 日，野外编号 43-HY10。

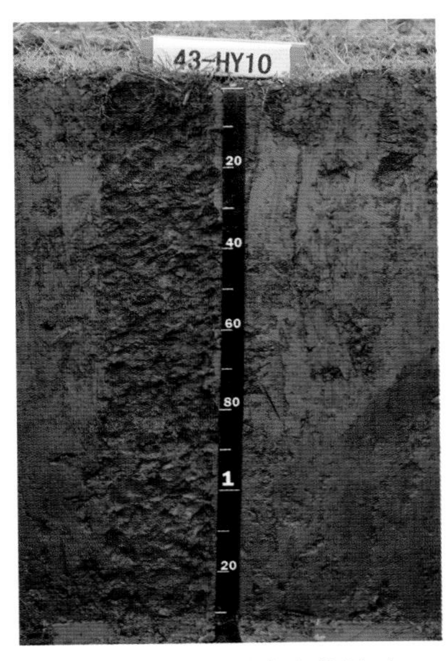

航渡系代表性单个土体剖面

Ap1：0～18cm，亮红棕色（5YR 5/8，干），浊红棕色（2.5YR 4/4，润），多量中、细根系，黏壤土，强发育大、中团粒状结构，多量中、细孔隙，疏松，稍黏着，中塑，有中量铁斑纹分布，向下层平滑渐变过渡。

Ap2：18～25cm，亮红棕色（5YR 5/6，干），浊红棕色（2.5YR 4/4，润），中量中、细根系，粉砂质壤土，强发育大、中块状结构，少量细孔隙，稍坚实，稍黏着，稍塑，有少量铁斑纹分布，有少量瓦片、砖头，向下层平滑渐变过渡。

Br1：25～70cm，亮红棕色（5YR 5/8，干），浊红棕色（2.5YR 5/4，润），很少量细根系，粉砂质壤土，强发育大、中棱块状结构，少量细孔隙，稍坚实，稍黏着，稍塑，有少量小的对比模糊的铁锰斑纹、中量黏粒-铁锰氧化物胶膜分布，有少量中球形结核，向下层平滑渐变过渡。

Br2：70～88cm，红棕色（5YR 4/8，干），暗红棕色（2.5YR 3/6，润），粉砂质壤土，中发育大、中棱块状结构，少量细孔隙，坚实，黏着，强塑，有少量小的对比模糊的铁锰斑纹、中量黏粒-铁锰氧化物胶膜分布，向下层平滑渐变过渡。

Br3：88～130cm，浊红棕色（5YR 5/4，干），浊红棕色（2.5YR 5/3，润），粉砂质壤土，中发育大、中块状结构，少量细孔隙，坚实，黏着，强塑，有少量小的对比模糊的铁锰斑纹、中量黏粒-铁锰氧化物胶膜分布。

航渡系代表性单个土体物理性质

土层	深度/cm	石砾(>2mm，体积分数)/%	细土颗粒组成(粒径：mm)/(g/kg)			质地	容重/(g/cm³)
			砂粒 2～0.05	粉粒 0.05～0.002	黏粒 <0.002		
Ap1	0～18	0	213	501	286	黏壤土	1.02
Ap2	18～25	0	179	591	230	粉砂质壤土	1.51
Br1	25～70	0	218	557	225	粉砂质壤土	1.74
Br2	70～88	0	191	576	233	粉砂质壤土	1.69
Br3	88～130	0	163	604	233	粉砂质壤土	1.67

航渡系代表性单个土体化学性质

深度/cm	pH(H_2O)	有机碳/(g/kg)	全氮(N)/(g/kg)	全磷(P)/(g/kg)	全钾(K)/(g/kg)	全锰/(g/kg)	CEC/(cmol/kg)	交换性盐基总量/(cmol/kg)	游离铁/(g/kg)
0～18	7.1	4.0	2.29	1.33	25.60	0.51	16.1	8.8	15.3
18～25	7.3	8.8	1.14	0.77	25.40	0.33	12.4	8.7	20.7
25～70	7.6	4.1	0.54	0.74	26.80	0.49	13.3	8.9	18.2
70～88	7.8	21.2	0.66	0.72	21.80	0.17	10.7	9.0	18.2
88～130	7.7	4.6	0.66	0.71	26.20	0.97	11.1	8.6	20.0

4.7.4　勒石系（Leshi Series）

土　族：黏壤质硅质混合型石灰性热性-普通简育水耕人为土

拟定者：张杨珠，周　清，张　亮，满海燕，欧阳宁相

勒石系典型景观

分布与环境条件　该土系主要分布于湘中雪峰山东麓、南岭山脉北缘江南丘陵区向云贵高原过渡地带的低丘盆地，海拔390～405m；成土母质为石灰岩风化物；土地利用状况为水田，典型种植制度为单季稻；中亚热带湿润季风气候，年均气温15.5～17.5℃，年均降水量1300～1400mm。

土系特征与变幅　诊断层包括水耕表层和水耕氧化还原层；诊断特性包括人为滞水土壤水分状况、潜育特征、氧化还原特性、热性土壤温度状况和石灰性。土壤润态色调为2.5Y，明度3～5，彩度3～4。土体厚度大于140cm，土体构型为Ap1-Ap2-Br-Bg，表层厚度为24cm。因地下水位较高，在95cm以下出现潜育特征土层，厚度大于50 cm。犁底层及其以下土层常见褐色铁锰斑纹，水耕表层有黏粒胶膜，水耕氧化还原层出现黏粒-铁锰氧化物胶膜。细土质地为粉砂质壤土-粉砂质黏壤土。剖面各发生层pH（H_2O）介于7.4～7.6，有机碳含量介于7.8～33.0g/kg，全锰含量介于0.25～0.46g/kg，游离铁含量介于12.1～18.8g/kg。

对比土系　立新系，同一土族，成土母质相同，表层土壤质地为粉砂质壤土，但地形部位为低丘下坡处，土壤润态色调为7.5YR。航渡系，属于同一土族，地形部位相似，但成土母质为紫色页岩风化物，表层土壤质地为黏壤土，土壤润态色调为2.5YR。

利用性能综述　该土系所处地势低洼，排水不畅，地下水位高。土壤有机质和全氮含量高，磷、钾缺乏，作物产量不高。改良利用措施：进行土地整治，修建和完善农田水利设施，开沟排水，降低地下水位；平衡施肥，重施磷、钾肥，协调土壤养分供应。

参比土种　灰泥田。

代表性单个土体　位于湖南省邵阳市武冈市司马冲镇勒石村十六组，26°37′14.5″N，110°44′19.1″E，海拔397m，丘陵低丘盆地，成土母质为石灰岩风化物，水田。50cm深处土温18.7℃。野外调查时间为2016年11月30日，野外编号43-SY12。

Ap1：0～15cm，浊黄色（2.5Y 6/3，干），橄榄棕色（2.5Y 4/3，润），多量中、细根系，粉砂质壤土，强发育大、中团粒状结构，多量中、细孔隙，疏松，黏着，中塑，有中量铁锰斑纹分布，有少量蜘蛛，向下层波状渐变过渡。

Ap2：15～24cm，浊黄色（2.5Y 6/3，干），黄棕色（2.5Y 5/4，润），中量中、细根系，粉砂质壤土，强发育大、中块状结构，少量细孔隙，稍坚实，黏着，中塑，有中量直径≥20mm 的对比明显的铁斑纹分布，向下层平滑渐变过渡。

Br1：24～43cm，淡黄色（2.5Y 7/3，干），黄棕色（2.5Y 5/3，润），很少量极细根系，粉砂质壤土，强发育大、中块状结构，少量细孔隙，稍坚实，黏着，中塑，有少量中等对比明显的铁锰斑纹分布，有少量砖块，向下层波状渐变过渡。

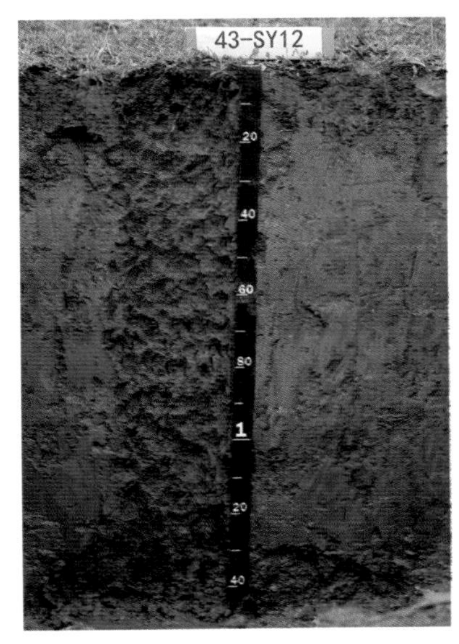

勒石系代表性单个土体剖面

Br2：43～70cm，灰黄色（2.5Y 7/2，干），暗橄榄棕色（2.5Y 3/3，润），很少量极细根系，粉砂质壤土，中发育中等块状结构，少量细孔隙，有少量石块，坚实，黏着，中塑，有少量中等对比明显的铁锰斑纹、少量黏粒-铁锰氧化物胶膜分布，向下层平滑渐变过渡。

Br3：70～95cm，灰白色（2.5Y 8/2，干），黄棕色（2.5Y 5/4，润），粉砂质壤土，中发育中等块状结构，少量细孔隙，稍坚实，极黏着，中塑，有少量小的对比模糊的铁斑纹、少量黏粒-铁锰氧化物胶膜分布，向下层波状渐变过渡。

Bg：95～145cm，黄棕色（2.5Y 5/3，干），黄棕色（2.5Y 5/4，润），粉砂质黏壤土，弱发育大、中块状结构，中量细孔隙，稍坚实，极黏着，中塑，有极少小的对比模糊的铁斑纹、中量黏粒-铁锰氧化物胶膜分布，中度亚铁反应。

勒石系代表性单个土体物理性质

土层	深度/cm	石砾(>2mm，体积分数)/%	细土颗粒组成(粒径：mm)/(g/kg)			质地	容重/(g/cm^3)
			砂粒 2～0.05	粉粒 0.05～0.002	黏粒 <0.002		
Ap1	0～15	0	64	694	242	粉砂质壤土	0.92
Ap2	15～24	0	104	670	226	粉砂质壤土	1.26
Br1	24～43	0	154	627	219	粉砂质壤土	1.20
Br2	43～70	0	66	696	238	粉砂质壤土	1.16
Br3	70～95	0	54	700	246	粉砂质壤土	1.38
Bg	95～145	0	21	701	278	粉砂质黏壤土	1.40

勒石系代表性单个土体化学性质

深度 /cm	pH (H_2O)	有机碳 /(g/kg)	全氮(N) /(g/kg)	全磷(P) /(g/kg)	全钾(K) /(g/kg)	全锰 /(g/kg)	CEC /(cmol/kg)	交换性盐基总量 /(cmol/kg)	游离铁 /(g/kg)
0～15	7.4	33.0	3.44	0.51	9.13	0.25	15.8	4.9	13.7
15～24	7.5	21.0	2.13	0.20	6.79	0.38	12.1	4.3	12.1
24～43	7.6	21.6	2.06	0.13	6.72	0.34	12.7	4.9	15.1
43～70	7.6	21.4	2.07	0.20	7.33	0.38	13.1	5.1	13.4
70～95	7.6	7.8	0.96	0.25	9.13	0.46	11.3	4.0	18.8
95～145	7.5	9.4	1.08	0.26	7.91	0.35	10.3	4.7	12.2

4.7.5 立新系（Lixin Series）

土 族：黏壤质硅质混合型石灰性热性-普通简育水耕人为土

拟定者：张杨珠，周 清，张 亮，满海燕，欧阳宁相

分布与环境条件 该土系主要分布于洞庭湖平原向南岭山脉过渡的丘岗地带，海拔 100～180m，成土母质为石灰岩风化物；土地利用现状为水田，典型种植制度为单季稻；中亚热带湿润季风气候，年均气温 16.0～18.0℃，年均降水量 1200～1350mm。

立新系典型景观

土系特征与变幅 诊断层包括水耕表层和水耕氧化还原层；诊断特性包括氧化还原特性、热性土壤温度状况和人为滞水土壤水分状况。土壤润态色调为 7.5YR，明度 3～4，彩度 3～4。土体厚度大于 100cm，土体构型为 Ap1-Ap2-Br。耕作层以下土层常见褐色铁锰斑纹；水耕氧化还原层出现黏粒-铁锰氧化物胶膜；细土质地为粉砂质壤土。剖面各发生层 pH（H_2O）介于 7.2～8.0，有机碳含量介于 4.5～37.2g/kg，全锰含量介于 0.20～0.53g/kg，游离铁含量介于 13.7～23.3g/kg。

对比土系 勒石系，属于同一土族，成土母质为石灰岩风化物，但地形部位在低丘盆地，土体下部有潜育特征，土壤润态色调为 2.5Y。航渡系，属于同一土族，但地形部位为丘陵低丘盆地，成土母质为紫色页岩风化物，表层土壤质地为黏壤土，土壤润态色调为 2.5YR。

利用性能综述 该土系土体耕作层深厚，质地适中，耕性好；土壤有机质和氮含量较高，磷、钾较低。改良利用措施：增施有机肥，推广秸秆还田、水旱轮作等，提高土壤有机质含量，改善土壤结构，培肥土壤，提高地力；测土平衡施肥，注意多施磷、钾肥，有机肥与无机肥合理搭配。

参比土种 灰沙泥田。

代表性单个土体 位于湖南省娄底市娄星区石井镇朝阳村立新组，27°42′31.6″N，111°56′19.4″E，海拔 146m，丘陵低丘下坡，成土母质为石灰岩风化物，水田。50cm 深处土温 19.1℃。野外调查时间为 2016 年 12 月 2 日，野外编号 43-LD05。

立新系代表性单个土体剖面

Ap1：0～12cm，浊黄橙色（10YR 6/4，干），暗棕色（7.5YR 3/3，润），多量中、细根系，粉砂质壤土，强发育大、中团粒状结构，多量中、细孔隙，疏松，稍黏着，中塑，有中量铁斑纹分布，有少量蜘蛛，向下层平滑清晰过渡。

Ap2：12～20cm，浊黄橙色（10YR 6/3，干），暗棕色（7.5YR 3/4，润），中量中、细根系，粉砂质壤土，强发育大、中块状结构，少量细孔隙，稍坚实，稍黏着，中塑，有中量铁锰斑纹，有少量瓦片侵入体，有少量蚂蚁，向下层平滑渐变过渡。

Br1：20～30cm，浊黄橙色（10YR 7/3，干），棕色（7.5YR 4/3，润），少量极细根系，粉砂质壤土，强发育大、中块状结构，少量细孔隙，坚实，稍黏着，中塑，有中量铁锰斑纹和黏粒-铁锰氧化物胶膜分布，少量蚯蚓，向下层平滑渐变过渡。

Br2：30～50cm，浊黄橙色（10YR 7/3，干），棕色（7.5YR 4/4，润），很少量极细根系，粉砂质壤土，强发育大、中块状结构，少量细孔隙，少量石灰岩碎屑，坚实，黏着，中塑，有中量铁锰斑纹和黏粒-铁锰氧化物胶膜分布，向下层平滑渐变过渡。

Br3：50～80cm，浊黄橙色（10YR 7/3，干），棕色（7.5YR 4/3，润），粉砂质壤土，中发育大、中块状结构，少量细孔隙，坚实，黏着，中塑，有少量铁锰斑纹和中量黏粒-铁锰氧化物胶膜分布，向下层平滑渐变过渡。

Br4：80～110cm，浊黄橙色（10YR 7/3，干），棕色（7.5YR 4/3，润），粉砂质壤土，中发育大、中块状结构，少量细孔隙，坚实，黏着，中塑，有少量铁锰斑纹和中量黏粒-铁锰氧化物胶膜分布，有少量瓷片、砖头、木头，向下层平滑渐变过渡。

Br5：110～140cm，浊黄橙色（10YR 7/4，干），棕色（7.5YR 4/4，润），粉砂质壤土，弱发育中等块状结构，少量细孔隙，少量石砾，坚实，黏着，稍塑，有多量铁锰斑纹和多量黏粒-铁锰氧化物胶膜分布。

立新系代表性单个土体物理性质

土层	深度/cm	石砾(>2mm，体积分数)/%	细土颗粒组成(粒径：mm)/(g/kg)			质地	容重/(g/cm³)
			砂粒 2～0.05	粉粒 0.05～0.002	黏粒 <0.002		
Ap1	0～12	0	167	593	240	粉砂质壤土	0.90
Ap2	12～20	0	149	601	250	粉砂质壤土	1.24
Br1	20～30	0	132	629	239	粉砂质壤土	1.52
Br2	30～50	10	194	568	238	粉砂质壤土	1.58
Br3	50～80	0	114	688	198	粉砂质壤土	1.50
Br4	80～110	0	165	639	196	粉砂质壤土	1.50
Br5	110～140	5	181	628	191	粉砂质壤土	1.65

立新系代表性单个土体化学性质

深度 /cm	pH (H_2O)	有机碳 /(g/kg)	全氮(N) /(g/kg)	全磷(P) /(g/kg)	全钾(K) /(g/kg)	全锰 /(g/kg)	CEC /(cmol/kg)	交换性盐基总量 /(cmol/kg)	游离铁 /(g/kg)
0～12	7.2	37.2	3.48	0.68	9.27	0.20	16.1	6.0	15.8
12～20	7.8	21.6	1.92	0.41	10.41	0.25	11.9	6.2	16.9
20～30	7.7	20.5	1.65	0.36	12.18	0.32	11.7	7.0	16.4
30～50	7.7	10.1	1.03	0.32	12.77	0.33	11.2	5.9	18.8
50～80	8.0	9.6	1.10	0.36	14.00	0.31	10.2	6.8	13.7
80～110	7.9	6.3	0.70	0.38	11.60	0.43	12.0	6.5	15.2
110～140	7.8	4.5	0.60	0.35	13.34	0.53	9.2	5.3	23.3

4.7.6 春光系（Chunguang Series）

土　族：黏壤质硅质混合型非酸性热性-普通简育水耕人为土

拟定者：张杨珠，周　清，于　康，欧阳宁相

春光系典型景观

分布与环境条件　该土系主要分布于湘南地区山麓平原地带，四周被低丘环绕，海拔 80～150m；成土母质为板、页岩风化物；土地利用现状为水田，典型种植制度为稻-稻；中亚热带湿润大陆性季风气候，年均气温 17.6～18.6℃，年均降水量 1200～1900mm。

土系特征与变幅　诊断层包括水耕表层和水耕氧化还原层；诊断特性包括人为滞水土壤水分状况、氧化还原特征和热性土壤温度状况。土体润态色调通体为 10YR，明度 4～6，彩度 2～6。土体厚度大于 130cm，土体构型为 Ap1-Ap2-Br，表层土壤质地为粉砂质黏土。土体自上而下疏松-稍坚实-坚实。土体中均无岩石碎屑，土体无侵入体。通体具有数量不等的铁锰斑纹和数量不等的黏粒-铁锰氧化物胶膜。剖面各发生层 pH（H_2O）介于 5.8～6.9，有机碳含量介于 4.5～23.5g/kg，全锰含量介于 0.10～1.54g/kg，游离铁含量介于 31.9～32.7g/kg。

对比土系　官山坪系，属于同一土族，但地形部位为低丘底部，成土母质为石灰岩风化物，表层质地为粉砂质黏壤土，30～105cm 具有少量铁锰结核，土体润态色调为 7.5YR。凌茯系，属于同一土族，但地形部位为丘陵岗地地带低阶，成土母质为第四纪红色黏土，表层土壤质地为砂质黏土，表层以下均具有中、多量铁锰结核，土体润态色调为 10YR。金鼎山系，属于同一土族，但地形部位为丘陵岗地中坡地带，成土母质为第四纪红色黏土，表层土壤质地为黏壤土，通体均具有数量不等的铁锰结核，土体润态色调为 10YR。

利用性能综述　该土系土层深厚，质地适中，耕性尚可。有机质和全氮含量较高，全钾含量不足。改良与培肥建议：增施有机肥和实行秸秆还田以培肥土壤，改善土壤结构；施用氮肥、磷肥、钾肥或复合肥；水旱轮作，干耕晒垡，改善土壤通透性能。

参比土种　黄泥田。

代表性单个土体　位于湖南省永州市冷水滩区岚角山镇春光村，26°59′6.047″ N，111°41′2.783″ E，海拔 117.4m，山麓平原地带，成土母质为板、页岩风化物，水田。50cm 深处土温 19.9℃。野外调查时间为 2017 年 12 月 4 日，野外编号 43-YZ09。

Ap1：0～20cm，淡黄色（2.5Y 7/3，干），灰黄棕色（10YR 4/2，润），多量中、细根系，粉砂质黏土，强发育大、中团粒状结构，多量细粒间孔隙、根孔、气孔和动物穴，疏松，黏着，强塑，有少量小的铁锰斑纹分布，边界扩散，向下层平滑模糊过渡。

春光系代表性单个土体剖面

Ap2：20～30cm，淡黄色（2.5Y 7/3，干），浊黄棕色（10YR 4/3，润），中量中、细根系，粉砂质黏壤土，强发育大、中块状结构，中量细粒间孔隙、根孔、气孔和动物穴，稍坚实，黏着，强塑，有少量小的铁锰斑纹分布，边界扩散，有少量黏粒-铁锰氧化物胶膜分布，向下层波状渐变过渡。

Br1：30～70cm，淡黄色（2.5Y 7/4，干），浊黄棕色（10YR 5/3，润），很少量极细根系，粉砂质黏壤土，中发育大、中块状结构，中量细粒间孔隙、动物穴，稍坚实，稍黏着，强塑，有多量小的铁锰斑纹分布，边界扩散，有中量黏粒-铁锰氧化物胶膜分布，有少量水蛭，向下层平滑渐变过渡。

Br2：70～130cm，亮黄棕色（2.5Y 7/6，干），亮黄棕色（10YR 6/6，润），粉砂质黏土，中发育中等块状结构，中量细粒间孔隙，坚实，黏着，强塑，有很多量小的铁锰斑纹分布，边界扩散，有中量黏粒-铁锰氧化物胶膜分布。

春光系代表性单个土体物理性质

土层	深度/cm	石砾(>2mm，体积分数)/%	细土颗粒组成(粒径：mm)/(g/kg)			质地	容重/(g/cm^3)
			砂粒 2～0.05	粉粒 0.05～0.002	黏粒 <0.002		
Ap1	0～20	0	8	526	466	粉砂质黏土	0.96
Ap2	20～30	0	5	639	356	粉砂质黏壤土	1.26
Br1	30～70	0	34	692	274	粉砂质黏壤土	1.32
Br2	70～130	0	0	560	440	粉砂质黏土	1.45

春光系代表性单个土体化学性质

深度/cm	pH(H_2O)	有机碳/(g/kg)	全氮(N)/(g/kg)	全磷(P)/(g/kg)	全钾(K)/(g/kg)	全锰/(g/kg)	CEC/(cmol/kg)	交换性盐基总量/(cmol/kg)	游离铁/(g/kg)
0～20	5.8	23.5	3.27	0.93	15.33	0.55	20.9	9.6	31.9
20～30	6.9	14.1	2.01	0.63	14.85	1.54	18.9	14.4	32.0
30～70	6.9	5.8	1.06	0.44	13.75	0.87	19.7	14.8	32.1
70～130	6.8	4.5	1.24	0.51	14.52	0.10	29.9	20.0	32.7

4.7.7　枫树桥系（Fengshuqiao Series）

土　族：黏壤质硅质混合型非酸性热性-普通简育水耕人为土

拟定者：张杨珠，周　清，盛　浩，张　亮，彭　涛，欧阳宁相

枫树桥系典型景观

分布与环境条件　该土系主要分布于湘东地区丘岗坡地下部，海拔 50～100m；成土母质为第四纪红色黏土；土地利用现状为水田，典型种植制度为稻-稻或稻-稻-油；属于中亚热带湿润季风气候，年均气温 16～19℃，年均降水量 1300～1500mm。

土系特征与变幅　诊断层包括水耕表层和水耕氧化还原层；诊断特性包括人为滞水土壤水分状况、氧化还原特征和热性土壤温度状况。土壤润态色调为 10YR，明度 4～6，彩度 4～8。土体厚度大于 120cm，土体构型为 Ap1-Ap2-Apb-Br，水耕表层较浅薄且疏松，犁底层较厚且坚实，细土质地为黏壤土，土体中可见多量黏粒-铁锰胶膜。剖面各发生层 pH（H_2O）介于 5.2～6.1，有机碳含量介于 1.9～21.9g/kg，全锰含量介于 0.08～0.31g/kg，游离铁含量介于 17.4～23.4g/kg。

对比土系　三联系，属于同一土族，但地形地貌为低丘高阶地，成土母质为河流沉积物，表层质地为粉砂质壤土，35～52cm 内有少量铁锰结核，土体润态色调为 10YR。官山坪系，属于同一土族，但地形部位为低丘底部，成土母质为石灰岩风化物，表层质地为粉砂质黏壤土，30～105cm 具有少量铁锰结核，土体润态色调为 7.5YR。

利用性能综述　该土系土体发育较深厚，虽水耕表层浅薄，但结构良好、耕层质地较轻、疏松易耕，犁底层以下呈黏壤土，坚实，通透性较差。应注重深耕深翻、加深耕层或种植根系生长力强的作物品种。土壤呈酸性反应，酸化较严重，有必要因地制宜施用石灰或碱性物质，提升耕层 pH。有机质和全氮含量丰富，磷、钾素匮乏，有必要增施磷、钾肥。

参比土种　浅红黄泥。

代表性单个土体　位于湖南省株洲市醴陵市板杉乡（今板杉镇）枫树桥村德胜和组，27°44′52.8″N，113°26′13.2″E，海拔 63m，丘岗坡地下部，成土母质为第四纪红色黏土，水田。50cm 深处土温 19.4℃。野外调查时间为 2015 年 11 月 25 日，野外编号 43-ZZ18。

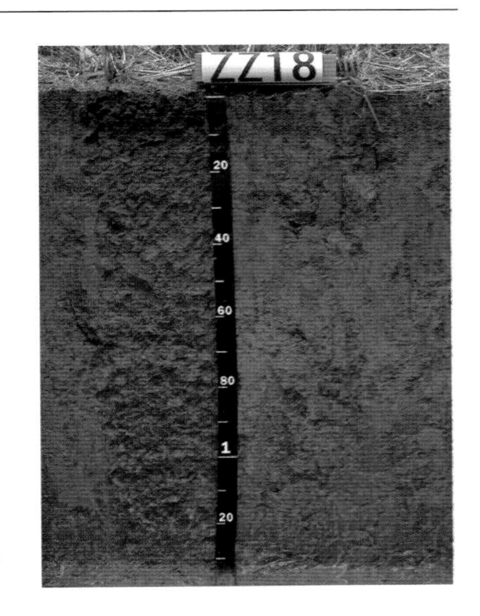

枫树桥系代表性单个土体剖面

Ap1：0～13cm，浊黄橙色（10YR 7/3，干），棕色（10YR 4/4，润），多量中、细根系，黏壤土，强发育大、中团粒状结构，多量中、细孔隙，极疏松，黏着，中塑，有大量铁锰斑纹、极少量小的角块状铁锰结核分布，向下层平滑清晰过渡。

Ap2：13～23cm，浊黄橙色（10YR 7/3，干），亮黄棕色（10YR 6/6，润），中量中、细根系，黏壤土，强发育大、中块状结构，中量细孔隙，石砾含量约 5%，很坚实，黏着，中塑，有多量铁锰斑纹、中量黏粒-铁锰胶膜、少量铁锰结核分布，侵入体为2～3块瓦片，向下层平滑清晰过渡。

Apb：23～33cm，浊黄橙色（10YR 7/3，干），黄棕色（10YR 5/6，润），很少量极细根系，砂质黏壤土，强发育大、中棱块状结构，少量细孔隙，稍坚实，黏着，强塑，有中量铁锰斑纹、多量黏粒-铁锰胶膜、中量铁锰结核分布，向下层平滑清晰过渡。

Br1：33～53cm，浊黄橙色（10YR 8/3，干），黄棕色（10YR 5/8，润），黏壤土，强发育大、中棱块状结构，少量细孔隙，稍坚实，黏着，强塑，有中量铁锰斑纹、很多量黏粒-铁锰胶膜分布，侵入体为2～3块瓦片，向下层平滑清晰过渡。

Br2：53～75cm，浊黄橙色（10YR 8/4，干），亮黄棕色（10YR 6/6，润），黏壤土，弱发育棱块状结构，很坚实，黏着，中塑，有多量铁锰斑纹、多量黏粒-铁锰胶膜分布，向下层平滑清晰过渡。

Br3：75～130cm，黄橙色（10YR 8/6，干），黄棕色（10YR 5/8，润），黏壤土，弱发育中等块状结构，少量细孔隙，很坚实，黏着，中塑，有很多量铁锰斑纹、多量黏粒-铁锰胶膜分布。

枫树桥系代表性单个土体物理性质

土层	深度/cm	石砾(>2mm，体积分数)/%	细土颗粒组成(粒径：mm)/(g/kg)			质地	容重/(g/cm³)
			砂粒 2～0.05	粉粒 0.05～0.002	黏粒 <0.002		
Ap1	0～13	0	330	386	284	黏壤土	1.19
Ap2	13～23	5	295	413	292	黏壤土	1.44
Apb	23～33	0	483	235	282	砂质黏壤土	1.55
Br1	33～53	0	326	348	326	黏壤土	1.50
Br2	53～75	0	341	350	309	黏壤土	1.42
Br3	75～130	0	326	357	317	黏壤土	1.61

枫树桥系代表性单个土体化学性质

深度 /cm	pH (H_2O)	有机碳 /(g/kg)	全氮(N) /(g/kg)	全磷(P) /(g/kg)	全钾(K) /(g/kg)	全锰 /(g/kg)	CEC /(cmol/kg)	交换性盐基总量 /(cmol/kg)	游离铁 /(g/kg)
0～13	5.2	21.9	1.61	0.67	12.79	0.15	11.9	6.1	17.4
13～23	5.3	7.2	0.72	0.51	12.73	0.31	12.6	3.3	18.3
23～33	5.3	10.8	0.76	0.46	12.58	0.25	11.4	6.7	19.2
33～53	5.8	5.7	0.72	0.32	12.77	0.21	11.4	4.6	23.4
53～75	6.0	2.7	0.39	0.21	12.02	0.09	10.5	4.3	21.2
75～130	6.1	1.9	0.33	0.17	11.70	0.08	13.0	5.3	20.8

4.7.8 官山坪系（Guanshanping Series）

土 族：黏壤质硅质混合型非酸性热性-普通简育水耕人为土

拟定者：张杨珠，周 清，于 康，欧阳宁相

分布与环境条件 该土系主要分布于湘南地区灰泥田低丘底部，四周被低丘环绕，海拔 80～120m；成土母质为石灰岩风化物；土地利用现状为水田，典型种植制度为稻-稻或稻-稻-油；中亚热带湿润大陆性季风气候，年均气温 17.5～18.5℃，年均降水量 1225～1325mm。

官山坪系典型景观

土系特征与变幅 诊断层包括水耕表层和水耕氧化还原层；诊断特性包括人为滞水土壤水分状况、氧化还原特征和热性土壤温度状况。土体润态色调通体为 7.5YR，明度 3～4，彩度 2～4。土体厚度大于 125cm，土体构型为 Ap1-Ap2-Br，表层土壤质地为粉砂质黏壤土，表层厚度≥18cm，土体自上而下疏松-稍坚实-坚实。土体无岩石碎屑。通体具有数量不等的铁锰斑纹和数量不等的黏粒、黏粒-铁锰胶膜及铁锰结核。剖面各发生层 pH（H_2O）介于 7.0～7.4，有机碳含量介于 6.9～38.0g/kg，全锰含量介于 0.42～2.21g/kg，游离铁含量介于 15.1～33.0g/kg。

对比土系 春光系，属于同一土族，但地形部位为山麓平原地带，成土母质不同，为板、页岩风化物，表层质地为粉砂质黏土，通体均无岩石碎屑、铁锰结核和侵入体，土体润态色调为 10YR。凌茯系，属于同一土族，地形部位相似，成土母质为第四纪红色黏土，表层质地为砂质黏土，表层以下均具有中、多量锰结核，土体润态色调为 10YR。金鼎山系，属于同一土族，但地形部位为丘陵岗地中坡地带，成土母质为第四纪红色黏土，表层质地为黏壤土，通体均具有数量不等的铁锰结核，土体润态色调为 10YR。

利用性能综述 该土系土体发育深厚，表层质地为粉砂质黏壤土，质地偏砂，通透性和耕性较好。有机质、全氮和全磷含量较高。培肥与改良建议：搞好农田基本建设，建设水平梯田；增施有机肥和实行秸秆还田以培肥土壤，改善土壤结构；大力种植旱地绿肥，实行用地养地相结合；施用钾肥或复合肥；水旱轮作，干耕晒垡，改善土壤通透性能。

参比土种 灰泥田。

代表性单个土体 位于湖南省永州市祁阳县文富市镇官山坪村，26°45′46.088″N，111°52′41.871″E，海拔 117.4m，低丘底部，成土母质为石灰岩风化物，水田。50cm 深处土温 19.7℃。野外调查时间为 2017 年 12 月 5 日，野外编号 43-YZ10。

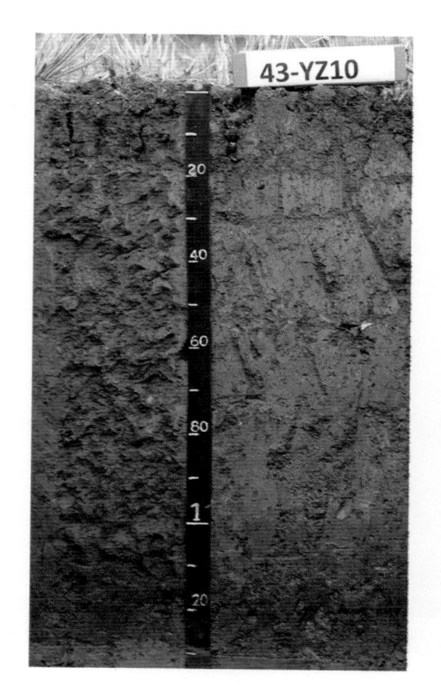

官山坪系代表性单个土体剖面

Ap1：0～18cm，浊黄橙色（10YR 6/3，干），黑棕色（7.5YR 3/2，润），多量中、细根系，粉砂质黏壤土，强发育大、中团粒状结构，多量细粒间孔隙、根孔、气孔，疏松，稍黏着，稍塑，有很少量很小的铁锰斑纹分布，向下层平滑渐变过渡。

Ap2：18～30cm，浊黄橙色（10YR 6/3，干），黑棕色（7.5YR 3/2，润），少量细根系，粉砂质黏壤土，强发育大、中块状结构，中量细粒间孔隙、根孔、气孔，稍坚实，稍黏着，中塑，有少量小的铁锰斑纹分布，向下层平滑模糊过渡。

Br1：30～67cm，浊黄橙色（10YR 6/4，干），棕色（7.5YR 4/4，润），粉砂质黏壤土，强发育大、中棱块状结构，中量细粒间孔隙、气孔，稍坚实，黏着，中塑，有多量中等铁锰斑纹、中量黏粒-铁锰氧化物胶膜、少量小的铁锰矿质瘤结核分布，向下层平滑模糊过渡。

Br2：67～105cm，浊黄橙色（10YR 6/3，干），棕色（7.5YR 4/4，润），粉砂质壤土，中发育大、中块状结构，少量细粒间孔隙、气孔，坚实，黏着，中塑，有中量中等铁锰斑纹、多量黏粒-铁锰氧化物胶膜、少量小的铁锰矿质瘤结核分布，向下层平滑渐变过渡。

Br3：105～125cm，灰黄棕色（10YR 6/2，干），暗棕色（7.5YR 3/3，润），粉砂质黏壤土，中发育中等块状结构，少量细粒间孔隙和气孔，坚实，黏着，中塑，有少量黏粒胶膜分布。

官山坪系代表性单个土体物理性质

土层	深度/cm	石砾(>2mm，体积分数)/%	细土颗粒组成(粒径：mm)/(g/kg)			质地	容重/(g/cm^3)
			砂粒 2～0.05	粉粒 0.05～0.002	黏粒 <0.002		
Ap1	0～18	0	116	505	379	粉砂质黏壤土	0.90
Ap2	18～30	0	37	627	336	粉砂质黏壤土	1.24
Br1	30～67	0	59	617	324	粉砂质黏壤土	1.29
Br2	67～105	0	85	690	225	粉砂质壤土	1.39
Br3	105～125	0	79	621	300	粉砂质黏壤土	1.48

官山坪系代表性单个土体化学性质

深度/cm	pH(H_2O)	有机碳/(g/kg)	全氮(N)/(g/kg)	全磷(P)/(g/kg)	全钾(K)/(g/kg)	全锰/(g/kg)	CEC/(cmol/kg)	交换性盐基总量/(cmol/kg)	游离铁/(g/kg)
0～18	7.0	38.0	2.51	0.75	14.54	0.44	21.2	18.0	22.5
18～30	7.3	26.0	1.70	0.55	14.21	0.50	20.0	17.8	33.0
30～67	7.4	14.7	1.04	0.41	15.18	0.42	20.4	17.2	15.1
67～105	7.4	6.9	0.67	0.37	13.41	0.68	19.7	17.8	32.7
105～125	7.3	7.4	0.47	0.35	13.89	2.21	16.5	13.4	23.7

4.7.9　金鼎山系（Jindingshan Series）

土　族：黏壤质硅质混合型非酸性热性-普通简育水耕人为土

拟定者：张杨珠，周　清，黄运湘，廖超林，盛　浩，欧阳宁相

分布与环境条件　该土系主要分布于湘东地区丘陵岗地中坡地带，海拔40～80m；成土母质为第四纪红色黏土；土地利用现状为水田，典型种植制度为稻-稻或稻-稻-油；属于中亚热带湿润季风气候，年均气温16.5～17.4℃，年均降水量1400～1500mm。

金鼎山系典型景观

土系特征与变幅　诊断层包括水耕表层和水耕氧化还原层；诊断特性包括人为滞水土壤水分状况、氧化还原特征和热性土壤温度状况。土壤润态色调为10YR，明度4～7，彩度4～8。土体厚度在120～140cm，土体构型为Ap1-Ap2-Br。土体自上而下为黏壤土和砂质黏壤土。剖面各发生层pH（H_2O）介于5.8～7.1，有机碳含量介于2.7～23.0g/kg，全锰含量介于0.09～1.02g/kg，游离铁含量介于18.1～26.9g/kg。

对比土系　官山坪系，属于同一土族，但地形部位为低丘底部，成土母质为石灰岩风化物，表层质地为粉砂质黏壤土，30～105cm具有少量铁锰结核，土体润态色调为7.5YR。春光系，属于同一土族，但地形部位为山麓平原地带，成土母质为板、页岩风化物，土壤表层质地为粉砂质黏土，通体均无岩石碎屑、铁锰结核和侵入体，土体润态色调为10YR。凌茯系，属于同一土族，但地形部位为丘陵岗地地带低阶，成土母质为第四纪红色黏土，土壤表层质地为砂质黏土，表层以下均具有中、多量锰结核，土体润态色调为10YR。

利用性能综述　该土系土体发育深厚，耕作层厚；耕层质地为黏壤土，质地适中，通透性好，耕性好，犁底层坚实，保水保肥能力好。耕层土壤有机质含量丰富，全氮、全磷和全钾含量偏低。耕层土壤呈酸性，酸化严重。培肥与改良建议：增施有机肥和实行秸秆还田以培肥土壤，改善土壤结构；施用石灰或碱性改良剂，提升耕层土壤pH；大力种植绿肥，实行用地养地相结合，适当施用磷肥和钾肥，平衡土壤养分。

参比土种　红黄泥。

代表性单个土体　位于湖南省长沙市长沙县春华镇金鼎山村青雅组，28°18′15″N，113°15′41″E，海拔49m，低丘岗地中坡，成土母质为第四纪红色黏土，水田。50cm深处土温19.2℃。野外调查时间为2014年12月26日，野外编号43-CS05。

金鼎山系代表性单个土体剖面

Ap1：0～22cm，浊黄橙色（10YR 7/3，干），黄棕色（10YR 5/6，润），多量中、细根系，黏壤土，强发育大、中团粒状结构，多量中、细孔隙，稍坚实，黏着，中塑，有很少量铁锰斑纹、很少量易碎角块铁锰结核分布，向下层平滑渐变过渡。

Ap2：22～29cm，淡黄橙色（10YR 8/4，干），浊黄棕色（10YR 5/4，润），少量细根系，黏壤土，强发育大、中块状结构，很少量孔隙，稍坚实，黏着，中塑，有很少量铁锰斑纹、很少量易碎角块锰结核分布，向下层平滑清晰过渡。

Br1：29～60cm，亮黄棕色（10YR 6/6，干），黄棕色（10YR 5/6，润），很少量极细根系，黏壤土，强发育大、中棱块状结构，少量细孔隙，稍坚实，黏着，中塑，有少量铁锰斑纹、很少量黏粒和少量铁锰胶膜分布，少量易碎角块锰结核，向下层平滑清晰过渡。

Br2：60～82cm，浊黄橙色（10YR 7/3，干），棕色（10YR 4/6，润），砂质黏壤土，中发育大、中棱块状结构，少量中、细孔隙，稍坚实，黏着，中塑，有少量铁锰斑纹、少量黏粒胶膜、少量易碎角块锰结核分布，向下层波状清晰过渡。

Br3：82～130cm，黄橙色（10YR 8/6，干），亮黄棕色（10YR 6/6，润），砂质黏壤土，弱发育中等棱块状结构，少量中、细孔隙，疏松，稍黏着，稍塑，有中量易碎角块铁锰结核分布，向下层平滑清晰过渡。

Br4：130～135cm，黄橙色（10YR 8/6，干），黄橙色（10YR 7/8，润），砂质黏壤土，弱发育中等块状结构，少量细孔隙，稍坚实，黏着，中塑，有多量铁锰斑纹、多量易碎角块铁锰结核分布。

金鼎山系代表性单个土体物理性质

土层	深度/cm	石砾(>2mm，体积分数)/%	细土颗粒组成(粒径：mm)/(g/kg)			质地	容重/(g/cm^3)
			砂粒 2～0.05	粉粒 0.05～0.002	黏粒 <0.002		
Ap1	0～22	0	229	465	306	黏壤土	0.92
Ap2	22～29	1	424	279	297	黏壤土	1.57
Br1	29～60	0	390	272	338	黏壤土	1.61
Br2	60～82	0	668	84	248	砂质黏壤土	1.45
Br3	82～130	0	661	58	281	砂质黏壤土	1.62
Br4	130～135	16	638	99	263	砂质黏壤土	—

金鼎山系代表性单个土体化学性质

深度/cm	pH (H_2O)	有机碳/(g/kg)	全氮(N)/(g/kg)	全磷(P)/(g/kg)	全钾(K)/(g/kg)	全锰/(g/kg)	CEC/(cmol/kg)	交换性盐基总量/(cmol/kg)	游离铁/(g/kg)
0～22	5.8	23.0	0.90	0.40	10.86	0.09	11.3	6.7	20.3
22～29	6.6	10.3	0.48	0.21	10.22	0.12	8.4	5.9	26.9
29～60	6.4	5.6	0.20	0.23	14.79	0.41	9.5	7.2	21.2
60～82	7.1	6.2	0.32	0.19	12.12	0.26	8.8	5.8	18.1
82～130	7.0	5.1	0.30	0.13	13.89	0.17	10.3	6.7	22.7
130～135	7.1	2.7	0.17	0.17	12.85	1.02	8.4	5.7	24.0

4.7.10　乐园系（Leyuan Series）

土　族：黏壤质硅质混合型非酸性热性-普通简育水耕人为土

拟定者：周　清，张　亮，罗　卓，欧阳宁相

乐园系典型景观

分布与环境条件　该土系主要分布于湘北地区洞庭湖平原地带，海拔 20～50m；成土母质为河湖沉积物；土地利用现状为水田，典型种植制度为稻-稻或稻-油；中亚热带湿润季风气候，年均气温 16.0～18.0℃，年均降水量 1300～1400mm。

土系特征与变幅　诊断层包括水耕表层和水耕氧化还原层；诊断特性包括人为滞水土壤水分状况、氧化还原特征、热性土壤温度状况和石灰性。土壤润态色调为 5YR，明度 4～5，彩度 3～4。土体厚度大于 120cm，土体构型为 Ap1-Ap2-Br，剖面土壤质地通体为粉砂质壤土。剖面各发生层 pH（H_2O）介于 8.0～8.1，有机碳含量介于 7.5～11.8g/kg，全锰含量介于 0.77～0.85g/kg，游离铁含量介于 18.0～19.1g/kg。

对比土系　仰溪铺系，属于同一土族，但地形部位为低山丘陵沟谷，成土母质为石灰岩风化物，土壤表层质地为粉砂质黏壤土，土体润态色调为 7.5YR。官山坪系，属于同一土族，但地形部位为低丘底部，成土母质为石灰岩风化物，表层质地为粉砂质黏壤土，30～105cm 具有少量铁锰结核，土体润态色调为 7.5YR。

利用性能综述　该土系土体发育深厚，土体质地好，耕性好。但有机质、磷和钾含量偏低，应增施有机肥和实行秸秆还田以培肥土壤，增施磷肥和钾肥。

参比土种　紫潮沙泥。

代表性单个土体　位于湖南省益阳市沅江市草尾镇乐园村，29°3′26″N，112°21′07″E，海拔 36m，洞庭湖平原地带，成土母质为河湖沉积物，水田。50cm 深处土温 18.8℃。野外调查时间为 2016 年 12 月 28 日，野外编号 43-YIY10。

Ap1：0～18cm，浊棕色（7.5YR 5/4，干），浊红棕色（5YR 4/4，润），多量中、细根系，粉砂质壤土，强发育大、中团粒状结构，多量细粒间孔隙、根孔、气孔和动物穴，疏松，黏着，中塑，有中量铁斑纹分布，少量瓷片侵入，较多蚯蚓、蚂蚁，向下层平滑渐变过渡。

Ap2：18～25cm，浊橙色（7.5YR 7/3，干），浊红棕色（5YR 4/3，润），中量中、细根系，粉砂质壤土，强发育大、中块状结构，多量细粒间孔隙、根孔、气孔，稍坚实，稍黏着，中塑，有中量斑纹、中量胶膜分布，少量田螺壳侵入，少量蚯蚓，向下层平滑渐变过渡。

Br1：25～40cm，浊棕色（7.5YR 6/3，干），浊红棕色（5YR 4/4，润），少量细根系，粉砂质壤土，强发育中等棱块状结构，中量细粒间孔隙、气孔、根孔，疏松，黏着，中塑，有中量斑纹、多量胶膜分布，向下层平滑渐变过渡。

乐园系代表性单个土体剖面

Br2：40～60cm，浊棕色（7.5YR 6/3，干），浊红棕色（5YR 5/4，润），很少量细根系，粉砂质壤土，中发育小块状结构，中量细粒间孔隙、气孔，稍坚实，稍黏着，稍塑，有中量斑纹、多量胶膜、中量锰结核分布，向下层平滑渐变过渡。

Br3：60～88cm，浊棕色（7.5YR 5/3，干），浊红棕色（5YR 5/3，润），粉砂质壤土，中发育中等块状结构，少量细粒间孔隙，稍坚实，稍黏着，稍塑，有中量斑纹、多量胶膜分布，向下层平滑渐变过渡。

Br4：88～120cm，浊棕色（7.5YR 6/3，干），浊红棕色（5YR 4/4，润 ），粉砂质壤土，弱发育小块状结构，中量细粒间孔隙，疏松，稍黏着，稍塑，有多量斑纹、中量胶膜分布。

乐园系代表性单个土体物理性质

土层	深度/cm	石砾(>2mm，体积分数)/%	细土颗粒组成(粒径：mm)/(g/kg)			质地	容重/(g/cm^3)
			砂粒 2～0.05	粉粒 0.05～0.002	黏粒 <0.002		
Ap1	0～18	0	123	661	216	粉砂质壤土	1.50
Ap2	18～25	0	149	603	248	粉砂质壤土	1.53
Br1	25～40	0	120	657	223	粉砂质壤土	1.47
Br2	40～60	0	177	562	261	粉砂质壤土	1.31
Br3	60～88	0	202	584	214	粉砂质壤土	1.58
Br4	88～120	0	175	619	206	粉砂质壤土	1.29

乐园系代表性单个土体化学性质

深度 /cm	pH (H_2O)	有机碳 /(g/kg)	全氮(N) /(g/kg)	全磷(P) /(g/kg)	全钾(K) /(g/kg)	全锰 /(g/kg)	CEC /(cmol/kg)	交换性盐基总量 /(cmol/kg)	游离铁 /(g/kg)
0～18	8.1	11.8	1.28	1.11	22.66	0.85	13.3	6.6	18.0
18～25	8.1	9.4	1.08	1.13	23.60	0.85	13.8	6.5	18.7
25～40	8.1	10.7	1.20	1.20	20.58	0.85	13.9	6.4	19.1
40～60	8.0	11.3	1.77	0.97	24.21	0.82	14.6	7.5	18.6
60～88	8.0	8.9	2.30	0.87	24.70	0.77	12.2	7.1	18.8
88～120	8.1	7.5	0.76	0.70	21.14	0.77	12.8	7.0	19.1

4.7.11 凌茯系（Lingfu Series）

土 族：黏壤质硅质混合型非酸性热性-普通简育水耕人为土

拟定者：张杨珠，周 清，廖超林，盛 浩，翟 橙，欧阳宁相

分布与环境条件 该土系主要分布于湘东地区丘陵岗地地带低阶，海拔 20～80m；成土母质为第四纪红色黏土；土地利用现状为水田，典型种植制度为稻-稻或稻-稻-油；属于中亚热带湿润季风气候，年均气温 16.5～17 ℃，年均降水量 1200～1300mm。

凌茯系典型景观

土系特征与变幅 诊断层包括水耕表层和水耕氧化还原层；诊断特性包括人为滞水土壤水分状况、氧化还原特征和热性土壤温度状况。土壤润态色调为 10YR，明度 4～6，彩度 3～6。土体厚度为 120～130cm，土体构型为 Ap1-Ap2-Br。土壤质地为砂质黏土-黏壤土-砂质黏壤土，酸性。剖面各发生层 pH（H_2O）介于 5.0～6.5，有机碳含量介于 3.0～22.8g/kg，全锰含量介于 0.15～1.87g/kg，游离铁含量介于 20.9～30.0g/kg。

对比土系 官山坪系，属于同一土族，但地形部位为低丘底部，成土母质为石灰岩风化物，表层质地为粉砂质黏壤土，30～105cm 具有少量铁锰结核，土壤润态色调为 7.5YR。春光系，属于同一土族，但地形部位为山麓平原地带，成土母质为板、页岩风化物，表层质地为粉砂质黏土，通体均无岩石碎屑、铁锰结核和侵入体，土体润态色调为 10YR。

利用性能综述 该土系土体发育深厚，耕作层较厚；耕层质地为砂质黏土，通透性较好，耕性好，犁底层坚实，保水保肥能力好。耕层土壤有机质和全钾含量丰富，全磷含量较高，全氮含量偏低。耕层土壤呈酸性，酸化严重。培肥与改良建议：搞好农田基本建设，强化灌溉排水条件；增施有机肥和实行秸秆还田以培肥土壤，改善土壤结构；施用石灰或碱性改良剂，提升耕层土壤 pH；大力种植绿肥，实行用地养地相结合，适当施用磷肥，平衡土壤养分。

参比土种 红黄泥。

代表性单个土体 位于湖南省长沙市望城区格塘镇凌茯村横塘组，28°26′43″N，112°41′44″E，海拔 31m，岗地低阶，成土母质为第四纪红色黏土，水田。50cm 深处土温 19.2℃。野外调查时间为 2015 年 1 月 7 日，野外编号 43-CS06。

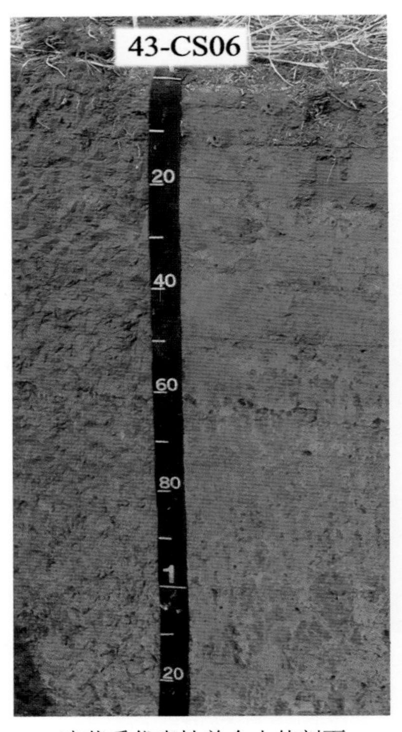

凌茯系代表性单个土体剖面

Ap1：0～12cm，浊黄橙色（10YR 6/3，干），浊黄橙色（10YR 6/3，润），多量中、细根系，砂质黏土，强发育大、中团粒状结构，中量中、细孔隙，疏松，稍黏着，中塑，有少量铁锰斑纹分布，向下层波状渐变过渡。

Ap2：12～18cm，浊黄橙色（10YR 7/3，干），浊黄棕色（10YR 5/4，润），中量中、细根系，黏壤土，强发育大、中块状结构，少量细孔隙，稍坚实，稍黏着，中塑，有少量铁锰斑纹分布，向下层波状渐变过渡。

Br1：18～35cm，浊黄橙色（10YR 7/3，干），棕色（10YR 4/6，润），很少量极细根系，砂质黏壤土，强发育大、中棱块状结构，少量细孔隙，稍坚实，稍黏着，中塑，有多量铁锰斑纹、少量铁锰胶膜、中量直径 2～6mm 的锰结核分布，向下层平滑渐变过渡。

Br2：35～49 cm，浊黄橙色（10YR 7/3，干），棕色（10YR 4/4，润），砂质黏壤土，中发育大、中棱块状结构，少量细孔隙，稍坚实，稍黏着，稍塑，有多量铁锰斑纹、少量铁锰胶膜、中量锰结核分布，向下层平滑渐变过渡。

Br3：49～64cm，浊黄橙色（10YR 7/4，干），棕色（10YR 4/6，润），黏壤土，弱发育大、中棱块状结构，少量中、细孔隙，疏松，稍黏着，稍塑，有多量铁锰斑纹、中量锰结核分布，向下层平滑清晰过渡。

Br4：64～100cm，浊黄橙色（10YR 7/4，干），亮黄棕色（10YR 6/6，润），砂质黏壤土，弱发育小块状结构，少量中、细孔隙，疏松，稍黏着，稍塑，有多量铁锰斑纹、少量铁锰胶膜、中量锰结核分布，向下平滑渐变过渡。

Br5：100～130cm，浊黄橙色（10YR 7/3，干），亮黄棕色（10YR 6/6，润），砂质黏壤土，弱发育小块状结构，少量中、细孔隙，疏松，稍黏着，稍塑，有多量铁锰斑纹、中量铁锰胶膜、多量锰结核分布。

凌茯系代表性单个土体物理性质

土层	深度 /cm	石砾 (>2mm，体积分数)/%	细土颗粒组成(粒径：mm)/(g/kg)			质地	容重 /(g/cm^3)
			砂粒 2～0.05	粉粒 0.05～0.002	黏粒 <0.002		
Ap1	0～12	0	551	87	362	砂质黏土	1.00
Ap2	12～18	0	233	421	346	黏壤土	1.38
Br1	18～35	0	662	24	314	砂质黏壤土	1.59
Br2	35～49	0	690	17	293	砂质黏壤土	1.57
Br3	49～64	0	256	453	291	黏壤土	1.50
Br4	64～100	0	673	15	312	砂质黏壤土	1.41
Br5	100～130	0	665	17	318	砂质黏壤土	1.36

凌茯系代表性单个土体化学性质

深度/cm	pH (H_2O)	有机碳/(g/kg)	全氮(N)/(g/kg)	全磷(P)/(g/kg)	全钾(K)/(g/kg)	全锰/(g/kg)	CEC/(cmol/kg)	交换性盐基总量/(cmol/kg)	游离铁/(g/kg)
0～12	5.0	22.8	0.76	0.52	21.43	0.15	13.2	4.1	20.9
12～18	5.2	16.8	1.32	0.38	22.38	0.26	12.5	4.5	27.7
18～35	6.1	7.2	0.49	0.24	21.60	1.01	11.2	6.7	24.4
35～49	6.0	5.8	0.46	0.20	21.39	1.31	12.2	7.7	23.3
49～64	6.5	3.0	0.54	0.21	21.16	1.87	11.8	7.7	27.2
64～100	6.4	3.0	0.26	0.25	27.54	0.57	17.2	9.7	26.6
100～130	6.3	3.0	0.27	0.23	27.71	1.19	14.7	7.7	30.0

4.7.12　三联系（Sanlian Series）

土　族：黏壤质硅质混合型非酸性热性-普通简育水耕人为土

拟定者：张杨珠，周　清，盛　浩，廖超林，张　亮，欧阳宁相

三联系典型景观

分布与环境条件　该土系主要分布于湘中地区低丘地带高阶地部位，海拔 20～50m；成土母质为河流沉积物；土地利用现状为水田，典型种植制度为稻-稻或单季稻；中亚热带湿润季风气候，年均气温 17.3～18.5℃，年均降水量 1500～1600 mm。

土系特征与变幅　诊断层包括水耕表层和水耕氧化还原层；诊断特性包括人为滞水土壤水分状况、氧化还原特征和热性土壤温度状况。土壤润态色调为 10YR，明度 3～4，彩度 4。有氧化还原特征和发育明显的棱柱状或块状结构，水耕氧化还原层紧接水耕表层下部，厚度≥20cm。在结构体表面和管道存在黏粒胶膜、黏粒-铁锰胶膜和锰斑纹，甚至出现少量铁锰结核。土体厚度大于 130cm，土体构型为 Ap1-Ap2-Br。剖面各发生层 pH（H_2O）介于 6.7～7.2，有机碳含量介于 6.2～23.8g/kg，全锰含量介于 0.45～1.12g/kg，游离铁含量介于 17.6～21.5g/kg。

对比土系　枫树桥系，属于同一土族，但成土母质为第四纪红色黏土，地形部位为丘岗坡地下部，表层质地为黏壤土，0～33cm 内有少、中量铁锰结核，33～53cm 内有少量瓦片等侵入体，土体润态色调为 10YR。

利用性能综述　该土系土体深厚，质地较好，耕性好。有机质含量丰富，含氮量丰富，磷和钾含量偏低。下层通透性差，上层通透性较差。培肥与改良建议：水旱轮作，改善土壤通透性能，减少氮肥的投入，增施磷肥和钾肥。

参比土种　河潮泥。

代表性单个土体　位于湖南省湘潭市湘潭县河口镇三联村，27°47′13.2″N，112°53′52.8″E，海拔 26m，成土母质为河流沉积物，水田。50cm 深处土温 19.5℃。野外调查时间为 2016 年 1 月 5 日，野外编号 43-XT10。

Ap1：0～15cm，浊黄色（2.5Y 6/3，干），棕色（10YR 4/4，润），多量中、细根系，粉砂质壤土，强发育大、中团粒状结构，多量中、细孔隙，稍坚实，稍黏着，中塑，有少量铁斑纹、少量黏粒胶膜分布，向下层平滑渐变过渡。

Ap2：15～25cm，浊黄色（2.5Y 6/4，干），棕色（10YR 4/4，润），中量中、细根系，粉砂质壤土，强发育大、中块状结构，少量细孔隙，稍坚实，稍黏着，中塑，有中量锰斑纹、中量黏粒胶膜分布，向下层平滑渐变过渡。

Br1：25～35cm，浊黄色（2.5Y 6/4，干），棕色（10YR 4/4，润），中量中、细根系，粉砂质壤土，强发育大、中块状结构，少量细孔隙，稍坚实，稍黏着，中塑，有中量锰斑纹、中量黏粒胶膜分布，向下层平滑渐变过渡。

三联系代表性单个土体剖面

Br2：35～52cm，淡黄色（2.5Y 7/4，干），暗棕色（10YR 3/4，润），少量中根系，粉砂质壤土，强发育大、中棱柱状结构，少量细孔隙，很坚实，稍黏着，中塑，有多量铁锰斑纹、中量黏粒-铁锰胶膜、少量铁锰结核分布，向下层平滑渐变过渡。

Br3：52～85cm，淡黄色（2.5Y 7/3，干），棕色（10YR 4/4，润），粉砂质壤土，中发育中、小棱柱状结构，中量细孔隙，很坚实，稍黏着，稍塑，有中量锰斑纹、中量黏粒-铁锰胶膜分布，向下层平滑渐变过渡。

Br4：85～130cm，淡黄色（2.5Y 7/4，干），暗棕色（10YR 3/4，润），壤土，弱发育中、小棱柱状结构，少量细孔隙，很坚实，稍黏着，中塑，有中量锰斑纹、中量黏粒-铁锰胶膜分布。

三联系代表性单个土体物理性质

土层	深度/cm	石砾(>2mm，体积分数)/%	细土颗粒组成(粒径：mm)/(g/kg)			质地	容重/(g/cm^3)
			砂粒 2～0.05	粉粒 0.05～0.002	黏粒 <0.002		
Ap1	0～15	0	228	545	227	粉砂质壤土	1.21
Ap2	15～25	0	214	554	232	粉砂质壤土	1.33
Br1	25～35	0	159	591	250	粉砂质壤土	1.54
Br2	35～52	0	246	541	213	粉砂质壤土	1.16
Br3	52～85	0	190	588	222	粉砂质壤土	1.58
Br4	85～130	0	324	450	226	壤土	1.52

三联系代表性单个土体化学性质

深度 /cm	pH (H_2O)	有机碳 /(g/kg)	全氮(N) /(g/kg)	全磷(P) /(g/kg)	全钾(K) /(g/kg)	全锰 /(g/kg)	CEC /(cmol/kg)	交换性盐基总量 /(cmol/kg)	游离铁 /(g/kg)
0～15	6.7	20.2	1.57	0.68	21.78	0.66	16.3	14.2	20.1
15～25	6.8	19.2	1.49	0.67	21.91	0.69	16.2	14.2	20.1
25～35	7.1	14.9	1.16	0.62	22.44	0.77	16.0	14.3	20.3
35～52	6.9	23.8	1.89	0.65	21.02	0.45	17.6	12.7	17.6
52～85	6.8	7.7	0.76	0.53	23.50	0.93	18.2	14.8	21.1
85～130	7.2	6.2	0.69	0.56	23.40	1.12	15.9	9.2	21.5

4.7.13　沙河八系（Shaheba Series）

土　族：黏壤质硅质混合型非酸性热性-普通简育水耕人为土

拟定者：张杨珠，周　清，张　亮，满海燕，欧阳宁相

分布与环境条件　该土系主要分布于湘中衡邵丘陵区冲垄地带，海拔 200～300m；成土母质为石灰岩风化物；土地利用状况为水田，种植制度为烟-稻、稻-稻或稻-油；属中亚热带湿润季风气候，年均气温 16.0～17.5℃，年均降水量 1250～1450mm。

沙河八系典型景观

土系特征与变幅　诊断层包括水耕表层和水耕氧化还原层；诊断特性包括人为滞水土壤水分状况、氧化还原特性和热性土壤温度状况。土壤润态色调为 7.5YR，明度 4～5，彩度 3～4。土体厚度大于 100cm，土体构型为 Ap1-Ap2-Br，水耕表层厚 26cm，整个土层常见褐色铁锰斑纹。耕作层以下出现黏粒-铁锰氧化物胶膜。细土质地为粉砂质黏壤土-粉砂质壤土。剖面各发生层 pH（H_2O）介于 6.2～6.7，有机碳含量介于 3.6～15.6g/kg，全锰含量介于 0.16～1.72g/kg，游离铁含量介于 17.4～28.0g/kg。

对比土系　上波系，属于同一土族，地形部位相似，但母质为紫色砂、页岩风化物，表层质地为黏壤土，15～58cm 内有少量瓦片等侵入体，土体润态色调为 2.5YR。许胜系，属于同一土族，但地形部位为低丘下部，成土母质为第四纪红色黏土，表层质地为壤土，100～140cm 内有中量铁锰结核，土体润态色调为 10YR。

利用性能综述　该土系耕作层深厚，土壤有机质、氮、磷含量中等，钾缺乏。改良与培肥措施：多施用有机肥，提高土壤肥力；平衡施肥，重施钾肥，协调土壤养分供应。

参比土种　灰黄泥。

代表性单个土体　位于湖南省邵阳市邵阳县白仓镇沙河村八组，26°53′30.2″N，111°16′17.2″E，海拔 259m，丘陵低丘沟谷地，成土母质为石灰岩风化物，水田。50cm 深处土温 19.1℃。野外调查时间为 2016 年 12 月 1 日，野外编号 43-SY13。

沙河八系代表性单个土体剖面

Ap1：0～18cm，浊黄橙色（10YR 7/3，干），棕色（7.5YR 4/3，润）；多量中、细根系，粉砂质黏壤土，强发育大、中团粒状结构，多量中、细孔隙，疏松，黏着，中塑，有多量直径 6～20mm 的铁斑纹分布，对比明显，有少量蚂蚁，向下层平滑渐变过渡。

Ap2：18～26cm，浊黄橙色（10YR 7/4，干），浊棕色（7.5YR 5/4，润），中量极细根系，粉砂质黏壤土，强发育大、中块状结构，少量细孔隙，稍坚实，黏着，中塑，有多量直径 6～20mm 的铁斑纹分布，对比明显，有多量黏粒-铁锰氧化物胶膜分布，少量蚂蚁，向下层平滑渐变过渡。

Br1：26～40cm，淡黄橙色（10YR 8/4，干），浊棕色（7.5YR 5/4，润），中量极细根系，粉砂质黏壤土，强发育大、中块状结构，少量细孔隙，稍坚实，黏着，强塑，有多量小的铁锰斑纹分布，对比明显，有少量黏粒-铁锰氧化物胶膜分布，向下层平滑渐变过渡。

Br2：40～55cm，亮黄棕色（10YR 7/6，干），浊棕色（7.5YR 5/4，润），很少量极细根系，粉砂质黏壤土，强发育大、中块状结构，少量细孔隙，坚实，黏着，强塑，有少量小的铁锰斑纹分布，对比明显，有少量黏粒-铁锰氧化物胶膜分布，向下层平滑清晰过渡。

Br3：55～80cm，亮黄棕色（10YR 7/6，干），浊棕色（7.5YR 5/4，润），粉砂质壤土，弱发育大、中块状结构，少量细孔隙，少量中等石灰岩碎屑，坚实，黏着，中塑，有中、多量小的锰斑纹分布，对比明显，有多量铁锰氧化物胶膜分布，有少量瓦片、砖头，向下层平滑渐变过渡。

Br4：80～130cm，浊黄橙色（10YR 7/3，干），浊棕色（7.5YR 5/3，润），粉砂质黏壤土，弱发育中、小块状结构，少量细孔隙，少量中等石灰岩碎屑，坚实，黏着，稍塑，有少量小的锰斑纹分布，对比模糊，有多量铁锰氧化物胶膜分布，有少量瓦片、砖头。

沙河八系代表性单个土体物理性质

土层	深度/cm	石砾(>2mm，体积分数)/%	细土颗粒组成(粒径：mm)/(g/kg)			质地	容重/(g/cm^3)
			砂粒 2～0.05	粉粒 0.05～0.002	黏粒 <0.002		
Ap1	0～18	0	30	606	364	粉砂质黏壤土	1.43
Ap2	18～26	0	32	657	311	粉砂质黏壤土	1.46
Br1	26～40	0	129	538	333	粉砂质黏壤土	1.68
Br2	40～55	0	140	568	292	粉砂质黏壤土	1.72
Br3	55～80	2	23	740	237	粉砂质壤土	1.69
Br4	80～130	3	167	544	279	粉砂质黏壤土	1.65

沙河八系代表性单个土体化学性质

深度 /cm	pH (H_2O)	有机碳 /(g/kg)	全氮(N) /(g/kg)	全磷(P) /(g/kg)	全钾(K) /(g/kg)	全锰 /(g/kg)	CEC /(cmol/kg)	交换性盐基总量 /(cmol/kg)	游离铁 /(g/kg)
0～18	6.2	15.6	1.52	0.64	13.94	0.16	10.4	2.6	18.9
18～26	6.3	11.3	1.41	0.52	12.75	0.27	9.9	5.2	23.9
26～40	6.4	8.8	1.12	0.44	12.12	0.35	10.1	5.5	25.5
40～55	6.4	5.6	0.78	0.39	12.74	1.08	8.8	5.9	28.0
55～80	6.6	3.6	0.52	0.34	11.51	1.72	8.9	6.0	20.6
80～130	6.7	4.9	0.60	0.35	10.92	1.31	9.8	6.6	17.4

4.7.14　上波系（Shangbo Series）

土　族：黏壤质硅质混合型非酸性热性-普通简育水耕人为土

拟定者：张杨珠，袁　红，张　亮，满海燕，欧阳宁相

上波系典型景观

分布与环境条件　该土系主要分布于祁山余脉的两山地之间的丘陵、岗地，地势低平，海拔100～150m；成土母质为紫色砂、页岩风化物；土地利用状况为水田，典型种植制度为单季稻；中亚热带湿润季风气候，年均气温18.0～20.0℃，年均降水量1300～1400mm。

土系特征与变幅　诊断层包括水耕表层和水耕氧化还原层；诊断特性包括人为滞水土壤水分状况、氧化还原特性和热性土壤温度状况。土壤润态色调为2.5YR，明度3～4，彩度3～6。土体深厚，厚度大于100cm，土体构型为Ap1-Ap2-Br，水耕表层厚为25cm。水耕氧化还原层常见褐色铁锰斑纹和黏粒-铁锰氧化物胶膜。细土质地为黏壤土-粉砂质壤土；呈中性-弱碱性。剖面各发生层pH（H_2O）介于6.9～7.5，有机碳含量介于2.3～26.7g/kg，全锰含量介于0.18～0.97g/kg，游离铁含量介于13.0～16.4g/kg。

对比土系　沙河八系，属于同一土族，地形部位相似，成土母质为石灰岩风化物，表层质地为粉砂质黏壤土，55～130cm内有少量岩石碎屑，土体润态色调为7.5YR。许胜系，属于同一土族，但地形部位为低丘坡地中部，成土母质为第四纪红色黏土，表层质地为壤土，100～140cm内有中量铁锰结核，土体润态色调为10YR。

利用性能综述　该土系土壤质地适中，耕性好，宜种性广，有机质、钾素含量高，磷素稍缺。改良利用措施：修建和完善农田基本设施，修建灌渠排沟，实行排灌分家，科学管理，防止水土流失；增施有机肥料，推广秸秆回田、水旱轮作等，提高土壤有机质含量，改善土壤结构，培肥土壤，提高地力；测土平衡施肥，协调养分供应。

参比土种　中性紫泥。

代表性单个土体　位于湖南省衡阳市祁东县洪桥镇上波村冲垅山组，26°44′42.1″N，112°8′12.7″E，海拔117 m，低丘下部，成土母质为紫色砂、页岩风化物，水田。50cm深处土温19.7℃。野外调查时间为2017年1月9日，野外编号43-HY09。

Ap1：0～15cm，亮红棕色（5YR 5/8，干），浊红棕色（2.5YR 4/3，润），多量中、细根系，黏壤土，强发育大、中团粒状结构，多量中、细孔隙，稍坚实，黏着，强塑，有多量铁锰斑纹分布，向下层平滑渐变过渡。

Ap2：15～25cm，亮红棕色（5YR 5/8，干），暗棕色（2.5YR 3/4，润），中量细根系，粉砂质壤土，强发育大、中棱块状结构，少量细孔隙，稍坚实，黏着，中塑，有中量中等铁锰斑纹分布，对比模糊，有中量黏粒-铁锰氧化物胶膜分布，少量瓦片，向下层平滑渐变过渡。

Br1：25～58cm，亮红棕色（5YR 5/8，干），暗棕色（2.5YR 3/4，润），中量细根系，粉砂质壤土，强发育大、中棱块状结构，少量中、细孔隙，稍坚实，黏着，强塑，有中量中等铁锰斑纹分布，对比模糊，有中量黏粒-铁锰氧化物胶膜分布，少量瓦片，向下层平滑渐变过渡。

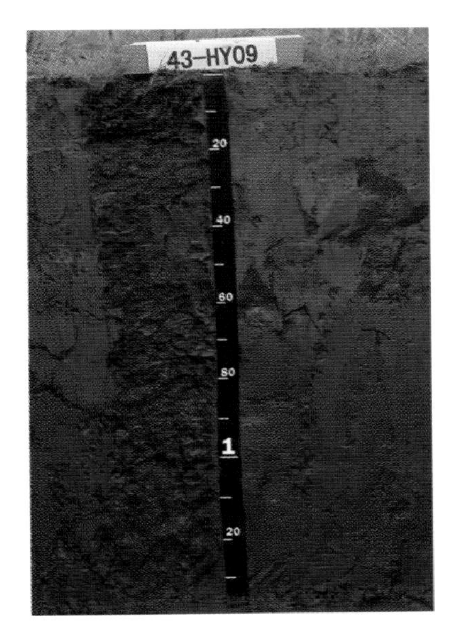

上波系代表性单个土体剖面

Br2：58～100cm，浊橙色（5YR 6/4，干），红棕色（2.5YR 4/6，润），粉砂质壤土，中发育中等棱块状结构，少量细孔隙，稍坚实，黏着，中塑，有中量中等铁锰斑纹分布，对比模糊，有多量黏粒-铁锰氧化物胶膜分布，向下层平滑渐变过渡。

Br3：100～140cm，浊橙色（5YR 5/8，干），红棕色（2.5YR 4/6，润），粉砂质壤土，弱发育大、中棱块状结构，很少量细孔隙，坚实，黏着，中塑，有少量小的铁锰斑纹分布，对比模糊，有多量黏粒-铁锰氧化物胶膜分布。

上波系代表性单个土体物理性质

土层	深度 /cm	石砾 (>2mm，体积分数)/%	细土颗粒组成(粒径：mm)/(g/kg)			质地	容重 /(g/cm³)
			砂粒 2～0.05	粉粒 0.05～0.002	黏粒 <0.002		
Ap1	0～15	0	210	484	306	黏壤土	0.91
Ap2	15～25	0	198	533	269	粉砂质壤土	1.30
Br1	25～58	0	192	554	254	粉砂质壤土	1.48
Br2	58～100	0	183	623	194	粉砂质壤土	1.62
Br3	100～140	0	174	607	219	粉砂质壤土	1.73

上波系代表性单个土体化学性质

深度 /cm	pH (H_2O)	有机碳 /(g/kg)	全氮(N) /(g/kg)	全磷(P) /(g/kg)	全钾(K) /(g/kg)	全锰 /(g/kg)	CEC /(cmol/kg)	交换性盐基总量 /(cmol/kg)	游离铁 /(g/kg)
0～15	6.9	26.7	2.44	0.35	23.76	0.18	20.1	10.0	13.6
15～25	7.0	15.7	1.48	0.27	24.39	0.24	16.3	10.2	13.2
25～58	7.0	10.9	1.08	0.24	24.66	0.27	14.6	10.3	13.0
58～100	7.4	5.3	0.72	0.25	23.68	0.25	15.3	9.3	14.8
100～140	7.5	2.3	0.45	0.16	23.58	0.97	13.6	8.3	16.4

4.7.15　许胜系（Xusheng Series）

土　族：黏壤质硅质混合型非酸性热性-普通简育水耕人为土

拟定者：周　清，盛　浩，彭　涛，欧阳宁相

许胜系典型景观

分布与环境条件　该土系主要分布于湘东地区低丘坡地中下部，海拔 100～130m；成土母质为第四纪红色黏土；土地利用现状为水田，典型种植制度为稻-稻或稻-稻-油；属于中亚热带湿润季风气候，年均气温 16～19℃，年均降水量 1300～1500mm。

土系特征与变幅　诊断层包括水耕表层和水耕氧化还原层；诊断特性包括人为滞水土壤水分状况、氧化还原特征和热性土壤温度状况。土体润态色调为 10YR，明度 4～5，彩度 4～8。土体厚度≥140cm，土体构型为 Ap1-Ap2-Br，水耕表层厚度≥18cm，排水落干后有锈纹锈斑。Br1、Br2、Br3、Br4 层厚度均≥20cm，具有黏粒-铁锰胶膜、铁锰斑纹，棱块状结构。剖面各发生层 pH（H_2O）介于 5.8～6.7，有机碳含量介于 3.8～20.9g/kg，全锰含量介于 0.23～1.86g/kg，游离铁含量介于 21.3～29.8g/kg。

对比土系　沙河八系，属于同一土族，但地形部位为丘陵低丘沟谷地，成土母质为石灰岩风化物，表层质地为粉砂质黏壤土，55～130cm 内有少量岩石碎屑，土体润态色调为 7.5YR。上波系，属于同一土族，但地形部位为低丘坡地下部，成土母质为紫色砂、页岩风化物，表层质地为黏壤土，15～58cm 内有少量瓦片等侵入体，土体润态色调为 2.5YR。

利用性能综述　该土系土体发育较深厚，但耕作层浅薄，耕作层结构良好、疏松易耕，耕层质地较轻，犁底层以下呈黏壤土，坚实，通透性较差。应注重深耕深翻、加深耕层或种植根系生长力强的作物品种。土壤呈酸性反应，酸化较严重，有必要因地制宜施用石灰或碱性物质，提升耕层 pH。有机质、全氮含量丰富，磷、钾素匮乏，有必要增施磷、钾肥。

参比土种　红黄泥。

代表性单个土体　位于湖南省岳阳市岳阳县城关镇许胜村五组，29°5′30″N，113°34′14″E，海拔 112m，低丘坡地中部，成土母质为第四纪红色黏土，水田。50cm 深处土温 18.5℃。野外调查时间为 2016 年 3 月 5 日，野外编号 43-YY19。

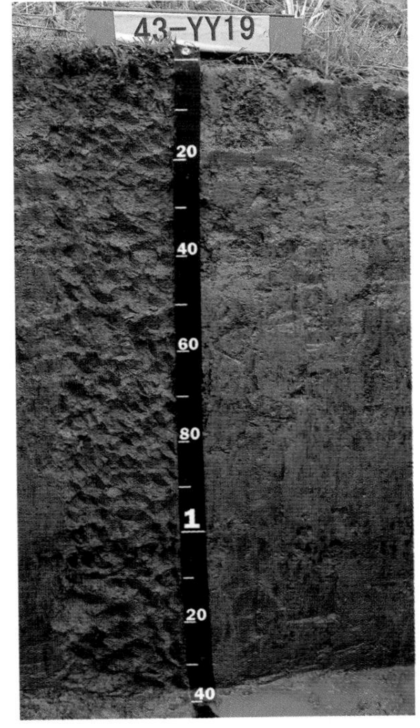

许胜系代表性单个土体剖面

Ap1：0～10cm，浊黄棕色（10YR 5/4，干），棕色（10YR 4/4，润），多量中、细根系，壤土，强发育大、中团粒状结构，多量中、细孔隙，疏松，稍黏着，中塑，有多量铁斑纹分布，有蚯蚓，向下层平滑渐变过渡。

Ap2：10～18cm，亮黄棕色（10YR 6/6，干），棕色（10YR 4/4，润），中量细根系，黏壤土，强发育大、中块状结构，少量细孔隙，坚实，黏着，强塑，有很少量铁斑纹分布，有蚯蚓，向下层平滑清晰过渡。

Br1：18～38cm，浊黄橙色（10YR 7/4，干），黄棕色（10YR 5/6，润），少量极细根系，黏壤土，强发育大、中棱块状结构，少量细孔隙，坚实，黏着，强塑，有少量铁斑纹、少量黏粒-铁锰胶膜分布，向下层平滑渐变过渡。

Br2：38～75cm，亮黄棕色（10YR 6/8，干），黄棕色（10YR 5/7，润），黏壤土，强发育大、中棱块状结构，少量细孔隙，坚实，黏着，强塑，有中量锰斑纹、少量黏粒-铁锰胶膜分布，向下层平滑清晰过渡。

Br3：75～100cm，亮黄棕色（10YR 7/6，干），黄棕色（10YR 5/8，润），黏壤土，中发育大、中块状结构，少量细孔隙，坚实，黏着，强塑，有中量锰斑纹、中量黏粒-铁锰胶膜分布，向下层平滑清晰过渡。

Br4：100～140cm，亮黄棕色（10YR 6/6，干），黄棕色（10YR 5/8，润），黏壤土，中发育中块状结构，少量细孔隙，坚实，黏着，强塑，有中量锰斑纹、多量黏粒-铁锰胶膜、中量铁锰结核分布。

许胜系代表性单个土体物理性质

土层	深度/cm	石砾(>2mm，体积分数)/%	细土颗粒组成(粒径：mm)/(g/kg)			质地	容重/(g/cm^3)
			砂粒 2～0.05	粉粒 0.05～0.002	黏粒 <0.002		
Ap1	0～10	0	237	502	261	壤土	1.13
Ap2	10～18	0	297	440	263	黏壤土	1.17
Br1	18～38	0	319	397	284	黏壤土	1.49
Br2	38～75	0	258	446	296	黏壤土	1.45
Br3	75～100	0	227	483	290	黏壤土	1.56
Br4	100～140	0	228	471	301	黏壤土	1.46

许胜系代表性单个土体化学性质

深度/cm	pH(H_2O)	有机碳/(g/kg)	全氮(N)/(g/kg)	全磷(P)/(g/kg)	全钾(K)/(g/kg)	全锰/(g/kg)	CEC/(cmol/kg)	交换性盐基总量/(cmol/kg)	游离铁/(g/kg)
0～10	5.8	20.9	1.86	0.82	13.01	0.24	13.8	7.0	21.3
10～18	5.9	17.8	1.74	0.81	13.05	0.23	13.5	6.8	21.9
18～38	6.3	7.4	0.81	0.54	12.87	0.51	13.7	6.6	29.8
38～75	6.5	5.1	0.51	0.44	12.79	0.89	14.4	6.6	22.7
75～100	6.7	5.3	0.58	0.40	12.76	0.56	13.2	7.1	25.2
100～140	6.6	3.8	0.43	0.41	12.86	1.86	15.7	7.4	29.5

4.7.16　仰溪铺系（Yangxipu Series）

土　族：黏壤质硅质混合型非酸性热性-普通简育水耕人为土

拟定者：张杨珠，周　清，张　亮，翟　橙，欧阳宁相

仰溪铺系典型景观

分布与环境条件　该土系主要分布于湘西地区低山丘陵下部和沟谷地带，地势起伏交错，以低丘为主，海拔 100～150m；成土母质为石灰岩风化物；土地利用现状为水田，典型种植制度为稻-油或单季稻；属中亚热带湿润季风气候，年均气温 15.8～17.8℃，年均降水量 1400～1500mm。

土系特征与变幅　诊断层包括水耕表层和水耕氧化还原层；诊断特性包括人为滞水土壤水分状况、氧化还原特征和热性土壤温度状况。土体润态色调为 7.5YR，明度 3～4，彩度 2～3。土体厚度在 92cm 以上，细土质地为粉砂质黏壤土-粉砂质壤土，稍坚实，质地黏重。土体构型为 Ap1-Ap2-Br。剖面各发生层 pH（H_2O）介于 6.6～7.9，有机碳含量介于 12.4～22.7g/kg，全锰含量介于 0.16～0.47g/kg，游离铁含量介于 11.2～16.4g/kg。

对比土系　沙河八系，属于同一土族，成土母质相同，但地形部位为丘陵区冲垄地带，表层质地为粉砂质黏壤土，55～130cm 内有少量岩石碎屑，土体润态色调为 7.5YR。许胜系，属于同一土族，但地形部位为低丘坡地中部，成土母质为第四纪红色黏土，表层质地为壤土，100～140cm 内有中量铁锰结核，土体润态色调为 10YR。

利用性能综述　该土系土壤质地较黏，通透性差，土壤呈中性，早稻易发生浮土僵苗、早衰，晚稻易受返盐危害。种植制度为稻-油。改良利用上应减少磷肥，增施钾肥，改善土壤物理性状，提高土壤肥力。此外，提倡水旱轮作，冬季翻耕晒垡，燥耕水耥，防止沉苗发僵。

参比土种　灰黄泥。

代表性单个土体　位于湖南省怀化市沅陵县麻溪铺镇仰溪铺村，28°20′47″N，110°23′3″E，海拔 134m，丘陵冲垅下部，成土母质为石灰岩风化物，水田。50cm 深处土温 18.9℃。野外调查时间为 2017 年 1 月 16 日，野外编号 43-HH11。

仰溪铺系代表性单个土体剖面

Ap1：0～12cm，灰黄棕色（10YR 6/2，干），暗棕色（7.5YR 3/3，润），多量中、细根系，粉砂质黏壤土，强发育大、中团粒状结构，多量直径<0.5mm 的根孔、气孔、粒间孔隙和动物穴，疏松，稍黏着，中塑，有多量铁锰斑纹分布，少量蚯蚓，向下层平滑渐变过渡。

Ap2：12～22cm，浊黄橙色（10YR 7/2，干），棕色（7.5YR 4/3，润），中量细根系，粉砂质黏壤土，强发育大、中块状结构，中量细根孔、气孔、粒间孔隙，疏松，稍黏着，中塑，有中量铁锰斑纹、少量铁锰-黏粒胶膜分布，向下层平滑清晰过渡。

Br1：22～44cm，浊黄橙色（10YR 7/2，干），棕色（7.5YR 4/3，润），中量细根系，粉砂质壤土，强发育大、中棱块状结构，中量细根孔、气孔、粒间孔隙，疏松，稍黏着，中塑，有中量铁锰斑纹、少量铁锰-黏粒胶膜分布，向下层平滑清晰过渡。

Br2：44～70cm，灰黄棕色（10YR 6/2，干），灰棕色（7.5YR 4/2，润），粉砂质壤土，中发育中等块状结构，中量直径 0.5～2mm 的气孔、粒间孔隙，稍坚实，稍黏着，中塑，有少量铁锰斑纹、少量黏粒-铁锰胶膜分布，向下层平滑渐变过渡。

Br3：70～92cm，浊黄橙色（10YR 6/3，干），灰棕色（7.5YR 4/2，润），粉砂质壤土，弱发育中、小块状结构，中量细粒间孔隙，稍坚实，稍黏着，稍塑，有中量铁锰斑纹、少量黏粒-铁锰胶膜分布，向下层平滑清晰过渡。

仰溪铺系代表性单个土体物理性质

土层	深度/cm	石砾(>2mm，体积分数)/%	细土颗粒组成(粒径：mm)/(g/kg)			质地	容重/(g/cm³)
			砂粒 2～0.05	粉粒 0.05～0.002	黏粒 <0.002		
Ap1	0～12	0	79	619	302	粉砂质黏壤土	1.11
Ap2	12～22	0	118	605	277	粉砂质黏壤土	1.22
Br1	22～44	0	157	591	252	粉砂质壤土	1.33
Br2	44～70	0	120	638	242	粉砂质壤土	1.42
Br3	70～92	0	152	598	250	粉砂质壤土	1.43

仰溪铺系代表性单个土体化学性质

深度/cm	pH(H_2O)	有机碳/(g/kg)	全氮(N)/(g/kg)	全磷(P)/(g/kg)	全钾(K)/(g/kg)	全锰/(g/kg)	CEC/(cmol/kg)	交换性盐基总量/(cmol/kg)	游离铁/(g/kg)
0～12	6.6	22.7	2.37	0.47	25.88	0.16	15.6	7.2	11.2
12～22	7.3	17.5	1.88	0.45	24.04	0.32	13.0	7.2	13.8
22～44	7.3	12.4	1.39	0.42	22.21	0.47	10.4	7.1	16.4
44～70	7.9	12.9	1.40	0.33	25.78	0.38	13.0	9.2	13.1
70～92	7.5	12.4	1.16	0.32	22.20	0.39	11.8	8.4	13.9

4.7.17　马战系（Mazhan Series）

土　族：黏壤质混合型非酸性热性-普通简育水耕人为土

拟定者：张杨珠，周　清，盛　浩，廖超林，欧阳宁相

马战系典型景观

分布与环境条件　该土系主要分布于湘中地区长沙、浏阳、平江丘陵低山湖缘地带，海拔30～80m；成土母质为第四纪红色黏土；土地利用现状为水田，典型种植制度为稻-稻或稻-稻-油；属中亚热带湿润季风气候，年均气温16.5～17.4℃，年均降水量1400～1500mm。

土系特征与变幅　诊断层包括水耕表层和水耕氧化还原层；诊断特性包括人为滞水土壤水分状况、氧化还原特征和热性土壤温度状况。土体润态色调为2.5Y，明度5～7，彩度4～6。土体厚度≥130cm，土体构型为Ap1-Ap2-Br，Br层厚度≥20cm，具有黏粒胶膜、铁锰斑纹，棱块状结构。土体自上而下疏松-稍坚实-坚实。通体具有数量不等的黏粒胶膜和铁锰斑纹，表层以下具有黏粒胶膜。剖面各发生层pH（H_2O）介于5.6～7.0，有机碳含量介于1.8～13.9g/kg，全锰含量介于0.25～0.66g/kg，游离铁含量介于13.4～31.3g/kg。

对比土系　仰溪铺系，属于同一亚类，但地形部位为低山丘陵沟谷，成土母质为石灰岩风化物，表层质地为粉砂质黏壤土，土体润态色调为7.5YR。许胜系，属于同一亚类，成土母质相同，但地形部位为低丘坡地中部，表层质地为壤土，100～140cm内有中量铁锰结核，土体润态色调为10YR。

利用性能综述　该土系土体发育较深厚，耕作层较深厚，表层质地为壤土，质地良好，耕性好。耕层土壤有机质、全氮含量较丰富，全磷和全钾含量较高。耕层土壤呈酸性。培肥与改良建议：搞好农田基本建设，强化排水条件；增施有机肥和实行秸秆还田以培肥土壤，改善土壤结构；大力种植绿肥，实行用地养地相结合；施用石灰或碱性改良剂，改善耕层土壤pH；适当增施磷肥和钾肥，平衡土壤养分。

参比土种　红黄泥。

代表性单个土体　位于湖南省长沙市浏阳市北盛镇马战村先进组，28°14′54″N，113°25′11″E，海拔55m，丘陵低丘阶地带，水田。50cm深处土温19.2℃。野外调查时间为2015年1月19日，野外编号43-CS12。

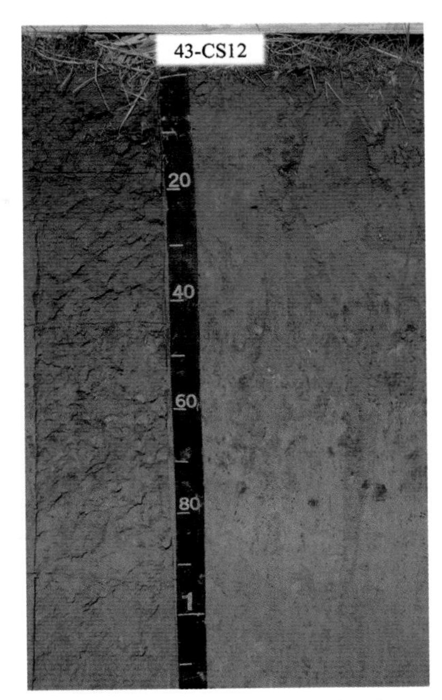

马战系代表性单个土体剖面

Ap1：0～18cm，淡黄色（2.5Y 7/4，干），黄棕色（2.5Y 5/4，润），多量中、细根系，壤土，强发育大、中团粒状结构，多量中、细孔隙，疏松，稍黏着，中塑，有中量铁斑纹分布，向下层平滑清晰过渡。

Ap2：18～26cm，淡黄色（2.5Y 7/4，干），黄棕色（2.5Y 5/6，润），中量中、细根系，壤土，强发育大、中块状结构，少量细孔隙，稍坚实，稍黏着，中塑，有少量铁斑纹分布，向下层波状清晰过渡。

Br1：26～43cm，淡黄色（2.5Y 7/4，干），黄棕色（2.5Y 5/6，润），很少量细根系，黏壤土，强发育大、中棱块状结构，少量细孔隙，稍坚实，黏着，强塑，有中量铁锰斑纹、多量黏粒胶膜分布，向下层波状渐变过渡。

Br2：43～78cm，灰白色（2.5Y 8/2，干），浊黄色（2.5Y 6/4，润），砂质黏壤土，中发育大、中棱块状结构，少量细孔隙，稍坚实，黏着，中塑，有中量铁锰斑纹、多量黏粒胶膜分布，向下层波状渐变过渡。

Br3：78～92cm，灰白色（2.5Y 8/2，干），浊黄色（2.5Y 6/4，润），砂质黏壤土，中发育大、中棱块状结构，很少量细孔隙，很坚实，稍黏着，中塑，有少量铁锰斑纹、少量黏粒胶膜分布，向下层波状模糊过渡。

Br4：92～130cm，浅淡黄色（2.5Y 8/4，干），亮黄棕色（2.5Y 7/6，润），黏壤土，中发育中、小棱块状结构，少量细孔隙，坚实，黏着，强塑，有中量铁锰斑纹、很少量黏粒胶膜分布。

马战系代表性单个土体物理性质

土层	深度/cm	石砾(>2mm，体积分数)/%	细土颗粒组成(粒径：mm)/(g/kg)			质地	容重/(g/cm^3)
			砂粒 2～0.05	粉粒 0.05～0.002	黏粒 <0.002		
Ap1	0～18	1	319	422	259	壤土	1.29
Ap2	18～26	1	288	457	255	壤土	1.40
Br1	26～43	1	311	416	273	黏壤土	1.34
Br2	43～78	0	616	79	305	砂质黏壤土	1.54
Br3	78～92	0	625	57	318	砂质黏壤土	1.62
Br4	92～130	0	347	296	357	黏壤土	1.45

马战系代表性单个土体化学性质

深度 /cm	pH (H_2O)	有机碳 /(g/kg)	全氮(N) /(g/kg)	全磷(P) /(g/kg)	全钾(K) /(g/kg)	全锰 /(g/kg)	CEC /(cmol/kg)	交换性盐基总量 /(cmol/kg)	游离铁 /(g/kg)
0～18	5.6	13.9	1.09	0.32	20.75	0.25	8.5	5.4	18.7
18～26	5.9	11.5	0.90	0.30	21.95	0.29	8.9	5.7	19.4
26～43	6.0	10.3	0.92	0.28	22.09	0.55	8.7	5.7	20.4
43～78	6.9	4.0	0.75	0.07	26.10	0.30	9.3	7.6	14.8
78～92	6.9	1.8	0.26	0.06	28.71	0.66	8.2	6.0	13.4
92～130	7.0	1.8	0.34	0.01	27.87	0.31	9.7	6.9	31.3

4.7.18　蹇家渡系（Jianjiadu Series）

土　族：壤质硅质混合型非酸性热性-普通简育水耕人为土

拟定者：张杨珠，周　清，张　亮，罗　卓，曹　俏，欧阳宁相

分布与环境条件　该土系主要分布于湘北地区冲积平原地带，海拔 20～50m；成土母质为河湖沉积物；土地利用状况为水田，典型种植制度为稻-稻或稻-油；属中亚热带湿润季风气候，年均气温 16.0～17.0℃，年均降水量 1200～1300mm。

蹇家渡系典型景观

土系特征与变幅　诊断层包括水耕表层和水耕氧化还原层；诊断特性包括人为滞水土壤水分状况、潜育特征、氧化还原特征和热性土壤温度状况。土壤润态色调为 5YR，明度 2～4，彩度 1～6。土体构型为 Ap1-Ap2-Br-Bg，剖面土壤质地通体为砂质壤土-粉砂质壤土-壤土。剖面各发生层 pH（H_2O）介于 7.8～8.4，有机碳含量介于 3.3～17.6g/kg，全锰含量介于 0.39～0.84g/kg，游离铁含量介于 10.3～16.9g/kg。

对比土系　桐木系，属于同一土族，但成土母质不同，为石灰岩风化物，地形部位为低丘底部，表层质地为粉砂质黏壤土，13～90cm 内均具有数量不等的矿质瘤结核，90cm 以下具有岩石碎屑，土体润态色调为 7.5YR。

利用性能综述　该土系土体深厚，但质地较黏着，通透性差。有机质、磷、钾含量偏低，有效养分含量较低，应增施磷肥和钾肥，增施有机肥和实行秸秆还田以培肥土壤，改善土壤结构。

参比土种　紫潮泥。

代表性单个土体　位于湖南省常德市安乡县深柳镇蹇家渡村，29°27′01″N，112°12′02″E，海拔 30m，洞庭湖平原地带，成土母质为河湖沉积物，水田。50cm 深处土温 18.7℃。野外调查时间为 2016 年 12 月 13 日，野外编号 43-CD10。

蹇家渡系代表性单个土体剖面

Ap1：0～15cm，棕色（7.5YR 4/4，干），极暗红棕色（5YR 2/3，润），多量中、细根系，粉砂质壤土，强发育大、中团粒状结构，多量细粒间孔隙、根孔、气孔和动物穴，疏松，稍黏着，稍塑，有多量铁斑纹分布，少量蜘蛛，向下层平滑渐变过渡。

Ap2：15～23cm，灰棕色（7.5YR 6/2，干），红棕色（5YR 4/6，润），中量中、细根系，壤土，强发育大、中块状结构，中量细粒间孔隙和根孔，稍坚实，稍黏着，稍塑，有中量铁斑纹分布，少量螺壳，少量蜘蛛，向下层平滑渐变过渡。

Br1：23～70cm，浊棕色（7.5YR 6/3，干），暗红棕色（5YR 3/3，润），中量细根系，砂质壤土，强发育中等棱块状结构，中量细粒间孔隙，疏松，稍黏着，稍塑，有中量铁斑纹分布，向下层波状清晰过渡。

Br2：70～90cm，淡棕灰色（7.5YR 7/2，干），暗红棕色（5YR 3/3，润），粉砂质壤土，中发育大、中棱块状结构，中量细粒间孔隙，疏松，稍黏着，中塑，有少量铁斑纹分布，向下层平滑渐变过渡。

Br3：90～110cm，灰棕色（7.5YR 5/2，干），浊红棕色（5YR 4/3，润），粉砂质壤土，中发育大、中块状结构，中量细粒间孔隙，稍坚实，黏着，中塑，有少量铁锰斑纹、中量胶膜分布，向下层平滑渐变过渡。

Bg：110～140cm，棕灰色（7.5YR 6/1，干），黑棕色（5YR 3/1，润），粉砂质壤土，弱发育中等块状结构，少量细粒间孔隙，疏松，稍黏着，稍塑，轻度亚铁反应和石灰反应。

蹇家渡系代表性单个土体物理性质

土层	深度/cm	石砾(>2mm，体积分数)/%	细土颗粒组成(粒径：mm)/(g/kg)			质地	容重/(g/cm³)
			砂粒 2～0.05	粉粒 0.05～0.002	黏粒 <0.002		
Ap1	0～15	0	231	575	194	粉砂质壤土	1.12
Ap2	15～23	0	387	490	123	壤土	1.48
Br1	23～70	0	514	420	66	砂质壤土	1.31
Br2	70～90	0	44	833	123	粉砂质壤土	1.11
Br3	90～110	0	266	690	244	粉砂质壤土	1.32
Bg	110～140	0	99	788	113	粉砂质壤土	1.30

蹇家渡系代表性单个土体化学性质

深度 /cm	pH (H_2O)	有机碳 /(g/kg)	全氮(N) /(g/kg)	全磷(P) /(g/kg)	全钾(K) /(g/kg)	全锰 /(g/kg)	CEC /(cmol/kg)	交换性盐基总量 /(cmol/kg)	游离铁 /(g/kg)
0～15	7.8	17.6	2.81	0.98	20.50	0.54	15.2	4.6	14.1
15～23	7.9	13.4	0.80	0.60	19.35	0.39	7.9	5.7	13.2
23～70	8.4	3.3	0.30	0.57	20.41	0.54	6.2	4.8	12.8
70～90	8.1	5.4	1.64	0.60	22.09	0.41	8.2	7.6	14.9
90～110	8.0	8.6	0.83	0.65	25.44	0.55	11.9	8.2	16.9
110～140	8.0	7.8	0.62	0.60	21.50	0.84	8.5	7.1	10.3

4.7.19　桐木系（Tongmu Series）

土　族：壤质硅质混合型非酸性热性-普通简育水耕人为土

拟定者：张杨珠，周　清，于　康，欧阳宁相

桐木系典型景观

分布与环境条件　该土系主要分布于湘南地区低丘中下部，四周被低丘环绕，海拔 155～255m，成土母质为石灰岩风化物；土地利用现状为水田，典型种植制度为稻-稻或稻-稻-油；中亚热带湿润大陆性季风气候，年均气温 16.5～18.0℃，年均降水量 1300～1450mm。

土系特征与变幅　诊断层包括水耕表层和水耕氧化还原层；诊断特性包括人为滞水土壤水分状况、氧化还原特征和热性土壤温度状况。土体厚度为 110cm，土体构型为 Ap1-Ap2-Br-C，表层土壤质地为粉砂质黏壤土。土体润态色调通体为 7.5YR，明度 2～4，彩度 2～6，颜色偏黄。Br3、C 层有数量不等的岩石碎屑，土体无侵入体。通体具有数量不等的锰斑纹，数量不等的黏粒、黏粒-铁锰胶膜。剖面各发生层 pH（H_2O）介于 6.5～7.1，有机碳含量介于 3.5～13.6g/kg，全锰含量介于 3.10～5.29g/kg，游离铁含量介于 29.8～32.0g/kg。

对比土系　蹇家渡系，属于同一土族，但成土母质不同，为河湖沉积物，表层质地为粉砂质壤土，通体均无岩石碎屑、铁锰结核、侵入体，土体润态色调为 5YR。银井冲系，属于同一土族，地形部位相同，但成土母质不同，为紫色砂页岩风化物，表层土壤质地为粉砂质黏壤土，各发生层有数量不等的铁锰斑纹，土体润态色调为 5YR。

利用性能综述　该土系土体厚度不超过 100cm，表层质地为粉砂质黏壤土，质地偏砂，通透性和耕性较好。全磷、全钾含量较高。表层有机质、全氮含量分别为 13.6g/kg、0.98g/kg。培肥与改良建议：搞好农田基本建设，建设水平梯田；增施有机肥和实行秸秆还田以培肥土壤，改善土壤结构；大力种植旱地绿肥，实行用地养地相结合；合理灌溉；施用氮肥或复合肥。

参比土种　灰黄泥田。

代表性单个土体　位于湖南省郴州市桂阳县樟市镇桐木村，25°52′17.676″N，112°47′46.418″E，海拔 205.2m，低丘底部地带，成土母质为石灰岩风化物，水田。50cm 深处土温 19.8℃。野外调查时间为 2017 年 12 月 14 日，野外编号 43-CZ11。

Ap1：0～13cm，浊棕色（7.5YR 6/3，干），黑棕色（7.5YR 2/2，润），多量中、细根系，粉砂质黏壤土，强发育大、中团粒状结构，中量细粒间孔隙、根孔、气孔，疏松，黏着，强塑，有少量小的锰斑纹、多量黏粒-铁锰氧化物胶膜分布，向下层平滑模糊过渡。

桐木系代表性单个土体剖面

Ap2：13～23cm，浊橙色（7.5YR 6/4，干），黑棕色（7.5YR 3/2，润），中量中、细根系，粉砂质黏壤土，强发育大、中块状结构，少量细粒间孔隙、气孔和动物穴，坚实，黏着，强塑，有中量中等锰斑纹、多量黏粒-铁锰氧化物胶膜、少量小的铁锰结核分布，向下层平滑渐变过渡。

Br1：23～40cm，亮棕色（7.5YR 5/6，干），暗棕色（7.5YR 3/4，润），粉砂质壤土，强发育大、中棱块状结构，少量细粒间孔隙、气孔，坚实，稍黏着，中塑，有多量中等锰斑纹、中量黏粒-铁锰氧化物胶膜、中量中等铁锰结核分布，向下层平滑渐变过渡。

Br2：40～60cm，浊棕色（7.5YR 5/4，干），暗棕色（7.5YR 3/4，润），粉砂质壤土，中发育大块状结构，少量细粒间孔隙、气孔，很坚实，稍黏着，中塑，有很多量大的锰斑纹、中量黏粒-铁锰氧化物胶膜、多量中等铁锰结核分布，向下层平滑模糊过渡。

Br3：60～90cm，亮棕色（7.5YR 5/6，干），棕色（7.5YR 4/6，润），粉砂质壤土，弱发育大块状结构，少量细粒间孔隙、气孔，少量中等石灰岩岩石碎屑，极坚实，稍黏着，中塑，有少量小的锰斑纹、少量黏粒-铁锰氧化物胶膜、很少量中等铁锰结核分布，向下层平滑清晰过渡。

C：　90～110cm，石灰岩风化物。

桐木系代表性单个土体物理性质

土层	深度/cm	石砾(>2mm，体积分数)/%	细土颗粒组成(粒径：mm)/(g/kg)			质地	容重/(g/cm^3)
			砂粒 2～0.05	粉粒 0.05～0.002	黏粒 <0.002		
Ap1	0～13	0	148	474	378	粉砂质黏壤土	1.05
Ap2	13～23	0	132	527	341	粉砂质黏壤土	1.31
Br1	23～40	0	121	737	142	粉砂质壤土	1.36
Br2	40～60	0	136	705	159	粉砂质壤土	1.44
Br3	60～90	3	87	790	123	粉砂质壤土	1.50
C	90～110	30	65	500	435	粉砂质壤土	—

桐木系代表性单个土体化学性质

深度 /cm	pH (H_2O)	有机碳 /(g/kg)	全氮(N) /(g/kg)	全磷(P) /(g/kg)	全钾(K) /(g/kg)	全锰 /(g/kg)	CEC /(cmol/kg)	交换性盐基总量 /(cmol/kg)	游离铁 /(g/kg)
0～13	6.5	13.6	0.98	1.07	8.62	3.10	13.4	9.6	31.7
13～23	6.9	11.7	1.13	0.90	9.02	5.29	13.2	9.4	32.0
23～40	7.1	8.1	0.68	0.51	8.31	5.24	11.9	9.9	29.8
40～60	7.0	7.3	0.63	0.37	9.57	3.98	13.5	10.4	31.7
30～90	7.0	4.0	0.50	0.34	10.56	4.13	12.0	8.5	31.8
90～110	7.1	3.5	0.52	0.38	9.68	3.37	12.0	7.9	31.9

4.7.20 银井冲系（Yinjingchong Series）

土 族：壤质硅质混合型非酸性热性-普通简育水耕人为土

拟定者：张杨珠，周 清，黄运湘，盛 浩，曹 俏，欧阳宁相

分布与环境条件 该土系主要分布于湘西东南部，处于武陵山脉和雪峰山脉过渡地带，境内为低海拔山区；海拔100～150m；成土母质为紫色砂、页岩风化物；土地利用现状为水田，典型种植制度为稻-稻或稻-油；属中亚热带湿润季风气候，年均气温16.0～17.5℃，年均降水量1220～1420mm。

银井冲系典型景观

土系特征与变幅 诊断层包括水耕表层和水耕氧化还原层；诊断特性包括人为滞水土壤水分状况、潜育特征、氧化还原特征和热性土壤温度状况。土体润态色调通体为5YR，明度3～4，彩度3～8。土体厚度小于100cm，土体构型为Ap1-Ap2-Bg-Br，表层土壤质地为粉砂质黏壤土。剖面各发生层pH（H_2O）介于5.6～7.2，有机碳含量介于3.6～14.7g/kg，全锰含量介于0.14～0.57g/kg，游离铁含量介于10.4～15.0g/kg。

对比土系 桐木系，属于同一土族，但地形部位为低丘底部，成土母质不同，为石灰岩风化物，表层质地为粉砂质黏壤土，13～90cm内均具有数量不等的矿质瘤结合，90cm以下具有岩石碎屑，土体润态色调为7.5YR。蹇家渡系，属于同一土族，但地形部位为冲积平原地带，成土母质不同，为河湖沉积物，表层质地为粉砂质壤土，通体均无岩石碎屑、铁锰结核、侵入体，土体润态色调为5YR。

利用性能综述 该土系土体深度在100cm左右，质地黏着，耕性好。有机质、磷、钾含量偏低。下层通透性差，上层滞水严重。应改善排水条件，深沟排水，降低渍害；水旱轮作，干耕晒垡，改善土壤通透性能；增施有机肥和实行秸秆还田以培肥土壤，改善土壤结构；增施磷肥和钾肥。

参比土种 中性紫泥。

代表性单个土体 位于湖南省湘西土家族苗族自治州泸溪县浦市镇银井冲村，28°3′46″N，110°5′03″E，海拔122.8m，丘陵低丘坡地中下部，成土母质为紫色砂、页岩风化物，水田。50cm深处土温19.1℃。野外调查时间是2018年1月15日，野外编号43-XX10。

银井冲系代表性单个土体剖面

Ap1：0～10cm，亮棕色（7.5YR 5/6，干），浊红棕色（5YR 4/3，润），多量中、细根系，粉砂质黏壤土，强发育大、中团粒状结构，多量细粒间孔隙、根孔、气孔和动物穴，稍坚实，黏着，强塑，有少量中等铁锰斑纹、多量黏粒-铁锰氧化物胶膜分布，少量侵入体瓦片，向下层平滑模糊过渡。

Ap2：10～18cm，浊橙色（7.5YR 6/4，干），浊红棕色（5YR 4/3，润），中量中、细根系，粉砂质壤土，强发育大、中块状结构，多量细粒间孔隙、根孔、气孔和动物穴，稍坚实，稍黏着，中塑，有中量中等铁锰斑纹、中量黏粒-铁锰氧化物胶膜分布，向下层平滑模糊过渡。

Bg：18～28cm，浊橙色（7.5YR 6/4，干），暗红棕色（5YR 3/6，润），很少量中、细根系，粉砂质壤土，强发育大、中块状结构，中量细粒间孔隙、根孔、气孔和动物穴，坚实，稍黏着，稍塑，有少量小的铁锰斑纹、多量黏粒-铁锰氧化物胶膜、少量中等铁锰结核分布，轻度亚铁反应，向下层平滑模糊过渡。

Br1：28～80cm，浊橙色（7.5YR 6/4，干），红棕色（5YR 4/8，润），粉砂质壤土，中发育大、中块状结构，中量细粒间孔隙、根孔和气孔，有5%岩石碎屑，坚实，稍黏着，稍塑，有少量小铁锰斑纹、中量黏粒-铁锰氧化物胶膜分布，向下层平滑渐变过渡。

Br2：80～100cm，浊棕色（7.5YR 5/4，干），暗红棕色（5YR 3/6，润），壤土，中发育中、小块状结构，少量细粒间孔隙，有20%岩石碎屑，坚实，稍黏着，稍塑，有少量小的铁锰斑纹分布，有少量黏粒-铁锰氧化物胶膜。

银井冲系代表性单个土体物理性质

土层	深度/cm	石砾(>2mm，体积分数)/%	细土颗粒组成(粒径：mm)/(g/kg)			质地	容重/(g/cm³)
			砂粒 2～0.05	粉粒 0.05～0.002	黏粒 <0.002		
Ap1	0～10	0	163	563	274	粉砂质黏壤土	1.06
Ap2	10～18	0	190	557	253	粉砂质壤土	1.22
Bg	18～28	0	150	619	231	粉砂质壤土	1.36
Br1	28～80	5	182	630	188	粉砂质壤土	1.43
Br2	80～100	20	339	455	206	壤土	1.46

银井冲系代表性单个土体化学性质

深度/cm	pH (H_2O)	有机碳/(g/kg)	全氮(N)/(g/kg)	全磷(P)/(g/kg)	全钾(K)/(g/kg)	全锰/(g/kg)	CEC/(cmol/kg)	交换性盐基总量/(cmol/kg)	游离铁/(g/kg)
0～10	5.6	14.7	1.02	0.31	15.47	0.14	15.9	10.7	10.4
10～18	5.9	14.7	0.97	0.31	15.81	0.16	15.5	11.5	10.9
18～28	6.3	10.9	0.32	0.29	15.83	0.19	16.6	13.6	14.7
28～80	7.0	3.6	0.38	0.24	14.18	0.57	13.7	13.7	15.0
80～100	7.2	5.3	0.88	0.30	12.89	0.46	13.9	11.8	14.4

第5章 潜 育 土

5.1 普通简育滞水潜育土

5.1.1 祷泉湖系（Daoquanhu Series）

土 族：粗骨砂质混合型酸性温性-普通简育滞水潜育土

拟定者：张杨珠，周 清，黄运湘，张 义，欧阳宁相

分布与环境条件 该土系主要分布于湘东花岗岩中、高山沼泽性洼地区域，海拔1300～1500m；成土母质为花岗岩风化物；土地利用状况为草地；中亚热带山地冷凉气候，年均气温13～14℃，全年平均无霜期280～290d，年均日照时数1500～1700h，年均降水量2000～2200mm。

祷泉湖系典型景观

土系特征与变幅 本土系诊断层为暗瘠表层，诊断特性及现象包括准石质接触面、滞水土壤水分状况、潜育特性、温性土壤温度状况和铝质现象。剖面构型为Ahg-Bg-BC-C，土层较深厚，土壤剖面长期受滞水影响，土体以淹水还原状态为主，剖面0～77cm土层均有潜育特征，土壤表层质地为砂质黏土，土壤润态色调以2.5Y为主，剖面12～90cm处有20%～40%花岗岩碎屑。pH（H_2O）介于5.1～5.6，pH（KCl）介于3.8～4.2，土壤有机碳含量介于5.7～50.6g/kg；矿质元素含量分别为：铁，13.9～43.4g/kg；铝，74.7～172.2g/kg；硅，666.1～849.1g/kg；土壤游离铁含量为8.9～14.9g/kg，铁的游离度为31.3%～63.9%。

对比土系 无。

利用性能综述 表层有机质含量高，土壤质地偏砂，由于地表滞水作用强烈，土体长期处于淹水还原状态下，0～77cm土层均有潜育特征，土体松软。海拔高，原生湿地植被保存完好，应禁止开发利用，降低人为干扰（如减少旅游踩踏和游道硬化），控制旅游容量，恢复和保育湖边灌草丛植被和湿地植被，保护地面植被覆盖，阻止水土泥沙流失，重点保育好浏阳河源头，发挥涵养水源的生态效益。

参比土种 沼泽土。

代表性单个土体 位于湖南省浏阳市大围山自然保护区内七星岭景区附近的祷泉湖底，28°26′02″N，114°9′12″E，海拔 1481.5m，高山沼泽地带，成土母质为花岗岩风化物，土地利用类型为草地。50cm 深处土温 13.4℃。野外调查时间为 2015 年 1 月 26 日，野外编号 43-LY24。

祷泉湖系代表性单个土体剖面

Ahg：0～12cm，暗橄榄棕色（2.5Y 3/3，干），黑色（2.5Y 2/1，润），大量细根，砂质黏土，发育程度强的中团粒状结构，大量细根孔，中量小石英颗粒，土体疏松，强度亚铁反应，向下层波状模糊过渡。

Bg1：12～32cm，橄榄棕色（2.5Y 4/3，干），黑色（2.5Y 2/1，润），大量细根，砂质壤土，发育程度中等的中块状结构，大量细粒间孔隙，大量中石英颗粒，土体疏松，强度亚铁反应，向下层平滑清晰过渡。

Bg2：32～53cm，浅淡黄色（2.5Y 8/4，干），黑棕色（2.5Y 3/2，润），中量细根，砂质壤土，发育程度很弱的中块状结构，少量细粒间孔隙，大量粗石英颗粒，土体疏松，中度亚铁反应，向下层平滑清晰过渡。

Bg3：53～77cm，淡灰色（10YR 7/1，干），橄榄黑色（5Y 3/2，润），少量细根，砂土，大量细粒间孔隙，发育程度中等的中块状结构，大量中石英颗粒，土体疏松，中度亚铁反应，向下层平滑清晰过渡。

BC：77～90cm，浅淡黄色（5Y 8/4，干），暗橄榄棕色（2.5Y 3/3，润），砂质壤土，少量细粒间孔隙，发育程度中等的中块状结构，大量中石英颗粒，土体稍坚实，向下层平滑清晰过渡。

C：90～138cm，花岗岩风化物。

祷泉湖系代表性单个土体物理性质

土层	深度/cm	石砾(>2mm，体积分数)/%	细土颗粒组成(粒径：mm)/(g/kg)			质地	容重/(g/cm³)
			砂粒 2～0.05	粉粒 0.05～0.002	黏粒 <0.002		
Ahg	0～12	10	541	79	380	砂质黏土	0.93
Bg1	12～32	20	590	240	170	砂质壤土	1.25
Bg2	32～53	30	621	243	136	砂质壤土	1.21
Bg3	53～77	40	866	65	69	砂土	1.57
BC	77～90	35	604	222	174	砂质壤土	1.57

祷泉湖系代表性单个土体化学性质

深度/cm	pH (H_2O)	pH (KCl)	有机碳/(g/kg)	全氮(N)/(g/kg)	全磷(P)/(g/kg)	全钾(K)/(g/kg)	游离铁/(g/kg)	CEC/(cmol/kg)
0～12	5.2	3.9	50.6	0.30	0.62	31.7	10.7	11.4
12～32	5.1	3.8	29.5	0.39	0.56	31.2	10.0	6.8
32～53	5.3	3.9	13.1	0.28	0.50	38.3	14.9	7.8
53～77	5.3	4.2	5.7	0.31	0.22	22.1	8.9	7.9
77～90	5.6	4.2	5.8	1.44	0.43	34.4	13.3	11.1

第6章 富 铁 土

6.1 表蚀黏化湿润富铁土

6.1.1 黄塘系（Huangtang Series）

土 族：极黏质高岭石型酸性热性-表蚀黏化湿润富铁土

拟定者：张杨珠，周 清，黄运湘，满海燕，欧阳宁相

分布与环境条件 该土系分布于湘西南地区的低丘中坡，海拔80～100m；成土母质为石灰岩风化物；土地利用状况为林地，植被有油茶、竹子和白茅等，植被覆盖度为30%～40%；中亚热带湿润季风气候，年均气温18.0～20.0℃，年均降水量1300～1400mm。

黄塘系典型景观

土系特征与变幅 诊断层包括淡薄表层、低活性富铁层和黏化层；诊断特性包括湿润土壤水分状况和热性土壤温度状况。该土系发育于石灰岩风化物母质之上，土壤发育成熟，土层深厚，厚度大于180cm，土体构型为Ah-Bt-Bts，质地黏重，土壤质地通体为黏土，Bt和Bts层有中量至大量的黏粒胶膜，土体通体呈现出中度富铁铝化，润态色调为2.5YR，其中Ah层和Bts层CEC_7<24cmol/kg(黏粒)，低活性富铁层出现在表层和表下层。pH（H_2O）和pH（KCl）分别介于4.4～5.3和3.5～3.7，有机碳含量介于2.90～12.82g/kg，全铁含量为71.3～83.4g/kg，游离铁含量介于53.6～65.4g/kg，铁的游离度在75.2%～82.2%。

对比土系 白果冲系，属同一亚类，地形部位和地表植被类似，成土母质均为石灰岩风化物，但白果冲系土族控制层段内土壤酸碱反应类别为非酸性，因此为不同土系。

利用性能综述 本土系土体深厚，质地黏重，通透性较差。有机质、氮、钾含量中等，磷含量较高，土壤呈酸性。植被覆盖度较低，水土易流失。因此，在坡顶和陡坡地带，应封山育林，发展林业，宜种植经济林木和草本植物，涵养水源，治理水土流失。在低缓坡和坡谷地带，可发展用养结合的农业，种植绿肥，增施有机肥，培肥土壤，改善土壤结构。

参比土种　厚腐厚土石灰岩红壤。

代表性单个土体　位于湖南省常宁市荫田镇黄塘村，26°22′52″N，112°34′57″E，海拔 92m，丘陵低丘中坡，成土母质为石灰岩风化物，林地，50cm 深处土温 20.0℃。野外调查时间为 2016 年 8 月 23 日，野外编号 43-HY02。

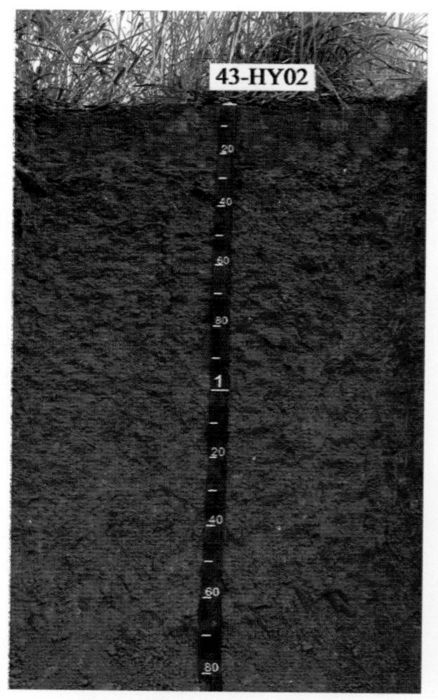

黄塘系代表性单个土体剖面

Ah：0～26cm，橙色（5YR 6/6，干），暗红棕色（2.5YR 3/3，润），大量细根，黏土，发育程度强的小块状结构，大量细根孔、气孔、动物穴和粒间孔隙，土体疏松，向下层平滑渐变过渡。

Bt1：26～50cm，橙色（5YR 6/8，干），红棕色（2.5YR 4/6，润），中量细根，黏土，发育程度强的中块状结构，少量细根孔、气孔、动物穴和粒间孔隙，土体稍坚实，有少量垂直方向的长裂隙，结构面上有中量黏粒胶膜和铁锰斑纹，向下层平滑模糊过渡。

Bt2：50～105cm，橙色（5YR 6/8，干），红棕色（2.5YR 4/6，润），中量细根，黏土，发育程度强的中等块状结构，少量细根孔、气孔、动物穴和粒间孔隙，土体坚实，有少量垂直方向的长裂隙，结构面上有大量黏粒胶膜和中量铁锰结核，向下层平滑渐变过渡。

Bts：105～180cm，橙色（5YR 6/8，干），红棕色（2.5YR 4/6，润），很少量细根，黏土，发育程度中等的大块状结构，很少量细根孔和粒间孔隙，土体极坚实，结构体表面有中量铁锰斑纹和少量锰结核，结构面上有大量黏粒胶膜。

黄塘系代表性单个土体物理性质

土层	深度/cm	石砾(>2mm，体积分数)/%	细土颗粒组成(粒径：mm) /(g/kg)			质地	容重/(g/cm³)
			砂粒 2～0.05	粉粒 0.05～0.002	黏粒 <0.002		
Ah	0～26	0	10	212	778	黏土	1.16
Bt1	26～50	0	2	251	747	黏土	1.36
Bt2	50～105	0	18	199	783	黏土	1.43
Bts	105～180	0	31	181	788	黏土	1.34

黄塘系代表性单个土体化学性质

深度/cm	pH (H_2O)	pH (KCl)	有机碳/(g/kg)	全氮(N)/(g/kg)	全磷(P)/(g/kg)	全钾(K)/(g/kg)	游离铁/(g/kg)	铁游离度/%	CEC_7/(cmol/kg)(黏粒)
0～26	4.4	3.5	12.82	1.19	0.45	13.5	53.6	75.2	23.7
26～50	5.1	3.7	4.43	0.70	0.45	11.0	60.8	82.2	24.2
50～105	5.2	3.7	3.60	0.65	0.46	10.9	59.6	76.3	22.1
105～180	5.3	3.7	2.90	0.58	0.48	12.4	65.4	78.4	23.0

6.1.2 白果冲系（Baiguochong Series）

土 族：极黏质高岭石型非酸性热性-表蚀黏化湿润富铁土

拟定者：张杨珠，欧阳宁相，于 康

分布与环境条件 该土系分布于湘南地区的石灰岩高丘中坡地带，地势轻微起伏，坡度5°～15°，海拔350～390m；成土母质为石灰岩风化物；土地利用类型为有林地，生长杉木、蕨类、芒等植被及其他矮小灌木，覆盖度70%以上，人类影响为植被轻度扰动；中亚热带湿润季风气候，年均气温17.6～18.5℃，年均降水量1270～1520mm。

白果冲系典型景观

土系特征与变幅 诊断层包括淡薄表层、低活性富铁层和黏化层，诊断特性包括湿润土壤水分状况、氧化还原特性、热性土壤温度状况和铁质特性。土体深厚，厚度≥200cm，土体构型为Ah-Bts，土壤质地通体为黏土，Bts层总黏粒含量绝对增量≥8%，厚度≥30cm，有铁锰斑纹，土壤色调为5YR，黏土矿物以高岭石为主，低活性富铁层出现在整个土体剖面。pH（H_2O）和pH（KCl）分别介于4.9～5.5和3.8～4.0，有机碳含量介于3.30～13.68g/kg，全铁含量为49.6～82.3g/kg，游离铁含量介于48.3～64.1g/kg，铁的游离度介于77.8%～95.7%。

对比土系 黄塘系，属于同一亚类，成土母质均为石灰岩风化物，地形部位和植被类型类似，但黄塘系土族控制层段内土壤酸碱反应类别为酸性，因此为不同土系。

利用性能综述 本土系土体深厚，土体较紧实，质地黏重，渗透性稍差，保水能力较强。土壤肥力中等。改良与利用措施：①应实行农林综合利用，坡顶、上坡、陡坡地带宜发展经济林和薪炭林，下坡、缓坡地带可发展旱地种植业，水源条件好的地方可发展水稻生产；②农地上应大力种植旱地绿肥，实行用地养地相结合，增施有机肥和实行秸秆还田以培肥土壤，改善土壤结构；③林地上应封山育林，严禁砍伐，防止水土流失。

参比土种 中腐厚土石灰岩红壤。

代表性单个土体 位于湖南省永州市新田县十字乡白果冲村，25°45′27″N，112°07′50″E，海拔380m，高丘中坡地带，成土母质为石灰岩风化物，土地利用类型为有林地。50cm深处土温为19.2℃。野外调查时间为2016年9月30日，野外编号43-YZ08。

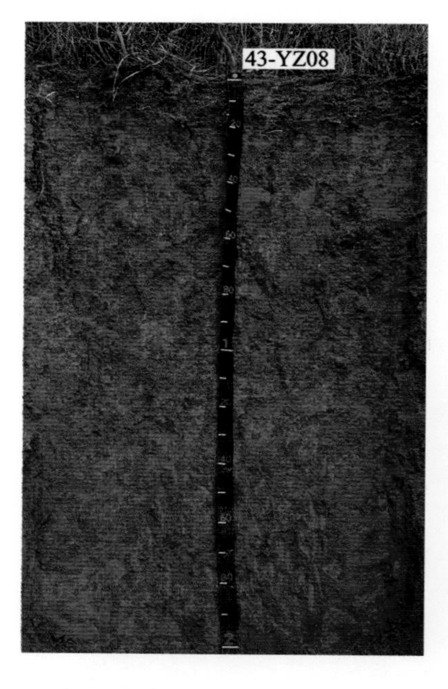

白果冲系代表性单个土体剖面

Ah： 0～20cm，橙色（5YR 6/6，干），红棕色（5YR 4/6，润），大量细根，黏土，发育程度强的小块状结构，中量细根孔、气孔和动物穴，土体稍坚实，向下层平滑渐变过渡。

Bts1：20～60cm，橙色（5YR 7/6，干），亮红棕色（5YR 5/8，润），少量细根，黏土，发育程度强的中块状结构，少量细粒间孔隙、根孔、气孔和动物穴，土体坚实，结构面有中量黏粒胶膜和铁锰斑纹，向下层平滑渐变过渡。

Bts2：60～130cm，橙色（5YR 7/8，干），红棕色（5YR 4/8，润），少量细根，黏土，发育程度中等的大块状结构，少量细粒间孔隙、气孔和动物穴，土体极坚实，结构面有大量黏粒胶膜、中量铁锰斑纹，向下层平滑模糊过渡。

Bts3：130～200cm，橙色（5YR 6/8，干），红棕色（5YR 4/6，润），黏土，少量细粒间孔隙，发育程度中等的中块状结构，土体极坚实，结构面有大量黏粒胶膜、中量铁锰斑纹。

白果冲系代表性单个土体物理性质

土层	深度 /cm	石砾 (>2mm，体积分数)/%	细土颗粒组成(粒径：mm)/ (g /kg)			质地	容重 /(g/cm³)
			砂粒 2～0.05	粉粒 0.05～0.002	黏粒 <0.002		
Ah	0～20	7	74	272	654	黏土	1.33
Bts1	20～60	0	91	252	657	黏土	1.45
Bts2	60～130	0	39	187	774	黏土	1.13
Bts3	130～200	0	79	147	774	黏土	1.47

白果冲系代表性单个土体化学性质

深度 /cm	pH (H_2O)	pH (KCl)	有机碳 /(g/kg)	全氮(N) /(g/kg)	全磷(P) /(g/kg)	全钾(K) /(g/kg)	游离铁 /(g/kg)	铁游离度 /%	CEC_7 /(cmol/kg)（黏粒）
0～20	4.9	3.8	13.68	1.07	0.35	12.4	48.3	95.7	16.9
20～60	5.3	4.0	3.55	0.57	0.34	12.4	49.6	95.7	18.2
60～130	5.5	3.9	3.56	0.67	0.37	13.9	57.5	95.3	17.9
130～200	5.3	3.8	3.30	0.59	0.37	14.0	64.1	77.8	20.5

6.2 斑纹黏化湿润富铁土

6.2.1 蒋家塘系（Jiangjiatang Series）

土 族：极黏质高岭石混合型非酸性热性-斑纹黏化湿润富铁土

拟定者：张杨珠，欧阳宁相，于 康

分布与环境条件 该土系主要分布于湘南地区石灰岩低丘中坡地带，地势轻微起伏，坡度5°～15°，海拔 200～250m；成土母质为石灰岩风化物；土地利用类型为其他林地，生长杉木、毛竹、蕨类、马尾松等植被及其他矮小灌木，覆盖度50%左右；中亚热带湿润季风气候，年均气温 18～19℃，年均降水量1450～1550mm。

蒋家塘系典型景观

土系特征与变幅 诊断层包括淡薄表层、低活性富铁层和黏化层，诊断特性包括湿润土壤水分状况、氧化还原特性、热性土壤温度状况和铁质特性。土体深厚，厚度≥200cm，土体构型为 Ah-Bts。剖面质地通体为黏土，Bts 层黏化率大于 1.2 倍，Bts 层出现数量不等的铁锰斑纹和铁锰结核，土壤色调为5YR，黏土矿物以高岭石为主。pH（H_2O）和 pH（KCl）分别介于 5.2～6.3 和 3.9～6.0。有机碳含量介于 3.50～18.53g/kg，全铁含量为65.7～77.7g/kg，游离铁含量介于 56.4～70.7g/kg，铁的游离度介于 72.7%～94.1%。

对比土系 东安头系，属于同一亚类，母质相同，地形部位相似，但东安头系土族控制层段内颗粒大小级别为黏质，土壤润态色调为7.5YR，因此为不同土系。

利用性能综述 该土系发育成熟，土体较紧实，土层深厚，质地黏重，保水能力较强，土壤酸碱反应呈中性，表层有机质含量较高，应注意深翻松土，加沙客土，改善土壤通透性能；改善排水条件，深沟排水，降低渍害；封山育林，保护植被。

参比土种 厚腐厚土石灰岩红壤。

代表性单个土体 位于湖南省永州市江华瑶族自治县桥头铺镇蒋家塘村，25°18′29″N，111°31′33″E，海拔 228m，石灰岩低丘中坡地带，成土母质为石灰岩风化物，土地利用类型为其他林地。50cm 深处土温为20.0℃。野外调查时间为 2016 年 9 月 28 日，野外编号 43-YZ05。

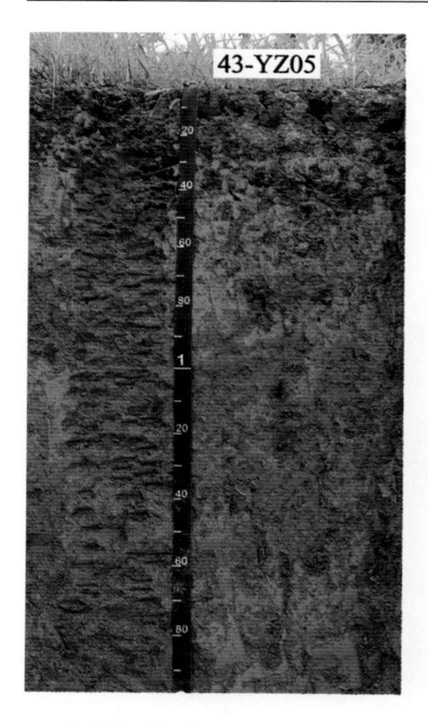

蒋家塘系代表性单个土体剖面

Ah：0～40cm，橙色（5YR 6/6，干），红棕色（5YR 4/6，润），大量根系，黏土，发育程度强的小块状结构，中量细粒间孔隙、根孔、气孔和动物穴，土体坚实，结构面有中量黏粒胶膜，有大量瓦片等侵入体，向下层平滑渐变过渡。

Bts1：40～60cm，橙色（5YR 6/8，干），红棕色（5YR 4/8，润），少量根系，黏土，发育程度强的中块状结构，少量细粒间孔隙、根孔、气孔和动物穴，土体坚实，结构面有大量黏粒胶膜、少量锰斑纹和铁锰结核，向下层平滑模糊过渡。

Bts2：60～100cm，橙色（5YR 6/6，干），亮红棕色（5YR 5/6，润），黏土，发育程度强的中块状结构，少量细粒间孔隙、气孔和动物穴，土体坚实，结构面有大量黏粒胶膜、少量锰斑纹和铁锰结核，向下层平滑清晰过渡。

Bts3：100～150cm，橙色（5YR 7/6，干），亮红棕色（5YR 5/8，润），黏土，发育程度强的大块状结构，少量细粒间孔隙，土体坚实，结构面有大量黏粒胶膜、少量锰斑纹，向下层波状渐变过渡。

Bts4：150～200cm，橙色（5YR 7/8，干），橙色（5YR 6/6，润），黏土，发育程度强的大块状结构，少量细粒间孔隙，土体坚实，结构面有大量黏粒胶膜、少量铁斑纹。

蒋家塘系代表性单个土体物理性质

土层	深度/cm	石砾(>2mm，体积分数)/%	细土颗粒组成(粒径：mm) /(g/kg)			质地	容重/(g/cm^3)
			砂粒 2～0.05	粉粒 0.05～0.002	黏粒 <0.002		
Ah	0～40	3	125	262	613	黏土	1.41
Bts1	40～60	0	109	185	706	黏土	1.34
Bts2	60～100	6	92	157	751	黏土	1.37
Bts3	100～150	0	76	165	759	黏土	1.36
Bts4	150～200	0	94	177	729	黏土	1.28

蒋家塘系代表性单个土体化学性质

深度/cm	pH (H_2O)	pH (KCl)	有机碳/(g/kg)	全氮(N)/(g/kg)	全磷(P)/(g/kg)	全钾(K)/(g/kg)	游离铁/(g/kg)	铁游离度/%	CEC_7/(cmol/kg)（黏粒）
0～40	5.2	3.9	18.53	1.61	0.74	13.4	56.4	72.7	34.4
40～60	5.4	4.3	12.88	1.41	0.64	14.8	57.0	86.7	32.8
60～100	5.9	5.7	7.33	1.21	0.62	18.4	70.7	94.1	21.8
100～150	6.3	5.9	5.55	0.98	0.66	20.3	63.5	84.3	20.6
150～200	6.2	6.0	3.50	0.84	0.66	19.3	68.8	90.0	22.5

6.2.2 东安头系（Dongantou Series）

土　族：黏质高岭石混合型非酸性热性-斑纹黏化湿润富铁土
拟定者：张杨珠，欧阳宁相，于　康

分布与环境条件　该土系位于湘南地区的石灰岩高丘中坡地带，海拔250～300m；成土母质为石灰岩风化物；土地利用类型为其他林地，生长毛竹、福建柏等植被以及矮小灌木，覆盖度70%～80%，人类影响为植被轻度扰动；中亚热带湿润季风气候，年均气温17.7～18.7℃，年均降水量1400～1500mm。

东安头系典型景观

土系特征与变幅　本土系诊断层包括淡薄表层、低活性富铁层和黏化层，诊断特性包括湿润土壤水分状况、氧化还原特性、热性土壤温度状况和铁质特性。土体深厚，厚度≥200cm，土体构型为Ah-Bt-Bts，土壤表层质地为粉砂质黏土，Bt层黏化率大于1.2倍，质地构型为粉砂质黏土-黏土，Bts层出现数量不等的铁锰斑纹和锰结核，土壤润态色调7.5YR。黏土矿物以高岭石为主，pH（H_2O）和pH（KCl）分别介于5.8～6.1和4.0～5.6；有机碳含量介于3.10～10.52g/kg，全铁含量为43.1～49.4g/kg，游离铁含量介于36.9～45.9g/kg，铁的游离度介于85.8%～93.0%。

对比土系　蒋家塘系，属于同一亚类，成土母质一致，但蒋家塘系土族控制层段内颗粒大小级别为极黏质，土壤润态色调为5YR，因此为不同土系。

利用性能综述　本土系土体深厚，土体紧实，质地黏重，土壤渗透性稍慢，表层有机质、钾含量较低。CEC_7含量为10～20cmol/kg（黏粒），保肥中等。改良与利用措施：①实行农林综合利用，坡顶、上坡和陡坡地带宜发展经济林和薪炭林，下坡和缓坡地带可发展旱地种植业，水源条件好的地方可发展水稻生产；②农地上应大力种植旱地绿肥，实行用地养地相结合，增施有机肥和实行秸秆还田以培肥土壤，改善土壤结构；③林地上应封山育林，严禁砍伐，防止水土流失。

参比土种　薄腐厚土石灰岩红壤。

代表性单个土体　位于湖南省永州市宁远县湾井镇东安头村，25°26′33″N，111°59′37″E，海拔290m，高丘中坡地带，成土母质为石灰岩风化物。土地利用类型为其他林地。50cm深处土温为19.7℃。野外调查时间为2016年9月29日，野外编号43-YZ06。

东安头系代表性单个土体剖面

Ah：0～13cm，黄橙色（10YR 7/8，干），浊棕色（7.5YR 5/4，润），大量细根，粉砂质黏土，发育程度强的中团粒状结构，中量细粒间孔隙、根孔、气孔和动物穴，土体稍坚实，向下层平滑渐变过渡。

Bt：13～35cm，黄棕色（10YR 5/8，干），亮棕色（7.5YR 5/6，润），中量细根，黏土，发育程度强的中块状结构，中量细粒间孔隙、根孔、气孔和动物穴，土体坚实，结构面上有中量黏粒胶膜，向下层平滑渐变过渡。

Bts1：35～80cm，黄棕色（10YR 5/8，干），亮棕色（7.5YR 5/6，润），少量细根，黏土，发育程度强的大块状结构，少量细粒间孔隙、根孔、气孔和动物穴，土体坚实，结构面有大量黏粒胶膜、少量铁锰斑纹和锰结核，向下层平滑模糊过渡。

Bts2：80～135cm，亮黄棕色（10YR 7/6，干），亮棕色（7.5YR 5/6，润），少量细根，黏土，发育程度强的大块状结构，少量细粒间孔隙、气孔和动物穴，土体极坚实，结构面有大量黏粒胶膜、大量铁锰斑纹和中量铁锰结核，向下层平滑渐变过渡。

Bts3：135～200cm，亮黄棕色（10YR 7/6，干），亮棕色（7.5YR 5/6，润），黏土，少量细粒间孔隙，发育程度强的大块状结构，土体极坚实，结构面大量黏粒胶膜、中量铁锰结核。

东安头系代表性单个土体物理性质

土层	深度/cm	石砾(>2mm，体积分数)/%	细土颗粒组成(粒径：mm) /(g/kg)			质地	容重/(g/cm^3)
			砂粒 2～0.05	粉粒 0.05～0.002	黏粒 <0.002		
Ah	0～13	0	82	461	457	粉砂质黏土	1.32
Bt	13～35	0	79	367	554	黏土	1.54
Bts1	35～80	0	97	342	561	黏土	1.51
Bts2	80～135	0	113	314	573	黏土	1.55
Bts3	135～200	0	90	281	630	黏土	1.43

东安头系代表性单个土体化学性质

深度/cm	pH (H_2O)	pH (KCl)	有机碳/(g/kg)	全氮(N)/(g/kg)	全磷(P)/(g/kg)	全钾(K)/(g/kg)	游离铁/(g/kg)	铁游离度/%	CEC_7/(cmol/kg)(黏粒)
0～13	6.1	5.6	10.52	1.13	0.52	9.5	36.9	85.8	35.7
13～35	6.0	4.2	5.05	0.78	0.51	9.1	40.4	88.1	20.5
35～80	5.9	4.1	3.56	0.77	0.55	8.4	40.4	91.6	21.0
80～135	5.8	4.0	3.10	0.68	0.56	9.5	40.8	91.2	24.5
135～200	5.8	4.0	3.79	0.69	0.56	9.5	45.9	93.0	27.0

6.3　网纹黏化湿润富铁土

6.3.1　杉峰系（Shanfeng Series）

土　族：黏质高岭石混合型酸性热性-网纹黏化湿润富铁土

拟定者：张杨珠，黄运湘，周　清，满海燕，欧阳宁相

分布与环境条件　该土系分布在湘中地区的衡邵盆地低丘下坡，海拔100～120m；成土母质为第四纪红色黏土；土地利用状况为林地，植被有樟、松树、竹子等，植被覆盖度为95%～99%；中亚热带湿润季风气候，年均气温18.0～20.0℃，年均降水量1300～1400mm。

杉峰系典型景观

土系特征与变幅　诊断层包括淡薄表层、低活性富铁层、聚铁网纹层和黏化层；诊断特性包括湿润土壤水分状况、氧化还原特征、热性土壤温度状况和铁质特性。土体构型为Ah-AB-Bt-Blt，表层厚度为15～25cm，盐基不饱和。110cm以下出现有黄、白等染色条纹的聚铁网纹层，并有较多的红色、棕红色、橙红色的铁锰斑纹、斑块；Bt层土壤具有中度富铁铝化特征，土壤质地为黏土，色调为2.5YR。pH（H_2O）和pH（KCl）分别介于4.3～5.0和3.4～3.7，有机碳含量为2.78～12.60g/kg，全铁含量为39.1～66.7g/kg，游离铁含量介于31.3～60.6g/kg，铁的游离度在80.0%～91.0%。

对比土系　东六路系，属于同一亚纲，地形部位相似，成土母质一致，均具有聚铁网纹层，但东六路系无黏化层，且土壤润态色调为10R，因此为不同土系。

利用性能综述　土体深厚，质地黏重，通透性较差。土壤有机质、氮、钾含量中等，磷含量偏高。植被覆盖度大，应封山育林，保持水土。宜种植经济林木和草本植物，改善土壤结构，掺入少量沙子，增施有机肥，培肥土壤。

参比土种　厚土层红土红壤。

代表性单个土体　位于湖南省衡阳市衡南县云集镇杉峰村，26°43′11″N，112°36′26″E，海拔107m，丘陵低丘下坡，成土母质为第四纪红色黏土，林地，50cm深处土温21.0℃。野外调查时间为2016年8月25日，野外编号43-HY05。

杉峰系代表性单个土体剖面

Ah：0～20cm，亮红棕色（2.5YR 5/6，干），红棕色（2.5YR 4/6，润），大量细根，黏土，发育程度强的小块状结构，大量细根孔、气孔、动物穴和粒间孔隙，土体疏松，向下层平滑渐变过渡。

AB：20～40cm，亮棕色（2.5YR 5/6，干），暗红棕色（2.5YR 3/6，润），大量中根，黏土，发育程度强的中块状结构，中量细根孔、气孔、动物穴和粒间孔隙，土体稍坚实，向下层平滑渐变过渡。

Bt：40～110cm，橙色（2.5YR 6/6，干），红棕色（2.5YR 4/6，润），极少量细根，黏土，发育程度强的大块状结构，少量细根孔、动物穴和粒间孔隙，土体坚实，结构面有大量黏粒胶膜和铁斑纹，向下层平滑渐变过渡。

Blt：110～170cm，橙色（2.5YR 6/6，干），红棕色（2.5YR 4/6，润），黏土，发育程度中的大块状结构，极少量细粒间孔隙，土体极坚实，结构面有大量铁斑纹、中量黏粒胶膜。

杉峰系代表性单个土体物理性质

土层	深度 /cm	石砾 (>2mm，体积分数)/%	细土颗粒组成(粒径：mm) /(g/kg)			质地	容重 /(g/cm³)
			砂粒 2～0.05	粉粒 0.05～0.002	黏粒 <0.002		
Ah	0～20	0	133	339	528	黏土	0.92
AB	20～40	0	208	356	436	黏土	1.22
Bt	40～110	0	125	294	581	黏土	1.40
Blt	110～170	0	169	254	577	黏土	1.43

杉峰系代表性单个土体化学性质

深度 /cm	pH (H_2O)	pH (KCl)	有机碳 /(g/kg)	全氮(N) /(g/kg)	全磷(P) /(g/kg)	全钾(K) /(g/kg)	游离铁 /(g/kg)	铁游离度 /%	CEC_7 /(cmol/kg) (黏粒)
0～20	4.4	3.4	11.39	1.13	0.31	13.4	45.6	84.9	52.7
20～40	4.3	3.5	12.60	0.99	0.27	11.9	31.3	80.0	32.5
40～110	4.4	3.5	4.79	0.64	0.30	14.3	40.8	82.9	20.8
110～170	5.0	3.7	2.78	0.39	0.35	14.1	60.6	91.0	32.8

6.4 普通黏化湿润富铁土

6.4.1 白面石系（Baimianshi Series）

土 族：粗骨黏质高岭石混合型酸性热性-普通黏化湿润富铁土

拟定者：张杨珠，周 清，黄运湘，张 义，欧阳宁相

分布与环境条件 该土系分布于湘东地区浏阳市大围山板、页岩低山中坡地带，海拔 700～800m；成土母质为板、页岩风化物；土地利用状况为林地；中亚热带湿润季风气候，年均气温 15～16℃，年均降水量 1400～1600mm。

白面石系典型景观

土系特征与变幅 诊断层包括淡薄表层、低活性富铁层和黏化层，诊断特性包括湿润土壤水分状况、热性土壤温度状况和铁质特性。土体厚度较厚，深度≥100cm，土壤发育较成熟，土体构型为 Ah-AB-Bw-Bt-R，土壤表层受到轻度侵蚀，有机质和养分含量较高，土壤表层质地为粉砂质黏壤土，Bt 层黏化率大于 1.2 倍，土壤润态色调为 5YR，剖面中下部有 27%～65%板岩碎屑。pH（H_2O）和 pH（KCl）分别介于 4.7～5.0 和 4.1～5.1，有机碳含量介于 2.11～19.53g/kg，全铁含量为 31.4～45.2g/kg，游离铁含量介于 17.5～22.2g/kg，铁的游离度介于 49.0%～55.6%。

对比土系 高升系，属于同一个亚类，成土母质相同，但高升系所处海拔较低，土族控制层段内颗粒大小级别为黏壤质，岩石碎屑含量低于 25%，土壤润态色调为 7.5YR，土体厚度小于 1m，因此为不同土系。

利用性能综述 该土系发育较成熟，表层有机质含量较高，全磷含量偏低，土壤质地以黏壤土为主，质地适中，石砾含量高，在利用上应以林业为主，增加植被覆盖度，加强封山育林，防止水土流失，旅游景区内在发展旅游业的同时，应注意保持水土。

参比土种 厚腐厚土板、页岩黄红壤。

代表性单个土体 位于湖南省长沙市浏阳市大围山（镇）永辜村白面石组，28°24′14″N，114°04′41″E，海拔 739.0m，低山中坡地带，成土母质为板、页岩风化物，土地利用状况为林地。50cm 深处土温为 16.4℃。野外调查时间为 2015 年 4 月 24 日，野外编号 43-LY26。

白面石系代表性单个土体剖面

Ah：0～27cm，浊橙色（7.5YR 6/4，干），红棕色（5YR 4/8，润），大量中根，粉砂质黏壤土，发育程度很强的小团粒状结构，中量中根孔、气孔和粒间孔隙，中量小岩石碎屑，土体松散，向下层平滑渐变过渡。

AB：27～50cm，浊橙色（7.5YR 6/4，干），亮红棕色（5YR 5/6，润），中量细根，黏壤土，发育程度强的小块状结构，中量中根孔和粒间孔隙，大量小岩石碎屑，土体松散，向下层平滑渐变过渡。

Bw：50～75cm，黄橙色（7.5YR 7/8，干），浊红棕色（5YR 5/4，润），中量细根，粉砂质黏壤土，发育程度强的中块状结构，少量细根孔和粒间孔隙，大量中等岩石碎屑，土体松散，向下层波状渐变过渡。

Bt：75～140cm，亮棕色（7.5YR 5/8，干），亮红棕色（5YR 5/8，润），少量细根，黏土，发育程度中等的大块状结构，少量细粒间孔隙，大量粗岩石碎屑，土体松散，结构面上有中量黏粒胶膜，向下层平滑渐变过渡。

R：140～180cm，板、页岩岩块。

白面石系代表性单个土体物理性质

土层	深度 /cm	石砾 (>2mm，体积分数)/%	细土颗粒组成(粒径：mm)/(g/kg)			质地	容重 /(g/cm^3)
			砂粒 2～0.05	粉粒 0.05～0.002	黏粒 <0.002		
Ah	0～27	9	147	481	372	粉砂质黏壤土	0.99
AB	27～50	27	238	399	363	黏壤土	1.32
Bw	50～75	48	133	479	388	粉砂质黏壤土	1.29
Bt	75～140	65	190	366	444	黏土	1.21

白面石系代表性单个土体化学性质

深度 /cm	pH (H_2O)	pH (KCl)	有机碳 /(g/kg)	全氮(N) /(g/kg)	全磷(P) /(g/kg)	全钾(K) /(g/kg)	游离铁 /(g/kg)	铁游离度 /%	CEC_7 /(cmol/kg) (黏粒)
0～27	5.0	4.1	19.53	1.37	0.33	24.7	17.5	55.6	42.5
27～50	4.8	4.4	7.98	0.75	0.23	27.5	19.0	55.4	29.3
50～75	4.7	4.5	3.65	0.54	0.23	30.5	21.0	53.6	27.7
75～140	4.9	5.1	2.11	0.60	0.31	28.6	22.2	49.0	23.1

6.4.2 达头山系（Datoushan Series）

土　族：极黏质高岭石型非酸性热性-普通黏化湿润富铁土

拟定者：张杨珠，欧阳宁相，于　康

分布与环境条件　该土系位于湘南地区的石灰岩低丘缓坡地带，地势微起伏，坡度2°～5°，海拔为195～205m；成土母质为石灰岩风化物；土地利用状况为有林地，生长的植被类型有马尾松、毛竹等植被及蜈蚣草等矮小灌木，植被覆盖度约90%，人为轻度扰动；中亚热带湿润季风气候，年均气温17.9～19.4℃，年均降水量1450～1550mm。

达头山系典型景观

土系特征与变幅　诊断层包括淡薄表层、低活性富铁层和黏化层，诊断特性有湿润土壤水分状况、热性土壤温度状况和铁质特性。土体厚度≥200cm，土体构型为Ah-Bw-Bt，土壤质地黏重，土体通体为黏土，Bt层黏粒含量绝对增量均＞8%，结构面上有少量至大量黏粒胶膜。土壤润态色调为10R，剖面各层的游离铁（Fe_2O_3）≥20g/kg。土体自上而下为疏松-稍坚实-坚实，黏土矿物以高岭石为主，蛭石次之。pH（H_2O）和pH（KCl）分别介于5.0～5.5和4.0～4.7，有机碳含量介于4.26～15.55g/kg，全铁含量为63.8～103.5g/kg，游离铁含量介于60.1～77.5g/kg，铁的游离度介于65.8%～94.2%。

对比土系　石凉亭系，属于同一亚类，成土母质均为石灰岩风化物，但地形部位不同，石凉亭系为高丘中坡，土族控制层段内颗粒大小级别为黏质，矿物学类型为高岭石混合型。

利用性能综述　该土系土层深厚，质地黏重，渗透性稍差，土壤酸度较强，肥力较差，表层有机质、钾含量均较低。改良与利用措施：①应实行农林综合利用，坡顶、上坡、陡坡地带宜封山育林，严禁砍伐，增加植被覆盖度，涵养水源，防止水土流失；下坡、缓坡地带可发展旱地农业，水源条件好的地方可发展水稻生产；②农地上应大力种植旱地绿肥，实行用地养地相结合；增施有机肥和实行秸秆还田以培肥土壤，改善土壤结构。

参比土种　中腐厚土石灰岩红壤。

代表性单个土体　位于湖南省永州市道县祥霖铺镇达头山村，25°23′02″N，111°33′21″E，海拔为201m，低丘缓坡地带，成土母质为石灰岩风化物，土地利用类型为有林地，植被类型为常绿阔叶林。50cm深处土温20.1℃。野外调查时间为2016年9月27日，野外编号43-YZ03。

达头山系代表性单个土体剖面

Ah：0～15cm，红棕色（2.5YR 4/8，干），暗红棕色（10R 3/3，润），大量细根，黏土，发育程度强的小块状结构，大量细孔隙、根孔、气孔和动物穴，土体疏松，向下层平滑渐变过渡。

Bw：15～50cm，亮红棕色（2.5YR 5/8，干），暗红色（10R 3/4，润），中量细根，黏土，发育程度强的中块状结构，中量细粒间孔隙、根孔、气孔和动物穴，土体稍坚实，向下层平滑渐变过渡。

Bt1：50～90cm，亮红棕色（2.5YR 5/8，干），暗红棕色（10R 3/3，润），少量细根，黏土，发育程度强的大块状结构，中量细粒间孔隙、根孔、气孔和动物穴，土体坚实，结构面有少量黏粒胶膜，向下层平滑模糊过渡。

Bt2：90～140cm，亮红棕色（2.5YR 5/8，干），暗红色（10R 3/6，润），黏土，发育程度强的大块状结构，少量细粒间孔隙、气孔，土体坚实，结构面有少量黏粒胶膜，向下层平滑渐变过渡。

Bt3：140～200cm，亮红棕色（2.5YR 5/8，干），暗红色（10R 3/4，润），黏土，发育程度强的大块状结构，少量细粒间孔隙，土体极坚实，结构面有大量黏粒胶膜。

达头山系代表性单个土体物理性质

土层	深度 /cm	石砾 (>2mm，体积分数)/%	细土颗粒组成(粒径：mm) /(g/kg)			质地	容重 /(g/cm^3)
			砂粒 2～0.05	粉粒 0.05～0.002	黏粒 <0.002		
Ah	0～15	1	48	262	690	黏土	1.09
Bw	15～50	0	70	207	723	黏土	1.14
Bt1	50～90	0	37	214	749	黏土	1.05
Bt2	90～140	0	48	159	793	黏土	0.99
Bt3	140～200	0	18	103	879	黏土	0.93

达头山系代表性单个土体化学性质

深度 /cm	pH (H_2O)	pH (KCl)	有机碳 /(g/kg)	全氮(N) /(g/kg)	全磷(P) /(g/kg)	全钾(K) /(g/kg)	游离铁 /(g/kg)	铁游离度 /%	CEC_7 /(cmol/kg) (黏粒)
0～15	5.3	4.7	15.55	1.29	0.52	8.7	60.1	94.2	25.7
15～50	5.4	4.1	5.44	0.71	0.48	8.7	63.8	68.9	21.5
50～90	5.5	4.0	5.16	0.69	0.49	9.5	64.4	69.8	20.5
90～140	5.4	4.1	4.50	0.64	0.51	9.5	67.0	65.8	21.1
140～200	5.0	4.0	4.26	0.59	0.52	8.8	77.5	74.9	18.7

6.4.3 红山系（Hongshan Series）

土 族：黏质高岭石型酸性热性-普通黏化湿润富铁土

拟定者：张杨珠，周 清，黄运湘，张 义，欧阳宁相

分布与环境条件 该土系分布于湘东地区的花岗岩低山中坡地带，海拔160～180m；成土母质为花岗岩风化物；土地利用状况为林地；中亚热带湿润季风气候，年均气温16～17℃，年均降水量1300～1600mm。

红山系典型景观

土系特征与变幅 诊断层包括淡薄表层、低活性富铁层和黏化层，诊断特性包括湿润土壤水分状况、热性土壤温度状况和铁质特性。土体深厚，土层深度超过200cm，土壤发育较成熟，土体构型为Ah-Bt，土壤质地为黏土，土壤润态色调为5YR，土体自上而下由稍松变坚实，剖面有3%～14%的石英颗粒。pH（H_2O）和pH（KCl）分别介于4.1～5.1和3.5～3.9，有机碳含量介于2.40～29.70g/kg，全铁含量为35.9～44.0g/kg，游离铁含量和铁的游离度分别介于26.9～34.4g/kg和70.1%～78.2%。

对比土系 大江系，属于同一亚纲，成土母质均为花岗岩风化物，地形部位和地表植被类似，但大江系土壤结构面上未见明显的黏粒胶膜，无黏化层，且150cm范围内出现母质层，表层土壤质地为黏壤土，因此为不同土系。

利用性能综述 土体深厚，但土质紧实，质地黏重，土壤酸性强，土壤肥力差，有机质、氮、磷和钾含量均低，宜种植油茶、茶叶、柑橘等耐酸性园艺作物和大豆、番薯等耐瘠农作物。改良与利用措施：改善灌溉条件，实行喷灌、滴灌，降低季节性旱害；大力种植旱地绿肥，实行用地养地相结合。

参比土种 厚腐厚土花岗岩红壤。

代表性单个土体 位于湖南省长沙市浏阳市大围山（镇）三元桥村红山组，28°27′03″N，114°00′57″E，海拔179m，花岗岩低山中坡地带，成土母质为花岗岩风化物，土地利用状况为林地。50cm深处土温18.6℃。野外调查时间为2014年5月12日，野外编号43-LY03。

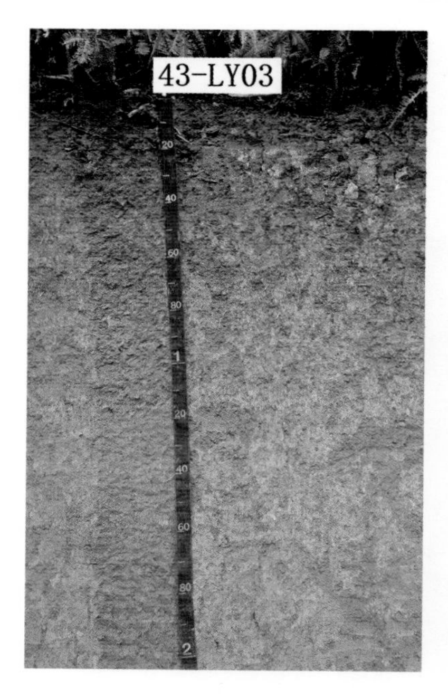

红山系代表性单个土体剖面

Ah：0～20cm，橙色（7.5YR 6/6，干），红棕色（5YR 4/8，润），大量中根，黏土，发育程度很强的小块状结构，中量中根孔和粒间孔隙，中量小石英颗粒，土体疏松，结构面上有少量黏粒胶膜，向下层平滑模糊过渡。

Bt1：20～60cm，黄橙色（7.5YR 7/8，干），亮红棕色（5YR 5/8，润），大量粗根，黏土，发育程度很强的大块状结构，少量细根孔，粒间孔隙，少量小石英颗粒，土体稍坚实，结构面上有大量黏粒胶膜，向下层平滑模糊过渡。

Bt2：60～120cm，橙色（7.5YR 6/6，干），橙色（5YR 6/8，润），少量粗根，黏土，发育程度强的大块状结构，少量细根孔和粒间孔隙，少量小石英颗粒，土体坚实，结构面上有大量黏粒胶膜，向下层平滑模糊过渡。

Bt3：120～174cm，橙色（7.5YR 6/6，干），亮红棕色（5YR 5/8，润），黏土，发育程度强的大块状结构，少量细粒间孔隙，中量小石英颗粒，土体很坚实，结构面上有大量黏粒胶膜，向下层平滑模糊过渡。

Bt4：174～200cm，黄橙色（7.5YR 8/8，干），亮红棕色（5YR 5/8，润），黏土，发育程度强的大块状结构，少量细粒间孔隙，中量小石英颗粒，土体很坚实，结构面上有中量黏粒胶膜。

红山系代表性单个土体物理性质

土层	深度/cm	石砾(>2mm，体积分数)/%	细土颗粒组成(粒径：mm)/(g/kg)			质地	容重/(g/cm^3)
			砂粒 2～0.05	粉粒 0.05～0.002	黏粒 <0.002		
Ah	0～20	11	299	274	427	黏土	0.81
Bt1	20～60	3	244	280	476	黏土	1.36
Bt2	60～120	4	235	297	468	黏土	1.35
Bt3	120～174	14	291	296	413	黏土	1.44
Bt4	174～200	6	306	274	420	黏土	1.34

红山系代表性单个土体化学性质

深度/cm	pH (H_2O)	pH (KCl)	有机碳/(g/kg)	全氮(N)/(g/kg)	全磷(P)/(g/kg)	全钾(K)/(g/kg)	游离铁/(g/kg)	铁游离度/%	CEC_7/(cmol/kg)(黏粒)
0～20	4.1	3.5	29.70	0.99	0.20	24.1	26.9	70.1	36.3
20～60	4.5	3.7	5.69	0.38	0.15	23.7	32.2	77.6	23.3
60～120	4.9	3.8	3.80	0.30	0.15	24.6	34.4	78.2	24.3
120～174	5.1	3.9	2.40	0.22	0.12	24.0	27.3	75.9	22.4
174～200	4.9	3.9	2.52	0.17	0.11	26.7	29.3	73.5	23.2

6.4.4　坪见系（Pingjian Series）

土　族：黏质高岭石混合型酸性热性-普通黏化湿润富铁土

拟定者：张杨珠，翟　橙，欧阳宁相

分布与环境条件　该土系分布于湘西地区的低山丘陵缓坡地带，海拔 300～400m；成土母质为板、页岩风化物；土地利用类型为茶园，植被覆盖度为 80%～90%；中亚热带湿润季风气候，年均气温 16～17℃，年均降水量 1300～1400mm。

坪见系典型景观

土系特征与变幅　诊断层包括暗瘠表层、低活性富铁层和黏化层；诊断特性包括湿润土壤水分状况、热性土壤温度状况和铁质特性。土体深厚，厚度在 150cm 以上，土体构型为 Ah-Bt-C，表层有机碳含量高，盐基饱和度小于 50%，土体稍坚实，质地构型为粉砂质黏壤土-粉砂质黏土，150cm 以下为板、页岩风化物。pH（H_2O）和 pH（KCl）分别介于 4.5～5.1 和 3.4～3.8，有机碳含量介于 2.38～59.15g/kg，全铁含量为 22.6～26.8g/kg，游离铁含量介于 17.5～24.1g/kg，铁的游离度介于 77.8%～89.9%。

对比土系　石凉亭系和霞塘系，属于同一土族，地形部位和植被类型相似，但石凉亭系和霞塘系成土母质为石灰岩风化物，土壤润态颜色分别为 2.5YR 和 7.5YR，因此为不同土系。

利用性能综述　该土系土层深厚，水热条件较好，但由于土壤质地黏重，透水性差，土壤呈强酸性，易发生水土流失。改良与利用措施：①应实行农林综合利用，坡顶、上坡、陡坡地带宜封山育林，严禁砍伐，增加植被覆盖度，涵养水源，防止水土流失；下坡、缓坡地带可发展旱地农业，水源条件好的地方可发展水稻生产；②农地上应大力种植旱地绿肥，实行用地养地相结合；增施有机肥和实行秸秆还田以培肥土壤，改善土壤结构。

参比土种　厚腐厚土板、页岩红壤。

代表性单个土体　位于湖南省怀化市会同县堡子镇坪见村，27°00′22″N，109°46′56″E，海拔 348m，地形为丘陵山地中缓坡，成土母质为板、页岩风化物，土地利用类型为茶园。50cm 深处土温为 18.8℃。野外调查时间为 2016 年 10 月 25 日，野外编号 43-HH03。

坪见系代表性单个土体剖面

Ah：0～23cm，灰黄棕色（10YR 5/2，干），暗棕色（10YR 3/3，润），大量细根系，粉砂质黏壤土，发育程度强的中团粒状结构，中量细根孔、气孔、动物穴和粒间孔隙，少量小岩屑，土体松散，向下层平滑渐变过渡。

Bt1：23～75cm，浊黄橙色（10YR 7/3，干），浊黄橙色（10YR 6/4，润），中量细根系，粉砂质黏土，发育程度强的中块状结构，中量细根孔、气孔、动物穴和粒间孔隙，少量小岩屑，土体松散，结构面上有中量黏粒胶膜和少量铁锰斑纹，向下层波状清晰过渡。

Bt2：75～114cm，浊黄橙色（10YR 7/4，干），亮黄棕色（10YR 6/6，润），少量细根，粉砂质黏土，发育程度中的大块状结构，中量细根孔、气孔和粒间孔隙，中量小岩屑，土体坚实，结构面上有中量的黏粒胶膜和少量锰斑纹，向下层平滑渐变过渡。

Bt3：114～150cm，淡黄橙色（10YR 8/3，干），亮黄棕色（10YR 7/6，润），粉砂质黏土，发育程度弱的中块状结构，中量细粒间孔隙，中量小岩屑，土体坚实，有中量的黏粒胶膜，向下层平滑渐变过渡。

C：150～180cm，板、页岩风化物。

坪见系代表性单个土体物理性质

土层	深度/cm	石砾(>2mm，体积分数)/%	细土颗粒组成(粒径：mm)/(g/kg)			质地	容重/(g/cm³)
			砂粒 2～0.05	粉粒 0.05～0.002	黏粒 <0.002		
Ah	0～23	4	88	543	369	粉砂质黏壤土	0.66
Bt1	23～75	7	85	461	454	粉砂质黏土	1.43
Bt2	75～114	18	65	470	465	粉砂质黏土	1.25
Bt3	114～150	25	111	430	459	粉砂质黏土	1.60

坪见系代表性单个土体化学性质

深度/cm	pH (H_2O)	pH (KCl)	有机碳/(g/kg)	全氮(N)/(g/kg)	全磷(P)/(g/kg)	全钾(K)/(g/kg)	游离铁/(g/kg)	铁游离度/%	CEC_7/(cmol/kg)(黏粒)
0～23	4.8	3.8	59.15	4.05	0.52	24.7	17.5	77.8	60.0
23～75	4.5	3.4	6.75	0.94	0.29	24.3	18.9	82.2	27.9
75～114	4.7	3.4	2.51	0.61	0.30	26.6	19.4	80.3	23.0
114～150	5.1	3.5	2.38	0.68	0.35	28.6	24.1	89.9	20.9

6.4.5 石凉亭系（Shiliangting Series）

土　族：黏质高岭石混合型酸性热性-普通黏化湿润富铁土

拟定者：张杨珠，欧阳宁相，罗　卓

分布与环境条件　该土系分布于湘南地区石灰岩高丘中坡地带，坡度为5°～15°，海拔200～300m；成土母质为石灰岩风化物；土地利用类型为其他林地，生长杉木、蕨类等植被及其他矮小灌木，覆盖度60%以上；中亚热带湿润季风气候，年均气温17.6～18.6℃，年均降水量1400～1500mm。

石凉亭系典型景观

土系特征与变幅　诊断层包括暗瘠表层、低活性富铁层和黏化层，诊断特性及现象包括湿润土壤水分状况、热性土壤温度状况、铁质特性。土体厚度≥200cm，土体构型为Ah-Bw-Bt，表层质地为黏土，Bt层黏化率大于1.2倍，土壤润态色调为2.5YR，黏土矿物以高岭石为主，伊利石和伊利石-蛭石混层矿物次之。pH（H_2O）和pH（KCl）分别介于4.5～5.2和3.7～3.9，有机碳含量介于4.17～21.32g/kg，全铁含量为44.8～72.0g/kg，游离铁含量介于30.8～31.1g/kg，铁的游离度介于43.0%～69.0%。

对比土系　霞塘系，属于同一土族，成土母质为石灰岩风化物，地形部位和地表植被相似，但霞塘系土体颜色偏黄，润态色调为7.5YR。坪见系，属于同一土族，但坪见系成土母质为板、页岩风化物，因此为不同土系。

利用性能综述　该土系土体深厚，质地黏重，土壤呈弱酸性，渗透性稍差，保水能力较强。有机质、全氮、全磷和全钾含量均一般。改良与利用措施：①应实行农林综合利用，坡顶、上坡、陡坡地带宜发展油茶、茶叶、柑橘和松、杉等经济林，下坡、缓坡地带可发展旱地农业，水源条件好的地方可发展水稻生产；②农地上应大力种植旱地绿肥，实行用地养地相结合，增施有机肥和实行秸秆还田以培肥土壤，改善土壤结构；③林地上封山育林，严禁砍伐，防止水土流失。

参比土种　厚腐厚土石灰岩红壤。

代表性单个土体　位于湖南省郴州市嘉禾县行廊镇石凉亭村，25°38′11″N，112°27′33″E，海拔255m，石灰岩高丘中坡地带，成土母质为石灰岩风化物，土地利用类型为其他林地。50cm深处土温为19.7℃。野外调查时间为2016年9月11日，野外编号43-CZ05。

石凉亭系代表性单个土体剖面

Ah：0～40cm，浊红棕色（5YR 5/4，干），暗红棕色（2.5YR 3/3，润），大量细根，黏土，发育程度强的中块状结构，大量细粒间孔隙、根孔、气孔和动物穴，土体极疏松，向下层平滑渐变过渡。

Bw：40～100cm，橙色（5YR 6/6，干），红棕色（2.5YR 4/6，润），中量细根，黏土，发育程度强的大块状结构，中量细粒间孔隙、根孔、气孔和动物穴，土体疏松，向下层平滑渐变过渡。

Bt1：100～160cm，橙色（5YR 6/6，干），暗红棕色（2.5YR 3/6，润），少量细根，黏土，发育程度强的大块状结构，中量细粒间孔隙、根孔和动物穴，土体稍坚实，结构面有大量黏粒胶膜，向下层平滑渐变过渡。

Bt2：160～200cm，橙色（5YR 6/8，干），暗红棕色（2.5YR 3/6，润），很少细根，黏土，发育程度中等的大块状结构，少量细粒间孔隙，土体坚实，结构面有大量黏粒胶膜。

石凉亭系代表性单个土体物理性质

土层	深度/cm	石砾(>2mm，体积分数)/%	细土颗粒组成(粒径：mm)/(g/kg)			质地	容重/(g/cm³)
			砂粒 2～0.05	粉粒 0.05～0.002	黏粒 <0.002		
Ah	0～40	0	58	278	664	黏土	1.30
Bw	40～100	0	77	356	567	黏土	1.39
Bt1	100～160	0	25	228	747	黏土	1.36
Bt2	160～200	0	29	164	807	黏土	1.33

石凉亭系代表性单个土体化学性质

深度/cm	pH (H_2O)	pH (KCl)	有机碳/(g/kg)	全氮(N)/(g/kg)	全磷(P)/(g/kg)	全钾(K)/(g/kg)	游离铁/(g/kg)	铁游离度/%	CEC_7/(cmol/kg)(黏粒)
0～40	4.8	3.7	21.32	1.51	0.36	18.8	31.1	57.0	25.8
40～100	4.8	3.9	9.32	0.97	0.33	15.9	30.9	69.0	22.9
100～160	4.5	3.9	5.22	0.86	0.33	19.9	30.8	51.1	23.8
160～200	5.2	3.9	4.17	0.85	0.36	17.5	31.0	43.0	26.7

6.4.6　霞塘系（Xiatang Series）

土　族：黏质高岭石混合型酸性热性-普通黏化湿润富铁土

拟定者：张杨珠，盛　浩，欧阳宁相，彭　涛

分布与环境条件　该土系分布于湘东南地区的石灰岩低丘中坡地带，海拔230～300m；成土母质为石灰岩风化物；土地利用状况为其他林地或自然荒地，主要植被类型为马尾松、毛竹、蕨类等常绿针阔叶林，植被覆盖度为30%～40%，地表植被受人为中度干扰；中亚热带湿润季风气候，年均气温16～17℃，年均降水量1400～1600mm。

霞塘系典型景观

土系特征与变幅　诊断层包括暗瘠表层、低活性富铁层和黏化层，诊断特性包括湿润土壤水分状况和热性土壤温度状况。土体深厚，土体构型为Ah-Bt，土壤表层有机质和养分含量较高，剖面质地构型为粉砂质黏壤土-粉砂质黏土-黏土，剖面通体均有中量至大量黏粒胶膜，Bt层黏化率均＞1.2倍。土壤润态色调为7.5YR，表土层较疏松，心土层和底土层稍坚实。pH（H_2O）和pH（KCl）分别介于5.1～5.7和3.8～4.4，有机碳含量介于2.74～22.67g/kg，全铁含量为28.0～51.2g/kg，游离铁含量介于20.3～42.7g/kg，铁的游离度介于72.3%～90.1%。

对比土系　石凉亭系，同属一个土族，成土母质一致，地形部位和地表植被类似，但石凉亭系表层土壤质地为黏土，土壤颜色更红，润态色调为2.5YR。坪见系，属于同一土族，但坪见系成土母质为板、页岩风化物，因此均为不同土系。

利用性能综述　该土系土层深厚，水热条件较好，但土壤质地黏重，透水性差，土壤呈强酸性。改良与利用措施：①应实行农林综合利用，坡顶、上坡、陡坡地带宜发展油茶、茶叶、柑橘和松、杉等经济林，下坡、缓坡地带可发展旱地农业，水源条件好的地方可发展水稻生产；②农地上应大力种植旱地绿肥，实行用地养地相结合，增施有机肥和实行秸秆还田以培肥土壤，改善土壤结构；③林地上封山育林，严禁砍伐，防止水土流失。

参比土种　厚腐厚土石灰岩红壤。

代表性单个土体　位于湖南省株洲市炎陵县鹿原镇霞塘村瑶家组，26°22′59″N，113°39′25″E，海拔263m，石灰岩低丘中坡地带，成土母质为石灰岩风化物，土地利用状况为其他林地。50cm深处土温为19.3℃。野外调查时间为2015年8月21日，野外编号43-ZZ05。

霞塘系代表性单个土体剖面

Ah：0～26cm，浊黄棕色（10YR 5/3，干），暗棕色（7.5YR 3/3，润），中量细根，粉砂质黏壤土，发育程度很强的大块状结构，大量细粒间孔隙、根孔、气孔和动物穴，少量小岩屑，土体疏松，结构面上有中量腐殖质黏粒胶膜，向下层平滑突变过渡。

Bt1：26～60cm，黄橙色（10YR 8/6，干），橙色（7.5YR 6/8，润），少量中等根，粉砂质黏土，发育程度强的大块状结构，中量很细粒间孔隙、根孔和动物穴，土体稍坚实，结构面上有大量黏粒胶膜，向下层平滑清晰过渡。

Bt2：60～135cm，亮黄棕色（10YR 7/6，干），橙色（7.5YR 5/8，润），极少量细根，黏土，发育程度强的大块状结构，少量很细粒间孔隙、根孔，土体很坚实，结构面上有大量黏粒胶膜，向下层平滑渐变过渡。

Bt3：135～180cm，黄橙色（10YR 8/6，干），亮棕色（7.5YR 5/8，润），极少量细根，黏土，发育程度中等的大块状结构，少量很细粒间孔隙，结构面上有大量黏粒胶膜，土体坚实。

霞塘系代表性单个土体物理性质

土层	深度 /cm	石砾 (>2mm，体积分数)/%	细土颗粒组成(粒径：mm)/(g/kg)			质地	容重 /(g/cm^3)
			砂粒 2～0.05	粉粒 0.05～0.002	黏粒 <0.002		
Ah	0～26	1	183	465	352	粉砂质黏壤土	1.25
Bt1	26～60	1	122	471	407	粉砂质黏土	1.47
Bt2	60～135	1	204	317	479	黏土	1.48
Bt3	135～180	0	171	384	445	黏土	1.43

霞塘系代表性单个土体化学性质

深度 /cm	pH (H_2O)	pH (KCl)	有机碳 /(g/kg)	全氮(N) /(g/kg)	全磷(P) /(g/kg)	全钾(K) /(g/kg)	游离铁 /(g/kg)	铁游离度 /%	CEC_7 /(cmol/kg) (黏粒)
0～26	5.7	4.4	22.67	1.36	0.28	20.0	20.3	72.3	40.2
26～60	5.1	3.8	6.22	0.69	0.23	22.0	25.4	77.0	22.2
60～135	5.2	3.9	3.82	0.59	0.21	26.6	42.7	90.1	18.2
135～180	5.3	4.0	2.74	0.55	0.21	31.1	41.1	80.3	18.8

6.4.7 九塘系（Jiutang Series）

土 族：黏质伊利石型酸性热性-普通黏化湿润富铁土

拟定者：张杨珠，周 清，满海燕

分布与环境条件 该土系分布于湘南地区的紫色砂、页岩丘陵、岗地地带，地势低平，海拔130～150m；成土母质为紫色砂、页岩风化物；土地利用状况为林地，植被有油桐、油茶、樟等，植被覆盖度为95%～99%；中亚热带湿润季风气候，年均气温 18.0～20.0℃，年均降水量1300～1400mm。

九塘系典型景观

土系特征与变幅 诊断层包括淡薄表层、低活性富铁层和黏化层；诊断特性包括热性土壤温度状况、湿润土壤水分状况和铁质特性。该土系土层较厚，厚度一般大于 100cm，质地构型为壤土-黏土，土体构型为 Ah-Bt-BC-C，表层厚度为 25cm，盐基不饱和。25～60cm 处土壤具有中度富铁铝化作用，CEC_7<24cmol/kg（黏粒），黏化率>1.2。pH（H_2O）和 pH（KCl）分别介于 4.6～5.4 和 3.5～4.1，有机碳含量为 3.54～13.13g/kg，全铁含量为 22.6～48.4g/kg，游离铁含量介于 18.9～35.4g/kg，铁的游离度在 64.6%～90.5%。

对比土系 曹旗系，属于同一亚类，但曹旗系地形部位为高丘中坡，成土母质为石灰岩风化物，矿物学类型为混合型，为不同土族。

利用性能综述 土体较厚，质地黏重，通透性较差。表层土壤有机质、氮、磷含量中等，表层以下全钾含量较高，宜种植经济林木和草本植物，增加植被覆盖度，涵养水源，防治水土流失；增施有机肥，改善土壤结构，培肥土壤。

参比土种 厚腐厚土酸性紫色土。

代表性单个土体 位于湖南省衡阳市祁东县金桥镇九塘村，26°43′52″N，112°08′42″E，海拔 138m，丘陵低丘中坡，成土母质为紫色砂、页岩风化物，林地。50cm 深处土温 19.7℃。野外调查时间为 2016 年 8 月 24 日，野外编号 43-HY03。

九塘系代表性单个土体剖面

Ah：0～25cm，浊红棕色（2.5YR 4/4，干），暗红棕色（2.5YR 3/3，润），大量细根系，壤土，发育程度强的小块状结构，大量细根孔、气孔、动物穴和粒间孔隙，土体疏松，少量中岩屑，向下层平滑渐变过渡。

Bt1：25～60cm，浅淡红橙色（2.5YR 7/4，干），浊红棕色（2.5YR 5/4，润），中量细根，黏土，发育程度强的中块状结构，少量细根孔、气孔、动物穴和粒间孔隙，土体稍坚实，少量中岩屑，结构面上有中量黏粒胶膜，向下层平滑渐变过渡。

Bt2：60～120cm，浅淡红橙色（2.5YR 7/4，干），浊红棕色（2.5YR 5/4，润），中量细根，黏土，发育程度中等的大块状结构，少量细根孔、气孔、动物穴和粒间孔隙，土体坚实，结构面上有多量黏粒胶膜，向下层平滑渐变过渡。

BC：120～180cm，橙色（2.5YR 6/6，干），浊红棕色（2.5YR 4/4，润），少量细根，黏土，发育程度弱的大块状结构，少量细根孔和粒间孔隙，土体极坚实，结构面上有多量黏粒胶膜。

C：180cm 以下，紫色砂、页岩风化物。

九塘系代表性单个土体物理性质

土层	深度 /cm	石砾 (>2mm，体积分数)/%	细土颗粒组成(粒径：mm)/(g/kg)			质地	容重 /(g/cm³)
			砂粒 2～0.05	粉粒 0.05～0.002	黏粒 <0.002		
Ah	0～25	10	380	379	241	壤土	1.52
Bt1	25～60	5	144	275	581	黏土	1.51
Bt2	60～120	14	141	350	509	黏土	1.50
BC	120～180	50	134	341	525	黏土	1.44

九塘系代表性单个土体化学性质

深度 /cm	pH (H_2O)	pH (KCl)	有机碳 /(g/kg)	全氮(N) /(g/kg)	全磷(P) /(g/kg)	全钾(K) /(g/kg)	游离铁 /(g/kg)	铁游离度 /%	CEC_7 /(cmol/kg) (黏粒)
0～25	5.3	4.1	13.13	0.97	0.22	8.9	18.9	83.7	33.5
25～60	4.6	3.5	4.46	0.61	0.27	23.7	27.9	73.4	18.8
60～120	4.7	3.5	4.77	0.57	0.29	27.8	31.3	64.6	35.5
120～180	5.4	3.6	3.54	0.49	0.25	27.8	35.4	90.5	32.5

6.4.8 曹旗系（Caoqi Series）

土 族：黏质混合型酸性热性-普通黏化湿润富铁土

拟定者：张杨珠，周 清，黄运湘，满海燕，欧阳宁相

分布与环境条件 该土系分布于湘中地区的石灰岩高丘中坡地带，海拔300～400m；成土母质为石灰岩风化物；土地利用状况为林地，自然植被有松树、蕨类、白茅等，植被覆盖度为60%～70%；中亚热带湿润季风气候，年均气温18～19℃，年均降水量1300～1400mm。

曹旗系典型景观

土系特征与变幅 诊断层包括淡薄表层、低活性富铁层和黏化层；诊断特性包括湿润土壤水分状况和热性土壤温度状况。该土系发育于石灰岩风化物之上，土体深厚，其土体构型为Ah-Bt-Bts，土壤质地为粉砂质黏土，盐基不饱和。Bt层和Bts层土壤具有中度富铁铝化作用，铁的游离度>70%，40～70cm处CEC_7<24cmol/kg（黏粒），Bt层和Bts层的总黏粒绝对增量>8%，结构面上有中量和大量黏粒胶膜。pH（H_2O）和pH（KCl）分别介于4.7～5.6和3.7～5.1，有机碳含量为2.99～5.30g/kg，全铁含量为42.5～57.1g/kg，游离铁含量介于31.3～47.5g/kg，铁的游离度介于73%～84%。

对比土系 九塘系，属于同一亚类，但九塘系地形部位为低丘中坡，成土母质为紫色砂、页岩风化物，矿物学类型为伊利石型，为不同土族。

利用性能综述 该土系土层深厚，质地偏黏，肥力差。有机质、氮、磷、钾含量较低，应继续封山育林，保护和恢复植被，可发展油桐、油茶、茶园，增施有机肥和复合肥。

参比土种 厚腐厚土石灰岩红壤。

代表性单个土体 位于湖南省邵阳市武冈市头堂乡曹旗村五组，110°41′33″N，110°41′33″E，海拔326m，高丘中坡，成土母质为石灰岩风化物，土地利用类型为林地，50cm深处土温19.0℃。野外调查时间为2016年7月27日，野外编号43-SY02。

曹旗系代表性单个土体剖面

Ah：0～40cm，橙色（7.5YR 6/6，干），亮棕色（7.5YR 5/8，润），少量细根，粉砂质黏土，发育程度强的小粒状结构，多量细根孔、气孔、动物穴和粒间孔隙，土体疏松，向下层平滑渐变过渡。

Bt1：40～70cm，亮棕色（7.5YR 5/8，干），亮棕色（7.5YR 5/8，润），少量细根，粉砂质黏土，发育程度强的中块状结构，大量细根孔、动物穴和粒间孔隙，土体稍坚实，结构面上有中量黏粒胶膜，向下层平滑模糊过渡。

Bt2：70～120cm，橙色（7.5YR 6/8，干），亮棕色（7.5YR 5/8，润），很少量细根，粉砂质黏土，发育程度强的大块状结构，多量细根孔、动物穴和粒间孔隙，土体稍坚实，结构面上有中量黏粒胶膜，向下层平滑模糊过渡。

Bts：120～200cm，橙色（7.5YR 6/6，干），亮红棕色（7.5YR 5/8，润），粉砂质黏土，发育程度强的大块状结构，中量细根孔、动物穴和粒间孔隙，土体很坚实，结构面上有大量黏粒胶膜、少量锰斑纹和结核。

曹旗系代表性单个土体物理性质

土层	深度 /cm	石砾 (>2mm，体积分数)/%	细土颗粒组成(粒径：mm)/(g/kg)			质地	容重 /(g/cm^3)
			砂粒 2～0.05	粉粒 0.05～0.002	黏粒 <0.002		
Ah	0～40	0	50	522	428	粉砂质黏土	1.36
Bt1	40～70	0	12	490	498	粉砂质黏土	1.39
Bt2	70～120	0	33	444	523	粉砂质黏土	1.45
Bts	120～200	0	20	411	569	粉砂质黏土	1.35

曹旗系代表性单个土体化学性质

深度 /cm	pH (H_2O)	pH (KCl)	有机碳 /(g/kg)	全氮(N) /(g/kg)	全磷(P) /(g/kg)	全钾(K) /(g/kg)	游离铁 /(g/kg)	铁游离度 /%	CEC_7 /(cmol/kg) (黏粒)
0～40	5.6	5.1	5.30	0.64	0.53	12.8	31.3	73.7	25.0
40～70	4.9	3.8	3.97	0.58	0.63	14.7	38.9	76.6	22.8
70～120	5.1	3.7	3.14	0.49	0.60	13.0	42.5	79.1	28.5
120～200	4.7	3.7	2.99	0.52	0.63	13.4	47.5	83.1	29.5

6.4.9 高升系（Gaosheng Series）

土 族：黏壤质硅质混合型酸性热性-普通黏化湿润富铁土

拟定者：张杨珠，周 清，欧阳宁相

分布与环境条件 该土系分布于湘中地区板、页岩低丘中坡地带，海拔100～200m；成土母质为板、页岩风化物；土地利用状况为有林地，主要植物类型为常绿阔叶林，覆盖率达80%～90%；中亚热带湿润季风气候，年均气温18～19℃，年均降水量1500～1600mm。

高升系典型景观

土系特征与变幅 诊断层包括淡薄表层、低活性富铁层和黏化层；诊断特性包括湿润土壤水分状况和热性土壤温度状况。土体较浅薄，土体构型为Ah-Bt-BC-C，土壤表层枯枝落叶丰富，表层有机碳含量较高。Bt层黏粒含量相对增高，黏化率为1.2倍，土壤润态色调以7.5YR为主，剖面质地构型为砂质黏壤土-砂质壤土，剖面BC层有20%～25%的板、页岩碎屑。pH（H_2O）和pH（KCl）分别介于4.3～4.4和3.7～3.8，有机碳含量为2.87～7.64g/kg，全铁含量为38.4～43.7g/kg，游离铁含量介于24.5～27.3g/kg，铁的游离度介于56.0%～69.1%。

对比土系 杨林系，属于同一个土族，成土母质相同，地形部位类似，但杨林系土层深度较厚，深度大于1m，铁的游离度均大于70%，土壤润态颜色更鲜艳，色调为2.5YR，因此为不同土系。

利用性能综述 该土系土体浅薄，表层养分含量低，供肥不足，土壤偏砂性，心土层紧实，不利于作物根系发育。改良与利用措施：①应实行农林综合利用，坡顶、上坡、陡坡地带宜发展经济林和薪炭林，下坡、缓坡地带可发展旱地种植业，水源条件好的地方可发展水稻生产；②农地上应大力种植旱地绿肥，实行用地养地相结合，增施有机肥和实行秸秆还田以培肥土壤，改善土壤结构；③林地上应封山育林，严禁砍伐，防止水土流失。

参比土种 厚腐厚土板、页岩红壤。

代表性单个土体 位于湖南省长沙市浏阳市蕉溪乡高升村万丰山组，28°13′13″N，113°29′13″E，海拔126m，低丘中坡地带，成土母质为板、页岩风化物，土地利用状况为有林地。50cm深处土温为19.0℃。野外调查时间为2015年5月6日，野外编号43-CS16。

高升系代表性单个土体剖面

Ah：0～18cm，浊黄棕色（10YR 6/4，干），棕色（7.5YR 4/6，润），大量粗根，砂质黏壤土，发育程度强的中团粒状结构，中量细根孔、气孔和粒间孔隙，少量中岩屑，土体松散，向下层波状渐变过渡。

Bt：18～50cm，浊黄棕色（10YR 6/4，干），棕色（7.5YR 4/6，润），大量粗根，砂质黏壤土，发育程度中等的小块状结构，少量细根孔和粒间孔隙，中量粗岩屑，结构面上有中量黏粒胶膜，土体松散，向下层波状渐变过渡。

BC：50～90cm，浊黄棕色（10YR 6/3，干），棕色（7.5YR 4/6，润），中量粗根，砂质壤土，发育程度弱的中块状结构，很少量极细根孔和粒间孔隙，大量粗岩屑，土体疏松，向下层波状渐变过渡。

C：90～130cm，板、页岩风化物。

高升系代表性单个土体物理性质

土层	深度/cm	石砾(>2mm，体积分数)/%	细土颗粒组成(粒径：mm)/(g/kg)			质地	容重/(g/cm³)
			砂粒 2～0.05	粉粒 0.05～0.002	黏粒 <0.002		
Ah	0～18	4	578	134	288	砂质黏壤土	0.90
Bt	18～50	10	495	156	349	砂质黏壤土	1.35
BC	50～90	23	674	141	185	砂质壤土	1.56

高升系代表性单个土体化学性质

深度/cm	pH (H_2O)	pH (KCl)	有机碳/(g/kg)	全氮(N)/(g/kg)	全磷(P)/(g/kg)	全钾(K)/(g/kg)	游离铁/(g/kg)	铁游离度/%	CEC_7/(cmol/kg)(黏粒)
0～18	4.3	3.7	7.64	0.76	0.97	18.3	24.5	56.0	24.0
18～50	4.4	3.8	4.60	0.92	0.81	19.7	27.3	67.9	18.1
50～90	4.4	3.8	2.87	0.51	0.77	21.0	26.5	69.1	18.0

6.4.10 杨林系（Yanglin Series）

土 族：黏壤质硅质混合型酸性热性-普通黏化湿润富铁土

拟定者：张杨珠，盛 浩，周 清，欧阳宁相，罗 卓

分布与环境条件 该土系分布于湘中地区的板、页岩丘陵地带，海拔 100～120m；成土母质为板、页岩风化物；土地利用状况为有林地，主要植被类型为常绿针阔叶混交林，主要植物为马尾松，覆盖率 60%左右；中亚热带湿润季风气候，年均气温 16.1～17.3℃，年均降水量 1220～1480mm。

杨林系典型景观

土系特征与变幅 诊断层包括淡薄表层、低活性富铁层和黏化层；诊断特性包括湿润土壤水分状况和热性土壤温度状况。土体较深厚，土体构型为 Ah-AB-Bt-BC-C。土壤发育程度较高，中度富铁铝化明显，Bt 层游离铁含量和游离度分别为 32.7g/kg 和 71.3%；BC 层 CEC_7＜24cmol/kg（黏粒），剖面发生黏粒淀积，其中 Bt 层黏化率>1.2，土壤润态色调为 2.5YR，质地构型为粉砂质黏壤土-黏壤土-粉砂壤土。pH（H_2O）和 pH（KCl）分别介于 4.0～4.7 和 3.3～3.8，有机碳含量为 2.30～9.10g/kg，全铁含量为 35.5～45.9g/kg，游离铁含量介于 26.3～32.7g/kg，铁的游离度介于 71.3%～75.8%。

对比土系 高升系，属于同一个土族，成土母质均为板、页岩风化物，地形部位和地表植物类似，但高升系土层浅薄，厚度小于 1m，土壤润态色调为 7.5YR，因此为不同土系。

利用性能综述 该土系土层较深厚，水热条件较好，但土壤质地较黏重，透水性差，土壤呈强酸性。改良与利用措施：①应实行农林综合利用，坡顶、上坡、陡坡地带宜发展油茶、茶叶、柑橘和松、杉等经济林，下坡、缓坡地带可发展旱地农业，水源条件好的地方可发展水稻生产；②农地上应大力种植旱地绿肥，实行用地养地相结合，增施有机肥和实行秸秆还田以培肥土壤，改善土壤结构；③林地上应封山育林，严禁砍伐，防止水土流失。

参比土种 厚腐厚土板、页岩红壤。

代表性单个土体 位于湖南省湘潭市韶山市杨林乡杨林村八家村组，27°57′30″N，112°29′54″E，海拔 107m，低丘中坡地带，成土母质为板、页岩风化物，土地利用状况为有林地。50cm 深处土温为 19.4℃。野外调查时间为 2015 年 8 月 30 日，野外编号 43-XT04。

杨林系代表性单个土体剖面

Ah：0～12cm，亮红棕色（5YR 5/8，干），暗红棕色（2.5YR 3/4，润），大量中根，粉砂质黏壤土，发育程度很强的大团粒状结构，大量中根孔、气孔、粒间孔隙和动物穴，土体极疏松，向下层平滑渐变过渡。

AB：12～30cm，橙色（5YR 7/8，干），红棕色（2.5YR 4/6，润），中量细根，黏壤土，发育程度强的中块状结构，大量细根孔、粒间孔隙和动物穴，土体疏松，结构面上有少量黏粒胶膜，向下层平滑渐变过渡。

Bt：30～63cm，橙色（5YR 7/8，干），红棕色（2.5YR 4/8，润），少量极细根，粉砂质黏壤土，发育程度强的大块状结构，中量细根孔和粒间孔隙，土体疏松，中量中岩屑，结构面上有中量黏粒胶膜，向下层平滑清晰过渡。

BC：63～140cm，橙色（5YR 7/8，干），亮红棕色（2.5YR 5/8，润），粉砂壤土，发育程度中等的中块状结构，很少量细粒间孔隙，土体稍坚实，中量粗岩屑，结构面上有少量黏粒胶膜，向下层波状清晰过渡。

C：140cm 以下，板、页岩风化物。

杨林系代表性单个土体物理性质

土层	深度 /cm	石砾 (>2mm，体积分数)/%	细土颗粒组成(粒径：mm)/(g/kg)			质地	容重 /(g/cm^3)
			砂粒 2～0.05	粉粒 0.05～0.002	黏粒 <0.002		
Ah	0～12	2	195	530	275	粉砂质黏壤土	1.08
AB	12～30	2	224	482	294	黏壤土	1.39
Bt	30～63	2	168	496	336	粉砂质黏壤土	1.48
BC	63～140	30	216	556	228	粉砂壤土	1.57

杨林系代表性单个土体化学性质

深度 /cm	pH (H_2O)	pH (KCl)	有机碳 /(g/kg)	全氮(N) /(g/kg)	全磷(P) /(g/kg)	全钾(K) /(g/kg)	游离铁 /(g/kg)	铁游离度 /%	CEC_7 /(cmol/kg)(黏粒)
0～12	4.0	3.3	9.10	0.54	0.23	17.0	26.3	74.2	55.4
12～30	4.2	3.6	9.08	0.62	0.21	16.4	27.8	72.0	38.1
30～63	4.3	3.7	5.01	0.38	0.21	17.9	32.7	71.3	31.9
63～140	4.7	3.8	2.30	0.21	0.20	18.0	28.5	75.8	23.2

6.5 斑纹简育湿润富铁土

6.5.1 蛇湾系（Shewan Series）

土 族：黏质高岭石混合型非酸性热性-斑纹简育湿润富铁土

拟定者：张杨珠，周 清，满海燕，欧阳宁相

分布与环境条件 该土系分布于湘中地区衡邵丘陵性盆地的低丘中坡，海拔300～400m；成土母质为石灰岩风化物；土地利用状况为林地，自然植被有蕨类、白茅等，植被覆盖度为75%～85%；中亚热带湿润季风气候，夏无酷暑，冬无严寒，年均气温16.7～17.8℃，年均降水量1400～1500mm。

蛇湾系典型景观

土系特征与变幅 诊断层包括淡薄表层和低活性富铁层；诊断特性包括湿润土壤水分状况、氧化还原特征、热性土壤温度状况和铁质特性。土体构型为Ah-Bs，表层厚度为35～45cm，盐基不饱和。Bs层土壤呈现出中度富铁铝化，结构面上有少量铁锰斑纹和中量铁锰结核，土壤质地为粉砂质黏土。pH（H_2O）和pH（KCl）分别介于5.4～5.8和3.8～5.3，有机碳含量为3.03～11.99g/kg，全铁含量为40.0～45.7g/kg，游离铁含量介于32.5～36.4g/kg，铁的游离度在76.6%～81.3%。

对比土系 东六路系，属于同一土类，地形部位和植被类型类似，但东六路系150cm内未出现铁锰结核，无氧化还原特征，且成土母质为第四纪红色黏土，因此为不同亚类。

利用性能综述 该土系土层深厚，质地偏黏，肥力一般。有机质、磷、钾含量较低，氮含量较高，植被覆盖度较高，水土流失较轻。改良与利用措施：应加强封山育林，严禁乱砍滥伐，防止水土流失。

参比土种 厚腐厚土石灰岩红壤。

代表性单个土体 位于湖南省邵阳市邵阳县黄塘乡蛇湾村八一场组，26°57′39″N，111°20′42″E，海拔343m，丘陵低丘中坡，成土母质为石灰岩风化物，林地。50cm深处土温18.8℃。野外调查时间为2016年7月29日，野外编号43-SY07。

蛇湾系代表性单个土体剖面

Ah：0～40cm，浊橙色（7.5YR 6/4，干），棕色（7.5YR 4/4，润），大量细根，粉砂质黏土，发育程度强的中块状结构，中量细根孔、气孔、动物穴和粒间孔隙，土体坚实，结构面上有少量铁锰结核，向下层波状渐变过渡。

Bs1：40～80cm，浊橙色（7.5YR 6/4，干），棕色（7.5YR 4/4，润），大量细根，粉砂质黏土，发育程度强的中块状结构，中量细根孔、气孔、动物穴和粒间孔隙，土体坚实，结构面上有少量铁锰斑纹和铁锰结核，向下层平滑渐变过渡。

Bs2：80～130cm，浊橙色（7.5YR 6/4，干），棕色（7.5YR 4/4，润），中量细根，粉砂质黏土，发育程度强的中块状结构，中量细根孔、气孔、动物穴和粒间孔隙，土体坚实，结构面上有少量铁锰斑纹、中量铁锰结核，向下层平滑模糊过渡。

Bs3：130～200cm，浊橙色（7.5YR 6/6，干），棕色（7.5YR 4/6，润），少量细根，粉砂质黏土，发育程度中等的中块状结构，中量细根孔、动物穴和粒间孔隙，土体稍坚实，有少量小岩屑，结构面上有少量铁锰斑纹、中量铁锰结核。

蛇湾系代表性单个土体物理性质

土层	深度 /cm	石砾 (>2mm，体积分数)/%	细土颗粒组成(粒径：mm)/(g/kg)			质地	容重 /(g/cm³)
			砂粒 2～0.05	粉粒 0.05～0.002	黏粒 <0.002		
Ah	0～40	0	72	516	412	粉砂质黏土	1.42
Bs1	40～80	0	82	512	406	粉砂质黏土	1.37
Bs2	80～130	0	46	485	469	粉砂质黏土	1.28
Bs3	130～200	6	87	419	494	粉砂质黏土	1.26

蛇湾系代表性单个土体化学性质

深度 /cm	pH (H_2O)	pH (KCl)	有机碳 /(g/kg)	全氮(N) /(g/kg)	全磷(P) /(g/kg)	全钾(K) /(g/kg)	游离铁 /(g/kg)	铁游离度 /%	CEC_7 /(cmol/kg) (黏粒)
0～40	5.5	4.8	11.99	1.51	0.33	11.2	32.9	79.8	33.0
40～80	5.8	5.3	8.69	1.13	0.33	11.2	32.5	76.6	30.2
80～130	5.5	4.0	5.37	0.90	0.34	12.3	32.6	81.3	23.8
130～200	5.4	3.8	3.03	0.83	0.37	13.8	36.4	79.7	25.3

6.6 网纹简育湿润富铁土

6.6.1 东六路系（Dongliulu Series）

土　族：黏质高岭石混合型酸性热性-网纹简育湿润富铁土

拟定者：张杨珠，周　清，黄运湘，张　义，欧阳宁相

分布与环境条件 该土系分布于湘中地区的第四纪红色黏土低丘岗地地带，海拔40～70m；成土母质为第四纪红色黏土；土地利用状况为茶园、油茶林、旱作或自然荒地，种植茶叶、油茶、大豆、蔬菜等经济林、旱地作物或生长马尾松、芒萁、芒等植被，植被覆盖度为30%～50%；中亚热带湿润季风气候，年均气温17.0～18.0℃，年均降水量1200～1600mm。

东六路系典型景观

土系特征与变幅 诊断层包括淡薄表层、低活性富铁层和聚铁网纹层；诊断特性包括湿润土壤水分状况和热性土壤温度状况。土体深厚，但其土壤肥力特征差，表现为“浅”、“瘦”、“酸”、“黏”和“板”等。土壤表层浅薄，肥力低下，有效养分含量低，土体紧实，质地黏重，通体为黏土，土体构型为Ah-Bw-B1-2C。土壤中度富铁铝化明显，其中100～121cm处CEC_7＜24cmol/kg（黏粒），100cm以下出现有灰、黄、白等染色条纹的聚铁网纹层，并有较多的红色、棕红色、橙红色的铁锰斑纹、斑块和结核，pH（H_2O）和pH（KCl）分别介于4.6～5.1和3.5～3.6，有机碳含量为2.36～6.80g/kg，全铁含量为46.2～51.4g/kg，游离铁含量介于32.9～39.7g/kg，铁的游离度在71.4%～77.4%。

对比土系 鹤源系，属于同一土类，成土母质均为第四纪红色黏土，地形部位相似，但鹤源系125cm范围内未出现聚铁网纹层，因此为不同亚类。杉峰系，属于同一亚纲，成土母质一致，但杉峰系具有黏化层，且土壤润态色调为2.5YR，因此为不同土类。

利用性能综述 该土系土体深厚，但土质紧实，质地黏重，土壤酸性强，土壤肥力差，有机质、氮、磷和钾含量均低，宜种植油茶、茶叶、柑橘等耐酸性园艺作物和大豆、番薯等耐瘠农作物。改良与利用措施：①大力种植旱地绿肥，实行用地养地相结合；②深翻松土，加沙客土，改善土壤通透性能。

参比土种 厚土层红土红壤。

代表性单个土体　位于湖南省长沙市长沙县榔梨镇红光村东六路旁，28°12′05″N，113°06′30″E，海拔 66m，低丘上坡地带，成土母质为第四纪红色黏土，土地利用状况为有林地。50cm 深处土温 19.2℃。野外调查时间为 2014 年 11 月 5 日，野外编号 43-CS01。

东六路系代表性单个土体剖面

Ah：0～37cm，红棕色（2.5YR 4/8，干），暗红色（10R 3/6，润），中量细根，黏土，发育程度强的中块状结构，中量细根孔、气孔和粒间孔隙，土体较疏松，很少量小石英颗粒，少量铁锰斑纹，少量黏粒胶膜，向下层平滑渐变过渡。

Bw：37～100cm，亮红棕色（2.5YR 5/8，干），红色（10R 4/6，润），少量细根，黏土，发育程度强的大块状结构，中量细根孔和粒间孔隙，很少量小石英颗粒，土体稍坚实，少量铁锰斑纹和黏粒胶膜，向下层平滑渐变过渡。

Bl1：100～121cm，亮红棕色（2.5YR 5/6，干），红色（10R 4/6，润），很少量细根，黏土，发育程度中等的大块状结构，中量小粒间孔隙，少量小石英颗粒，土体稍坚实，大量铁锰斑纹和少量黏粒胶膜，向下层平滑渐变过渡。

Bl2：121～145cm，橙色（2.5YR 6/6，干），红色（10R 5/8，润），黏土，发育程度中等的大块状结构，少量极细粒间孔隙，土体很坚实，中量铁锰斑纹。

2C：145cm 以下，淡黄色砂砾层。

东六路系代表性单个土体物理性质

土层	深度/cm	石砾(>2mm，体积分数)/%	细土颗粒组成(粒径：mm)/(g/kg)			质地	容重/(g/cm^3)
			砂粒 2～0.05	粉粒 0.05～0.002	黏粒 <0.002		
Ah	0～37	1	183	303	514	黏土	1.35
Bw	37～100	1	230	225	545	黏土	1.32
Bl1	100～121	3	235	260	505	黏土	1.48
Bl2	121～145	8	144	364	492	黏土	1.60

东六路系代表性单个土体化学性质

深度/cm	pH (H_2O)	pH (KCl)	有机碳/(g/kg)	全氮(N)/(g/kg)	全磷(P)/(g/kg)	全钾(K)/(g/kg)	游离铁/(g/kg)	铁游离度/%	CEC_7/(cmol/kg)(黏粒)
0～37	4.7	3.5	6.80	0.66	1.12	12.5	32.9	71.4	30.1
37～100	4.6	3.5	3.88	0.56	0.42	11.5	37.3	75.7	28.6
100～121	4.7	3.6	2.94	0.45	0.38	11.7	39.0	75.8	22.5
121～145	5.1	3.6	2.36	0.40	0.33	11.3	39.7	77.4	26.7

6.7 暗红简育湿润富铁土

6.7.1 鹤源系（Heyuan Series）

土 族：黏壤质硅质混合型酸性热性-暗红简育湿润富铁土

拟定者：张杨珠，周 清，廖超林，张 义，欧阳宁相

分布与环境条件 该土系分布于湘东地区的第四纪红色黏土低丘地区，海拔 90～150m；成土母质为第四纪红色黏土；土地利用类型为园地，主要作物类型为油茶，覆盖度为 60%～70%；中亚热带湿润季风气候，年均气温 18.0～19.0℃，年均降水量 1200～1600mm。

鹤源系典型景观

土系特征与变幅 诊断层为淡薄表层和低活性富铁层，诊断特性为湿润土壤水分状况和热性土壤温度状况。土体较厚，土体构型为 Ah-Bw，土壤风化程度较高，中度富铁铝化明显，其中 90～119cm 处 CEC_7＜24cmol/kg（黏粒），土体颜色为暗红色，土壤润态色调为 10R，土壤质地为砂质黏壤土。pH（H_2O）和 pH（KCl）分别介于 4.3～4.7 和 3.6～4.0，有机碳含量为 2.23～12.84g/kg，全铁含量为 37.4～42.9g/kg，游离铁含量介于 24.7～32.2g/kg，铁的游离度在 59.8%～78.7%。

对比土系 东六路系，同属简育湿润富铁土土类，成土母质均为第四纪红色黏土，但东六路系在 125cm 内出现了聚铁网纹层，因此为不同亚类。

利用性能综述 该土系土体深厚，但土质紧实，土壤酸性强，土壤肥力差，有机质、氮、磷、钾含量均低，宜种植油茶、茶叶、柑橘等耐酸性园艺作物和大豆、番薯等耐瘠农作物。改良与利用措施：改善灌溉条件，实行喷灌、滴灌，降低季节性旱害；大力种植旱地绿肥，实行用地养地相结合；深翻松土，加沙客土，改善土壤通透性能；增施有机肥和实行秸秆还田，改善土壤结构，提高土壤肥力；实行测土配方施肥和平衡施肥。

参比土种 厚土层红土红壤。

代表性单个土体 位于湖南省长沙市浏阳市淳口镇鹤源社区，28°18′22″N，113°29′56″E，海拔 109m，第四纪红色黏土低丘地带，成土母质为第四纪红色黏土，土地利用状况为园地。50cm 深处土温 19.0℃。野外调查时间为 2015 年 5 月 4 日，野外编号 43-CS15。

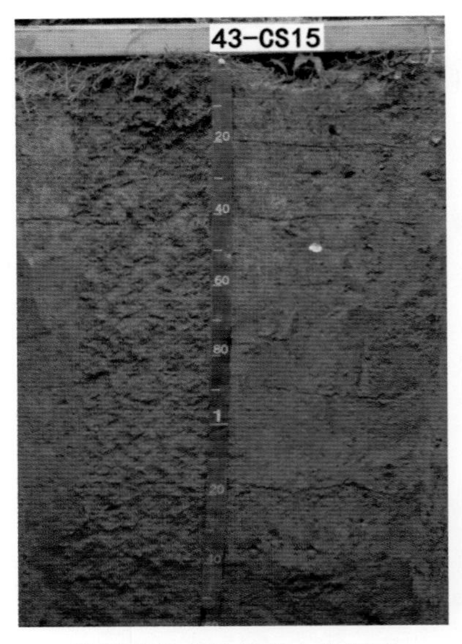

鹤源系代表性单个土体剖面

Ah：0～20cm，橙色（2.5YR 6/6，干），红色（10R 4/4，润），大量中根，砂质黏壤土，发育程度强的中团粒状结构，大量中根孔、动物孔隙和粒间孔隙，很少量小石英颗粒，土体松散，向下层平滑清晰过渡。

Bw1：20～40cm，橙色（2.5YR 6/8，干），红色（10R 4/6，润），中量细根，砂质黏壤土，发育程度强的中块状结构，中量细根孔和粒间孔隙，极少量小石英颗粒，土体疏松，少量黏粒胶膜，少量草木炭等侵入体，向下层平滑渐变过渡。

Bw2：40～90cm，橙色（2.5YR 6/8，干），红色（10R 4/8，润），少量细根，砂质黏壤土，发育程度强的中块状结构，少量细根孔和粒间孔隙，极少量小石英颗粒，土体稍坚实，少量黏粒胶膜，向下层平滑渐变过渡。

Bw3：90～119cm，橙色（2.5YR 7/8，干），暗红色（10R 3/6，润），极少细根，砂质黏壤土，发育程度强的大块状结构，少量细根孔和粒间孔隙，少量小石英颗粒，土体坚实，向下层平滑渐变过渡。

Bw4：119～160cm，橙色（2.5YR 7/8，干），暗红色（10R 3/6，润），砂质黏壤土，发育程度中的大块状结构，少量细粒间孔隙，少量小石英颗粒，土体坚实。

鹤源系代表性单个土体物理性质

土层	深度/cm	石砾(>2mm，体积分数)/%	细土颗粒组成(粒径：mm)/(g/kg)			质地	容重/(g/cm^3)
			砂粒 2～0.05	粉粒 0.05～0.002	黏粒 <0.002		
Ah	0～20	5	464	223	313	砂质黏壤土	1.30
Bw1	20～40	4	485	189	326	砂质黏壤土	1.53
Bw2	40～90	2	557	141	302	砂质黏壤土	1.45
Bw3	90～119	4	574	116	310	砂质黏壤土	1.58
Bw4	119～160	3	586	92	322	砂质黏壤土	1.72

鹤源系代表性单个土体化学性质

深度/cm	pH (H_2O)	pH (KCl)	有机碳/(g/kg)	全氮(N)/(g/kg)	全磷(P)/(g/kg)	全钾(K)/(g/kg)	游离铁/(g/kg)	铁游离度/%	CEC_7/(cmol/kg)(黏粒)
0～20	4.3	3.6	12.84	0.78	0.17	3.7	28.0	67.7	31.5
20～40	4.3	3.7	6.59	0.49	0.21	4.4	32.2	75.1	35.0
40～90	4.7	3.9	4.98	0.42	0.19	6.3	25.9	69.2	38.1
90～119	4.5	4.0	2.85	0.33	0.18	6.2	30.2	78.7	23.9
119～160	4.4	3.9	2.23	0.37	0.17	10.4	24.7	59.8	27.4

6.8　普通简育湿润富铁土

6.8.1　大江系（Dajiang Series）

土　族：黏质高岭石型酸性热性-普通简育湿润富铁土

拟定者：张杨珠，盛　浩，欧阳宁相，罗　卓

分布与环境条件　该土系分布于湘东南地区的花岗岩低丘中坡地带，海拔240～260m；成土母质为花岗岩风化物；土地利用状况为林地，植被类型为常绿针、阔叶林，植物覆盖度70%～80%；中亚热带湿润季风气候，年均气温17.0～18.0℃，年均降水量1500～1600mm。

大江系典型景观

土系特征与变幅　诊断层包括暗瘠表层和低活性富铁层，诊断特性包括准石质接触面、湿润土壤水分状况和热性土壤温度状况。土体较深厚，土体构型为Ah-Bw-C，土壤表层枯枝落叶丰富，土壤颜色偏暗，土壤润态色调为5YR，土壤发育程度较高，中度富铁铝化明显，其中20～50cm处CEC_7<24cmol/kg(黏粒)，土壤质地构型为黏壤土-砂质黏土。pH(H_2O)和pH（KCl）分别介于4.7～5.3和4.0～4.2，有机碳含量为3.17～11.36g/kg，全铁含量为46.2～60.8g/kg，游离铁含量和铁的游离度分别介于23.6～31.0g/kg和48.0%～64.1%。

对比土系　红山系，属同一亚纲，成土母质均为花岗岩风化物，地形部位和地表植被类似，但红山系通体出现明显的黏粒胶膜，具有黏化层，因此为不同土类。

利用性能综述　该土系土体较深厚，土壤质地偏砂性，表层养分含量低，供肥不足，宜种植油茶、茶叶、柑橘等耐酸性园艺作物和大豆、番薯等耐瘠农作物。改良与利用措施：增施有机肥和实行秸秆还田，改善土壤结构，提高土壤肥力；实行测土配方施肥和平衡施肥。

参比土种　厚腐厚土花岗岩红壤。

代表性单个土体　位于湖南省株洲市炎陵县沔渡镇大江村，26°34′25″N，113°52′49″E，海拔253m，岗地上坡地带，成土母质为花岗岩风化物，土地利用状况为有林地。50cm深处土温19.3℃。野外调查时间为2015年8月20日，野外编号43-ZZ04。

大江系代表性单个土体剖面

Ah：0～20cm，棕色（7.5YR 4/3，干），暗红棕色（5YR 3/3，润），大量粗根，黏壤土，发育程度很强的中团粒状结构，大量中根孔、动物穴和粒间孔隙，极少量小石英颗粒，土体松散，向下层平滑渐变过渡。

Bw1：20～50cm，橙色（7.5YR 6/6，干），红棕色（5YR 4/8，润），中量粗根，黏壤土，发育程度强的小块状结构，大量细根孔和粒间孔隙，中量小石英颗粒，土体疏松，向下层平滑渐变过渡。

Bw2：50～90cm，亮棕色（7.5YR 5/8，干），亮红棕色（5YR 5/6，润），少量中根，黏壤土，发育程度中等的大块状结构，中量细根孔、动物孔隙和粒间孔隙，中量小石英颗粒，土体疏松，结构面上有少量黏粒胶膜，向下层平滑清晰过渡。

Bw3：90～145cm，橙色（7.5YR 7/6，干），亮红棕色（5YR 5/8，润），少量细根，砂质黏土，发育程度中等的大块状结构，中量细根孔、动物孔隙和粒间孔隙，中量小石英颗粒，土体疏松，结构面上有少量黏粒胶膜，向下层平滑突变过渡。

C：145～180cm，花岗岩风化物。

大江系代表性单个土体物理性质

土层	深度 /cm	石砾 (>2mm，体积分数)/%	细土颗粒组成(粒径：mm)/(g/kg)			质地	容重 /(g/cm³)
			砂粒 2～0.05	粉粒 0.05～0.002	黏粒 <0.002		
Ah	0～20	8	406	229	365	黏壤土	1.10
Bw1	20～50	12	403	205	392	黏壤土	1.12
Bw2	50～90	13	437	164	399	黏壤土	1.35
Bw3	90～145	20	469	176	355	砂质黏土	1.33

大江系代表性单个土体化学性质

深度 /cm	pH (H_2O)	pH (KCl)	有机碳 /(g/kg)	全氮(N) /(g/kg)	全磷(P) /(g/kg)	全钾(K) /(g/kg)	游离铁 /(g/kg)	铁游离度 /%	CEC_7 /(cmol/kg) (黏粒)
0～20	4.7	4.0	11.36	0.92	0.46	18.1	23.6	48.0	32.8
20～50	4.9	4.1	6.62	0.55	0.45	14.7	28.3	61.3	22.9
50～90	5.3	4.2	3.70	0.40	0.42	14.4	31.0	64.1	29.1
90～145	5.3	4.1	3.17	0.29	0.47	17.5	29.5	48.5	48.7

6.8.2 鸡子头系（Jizitou Series）

土 族：黏质高岭石混合型酸性热性-普通简育湿润富铁土

拟定者：张杨珠，周 清，黄运湘，盛 浩，满海燕，欧阳宁相

分布与环境条件 该土系分布于湘中地区的石灰岩低山丘陵地带，海拔 300～350m；成土母质为砂岩风化物；土地利用状况为林地，主要为马尾松、蕨类、白茅等植被，植被覆盖度为 80%～90%；中亚热带湿润季风气候，年均气温 16～17℃，年均降水量 1300～1400mm，年均无霜期 300～310d。

鸡子头系典型景观

土系特征与变幅 诊断层包括暗瘠表层和低活性富铁层；诊断特性和诊断现象包括湿润土壤水分状况、热性土壤温度状况、铁质特性。土层深厚，大于 150cm，土体构型为 Ah-AB-Bw-BC，盐基不饱和。中度富铁铝化作用明显，其中 Bw 和 BC 层 CEC_7<24cmol/kg（黏粒）；土壤润态色调为 5YR。pH（H_2O）和 pH（KCl）分别介于 4.4～5.0 和 3.5～3.9，有机碳含量为 3.00～23.70g/kg，全铁含量为 44.1～46.7g/kg，游离铁含量和铁的游离度分别介于 35.8～39.5g/kg 和 81.2%～88.1%。

对比土系 竹坪铺系，同属普通简育湿润富铁土亚类，地形部位相似，植被类型一致，但沙湾系土族控制层段内颗粒大小级别为黏壤质，因此为不同土族。

利用性能综述 该土系土层较厚，有机质、氮、钾含量较高，磷含量较低，植被覆盖度较高，水土流失较轻。改良与利用措施：应加强封山育林，严禁乱砍滥伐，防止水土流失、土壤酸化，适当使用碱性物质改良土壤酸碱度。

参比土种 厚腐厚土砂岩红壤。

代表性单个土体 位于湖南省邵阳市绥宁县竹舟江苗族乡鸡子头村干鱼田组，26°40′12″N，110°04′45″E，海拔 317m，低丘中坡，成土母质为砂岩风化物，林地。50cm 深处土温 19.1℃。野外调查时间为 2016 年 7 月 27 日，野外编号 43-SY03。

鸡子头系代表性单个土体剖面

Ah：0～25cm，浊红棕色（5YR 5/4，干），暗红棕色（5YR 3/3，润），多量细根，粉砂质黏壤土，发育程度强的团粒状结构，多量细根孔、气孔、动物穴和粒间孔隙，土体较疏松，黏着，有中量蚂蚁，向下层波状渐变过渡。

AB：25～45cm，淡橙色（5YR 7/4，干），亮红棕色（5YR 5/6，润），中量细根系，粉砂质黏壤土，发育程度强的小块状结构，多量细根孔、气孔、动物穴和粒间孔隙，土体较坚实，黏着，有少量蚂蚁，向下层波状渐变过渡。

Bw：45～110cm，橙色（5YR 6/6，干），亮红棕色（5YR 5/8，润），中量细根系，粉砂质黏壤土，发育程度强的中块状结构，多量细根孔、气孔、动物穴和粒间孔隙，土体坚实，黏着，向下层平滑模糊过渡。

BC：110～200cm，橙色（5YR 7/6，干），红棕色（5YR 5/8，润），中量细根，粉砂质黏壤土，发育程度中等的大块状结构，中量细粒间孔隙，土体中有大量大块砂岩碎屑，土体坚实，黏着。

鸡子头系代表性单个土体物理性质

土层	深度/cm	石砾(>2mm，体积分数)/%	细土颗粒组成(粒径：mm)/(g/kg)			质地	容重/(g/cm³)
			砂粒 2～0.05	粉粒 0.05～0.002	黏粒 <0.002		
Ah	0～25	0	150	474	376	粉砂质黏壤土	0.94
AB	25～45	5	159	434	407	粉砂质黏壤土	1.33
Bw	45～110	15	189	412	399	粉砂质黏壤土	1.33
BC	110～200	40	191	488	321	粉砂质黏壤土	1.38

鸡子头系代表性单个土体化学性质

深度/cm	pH (H_2O)	pH (KCl)	有机碳/(g/kg)	全氮(N)/(g/kg)	全磷(P)/(g/kg)	全钾(K)/(g/kg)	游离铁/(g/kg)	铁游离度/%	CEC_7/(cmol/kg)(黏粒)
0～25	4.4	3.5	23.70	1.94	0.39	18.6	35.8	81.2	51.0
25～45	4.4	3.6	10.36	1.14	0.30	19.6	39.5	88.1	34.2
45～110	4.7	3.7	4.07	0.79	0.25	19.7	39.0	84.1	23.7
110～200	5.0	3.9	3.00	0.75	0.21	21.1	38.1	81.5	23.8

6.8.3 竹坪铺系（Zhupingpu Series）

土 族：黏壤质硅质混合型非酸性热性-普通简育湿润富铁土

拟定者：张杨珠，翟 橙，欧阳宁相，罗 卓

分布与环境条件 该土系分布于湘西地区板、页岩低山丘陵的中缓坡地带，地势起伏大，以高丘为主，海拔 300～400m；土地利用类型为林地，植被覆盖度为 80%～90%；成土母质为板、页岩风化物；属亚热带湿润季风气候，年均气温 18～19℃，年均无霜期 280～290d，年均降水量 1400～1500mm。

竹坪铺系典型景观

土系特征与变幅 诊断层包括淡薄表层和低活性富铁层；诊断特性包括湿润土壤水分状况、热性土壤温度状况和铁质特性。土体构型为 Ah-Bw-BC。土体较深厚，土壤质地为粉砂质黏壤土，BC 层有大量岩石碎屑，孔隙度高。pH（H_2O）和 pH（KCl）分别介于 4.7～5.6 和 3.7～4.3，有机碳含量介于 2.71～19.34g/kg，全铁含量为 31.5～55.0g/kg，游离铁含量介于 21.3～47.3g/kg，铁的游离度介于 57.6%～96.5%。

对比土系 鸡子头系，属于同一亚类，地形部位类似，但鸡子头系土族控制层段内颗粒大小级别为黏质，黏土矿物类型为高岭石混合型，土壤酸碱类型为酸性，因此为不同土族。

利用性能综述 该土系土层深厚，水热条件较好，宜种性广，但由于土壤质地黏，透水性差，土壤呈强酸性，适宜发展林业，封山育林，涵养水源，保持水土；低缓坡地带可适当种植旱粮、茶、橘等耐酸、瘠农作物。用作农地时应增施有机肥，利用测土配方施肥等措施，以改善土壤结构，培肥地力。

参比土种 厚腐厚土板、页岩红壤。

代表性单个土体 位于湖南省怀化市芷江侗族自治县竹坪铺乡沙湾村，27°26′43″N，109°36′23″E，海拔 356m，丘陵，坡形为阶梯形，坡向为西方向，成土母质为板、页岩风化物，土地利用类型为林地。50cm 深处土温 18.6℃。野外调查时间为 2016 年 10 月 27 日，野外编号 43-HH06。

竹坪铺系代表性单个土体剖面

Ah：0～25cm，淡黄色（2.5Y 7/4，干），浊黄棕色（10YR 5/4，润），大量细根，粉砂质黏壤土，发育程度强的中团粒状结构，中量细根孔、气孔、粒间孔隙和动物穴，土体疏松，少量小岩屑，向下层平滑渐变过渡。

Bw：25～70cm，淡黄色（2.5Y 7/4，干），黄棕色（10YR 5/6，润），中量极细根，粉砂质黏壤土，发育程度中等的小块状结构，中量细根孔、气孔、粒间孔隙和动物穴，中量小岩屑，土体稍坚实，向下层平滑清晰过渡。

BC1：70～110cm，淡黄色（2.5Y 7/4，干），亮黄棕色（10YR 6/6，润），少量极细根，粉砂质黏壤土，发育程度中等的小块状结构，中量细根孔、粒间孔隙和动物穴，土体稍坚实，大量中岩屑，向下层平滑渐变过渡。

BC2：110～170cm，淡黄色（2.5Y 7/4，干），亮黄棕色（10YR 6/6，润），粉砂质黏壤土，发育程度中等的小块状结构，中量细粒间孔隙，土体坚实，大量粗岩屑，向下层平滑清晰过渡。

竹坪铺系代表性单个土体物理性质

土层	深度/cm	石砾(>2mm，体积分数)/%	细土颗粒组成(粒径：mm)/(g/kg)			质地	容重/(g/cm^3)
			砂粒 2～0.05	粉粒 0.05～0.002	黏粒 <0.002		
Ah	0～25	5	147	515	338	粉砂质黏壤土	1.16
Bw	25～70	10	84	594	324	粉砂质黏壤土	1.11
BC1	70～110	35	53	616	331	粉砂质黏壤土	1.40
BC2	110～170	40	168	506	326	粉砂质黏壤土	1.30

竹坪铺系代表性单个土体化学性质

深度/cm	pH(H_2O)	pH(KCl)	有机碳/(g/kg)	全氮(N)/(g/kg)	全磷(P)/(g/kg)	全钾(K)/(g/kg)	游离铁/(g/kg)	铁游离度/%	CEC_7/(cmol/kg)(黏粒)
0～25	4.7	3.7	19.34	2.02	0.35	24.3	27.7	88.0	37.2
25～70	5.6	4.3	8.52	1.12	0.30	23.1	47.3	86.1	31.5
70～110	5.0	3.9	5.27	0.98	0.26	30.0	21.3	57.6	20.2
110～170	5.1	4.1	2.71	0.83	0.22	36.8	35.6	96.5	17.4

第 7 章　淋　溶　土

7.1　腐殖铝质常湿淋溶土

7.1.1　狮脑石系（Shinaoshi Series）

土　族：粗骨壤质硅质混合型温性-腐殖铝质常湿淋溶土

拟定者：张杨珠，周　清，黄运湘，盛　浩，张　义

分布与环境条件　该土系分布于湘东大围山地区花岗岩中山中坡地带，海拔 1500～1600m；成土母质为花岗岩风化物；土地利用状况为天然林地，植被类型为矮小灌木和草本；中亚热带山地常湿润季风气候，年均气温 13～14℃，年均无霜期 270～280d，年均日照时数 1500～1700h，年均降水量 1800～1900mm。

狮脑石系典型景观

土系特征与变幅　本土系诊断层包括淡薄表层和黏化层，诊断特性和诊断现象包括准石质接触面、常湿润土壤水分状况、温性土壤温度状况、腐殖质特性、铁质特性和铝质现象。土体构型为 Ah-Bw-Bt，土体较浅薄，厚度一般小于 1m，土壤表层有机质和养分含量较高，表层质地为壤土，土体结构面上有少量腐殖质黏粒胶膜，Bt 层黏化率大于 1.2 倍，土壤润态色调为 5YR，土体自上而下由稍松变坚实，剖面中石英颗粒含量为 15%～30%。pH（H_2O）和 pH（KCl）分别介于 4.4～5.4 和 4.0～4.5，有机碳含量介于 7.5～53.4g/kg，全铁含量为 42.3～50.8g/kg，游离铁含量介于 13.0～19.0g/kg，铁的游离度介于 30.6%～37.3%。

对比土系　五指峰下系，属于同一亚类，成土母质均为花岗岩风化物，地形部位与海拔较为接近，但土族控制层段内石砾含量差异较大，五指峰下系土族控制层段内石砾含量低于 25%，颗粒大小级别为黏壤质，且狮脑石系在 83cm 处出现了准石质接触面，因此为不同土族。

利用性能综述　该土系分布于中山山顶，土壤浅薄，虽然表层有机质和养分含量高，但砂粒含量高，坡度大，石砾含量高，土壤易受流水冲刷侵蚀。应加强封山育林，防止水土流失。

参比土种　麻沙草甸土。

代表性单个土体　位于湖南省长沙市浏阳市大围山（镇）七星山庄后山，28°25′48″N，114°9′09″E，海拔 1549.5m，花岗岩中山中坡地带，成土母质为花岗岩风化物，土地利用状况为林地，植被为矮小灌木，50cm 深处土温为 13.2℃。野外调查时间为 2014 年 5 月 13 日，野外编号 43-LY05。

狮脑石系代表性单个土体剖面

Ah：0～10cm，橙色（7.5YR 6/6，干），红棕色（5YR 4/8，润），大量细根，壤土，发育程度中等的中团粒状结构，大量细根孔、粒间孔隙和动物穴，大量小石英颗粒，土体疏松，向下层波状清晰过渡。

Bw：10～26cm，黄橙色（7.5YR 7/8，干），亮红棕色（5YR 5/8，润），大量细根，砂质壤土，发育程度中等的中块状结构，中量细根孔、粒间孔隙和动物穴，大量小石英颗粒，结构面上有少量腐殖质黏粒胶膜，土体疏松，向下层波状清晰过渡。

Bt1：26～47cm，浊橙色（7.5YR 6/4，干），浊红棕色（5YR 5/4，润），少量极细根，砂质壤土，发育程度中等的中块状结构，中量细根孔、粒间孔隙和动物穴，大量小石英颗粒，结构面上有中量腐殖质黏粒胶膜，土体稍坚实，向下层波状清晰过渡。

Bt2：47～83cm，橙色（7.5YR 6/6，干），亮红棕色（5YR 5/8，润），砂质壤土，发育程度弱的小块状结构，中量细根孔、粒间孔隙和动物穴，大量小石英颗粒，结构面上有中量黏粒胶膜，土体坚实。

狮脑石系代表性单个土体物理性质

土层	深度/cm	石砾(>2mm，体积分数)/%	细土颗粒组成(粒径：mm)/(g/kg) 砂粒 2～0.05	粉粒 0.05～0.002	黏粒 <0.002	质地	容重/(g/cm³)
Ah	0～10	15	425	486	89	壤土	0.81
Bw	10～26	25	510	413	77	砂质壤土	0.81
Bt1	26～47	30	438	445	117	砂质壤土	0.88
Bt2	47～83	25	584	272	144	砂质壤土	1.31

狮脑石系代表性单个土体化学性质

深度/cm	pH (H_2O)	pH (KCl)	有机碳/(g/kg)	全氮(N)/(g/kg)	全磷(P)/(g/kg)	全钾(K)/(g/kg)	游离铁/(g/kg)	CEC_7/(cmol/kg)(黏粒)	$Al_{(KCl)}$/(cmol/kg)(黏粒)	铝饱和度/%
0～10	4.4	4.0	53.4	3.23	0.63	26.6	13.0	308.0	19.8	74.9
10～26	5.1	4.5	31.4	2.76	0.63	29.9	15.6	309.7	14.8	59.8
26～47	4.9	4.3	16.1	1.32	0.58	34.9	19.0	170.6	13.1	46.8
47～83	5.4	4.3	7.5	0.61	0.49	38.1	16.1	129.7	11.4	68.3

7.1.2 南山牧场系（Nanshanmuchang Series）

土 族：黏壤质硅质混合型温性-腐殖铝质常湿淋溶土

拟定者：张杨珠，周 清，黄运湘，盛 浩，满海燕

分布与环境条件 该土系位于湘西南南山地区花岗岩中山坡顶地带，海拔 1800～1900m；成土母质为花岗岩风化物；土地利用状况为草地，植被覆盖度为 85%～95%；亚热带山地湿润季风气候，年均气温 13～14℃，年均降水量 1800～1900mm。

南山牧场系典型景观

土系特征与变幅 诊断层包括暗瘠表层和黏化层；诊断特性及诊断现象包括石质接触面、常湿润土壤水分状况、温性土壤温度状况、腐殖质特性、铁质特性和铝质现象。土体构型为 Ah-AB-Bt-R，土层较厚，在 110cm 左右，表层有机碳丰富，其含量为 50～60g/kg，向下层逐渐减少，AB 层和 Bt 层结构面上有少量至中量的腐殖质黏粒胶膜，Bt 层黏化率>1.20；剖面 110cm 范围处有整块状的花岗岩，土壤质地构型为壤土-砂质黏壤土。pH（H_2O）和 pH（KCl）分别介于 4.9～5.3 和 3.8～4.3，全铁含量为 26.1～30.3g/kg，游离铁含量介于 13.3～25.1g/kg，铁的游离度在 51.0%～87.2%。

对比土系 樱花谷系，属于同一土族，母质类型一致，但樱花谷系土层浅薄，土层厚度小于 100cm，且 100cm 以内出现了准石质接触面。五指峰下系，属于同一土族，成土母质一致，但五指峰下系海拔在 1500m 以下，且地表植被为灌木，因此为不同土系。

利用性能综述 该土系土层较厚，质地适中，有机质、氮、磷和钾含量高，肥力好。但需合理监管，严禁过度放牧。适当施用土壤有机肥，保持土壤肥力。

参比土种 麻沙草甸土。

代表性单个土体 位于湖南省邵阳市城步苗族自治县南山镇南山牧场土界，26°9′00″N，110°8′08″E，海拔 1888m，山地中山顶部，成土母质为花岗岩风化物，土地利用类型为草地，50cm 深处土温 13℃。野外调查时间为 2016 年 7 月 28 日，野外编号 43-SY05。

南山牧场系代表性单个土体剖面

Ah：0～25cm，黑棕色（10YR 3/2，干），黑色（10YR 2/1，润），大量细根，壤土，发育程度强的小团粒状结构，大量细根孔、气孔、动物穴和粒间孔隙，土体疏松，向下层波状清晰过渡。

AB：25～33cm，浊黄橙色（10YR 6.5/4，干），棕色（10YR 4/4，润），少量细根，壤土，发育程度强的小块状结构，中量细根孔、气孔、动物穴和粒间孔隙，土体疏松，结构面上有少量腐殖质胶膜，向下层波状渐变过渡。

Bt1：33～65cm，浊黄橙色（10YR 6.5/4，干），棕色（10YR 4/4，润），很少量极细根，壤土，发育程度强的中块状结构，多量细根孔、气孔、动物穴和粒间孔隙，土体疏松，结构面上有中量黏粒胶膜，向下层平滑模糊过渡。

Bt2：65～110cm，浊黄橙色（10YR 6.5/4，干），黄棕色（10YR 5/6，润），砂质黏壤土，中量中根孔、气孔、动物穴和粒间孔隙，发育程度弱的中块状结构，土体疏松，结构面上有少量黏粒胶膜，中量大花岗岩碎屑，向下层平滑清晰过渡。

R：110～130cm，花岗岩半风化物。

南山牧场系代表性单个土体物理性质

土层	深度 /cm	石砾 (>2mm，体积分数)/%	细土颗粒组成(粒径：mm)/(g/kg)			质地	容重 /(g/cm^3)
			砂粒 2～0.05	粉粒 0.05～0.002	黏粒 <0.002		
Ah	0～25	2	332	460	208	壤土	0.84
AB	25～33	5	334	480	186	壤土	0.80
Bt1	33～65	15	304	466	230	壤土	0.92
Bt2	65～110	30	483	245	272	砂质黏壤土	1.26

南山牧场系代表性单个土体化学性质

深度 /cm	pH (H_2O)	pH (KCl)	有机碳 /(g/kg)	全氮(N) /(g/kg)	全磷(P) /(g/kg)	全钾(K) /(g/kg)	铁游离度 /%	CEC_7 /(cmol/kg) (黏粒)	$Al_{(KCl)}$ /(cmol/kg) (黏粒)	铝饱和度 /%
0～25	4.9	3.8	55.8	4.70	0.82	19.5	85.0	130.0	34.4	81.4
25～33	5.0	3.9	24.8	2.54	0.54	22.8	87.2	68.0	28.1	88.5
33～65	5.2	4.1	15.2	1.58	0.26	10.6	79.9	90.0	15.3	82.3
65～110	5.3	4.3	10.1	0.94	0.54	28.3	51.0	60.6	6.4	65.7

7.1.3 五指峰下系（Wuzhifengxia Series）

土 族：黏壤质硅质混合型温性-腐殖铝质常湿淋溶土

拟定者：周 清，盛 浩，张 义，欧阳宁相

分布与环境条件 该土系分布于湘东大围山地区花岗岩中山中坡地带，海拔1300～1400m；成土母质为花岗岩风化物；土地利用状况为天然林地；中亚热带常湿润季风气候，年均气温13～14℃，年均无霜期270～280d，年均日照时数1500～1700h，年均降水量1700～1900mm。

五指峰下系典型景观

土系特征与变幅 诊断层包括暗瘠表层和黏化层，诊断特性及诊断现象包括常湿润土壤水分状况、温性土壤温度状况、腐殖质特性、铁质特性和铝质现象。该土系土体构型为Ah-AB-Bw-Bt，土体深厚，厚度>100cm，土壤表层受到轻度侵蚀，有机质和养分含量较高，表层土壤质地为壤土，土壤润态色调以10YR为主，全剖面石英颗粒含量15%～25%。pH（H_2O）和pH（KCl）介于4.5～5.1和3.8～4.2，有机碳含量介于2.9～80.8g/kg，全铁含量为35.3～47.3g/kg，游离铁含量介于12.9～23.6g/kg，铁的游离度介于36.5%～49.9%。

对比土系 南山牧场系，属于同一土族，成土母质均为花岗岩风化物，但南山牧场系海拔高，在1500m以上，且地表植被类型为草本。樱花谷系，属于同一土族，成土母质一致，但樱花谷系土层浅薄，且在100cm范围内出面了准石质接触面，因此为不同土系。

利用性能综述 该土系表层土壤有机质、全氮和全钾含量高，土壤质地适中，海拔高，坡度大，植被以灌木丛和草本植物为主，应加强封山育林，恢复植被，防止水土流失。

参比土种 厚腐厚土花岗岩暗黄棕壤。

代表性单个土体 位于湖南省长沙市浏阳市大围山（镇）五指峰下，28°25′13″N，114°5′53″E，海拔1379m，花岗岩中山中坡地带，成土母质为花岗岩风化物，土地利用状况为林地。50cm深处土温为13.9℃。野外调查时间为2014年5月14日，野外编号43-LY17。

五指峰下系代表性单个土体剖面

Ah： 0～14cm，暗棕色（10YR 3/3，干），黑棕色（10YR 2/3，润），中量中根，壤土，发育程度强的中团粒状结构，中量中根孔、粒间孔隙，中量石英颗粒，土体极疏松，向下层平滑模糊过渡。

AB： 14～33cm，浊黄棕色（10YR 5/4，干），暗棕色（10YR 3/4，润），中量中根，壤土，发育程度中等的小块状结构，中量细根孔、粒间孔隙，中量石英颗粒，土体疏松，向下层平滑模糊过渡。

Bw：33～81cm，浊黄橙色（10YR 7/4，干），棕色（10YR 4/6，润），少量中根，壤土，少量细根孔、粒间孔隙，发育程度中等的中块状结构，中量石英颗粒，土体疏松，向下层平滑模糊过渡。

Bt1： 81～115cm，黄棕色（10YR 5/6，润），浊黄橙色（10YR 7/4，干），很少量细根，砂质黏壤土，很少量细根孔、粒间孔隙，发育程度中等的中块状结构，中量石英颗粒，土体稍坚实，少量黏粒胶膜，向下层平滑模糊过渡。

Bt2：115～125cm，黄棕色（10YR 5/6，干），棕色（10YR 4/6，润），黏壤土，发育程度中等的中块状结构，很少量细根孔、粒间孔隙，中量小石英颗粒，土体坚实，少量黏粒胶膜。

C： 125cm 以下，花岗岩风化物。

五指峰下系代表性单个土体物理性质

土层	深度/cm	石砾(>2mm，体积分数)/%	细土颗粒组成(粒径：mm)/(g/kg)			质地	容重/(g/cm³)
			砂粒 2～0.05	粉粒 0.05～0.002	黏粒 <0.002		
Ah	0～14	15	364	441	195	壤土	0.83
AB	14～33	15	403	372	225	壤土	0.96
Bw	33～81	15	428	384	188	壤土	1.09
Bt1	81～115	20	536	168	296	砂质黏壤土	1.43
Bt2	115～125	25	436	263	301	黏壤土	1.12

五指峰下系代表性单个土体化学性质

深度/cm	pH (H_2O)	pH (KCl)	有机碳/(g/kg)	全氮(N)/(g/kg)	全磷(P)/(g/kg)	全钾(K)/(g/kg)	游离铁/(g/kg)	CEC_7/(cmol/kg)(黏粒)	$Al_{(KCl)}$/(cmol/kg)(黏粒)	铝饱和度/%
0～14	4.8	4.2	80.8	3.72	0.22	33.2	12.9	182.6	11.7	40.9
14～33	4.6	3.8	34.4	2.35	0.26	34.4	16.5	307.6	74.1	66.7
33～81	4.5	4.0	15.8	1.35	0.32	42.6	18.9	260.2	47.9	77.4
81～115	4.9	4.1	6.3	0.71	0.46	38.5	23.6	37.6	9.2	69.3
115～125	5.1	4.2	2.9	0.46	0.44	35.8	22.0	31.1	8.1	66.7

7.1.4 樱花谷系（Yinghuagu Series）

土 族：黏壤质硅质混合型温性-腐殖铝质常湿淋溶土

拟定者：张杨珠，周 清，黄运湘，盛 浩，张 义，欧阳宁相

分布与环境条件 该土系分布于湘东大围山地区花岗岩中山中坡地带，海拔1100～1200m；成土母质为花岗岩风化物；土地利用状况为林地；中亚热带常湿润季风气候，年均气温14～15℃，年均无霜期270～280d，年均日照时数1500～1700h，年均降水量1600～1700mm。

樱花谷系典型景观

土系特征与变幅 诊断层包括暗瘠表层和黏化层，诊断特性及诊断现象包括常湿润土壤水分状况、温性土壤温度状况、腐殖质特性、铁质特性和铝质现象。土体构型为Ah-Bt-BC-C，土体较浅薄，厚度一般小于1m，土壤表层受到轻度侵蚀，有机质和养分含量较高，土壤表层质地为壤土，土壤润态色调以7.5YR为主，Bt层结构面上可见中量腐殖质黏粒胶膜，黏化率大于1.2倍。pH（H_2O）和pH（KCl）分别介于4.2～4.7和3.8～4.1，有机碳含量介于4.4～61.4g/kg，全铁含量为34.0～45.2g/kg，游离铁含量介于13.8～18.9g/kg，铁的游离度介于40.2%～41.8%。

对比土系 南山牧场系，属于同一土族，母质均为花岗岩风化物，但南山牧场系位于中山坡顶部位，土地利用类型为草地，且土层深厚，土体厚度大于100cm。五指峰下系，属于同一土族，成土母质一致，地形部位类似，但五指峰下系100cm内未出现准石质接触面，因此为不同土系。

利用性能综述 该土系土层较浅薄，土壤表层腐殖质深厚，有机质和养分含量较高，土壤质地适中，应继续封山育林以保护和恢复植被，防止水土流失。

参比土种 厚腐厚土花岗岩黄壤。

代表性单个土体 位于湖南省长沙市浏阳市大围山（镇）樱花谷，28°25′39″N，114°5′29″E，海拔1198m，花岗岩中山中坡地带，成土母质为花岗岩风化物，土地利用状况为林地。50cm深处土温为14.6℃。野外调查时间为2014年5月13日，野外编号43-LY10。

樱花谷系代表性单个土体剖面

Ah：0～30cm，暗棕色（10YR 3/3，干），黑色（7.5YR 2/1，润），大量细根，壤土，发育程度很强的中团粒状结构，大量细根孔、粒间孔隙、动物穴，中量小石英颗粒，土体松散，向下层平滑模糊过渡。

Bt：30～60cm，淡黄橙色（10YR 8/4，干），棕色（7.5YR 4/6，润），中量粗根，壤土，发育程度强的中块状结构，少量细粒间孔隙，中量小石英颗粒，结构面上有中量腐殖质黏粒胶膜，土体疏松，向下层平滑模糊过渡。

BC：60～83cm，黄橙色（10YR 8/6，干），亮棕色（7.5YR 5/6，润），少量细根，砂质黏壤土，发育程度弱的中块状结构，大量细粒间孔隙，大量小石英颗粒，土体坚实，向下层平滑模糊过渡。

C：83cm 以下，花岗岩风化物。

樱花谷系代表性单个土体物理性质

土层	深度 /cm	石砾 (>2mm，体积分数)/%	细土颗粒组成(粒径：mm)/(g/kg)			质地	容重 /(g/cm³)
			砂粒 2～0.05	粉粒 0.05～0.002	黏粒 <0.002		
Ah	0～30	10	379	411	210	壤土	0.81
Bt	30～60	20	330	419	251	壤土	0.95
BC	60～83	30	544	193	263	砂质黏壤土	1.11

樱花谷系代表性单个土体化学性质

深度 /cm	pH (H_2O)	pH (KCl)	有机碳 /(g/kg)	全氮(N) /(g/kg)	全磷(P) /(g/kg)	全钾(K) /(g/kg)	游离铁 /(g/kg)	CEC_7 /(cmol/kg) (黏粒)	$Al_{(KCl)}$ /(cmol/kg) (黏粒)	铝饱和度 /%
0～30	4.2	3.8	61.4	3.15	0.46	25.2	13.8	141.1	39.1	79.1
30～60	4.4	4.0	10.2	0.75	0.28	32.6	18.9	64.0	22.9	84.1
60～83	4.7	4.1	4.4	0.40	0.33	33.6	18.1	52.1	16.3	76.5

7.1.5　五指峰系（Wuzhifeng Series）

土　族：壤质硅质混合型温性-腐殖铝质常湿淋溶土

拟定者：周　清，盛　浩，欧阳宁相，张鹏博，张杨珠

分布与环境条件　该土系分布于湘东地区的花岗岩中山山顶地带，海拔高（>1500m），坡度相对较平缓（10°～15°）；母质为花岗岩风化物；土地利用状况为天然次生林，植被类型主要为山地灌丛和矮林；中亚热带山地常湿润气候，年均气温 10～12 ℃，年均降水量 1900～2000mm。

五指峰系典型景观

土系特征与变幅　诊断层包括暗瘠表层和黏化层，诊断特性及诊断现象有常湿润土壤水分状况、温性土壤温度状况、铁质特性、腐殖质特性和铝质现象。土体疏松，发育深厚，有效土层厚度一般大于 100cm，土体构型为 Ah-AB-Bw-Bt-C，土壤质地构型为壤土-砂质壤土，土壤润态色调为10YR，表土有机质和养分含量较高，Bt 层黏化率大于 1.2 倍，结构面上有中量黏粒胶膜。pH（H_2O）和 pH（KCl）分别介于 4.4～5.0 和 3.8～4.2，有机碳含量介于 6.7～40.9g/kg，全铁含量 41.3～50.9g/kg，游离铁含量介于 14.7～26.7g/kg，铁的游离度介于 35.6%～52.4%。

对比土系　五指峰下系，属于同一亚类，成土母质均为花岗岩风化物，但五指峰下系土族控制层段内颗粒大小级别为黏壤质，且剖面的质地构型为壤土-砂质黏壤土-黏壤土，因此为不同土系。

利用性能综述　该土系土体发育深厚，表层腐殖质和养分含量高，质地偏砂性，草本和灌木覆盖度高。在坡度平缓的山顶，可适度开发利用灌草丛发展高山畜牧业和旅游观光业，在坡度较陡地带，应加强保护和封山育林育草，防止水土流失，避免人为干扰和利用。

参比土种　麻沙草甸土。

代表性单个土体　位于湖南省长沙市浏阳市大围山镇大围山国家自然保护区内五指石景区山顶，28°24′39″N，114°6′1″E，海拔 1573m，花岗岩中山山顶地带，母质为花岗岩风化物，土地利用类型为灌丛，50cm 深处土温为 13.1℃。野外调查时间 2014 年 5 月 14 日，野外编号 43-LY15。

五指峰系代表性单个土体剖面

Ah：0～14cm，橄榄棕色（2.5Y 4/3，干），暗棕色（10YR 3/3，润），大量极细根，壤土，发育程度很强的小团粒状结构，中量石英颗粒，大量中根孔、粒间孔隙，土体极疏松，向下层平滑模糊过渡。

AB：14～28cm，橄榄棕色（2.5Y 4/6，干），浊黄棕色（10YR 4/3，润），大量细根，壤土，发育程度很强的中块状结构，中量石英颗粒，大量中根孔、粒间孔隙，土体松散，向下层平滑模糊过渡。

Bw：28～70cm，黄色（2.5Y 8/8，干），黄棕色（10YR 5/6，润），中量细根，砂质壤土，发育程度很强的中块状结构，少量很小石英颗粒，中量细根孔、粒间孔隙，土体松散，向下层平滑模糊过渡。

Bt1：70～94cm，黄色（2.5Y 8/6，干），棕色（10YR 4/4，润），中量细根系，砂质壤土，发育程度中等的中块状结构，中量很小石英颗粒，中量细粒间孔隙，土体疏松，中量黏粒胶膜，向下层平滑模糊过渡。

Bt2：94～121cm，浊黄色（2.5Y 6/4，干），棕色（10YR 4/4，润），砂质壤土，发育程度中等的中块状结构，中量石英颗粒，少量细粒间孔隙，土体疏松，中量黏粒胶膜，向下层平滑模糊过渡。

C：121～150cm，花岗岩风化物。

五指峰系代表性单个土体物理性质

土层	深度/cm	石砾(>2mm，体积分数)/%	细土颗粒组成(粒径：mm)/(g/kg) 砂粒 2～0.05	粉粒 0.05～0.002	黏粒 <0.002	质地	容重/(g/cm³)
Ah	0～14	16	378	431	191	壤土	0.83
AB	14～28	12	428	451	121	壤土	0.91
Bw	28～70	8	432	453	115	砂质壤土	1.21
Bt1	70～94	15	464	343	193	砂质壤土	1.22
Bt2	94～121	15	592	243	165	砂质壤土	1.27

五指峰系代表性单个土体化学性质

深度/cm	pH (H_2O)	pH (KCl)	有机碳/(g/kg)	全氮(N)/(g/kg)	全磷(P)/(g/kg)	全钾(K)/(g/kg)	游离铁/(g/kg)	CEC_7/(cmol/kg)(黏粒)	铝饱和度/%
0～14	4.6	3.8	40.9	2.57	1.01	33.0	14.7	146.5	71.2
14～28	4.4	3.9	22.2	1.81	0.9	33.9	16.5	203.1	76.9
28～70	4.8	4.1	21.0	1.07	0.83	35.2	21.6	183.6	76.5
70～94	5.0	4.2	15.4	0.77	0.76	67.9	26.7	82.9	75.0
94～121	5.0	4.2	6.7	0.39	0.69	40.9	21.9	83.0	75.5

7.2　普通铝质常湿淋溶土

7.2.1　樱花系（Yinghua Series）

土　族：粗骨砂质硅质混合型温性-普通铝质常湿淋溶土

拟定者：张杨珠，黄运湘，廖超林，张　义，欧阳宁相

分布与环境条件　该土系分布于湘东大围山地区花岗岩中山中坡地带，海拔 1000～1200m；成土母质为花岗岩风化物；土地利用状况为林地，生长有樟、杉木等自然植被，植被覆盖度为 80%～90%；中亚热带湿润季风气候，年均气温 14～15℃，年均降水量 1500～1600mm。

樱花系典型景观

土系特征与变幅　诊断层包括暗瘠表层和黏化层，诊断特性及诊断现象包括准石质接触面、常湿润土壤水分状况、温性土壤温度状况、铝质现象和铁质特性。土体较浅薄，厚度为 60～70cm，土体构型为 Ah-Bw-Bt-R，土壤表层受到轻度侵蚀，有机质和养分含量较高，表层土壤质地为砂质壤土，土壤润态色调为 10YR，Bt 层黏化率大于 1.2 倍，土体自上而下由疏松变为坚实。pH（H_2O）和 pH（KCl）分别为 4.6～5.1 和 3.8～4.0，有机碳含量介于 3.4～54.3g/kg，全铁含量为 31.7～32.7g/kg，游离铁含量介于 8.6～15.3g/kg，铁的游离度介于 26.4%～29.1%。

对比土系　巨石系，属于同一亚类，成土母质均为花岗岩风化物，地形部位类似，但是巨石系土族控制层段内颗粒大小级别为砂质。船底窝系，属于同一亚类，成土母质相同，但船底窝系土族控制层段内颗粒大小级别为黏质，因此均为不同土族。

利用性能综述　该土系土壤浅薄，表层有机质和养分含量高，砂粒含量高，土壤呈酸性，坡度大，石砾含量高，应加强封山育林，防止水土流失。

参比土种　中腐花岗岩黄壤。

代表性单个土体　位于湖南省长沙市浏阳市大围山镇船底窝至樱花谷 200m 小道旁，28°25′32″N，114°5′40″E，海拔 1032.0m，花岗岩中山中坡地带，成土母质为花岗岩风化物，土地利用状况为林地。50cm 深处土温 14.6℃。野外调查时间为 2014 年 5 月 14 日，野外编号 43-LY12。

樱花系代表性单个土体剖面

Ah：0～18cm，浊黄棕色（10YR 5/3，干），黑棕色（10YR 3/2，润），大量中根，砂质壤土，发育程度中等的中团粒状结构，大量小石英颗粒，中量中根孔、粒间孔隙，土体疏松，向下层平滑明显过渡。

Bw：18～48cm，浊黄橙色（10YR 7/3，干），黄棕色（10YR 5/6，润），中量细根，壤质砂土，发育程度弱的小块状结构，中量中根孔、粒间孔隙，大量小石英颗粒，土体疏松，向下层波状明显过渡。

Bt：48～65cm，橙色（10YR 8/6，干），黄棕色（10YR 5/6，润），少量细根系，砂质壤土，中量中根孔、粒间孔隙，发育程度弱的小块状结构，大量中石英颗粒，土体疏松，结构面上有中量黏粒胶膜，向下层波状明显过渡。

R：65～100cm，花岗岩。

樱花系代表性单个土体物理性质

土层	深度/cm	石砾(>2mm，体积分数)/%	细土颗粒组成(粒径：mm)/(g/kg)			质地	容重/(g/cm^3)
			砂粒 2～0.05	粉粒 0.05～0.002	黏粒 <0.002		
Ah	0～18	25	580	369	51	砂质壤土	1.39
Bw	18～48	45	720	223	57	壤质砂土	1.18
Bt	48～65	30	548	337	115	砂质壤土	1.44

樱花系代表性单个土体化学性质

深度/cm	pH (H_2O)	pH (KCl)	有机碳/(g/kg)	全氮(N)/(g/kg)	全磷(P)/(g/kg)	全钾(K)/(g/kg)	游离铁/(g/kg)	CEC_7/(cmol/kg)(黏粒)	$Al_{(KCl)}$/(cmol/kg)(黏粒)
0～18	4.8	3.9	54.3	2.72	0.40	46.0	8.6	389.4	60.9
18～48	5.1	4.0	4.3	0.48	0.31	49.3	9.2	192.3	46.5
48～65	4.6	3.8	3.4	0.17	0.22	48.9	15.3	104.1	41.3

7.2.2　巨石系（Jushi Series）

土　族：砂质硅质混合型温性-普通铝质常湿淋溶土

拟定者：周　清，盛　浩，张　义，欧阳宁相

分布与环境条件　该土系分布于湘东大围山地区花岗岩中山上坡地带，海拔1400～1500m；成土母质为花岗岩风化物；土地利用状况为林地；中亚热带湿润季风气候，年均气温13～14℃，年均无霜期270～280d，年均日照时数1500～1700h，年均降水量1600～1800mm。

巨石系典型景观

土系特征与变幅　诊断层包括暗瘠表层和黏化层，诊断特性和诊断现象包括铁质特性、铝质现象、准石质接触面、常湿润土壤水分状况和温性土壤温度状况。土体构型为Ah-Bt-BC，土体较深厚，厚度大于80cm，土壤表层腐殖质深厚，有机质和养分含量较高，表层土壤质地为砂质壤土，土壤润态色调以10YR为主，Bt层结构面上有中量黏粒胶膜，黏化率大于1.2倍。pH（H_2O）和pH（KCl）分别介于4.4～4.7和3.6～4.0，有机碳含量介于2.8～26.1g/kg，全铁含量为38.0～42.1g/kg，游离铁含量介于12.3～16.6g/kg，铁的游离度介于32.4%～39.5%。

对比土系　船底窝系，属于同一亚类，成土母质均为花岗岩风化物，但船底窝系土族控制层段内颗粒大小级别为黏质，矿物学类型为伊利石混合型，因此为不同土系。

利用性能综述　该土系土体较浅薄，表层土壤有机碳、全氮和全钾含量高，土壤质地偏砂性，地势海拔高，植被以灌木丛和草本植物为主，应加强封山育林，恢复植被，防止水土流失。

参比土种　厚腐厚土花岗岩红壤。

代表性单个土体　位于湖南省长沙市浏阳市大围山镇五指峰下巨石往下2km处左侧大石头正对面（游道右侧），28°24′59″N，114°6′07″E，海拔1489m，花岗岩中山上坡地带，成土母质为花岗岩风化物，土地利用状况为林地。50cm深处土温为13.4℃。野外调查时间为2014年5月14日，野外编号43-LY16。

巨石系代表性单个土体剖面

Ah：0～13cm，浊黄棕色（10YR 5/3，干），暗棕色（10YR 3/3，润），中量中根，砂质壤土，发育程度强的中团粒状结构，大量中根孔、粒间孔隙，中量小石英颗粒，土体疏松，向下层平滑模糊过渡。

Bt：13～37cm，浊黄橙色（10YR 7/3，干），棕色（10YR 4/4，润），少量中根，砂质壤土，发育程度中的小块状结构，中量直径 0.5～2mm 的根孔、粒间孔隙，结构面上有中量黏粒胶膜，中量小石英颗粒，土体稍坚实，向下层平滑模糊过渡。

BC：37～80cm，浊黄橙色（10YR 8/3，干），浊黄棕色（10YR 5/4，润），砂质壤土，发育程度弱的中块状结构，少量小根孔、粒间孔隙，结构面上有少量黏粒胶膜，大量花岗岩碎屑，土体稍坚实。

巨石系代表性单个土体物理性质

土层	深度/cm	石砾(>2mm，体积分数)/%	细土颗粒组成(粒径：mm)/(g/kg)			质地	容重/(g/cm³)
			砂粒 2～0.05	粉粒 0.05～0.002	黏粒 <0.002		
Ah	0～13	15	628	326	46	砂质壤土	0.98
Bt	13～37	15	610	248	142	砂质壤土	1.32
BC	37～80	25	601	263	136	砂质壤土	1.71

巨石系代表性单个土体化学性质

深度/cm	pH (H_2O)	pH (KCl)	有机碳/(g/kg)	全氮(N)/(g/kg)	全磷(P)/(g/kg)	全钾(K)/(g/kg)	游离铁/(g/kg)	CEC_7/(cmol/kg)(黏粒)	$Al_{(KCl)}$/(cmol/kg)(黏粒)	铝饱和度/%
0～13	4.4	3.6	26.1	1.53	0.55	38.3	12.3	375.5	85.7	66.7
13～37	4.4	3.7	8.9	0.56	0.44	44.4	16.6	88.4	37.0	80.1
37～80	4.7	4.0	2.8	0.18	0.37	39.5	14.3	93.2	47.8	85.4

7.2.3　船底窝系（Chuandiwo Series）

土　族：黏质伊利石混合型温性-普通铝质常湿淋溶土

拟定者：张杨珠，黄运湘，廖超林，张　义，欧阳宁相

分布与环境条件　该土系分布于湘东大围山地区花岗岩中山中坡地带，海拔 1000～1200m；成土母质为花岗岩风化物；土地利用状况为林地；中亚热带湿润季风气候，年均气温 14～15℃，年均无霜期 260～270d，年均日照时数 1500～1700h，年均降水量 1800～1900mm。

船底窝系典型景观

土系特征与变幅　诊断层包括淡薄表层和黏化层，诊断特性及诊断现象包括常湿润土壤水分状况、温性土壤温度状况、铁质特性和铝质现象。土体较深厚，厚度大于 180cm，土体构型为 Ah-Bt-Bw，土壤表层受到中度侵蚀，土壤质地为壤土，有机质和养分含量较低，Bt 层结构面上有中量黏粒胶膜，黏化率大于 1.2 倍，土壤润态色调以 7.5YR 为主，Bt 至 Bw 层花岗岩碎屑含量 10%～25%。pH（H_2O）和 pH（KCl）分别介于 4.6～4.9 和 3.8～4.1，有机碳含量介于 2.3～13.1g/kg，全铁含量为 28.6～47.3g/kg，游离铁含量介于 15.2～31.9g/kg，铁的游离度介于 53.1%～71.6%。

对比土系　巨石系，属于同一亚类，成土母质均为花岗岩风化物，但巨石系土族控制层段内颗粒大小级别为砂质，且矿物学类型为硅质混合型，因此为不同土系。

利用性能综述　该土系土层深厚，表层有机质和全钾含量高，全氮和全磷含量低，质地为壤土，下层砂粒含量高，土壤结构较好，耕性好，植被覆盖度较高，应继续加强封山育林，防止水土流失。

参比土种　厚腐厚土花岗岩黄壤。

代表性单个土体　位于湖南省长沙市浏阳市大围山镇栗木桥至船底窝（中流砥柱往上 20m），28°25′31″N，114°5′20″E，海拔 1032m，花岗岩中山中坡地带，成土母质为花岗岩风化物，土地利用状况为林地。50cm 深处土温为 15.2℃。野外调查时间为 2014 年 5 月 14 日，野外编号 43-LY13。

船底窝系代表性单个土体剖面

Ah：0～25cm，亮黄棕色（10YR 7/6，干），棕色（7.5YR 4/6，润），大量粗根，壤土，发育程度很强的中团粒状结构，大量中根孔、粒间孔隙，少量中石英颗粒，土体疏松，向下层平滑模糊过渡。

Bt1：25～56cm，亮红棕色（10YR 6/6，干），棕色（7.5YR 4/6，润），中量中根，黏壤土，中量中根孔、粒间孔隙，发育程度强的中块状结构，结构面上有中量黏粒胶膜，中量中石英颗粒，土体疏松，向下层平滑模糊过渡。

Bt2：56～115cm，黄橙色（10YR 8/6，干），亮棕色（7.5YR 5/8，润），少量中根，黏壤土，发育程度强的中块状结构，中量中根孔、粒间孔隙，结构面有中量黏粒胶膜，中量中石英颗粒，土体疏松，向下层平滑模糊过渡。

Bw：115～180cm，黄橙色（10YR 8/6，干），亮棕色（7.5YR 5/8，润），少量中根，黏壤土，发育程度中等的大块状结构，少量中根孔、粒间孔隙，少量大岩石碎屑，土体疏松。

船底窝系代表性单个土体物理性质

土层	深度/cm	石砾(>2mm，体积分数)/%	细土颗粒组成(粒径：mm)/(g/kg)			质地	容重/(g/cm³)
			砂粒 2～0.05	粉粒 0.05～0.002	黏粒 <0.002		
Ah	0～25	5	340	416	244	壤土	1.42
Bt1	25～56	10	411	202	387	黏壤土	1.35
Bt2	56～115	10	418	186	396	黏壤土	1.4
Bw	115～180	25	397	283	320	黏壤土	1.47

船底窝系代表性单个土体化学性质

深度/cm	pH (H_2O)	pH (KCl)	有机碳/(g/kg)	全氮(N)/(g/kg)	全磷(P)/(g/kg)	全钾(K)/(g/kg)	游离铁/(g/kg)	CEC_7/(cmol/kg)(黏粒)	$Al_{(KCl)}$/(cmol/kg)(黏粒)	铝饱和度/%
0～25	4.8	3.8	13.1	0.94	0.39	47.3	15.2	69.8	14.6	62.9
25～56	4.6	3.9	7.0	0.47	0.35	31.9	29.4	35.9	10.6	75.7
56～115	4.9	4.1	3.5	0.56	0.32	33.8	31.9	33.6	5.7	59.6
115～180	4.6	4.0	2.3	0.76	0.34	38.8	26.9	36.3	8.4	67.2

7.3　腐殖简育常湿淋溶土

7.3.1　八面山顶系（Bamianshanding Series）

土　族：黏壤质硅质混合型非酸性温性-腐殖简育常湿淋溶土

拟定者：张杨珠，周　清，盛　浩，张　亮，曹　俏，欧阳宁相

分布与环境条件　该土系分布于湘西北八面山地区石灰岩中山上坡地带，海拔 1200～1300m；成土母质为石灰岩风化物，土地利用类型为草地；亚热带湿润季风气候，具四季分明、季节变化大的特点。降雨丰沛，年均气温 15.4～16.6℃，年均降水量 1500～1700mm。

八面山顶系典型景观

土系特征与变幅　诊断层包括淡薄表层和黏化层，诊断特性包括常湿润土壤水分状况、温性土壤温度状况、腐殖质特性和铁质特性。土体构型为 Ah-AB-Bw-Bt，土壤表层厚度 10～20cm，质地为粉砂质黏壤土，有机质含量高，向下层逐渐递减，0～100cm 土壤有机碳总储量在 20g/kg 以上，Bt 层结构面上有中量黏粒胶膜，黏化率大于 1.2 倍，岩石碎屑含量 2%～15%。pH（H_2O）和 pH（KCl）分别介于 5.1～5.7 和 4.1～4.4，有机碳含量介于 7.3～58.5g/kg，全铁含量介于 30.6～38.4g/kg，游离铁含量介于 20.0～23.1g/kg，铁的游离度介于 51.28%～72.04%。

对比土系　红莲寺系，属于同一亚类，但红莲寺系土族控制层段内颗粒大小级别为壤质，成土母质为花岗岩风化物，为不同土族。建福系，属于同一土类，成土母质均为石灰岩风化物，但建福系无腐殖质特性，且土族控制层段内颗粒大小级别为极黏质，为不同亚类，因此划为不同土系。

利用性能综述　该土系土体深厚，质地适中，耕性好。有机质、磷和钾含量较高。通透性好。海拔较高，水土易流失。改良与利用措施：坡地易受到水土冲刷，可整平土地，绿化荒山，保持水土；大力种植旱地绿肥，实行用地养地相结合，改善土壤结构，提高土壤肥力。

参比土种　中腐厚土灰岩暗黄棕壤。

代表性单个土体　位于湖南省湘西土家族苗族自治州龙山县里耶镇八面山村，28°50′20″N，109°15′11″E，海拔 1235.5m，陡峭切割的山地中坡地带，成土母质为石灰岩风化物，土地利用类型为草地，50cm 深处土温为 14.4℃。野外调查时间是 2017 年 7 月 27 日，野外编号 43-XX04。

八面山顶系代表性单个土体剖面

Ah：0～15cm，浊黄棕色（10YR 4/3，干），黑色（7.5YR 2/1，润），大量细根，粉砂质黏壤土，发育程度强的小团粒状结构，大量细粒间孔隙、气孔、根孔和动物穴，中量小岩石碎屑，土体坚实，向下层平滑清晰过渡。

AB：15～50cm，亮黄棕色（10YR 6/6，干），棕色（7.5YR 4/4，润），大量细根，粉砂质黏壤土，发育程度强的中块状结构，中量细粒间孔隙、气孔、根孔和动物穴，少量粗岩石碎屑，土体稍坚实，向下层平滑渐变过渡。

Bw：50～90cm，浊黄橙色（10YR 7/4，干），棕色（7.5YR 4/4，润），少量细根，粉砂质黏壤土，少量细粒间孔隙、气孔、根孔和动物穴，发育程度强的中块状结构，少量粗岩石碎屑，结构面上有少量黏粒胶膜，土体稍坚实，向下层平滑模糊过渡。

Bt：90～160cm，浊黄橙色（10YR 7/4，干），浊棕色（7.5YR 5/4，润），少量细根，粉砂质黏壤土，少量细粒间孔隙、气孔、根孔和动物穴，发育程度强的中块状结构，少量中岩石碎屑，结构面上有中量黏粒胶膜，土体坚实。

八面山顶系代表性单个土体物理性质

土层	深度/cm	石砾(>2mm，体积分数)/%	细土颗粒组成(粒径：mm)/(g/kg)			质地	容重/(g/cm^3)
			砂粒 2～0.05	粉粒 0.05～0.002	黏粒 <0.002		
Ah	0～15	15	66	632	302	粉砂质黏壤土	0.86
AB	15～50	2	73	618	309	粉砂质黏壤土	0.86
Bw	50～90	2	180	511	309	粉砂质黏壤土	1.18
Bt	90～160	2	114	510	376	粉砂质黏壤土	1.25

八面山顶系代表性单个土体化学性质

深度/cm	pH (H_2O)	pH (KCl)	有机碳/(g/kg)	全氮(N)/(g/kg)	全磷(P)/(g/kg)	全钾(K)/(g/kg)	游离铁/(g/kg)	CEC_7/(cmol/kg)(黏粒)
0～15	5.1	4.1	58.5	3.67	0.76	13.5	23.1	90.0
15～50	5.4	4.4	24.5	1.79	0.68	15.3	21.1	50.3
50～90	5.6	4.4	10.8	0.82	0.50	16.3	20.3	38.9
90～160	5.7	4.3	7.3	0.63	0.39	20.2	20.0	32.6

7.3.2 红莲寺系（Hongliansi Series）

土 族：壤质硅质混合型酸性温性-腐殖简育常湿淋溶土

拟定者：周 清，盛 浩，张 义，欧阳宁相，张杨珠

分布与环境条件 该土系分布于湘东地区的花岗岩中山上坡地带，海拔高（1300～1500m），坡度较陡（25°～35°）；成土母质为花岗岩风化物；土地利用状况为林地；中亚热带山地常湿润气候，年均气温 12～14℃，年均降水量 1800～1900mm。

红莲寺系典型景观

土系特征与变幅 诊断层包括淡薄表层和黏化层，诊断特性有常湿润土壤水分状况、温性土壤温度状况、腐殖质特性和铁质特性。土层较深厚，有效土层厚度一般>100cm，土体构型为 Ah-Bw-Bt-Bw-C，质地为壤土-砂质壤土，润态色调为 10YR，表土受轻度侵蚀，腐殖质积累过程较强，Bt 层黏化率大于 1.2 倍，结构面上有中量黏粒胶膜。土壤 pH（H_2O）和 pH（KCl）分别为 4.7～6.2 和 4.1～5.0，有机碳含量介于 1.9～34.0g/kg，全铁含量为 10.0～35.4g/kg，土壤游离铁含量为 4.3～16.5g/kg，铁的游离度为 41.7%～50.3%。

对比土系 八面山顶系，属于同一亚类，均具有腐殖质特性，但八面山顶系成土母质为石灰岩风化物，且土族控制层段内颗粒大小级别为黏壤质，因此划为不同土族。

利用性能综述 该土系土体发育深厚，质地偏砂性，耕性好。表层有机质和养分含量高，但海拔高，热量条件较差，应减少人为干扰，封山育林加强天然林保护和恢复，防止水土流失。

参比土种 薄腐厚土花岗岩暗黄棕壤。

代表性单个土体 位于湖南省长沙市浏阳市大围山镇大围山国家自然保护区红莲寺景区坡腰，28°25′20″N，114°7′10″E，海拔 1414m，花岗岩中山上坡地带，母质为花岗岩风化物，土地利用类型为林地。野外调查时间是 2014 年 5 月 13 日，野外编号 43-LY09。

红莲寺系代表性单个土体剖面

Ah：0～25cm，浊黄橙色（10YR 7/3，干），棕色（10YR 4/4，润），大量细根，壤土，发育程度强的中团粒状结构，中量石英颗粒，少量极细根孔、粒间孔隙、动物穴，土体松散，向下层平滑模糊过渡。

Bw1：25～42cm，淡黄橙色（10YR 8/4，干），黄棕色（10YR 5/6，润），中量细根，壤土，发育程度中等的中块状结构，少量石英颗粒，少量细根、粒间孔隙，土体疏松，向下层平滑模糊过渡。

Bt：42～80cm，淡黄橙色（10YR 8/4，干），黄棕色（10YR 5/6，润），少量极细根，壤土，发育程度中等的大块状结构，少量石英颗粒，中量中等粒间孔隙，土体稍坚实，结构面上有中量黏粒胶膜，向下层平滑模糊过渡。

Bw2：80～125cm，淡黄橙色（10YR 8/3，干），黄棕色（10YR 5/6，润），砂质壤土，发育程度弱的大块状结构，少量石英颗粒，少量粗粒间孔隙，土体稍坚实，向下层平滑模糊过渡。

C：125～170cm，花岗岩风化物。

红莲寺系代表性单个土体物理性质

土层	深度/cm	石砾(>2mm，体积分数)/%	细土颗粒组成(粒径：mm)/(g/kg)			质地	容重/(g/cm^3)
			砂粒 2～0.05	粉粒 0.05～0.002mm	黏粒 <0.002		
Ah	0～25	11	436	294	270	壤土	1.02
Bw1	25～42	5	389	442	169	壤土	1.39
Bt	42～80	4	390	396	214	壤土	1.43
Bw2	80～125	2	599	237	164	砂质壤土	1.29

红莲寺系代表性单个土体化学性质

深度/cm	pH (H_2O)	pH (KCl)	有机碳/(g/kg)	全氮(N)/(g/kg)	全磷(P)/(g/kg)	全钾(K)/(g/kg)	铁游离度/%	CEC_7/(cmol/kg)(黏粒)
0～25	4.7	4.1	34.0	2.03	0.48	38.6	42.1	52.3
25～42	5.6	5.0	11.0	1.94	0.36	39.9	41.7	64.5
42～80	5.8	4.3	5.6	0.79	0.28	39.4	50.3	45.2
80～125	6.2	4.3	1.9	0.55	0.25	46.2	44.9	29.9

7.4 普通简育常湿淋溶土

7.4.1 建福系（Jianfu Series）

土　族：极黏质伊利石混合型非酸性温性-普通简育常湿淋溶土

拟定者：张杨珠，周　清，盛　浩，张　亮，曹　俏，欧阳宁相

分布与环境条件　该土系分布于湘西地区石灰岩中山中坡地带，海拔800～900m，成土母质为石灰岩风化物；土地利用类型为林地，植被类型为常绿阔叶林，地貌以山地、丘岗为主；属亚热带湿润季风气候，热量充足，雨量充沛，年均气温14～15℃，年均降水量1600～1700mm，年均日照时数1300～1400h。

建福系典型景观

土系特征与变幅　诊断层包括淡薄表层和黏化层，诊断特性包括石质接触面、常湿润土壤水分状况、氧化还原特征、温性土壤温度状况和铁质特性。剖面较深厚，土壤发育成熟，土体构型为Ah-Bts-R，土壤表层有机质含量较高，质地为粉砂壤土，Bts层结构面上有中量黏粒胶膜，黏化率≥1.2倍，有少量和中量铁锰斑纹。土壤黏土矿物主要为伊利石。pH（H_2O）和pH（KCl）分别介于6.2～6.7、4.1～5.6，有机碳含量介于3.3～20.3g/kg，全铁含量为27.5～60.7g/kg，游离铁含量介于19.1～30.1g/kg，铁的游离度介于46.7%～67.4%。

对比土系　八面山顶系，属于同一土类，成土母质均为石灰岩风化物，但海拔不一致，八面山顶系海拔为1200～1300m，表层有机质向下迁移形成腐殖质特性，且土族控制层段内颗粒大小级别为黏壤质，为不同土族，因此划为不同土系。

利用性能综述　该土系土体深厚，土层比较黏着，通透性较好，土壤呈中性，表层有机质、氮、磷和钾含量较高，但下层含量偏低，水土易于流失。改良与利用措施：坡地易受到水土冲刷，可整平土地，绿化荒山，保持水土；大力种植旱地绿肥，实行用地养地相结合，改善土壤结构，提高土壤肥力。

参比土种　中腐厚土灰岩黄壤。

代表性单个土体　位于湖南省湘西土家族苗族自治州永顺县松柏乡建福村，28°55′43″N，110°6′55″E，海拔811m，中山中坡，成土母质为石灰岩风化物，土地利用类型为林地。50cm深处土温为15.9℃。野外调查时间为2017年7月25日，野外编号43-XX01。

建福系代表性单个土体剖面

Ah：0～18cm，浊橙色（7.5YR 7/4，干），棕色（7.5YR 4/4，润），大量细根，粉砂壤土，发育程度强的小块状结构，大量中粒间孔隙、气孔、根孔和动物穴，土体稍坚实，向下层平滑清晰过渡。

Bts1：18～45cm，浊橙色（7.5YR 6/4，干），亮棕色（7.5YR 5/6，润），中量细根，粉砂质黏土，发育程度强的中块状结构，大量中粒间孔隙、根孔和动物穴，土体极坚实，结构面上有中量黏粒胶膜、少量铁锰斑纹，向下层平滑模糊过渡。

Bts2：45～112cm，亮棕色（7.5YR 5/6，干），棕色（7.5YR 4/6，润），黏土，发育程度强的大块状结构，少量细粒间孔隙、动物穴，土体极坚实，结构面上有中量铁锰斑纹、中量黏粒胶膜，向下层平滑清晰过渡。

R：112cm 以下，石灰岩。

建福系代表性单个土体物理性质

土层	深度/cm	石砾(>2mm，体积分数)/%	细土颗粒组成(粒径：mm)/(g/kg)			质地	容重/(g/cm^3)
			砂粒 2～0.05	粉粒 0.05～0.002	黏粒 <0.002		
Ah	0～18	0	237	527	236	粉砂壤土	1.33
Bts1	18～45	0	137	427	436	粉砂质黏土	1.14
Bts2	45～112	0	96	199	705	黏土	1.37

建福系代表性单个土体化学性质

深度/cm	pH (H_2O)	pH (KCl)	有机碳/(g/kg)	全氮(N)/(g/kg)	全磷(P)/(g/kg)	全钾(K)/(g/kg)	游离铁/(g/kg)	盐基饱和度/%	CEC_7/(cmol/kg)(黏粒)
0～18	6.5	5.6	20.3	0.98	0.19	10.9	19.1	86. 6	53.5
18～45	6.7	5.2	3.3	0.44	0.17	13.7	26.4	52.8	35.9
45～112	6.2	4.1	4.5	0.51	0.16	13.3	30.1	28.7	39.8

7.5　普通钙质湿润淋溶土

7.5.1　田坪系（Tianping Series）

土　族：黏壤质混合型石灰性热性-普通钙质湿润淋溶土

拟定者：张杨珠，黄运湘，满海燕，罗　卓，欧阳宁相

分布与环境条件　该土系位于湘中地区雪峰山东南麓石灰岩低山中坡地带，海拔 400～500m；成土母质为石灰岩风化物；土地利用状况为林地，生长有柏木、白茅等，植被覆盖度为 60%～70%；亚热带湿润季风气候，四季分明，季风明显，年均气温 14～15℃，年均降水量 1100～1200mm。

田坪系典型景观

土系特征与变幅　诊断层包括暗沃表层和黏化层；诊断特性包括碳酸盐岩岩性特征、石质接触面、湿润土壤水分状况、热性土壤温度状况和铁质特性。土体构型为 Ah-Bt-R，土层较薄，厚度一般小于 65cm，表层厚度为 20～30cm，所有土层盐基饱和度≥50%，Bt 层的黏化率为 1.3 倍，通体砂质黏壤土，土体有石灰反应，pH（H_2O）介于 7.3～7.7，有机碳含量介于 11.4～11.7g/kg，全铁含量为 25.6～31.8g/kg，游离铁含量介于 17.6～25.6g/kg，铁的游离度在 68.6%～80.6%。

对比土系　东轩系，属于同一亚纲，成土母质一致，但东轩系 100cm 范围内无石质接触面，且无碳酸盐岩岩性特征，土族控制层段内颗粒大小级别为极黏质，因此为不同土系。

利用性能综述　该土系土体较薄，质地较粗，有机质、氮含量中等偏低，钾、磷含量较低。应加强封山育林以保护和恢复植被，老茶园和板栗园要加强管理和增肥培土。

参比土种　黑色石灰土。

代表性单个土体　位于湖南省娄底市新化县田坪镇土桥村，27°54′30.1″N，111°33′53.4″E，海拔 440m，高丘中坡，成土母质为石灰岩风化物，林地，50cm 深处土温 17.9℃。野外调查时间为 2016 年 8 月 13 日，野外编号 43-LD02。

田坪系代表性单个土体剖面

Ah：0～25cm，浊棕色（7.5YR 5/4，干），暗棕色（7.5YR 3/3，润），中量中根，砂质黏壤土，发育程度强的中团粒状结构，少量细根孔、气孔、动物穴和粒间孔隙，土体疏松，少量石灰岩碎屑，中度石灰反应，向下层平滑渐变过渡。

Bt：25～65cm，浊棕色（7.5YR 5/4，干），棕色（7.5YR 4/4，润），中量细根系，砂质黏壤土，发育程度中等的小块状结构，少量细根孔、动物穴和粒间孔隙，少量石灰岩碎屑，土体稍坚实，中量黏粒胶膜，有少量蚂蚁，中度石灰反应，向下层波状渐变过渡。

R：65cm 以下，石灰岩。

田坪系代表性单个土体物理性质

土层	深度/cm	石砾(>2mm，体积分数)/%	细土颗粒组成(粒径：mm)/(g/kg)			质地	容重/(g/cm^3)
			砂粒 2～0.05	粉粒 0.05～0.002	黏粒 <0.002		
Ah	0～25	10	555	211	234	砂质黏壤土	1.42
Bt	25～65	10	466	223	311	砂质黏壤土	1.22

田坪系代表性单个土体化学性质

深度/cm	pH (H_2O)	有机碳/(g/kg)	全氮(N)/(g/kg)	全磷(P)/(g/kg)	全钾(K)/(g/kg)	游离铁/(g/kg)	盐基饱和度/%	CEC_7/(cmol/kg)(黏粒)
0～25	7.3	11.7	1.11	0.30	6.2	17.6	58.7	60.7
25～65	7.7	11.4	1.21	0.32	8.7	25.6	54.6	55.0

7.6 腐殖铝质湿润淋溶土

7.6.1 杉木河系（Shanmuhe Series）

土 族：粗骨黏壤质硅质混合型热性-腐殖铝质湿润淋溶土

拟定者：张杨珠，周 清，盛 浩，张 亮，曹 俏，欧阳宁相

分布与环境条件 土系分布于湘西武陵山脉中段砂岩低山中坡地带，海拔550～600m；成土母质为砂岩风化物；土地利用类型为天然林地，植被类型为常绿针阔叶林，主要有马尾松、樟等树种；属中亚热带山地湿润气候，年均无霜期270～280d，年均气温 16～17℃，年均降水量1300～1400mm。

杉木河系典型景观

土系特征与变幅 诊断层包括暗瘠表层和黏化层，诊断特性及诊断现象包括湿润土壤水分状况、热性土壤温度状况、腐殖质特性、铁质特性和铝质现象。该土系土体深厚，厚度大于150cm，土体构型为Ah-AB-Bt-C。Ah层有机碳含量为60～70g/kg，向下层逐渐递减，土表至100cm处土壤有机碳总储量大于20kg/m^2；Bt层有中量腐殖质黏粒胶膜，剖面砂岩碎屑含量30%～40%。pH（H_2O）和pH（KCl）分别介于4.6～4.7和3.6～4.1，有机碳含量介于 5.6～68.6g/kg，全铁含量为 29.7～33.2g/kg，游离铁含量介于 15.8～21.1g/kg，铁的游离度介于49.60%～61.90%。

对比土系 新岭系，属于同一土族，成土母质一致，地形部位类似，但新岭系土系控制层段内出现石质接触面，且表土质地为粉砂壤土，因此为不同土系。

利用性能综述 该土系土体深厚，质地适中，通透性较好，土壤呈酸性，表层有机质和氮、磷、钾含量较高，但下层含量偏低，水土易于流失。改良与利用措施：坡地易受到水土冲刷，可整平土地，绿化荒山，保持水土；大力种植旱地绿肥，实行用地养地相结合，改善土壤结构，提高土壤肥力。

参比土种 中腐厚土砂岩黄壤。

代表性单个土体 位于湖南省湘西土家族苗族自治州永顺县万坪镇杉木河村，29°10′58″N，109°49′34″E，海拔588.6m，成土母质为砂岩风化物，土地利用类型为林地，种植有马尾松、樟等。50cm深处土温17℃。野外调查时间为2017年7月26日，野外编号43-XX02。

杉木河系代表性单个土体剖面

Ah：0～23cm，棕色（10YR 4/6，干），黑色（7.5YR 2/1，润），大量细根，粉砂质黏壤土，发育程度强的小团粒状结构，大量细粒间孔隙、气孔、根孔和动物穴，土体稍坚实，大量中岩石碎屑，向下层平滑渐变过渡。

AB：23～65cm，亮黄棕色（10YR 6/6，干），棕色（7.5YR 4/4，润），大量细根，粉砂壤土，发育程度强的小块状结构，大量细粒间孔隙、气孔、根孔和动物穴，大量中岩石碎屑，土体疏松，少量腐殖质黏粒胶膜，向下层平滑模糊过渡。

Bt1：65～90cm，亮黄棕色（10YR 6/6，干），棕色（7.5YR 4/6，润），中量细根，粉砂质黏壤土，发育程度中等的中块状结构，中量细粒间孔隙、气孔、根孔和动物穴，大量中岩石碎屑，土体疏松，中量黏粒胶膜，向下层平滑模糊过渡。

Bt2：90～150cm，浊黄橙色（10YR 7/4，干），亮棕色（7.5YR 5/6，润），少量细根，粉砂质黏壤土，发育程度中等的大块状结构，少量细粒间孔隙、气孔、根孔和动物穴，大量粗岩石碎屑，土体疏松，中量黏粒胶膜，向下层平滑模糊过渡。

C：150cm 以下，砂岩风化物。

杉木河系代表性单个土体物理性质

土层	深度 /cm	石砾 (>2mm，体积分数)/%	细土颗粒组成(粒径：mm)/(g/kg)			质地	容重 /(g/cm^3)
			砂粒 2～0.05	粉粒 0.05～0.002	黏粒 <0.002		
Ah	0～23	30	162	548	290	粉砂质黏壤土	0.95
AB	23～65	30	165	605	230	粉砂壤土	0.77
Bt1	65～90	40	152	565	283	粉砂质黏壤土	1.02
Bt2	90～150	40	193	461	346	粉砂质黏壤土	1.35

杉木河系代表性单个土体化学性质

深度 /cm	pH (H_2O)	pH (KCl)	有机碳 / (g/kg)	全氮(N) /(g/kg)	全磷(P) /(g/kg)	全钾(K) /(g/kg)	游离铁 /(g/kg)	CEC_7 /(cmol/kg) (黏粒)	$Al_{(KCl)}$ /(cmol/kg) (黏粒)	铝饱和度 /%
0～23	4.6	3.6	68.6	3.98	0.81	11.2	17.2	120.6	29.2	69.8
23～65	4.7	4.1	24.6	1.53	0.67	12.4	21.1	88.1	20.3	80.1
65～90	4.6	4.1	9.6	0.89	0.52	13.6	19.5	48.8	16.4	82.7
90～150	4.7	4.1	5.6	0.69	0.43	13.6	15.8	34.5	13.3	90.2

7.6.2　新岭系（Xinling Series）

土　族：粗骨黏壤质硅质混合型热性-腐殖铝质湿润淋溶土
拟定者：张杨珠，周　清，黄运湘，满海燕，欧阳宁相

分布与环境条件　该土系地处湘中砂岩丘岗中坡地带，海拔 360～390m；成土母质为砂岩风化物；土地利用状况为林地，植被有松、杉木、竹子等，植被覆盖度为 90%~95%；中亚热带湿润季风气候，夏无酷暑，冬无严寒，年均气温 16～17℃，年均降水量 1300～1400mm，年均无霜期 290～300d。

新岭系典型景观

土系特征与变幅　诊断层包括淡薄表层和黏化层；诊断特性及诊断现象包括石质接触面、湿润土壤水分状况、热性土壤温度状况、腐殖质特性、铁质特性和铝质现象。土层较深厚，土体厚度大于 150cm，土体构型为 Ah-Bw-Bt-R。表层厚度较深，达 30cm 以上；Bt 层结构面上有中量黏粒胶膜，黏化率>1.20；土体 160cm 以下有整块状砂岩；Bw、Bt 层铝饱和度均≥60%。pH（H_2O）和 pH（KCl）分别介于 4.7～4.8 和 3.9～4.0，有机碳含量为 9.3～16.9g/kg，全铁含量为 23.0～24.0g/kg，游离铁含量介于 17.4～18.8g/kg，铁的游离度在 74.7%～80.5%。

对比土系　杉木河系，属于同一土族，成土母质一致，地形部位类似，但杉木河系 150cm 内未出现石质接触面，且表土质地为粉砂质黏壤土，因此为不同土系。

利用性能综述　该土系土层深厚，质地适中，肥力中等，石砾含量多，有机质、氮和磷含量较高，钾含量偏低，植被覆盖度大。应继续封山育林，加强管理抚育；开阔向阳的山坡可种植油桐、油茶和山核桃等，地形较缓的地段可种植松、杉、竹、茶和板栗等。

参比土种　厚腐厚土砂岩红壤。

代表性单个土体　位于湖南省邵阳市新邵县太芝庙乡新岭村，27°26′21.4″N，111°44′26.2″E，海拔 370m，低丘中坡，成土母质为砂岩风化物，林地，50cm 深处土温 18℃。野外调查时间为 2016 年 8 月 11 日，野外编号 43-SY10。

新岭系代表性单个土体剖面

Ah：0～40cm，浊橙色（7.5YR 7/3，干），浊棕色（7.5YR 5/3，润），大量细根，粉砂壤土，发育程度强的中团粒状结构，大量中根孔、气孔、动物穴和粒间孔隙，土体疏松，中量粗砂岩碎屑，向下层波状清晰过渡。

Bw：40～80cm，亮黄棕色（10YR 7/6，干），黄棕色（10YR 5/6，润），中量细根，粉砂壤土，大量中根孔、气孔、动物穴和粒间孔隙，发育程度强的小块状结构，土体疏松，大量粗砂岩碎屑，向下层波状渐变过渡。

Bt：80～160cm，浊黄橙色（10YR 7/4，干），黄棕色（10YR 5/6，润），少量细根，黏壤土，发育程度中等的中块状结构，中量细粒间孔隙和动物穴，土体疏松，大量粗砂岩碎屑，中量黏粒胶膜，向下层平滑模糊过渡。

R：160～180cm，砂岩半风化物。

新岭系代表性单个土体物理性质

土层	深度/cm	石砾(>2mm，体积分数)/%	细土颗粒组成(粒径：mm)/(g/kg)			质地	容重/(g/cm^3)
			砂粒 2～0.05	粉粒 0.05～0.002	黏粒 <0.002		
Ah	0～40	25	148	595	257	粉砂壤土	1.01
Bw	40～80	45	200	551	249	粉砂壤土	1.22
Bt	80～160	55	219	468	313	黏壤土	1.27

新岭系代表性单个土体化学性质

深度/cm	pH (H_2O)	pH (KCl)	有机碳/(g/kg)	全氮(N)/(g/kg)	全磷(P)/(g/kg)	全钾(K)/(g/kg)	游离铁/(g/kg)	CEC_7/(cmol/kg)(黏粒)	$Al_{(KCl)}$/(cmol/kg)(黏粒)	铝饱和度/%
0～40	4.7	3.9	16.9	1.60	0.54	6.5	17.4	58.0	15.9	91.9
40～80	4.8	3.9	11.7	0.99	0.56	6.5	17.4	48.0	14.2	86.8
80～160	4.7	3.9	9.3	0.84	0.62	6.5	18.8	34.9	11.9	85.6

7.7　黄色铝质湿润淋溶土

7.7.1　金滩系（Jintan Series）

土　族：黏质高岭石混合型热性-黄色铝质湿润淋溶土

拟定者：张杨珠，翟　橙，罗　卓，欧阳宁相

分布与环境条件　该土系分布于湘西地区板、页岩高丘中坡地带，海拔 260～350m；成土母质为板、页岩风化物；土地利用类型为林地，植被类型为常绿针阔叶林，覆盖度 80%以上；属亚热带湿润季风气候，年均日照时数 1300～1400h，年均气温 16～17 ℃，年均降水量 1400～1600mm。

金滩系典型景观

土系特征与变幅　诊断层包括淡薄表层和黏化层；诊断特性及诊断现象包括准石质接触面、湿润土壤水分状况、热性土壤温度状况、铁质特性和铝质现象。土体构型为 Ah-Bt-C，Bt 层结构面上有中量黏粒胶膜，黏化率均大于 1.2 倍，剖面质地构型为粉砂质黏壤土-黏土，Bt 层铝饱和度均大于 80%，95cm 下界出现准石质接触面。pH（H_2O）和 pH（KCl）介于 4.3～4.5 和 3.3～3.4，有机碳含量介于 4.6～18.5g/kg，全铁含量为 29.7～44.7g/kg，游离铁含量介于 26.4～32.5g/kg，铁的游离度介于 72.7%～88.9%。

对比土系　红岩溪系，属于同一亚类，成土母质均为板、页岩风化物，地形部位接近，但红岩溪系黏土矿物类型为伊利石型，且表层质地为黏土。枧田系，属于同一亚类，成土母质一致，但枧田系土族控制层段内黏土矿物类型为伊利石混合型，因此为不同土系。

利用性能综述　该土系土层深厚，水热条件较好，宜种性广，但由于土壤质地较黏，透水性差，土壤呈酸性，因此适宜种植旱粮、茶、橘等耐酸瘠农作物。该土系开发利用潜力较好，在农业耕作时应增施有机肥、钾肥，适量掺沙等措施，以改善土壤结构，培肥地力。

参比土种　厚腐厚土板、页岩红壤。

代表性单个土体　位于湖南省怀化市靖州苗族侗族自治县太阳坪乡金滩村黄田冲组，26°41′46″N，109°41′57″E，海拔 298m，高丘中坡地带，成土母质为板、页岩风化物，林地。50cm 深处土温 19.1℃。野外调查时间为 2016 年 10 月 24 日，野外编号 43-HH01。

金滩系代表性单个土体剖面

Ah：0～25cm，亮黄棕色（10YR 6/6，干），棕色（7.5YR 4/6，润），大量细根，粉砂质黏壤土，发育程度强的小块状结构，中量细根孔、气孔、粒间孔隙和动物穴，少量小岩石碎屑，土体松散，向下层平滑渐变过渡。

Bt1：25～60cm，亮黄棕色（10YR 7/6，干），亮棕色（7.5YR 5/6，润），中量细根，黏土，发育程度中等的大块状结构，中量细根孔、气孔、粒间孔隙和动物穴，少量中岩石碎屑，土体稍坚实，中量黏粒胶膜，向下层波状渐变过渡。

Bt2：60～95cm，亮黄棕色（10YR 6/6，干），亮棕色（7.5YR 5/8，润），少量细根，黏土，发育程度中等的大块状结构，少量细根孔和粒间孔隙，中量粗岩石碎屑，土体稍坚实，中量黏粒胶膜，向下层平滑渐变过渡。

C：95～170 cm，板、页岩风化物。

金滩系代表性单个土体物理性质

土层	深度 /cm	石砾 (>2mm，体积分数)/%	细土颗粒组成(粒径：mm)/(g/kg)			质地	容重 /(g/cm^3)
			砂粒 2～0.05	粉粒 0.05～0.002	黏粒 <0.002		
Ah	0～25	5	179	464	357	粉砂质黏壤土	1.46
Bt1	25～60	10	145	376	479	黏土	1.50
Bt2	60～95	25	176	332	492	黏土	1.54

金滩系代表性单个土体化学性质

深度 /cm	pH (H_2O)	pH (KCl)	有机碳 /(g/kg)	全氮(N) /(g/kg)	全磷(P) /(g/kg)	全钾(K) /(g/kg)	游离铁 /(g/kg)	CEC_7 /(cmol/kg) (黏粒)	$Al_{(KCl)}$ /(cmol/kg) (黏粒)	铝饱和度 /%
0～25	4.4	3.4	18.5	1.44	0.24	17.9	26.4	35.6	17.6	76.5
25～60	4.3	3.3	5.1	0.76	0.21	17.2	31.1	25.4	12.7	81.8
60～95	4.5	3.3	4.6	0.69	0.23	18.0	32.5	25.0	12.4	81.2

7.7.2　红岩溪系（Hongyanxi Series）

土　族：黏质伊利石型热性-黄色铝质湿润淋溶土
拟定者：张杨珠，周　清，盛　浩，张　亮，曹　俏，欧阳宁相

分布与环境条件　该土系分布于湘西地区武陵山脉腹地板、页岩低山中坡地带，海拔 400～500m；成土母质为板、页岩风化物；土地利用类型为有林地，生长有马尾松、毛竹等常绿针阔叶林植被；亚热带湿润季风气候，年均气温 15.4～16.6℃，年均降水量 1500～1700mm。

红岩溪系典型景观

土系特征与变幅　诊断层包括淡薄表层和黏化层，诊断特性及诊断现象包括准石质接触面、湿润土壤水分状况、热性土壤温度状况、铁质特性和铝质现象。土体构型为 Ah-Bt-BC，Bt 层结构面上有中量黏粒胶膜，黏化率大于 1.2 倍，土壤质地通体为黏土，Bt 至 BC 层铝饱和度均大于 70%；土壤黏土矿物以伊利石为主，含量>60%，剖面中下部有石灰岩碎屑 10%～30%。pH（H_2O）和 pH（KCl）分别介于 5.1～5.2 和 3.9～4.2，有机碳含量介于 2.1～16.8g/kg，全铁含量为 27.5～60.7g/kg，游离铁含量介于 29.6～30.4g/kg，铁的游离度介于 61.3%～70.9%。

对比土系　金滩系、枧田系，属于同一亚类，成土母质一致，地形部位类似，但金滩系土族控制层段内黏土矿物类型为高岭石混合型，且表层质地为粉砂质黏壤土；枧田系土族控制层段内黏土矿物类型为伊利石混合型，因此为不同土系。

利用性能综述　该土系土体深厚，表层有机质、磷和钾含量中等；质地黏重，下层通透性差，应改善土壤通透性能。改良与利用措施：坡地易受到水土冲刷，可整平土地，绿化荒山，保持水土；大力种植旱地绿肥，推广测土配方施肥和平衡施肥，实行用地养地相结合。

参比土种　中腐厚土板、页岩黄红壤。

代表性单个土体　位于湖南省湘西土家族苗族自治州龙山县红岩溪镇红岩溪村，29°16′51″N，109°55′09″E，海拔 421.2m，低山中坡地带，成土母质为板、页岩风化物，林地，50cm 深处土温 17.4℃。野外调查时间是 2017 年 7 月 26 日，野外编号 43-XX03。

红岩溪系代表性单个土体剖面

Ah：0～20cm，亮黄棕色（10YR 6/6，干），亮棕色（7.5YR 5/6，润），大量细根，黏土，发育程度强的中块状结构，大量的中粒间孔隙、气孔、根孔和动物穴，少量小岩石碎屑，土体坚实，向下层平滑清晰过渡。

Bt1：20～60cm，亮黄棕色（10YR 7/6，干），橙色（7.5YR 6/6，润），中量细根，黏土，发育程度强的大块状结构，中量细粒间孔隙、气孔、根孔和动物穴，中量中岩石碎屑，土体稍坚实，中量黏粒胶膜，向下层平滑模糊过渡。

Bt2：60～120cm，浊黄橙色（10YR 7/4，干），橙色（7.5YR 6/6，润），少量细根，黏土，发育程度弱的大块状结构，少量细粒间孔隙、气孔、根孔和动物穴，大量粗岩石碎屑，土体稍坚实，中量黏粒胶膜，向下层平滑模糊过渡。

BC：120～160cm，亮黄棕色（10YR 7/6，干），橙色（7.5YR 6/6，润），少量细粒间孔隙和动物穴，发育程度弱的大块状结构，大量粗岩石碎屑，土体稍坚实。

红岩溪系代表性单个土体物理性质

土层	深度/cm	石砾(>2mm，体积分数)/%	细土颗粒组成(粒径：mm)/(g/kg)			质地	容重/(g/cm^3)
			砂粒 2～0.05	粉粒 0.05～0.002	黏粒 <0.002		
Ah	0～20	5	164	391	445	黏土	1.21
Bt1	20～60	10	29	369	602	黏土	1.15
Bt2	60～120	20	135	329	536	黏土	1.24
BC	120～160	30	108	387	505	黏土	1.27

红岩溪系代表性单个土体化学性质

深度/cm	pH (H_2O)	pH (KCl)	有机碳/(g/kg)	全氮(N)/(g/kg)	全磷(P)/(g/kg)	全钾(K)/(g/kg)	游离铁/(g/kg)	CEC_7/(cmol/kg)(黏粒)	$Al_{(KCl)}$/(cmol/kg)(黏粒)	铝饱和度/%
0～20	5.2	4.2	16.8	1.13	0.60	20.7	30.1	34.0	3.4	23.2
20～60	5.1	3.9	4.6	0.61	0.56	22.5	29.6	38.8	12.2	71.7
60～120	5.2	3.9	4.5	0.42	0.60	24.1	30.0	24.5	13.8	74.1
120～160	5.2	3.9	2.1	0.35	0.60	22.0	30.4	28.3	14.5	77.9

7.7.3 枧田系（Jiantian Series）

土　族：黏质伊利石混合型热性-黄色铝质湿润淋溶土

拟定者：张杨珠，欧阳宁相，于　康

分布与环境条件　该土系位于湘南地区板、页岩高丘中坡地带，海拔 160～250m；成土母质为板、页岩风化物；土地利用状况为林地，生长有蕨类、蜈蚣草等常绿矮小灌木，覆盖度约为 60%～70%；亚热带湿润大陆性季风气候，年均日照时数 1300～1740h，年均气温 18.0～19.0℃，年均降水量 1400～1600mm。

枧田系典型景观

土系特征与变幅　诊断层包括淡薄表层和黏化层，诊断特性及诊断现象包括准石质接触面、湿润土壤水分状况、热性土壤温度状况、铁质特性和铝质现象。土体构型为 Ah-Bt-C，土体厚度较深，土壤表层质地为粉砂质黏壤土，Bt 层结构面上有大量黏粒胶膜，黏化率大于 1.2 倍，Bt 层铝饱和度大于 90%，土壤润态色调为 7.5YR。pH（H_2O）和 pH（KCl）分别介于 4.6～4.7 和 3.4～3.5，有机碳含量介于 5.9～21.2g/kg，全铁含量介于 38.0～78.0g/kg，游离铁含量介于 26.4～49.9g/kg，铁的游离度介于 64.0%～69.4%。

对比土系　金滩系、红岩溪系，属于同一亚类，成土母质均为板、页岩风化物，但金滩系土族控制层段内黏土矿物类型为高岭石混合型，红岩溪系黏土矿物类型为伊利石型，且红岩溪系表层土壤质地为黏土，因此为不同土系。

利用性能综述　该土系土层较浅薄，准石质接触面出现深度较浅，土体紧实，质地稍黏，酸性较强，表层有机质含量较高，但表层全钾含量较低。改良与利用措施：应深翻松土，加沙客土，改善土壤通透性能；封山育林，保护植被。

参比土种　厚腐厚土板岩红壤。

代表性单个土体　位于湖南省永州市东安县水岭乡枧田村，26°24′33″N，111°15′42″E，海拔 209m，高丘中坡地带，成土母质为板、页岩风化物，土地利用类型为其他林地。50cm 深处土温 19.6℃。野外调查时间为 2016 年 9 月 26 日，野外编号 43-YZ01。

枧田系代表性单个土体剖面

Ah：0～20cm，浊黄橙色（10YR 7/4，干），浊橙色（7.5YR 6/4，润），大量细根，粉砂质黏壤土，发育强的小块状结构，中量细粒间孔隙、根孔、气孔和动物穴，土体稍坚实，向下层平滑渐变过渡。

Bt：20～70cm，黄橙色（10YR 7/8，干），橙色（7.5YR 6/8，润），中量细根，黏土，发育中等的大块状结构，中量细粒间孔隙、根孔、气孔和动物穴，土体坚实，大量黏粒胶膜，向下层波状清晰过渡。

C：70～140cm，板、页岩风化物。

R：140cm 以下，板、页岩。

枧田系代表性单个土体物理性质

土层	深度/cm	石砾(>2mm，体积分数)/%	细土颗粒组成(粒径：mm)/(g/kg)			质地	容重/(g/cm^3)
			砂粒 2～0.05	粉粒 0.05～0.002	黏粒 <0.002		
Ah	0～20	5	55	578	367	粉砂质黏壤土	1.69
Bt	20～70	13	88	341	571	黏土	1.42

枧田系代表性单个土体化学性质

深度/cm	pH (H_2O)	pH (KCl)	有机碳/(g/kg)	全氮(N)/(g/kg)	全磷(P)(g/kg)	全钾(K)/(g/kg)	游离铁/(g/kg)	CEC_7/(cmol/kg)(黏粒)	$Al_{(KCl)}$/(cmol/kg)(黏粒)	铝饱和度/%
0～20	4.6	3.4	21.2	1.44	0.18	7.2	26.4	38.8	20.9	80.5
20～70	4.7	3.5	5.9	0.78	0.16	12.7	49.9	41.2	23.5	92.0

7.7.4 双港系（Shuanggang Series）

土　族：黏壤质硅质混合型热性-黄色铝质湿润淋溶土

拟定者：张杨珠，盛　浩，张鹏博，欧阳宁相

分布与环境条件　该土系分布于湘东北地区第四纪红色黏土低丘下坡地带，海拔20～100m；成土母质为第四纪红色黏土；土地利用状况为林地，种植松、杉木等常绿针阔叶林或生长芒萁、胡枝子、白栎、芒等自然植被，覆盖度为40%～50%；中亚热带湿润季风气候，年均气温17～18℃，年均降水量1200～1300mm，年均日照时数1800～1900h，年均无霜期270～280d。

双港系典型景观

土系特征与变幅　诊断层包括淡薄表层、黏化层和聚铁网纹层；诊断特性及诊断现象包括湿润土壤水分状况、氧化还原特征、热性土壤温度状况、铁质特性和铝质现象。该土系土体深厚，深度大于200cm，土体构型为Ah-Bst-Blst，表层受中度侵蚀，表层浅薄，厚度为15～25cm，肥力低下。土壤质地通体为黏壤土，Blst层结构面上有中量黏粒胶膜，Bst层和Blst层铝饱和度均大于60%，剖面85cm以下出现中量聚铁网纹。pH（H_2O）和pH（KCl）分别介于5.0～5.3和3.8～4.0，有机碳含量介于1.5～6.0g/kg，全铁含量为32.5～45.3g/kg，游离铁含量介于22.5～35.4g/kg，铁的游离度介于63.4%～78.2%。

对比土系　许家湾系，土族相同，地形部位和地表植被相似，但许家湾系成土母质为板、页岩风化物，因此划为不同土系。

利用性能综述　该土系土层较深厚，水热条件较好，但由于土壤质地黏重，透水性差，土壤呈强酸性，宜种植油茶、茶叶、柑橘等耐酸性园艺作物和大豆、番薯等耐瘠农作物。改良与利用措施：大力种植旱地绿肥，实行用地养地相结合；深翻松土，加沙客土，改善土壤通透性能；增施有机肥和实行秸秆还田，改善土壤结构，提高土壤肥力。

参比土种　中腐厚土层棕红壤。

代表性单个土体　位于湖南省岳阳市岳阳县新墙乡双港村耿桥组，29°6′55″N，113°13′24″E，海拔48m，低丘低坡地带，成土母质为第四纪红色黏土，土地利用状况为林地，主要植被类型为松、杉木等常绿针阔叶林，覆盖度为45%。50cm深处土温18.9℃。野外调查时间为2015年9月26日，野外编号43-YY12。

双港系代表性单个土体剖面

Ah：0～25cm，黄棕色（10YR 5/6，干），暗棕色（7.5YR 3/3，润），大量中根，黏壤土，大量细粒间孔隙、根孔、气孔和动物穴，发育程度强的小块状结构，极少量小石英颗粒，土体疏松，结构面上有少量锰斑纹、少量黏粒胶膜，向下层平滑渐变过渡。

Bst：25～85cm，亮黄棕色（10YR 6/6，干），棕色（7.5YR 4/6，润），少量中根，黏壤土，大量细粒间孔隙、根孔、气孔和动物穴，发育程度强的大块状结构，结构面上有中量锰斑纹、中量黏粒胶膜，土体稍坚实，向下层平滑渐变过渡。

Blst1：85～115cm，亮黄棕色（10YR 7/6，干），亮棕色（7.5YR 5/6，润），少量细根，黏壤土，中量极细粒间孔隙和根孔，发育程度强的大块状结构，结构面上有中量锰斑纹、中量黏粒胶膜，土体很坚实，向下层平滑清晰过渡。

Blst2：115～200cm，黄橙色（10YR 7/8，干），亮棕色（7.5YR 5/8，润），少量细根，黏壤土，中量细粒间孔隙和根孔，发育程度强的大块状结构，少量小石英颗粒，结构面上有大量锰斑纹、大量黏粒胶膜、中量锰结核，土体极坚实。

双港系代表性单个土体物理性质

土层	深度 /cm	石砾 (>2mm，体积分数)/%	细土颗粒组成(粒径：mm)/(g/kg)			质地	容重 /(g/cm³)
			砂粒 2～0.05	粉粒 0.05～0.002	黏粒 <0.002		
Ah	0～25	1	331	356	313	黏壤土	1.53
Bst	25～85	0	273	389	338	黏壤土	1.59
Blst1	85～115	0	231	410	359	黏壤土	1.60
Blst2	115～200	2	246	355	399	黏壤土	1.67

双港系代表性单个土体化学性质

深度 /cm	pH (H_2O)	pH (KCl)	有机碳 /(g/kg)	全氮(N) /(g/kg)	全磷(P) /(g/kg)	全钾(K) /(g/kg)	游离铁 /(g/kg)	CEC_7 /(cmol/kg) (黏粒)	$Al_{(KCl)}$ /(cmol/kg) (黏粒)	铝饱和度 /%
0～25	5.3	4.0	6.0	0.63	0.27	15.1	25.8	46.7	4.7	23.2
25～85	5.0	3.9	1.9	0.33	0.22	14.7	22.5	47.9	15.6	75.6
85～115	5.0	3.8	1.5	0.35	0.22	14.4	23.5	36.2	15.8	73.0
115～200	5.2	3.8	2.1	0.35	0.23	13.5	35.4	46.6	11.0	60.4

7.7.5　许家湾系（Xujiawan Series）

土　族：黏壤质硅质混合型热性-黄色铝质湿润淋溶土

拟定者：张杨珠，周　清，黄运湘，盛　浩，张　亮，欧阳宁相

分布与环境条件　该土系分布于湘东地区板、页岩低丘中坡地带，海拔 50～100m；成土母质为板、页岩风化物；土地利用状况为茶园，主要作物类型为油茶，覆盖度达 60%～70%；中亚热带湿润季风气候，年均气温 17～18℃，年均降水量 1300～1600mm。

许家湾系典型景观

土系特征与变幅　诊断层包括淡薄表层和黏化层；诊断特性及诊断现象包括湿润土壤水分状况、热性土壤温度状况、铁质特性和铝质现象。该土系土体较深厚，坡积现象明显，土体构型为 Ah-Bw-Bt-BC，表层厚度为 20～30cm，黏粒下移淀积现象明显，Bt 层结构面上有大量黏粒胶膜，黏化率＞1.2 倍，Bw 层和 Bt 层铝饱和度≥60%，土壤润态色调为 7.5YR，土壤质地为砂质黏壤土-黏壤土。pH（H_2O）和 pH（KCl）分别介于 4.4～4.6 和 3.4～3.7，有机碳含量为 1.8～14.5g/kg，全铁含量为 21.1～35.8g/kg，游离铁含量介于 13.1～24.1g/kg，铁的游离度介于 62.1%～71.9%。

对比土系　双港系，属于同一土族，地形部位类似，但双港系成土母质为第四纪红色黏土，剖面砾石含量少，85cm 以下出现聚铁网纹层，因此划为不同土系。

利用性能综述　该土系土体较浅薄，质地适中，土壤呈酸性，底层紧实，表层有机质和氮、磷、钾含量较低，土体下部石砾含量较高。改良与利用措施：增施有机肥和实行秸秆还田，改善土壤结构，提高土壤肥力；实行测土配方施肥和平衡施肥；大力种植旱地绿肥，实行用地养地相结合；深翻松土，加沙客土，改善土壤通透性能。

参比土种　厚腐厚土板、页岩红壤。

代表性单个土体　位于湖南省株洲市渌口区洲坪乡许家湾村三石塘组，27°37′25″N，113°8′39″E，海拔 87m，低丘中坡地带，成土母质为板、页岩风化物，土地利用状况为茶园，主要作物类型为油茶。50cm 深处土温 19.4℃。野外调查时间为 2015 年 7 月 25 日，野外编号 43-ZZ03。

许家湾系代表性单个土体剖面

Ah：0～20cm，浊黄棕色（10YR 7/4，干），棕色（7.5YR 4/6，润），大量中根，砂质黏壤土，大量细根孔、粒间孔隙、气孔和动物穴，发育程度强的小块状结构，大量小岩屑，土体松散，向下层平滑清晰过渡。

Bw：20～50cm，浊黄棕色（10YR 7/4，干），亮棕色（7.5YR 5/6，润），中量中根，砂质黏壤土，中量细根孔、粒间孔隙和动物穴，发育程度强的大块状结构，大量中岩屑，土体疏松，向下层平滑清晰过渡。

Bt：50～120cm，黄橙色（10YR 8/6，干），亮棕色（7.5YR 5/8，润），少量细根，砂质黏壤土，中量细根孔、粒间孔隙和动物穴，发育程度中等的大块状结构，大量中岩屑，土体疏松，结构面上有大量黏粒胶膜，向下层平滑渐变过渡。

BC：120～150cm，淡黄棕色（10YR 8/4，干），橙色（7.5YR 6/8，润），黏壤土，少量细根孔和粒间孔隙，发育程度弱的大块状结构，大量粗岩屑，土体坚实，结构面上有少量黏粒胶膜。

许家湾系代表性单个土体物理性质

土层	深度 /cm	石砾 (>2mm，体积分数)/%	细土颗粒组成(粒径：mm)/(g/kg)			质地	容重 /(g/cm^3)
			砂粒 2～0.05	粉粒 0.05～0.002	黏粒 <0.002		
Ah	0～20	10	499	253	248	砂质黏壤土	1.31
Bw	20～50	15	527	213	260	砂质黏壤土	1.52
Bt	50～120	20	450	221	329	砂质黏壤土	1.79
BC	120～150	30	371	331	298	黏壤土	1.55

许家湾系代表性单个土体化学性质

深度 /cm	pH (H_2O)	pH (KCl)	有机碳 /(g/kg)	全氮(N) /(g/kg)	全磷(P) /(g/kg)	全钾(K) /(g/kg)	游离铁 /(g/kg)	CEC_7 /(cmol/kg) (黏粒)	$Al_{(KCl)}$ /(cmol/kg) (黏粒)	铝饱和度 /%
0～20	4.5	3.7	14.5	0.81	0.15	8.7	13.1	45.2	23.3	85.3
20～50	4.5	3.6	3.2	0.29	0.16	8.1	13.3	31.9	22.2	89.5
50～120	4.4	3.6	2.3	0.34	0.14	9.7	20.9	36.9	21.8	84.8
120～150	4.6	3.4	1.8	0.39	0.12	12.2	24.1	43.2	30.8	89.6

7.8 普通铝质湿润淋溶土

7.8.1 泥坞系（Niwu Series）

土 族：砂质硅质混合型热性-普通铝质湿润淋溶土

拟定者：张杨珠，周 清，黄运湘，盛 浩，欧阳宁相

分布与环境条件 该土系分布于湘东大围山花岗岩低山下坡地带，海拔470～490m；成土母质为花岗岩风化物；土地利用状况为林地，植被类型为常绿针阔叶林，种植有马尾松、毛竹等；中亚热带湿润季风气候，年均气温16～17℃，年均无霜期240～250d，年均日照时数1500～1700h，年均降水量1300～1600mm。

泥坞系典型景观

土系特征与变幅 诊断层包括淡薄表层和黏化层，诊断特性及诊断现象包括湿润土壤水分状况、热性土壤温度状况、铁质特性和铝质现象。土体较深厚，土壤发育较成熟，厚度为200cm，土体构型为Ah-Bt-C，土壤表层受到轻度侵蚀，有机质和养分含量较高，Bt层黏化率＞1.2倍，土壤润态色调为5YR，土壤质地构型为砂质壤土-砂质黏壤土。pH（H_2O）和pH（KCl）分别介于4.3～4.6、3.7～3.9，有机碳含量介于4.9～24.3g/kg，全铁含量为39.2～47.4g/kg，游离铁含量介于19.4～21.3g/kg，铁的游离度介于43.7%～45.0%。

对比土系 脱甲系，属于同一亚类，成土母质均为花岗岩风化物，但脱甲系土族控制层段内颗粒大小级别为黏壤质，因此为不同土族，划为不同土系。

利用性能综述 该土系土层深厚，表层有机质含量高，质地为砂质壤土，下层砂粒含量高，土壤结构较好，耕性好，植被覆盖度较高，应继续加强封山育林，防止水土流失。

参比土种 厚腐厚土花岗岩红壤。

代表性单个土体 位于湖南省长沙市浏阳市大围山（镇）泥坞村大窝组，28°25′29″N，114°3′17″E，海拔482m，低山下坡地带，成土母质为花岗岩风化物，土地利用状况为林地。50cm深处土温17.4℃。野外调查时间为2014年5月12日，野外编号43-LY04。

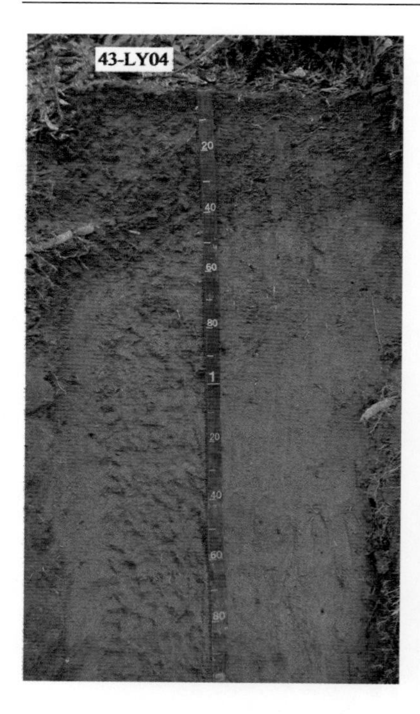

泥坞系代表性单个土体剖面

Ah：0～49cm，橙色（7.5YR 6/6，干），红棕色（5YR 4/8，润），大量细根，砂质壤土，大量细根孔、粒间孔隙、动物穴，发育程度强的中团粒状结构，中量小石英颗粒，土体松散，向下层平滑清晰过渡。

Bt：49～107cm，黄橙色（7.5YR 7/8，干），亮红棕色（5YR 5/8，润），大量中根，砂质黏壤土，大量细根孔、粒间孔隙和动物穴，发育程度强的中块状结构，结构面上有中量黏粒胶膜，大量细石英颗粒，土体疏松，向下层平滑清晰过渡。

C：107～200cm，花岗岩风化物。

泥坞系代表性单个土体物理性质

土层	深度 /cm	石砾 (>2mm，体积分数)/%	细土颗粒组成(粒径：mm)/(g/kg)			质地	容重 /(g/cm^3)
			砂粒 2～0.05	粉粒 0.05～0.002	黏粒 <0.002		
Ah	0～49	10	441	483	76	砂质壤土	1.06
Bt	49～107	25	560	220	220	砂质黏壤土	1.53

泥坞系代表性单个土体化学性质

深度 /cm	pH (H_2O)	pH (KCl)	有机碳 /(g/kg)	全氮(N) /(g/kg)	全磷(P) /(g/kg)	全钾(K) /(g/kg)	游离铁 /(g/kg)	CEC_7 /(cmol/kg) (黏粒)	$Al_{(KCl)}$ /(cmol/kg) (黏粒)	铝饱和度 /%
0～49	4.3	3.7	24.3	0.76	0.24	35.0	19.4	198.9	64.9	73.3
49～107	4.6	3.9	4.9	0.42	0.27	35.4	21.3	51.6	16.7	72.8

7.8.2 东轩系（Dongxuan Series）

土 族：极黏质高岭石型热性-普通铝质湿润淋溶土

拟定者：张杨珠，周 清，黄运湘，满海燕，欧阳宁相

分布与环境条件 该土系位于湘中地区的石灰岩低丘坡顶地带，海拔 140～200m；成土母质为石灰岩风化物；土地利用状况为林地，植被有杉木、竹子、油桐等，植被覆盖度为 50%～60%；中亚热带湿润季风气候，年均无霜期 280～290d，年均气温 14～15℃，年均降水量 1100～1200mm。

东轩系典型景观

土系特征与变幅 诊断层包括淡薄表层和黏化层；诊断特性包括铁质特性、铝质特性、热性土壤温度状况和湿润土壤水分状况。土体构型为 Ah-Bt-Bw，土层较厚，大于 100cm，表层厚度为 30～40cm，盐基不饱和。Bt 层结构面和孔隙周围有大量黏粒胶膜，土壤质地通体为黏土，土壤基质色调为 5YR，各层铝饱和度均大于 75%。pH（H_2O）和 pH（KCl）分别介于 4.9～5.3 和 3.6～3.7，有机碳含量为 3.5～5.9g/kg，全铁含量为 53.7～78.0g/kg，游离铁含量介于 41.1～59.1g/kg，铁的游离度在 77.0%～99.8%。

对比土系 千叶系，属于同一亚类，地形部位相似，但千叶系成土母质为第四纪红色黏土，土族控制层段内颗粒大小级别为黏质，矿物学类型为伊利石混合型，因此为不同土系。

利用性能综述 该土系土体深厚，质地黏重，通透性较差。土壤有机质、氮和钾含量低，肥力差。植被覆盖度较小，容易产生水土流失。宜种植草本植物，增施有机肥、氮肥和钾肥，培肥土壤。

参比土种 厚腐厚土石灰岩红壤。

代表性单个土体 位于湖南省娄底市涟源市石马山镇东轩村张娄组，27°42′14″N，111°43′34″E，海拔 174m，低丘坡顶，成土母质为石灰岩风化物，土地利用类型为林地，50cm 深处土温 19.1℃。野外调查时间为 2016 年 8 月 12 日，野外编号 43-LD01。

东轩系代表性单个土体剖面

Ah：0～30cm，橙色（5YR 6/6，干），亮红棕色（5YR 5/8，润），中量中根系，黏土，中量中根孔、气孔、动物穴和粒间孔隙，发育程度强的大块状结构，土体稍坚实，向下层平滑渐变过渡。

Bt1：30～65cm，橙色（5YR 6/6，干），亮红棕色（5YR 5/8，润），少量中根，黏土，少量细根孔、动物穴和粒间孔隙，发育程度强的大块状结构，土体很坚实，结构面和孔隙有大量黏粒胶膜，向下层平滑渐变过渡。

Bt2：65～100cm，橙色（5YR 6/6，干），亮红棕色（5YR 5/8，润），少量细根，黏土，少量细粒间孔隙，发育程度强的大块状结构，土体很坚实，结构面和孔隙有大量黏粒胶膜，少量的石灰岩碎屑，向下层平滑渐变过渡。

Bw：100～160cm，橙色（5YR 6/6，干），亮红棕色（5YR 5/8，润），很少量细根，黏土，很少量细粒间孔隙，发育程度中等的大块状结构，土体很坚实，结构面和孔隙有少量黏粒胶膜，中量的石灰岩碎屑。

东轩系代表性单个土体物理性质

土层	深度 /cm	石砾 (>2mm，体积分数)/%	细土颗粒组成(粒径：mm)/(g/kg)			质地	容重 /(g/cm³)
			砂粒 2～0.05	粉粒 0.05～0.002	黏粒 <0.002		
Ah	0～30	0	13	186	801	黏土	1.33
Bt1	30～65	0	19	150	831	黏土	1.27
Bt2	65～100	5	18	141	841	黏土	1.27
Bw	100～160	15	182	166	652	黏土	1.20

东轩系代表性单个土体化学性质

深度 /cm	pH (H_2O)	pH (KCl)	有机碳 /(g/kg)	全氮(N) /(g/kg)	全磷(P) /(g/kg)	全钾(K) /(g/kg)	游离铁 /(g/kg)	CEC_7 /(cmol/kg) (黏粒)	$Al_{(KCl)}$ /(cmol/kg) (黏粒)	铝饱和度 /%
0～30	4.9	3.6	5.9	0.61	0.63	8.1	55.9	37.8	10.9	89.2
30～65	5.2	3.7	4.9	0.65	0.67	8.9	56.8	38.2	9.6	78.9
65～100	5.3	3.7	5.0	0.73	0.60	9.3	59.1	42.9	12.5	79.3
100～160	5.3	3.7	3.5	0.52	0.46	6.6	41.1	35.4	13.3	86.9

7.8.3　茶石系（Chashi Series）

土　族：黏质高岭石型热性-普通铝质湿润淋溶土

拟定者：张杨珠，黄运湘，满海燕，罗　卓，欧阳宁相

分布与环境条件　该土系位于湘中地区板、页岩低丘中坡地带，海拔70～130m；成土母质为板、页岩风化物；土地利用状况为林地，生长有杉木、竹子、栗等常绿针阔叶林；中亚热带湿润季风气候，年均日照时数1100～1200h，年均气温18.0～19.0℃，年均降水量1300～1400mm。

茶石系典型景观

土系特征与变幅　诊断层包括淡薄表层和黏化层；诊断特性包括铁质特性、热性土壤温度状况和湿润土壤水分状况；诊断现象包括铝质现象。土体构型为Ah-Bt-BC-C，表层厚度为35～45cm，有机碳含量为15～25g/kg。Bt层结构面有中量至大量黏粒胶膜，黏化率≥1.20；土壤基质色调为5YR，各层土壤铝饱和度≥70%，剖面上部有明显坡积现象，质地构型为粉砂质黏壤土-粉砂质黏土，表层以下含20%～30%的板岩碎屑。pH（H_2O）和pH（KCl）分别介于4.5～5.0和3.6～3.7，有机碳含量介于2.7～19.3g/kg，全铁含量为83.0～92.3g/kg，游离铁含量介于21.3～47.3g/kg，铁的游离度在70.0%～73.7%。

对比土系　木屋系和燕塘系，属于同一土族，地形部位类似，地表植被相似，成土母质不同，木屋系成土母质为花岗岩风化物，燕塘系成土母质为第四纪红色黏土，因此为不同土系。

利用性能综述　该土系土体深厚，质地较黏重，通透性较差。土壤有机质、氮、磷和钾含量中等。植被覆盖度大，应继续封山育林，保护和恢复植被。掺入少量沙子，改善土壤结构。

参比土种　厚腐厚土板、页岩红壤。

代表性单个土体　位于湖南省衡阳市衡东县白莲镇茶石村，27°15′58″N，112°58′30″E，海拔92m，低丘中坡，成土母质为板、页岩风化物，林地，生长有杉木、竹子、栗等常绿针阔叶林，植被覆盖度为60%。50cm深处土温19.6℃。野外调查时间为2016年8月25日，野外编号43-HY06。

茶石系代表性单个土体剖面

Ah：0～40cm，浊橙色（5YR 7/4，干），亮红棕色（5YR 5/6，润），中量细根，粉砂质黏壤土，大量细根孔、气孔、动物穴和粒间孔隙，发育程度强的中块状结构，土体疏松，向下层平滑渐变过渡。

Bt1：40～80cm，橙色（5YR 7/6，干），亮红棕色（5YR 5/8，润），中量细根系，粉砂质黏土，大量细根孔、气孔、动物穴和粒间孔隙，发育程度中等的大块状结构，土体疏松，大量板岩碎屑，结构面上有中量黏粒胶膜，向下层波状渐变过渡。

Bt2：80～110cm，橙色（5YR 7/6，干），橙色（5YR 6/6，润），中量细根，粉砂质黏土，中量细根孔、气孔、动物穴和粒间孔隙，发育程度中等的大块状结构，土体疏松，结构面上有大量黏粒胶膜，向下层波状渐变过渡。

BC：110～140cm，橙色（5YR 7/6，干），亮红棕色（5YR 5/6，润），少量细根，粉砂质黏土，中量细根孔和粒间孔隙，发育程度弱的大块状结构，土体稍坚实，结构面上有少量黏粒胶膜，向下层平滑渐变过渡。

C：140～200cm，泥质板岩风化物。

茶石系代表性单个土体物理性质

土层	深度/cm	石砾(>2mm，体积分数)/%	细土颗粒组成(粒径：mm)/(g/kg)			质地	容重/(g/cm^3)
			砂粒 2～0.05	粉粒 0.05～0.002	黏粒 <0.002		
Ah	0～40	5	140	496	364	粉砂质黏壤土	1.18
Bt1	40～80	20	83	480	437	粉砂质黏土	1.13
Bt2	80～110	25	104	426	470	粉砂质黏土	1.27
BC	110～140	30	85	502	413	粉砂质黏土	1.41

茶石系代表性单个土体化学性质

深度/cm	pH (H_2O)	pH (KCl)	有机碳/(g/kg)	全氮(N)/(g/kg)	全磷(P)/(g/kg)	全钾(K)/(g/kg)	游离铁/(g/kg)	CEC_7/(cmol/kg)(黏粒)	$Al_{(KCl)}$/(cmol/kg)(黏粒)	铝饱和度/%
0～40	4.6	3.6	19.3	1.14	0.52	12.9	27.7	32.1	11.2	70.6
40～80	4.5	3.6	8.5	0.63	0.35	12.2	47.3	25.7	11.7	90.4
80～110	4.6	3.7	5.3	0.36	0.33	10.8	21.3	43.6	10.8	81.5
110～140	5.0	3.7	2.7	0.30	0.33	10.6	35.6	30.6	10.8	77.1

7.8.4　木屋系（Muwu Series）

土　族：黏质高岭石型热性-普通铝质湿润淋溶土

拟定者：张杨珠，周　清，彭　涛，欧阳宁相

分布与环境条件　该土系分布于湘东北地区花岗岩低丘下坡地带，海拔 50～100m；成土母质为花岗岩风化物；土地利用状况为有林地或自然荒地，生长马尾松、毛竹、蕨类等常绿针叶林，覆盖度为 50%～60%；中亚热带湿润季风气候，年均气温 16～17 ℃，年均降水量 1300～1400mm。

木屋系典型景观

土系特征与变幅　诊断层包括暗瘠表层和黏化层；诊断特性及诊断现象包括湿润土壤水分状况、热性土壤温度状况、铁质特性和铝质现象。土体深厚，土壤发育程度较高，土体构型为 Ah-Bt-BC-C。表层枯枝落叶丰富，厚度为 20～30cm，有机质含量高；Bt 层结构面上有大量黏粒胶膜，Bt 层铝饱和度≥60%，土壤润态色调以 2.5YR 为主，120cm 以下为花岗岩半风化物，土壤质地为黏壤土-黏土。pH（H_2O）和 pH（KCl）分别介于 4.1～4.4 和 3.5～3.6，有机碳含量为 2.8～17.7g/kg，全铁含量为 28.3～39.7g/kg，游离铁含量介于 20.0～32.6g/kg，铁的游离度介于 70.7%～82.1%。

对比土系　茶石系和燕塘系，属于同一土族，地形部位相似，但成土母质不同，茶石系成土母质为板、页岩风化物，燕塘系的成土母质为第四纪红色黏土，因此将其划为不同土系。

利用性能综述　该土系土体深厚，表土层稍黏着，通透性较好，砂粒含量较高，土壤呈酸性，有机质和氮、磷和钾含量均偏低。改良与利用措施：大力种植旱地绿肥，实行用地养地相结合；增施有机肥和实行秸秆还田，改善土壤结构，提高土壤肥力；实行测土配方施肥和平衡施肥。

参比土种　厚腐厚土花岗岩红壤。

代表性单个土体　位于湖南省岳阳市汨罗市川山坪镇石桥村木屋组，28°33′59″N，113°1′13″E，海拔 87m，低丘下坡地带，成土母质为花岗岩风化物，土地利用状况为有林地。50cm 深处土温 19.0℃。野外调查时间为 2015 年 9 月 20 日，野外编号 43-YY05。

木屋系代表性单个土体剖面

Ah：0～23cm，亮红棕色（5YR 5/6，干），暗红棕色（2.5YR 3/3，润），大量中根，黏壤土，大量中根孔、粒间孔隙、气孔和动物穴位于结构体内外，发育程度很强的中团粒状结构，少量细岩屑，土体极疏松，结构面上有少量黏粒胶膜，向下层平滑渐变过渡。

Bt1：23～47cm，亮红棕色（5YR 5/8，干），红棕色（2.5YR 4/8，润），中量中根，黏土，大量中根孔、粒间孔隙、气孔和动物穴，发育程度强的中块状结构，中量细岩屑，土体极疏松，结构面上有中量黏粒胶膜，向下层平滑渐变过渡。

Bt2：47～70cm，橙色（5YR 6/8，干），红棕色（2.5YR 4/6，润），少量细根，黏土，中量细根孔、粒间孔隙和动物穴，发育程度强的大块状结构，大量中岩屑，土体疏松，结构面上有中量铁斑纹、大量黏粒胶膜，向下层平滑渐变过渡。

BC：70～120cm，橙色（5YR 6/8，干），红棕色（2.5YR 4/8，润），很少量细根，黏土，少量细根孔和粒间孔隙，发育程度中等的大块状结构，大量粗岩屑，土体稍坚实-坚实，结构面上有少量铁斑纹，向下层平滑渐变过渡。

C：120～200cm，花岗岩半风化物。

木屋系代表性单个土体物理性质

土层	深度/cm	石砾(>2mm，体积分数)/%	细土颗粒组成(粒径：mm)/(g/kg)			质地	容重/(g/cm^3)
			砂粒 2～0.05	粉粒 0.05～0.002	黏粒 <0.002		
Ah	0～23	10	308	296	396	黏壤土	1.26
Bt1	23～47	5	322	236	442	黏土	1.23
Bt2	47～70	10	298	184	518	黏土	1.35
BC	70～120	15	354	188	458	黏土	1.41

木屋系代表性单个土体化学性质

深度/cm	pH (H_2O)	pH (KCl)	有机碳/(g/kg)	全氮(N)/(g/kg)	全磷(P)/(g/kg)	全钾(K)/(g/kg)	游离铁/(g/kg)	CEC$_7$/(cmol/kg)(黏粒)	Al$_{(KCl)}$/(cmol/kg)(黏粒)	铝饱和度/%
0～23	4.1	3.5	17.7	1.06	0.19	16.5	20.0	41.6	18.5	83.5
23～47	4.2	3.6	5.3	0.52	0.17	15.9	24.3	32.6	16.4	87.3
47～70	4.2	3.6	4.2	0.27	0.18	15.3	32.6	39.0	17.6	86.5
70～120	4.4	3.6	2.8	0.08	0.15	14.8	31.0	34.2	16.6	82.2

7.8.5 燕塘系（Yantang Series）

土 族：黏质高岭石型热性-普通铝质湿润淋溶土

拟定者：张杨珠，周 清，黄运湘，盛 浩，欧阳宁相

分布与环境条件 该土系分布于湘东地区第四纪红色黏土低丘下坡地带，海拔100～200m；成土母质为第四纪红色黏土；土地利用类型为有林地，主要植被类型为马尾松、樟等常绿针阔叶林，覆盖度为50%～60%；亚热带湿润季风气候，年均气温17.0～18.0℃，年均降水量1200～1600mm。

燕塘系典型景观

土系特征与变幅 诊断层为淡薄表层和黏化层，诊断特性及诊断现象为铝质现象、铁质特性、湿润土壤水分状况和热性土壤温度状况。土体深厚，土体构型为Ah-Bw-Bt，表层受到中度侵蚀，厚度一般为20～30cm，Bt层结构面上有少量至中量黏粒胶膜。Bt层铝饱和度≥60%，土壤质地通体为黏土，剖面下部有少量石砾。pH（H_2O）和pH（KCl）分别介于4.3～4.8和3.7～3.9，有机碳含量介于1.0～5.4g/kg，全铁含量介于47.8～64.1g/kg，游离铁含量介于29.5～52.0g/kg，铁的游离度介于57.7%～81.1%。

对比土系 茶石系和木屋系，属于同一土族，地形部位相似，但成土母质不同，茶石系成土母质为板、页岩风化物，木屋系的成土母质为花岗岩风化物，因此将其划为不同土系。

利用性能综述 该土系土层深厚，水热条件较好，但由于表层有机质和养分含量低，土壤质地黏重，透水性差，土壤呈强酸性，因此适宜种植旱粮、茶、橘等耐酸瘠农作物。该土系开发利用潜力较好，在农业耕作时应增施有机肥、适量掺沙等，以改善土壤结构，培肥地力。

参比土种 厚土层红土红壤。

代表性单个土体 位于湖南省长沙市浏阳市古港镇燕塘村燕窝组，28°17′09″N，113°45′04″E，海拔114m，低丘上坡地带，成土母质为第四纪红色黏土，土地利用状况为有林地。50cm深处土温19.0℃。野外调查时间为2014年5月12日，野外编号43-LY01。

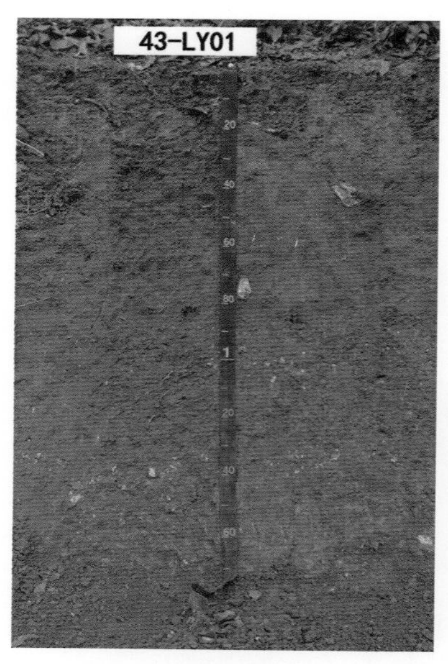

燕塘系代表性单个土体剖面

Ah：0～30cm，橙色（5YR 6/6，干），红棕色（2.5YR 4/8，润），大量中根，黏土，大量细根孔、气孔、动物穴和粒间孔隙，发育程度很强的中团粒状结构，少量细石英颗粒，土体稍坚实，向下层平滑渐变过渡。

Bw：30～52cm，橙色（5YR 6/8，干），红棕色（2.5YR 4/8，润），中量中根，黏土，中量细根孔和粒间孔隙，发育程度强的中块状结构，少量细石英颗粒，土体坚实，向下层平滑渐变过渡。

Bt1：52～90cm，橙色（5YR 7/8，干），红棕色（2.5YR 4/8，润），中量中根，黏土，中量细根孔和粒间孔隙，发育程度强的大块状结构，少量中石英颗粒，黏着，结构面上有中量黏粒胶膜，向下层平滑渐变过渡。

Bt2：90～130cm，橙色（5YR 7/8，干），红棕色（2.5YR 4/8，润），少量细根系，黏土，少量细根孔和粒间孔隙，发育程度强的大块状结构，中量中石英颗粒，土体坚实，结构面上有少量铁锰斑纹、中量黏粒胶膜，向下层平滑渐变过渡。

Bt3：130～174cm，橙色（5YR 7/6，干），亮红棕色（2.5YR 5/8，润），黏土，少量细粒间孔隙，发育程度中等的大块状结构，土体坚实，结构面上有少量铁锰斑纹、少量黏粒胶膜。

燕塘系代表性单个土体物理性质

土层	深度/cm	石砾(>2mm，体积分数)/%	细土颗粒组成(粒径：mm)/(g/kg)			质地	容重/(g/cm³)
			砂粒 2～0.05	粉粒 0.05～0.002	黏粒 <0.002		
Ah	0～30	2	257	202	541	黏土	1.49
Bw	30～52	2	275	223	502	黏土	1.46
Bt1	52～90	2	271	172	557	黏土	1.45
Bt2	90～130	5	258	165	577	黏土	1.62
Bt3	130～174	10	264	217	519	黏土	1.60

燕塘系代表性单个土体化学性质

深度/cm	pH (H_2O)	pH (KCl)	有机碳/(g/kg)	全氮(N)/(g/kg)	全磷(P)/(g/kg)	全钾(K)/(g/kg)	游离铁/(g/kg)	CEC_7/(cmol/kg)(黏粒)	$Al_{(KCl)}$/(cmol/kg)(黏粒)	铝饱和度/%
0～30	4.3	3.7	5.4	0.62	0.62	11.1	38.5	34.9	11.2	72.8
30～52	4.6	3.8	2.6	0.62	0.61	11.8	29.5	33.0	9.2	69.5
52～90	4.6	3.8	1.4	0.35	0.65	11.4	44.7	35.7	10.0	76.5
90～130	4.8	3.8	1.0	0.38	0.73	11.4	42.7	35.8	10.8	67.0
130～174	4.8	3.9	1.1	0.45	0.73	11.7	52.0	34.2	10.3	68.5

7.8.6 高岸系（Gaoan Series）

土 族：黏质高岭石混合型热性-普通铝质湿润淋溶土

拟定者：张杨珠，周 清，盛 浩，欧阳宁相，罗 卓

分布与环境条件 该土系分布于湘东地区的第四纪红色黏土丘陵低丘地带，海拔 100～150m；成土母质为第四纪红色黏土；土地利用状况为其他林地或自然荒地，种植松、樟、马尾松等常绿针阔叶林，植被覆盖度为 30%～50%；中亚热带湿润季风气候，年均气温 17.0～18.0℃，年均降水量 1300～1500mm。

高岸系典型景观

土系特征与变幅 诊断层包括淡薄表层和黏化层；诊断特性及诊断现象包括湿润土壤水分状况、热性土壤温度状况、铁质特性和铝质现象。土体深厚，土体构型为 Ah-Bt，Bt 层有少量至中量的黏粒胶膜，土体紧实，剖面通体为黏土，均质红土层深厚。pH（H_2O）和 pH（KCl）分别介于 4.5～5.1 和 3.7～3.8，有机碳含量介于 2.8～10.2g/kg，全铁含量介于 22.5～43.9g/kg，游离铁含量介于 18.4～29.3g/kg，铁的游离度介于 66.7%～85.0%。

对比土系 黄花系，属于同一土族，成土母质均为第四纪红色黏土，地形部位和地表植被类似，但黄花系 20cm 以下出现中量至大量的铁锰斑纹。南烟冲系，属于同一土族，成土母质均为第四纪红色黏土，但南烟冲系表层质地为黏壤土。泉塘八系，属于同一土族，成土母质一致，但泉塘八系表层质地为黏壤土，土壤润态色调为 5YR。左家山系，属于同一土族，成土母质一致，但左家山系 13cm 以下出现少量至大量的铁锰斑纹和结核，润态色调为 5YR，因此为不同土系。

利用性能综述 该土系土层较深厚，水热条件较好，但由于表层受侵蚀作用严重，有机质和养分含量均低，且土壤质地黏重，透水性差，土壤呈强酸性，宜种植油茶、茶叶、柑橘等耐酸性园艺作物和大豆、番薯等耐瘠农作物。改良与利用措施：大力种植旱地绿肥，实行用地养地相结合；深翻松土，加沙客土，改善土壤通透性能；增施有机肥和实行秸秆还田，改善土壤结构，提高土壤肥力。

参比土种 厚土层红土红壤。

代表性单个土体 位于湖南省株洲市攸县上云桥镇高岸村，27°4′21″N，113°21′55″E，海拔 105m，低丘上坡地带，成土母质为第四纪红色黏土，土地利用状况为其他林地。50cm 深处土温 19.6℃。野外调查时间为 2015 年 8 月 22 日，野外编号 43-ZZ08。

高岸系代表性单个土体剖面

Ah：0～25cm，橙色（5YR 6/8，干），暗红棕色（2.5YR 3/4，润），中量粗根系，黏土，发育程度强的中块状结构，大量中粒间孔隙、根孔、气孔和动物穴，土体疏松，向下层平滑渐变过渡。

Bt1：25～95cm，亮红棕色（5YR 5/8，干），暗红棕色（2.5YR 3/6，润），中量粗根系，黏土，发育程度强的大块状结构，中量细粒间孔隙、根孔、气孔和动物穴，土体疏松，少量黏粒胶膜，向下层平滑模糊过渡。

Bt2：95～150cm，橙色（5YR 6/6，干），红棕色（2.5YR 4/6，润），少量中根，黏土，发育程度强的大块状结构，中量细粒间孔隙和根孔，土体稍坚实，中量黏粒胶膜，向下层平滑模糊过渡。

Bt3：150～200cm，亮红棕色（5YR 5/8，干），亮红棕色（2.5YR 5/8，润），极少量细根，黏土，发育程度中等的大块状结构，中量细粒间孔隙和根孔，土体稍坚实，中量黏粒胶膜。

高岸系代表性单个土体物理性质

土层	深度/cm	石砾(>2mm，体积分数)/%	细土颗粒组成(粒径：mm)/(g/kg)			质地	容重/(g/cm³)
			砂粒 2～0.05	粉粒 0.05～0.002	黏粒 <0.002		
Ah	0～25	0	218	249	533	黏土	0.99
Bt1	25～95	0	206	253	541	黏土	1.31
Bt2	95～150	0	223	232	545	黏土	1.33
Bt3	150～200	0	232	247	521	黏土	1.48

高岸系代表性单个土体化学性质

深度/cm	pH (H_2O)	pH (KCl)	有机碳/(g/kg)	全氮(N)/(g/kg)	全磷(P)/(g/kg)	全钾(K)/(g/kg)	游离铁/(g/kg)	CEC_7/(cmol/kg)(黏粒)	$Al_{(KCl)}$/(cmol/kg)(黏粒)	铝饱和度/%
0～25	4.5	3.7	10.2	0.94	0.31	14.1	19.4	30.9	12.7	79.9
25～95	4.6	3.8	4.2	1.06	0.32	13.8	18.4	30.4	10.8	80.4
95～150	5.0	3.8	3.3	0.29	0.31	14.6	29.3	35.5	10.4	76.9
150～200	5.1	3.8	2.8	0.46	0.17	15.8	28.9	23.3	10.6	82.3

7.8.7　黄花系（Huanghua Series）

土　族：黏质高岭石混合型热性-普通铝质湿润淋溶土

拟定者：张杨珠，周　清，廖超林，罗　卓，欧阳宁相

分布与环境条件　该土系分布于湘东地区第四纪红色黏土低丘上坡地带，海拔 40～70m；成土母质为第四纪红色黏土；土地利用类型为林地，主要植被类型为常绿针阔叶林和常绿矮小灌木，覆盖度为 60%～70%；中亚热带湿润季风气候，年均气温 17.0～18.0℃，年均降水量 1400～1500mm。

黄花系典型景观

土系特征与变幅　诊断层为淡薄表层和黏化层，诊断特性及诊断现象为湿润土壤水分状况、热性土壤温度状况、氧化还原特征、铁质特性和铝质现象。土体深厚，土壤发育成熟，土体构型为 Ah-Bt-Bs。表层厚度为 15～25cm，有机碳含量为 5～10g/kg，Bt 层结构面上含有中量至大量黏粒胶膜，各层铝饱和度均>60%，土壤质地以黏土为主，剖面 20cm 以下出现大量铁锰斑纹、结核和明显的聚铁网纹。pH（H_2O）和 pH（KCl）分别介于 4.4～5.1 和 3.8～3.9，有机碳含量介于 1.8～6.3g/kg，全铁含量为 39.4～50.9g/kg，游离铁含量介于 25.3～38.5g/kg，铁的游离度介于 64.3%～75.7%。

对比土系　高岸系，属于同一土族，成土母质均为第四纪红色黏土，但高岸系通体未出现铁锰斑纹和结核。左家山系，属同一土族，成土母质一致，左家山系在 45～150cm 处出现了聚铁网纹层，33～150cm 处出现中量铁锰斑纹、黏粒和铁锰结核，土体润态色调为 5YR。南烟冲系，属于同一土族，成土母质一致，但南烟冲系表层质地为黏壤土。泉塘八系，属于同一土族，成土母质一致，但泉塘八系土壤润态色调为 5YR，表层土壤质地为黏壤土，因此为不同土系。

利用性能综述　该土系土层深厚，水热条件较好，但由于土壤质地黏重，透水性差，土壤呈强酸性，因此适宜种植旱粮、茶、橘等耐酸瘠农作物。该土系开发利用潜力较好，在农业耕作时应增施有机肥、适量掺沙等，以改善土壤结构，培肥地力。

参比土种　厚土层红土红壤。

代表性单个土体　位于湖南省长沙市长沙县黄花镇合心村下马塘组，28°12′16″N，113°9′58″E，海拔 63m，低丘上坡地带，成土母质为第四纪红色黏土，土地利用状况为

有林地，种植马尾松、樟、蕨类等自然植被。50cm 深处土温 19.3℃。野外调查时间为 2014 年 11 月 5 日，野外编号 43-CS02。

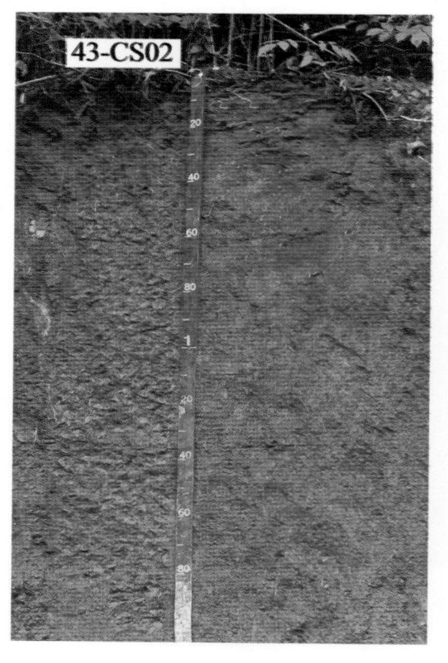

黄花系代表性单个土体剖面

Ah：0～20cm，红棕色（5YR 4/8，干），暗红棕色（2.5YR 3/4，润），中量中根，黏土，发育程度强的中块状结构，中量细根孔、动物穴、气孔和粒间孔隙，极少量细石英颗粒，土体疏松，向下层平滑渐变过渡。

Bt1：20～62cm，红棕色（5YR 4/6，干），暗红棕色（2.5YR 3/6，润），少量中根，黏土，发育程度强的大块状结构，中量细根孔和粒间孔隙，极少量小石英颗粒，土体稍坚实，结构面上有中量铁锰斑纹。中量黏粒胶膜，向下层平滑渐变过渡。

Bt2：62～137cm，亮红棕色（5YR 5/8，干），红棕色（2.5YR 4/6，润），少量细根，黏土，少量细根孔和粒间孔隙，发育程度强的大块状结构，极少量小石英颗粒，土体坚实，结构面上有中量铁锰斑纹、大量黏粒胶膜，向下层平滑渐变过渡。

Bs：137～200cm，亮红棕色（5YR 5/6，干），浊红棕色（2.5YR 4/4，润），极少量细根，黏壤土，发育程度中等的大块状结构，少量细根孔和粒间孔隙，中量中石英颗粒，土体坚实，结构面上有大量铁锰斑纹、少量黏粒胶膜和铁锰结核。

黄花系代表性单个土体物理性质

土层	深度/cm	石砾(>2mm，体积分数)/%	细土颗粒组成(粒径：mm)/(g/kg)			质地	容重/(g/cm^3)
			砂粒 2～0.05	粉粒 0.05～0.002	黏粒 <0.002		
Ah	0～20	2	188	403	409	黏土	1.29
Bt1	20～62	2	148	403	449	黏土	1.28
Bt2	62～137	2	164	345	491	黏土	1.32
Bs	137～200	5	272	364	364	黏壤土	1.48

黄花系代表性单个土体化学性质

深度/cm	pH (H_2O)	pH (KCl)	有机碳/(g/kg)	全氮(N)/(g/kg)	全磷(P)/(g/kg)	全钾(K)/(g/kg)	游离铁/(g/kg)	CEC_7/(cmol/kg)(黏粒)	$Al_{(KCl)}$/(cmol/kg)(黏粒)	铝饱和度/%
0～20	4.4	3.8	6.3	0.66	0.22	12.0	25.3	35.1	16.2	83.3
20～62	4.7	3.9	2.9	0.46	0.26	11.9	30.5	31.0	13.6	79.7
62～137	4.8	3.8	2.1	0.42	0.25	11.6	31.8	32.6	12.8	83.9
137～200	5.1	3.8	1.8	0.40	0.23	12.3	38.5	40.9	17.4	68.6

7.8.8　南烟冲系（Nanyanchong Series）

土　族：黏质高岭石混合型热性-普通铝质湿润淋溶土

拟定者：张杨珠，周　清，盛　浩，张伟畅，欧阳宁相

分布与环境条件　该土系分布于株洲地区第四纪红色黏土低丘上坡地带，海拔 40～100m；成土母质为第四纪红色黏土；土地利用状况为茶园，种植油茶、大豆、蔬菜等经济林，覆盖度为 70%～80%；中亚热带湿润季风气候，年均气温 16.0～18.0℃，年均降水量 1200～1400mm。

南烟冲系典型景观

土系特征与变幅　诊断层包括淡薄表层和黏化层；诊断特性及诊断现象包括湿润土壤水分状况、热性土壤温度状况、铁质特性和铝质现象。土体发育较深，土体构型为 Ah-Bt-Bts。表层浅薄，厚度为 5～15cm，但有机碳含量高，为 20～30g/kg，剖面表层以下均有黏粒胶膜，Bt 层黏化率＞1.2 倍，各层铝饱和度均大于 60%，剖面底部有中量铁锰斑纹，剖面质地构型为黏壤土-黏土。pH（H_2O）和 pH（KCl）分别介于 4.3～5.2 和 3.5～3.8，有机碳含量介于 2.4～23.4g/kg，全铁含量为 29.7～44.7g/kg，游离铁含量为 23.1～29.6g/kg，铁的游离度为 68.2%～76.2%。

对比土系　黄花系、高岸系、泉塘八系和左家山系，属于同一土族，成土母质均为第四纪红色黏土，黄花系表层土壤质地类型为黏土，20～200cm 处出现中量至大量铁锰斑纹；高岸系表层土壤质地为黏土；泉塘八系土体无锰结核，且黏化层出现在 50cm 以下；左家山系出现聚铁网纹层，因此将其划为不同土系。

利用性能综述　该土系土体深厚，质地黏重，土壤呈酸性，底层紧实，表层有机质和氮、磷和钾含量较高，下层含量较低。改良与利用措施：增施有机肥和实行秸秆还田，改善土壤结构，提高土壤肥力；实行测土配方施肥和平衡施肥；大力种植旱地绿肥，实行用地养地相结合；深翻松土，加沙客土，改善土壤通透性能。

参比土种　厚土层红土红壤。

代表性单个土体　位于湖南省株洲市渌口区南阳桥乡南烟冲村王家组，27°38′50″N，113°9′41″E，海拔 75m，低丘上坡地带，成土母质为第四纪红色黏土，土地利用类型为茶园，主要作物为油茶，覆盖度为 70%。50cm 深处土温 19.5℃。野外调查时间为 2015 年 7 月 4 日，野外编号 43-ZZ02。

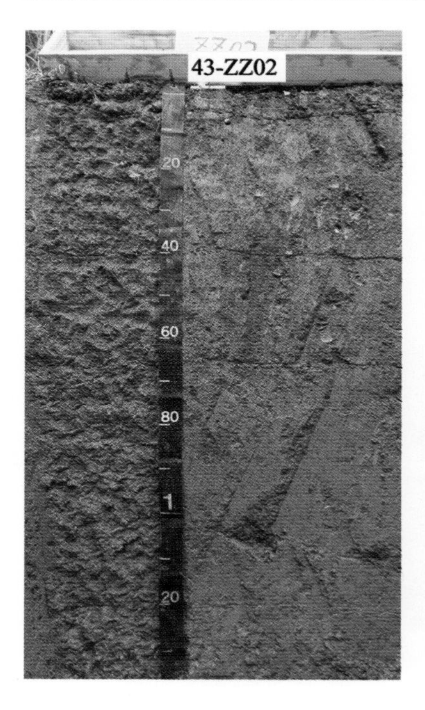

南烟冲系代表性单个土体剖面

Ah：0～7cm，浊红棕色（5YR 5/4，干），暗红棕色（2.5YR 3/3，润），大量中根，黏壤土，发育程度很强的大团粒状结构，大量细根孔、粒间孔隙、气孔和动物穴，土体疏松，向下层平滑清晰过渡。

Bt1：7～40cm，橙色（5YR 7/6，干），红棕色（2.5YR 4/6，润），中量粗根，黏土，发育程度很强的中块状结构，中量细根孔、粒间孔隙、气孔和动物穴，土体稍坚实，结构面上有中量黏粒胶膜，向下层平滑模糊过渡。

Bt2：40～65cm，橙色（5YR 6/6，干），红棕色（2.5YR 4/6，润），少量细根系，黏土，发育程度强的大块状结构，少量细粒间孔隙和根孔，土体坚实，结构面上有大量黏粒胶膜，向下层平滑模糊过渡。

Bts1：65～120cm，橙色（5YR 6/6，干），红棕色（2.5YR 4/6，润），很少量细根，黏土，少量极细粒间孔隙和根孔，发育程度强的大块状结构，结构面上有大量黏粒胶膜，极少量锰结核，向下层平滑模糊过渡。

Bts2：120～150cm，橙色（5YR 6/8，干），红棕色（2.5YR 4/6，润），黏土，发育程度中等的大块状结构，少量极细粒间孔隙，结构面上有中量黏粒胶膜和少量铁锰斑纹、结核。

南烟冲系代表性单个土体物理性质

土层	深度/cm	石砾(>2mm，体积分数)/%	细土颗粒组成(粒径：mm)/(g/kg)			质地	容重/(g/cm³)
			砂粒 2～0.05	粉粒 0.05～0.002	黏粒 <0.002		
Ah	0～7	0	227	377	396	黏壤土	1.17
Bt1	7～40	1	353	160	487	黏土	1.17
Bt2	40～65	0	375	146	479	黏土	1.31
Bts1	65～120	1	397	173	430	黏土	1.38
Bts2	120～150	1	409	173	418	黏土	1.50

南烟冲系代表性单个土体化学性质

深度/cm	pH (H_2O)	pH (KCl)	有机碳/(g/kg)	全氮(N)/(g/kg)	全磷(P)/(g/kg)	全钾(K)/(g/kg)	游离铁/(g/kg)	CEC_7/(cmol/kg)(黏粒)	$Al_{(KCl)}$/(cmol/kg)(黏粒)	铝饱和度/%
0～7	4.3	3.5	23.4	1.38	0.29	11.2	23.1	37.7	19.2	87.4
7～40	4.3	3.6	4.9	0.58	0.28	13.2	27.9	28.1	16.0	88.0
40～65	4.6	3.7	4.0	0.56	0.28	12.8	27.7	28.6	15.2	87.1
65～120	5.0	3.8	3.0	0.50	0.27	12.4	28.2	31.7	16.2	87.0
120～150	5.2	3.8	2.4	0.43	0.29	11.7	29.6	27.3	15.7	93.7

7.8.9 泉塘八系（Quantangba Series）

土 族：黏质高岭石混合型热性-普通铝质湿润淋溶土

拟定者：张杨珠，周 清，盛 浩，罗 卓，欧阳宁相

分布与环境条件 该土系分布于湘东地区第四纪红色黏土低丘下坡地带，海拔 40～100m，成土母质为第四纪红色黏土；土地利用状况为林地，种植棕榈、竹等常绿灌木，覆盖度为 70%～80%；中亚热带湿润季风气候，年均气温 16.0～18.0℃，年均降水量 1300～1400mm。

泉塘八系典型景观

土系特征与变幅 诊断层包括暗瘠表层和黏化层；诊断特性及诊断现象包括湿润土壤水分状况、热性土壤温度状况、铁质特性和铝质现象。土体深厚，土体构型为 Ah-Bw-Bt，表层厚度为 25～35cm，表层有机质含量较高，颜色偏暗，土体稍紧实，质地黏重，剖面质地构型为黏壤土-黏土，黏粒下移淀积现象明显，Bt 层结构面上有少量至中量黏粒胶膜，黏化率≥1.2 倍。Bw 至 Bt 层铝饱和度均大于 70%，剖面下层有 20%～30%石砾。pH（H_2O）和 pH（KCl）分别介于 4.4～4.8 和 3.5～3.8，有机碳含量介于 4.0～21.0g/kg，全铁含量为 37.1～54.1g/kg，游离铁含量介于 25.0～33.1g/kg，铁的游离度介于 46.5%～79.5%。

对比土系 高岸系、黄花系、左家山系和南烟冲系，均属于同一土族，成土母质均为第四纪红色黏土，但高岸系、黄花系和南烟冲系土壤润态色调为 2.5YR，黄花系表层质地为黏土，左家山系出现铁锰斑纹和聚铁网纹层，因此为不同土系。

利用性能综述 该土系土层深厚，水热条件较好，但由于土壤质地黏重，透水性差，土壤呈强酸性，因此适宜种植旱粮、茶、橘等耐酸瘠农作物。该土系开发利用潜力较好，在农业耕作时应增施有机肥、适量掺沙等，以改善土壤结构，培肥地力。

参比土种 厚土层红土红壤。

代表性单个土体 位于湖南省湘潭市湘乡市泉塘镇泉塘村第八组，27°43′56″N，112°28′07″E，海拔 77m，低丘下坡地带，成土母质为第四纪红色黏土，土地利用状况为林地。50cm 深处土温 19.4℃。野外调查时间为 2015 年 8 月 29 日，野外编号 43-XT03。

泉塘八系代表性单个土体剖面

Ah：0～30cm，亮棕色（7.5YR 5/8，干），暗红棕色（5YR 3/3，润），中量中根，黏壤土，发育程度很强的中团粒状结构，大量中粒间孔隙、根孔、气孔和动物穴，中量中岩屑，土体松散，向下层波状渐变过渡。

Bw：30～60cm，橙色（7.5YR 6/6，干），暗红棕色（5YR 3/6，润），少量细根，黏壤土，发育程度强的中块状结构，中量细粒间孔隙、根孔和动物穴，少量中岩屑，土体疏松，向下层波状渐变过渡。

Bt1：60～150cm，亮棕色（7.5YR 5/8，干），亮红棕色（5YR 5/8，润），很少量极细根，黏土，发育程度强的大块状结构，中量细粒间孔隙、根孔和动物穴，中量中岩屑，土体稍坚实-坚实，结构面上有少量锰斑纹，中量黏粒胶膜，向下层平滑渐变过渡。

Bt2：150～200cm，橙色（7.5YR 6/8，干），亮红棕色（5YR 5/8，润），黏土，少量极细粒间孔隙，发育程度中等的大块状结构，大量中岩屑，土体很坚实，少量黏粒胶膜。

泉塘八系代表性单个土体物理性质

土层	深度 /cm	石砾 (>2mm，体积分数)/%	细土颗粒组成(粒径：mm)/(g/kg)			质地	容重 /(g/cm³)
			砂粒 2～0.05	粉粒 0.05～0.002	黏粒 <0.002		
Ah	0～30	10	256	399	345	黏壤土	1.43
Bw	30～60	5	242	366	392	黏壤土	1.45
Bt1	60～150	20	206	381	413	黏土	1.51
Bt2	150～200	30	162	378	460	黏土	1.43

泉塘八系代表性单个土体化学性质

深度 /cm	pH (H_2O)	pH (KCl)	有机碳 /(g/kg)	全氮(N) /(g/kg)	全磷(P) /(g/kg)	全钾(K) /(g/kg)	游离铁 /(g/kg)	CEC_7 /(cmol/kg) (黏粒)	$Al_{(KCl)}$ /(cmol/kg) (黏粒)	铝饱和度 /%
0～30	4.4	3.5	21.0	1.56	0.47	16.1	27.8	45.6	19.3	72.0
30～60	4.5	3.8	8.3	0.71	0.26	16.1	25.0	31.7	15.5	80.5
60～150	4.7	3.8	4.0	0.22	0.30	17.3	25.1	32.5	13.9	70.4
150～200	4.8	3.7	4.2	0.67	0.34	19.5	33.1	35.1	16.7	79.4

7.8.10　左家山系（Zuojiashan Series）

土　族：黏质高岭石混合型热性-普通铝质湿润淋溶土

拟定者：张杨珠，周　清，盛　浩，欧阳宁相

分布与环境条件　该土系分布于湘东北洞庭湖平原南部的第四纪红色黏土低丘地带，海拔30～50m；成土母质为第四纪红色黏土；土地利用类型为园地，主要作物类型为柑橘，覆盖度为40%～50%；中亚热带湿润季风气候，年均气温18.0～19.0℃，年均降水量1400～1600mm。

左家山系典型景观

土系特征与变幅　诊断层为淡薄表层、黏化层和聚铁网纹层，诊断特性及诊断现象为湿润土壤水分状况、氧化还原特征、热性土壤温度状况、铁质特性和铝质现象。土体较厚，土体构型为Ap-Apb-Bls-Blst。表层有因人工平土发生的二次堆积现象，厚度一般为30～40cm，有机碳含量为5～10g/kg，土壤质地以黏土为主，Blst层结构面上有中量黏粒胶膜、铁锰斑纹和大量的锰结核，土体自上而下由疏松变坚实，70cm以下出现明显的红白网纹，整个Bls和Blst层铝饱和度均大于60%。pH（H_2O）和pH（KCl）分别介于4.7～5.2和3.6～3.9，有机碳含量介于2.1～8.4g/kg，全铁含量为43.0～48.6g/kg，游离铁含量介于26.8～32.3g/kg，铁的游离度介于59.3%～67.2%。

对比土系　南烟冲系，属于同一土族，成土母质均为第四纪红色黏土，南烟冲系150cm范围内未出现聚铁网纹层，33～150cm处未出现中量铁锰斑纹和结核，南烟冲系表层土壤质地为黏壤土；高岸系、黄花系和泉塘八系，属于同一土族，成土母质一致，200cm范围内均未出现聚铁网纹层，因此为不同土系。

利用性能综述　该土系土体深厚，质地黏重，土壤呈酸性，底层紧实，表层有机质、氮、磷和钾含量较高，下层含量较低。改良与利用措施：增施有机肥和实行秸秆还田，改善土壤结构，提高土壤肥力；实行测土配方施肥和平衡施肥；大力种植旱地绿肥，实行用地养地相结合；深翻松土，加沙客土，改善土壤通透性能。

参比土种　厚土层红土红壤。

代表性单个土体　位于湖南省长沙市宁乡市朱良桥乡左家山村下毛家组，28°28′13″N，112°39′24″E，海拔41m，第四纪红土低丘地带，成土母质为第四纪红色黏土，土地利用状况为园地。50cm深处土温19.2℃。野外调查时间为2015年1月14日，野外编号43-CS11。

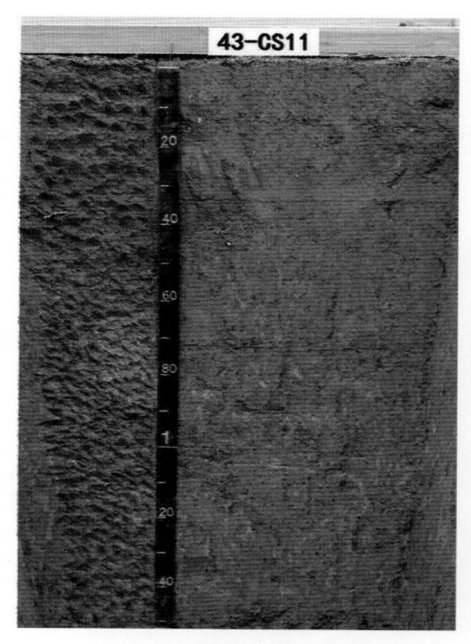

左家山系代表性单个土体剖面

Ap：0～13cm，亮棕色（7.5YR 5/6，干），暗红棕色（5YR 3/6，润），中量细根，砂质黏土，发育程度强的中团粒状结构，中量中根孔、粒间孔隙和气孔，少量细石英颗粒，土体疏松，结构面上有少量黏粒胶膜，向下层平滑渐变过渡。

Apb：13～33cm，浊橙色（7.5YR 7/4，干），红棕色（5YR 4/6，润），少量极细根，黏土，发育程度强的小块状结构，少量细根孔和粒间孔隙，少量细石英颗粒，土体稍坚实，结构面上有少量锰斑纹和极少量锰结核，向下层平滑清晰过渡。

Bls：33～71cm，浊橙色（7.5YR 6/4，干），亮红棕色（5YR 5/8，润），少量极细根系，黏土，发育程度中等的中块状结构，少量细根孔和粒间孔隙，少量细石英颗粒，土体坚实，结构面上有中量铁锰斑纹、少量黏粒胶膜、中量锰结核，向下层平滑清晰过渡。

Blst1：71～98cm，浅黄橙色（7.5YR 8/6，干），亮红棕色（5YR 5/8，润），少量极细粒间孔隙，发育程度中等的大块状结构，中量中石英颗粒，土体坚实，结构面上有中量铁锰斑纹和黏粒胶膜、大量锰结核，向下层平滑渐变过渡。

Blst2：98～150cm，浅黄橙色（7.5YR 8/4，干），橙色（5YR 6/8，润），黏土，少量极细粒间孔隙，发育程度弱的大块状结构，中量中石英颗粒，结构面上有中量铁锰斑纹和黏粒胶膜、大量锰结核。

左家山系代表性单个土体物理性质

土层	深度/cm	石砾(>2mm，体积分数)/%	细土颗粒组成(粒径：mm)/(g/kg)			质地	容重/(g/cm^3)
			砂粒 2～0.05	粉粒 0.05～0.002	黏粒 <0.002		
Ap	0～13	5	401	194	405	砂质黏土	1.27
Apb	13～33	5	215	329	456	黏土	1.07
Bls	33～71	5	244	309	447	黏土	1.44
Blst1	71～98	10	321	190	489	黏土	1.47
Blst2	98～150	15	375	128	497	黏土	1.71

左家山系代表性单个土体化学性质

深度/cm	pH (H_2O)	pH (KCl)	有机碳/(g/kg)	全氮(N)/(g/kg)	全磷(P)/(g/kg)	全钾(K)/(g/kg)	游离铁/(g/kg)	CEC_7/(cmol/kg)(黏粒)	$Al_{(KCl)}$/(cmol/kg)(黏粒)	铝饱和度/%
0～13	5.2	3.9	8.4	1.05	1.12	12.7	27.9	40.6	9.3	35.0
13～33	4.7	3.6	3.0	0.54	0.36	13.3	29.2	33.5	12.4	60.4
33～71	4.7	3.6	2.9	0.50	0.27	13.2	26.8	36.3	13.8	65.2
71～98	4.9	3.7	2.5	0.51	0.27	13.0	31.5	34.0	12.0	64.2
98～150	4.8	3.8	2.1	0.40	0.28	13.0	32.3	39.7	11.7	65.4

7.8.11 大石系（Dashi Series）

土 族：黏质伊利石混合型热性-普通铝质湿润淋溶土
拟定者：张杨珠，欧阳宁相，罗 卓，于 康

分布与环境条件 该土系分布于湘南地区板、页岩低丘中坡地带，地势起伏，多丘陵环绕；海拔 100～200m，成土母质为板、页岩风化物，土地利用类型为林地，生长有杉木、华南松、马尾松、蕨类等野生植被及矮小灌木，覆盖度 80%以上。亚热带湿润季风气候，年均气温 17.0～18.0℃，年均降水量 1380～1480mm，年均日照时数 1600～1700h，年均无霜期 270～280d。

大石系典型景观

土系特征与变幅 诊断层包括淡薄表层和黏化层，诊断特性及诊断现象包括湿润土壤水分状况、热性土壤温度状况、铁质特性和铝质现象。土体深厚，厚度大于 2m，土体构型为 Ah-Bw-Bt-BC。表层质地为粉砂质黏土，Bt 层结构面上有中量黏粒胶膜，剖面表层以下各层的铝饱和度大于 70%，土壤润态色调为 5YR，黏土矿物以伊利石混合型为主。pH（H_2O）和 pH（KCl）分别为 4.4～4.9 和 3.6，有机碳含量介于 2.6～19.2g/kg，全铁含量为 33.7～47.6g/kg，游离铁含量介于 26.0～33.7g/kg，铁的游离度介于 66.8%～86.7%。

对比土系 花果系，属于同一土族，成土母质一致，但花果系 90～170cm 出现明显的铁斑纹，表层质地为粉砂质黏壤土。千叶系，属于同一土族，但千叶系成土母质为第四纪红色黏土，因此为不同土系。

利用性能综述 该土系发育深厚，土层一般大于 2m，土体紧实，质地黏重，土壤呈酸性，表层有机质和养分含量较高，在土壤利用中应注重土壤质量的保育，通过封山育林来保护植被，防止水土流失。

参比土种 厚腐厚土板、页岩红壤。

代表性单个土体 位于湖南省郴州市安仁县永乐江镇大石村，26°40′06″N，113°18′59″E，海拔 132m，低丘中坡地带，成土母质为板、页岩风化物，土地利用类型为其他林地。50cm 深处土温 19.7℃。野外调查时间为 2016 年 9 月 13 日，野外编号 43-CZ08。

大石系代表性单个土体剖面

Ah：0～25cm，浊橙色（7.5YR 7/4，干），红棕色（5YR 4/6，润），大量细根，粉砂质黏土，发育程度强的中团粒状结构，大量细粒间孔隙、根孔、气孔和动物穴，土体松散，向下层波状渐变过渡。

Bw1：25～60cm，浊橙色（7.5YR 7/4，干），橙色（5YR 6/6，润），中量细根，黏壤土，发育程度强的小块状结构，大量细粒间孔隙、根孔、气孔和动物穴，土体疏松，少量小岩石碎屑，向下层波状渐变过渡。

Bw2：60～90cm，橙色（7.5YR 7/6，干），橙色（5YR 6/8，润），中量细根，粉砂质黏土，中量细粒间孔隙、根孔、气孔和动物穴，发育程度强的中块状结构，土体稍坚实，少量小岩石碎屑，向下层波状渐变过渡。

Bt：90～140cm，橙色（7.5YR 7/6，干），橙色（5YR 6/6，润），中量细根系，黏土，中量细粒间孔隙、根孔、气孔和动物穴，发育程度强的大块状结构，土体稍坚实，少量中岩石碎屑，结构面上有中量黏粒胶膜，向下层平滑清晰过渡。

BC：140～200cm，橙色（7.5YR 7/6，干），橙色（5YR 6/6，润），很少量细根，粉砂质黏土，少量极细粒间孔隙，发育程度中等的大块状结构，土体很坚实，大量粗岩石碎屑。

大石系代表性单个土体物理性质

土层	深度/cm	石砾(>2mm，体积分数)/%	细土颗粒组成(粒径：mm)/(g/kg)			质地	容重/(g/cm³)
			砂粒 2～0.05	粉粒 0.05～0.002	黏粒 <0.002		
Ah	0～25	1	145	441	414	粉砂质黏土	1.22
Bw1	25～60	1	255	356	389	黏壤土	1.49
Bw2	60～90	2	141	421	438	粉砂质黏土	1.43
Bt	90～140	2	192	316	492	黏土	1.31
BC	140～200	10	119	428	453	粉砂质黏土	1.44

大石系代表性单个土体化学性质

深度/cm	pH (H_2O)	pH (KCl)	有机碳/(g/kg)	全氮(N)/(g/kg)	全磷(P)/(g/kg)	全钾(K)/(g/kg)	游离铁/(g/kg)	CEC_7/(cmol/kg)(黏粒)	$Al_{(KCl)}$/(cmol/kg)(黏粒)	铝饱和度/%
0～25	4.5	3.6	19.2	1.77	0.36	11.0	26.0	42.6	14.6	67.1
25～60	4.4	3.6	5.2	0.63	0.32	10.8	26.6	33.0	13.4	70.6
60～90	4.5	3.6	2.6	0.59	0.29	10.7	29.3	30.5	13.2	71.8
90～140	4.8	3.6	4.2	1.56	0.27	12.3	33.7	32.6	12.2	71.6
140～200	4.9	3.6	2.8	0.53	0.28	13.7	32.2	31.8	12.2	71.1

7.8.12 花果系（Huaguo Series）

土　族：黏质伊利石混合型热性-普通铝质湿润淋溶土

拟定者：张杨珠，张　亮，罗　卓，欧阳宁相

分布与环境条件　该土系分布于湘北地区板、页岩低丘上坡地带，海拔 40～100m；成土母质为板、页岩风化物；土地利用状况为林地，生长杉木、芒等自然植被；中亚热带湿润季风气候，年均气温 16～17℃，年均降水量 1200～1300mm。

花果系典型景观

土系特征与变幅　诊断层包括暗瘠表层和黏化层，诊断特性及诊断现象包括湿润土壤水分状况、热性土壤温度状况、铝质现象和铁质特性。土体构型为 Ah-Bt-Bs，土壤表层枯枝落叶丰富，有机质含量较高，Bt 层结构面上有中量黏粒胶膜，土壤润态色调为 5YR，剖面质地构型为粉砂质黏壤土-黏壤土-砂质黏壤土。pH（H_2O）和 pH（KCl）分别为 5.1～5.4 和 3.5～4.0，有机碳含量介于 2.4～14.0g/kg，全铁含量为 28.9～40.1g/kg，游离铁含量介于 23.1～32.2g/kg，铁的游离度介于 66.4%～83.2%。

对比土系　大石系，属于同一土族，母质一致，但大石系未出现铁斑纹。千叶系，属于同一土族，但千叶系成土母质为第四纪红色黏土，因此为不同土系。

利用性能综述　该土系土层适中，地势平坦，水热条件较好，土壤呈酸性，因此适宜种植旱粮、茶、橘等耐酸农作物。该土系开发利用潜力较好，在农业耕作时应注意秸秆还田和灌溉，以改善土壤结构，培肥地力。

参比土种　厚腐厚土板、页岩红壤。

代表性单个土体　位于湖南省常德市临澧县烽火乡花果村，29°26′59″N，111°45′23″E，海拔 73m，低丘上坡，成土母质为板、页岩风化物，土地利用状况为有林地，生长杉木、芒等自然植被。50cm 深处土温 18.7℃。野外调查时间为 2016 年 7 月 18 日，野外编号 43-CD05。

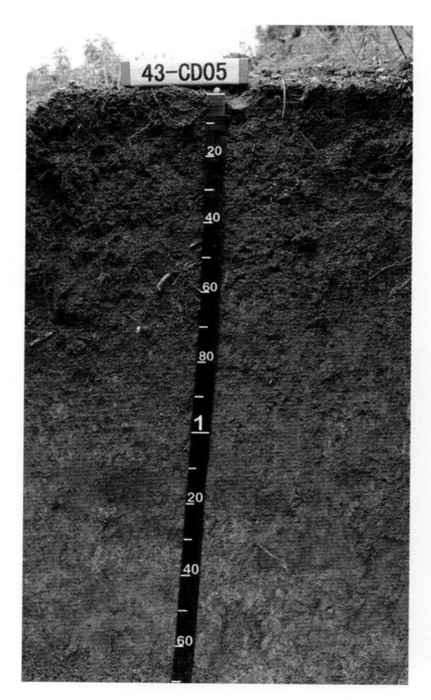

花果系代表性单个土体剖面

Ah：0～30cm，浊红棕色（5YR 5/3，干），暗红棕色（5YR 3/3，润），大量细根，粉砂质黏壤土，发育程度强的中团粒状结构，大量细粒间孔隙、根孔、气孔和动物穴，土体疏松，向下层平滑渐变过渡。

Bt：30～90cm，浊橙色（5YR 7/4，干），浊红棕色（5YR 5/3，润），大量细根，黏壤土，发育程度强的小块状结构，大量细粒间孔隙、根孔、气孔和动物穴，土体疏松，结构面上有中量黏粒胶膜，向下层波状渐变过渡。

Bs1：90～130cm，橙色（5YR 7/6，干），浊橙色（5YR 6/4，润），少量细根，黏壤土，发育程度中等的中块状结构，少量细粒间孔隙、气孔和动物穴，中量中岩屑，土体稍坚实，结构面上有大量铁斑纹，向下层波状渐变过渡。

Bs2：130～170cm，浅淡橙色（5YR 8/4，干），橙色（5YR 6/8，润），砂质黏壤土，发育程度弱的大块状结构，少量细粒间孔隙和动物穴，中量中岩屑，土体很坚实，结构面上有大量铁斑纹。

花果系代表性单个土体物理性质

土层	深度/cm	石砾(>2mm，体积分数)/%	细土颗粒组成(粒径：mm)/(g/kg)			质地	容重/(g/cm^3)
			砂粒 2～0.05	粉粒 0.05～0.002	黏粒 <0.002		
Ah	0～30	5	135	544	321	粉砂质黏壤土	1.34
Bt	30～90	10	292	329	379	黏壤土	1.49
Bs1	90～130	16	353	291	356	黏壤土	1.62
Bs2	130～170	25	481	199	320	砂质黏壤土	1.64

花果系代表性单个土体化学性质

深度/cm	pH (H_2O)	pH (KCl)	有机碳/(g/kg)	全氮(N)/(g/kg)	全磷(P)/(g/kg)	全钾(K)/(g/kg)	游离铁/(g/kg)	CEC_7/(cmol/kg)(黏粒)	$Al_{(KCl)}$/(cmol/kg)(黏粒)	铝饱和度/%
0～30	5.1	3.8	14.0	1.37	0.42	16.4	23.1	37.4	10.3	66.0
30～90	5.1	3.8	8.0	0.99	0.36	16.9	25.3	30.9	8.9	64.0
90～130	5.3	3.8	3.7	0.53	0.30	16.9	32.1	36.4	10.9	61.5
130～170	5.4	3.8	2.4	0.74	0.32	22.0	32.2	37.6	13.1	60.3

7.8.13 千叶系（Qianye Series）

土 族：黏质伊利石混合型热性-普通铝质湿润淋溶土

拟定者：张杨珠，盛 浩，欧阳宁相，张鹏博，张 义

分布与环境条件 该土系分布于湘北地区第四纪红色黏土低丘中坡地带，海拔 50～100m；成土母质为第四纪红色黏土；土地利用状况为林地，种植毛竹等或生长芒萁、胡枝子、白栎、芒等自然植被，覆盖度 70%～80%；中亚热带湿润季风气候，年均气温 17.0～18.0℃，年均降水量 1400～1600mm。

千叶系典型景观

土系特征与变幅 诊断层包括暗瘠表层、黏化层和聚铁网纹层；诊断特性及诊断现象包括湿润土壤水分状况、氧化还原特征、热性土壤温度状况、铁质特性和铝质现象。土体深厚，土体构型为 Ah-Bt-Blst，表土层深厚，厚度为 30～40cm。剖面通体均有中量至大量的黏粒胶膜，Bt 层和 Blst 层铝饱和度≥60%，游离氧化铁＞20g/kg，剖面底部有聚铁网纹层。pH（H_2O）和 pH（KCl）介于 4.6～5.1 和 3.7～3.8，有机碳含量介于 4.1～23.5g/kg，全铁含量为 36.8～44.0g/kg，游离铁含量介于 23.3～27.6g/kg，铁的游离度介于 75.6%～85.1%。

对比土系 大石系和花果系，属于同一土族，地形部位与景观类型相似，土地利用类型均为林地，但大石系和花果系成土母质为板、页岩风化物，大石系 140～200cm 有 10%左右的岩石碎屑，大石系和花果系 2m 内均未出现聚铁网纹层，因此为不同土系。

利用性能综述 该土系土层深厚，水热条件较好，但由于土壤质地黏重，透水性差，土壤呈强酸性，因此适宜种植旱粮、茶、橘等耐酸瘠农作物。该土系开发利用潜力较好，在农业耕作时应增施有机肥、适量掺沙等，以改善土壤结构，培肥地力。

参比土种 中腐厚土层棕红壤。

代表性单个土体 位于湖南省岳阳市临湘市五里乡千叶村大夯组，29°29′15″N，113°32′28″E，海拔 83m，低丘中坡地带，成土母质为第四纪红色黏土，土地利用类型为林地。50cm 深处土温 18.5℃。野外调查时间为 2015 年 9 月 24 日，野外编号 43-YY07。

千叶系代表性单个土体剖面

Ah： 0～40cm，浊橙色（7.5YR 6/4，干），暗红棕色（5YR 3/3，润），大量中根，黏土，发育程度很强的中团粒状结构，大量细粒间孔隙、根孔、气孔和动物穴，土体极疏松，结构面上有中量黏粒胶膜，向下层平滑清晰过渡。

Bt： 40～60cm，浊橙色（7.5YR 7/4，干），红棕色（5YR 4/6，润），中量细根，黏土，发育程度强的中块状结构，中量细粒间孔隙、根孔、气孔和动物穴，土体疏松，结构面上有大量锰斑纹、中量黏粒胶膜，向下层平滑渐变过渡。

Blst1：60～120cm，橙色（7.5YR 6/8，干），红棕色（5YR 4/8，润），少量细根系，黏土，发育程度中等的大块状结构，中量细粒间孔隙和根孔，土体坚实，结构面上有大量铁锰斑纹、少量锰结核、大量黏粒胶膜，向下层平滑渐变过渡。

Blst2：120～200cm，橙色（7.5YR 6/6，干），亮红棕色（5YR 5/6，润），黏土，发育程度中等的大块状结构，少量极细粒间孔隙，土体很坚实，结构面上有大量铁锰斑纹和黏粒胶膜、少量锰结核。

千叶系代表性单个土体物理性质

土层	深度 /cm	石砾 (>2mm，体积分数)/%	细土颗粒组成(粒径：mm)/(g/kg)			质地	容重 /(g/cm³)
			砂粒 2～0.05	粉粒 0.05～0.002	黏粒 <0.002		
Ah	0～40	0	271	312	417	黏土	1.34
Bt	40～60	0	173	360	467	黏土	1.45
Blst1	60～120	0	135	365	500	黏土	1.54
Blst2	120～200	0	169	314	517	黏土	1.50

千叶系代表性单个土体化学性质

深度 /cm	pH (H_2O)	pH (KCl)	有机碳 /(g/kg)	全氮(N) /(g/kg)	全磷(P) /(g/kg)	全钾(K) /(g/kg)	游离铁 /(g/kg)	CEC_7 /(cmol/kg) (黏粒)	$Al_{(KCl)}$ /(cmol/kg) (黏粒)	铝饱和度 /%
0～40	5.0	3.8	23.5	0.91	0.31	15.6	23.3	43.1	9.7	46.9
40～60	4.6	3.7	8.2	0.65	0.28	15.4	27.6	41.6	15.8	78.4
60～120	5.0	3.8	4.1	0.49	0.27	14.9	27.2	51.8	13.9	68.6
120～200	5.1	3.8	4.1	0.50	0.37	14.9	25.0	42.8	14.0	74.9

7.8.14 江田系（Jiangtian Series）

土　族：黏壤质硅质混合型热性-普通铝质湿润淋溶土

拟定者：张杨珠，周　清，盛　浩，欧阳宁相

分布与环境条件　该土系分布于湘东地区花岗岩低丘下坡地带，海拔 50～100m；成土母质为花岗岩风化物；土地利用状况为林地，生长棕榈、竹、马尾松等常绿针落叶林，覆盖度为70%～80%；中亚热带湿润季风气候，年均气温 17～18℃，年均日照时数 1600～1700h，年均降水量 1300～1400mm。

江田系典型景观

土系特征与变幅　诊断层包括淡薄表层和黏化层；诊断特性及诊断现象包括湿润土壤水分状况、热性土壤温度状况、铝质现象和铁质特性。该土系土体深厚，厚度大于 160cm，土体构型为 Ah-Bt-C。土壤表层受到侵蚀，厚度为 10～20cm，Bt 层结构面上有少量至中量黏粒胶膜，黏化率均≥1.2 倍，铝饱和度≥60%，土壤质地均为黏壤土，土壤润态色调为 5YR。pH（H_2O）和 pH（KCl）分别介于 4.5～4.9 和 3.8～3.9，有机碳含量介于 2.3～22.8g/kg，全铁含量为 20.2～34.9g/kg，游离铁含量介于 10.0～15.1g/kg，铁的游离度介于47.8%～50.1%。

对比土系　脱甲系，属于同一土族，成土母质均为花岗岩风化物，母质层出现深度不一致，脱甲系母质层出现在 145cm 处，黏化层的厚度也差异明显，脱甲系黏化层厚度为30cm，因此为不同土系。

利用性能综述　该土系土体深厚，质地适中，土壤呈酸性，底层紧实，表层有机质、氮、磷和钾含量较高。改良与利用措施：增施有机肥和实行秸秆还田，改善土壤结构，提高土壤肥力；实行测土配方施肥和平衡施肥；改善灌溉条件，实行喷灌、滴灌，降低季节性旱害。

参比土种　厚腐厚土花岗岩红壤。

代表性单个土体　位于湖南省湘潭市湘乡市月山镇江田村第三组，27°48′54″N，112°19′00″E，海拔 89m，低丘下坡，成土母质为花岗岩风化物，土地利用状况为林地，主要植被为棕榈、竹、马尾松等。50cm 深处土温 19.4℃。野外调查时间为 2015 年 8 月29 日，野外编号 43-XT02。

江田系代表性单个土体剖面

Ah：0～18cm，浊橙色（7.5YR 7/4，干），橙色（5YR 6/6，润），中量细根系，黏壤土，大量细根孔、动物穴和粒间孔隙，发育程度很强的中团粒状结构，少量细石英颗粒，土体松散，向下层平滑渐变过渡。

Bt1：18～55cm，淡黄橙色（7.5YR 8/3，干），亮红棕色（5YR 5/8，润），少量细根，黏壤土，发育程度强的中块状结构，中量细粒间孔隙、根孔、气孔和动物穴，中量小石英颗粒，土体疏松，结构面上有少量黏粒胶膜，向下层平滑渐变过渡。

Bt2：55～100cm，淡黄橙色（7.5YR 8/4，干），亮红棕色（5YR 5/8，润），少量细根系，黏壤土，发育程度中等的大块状结构，中量细粒间孔隙、根孔，中量小石英颗粒，土体疏松，结构面上有中量黏粒胶膜，向下层平滑渐变过渡。

Bt3：100～160cm，淡黄橙色（7.5YR 8/4，干），橙色（5YR 6/8，润），黏壤土，发育程度弱的大块状结构，中量细粒间孔隙，中量中石英颗粒，土体稍坚实，结构面上有中量黏粒胶膜，向下层平滑渐变过渡。

C：160～200cm，花岗岩风化物。

江田系代表性单个土体物理性质

土层	深度/cm	石砾(>2mm，体积分数)/%	细土颗粒组成(粒径：mm)/(g/kg)			质地	容重/(g/cm³)
			砂粒 2～0.05	粉粒 0.05～0.002	黏粒 <0.002		
Ah	0～18	10	468	302	230	黏壤土	1.28
Bt1	18～55	15	424	271	305	黏壤土	1.48
Bt2	55～100	20	443	266	291	黏壤土	1.55
Bt3	100～160	15	436	295	270	黏壤土	1.67

江田系代表性单个土体化学性质

深度/cm	pH (H_2O)	pH (KCl)	有机碳/(g/kg)	全氮(N)/(g/kg)	全磷(P)/(g/kg)	全钾(K)/(g/kg)	游离铁/(g/kg)	CEC_7/(cmol/kg)(黏粒)	$Al_{(KCl)}$/(cmol/kg)(黏粒)	铝饱和度/%
0～18	4.9	3.9	22.8	1.52	0.20	24.5	10.0	46.6	9.3	38.4
18～55	4.5	3.8	7.6	0.50	0.17	26.2	13.6	31.4	16.8	79.3
55～100	4.5	3.8	3.2	0.24	0.17	27.5	13.8	37.2	17.5	72.4
100～160	4.6	3.8	2.3	0.18	0.16	27.6	15.1	34.2	19.4	79.7

7.8.15 脱甲系（Tuojia Series）

土 族：黏壤质硅质混合型热性-普通铝质湿润淋溶土

拟定者：张杨珠，周 清，黄运湘，欧阳宁相

分布与环境条件 该土系分布于湘东地区花岗岩风化物丘陵岗地地带，海拔 50～150m；成土母质为花岗岩风化物；土地利用状况为林地，植被类型为常绿针阔叶林，生长有樟、毛竹等，植物覆盖度 80%～90%；中亚热带湿润季风气候，年均无霜期 268～278d，年均日照时数 1700～1800h，年均气温 17～18℃，年均降水量 1400～1500mm。

脱甲系典型景观

土系特征与变幅 诊断层包括淡薄表层和黏化层，诊断特性及诊断现象包括湿润土壤水分状况、热性土壤温度状况、铁质特性和铝质现象。土体深厚，土体构型为 Ah-Bt-BC-C，Bt 层结构面上有中量黏粒胶膜，Bt 层和 BC 层铝饱和度≥60%，土壤质地构型为砂质黏壤土-黏壤土-砂质黏壤土。pH（H_2O）和 pH（KCl）分别介于 4.4～5.3 和 3.7～3.8，有机碳含量介于 1.9～11.6g/kg，全铁含量为 24.3～29.3g/kg，游离铁含量介于 15.0～18.0g/kg，铁的游离度介于 55.3%～63.4%。

对比土系 江田系，属于同一土族，成土母质均为花岗岩风化物，母质层出现深度不一致，江田系母质层出现在 160cm 处，黏化层的厚度也差异明显，江田系黏化层厚度为 152cm，因此为不同土系。

利用性能综述 该土系土体深厚，表土层稍黏着，通透性较好，砂粒含量较高，土壤呈酸性，有机质、氮、磷和钾含量均偏低。改良与利用措施：大力种植旱地绿肥，实行用地养地相结合；增施有机肥和实行秸秆还田，改善土壤结构，提高土壤肥力。

参比土种 厚腐厚土花岗岩红壤。

代表性单个土体 位于湖南省长沙市长沙县金井镇脱甲村牛栏冲组，28°33′03″N，113°19′31″E，海拔 100m，低丘下坡地带，成土母质为花岗岩风化物，土地利用状况为有林地，植被覆盖度为 80%。50cm 深处土温 18.9℃。野外调查时间为 2015 年 7 月 24 日，野外编号 43-CS18。

脱甲系代表性单个土体剖面

Ah：0～30cm，浊橙色（5YR 6/4，干），亮红棕色（5YR 5/8，润），大量细根，砂质黏壤土，大量细粒间孔隙、根孔、气孔和动物穴，发育程度强的大团粒状结构，中量小石英颗粒，土体松散，向下层平滑清晰过渡。

Bt：30～60cm，橙色（5YR 6/6，干），橙色（5YR 6/8，润），少量中根，黏壤土，中量细粒间孔隙和根孔，发育程度中等的中块状结构，中量小石英颗粒，土体疏松，结构面上有中量黏粒胶膜，向下层平滑清晰过渡。

BC：60～145cm，橙色（5YR 6/6，干），橙色（5YR 7/8，润），少量细根，砂质黏壤土，少量极细粒间孔隙，发育程度较弱的大块状结构，大量小石英颗粒，土体稍坚实，向下层平滑清晰过渡。

C：145～200cm，花岗岩风化物。

脱甲系代表性单个土体物理性质

土层	深度/cm	石砾(>2mm，体积分数)/%	细土颗粒组成(粒径：mm)/(g/kg)			质地	容重/(g/cm³)
			砂粒 2～0.05	粉粒 0.05～0.002	黏粒 <0.002		
Ah	0～30	15	486	189	325	砂质黏壤土	1.24
Bt	30～60	19	435	185	380	黏壤土	1.38
BC	60～145	25	456	234	310	砂质黏壤土	1.47

脱甲系代表性单个土体化学性质

深度/cm	pH(H_2O)	pH(KCl)	有机碳/(g/kg)	全氮(N)/(g/kg)	全磷(P)/(g/kg)	全钾(K)/(g/kg)	游离铁/(g/kg)	CEC_7/(cmol/kg)(黏粒)	$Al_{(KCl)}$/(cmol/kg)(黏粒)	铝饱和度/%
0～30	4.4	3.7	11.6	0.61	0.24	29.0	15.4	35.3	22.7	87.8
30～60	5.1	3.8	2.1	0.22	0.16	28.0	18.0	46.0	22.0	88.2
60～145	5.3	3.8	1.9	0.13	0.16	29.7	15.0	44.2	24.2	84.4

7.9 铝质酸性湿润淋溶土

7.9.1 双奇系（Shuangqi Series）

土 族：粗骨壤质硅质混合型热性-铝质酸性湿润淋溶土

拟定者：张杨珠，周 清，欧阳宁相，翟 橙

分布与环境条件 该土系位于湘西地区板、页岩低丘中坡地带，海拔220～260m；主要成土母质为板、页岩风化物；土地利用类型为林地，植被类型为常绿针阔叶林，覆盖度70%以上，生长有马尾松和毛竹等；中亚热带湿润季风气候，年均降水量1400～1500mm，年均日照时数1300～1400h，年均气温16～17℃，年均无霜期280～290d。

双奇系典型景观

土系特征与变幅 诊断层包括淡薄表层和黏化层；诊断特性及诊断现象包括湿润土壤水分状况、热性土壤温度状况、铁质特性和铝质现象。土体构型为Ah-Bt-Ab-Bbt，土体较深厚。Bt层结构面上有中量黏粒胶膜，黏化率>1.2倍，Bt层板、页岩碎屑含量达10%～30%，剖面下部出现埋藏层。pH（H_2O）和pH（KCl）分别介于4.9～5.2和3.6～3.8，有机碳含量介于4.7～11.8g/kg，全铁含量介于41.2～42.3g/kg，游离铁含量介于20.3～32.4g/kg，铁的游离度介于70.0%～72.4%。

对比土系 花果系，属于同一亚纲，地形部位和地表植被相似，成土母质均为板、页岩风化物，但花果系125cm内B层均有铝质现象，且土族控制层段内颗粒大小级别为黏质，为不同土类。

利用性能综述 该土系土层深厚，水热条件较好，宜种性广，但由于土壤质地黏重，透水性差，土壤呈强酸性，因此适宜种植旱粮、茶、橘等耐酸瘠农作物。土壤有机质含量低，全氮含量适宜，全钾水平低，该土系开发利用潜力较好，在农业耕作时应增施有机肥、钾肥、适量掺沙等，以改善土壤结构，培肥地力。

参比土种 厚腐中土板、页岩红壤。

代表性单个土体 位于湖南省怀化市溆浦县桥江镇双奇村，27°54′27″N，110°42′56″E，海拔231m，低丘中坡地带，成土母质为板、页岩风化物，土地利用类型为林地，生长马尾松、毛竹。50cm深处土温18.8℃。野外调查时间为2016年10月29日，野外编号43-HH10。

双奇系代表性单个土体剖面

Ah：0～30cm，淡棕灰色（7.5YR 7/2，干），浊棕色（7.5YR 5/4，润），中量细根，粉砂壤土，发育程度强的小块状结构，中量细根孔、气孔、动物穴和粒间孔隙，少量小岩石碎屑，土体稍坚实，向下层平滑清晰过渡。

Bt1：30～65cm，橙白色（7.5YR 8/2，干），浊棕色（7.5YR 6/3，润），很少量极细根，粉砂质黏壤土，发育程度中等的中块状结构，少量细根孔、气孔和粒间孔隙，中量中岩石碎屑，土体坚实，结构面上有中量黏粒胶膜，向下层平滑渐变过渡。

Bt2：65～130cm，橙白色（7.5YR 8/2，干），浊橙色（7.5YR 6/4，润），少量细根，粉砂质黏壤土，发育程度中等的大块状结构，少量细粒间孔隙，大量粗岩石碎屑，土体坚实，结构面上有中量黏粒胶膜，向下层平滑渐变过渡。

Ab：130～160cm，浊橙色（7.5YR 7/3，干），棕色（7.5YR 6/4，润），中量细根，粉砂质黏壤土，发育程度中等的大块状结构，中量细粒间孔隙，中量小岩石碎屑，土体稍坚实，向下层平滑渐变过渡。

Bbt：160～180cm，浊黄橙色（7.5YR 8/4，干），橙色（7.5YR 6/6，润），粉砂质黏壤土，发育程度中等的大块状结构，中量细粒间孔隙，少量小岩石碎屑，土体坚实，结构面上有中量黏粒胶膜。

双奇系代表性单个土体物理性质

土层	深度 /cm	石砾 (>2mm，体积分数)/%	细土颗粒组成(粒径：mm)/(g/kg)			质地	容重 /(g/cm^3)
			砂粒 2～0.05	粉粒 0.05～0.002	黏粒 <0.002		
Ah	0～30	5	172	596	232	粉砂壤土	1.21
Bt1	30～65	10	178	539	283	粉砂质黏壤土	1.38
Bt2	65～130	30	186	490	324	粉砂质黏壤土	1.50
Ab	130～160	10	122	568	310	粉砂质黏壤土	1.43
Bbt	160～180	5	155	492	353	粉砂质黏壤土	1.48

双奇系代表性单个土体化学性质

深度 /cm	pH (H_2O)	pH (KCl)	有机碳 /(g/kg)	全氮(N) /(g/kg)	全磷(P) /(g/kg)	全钾(K) /(g/kg)	游离铁 /(g/kg)	CEC_7 /(cmol/kg) (黏粒)	$Al_{(KCl)}$ /(cmol/kg) (黏粒)	铝饱和度 /%
0～30	4.9	3.6	11.8	1.53	0.60	16.7	21.2	50.6	11.1	58.7
30～65	4.9	3.6	5.2	0.85	0.32	16.7	20.3	35.8	9.9	71.9
65～130	5.1	3.8	4.7	0.82	0.26	14.4	20.8	29.6	5.3	48.8
130～160	5.2	3.8	9.3	0.83	0.26	15.0	32.4	35.4	9.34	67.9
160～180	5.1	3.7	5.7	0.68	0.21	13.3	30.2	29.1	9.02	67.8

7.10　腐殖铁质湿润淋溶土

7.10.1　鲁头岭系（Lutouling Series）

土　族：极黏质高岭石混合型非酸性热性-腐殖铁质湿润淋溶土

拟定者：张杨珠，欧阳宁相，于　康，罗　卓

分布与环境条件　该土系位于湘南地区石灰岩高丘中坡地带，海拔 350～450m；成土母质为石灰岩风化物；土地利用类型为其他林地，生长有杉木、油茶等野生植物及矮小灌木，覆盖度 70%以上；亚热带湿润季风气候，年均气温 17.2～18.7℃，年均降水量 1700～1900mm。

鲁头岭系典型景观

土系特征与变幅　诊断层包括暗瘠表层和黏化层，诊断特性包括湿润土壤水分状况、热性土壤温度状况、腐殖质特性和铁质特性。土体深厚，厚度≥160cm，土体构型为 Ah-Bt，质地构型为粉砂质黏土-黏土，Bt 层结构面上有中量至大量黏粒胶膜，黏粒的绝对增量超过 8%，土体润态色调为 2.5YR，土壤黏土矿物以高岭石为主。pH（H_2O）介于 6.7～6.9，有机碳含量介于 5.8～18.6g/kg，全铁含量为 56.9～64.6g/kg，游离铁含量介于 31.4～31.7g/kg，铁的游离度介于 48.9%～55.2%。

对比土系　小溪沟系，属于同一亚类，地形部位和植被类型相似，但小溪沟系成土母质为板、页岩风化物，土族控制层段内颗粒大小级别为黏壤质，为不同土族。择土系，属同一土类，地形部位和地表植被相似，成土母质均为石灰岩风化物，但择土系黏土矿物为伊利石混合型，划为不同土族。

利用性能综述　该土系土体深厚，土体较紧实，质地黏重，表层深厚，一般为 30～40cm，表层有机质和养分含量较高，土壤呈非酸性，渗透性稍慢，保水能力较强。改良与利用措施：应注意深翻松土，加沙客土，改善土壤通透性能；改善排水条件，深沟排水，降低渍害；封山育林，保护植被。

参比土种　厚腐厚土石灰岩红壤。

代表性单个土体　位于湖南省郴州市临武县麦市乡鲁头岭村，25°32′12″N，112°30′28″E，

海拔 404m，高丘中坡地带，成土母质为石灰岩风化物，土地利用类型为林地。50cm 深处土温 19.2℃。野外调查时间为 2016 年 9 月 11 日，野外编号 43-CZ04。

鲁头岭系代表性单个土体剖面

Ah：0～35cm，亮红棕色（5YR 5/6，干），暗红棕色（2.5YR 3/3，润），大量细根，粉砂质黏土，发育程度强的中块状结构，大量中粒间孔隙、根孔、气孔和动物穴，土体松散，向下层平滑渐变过渡。

Bt1：35～75cm，浊红棕色（5YR 5/4，干），暗红棕色（2.5YR 3/3，润），大量细根，黏土，大量细粒间孔隙、根孔、气孔和动物穴，发育程度强的大块状结构，土体疏松，结构面上有中量黏粒胶膜，向下层平滑渐变过渡。

Bt2：75～110cm，浊橙色（5YR 6/4，干），红棕色（2.5YR 4/6，润），黏土，少量细根，中量细粒间孔隙、根孔、气孔和动物穴，发育程度强的大块状结构，土体稍坚实，结构面上有中量黏粒胶膜，向下层平滑清晰过渡。

Bt3：110～180cm，橙色（5YR 6/8，干），红棕色（2.5YR 4/6，润），黏土，发育程度强的大块状结构，很少量细粒间孔隙，土体很坚实，结构面上有大量黏粒胶膜。

鲁头岭系代表性单个土体物理性质

土层	深度 /cm	石砾 (>2mm，体积分数)/%	细土颗粒组成(粒径：mm)/(g/kg)			质地	容重 /(g/cm³)
			砂粒 2～0.05	粉粒 0.05～0.002	黏粒 <0.002		
Ah	0～35	0	65	412	523	粉砂质黏土	1.28
Bt1	35～75	0	41	349	610	黏土	1.22
Bt2	75～110	0	50	284	666	黏土	1.20
Bt3	110～180	0	62	265	673	黏土	1.32

鲁头岭系代表性单个土体化学性质

深度 /cm	pH (H_2O)	有机碳 /(g/kg)	全氮(N) /(g/kg)	全磷(P) /(g/kg)	全钾(K) /(g/kg)	游离铁 /(g/kg)	CEC_7 /(cmol/kg) (黏粒)
0～35	6.9	18.6	1.85	0.60	19.2	31.4	45.5
35～75	6.7	12.9	1.50	0.51	18.5	31.7	37.5
75～110	6.7	11.2	1.47	0.49	21.0	31.6	30.0
110～180	6.7	5.8	0.92	0.46	22.9	31.6	39.8

7.10.2 小溪沟系（Xiaoxigou Series）

土　族：黏壤质硅质混合型非酸性热性-腐殖铁质湿润淋溶土

拟定者：张杨珠，周　清，盛　浩，曹　俏，欧阳宁相

分布与环境条件　该土系分布于湘西北地区武陵山脉北麓中山、丘陵岗地，海拔450～500m，坡度较平缓（8°～15°）；成土母质为板、页岩风化物；土地利用类型为林地，多为松、杉人工林；中亚热带湿润季风气候，年均气温16.5～17.0℃，年均降水量1400～1500mm。

小溪沟系典型景观

土系特征与变幅　诊断层包括淡薄表层和黏化层，诊断特性及诊断现象有湿润土壤水分状况、热性土壤温度状况、腐殖质特性、铁质特性和铝质现象。土体发育较深厚，有效土层厚度一般>120cm，土体构型为Ah-AB-Bt-C，表层有机质含量丰富，并向下层逐渐减少，土壤润态色调为7.5YR，Bt层黏化率>1.2倍，结构面有少量黏粒胶膜，土壤质地构型为粉砂壤土-粉砂质黏壤土，底土中有>10%的石砾，土体疏松，黏土矿物以蛭石、伊利石为主。pH（H_2O）和pH（KCl）分别介于5.4～5.9和3.8～4.2，全铁含量为27.4～32.5g/kg，游离铁含量为17.5～20.7g/kg，铁的游离度为58.1%～64.4%。

对比土系　鲁头岭系，属于同一亚类，地形部位和植被类型相似，但鲁头岭系成土母质为石灰岩风化物，为不同亚类，所以划为不同土系。

利用性能综述　该土系地势较高，坡度平缓，水热充足。土层较厚，土质适中，土体偏紧实，土体内含有一定量的石砾，通透性一般。土壤有机质和养分含量较低，特别是磷素缺乏，表土有轻微水土流失。当前利用方式为林地，适宜发展人工林、经济林和水源涵养林，应注重提高地表植被覆盖，减少人为干扰活动，保持水土。

参比土种　厚腐厚土板、页岩黄红壤。

代表性单个土体　位于湖南省张家界市桑植县瑞塔铺镇小溪沟村，29°22′18.01″N，110°15′17.45″E，海拔484m，板、页岩风化物发育的黄红壤，丘陵地区高丘中下坡地带，土地利用类型为林地，50cm深处土温为17℃。野外调查时间为2017年11月30日，野外编号43-ZJJ05。

小溪沟系代表性单个土体剖面

Ah：0～30cm，浊黄橙色（10YR 6/4，干），浊橙色（7.5YR 6/4，润），少量细根，粉砂壤土，发育程度强的中团粒状结构，中量细粒间孔隙、根孔、气孔和动物穴，少量板岩碎屑，土体疏松，向下层平滑模糊过渡。

AB：30～100cm，浊黄橙色（10YR 7/3，干），浊橙色（7.5YR 6/4，润），很少量细根，粉砂壤土，发育程度中等的小块状结构，中量细粒间孔隙、根孔、气孔和动物穴，少量小板岩碎屑，土壤疏松，向下层波状渐变过渡。

Bt：100～165cm，浊黄橙色（10YR 6/4，干），亮棕色（7.5YR 5/6，润），少量细根，粉砂质黏壤土，发育程度中等的中块状结构，中量细粒间孔隙和根孔，大量粗板岩碎屑，土体疏松，少量黏粒胶膜，向下层波状渐变过渡。

C：165cm 以下，板、页岩风化物。

小溪沟系代表性单个土体物理性质

土层	深度/cm	石砾(>2mm，体积分数)/%	细土颗粒组成(粒径：mm)/(粒径：mm)/(g/kg)			质地	容重/(g/cm^3)
			砂粒 2～0.05	粉粒 0.05～0.002	黏粒 <0.002		
Ah	0～30	2	85	689	226	粉砂壤土	1.31
AB	30～100	8	250	533	217	粉砂壤土	1.56
Bt	100～165	35	113	617	270	粉砂质黏壤土	1.31

小溪沟系代表性单个土体化学性质

深度/cm	pH (H_2O)	pH (KCl)	有机碳/(g/kg)	全氮(N)/(g/kg)	全磷(P)/(g/kg)	全钾(K)/(g/kg)	游离铁/(g/kg)	CEC_7/(cmol/kg)(黏粒)
0～30	5.9	4.2	15.4	1.25	0.46	19.3	17.5	100.6
30～100	5.9	4.2	11.4	0.72	0.38	21.1	17.5	56.3
100～165	5.4	3.8	6.4	0.55	0.43	22.7	20.7	51.7

7.11 红色铁质湿润淋溶土

7.11.1 择土系（Zetu Series）

土 族：极黏质伊利石混合型非酸性热性-红色铁质湿润淋溶土

拟定者：张杨珠，周 清，盛 浩，曹 俏，欧阳宁相

分布与环境条件 该土系位于湘西地区石灰岩低山中坡地带，海拔 300～400m；成土母质为石灰岩风化物；土地利用类型为有林地，生长有马尾松、毛竹等自然植被；亚热带湿润季风气候，年均气温 16～17℃，年均无霜期 280～290d，年均降水量 1320～1620mm。

择土系典型景观

土系特征与变幅 诊断层包括淡薄表层和黏化层，诊断特性及诊断现象包括湿润土壤水分状况、热性土壤温度状况、氧化还原特征、铁质特性和铝质现象。该土系土体构型为 Ah-Bst，表层浅薄，厚度 10～20cm，Bst 层结构面上有中量黏粒胶膜和铁锰斑纹，土壤质地均为黏土，黏土矿物以伊利石为主，含量达 39%～44%，其次是高岭石，含量在 23%左右。pH（H_2O）和 pH（KCl）分别介于 5.2～5.7 和 4.0～4.3，有机碳含量介于 5.0～22.8g/kg，全铁含量为 50.9～69.5g/kg，游离铁含量介于 29.4～30.7g/kg，铁的游离度介于 43.6%～57.7%。

对比土系 清溪系，属于同一亚类，成土母质均为石灰岩风化物，地形部位和植被类型相似，但清溪系土族控制层段内颗粒大小级别为黏质，且剖面下部有大量铁锰结核，因此为不同土族。鲁头岭系，属于同一土类，成土母质相同，但鲁头岭系具有腐殖质特性，且黏土矿物类型为高岭石混合型，划为不同亚类。

利用性能综述 该土系土体深厚，质地较黏，通透性较好，土壤呈酸性，表层有机质和氮、磷、钾含量高，但下层含量偏低，水土易于流失。改良与利用措施：坡地易受到水土冲刷，可整平土地，绿化荒山，保持水土；大力种植旱地绿肥，实行用地养地相结合；保持水土，改善土壤结构，提高土壤肥力。

参比土种 中腐厚土灰岩黄红壤。

代表性单个土体 位于湖南省湘西土家族苗族自治州保靖县比尔乡择土村，28°50′33″N，109°25′37″E，海拔 364.7m，丘陵中坡地带，成土母质为石灰岩风化物，常绿矮小灌木。50cm 深处土温 17.9℃。野外调查时间是 2017 年 7 月 27 日，野外编号 43-XX05。

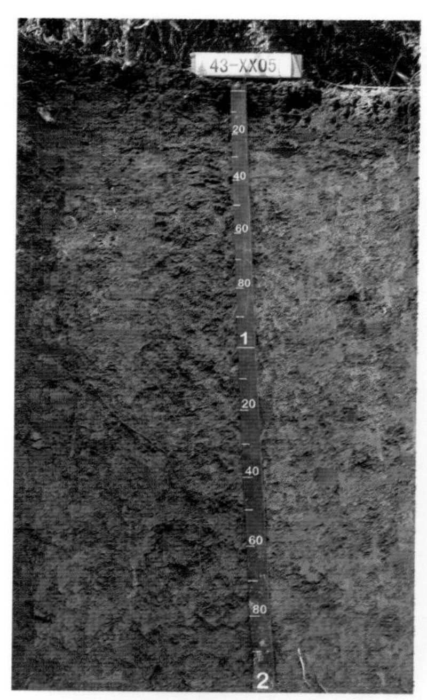

择土系代表性单个土体剖面

Ah：0～15cm，亮红棕色（5YR 5/6，干），暗红棕色（2.5YR 3/3，润），大量细根，黏土，大量细粒间孔隙、气孔、根孔和动物穴，发育程度强的小块状结构，土体坚实，结构面上有大量黏粒胶膜，向下层平滑清晰过渡。

Bst1：15～30cm，橙色（5YR 6/6，干），红棕色（2.5YR 4/6，润），少量中根，黏土，发育程度强的中块状结构，少量细粒间孔隙、气孔、根孔和动物穴，土体坚实，结构面上有少量铁锰斑纹、中量黏粒胶膜，向下层平滑渐变过渡。

Bst2：30～85cm，橙色（5YR 6/6，干），红棕色（2.5YR 4/6，润），少量中根，黏土，发育程度强的大块状结构，少量中粒间孔隙、气孔、根孔和动物穴，土体坚实，结构面上有中量铁锰斑纹和黏粒胶膜，向下层平滑模糊过渡。

Bst3：85～140cm，橙色（5YR 6/8，干），红棕色（2.5YR 4/6，润），少量细根，黏土，发育程度强的大块状结构，少量细粒间孔隙、根孔和动物穴，土体坚实，结构面上有中量铁锰斑纹和黏粒胶膜，向下层平滑模糊过渡。

Bst4：140～200cm，亮红棕色（5YR 5/8，干），红棕色（2.5YR 4/8，润），少量细根，黏土，发育程度中等的大块状结构，少量细粒间孔隙、根孔和动物穴，土体坚实，结构面上有大量铁锰斑纹和黏粒胶膜，少量铁锰结核。

择土系代表性单个土体物理性质

土层	深度/cm	石砾(>2mm，体积分数)/%	细土颗粒组成(粒径：mm)/(g/kg)			质地	容重/(g/cm^3)
			砂粒 2～0.05	粉粒 0.05～0.002	黏粒 <0.002		
Ah	0～15	0	66	335	599	黏土	1.30
Bst1	15～30	0	20	231	749	黏土	1.15
Bst2	30～85	0	33	167	800	黏土	1.15
Bst3	85～140	0	2	208	790	黏土	1.11
Bst4	140～200	0	12	211	778	黏土	1.26

择土系代表性单个土体化学性质

深度/cm	pH (H_2O)	pH (KCl)	有机碳/(g/kg)	全氮(N)/(g/kg)	全磷(P)/(g/kg)	全钾(K)/(g/kg)	游离铁(g/kg)	CEC_7/(cmol/kg)(黏粒)
0～15	5.3	4.1	22.8	1.38	0.37	16.3	29.4	34.8
15～30	5.2	4.0	7.1	0.92	0.46	21.0	30.7	29.6
30～85	5.4	4.1	6.5	0.76	0.45	22.0	30.3	32.4
85～140	5.6	4.0	6.4	0.64	0.44	26.0	30.3	31.9
140～200	5.7	4.3	5.0	0.73	0.47	27.6	30.4	31.6

7.11.2 清溪系（Qingxi Series）

土 族：黏质伊利石混合型非酸性热性-红色铁质湿润淋溶土

拟定者：张杨珠，黄运湘，周 清，盛 浩，满海燕，欧阳宁相

分布与环境条件 该土系分布于湘西南地区的低山、丘岗下坡，海拔400～500m，坡度较平缓（8°～15°）；成土母质为石灰岩风化物；土地利用状况为林地、荒地（灌草丛）；中亚热带湿润季风气候，年均气温16～17℃，年均降水量1300～1500mm。

清溪系典型景观

土系特征与变幅 诊断层包括淡薄表层和黏化层，诊断特性包括湿润土壤水分状况、热性土壤温度状况、氧化还原特征和铁质特性。土体发育深厚，有效土层厚度一般>200cm，土体构型为Ah-Bt-Bts-Btsx，质地通体为粉砂质黏土，土壤基质色调为5YR，表层受到中度侵蚀，有机碳和养分元素含量低，43～110cm出现中量铁锰斑纹和少量铁锰结核，110cm以下出现大量铁锰斑纹和结核，土体极紧实，形成了坚硬的铁锰胶结层。pH（H_2O）和pH（KCl）分别介于5.3～5.9和3.9～4.3，全铁含量为45.6～56.9g/kg，游离铁含量为39.7～45.1g/kg，铁的游离度76.0%～96.2%。

对比土系 择土系，属于同一亚类，成土母质均为石灰岩风化物，地形部位和植被类型相似，但择土系土族控制层段内颗粒大小级别为极黏质，剖面下部未出现大量铁锰结核，因此为不同土族。

利用性能综述 该土系地势平缓，水热资源较好。土层深厚，质地黏重，土体极为紧实，保水保肥性能好，耕作性能差。土壤有机质、氮、磷、钾含量很低，土壤肥力水平低。当前利用方式为林地，适宜种植人工林、草地，应加强封山育林，提高地面植被覆盖度，增加有机物投入。

参比土种 厚腐厚土石灰岩红壤。

代表性单个土体 位于湖南省邵阳市城步苗族自治县儒林镇清溪村，26°26′3.7″N，110°20′28.5″E，海拔462m，丘陵下坡，成土母质为石灰岩风化物，林地，50cm深处土温19℃。野外调查时间为2016年7月28日，野外编号43-SY04。

清溪系代表性单个土体剖面

Ah：0～20cm，浊红棕色（5YR 5/4，干），暗红棕色（5YR 3/4，润），中量细根，粉砂质黏土，发育程度强的中块状结构，中量细根孔、气孔、动物穴和粒间孔隙，土体稍坚实，向下层波状清晰过渡。

Bt：20～43cm，亮红棕色（5YR 5/6，干），暗红棕色（5YR 3/3，润），少量细根，粉砂质黏土，发育程度强的大块状结构，少量细根孔、动物穴和粒间孔隙，土体坚实，结构面上有中量黏粒胶膜和铁锰斑纹，向下层波状渐变过渡。

Bts：43～110cm，浊红棕色（5YR 4/4，干），极暗红棕色（5YR 2/3，润），粉砂质黏土，发育程度中等的大块状结构，少量细粒间孔隙，土体坚实，结构面上有中量铁锰斑纹和黏粒胶膜、少量铁锰结核，向下层平滑模糊过渡。

Btsx：110～200cm，浊红棕色（5YR 4/4，干），极暗红棕色（5YR 2/3，润），粉砂质黏土，发育程度中等的大块状结构，少量细粒间孔隙，土体极坚实，结构面上有大量铁锰斑纹、中量黏粒胶膜、大量铁锰结核。

清溪系代表性单个土体物理性质

土层	深度/cm	石砾(>2mm，体积分数)/%	细土颗粒组成(粒径：mm)/(g/kg)			质地	容重/(g/cm³)
			砂粒 2～0.05	粉粒 0.05～0.002	黏粒 <0.002		
Ah	0～20	0	75	477	448	粉砂质黏土	1.27
Bt	20～43	0	62	387	551	粉砂质黏土	1.42
Bts	43～110	10	207	257	536	粉砂质黏土	1.35
Btsx	110～200	20	87	381	532	粉砂质黏土	1.36

清溪系代表性单个土体化学性质

深度/cm	pH (H_2O)	pH (KCl)	有机碳/(g/kg)	全氮(N)/(g/kg)	全磷(P)/(g/kg)	全钾(K)/(g/kg)	游离铁/(g/kg)	CEC_7/(cmol/kg)(黏粒)
0～20	5.3	4.3	5.6	0.92	0.32	13.7	39.7	36.7
20～43	5.6	4.2	3.6	0.85	0.32	14.6	44.3	36.5
43～110	5.9	4.1	2.8	0.81	0.33	15.4	41.2	47.8
110～200	5.7	3.9	3.4	0.88	0.33	16.2	45.1	49.9

7.11.3　袁家坪系（Yuanjiaping Series）

土　族：壤质硅质混合型酸性热性-红色铁质湿润淋溶土

拟定者：张杨珠，张　亮，罗　卓，欧阳宁相

分布与环境条件　该土系分布于湘北地区紫色砂、页岩低丘下坡地带，海拔 50～150m；成土母质为紫色砂、页岩风化物；土地利用状况为林地，生长有樟、常绿矮小灌木等植被；中亚热带湿润季风气候，年均气温 16～17 ℃，年均降水量 1400～1500mm。

袁家坪系典型景观

土系特征与变幅　诊断层包括暗沃表层和黏化层，诊断特性包括准石质接触面、湿润土壤水分状况、热性土壤温度状况和铁质特性。该土系土体较浅薄，土体构型为 Ah-Bt-C。表层为 15～25cm，Bt 层结构面上有中量黏粒胶膜，黏化率>1.2 倍，剖面质地构型为砂壤土-壤土，剖面 70cm 处出现准石质接触面，土壤润态色调以 5YR 为主。pH（H_2O）介于 7.4～8.0，有机碳含量介于 5.1～8.0g/kg，全铁含量为 18.0～33.0g/kg，游离铁含量介于 7.8～8.8g/kg，铁的游离度介于 41.0%～45.8%。

对比土系　联升系，属于同一亚类，地形部位和植被类型相近，但联升系土族控制层段内土壤酸碱反应类别为非酸性，因此为不同土族。择土系，属于同一亚类，但择土系成土母质为石灰岩风化物，土族控制层段内颗粒大小级别为极黏质，矿物学类型为伊利石混合型，因此为不同土族。

利用性能综述　该土系土层深厚，但土体稍紧实，土壤肥力差，有机质、氮、磷和钾含量均低，应搞好基础建设，建设水平旱耕地，大力种植旱地绿肥，实行用地养地相结合，增施有机肥和实行秸秆还田，改善土壤结构，提高土壤肥力。

参比土种　厚土层石灰性紫色土。

代表性单个土体　位于湖南省常德市桃源县三阳港镇袁家坪村，28°59′34″N，111°21′34″E，海拔 98m，低丘下坡，成土母质为紫色砂、页岩风化物，土地利用状况为有林地。50cm 深处土温 18.8℃。野外调查时间为 2016 年 7 月 19 日，野外编号 43-CD07。

袁家坪系代表性单个土体剖面

Ah1：0～20cm，浊红棕色（5YR 5/3，干），暗红棕色（5YR 3/3，润），大量细根，砂壤土，发育程度强的中团粒状结构，大量中粒间孔隙、根孔、气孔和动物穴，土体疏松，少量中岩屑，向下层平滑模糊过渡。

Ah2：20～45cm，浊红棕色（5YR 5/4，干），暗红棕色（5YR 3/6，润），大量细根，砂壤土，发育程度强的中团粒状结构，大量细粒间孔隙、根孔、气孔和动物穴，少量中岩屑，土体疏松，向下层平滑渐变过渡。

Bt：45～70cm，浊橙色（5YR 6/3，干），浊红棕色（5YR 4/4，润），中量细根，壤土，发育程度中等的大块状结构，大量细粒间孔隙、根孔和动物穴，中量细岩屑，结构面上有中量黏粒胶膜，土体疏松，向下层波状突变过渡。

C：70～100cm，紫色砂、页岩风化物。

袁家坪系代表性单个土体物理性质

土层	深度/cm	石砾(>2mm，体积分数)/%	细土颗粒组成(粒径：mm)/(g/kg)			质地	容重/(g/cm³)
			砂粒 2～0.05	粉粒 0.05～0.002	黏粒 <0.002		
Ah1	0～20	8	565	318	117	砂壤土	1.43
Ah2	20～45	6	542	340	118	砂壤土	1.61
Bt	45～70	10	497	347	156	壤土	1.77

袁家坪系代表性单个土体化学性质

深度/cm	pH(H_2O)	有机碳/(g/kg)	全氮(N)/(g/kg)	全磷(P)/(g/kg)	全钾(K)/(g/kg)	盐基饱和度/%	铁游离度/%	CEC_7/(cmol/kg)(黏粒)
0～20	7.4	8.0	0.91	0.34	19.0	84.9	45.8	81.1
20～45	8.0	6.9	0.67	0.35	20.5	74.3	41.5	95.6
45～70	7.9	5.1	0.69	0.35	19.5	76.0	41.0	81.0

7.11.4 联升系（Liansheng Series）

土　族：壤质硅质混合型非酸性热性-红色铁质湿润淋溶土

拟定者：张杨珠，张　亮，欧阳宁相

分布与环境条件 该土系分布于湘东北地区紫色砂、页岩低丘下坡地带，海拔 100～200m，坡度相对较平缓（10°～15°）；成土母质为紫色砂、页岩风化物；土地利用状况为其他林地或自然荒地，主要植被类型为马尾松、杉木人工林，地表植被受人为轻度干扰；中亚热带湿润季风气候，年均气温 16～17℃，年均降水量 1400～1500mm。

联升系典型景观

土系特征与变幅 诊断层包括淡薄表层和黏化层，诊断特性包括湿润土壤水分状况、热性土壤温度状况和铁质特性。土体发育中等，有效土层厚度一般<120cm，土壤表层受到轻度侵蚀，质地剖面为壤土-砂质壤土-壤土，土壤润态色调为 5YR，剖面表层较疏松，心土层和底土层稍坚实，表土层以下有少量黏粒胶膜，Bt 层黏化率>1.2 倍，土体上石砾含量 8%～20%，土壤腐殖质积累过程较弱，有机碳含量介于 2.6～14.7g/kg，pH（H_2O）和 pH（KCl）分别介于 4.9～5.8 和 3.6～4.3，全铁含量为 29.2～30.0g/kg，游离铁含量为 13.0～14.9g/kg，铁的游离度为 43.5%～49.9%。

对比土系 袁家坪系，属于同一亚类，地形部位和植被类型相似，但袁家坪系土族控制层段内土壤酸碱反应类别为酸性，因此为不同土族。

利用性能综述 该土系地势较低，坡度平缓，水热条件好。土层较深厚，土质适中，具有良好的通透性和保水保肥性。土体中有一定量的石砾，较紧实，耕作性能一般。土壤有机质和氮含量中等，但磷素含量偏低。当前利用方式为林地，也适宜用作农业用地，需注重耕作松土和增加有机质和磷素的投入。

参比土种 厚腐厚土酸性紫沙土。

代表性单个土体 位于湖南省岳阳市平江县长寿镇联升村，28°43′36.71″N，113°58′37.01″E，海拔 148m，低丘下坡地带，成土母质为紫色砂、页岩风化物，土地利用状况为其他林地，50cm 深处土温为 19℃。野外调查时间为 2015 年 9 月 18 日，野外编号 43-YY02。

联升系代表性单个土体剖面

Ah：　0～16cm，棕色（7.5YR 4/6，干），暗红棕色（5YR 3/6，润），中量中根，壤土，发育程度强的大团粒状结构，大量细粒间孔隙、根孔、气孔和动物穴，少量小岩屑，土体疏松，向下层平滑渐变过渡。

Bw1：16～42cm，亮棕色（7.5YR 5/6，干），暗红棕色（5YR 3/6，润），中量中根，壤土，发育程度强的中块状结构，大量细粒间孔隙、根孔、气孔和动物穴，中量小岩屑，土体疏松，向下层平滑渐变过渡。

Bw2：42～75cm，橙色（7.5YR 6/6，干），红棕色（5YR 3/6，润），少量细根，砂质壤土，发育程度中等的大块状结构，中量细粒间孔隙和根孔，大量中岩屑，土体稍坚实，向下层平滑渐变过渡。

Bt：　75～115cm，橙色（7.5YR 6/6，干），红棕色（5YR 3/6，润），极少量极细根系，壤土，发育程度弱的大块状结构，中量极细粒间孔隙，大量粗岩屑，土体坚实，少量黏粒胶膜，向下层平滑清晰过渡。

C：115cm 以下，紫色砂、页岩半风化物。

联升系代表性单个土体物理性质

土层	深度/cm	石砾(>2mm，体积分数)/%	细土颗粒组成(粒径：mm)/(g/kg)			质地	容重/(g/cm^3)
			砂粒 2～0.05	粉粒 0.05～0.002	黏粒 <0.002		
Ah	0～16	8	334	491	175	壤土	1.39
Bw1	16～42	12	418	447	135	壤土	1.55
Bw2	42～75	20	560	335	105	砂质壤土	1.57
Bt	75～115	20	456	398	146	壤土	1.60

联升系代表性单个土体化学性质

深度/cm	pH (H_2O)	pH (KCl)	有机碳/(g/kg)	全氮(N)/(g/kg)	全磷(P)/(g/kg)	全钾(K)/(g/kg)	铁游离度/%	CEC_7/(cmol/kg)(黏粒)
0～16	4.9	3.7	14.7	1.33	0.20	18.7	43.5	71.2
16～42	5.0	3.6	6.4	0.68	0.15	18.8	47.1	75.5
42～75	5.3	4.0	2.6	0.22	0.13	16.8	49.9	74.0
75～115	5.8	4.3	3.4	0.50	0.14	18.4	46.2	58.7

7.12 普通铁质湿润淋溶土

7.12.1 廉桥系（Lianqiao Series）

土 族：黏质高岭石型酸性热性-普通铁质湿润淋溶土

拟定者：张杨珠，黄运湘，满海燕，欧阳宁相

分布与环境条件 该土系位于湘中地区石灰岩低丘上坡地带，海拔300～400m；成土母质为石灰岩风化物；土地利用状况为林地，植被有松、蕨类、白茅等常绿针阔叶林和常绿矮小灌木，植被覆盖度为50%～60%；中亚热带湿润季风气候，年均气温16～17℃，年均降水量1300～1400mm。

廉桥系典型景观

土系特征与变幅 诊断层包括淡薄表层和黏化层；诊断特性包括湿润土壤水分状况、热性土壤温度状况、氧化还原特征、铁质特性和铝质特性。土体深厚，厚度大于150cm，土体构型为Ah-Bw-Bt-Bts。Bt和Bts层结构面上有中量和少量黏粒胶膜，Bts层结构面上有大量铁锰斑纹，剖面质地构型为粉砂壤土-粉砂质黏土。pH（H_2O）和pH（KCl）分别介于5.1～6.6和3.6～6.2，有机碳含量介于3.2～20.2g/kg，全铁含量为28.0～50.8g/kg，游离铁含量介于23.1～41.5g/kg，铁的游离度在82.6%～85.9%。

对比土系 皂市系，属于同一个亚纲，地形部位类似，但皂市系成土母质为砂岩风化物，土族控制层段内颗粒大小级别为黏壤质，矿物学类型为硅质混合型，为不同土族。

利用性能综述 该土系土层深厚，表层质地适中，下层偏黏。表层有机质、氮含量较高，磷、钾含量偏低，植被破坏较严重，仅有草和灌木稀疏分布。应封山育林，培肥土壤。

参比土种 厚腐厚土石灰岩红壤。

代表性单个土体 位于湖南省邵阳市邵东市廉桥镇友爱村，27°18′33″N，111°51′41″E，海拔320m，丘陵低丘上坡，成土母质为石灰岩风化物，土地利用类型为林地，50cm深处土温18.7℃。野外调查时间为2016年8月11日，野外编号43-SY09。

廉桥系代表性单个土体剖面

Ah：0～25cm，浊黄橙色（10YR 7/3，干），棕色（7.5YR 4/4，润），中量细根，粉砂壤土，发育程度强的中团粒状结构，中量细根孔、气孔、动物穴和粒间孔隙，土体疏松，向下层波状清晰过渡。

Bw：25～50cm，黄橙色（10YR 8/6，干），亮棕色（7.5YR 5/8，润），中量细根，粉砂壤土，发育程度强的中块状结构，中量细根孔、气孔、动物穴和粒间孔隙，土体疏松，少量石灰岩碎屑，向下层波状渐变过渡。

Bt：50～100cm，亮黄棕色（10YR 6/6，干），亮棕色（7.5YR 5/8，润），少量细根，粉砂质黏土，发育程度强的大块状结构，中量细根孔、气孔、动物穴和粒间孔隙，土体稍坚实，少量石灰岩碎屑，结构面上有中量黏粒胶膜，向下层平滑模糊过渡。

Bts：100～160cm，淡黄橙色（10YR 8/3，干），橙色（7.5YR 6/8，润），很少量细根，粉砂质黏土，发育程度中等的大块状结构，少量细动物穴和粒间孔隙，土体坚实，中量石灰岩碎屑，结构面上有大量铁锰斑纹、少量黏粒胶膜。

廉桥系代表性单个土体物理性质

土层	深度/cm	石砾(>2mm，体积分数)/%	细土颗粒组成(粒径：mm)/(g/kg)			质地	容重/(g/cm³)
			砂粒 2～0.05	粉粒 0.05～0.002	黏粒 <0.002		
Ah	0～25	2	248	491	261	粉砂壤土	1.54
Bw	25～50	2	254	472	274	粉砂壤土	1.64
Bt	50～100	10	181	370	449	粉砂质黏土	1.75
Bts	100～160	20	84	444	472	粉砂质黏土	1.66

廉桥系代表性单个土体化学性质

深度/cm	pH (H_2O)	pH (KCl)	有机碳/(g/kg)	全氮(N)/(g/kg)	全磷(P)/(g/kg)	全钾(K)/(g/kg)	游离铁/(g/kg)	CEC_7/(cmol/kg)(黏粒)
0～25	6.6	6.2	20.2	1.33	0.20	5.0	23.1	44.6
25～50	5.1	3.8	4.3	0.36	0.14	5.8	23.5	27.6
50～100	5.1	3.6	3.2	0.44	0.17	9.0	31.8	28.8
100～160	6.1	3.9	3.4	0.44	0.16	14.6	41.5	44.7

7.12.2 皂市系（Zaoshi Series）

土 族：黏壤质硅质混合型非酸性热性-普通铁质湿润淋溶土

拟定者：张杨珠，周 清，张 亮，罗 卓，欧阳宁相

分布与环境条件 该土系分布于湘北地区砂岩低丘中坡地带，海拔 150～240m；成土母质为砂岩风化物；土地利用状况为有林地，生长有棕榈、毛竹等常绿针阔叶林植被；中亚热带湿润季风气候，年均气温 16～17℃，全年无霜期 280～290d，年均日照时数 1600～1700h，年均降水量 1500～1600mm。

皂市系典型景观

土系特征与变幅 诊断层包括暗瘠表层和黏化层，诊断特性包括湿润土壤水分状况、热性土壤温度状况和铁质特性。该土系土体构型为 Ah-Bt-BC，表层深厚，厚度达 50～70cm，Bt 层结构面上有中量黏粒胶膜，黏化率>1.2 倍。土壤润态色调以 2.5Y 为主，剖面质地构型为壤土-黏壤土。pH（H_2O）和 pH（KCl）分别介于 5.4～5.9 和 3.7～4.6，有机碳含量介于 2.1～9.9g/kg，全铁含量为 20.1～25.7g/kg，游离铁含量介于 18.2～30.6g/kg，铁的游离度介于 49.6%～86.3%。

对比土系 廉桥系，属于同一亚类，地形部位类似，但廉桥系成土母质为石灰岩风化物，土族控制层段内颗粒大小级别为黏质，土壤润态色调为 7.5YR，因此划为不同土族。

利用性能综述 该土系土质疏松，土壤肥力好，有机质、氮、磷和钾含量均高，但地势较高，灌溉不便，土壤偏酸性，应因地制宜，种植柑橘等耐酸性经济类果树，人为平整土地。

参比土种 厚腐厚土砂岩红壤。

代表性单个土体 位于湖南省常德市石门县皂市镇皂市社区居委会，29°39′56″N，111°13′58″E，海拔 197m，砂岩低丘中坡，成土母质为砂岩风化物，土地利用状况为有林地。50cm 深处土温 18.1℃。野外调查时间为 2016 年 7 月 16 日，野外编号 43-CD02。

皂市系代表性单个土体剖面

Ah1：0～30cm，黄棕色（2.5Y 5/4，干），暗橄榄棕色（2.5Y 3/3，润），大量细根，壤土，发育程度强的中团粒状结构，大量细粒间孔隙、根孔、气孔和动物穴，少量小岩屑，土体疏松，向下层平滑渐变过渡。

Ah2：30～65cm，浊黄色（2.5Y 6/4，干），亮黄棕色（2.5Y 6/8，润），大量细根，壤土，发育程度强的中团状粒结构，大量细粒间孔隙、根孔、气孔和动物穴，中量小岩屑，土体疏松，向下层平滑突变过渡。

Bt：65～110cm，浅淡黄色（2.5Y 8/4，干），亮黄棕色（2.5Y 6/6，润），中量细根，黏壤土，发育程度强的中块状结构，中量细粒间孔隙和根孔，大量粗岩屑，土体稍坚实，中量黏粒胶膜，向下层平滑渐变过渡。

BC：110～170cm，黄色（2.5Y 8/6，干），黄色（2.5Y 7/8，润），少量细根，黏壤土，发育程度弱的中块状结构，少量细粒间孔隙，土体稍坚实，大量粗岩屑。

皂市系代表性单个土体物理性质

土层	深度/cm	石砾(>2mm，体积分数)/%	细土颗粒组成(粒径：mm)/(g/kg)			质地	容重/(g/cm^3)
			砂粒 2～0.05	粉粒 0.05～0.002	黏粒 <0.002		
Ah1	0～30	5	344	436	220	壤土	1.49
Ah2	30～65	10	321	486	193	壤土	1.14
Bt	65～110	25	379	278	343	黏壤土	1.49
BC	110～170	35	359	348	293	黏壤土	1.63

皂市系代表性单个土体化学性质

深度/cm	pH(H_2O)	pH(KCl)	有机碳/(g/kg)	全氮(N)/(g/kg)	全磷(P)/(g/kg)	全钾(K)/(g/kg)	铁游离度/%	CEC_7/(cmol/kg)(黏粒)
0～30	5.8	4.6	9.9	1.11	0.55	16.7	49.6	55.3
30～65	5.9	4.4	9.5	1.11	0.53	15.9	67.5	72.1
65～110	5.6	3.9	3.7	0.58	0.66	18.8	77.2	39.3
110～170	5.4	3.7	2.1	0.53	0.77	21.0	86.3	60.1

7.13 普通简育湿润淋溶土

7.13.1 油铺系（Youpu Series）

土 族：黏壤质硅质混合型酸性热性-普通简育湿润淋溶土

拟定者：张杨珠，周 清，盛 浩，张 亮，欧阳宁相

分布与环境条件 该土系分布于湘东地区花岗岩低丘上坡地带，海拔130～160m；成土母质为花岗岩风化物；土地利用状况为其他林地，种植竹、杉木等常绿针阔叶林，覆盖度为70%～80%；中亚热带湿润季风气候，年均气温18～19℃，年均降水量1400～1500mm，年均无霜期280～290d。

油铺系典型景观

土系特征与变幅 诊断层包括暗瘠表层和黏化层；诊断特性包括湿润土壤水分状况和热性土壤温度状况。土壤土体构型为Ah-Bw-Bt-BC-C。土壤表层枯枝落叶丰富，厚度为25～35cm，有机碳含量达20～30g/kg，Bt层结构面上有少量黏粒胶膜，黏化率>1.2倍，土壤构型为砂质壤土-砂质黏壤土。pH（H_2O）和pH（KCl）分别介于4.4～4.5和3.4～3.8，有机碳含量介于3.3～29.5g/kg，全铁含量为16.0～21.3g/kg，游离铁含量介于8.4～12.0g/kg，铁的游离度介于35.1%～40.0%。

对比土系 木屋系，属于同一亚纲，地形部位相似，成土母质一致，但木屋系B层均有铝质现象，属铝质湿润淋溶土类，且土壤颜色更红，润态色调为2.5YR，因此为不同土系。

利用性能综述 该土系土体深厚，但土质紧实，质地偏砂性，土壤酸性强，土壤肥力差，有机质、氮、磷和钾含量均低，宜种植油茶、茶叶、柑橘等耐酸性园艺作物和大豆、番薯等耐瘠农作物。改良与利用措施：大力种植旱地绿肥，实行用地养地相结合；林地土壤应封山育林，保护植被，防止水土流失。

参比土种 厚腐厚土花岗岩红壤。

代表性单个土体 位于湖南省株洲市攸县网岭镇大塘村油铺组，27°14′52″N，113°19′25″E，海拔149m，低丘上坡地带，成土母质为花岗岩风化物，土地利用状况为其他林地。50cm深处土温19.4℃。野外调查时间为2015年11月12日，野外编号43-ZZ16。

油铺系代表性单个土体剖面

Ah：0～25cm，浊黄棕色（10YR 5/4，干），暗棕色（10YR 3/3，润），中量细根，砂质壤土，发育程度强的中团粒状结构，大量细根孔、粒间孔隙、气孔和动物穴，中量小石英颗粒，土体极疏松，向下层平滑渐变过渡。

Bw：25～60cm，棕灰色（10YR 6/1，干），黄棕色（10YR 5/6，润），少量细根，砂质壤土，发育程度强的中块状结构，大量细根孔、粒间孔隙、气孔和动物穴，中量中石英颗粒，土体极疏松，向下层波状渐变过渡。

Bt：60～110cm，浊黄棕色（10YR 7/4，干），亮黄棕色（10YR 6/6，润），很少量中根，砂质黏壤土，发育程度中等的中块状结构，中量细根孔和粒间孔隙，大量中石英颗粒，土体稍坚实，结构面上有少量黏粒胶膜，向下层波状渐变过渡。

BC：110～170cm，淡黄橙色（10YR 8/4，干），亮黄棕色（10YR 6/8，润），很少量中根，砂质黏壤土，发育程度弱的中块状结构，少量极细粒间孔隙，大量中石英颗粒，土体疏松，向下层波状渐变过渡。

C：170～200cm，花岗岩风化物。

油铺系代表性单个土体物理性质

土层	深度/cm	石砾(>2mm，体积分数)/%	细土颗粒组成(粒径：mm)/(g/kg)			质地	容重/(g/cm³)
			砂粒 2～0.05	粉粒 0.05～0.002	黏粒 <0.002		
Ah	0～25	20	590	247	163	砂质壤土	0.85
Bw	25～60	20	613	194	193	砂质壤土	1.42
Bt	60～110	25	574	185	241	砂质黏壤土	1.52
BC	110～170	35	517	264	219	砂质黏壤土	1.43

油铺系代表性单个土体化学性质

深度/cm	pH (H_2O)	pH (KCl)	有机碳/(g/kg)	全氮(N)/(g/kg)	全磷(P)/(g/kg)	全钾(K)/(g/kg)	铁游离度/%	CEC_7/(cmol/kg)(黏粒)
0～25	4.4	3.4	29.5	1.67	0.28	30.1	36.8	13.9
25～60	4.4	3.7	9.1	0.54	0.22	30.1	40.0	9.5
60～110	4.4	3.8	3.9	0.10	0.20	27.9	39.3	9.0
110～170	4.5	3.7	3.3	0.20	0.19	29.6	35.1	12.1

第8章 雏 形 土

8.1 普通暗色潮湿雏形土

8.1.1 潘家溪系（Panjiaxi Series）

土　族：黏壤质硅质混合型非酸性热性-普通暗色潮湿雏形土

拟定者：张杨珠，周　清，张　亮，罗　卓，欧阳宁相

分布与环境条件　该土系主要分布在湘北地区的湖积平原的低阶地地带，地势低洼，坡度0°～5°，海拔20～40m；成土母质为河湖沉积物；土地利用方式为水田改旱地，多种植棉花、西瓜、大豆或玉米等经济作物；中亚热带湿润季风气候，年均气温16～17℃，年均降水量1200～1300mm。

潘家溪系典型景观

土系特征与变幅　诊断层包括暗瘠表层和雏形层，诊断特性有氧化还原特征、铁质特性、氧化还原特征、潮湿土壤水分状况和热性土壤温度状况。土体深厚，土体构型为Ap-Br-Bw，有效土层厚度>100cm，土壤质地剖面为粉砂质黏壤土-粉砂壤土，耕作层较为深厚，约为20～25cm，表土有机质含量较高，腐殖质积累过程明显。土壤润态色调以5YR为主。土体紧实度上松下紧，土体内无明显黏粒的淀积，底土中有少量到中量的斑纹和胶膜。矿物类型为硅质混合型，pH介于7.92～8.18，有机碳含量介于5.28～19.86g/kg，全铁含量介于28.4～41.1g/kg，游离铁含量介于15.3～26.6g/kg，铁的游离度介于51.2%～65.0%。

对比土系　大木系，属于同一土族，相同母质，海拔地形也近似，颗粒大小都为黏壤质，但大木系有效磷含量较高，土壤润态色调为7.5YR，因此为不同土系。

利用性能综述　该土系土体较深厚，质地良好，保水保肥，耕性较好，耕层有机质和养分含量较高，pH呈中性至弱碱性；但地势较低，排水不畅，容易遭受积水，应改善排水条件，深沟排水，降低渍害；表土偏紧实，应适度翻耕，增施有机肥和秸秆还田以培肥地力和改良土壤。

参比土种　潮泥土。

代表性单个土体　位于湖南省常德市安乡县安全乡潘家溪村，29°35′31.92″N，112°11′31.56″E，海拔 27m，母质为河湖沉积物，土地利用状况为旱耕地，50cm 深处土温为 19℃。野外调查时间为 2016 年 12 月 12 日，野外编号 43-CD09。

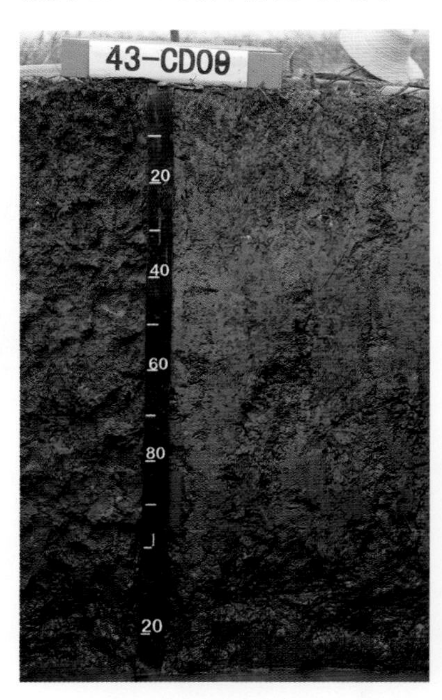

潘家溪系代表性单个土体剖面

Ap：0～20cm，灰棕色（5YR 6/2，干），极暗棕色（5YR 2/3，润），中量细根，粉砂质黏壤土，发育程度强的中块状结构，大量中粒间孔隙、根孔、气孔、动物穴，土体疏松，向下层平滑渐变过渡。

Br1：20～40cm，浊橙色（5YR 7/3，干），暗红棕色（5YR 3/3，润），少量细根，粉砂壤土，发育程度强的大块状结构，大量细粒间孔隙、根孔、气孔、动物穴，土体稍坚实，结构面上有少量铁斑纹，少量田螺壳侵入，向下层平滑渐变过渡。

Br2：40～80cm，浊橙色（5YR 4/3，干），浊红棕色（5YR 6/3，润），少量细根，粉砂壤土，发育程度强的大块状结构，中量细粒间孔隙、根孔、动物穴，土体稍坚实，结构面上有少量铁斑纹，向下层平滑渐变过渡。

Bw1：80～100cm，浊橙色（5YR 7/3，干），浊红棕色（5YR 5/3，润），少量细根，粉砂壤土，发育程度强的大块状结构，中量很细的粒间孔隙，土体稍坚实，向下层平滑渐变过渡。

Bw2：100～130cm，浊橙色（5YR 6/3，干），暗红棕色（5YR 3/3，润），少量细根，粉砂壤土，发育程度强的大块状结构，少量很细的粒间孔隙，土体稍坚实。

潘家溪系代表性单个土体物理性质

土层	深度 /cm	细土颗粒组成(粒径：mm) /(g/kg)			质地	容重 /(g/cm³)
		砂粒 2～0.05	粉粒 0.05～0.002	黏粒 <0.002		
Ap	0～20	55.0	622.3	322.7	粉砂质黏壤土	1.29
Br1	20～40	114.2	664.3	221.4	粉砂壤土	1.39
Br2	40～80	140.2	611.8	248.0	粉砂壤土	1.29
Bw1	80～100	82.5	690.1	227.4	粉砂壤土	1.23
Bw2	100～130	144.3	695.1	160.6	粉砂壤土	1.16

潘家溪系代表性单个土体化学性质

深度 /cm	pH (H_2O)	有机碳 /(g/kg)	全氮(N) /(g/kg)	全磷(P) /(g/kg)	全钾(K) /(g/kg)	铁游离度 /%	CEC /(cmol/kg)
0～20	7.92	19.86	2.27	1.11	25.5	51.2	20.4
20～40	7.92	6.71	0.85	0.67	27.7	59.6	14.8
40～80	7.94	6.33	0.79	0.71	28.7	64.7	17.6
80～100	7.92	6.41	0.73	0.69	26.1	65.0	15.9
100～130	8.18	5.28	0.52	0.60	20.2	53.8	10.6

8.1.2　大木系（Damu Series）

土　族：黏壤质硅质混合型非酸性热性-普通暗色潮湿雏形土

拟定者：张杨珠，张　亮，罗　卓，欧阳宁相

分布与环境条件　该土系主要分布于湘北地区洞庭湖冲积平原底部地带，平地，海拔 20～50m；成土母质为河湖沉积物；土地利用状况为旱地，典型种植制度为棉花或油菜；中亚热带湿润季风气候，年均气温 15.8～17.4℃，年均降水量 1170～1290mm。

大木系典型景观

土系特征与变幅　诊断层包括暗瘠表层和雏形层，诊断特性包括潮湿土壤水分状况、热性土壤温度状况、氧化还原特征和铁质特性。土体内有田螺壳等侵入体，Br 层厚度>10cm，明度、彩度低于周围土壤基质，具有较多铁锰斑纹，没有黏粒胶膜，润态色调为 7.5YR，明度 3～5，彩度 3～8。土体构型为 Ap-Br-Bw，剖面土壤质地上部为粉砂质黏壤土，下部为粉砂壤土。剖面各发生层 pH（H_2O）介于 7.54～7.92，有机碳含量介于 6.79～17.25g/kg，全铁含量介于 35.8～47.9g/kg，游离铁含量介于 22.2～27.0g/kg。

对比土系　潘家溪系，属于同一土族，成土母质均为河湖沉积物，地形部位相似，但潘家溪系有效磷含量较低，且土壤润态色调为 5YR，因此为不同土系。

利用性能综述　该土系土体深厚，土质适中，耕性较好，但地势较低，排水不畅，有机质和有效养分含量不高。应改善排水条件，深沟排水，降低渍害，增施有机肥和实行秸秆还田以培肥土壤，改善土壤结构；增施磷肥和钾肥。

参比土种　荒洲紫潮土。

代表性单个土体　位于湖南省益阳市南县明山头镇大木村，29°17′09″N，112°34′17″E，海拔 28m，旱耕地。50m 深处土温为 18.8℃。野外调查时间为 2016 年 12 月 26 日，野外编号 43-YIY08。

大木系代表性单个土体剖面

Ap：0～23cm，浊棕色（7.5YR 5/3，干），暗棕色（7.5YR 3/3，润），大量细根，粉砂质黏壤土，发育程度强的中团粒状结构，大量中粒间孔隙、根孔、气孔、动物穴，土体疏松，结构面上有中量铁斑纹，少量田螺壳，向下层平滑渐变过渡。

Br：23～70cm，亮棕色（7.5YR 5/8，干），亮棕色（7.5YR 5/8，润），中量细根，粉砂质黏壤土，发育程度强的大块状结构，中量细粒间孔隙、根孔、气孔、动物穴，土体稍坚实，结构面上有少量铁斑纹，少量田螺壳，向下层平滑渐变过渡。

Bw1：70～100cm，浊棕色（7.5YR 6/3，干），亮棕色（7.5YR 5/6，润），少量细根，粉砂质黏壤土，发育程度中等的大块状结构，少量细粒间孔隙，土体坚实，向下层平滑渐变过渡。

Bw2：100～150cm，浊棕色（7.5YR 6/3，干），浊棕色（7.5YR 5/3，润），少量细根，粉砂壤土，发育程度中等的大块状结构，少量细粒间孔隙，土体坚实。

大木系代表性单个土体物理性质

土层	深度/cm	石砾(>2mm，体积分数)/%	细土颗粒组成(粒径：mm) /(g/kg)			质地	容重/(g/cm^3)
			砂粒 2～0.05	粉粒 0.05～0.002	黏粒 <0.002		
Ap	0～23	0	114	597	290	粉砂质黏壤土	1.37
Br	23～70	0	21	674	305	粉砂质黏壤土	1.45
Bw1	70～100	0	76	687	237	粉砂质黏壤土	1.42
Bw2	100～150	0	179	584	237	粉砂壤土	1.28

大木系代表性单个土体化学性质

深度/cm	pH (H_2O)	有机碳/(g/kg)	全氮(N)/(g/kg)	全磷(P)/(g/kg)	全钾(K)/(g/kg)	全锰/(g/kg)	全铁/(g/kg)	CEC/(cmol/kg)	交换性盐基总量/(cmol/kg)	游离铁/(g/kg)
0～23	7.76	17.25	1.75	1.53	28.08	0.84	43.7	19.7	6.28	22.5
23～70	7.54	7.46	0.94	0.66	27.70	0.96	47.9	17.0	6.69	27.0
70～100	7.83	6.79	0.73	0.72	26.25	1.01	35.8	14.6	7.19	23.5
100～150	7.92	7.63	0.81	0.67	26.30	0.98	43.1	17.1	7.13	22.2

8.2　腐殖铝质常湿雏形土

8.2.1　七星峰系（Qixingfeng Series）

土　族：粗骨砂质硅质混合型温性-腐殖铝质常湿雏形土

拟定者：周　清，盛　浩，张　义，张鹏博，欧阳宁相

分布与环境条件　该土系主要分布于湘东大围山地区花岗岩中山山顶地带，海拔 1500～1600m；成土母质为花岗岩风化物；土地利用状况为林地；中亚热带山地常湿润气候，年均气温 10～12℃，年均降水量 2000～2200mm。

七星峰系典型景观

土系特征与变幅　诊断层包括暗瘠表层和雏形层，诊断特性及诊断现象包括石质接触面、常湿润土壤水分状况、温性土壤温度状况、腐殖质特性、铁质特性和铝质现象。土体浅薄，厚度为 25～35cm，土体构型为 Ah-Bw，表层根系密集，有机质和养分含量很高，土壤表层质地为砂质壤土，土壤润态色调为 7.5YR，土体自上而下由稍松变坚实，剖面花岗岩半风化物含量为 30%～80%。pH（H_2O）和 pH（KCl）分别为 4.6～4.7、4.1～4.3，有机碳含量介于 43.12～105.81g/kg，全铁含量为 31.9～36.3g/kg，游离铁含量为 12.4～14.2g/kg，铁的游离度为 38.9%～39.2%。

对比土系　陈谷系，属于同一亚类，成土母质均为花岗岩风化物，地形部位和植被类型相似，但陈谷系土族控制层段内颗粒大小级别为壤质，因此划为不同土族。

利用性能综述　该土系表层根系密集，有机质和养分含量高，土层浅薄，砂砾含量高，海拔高，植被以灌丛及草本植物为主，今后仍应恢复和保护好自然植被，防止水土流失。

参比土种　麻沙草甸土。

代表性单个土体　位于湖南省长沙市浏阳市大围山镇大围山国家自然保护区七星峰景区山顶，28°26′11″N，114°9′36″E，海拔 1573m，花岗岩中山山顶地带，成土母质为花岗岩风化物，土地利用类型为林地。50cm 深处土温为 13.1℃。野外调查时间为 2014 年 5 月 13 日，野外编号 43-LY07。

七星峰系代表性单个土体剖面

Ah：0～11cm，黑棕色（10YR 2/3，干），黑色（7.5YR 2/1，润），大量细根，砂质壤土，发育程度中等的中粒状结构，大量石英颗粒，少量细根孔、粒间孔隙、动物穴，松散，向下层平滑模糊过渡。

Bw：11～25cm，棕色（10YR 4/4，干），暗棕色（7.5YR 3/4，润），中量细根系，砂质壤土，发育程度弱的小块状结构，大量石英颗粒，少量细根孔、粒间孔隙，疏松，向下层平滑模糊过渡。

C：25～40cm，花岗岩风化物。

R：40～70cm，花岗岩。

七星峰系代表性单个土体物理性质

土层	深度/cm	石砾(>2mm，体积分数)/%	细土颗粒组成(粒径：mm)/(g/kg)			质地	容重/(g/cm)
			砂粒 2～0.05	粉粒 0.05～0.002	黏粒 <0.002		
Ah	0～11	17	439	389	172	砂质壤土	0.62
Bw	11～25	28	615	284	101	砂质壤土	0.72

七星峰系代表性单个土体化学性质

深度/cm	pH (H_2O)	pH (KCl)	有机碳/(g/kg)	全氮(N)/(g/kg)	全磷(P)/(g/kg)	全钾(K)/(g/kg)	铁游离度/%	CEC_7/(cmol/kg)(黏粒)	铝饱和度/%
0～11	4.6	4.1	105.81	6.04	0.89	20.9	38.9	214.5	70.5
11～25	4.7	4.3	43.12	2.07	0.65	34.3	39.2	215.9	70.6

8.2.2 陈谷系（Chengu Series）

土　族：壤质硅质混合型温性-腐殖铝质常湿雏形土

拟定者：张杨珠，周　清，黄运湘，盛　浩，廖超林，张　义

分布与环境条件　该土系主要分布于湘东北花岗岩中山中坡地带，海拔较高（1400～1500m），坡度较缓（10°～15°）；成土母质为花岗岩风化物；土地利用状况为灌丛，多保存有原生的山地灌丛和矮林；中亚热带山地常湿气候，年均气温 11～14℃，年均降水量 1900～2100mm。

陈谷系典型景观

土系特征与变幅　诊断层包括暗瘠表层和雏形层，诊断特性包括腐殖质特性、铁质特性、常湿润土壤水分状况和温性土壤温度状况，诊断现象有铝质现象。土体疏松，发育深厚，土体构型为 Ah-Bw-BC，有效土层厚度一般>150cm，壤土-砂质黏壤土构型，土壤润态色调以 10YR 为主。表土腐殖质化过程强烈，有机碳含量介于 4.44～53.51g/kg，土体 pH（H_2O）介于 4.0～4.8，全铁含量为 42.0～50.2g/kg，游离铁含量介于 14.7～21.5g/kg，铁的游离度介于 32.2%～42.8%。

对比土系　七星峰系，属于同一亚类，成土母质均为花岗岩风化物，地形部位和植被类型相似，但七星峰系土族控制层段内颗粒大小级别为粗骨砂质，因此划为不同土族。

利用性能综述　该土系土体发育深厚，质地适中，土壤有机质和养分丰富，灌丛草甸植被覆盖度高。地处中山上部，海拔高，坡度陡，应加强封山育林育草，严禁乱砍滥伐和放牧，减少人为干扰，防止水土流失，适度发展旅游观光业。

参比土种　厚腐厚土花岗岩暗黄棕壤。

代表性单个土体　位于湖南省长沙市浏阳市大围山镇大围山自然保护区祷泉湖景区山脚，28°26′1″N，114°9′6″E，海拔 1488m，花岗岩中山坡肩地带，成土母质为花岗岩风化物，土地利用状况为灌丛，50cm 深处土温为 13.4℃。野外调查时间为 2014 年 5 月 13 日，野外编号 43-LY06。

陈谷系代表性单个土体剖面

Ah：　0～25cm，棕色（10YR 4/4，干），黑棕色（10YR 3/2，润），大量细根，壤土，发育程度强的中团粒状结构，中量石英颗粒，中量中根、粒间孔隙、动物穴，土体松散，少量腐殖质胶膜，向下层平滑模糊过渡。

Bw1：25～80cm，黄橙色（10YR 8/8，干），黄棕色（10YR 5/6，润），中量细根，壤土，发育程度弱的中块状结构，中量石英颗粒，少量极细根孔和粒间孔隙、动物穴，土体稍坚实，少量腐殖质胶膜，向下层平滑模糊过渡。

Bw2：80～125cm，浊黄橙色（10YR 7/4，干），棕色（10YR 4/4，润），少量极细根系，壤土，发育程度弱的大块状结构，中量石英颗粒，中量中根孔和粒间孔隙、动物穴，土体稍坚实，向下层平滑模糊过渡。

BC：　125～160cm，淡黄色（10YR 8/4，干），棕色（10YR 4/4，润），砂质黏壤土，发育程度很弱的中块状结构，大量石英颗粒，中量中粒间孔隙、动物穴，土体坚实。

陈谷系代表性单个土体物理性质

土层	深度 /cm	石砾 (>2mm，体积分数)/%	细土颗粒组成(粒径：mm)/(g/kg)			质地	容重 /(g/cm³)
			砂粒 2～0.05	粉粒 0.05～0.002	黏粒 <0.002		
Ah	0～25	14	455	328	217	壤土	1.02
Bw1	25～80	9	371	438	191	壤土	0.89
Bw2	80～125	12	491	308	201	壤土	0.95
BC	125～160	17	499	273	228	砂质黏壤土	1.51

陈谷系代表性单个土体化学性质

深度 /cm	pH (H_2O)	pH (KCl)	有机碳 /(g/kg)	全氮(N) /(g/kg)	全磷(P) /(g/kg)	全钾(K) /(g/kg)	游离铁 /(g/kg)	CEC_7 /(cmol/kg) (黏粒)	铝饱和度 /%
0～25	4.0	3.6	53.51	3.15	0.95	32.5	17.9	117.2	76.8
25～80	4.7	3.8	14.92	1.20	0.82	37.0	21.5	86.2	83.0
80～125	4.8	4.0	5.28	0.56	0.6	36.2	15.6	65.0	69.4
125～160	4.5	4.1	4.44	0.45	0.65	37.9	14.7	58.5	73.9

8.3　普通铝质常湿雏形土

8.3.1　栗木桥系（Limuqiao Series）

土　族：粗骨砂质硅质混合型温性-普通铝质常湿雏形土

拟定者：张杨珠，黄运湘，廖超林，张　义，欧阳宁相

分布与环境条件　该土系主要分布于湘东地区的花岗岩中山中坡坡腰地带，海拔较高（1000～1200m）；坡度较陡（15°～25°）；成土母质为花岗岩风化物；土地利用状况为林地，多为竹林、杉木林或常绿落叶阔叶混交林；中亚热带山地常湿气候，年均气温 13～17℃，年均降水量 1700～2100mm。

栗木桥系典型景观

土系特征与变幅　诊断层包括淡薄表层和雏形层，诊断特性有铁质特性、准石质接触面、常湿润土壤水分状况和温性土壤温度状况，诊断现象有铝质现象。土体发育较厚，土体构型为Ah-Bw-BC，有效土层厚度一般>60cm，质地以砂质黏壤土为主，稍松，砂性强，含 20%～30%的石英颗粒，土体 50cm 以下有准石质接触面。土体润态色调以 5YR 为主，表土腐殖质化积累过程明显。有机碳含量介于 2.45～21.96g/kg，土壤 pH（H_2O）为 4.3～4.7，全铁含量介于 47.8～50.3g/kg，游离铁含量介于 22.5～24.6g/kg，铁的游离度介于 45.6%～50.1%。

对比土系　岩坨系，属于同一亚类，地形部位相同，但岩坨系成土母质为砂岩风化物，土壤润态色调为 7.5YR，土族控制层段内颗粒大小级别为粗骨黏质，黏土矿物以伊利石为主，因此为不同土系。

利用性能综述　该土系土层发育较厚，表土层腐殖质积累明显，质地明显偏砂性，土壤呈酸性，土体内岩石碎屑较多，磷素含量低，钾素含量丰富。坡度较陡，土质疏松，人为破坏植被后极易发生强烈的水土流失，应加强封山育林，避免皆伐，适度间伐人工林，防止水土流失。

参比土种　厚腐厚土花岗岩黄壤。

代表性单个土体　位于湖南省长沙市浏阳市大围山镇大围山自然保护区栗木桥景区，

28°25′53.33″N，114°5′18.78″E，海拔 1102m，属花岗岩中山中坡坡腰地带，成土母质为花岗岩风化物，土地利用状况为林地，50cm 深处土温为 15℃。野外调查时间为 2014 年 5 月 13 日，野外编号 43-LY11。

栗木桥系代表性单个土体剖面

Ah：0～24cm，浊橙色（7.5YR 5/3，干），暗红棕色（5YR 3/3，润），大量粗根，砂质黏壤土，中等发育程度的中等直径的粒状结构，大量石英颗粒，中量细根孔、粒间孔隙，疏松，向下层平滑模糊过渡。

Bw：24～64cm，橙色（7.5YR 7/6，干），亮红色（5YR 5/8，润），中量粗根，砂质黏壤土，发育程度弱的中等直径的粒状结构，大量石英颗粒，中量细根孔、粒间孔隙，土体疏松，向下层平滑模糊过渡。

BC：64～86cm，亮棕色（7.5YR 5/6，干），亮红棕色（5YR 5/6，润），少量细根，砂质黏壤土，发育程度弱的大直径粒状结构，少量细根孔，大量石英颗粒、粒间孔隙，土体稍坚实，向下层平滑模糊过渡。

R：86cm 以下，花岗岩。

栗木桥系代表性单个土体物理性质

土层	深度/cm	石砾(>2mm，体积分数)/%	细土颗粒组成(粒径：mm)/(g/kg)			质地	容重/(g/cm³)
			砂粒 2～0.05	粉粒 0.05～0.002	黏粒 <0.002		
Ah	0～24	21	563	158	279	砂质黏壤土	0.74
Bw	24～64	27	607	138	255	砂质黏壤土	1.62
BC	64～86	25	607	147	246	砂质黏壤土	1.64

栗木桥系代表性单个土体化学性质

深度/cm	pH (H_2O)	pH (KCl)	有机碳/(g/kg)	全氮(N)/(g/kg)	全磷(P)/(g/kg)	全钾(K)/(g/kg)	铁游离度/%	CEC_7/(cmol/kg)(黏粒)	铝饱和度/%
0～24	4.3	3.7	21.96	1.38	0.30	32.4	47.0	67.5	70.3
24～64	4.3	3.8	3.67	0.26	0.19	35.2	50.1	47.8	69.0
64～86	4.7	3.9	2.45	0.14	0.31	35.1	45.6	55.2	62.1

8.3.2 岩坨系（Yantuo Series）

土 族：粗骨黏质伊利石混合型温性-普通铝质常湿雏形土

拟定者：张杨珠，周 清，张 亮，曹 俏，欧阳宁相

分布与环境条件 该土系主要分布于湘西北（自治州中部）武陵山脉中段中坡坡腰地带，海拔 800～1000m（以 800～900m 为主），坡度陡（25°～35°）；成土母质为砂岩风化物；土地利用状况为林地，多为人工种植的杉、松林；中亚热带山地型湿润季风气候，年均气温 13～15℃，年均降水量 1400～1500mm。

岩坨系典型景观

土系特征与变幅 诊断层包括淡薄表层和雏形层，诊断特性有铁质特性、常湿润土壤水分状况和温性土壤温度状况，诊断现象有铝质现象。土体发育较深厚，土体构型为 Ah-Bw，有效土层厚度一般>50cm，土壤润态色调为 7.5YR，质地通体为粉砂质黏壤土，自上而下由坚实变为稍坚实，土壤黏土矿物以伊利石为主（40%～60%），土体内岩石碎屑体积占比较高（>35%）。表土腐殖质积累过程较强，有机碳含量介于 4.53～45.30g/kg，pH（H_2O）和 pH（KCl）分别介于 5.21～5.33 和 4.02～4.19，全铁含量介于 30.4～36.7g/kg，游离铁含量介于 18.9～21.3g/kg，铁的游离度介于 58.2%～62.1%。

对比土系 栗木桥系，属于同一亚类，地形部位相同，但栗木桥系成土母质为花岗岩风化物，土壤润态色调为 5YR，土体 50cm 以下有准石质接触面，土族控制层段内颗粒大小级别为粗骨砂质，矿物学类型为硅质混合型，因此为不同土系。

利用性能综述 该土系土体较深厚，土壤质地适中，通透性较好，表土中有机质、氮、磷和钾含量高，可因地制宜发展杉木、马尾松人工林和柑橘园。土体内含有较多的砂砾石，坡耕地耕作性较差，也容易遭受水土冲刷和水土流失，应加强荒山绿化、植被恢复和保持水土。

参比土种 中腐厚土砂岩黄壤。

代表性单个土体 位于湖南省湘西土家族苗族自治州古丈县高峰乡岩坨村，28°37′41.87″N，110°0′31.5″E，海拔 847m，地处陡峭切割的中山中坡地带，成土母质为砂岩风化物，土地利用方式为林地，50cm 深处土温为 16℃。野外调查时间为 2017 年 7 月 28 日，野外编号 43-XX07。

岩坨系代表性单个土体剖面

Ah： 0～20cm，灰棕色（7.5YR 5/2，干），暗棕色（7.5YR 3/3，润），大量中根，粉砂质黏壤土，发育程度强的中团粒状结构，大量细粒间孔隙、气孔、根孔、动物穴，大量粗岩石碎屑，土体坚实，向下层平滑清晰过渡。

Bw1：20～40cm，亮黄棕色（10YR 6/6，干），棕色（7.5YR 4/6，润），中量细根，粉砂质黏壤土，发育程度强的很小块状结构，中量细粒间孔隙、气孔、根孔、动物穴，大量粗岩石碎屑，土体坚实，向下层平滑渐变过渡。

Bw2：40～100cm，亮黄棕色（10YR 6/8，干），棕色（7.5YR 4/6，润），少量细根，粉砂质黏壤土，发育程度强的中块状结构，少量细粒间孔隙、气孔、根孔、动物穴，大量大岩石碎屑，土体稍坚实，向下层平滑渐变过渡。

岩坨系代表性单个土体物理性质

土层	深度/cm	石砾(>2mm，体积分数)/%	细土颗粒组成(粒径：mm)/(g/kg)			质地	容重/(g/cm^3)
			砂粒 2～0.05	粉粒 0.05～0.002	黏粒 <0.002		
Ah	0～20	35	149.8	484.0	366.2	粉砂质黏壤土	1.16
Bw1	20～40	40	155.7	449.7	394.7	粉砂质黏壤土	1.65
Bw2	40～100	40	174.6	470.6	354.7	粉砂质黏壤土	1.50

岩坨系代表性单个土体化学性质

深度/cm	pH (H_2O)	pH (KCl)	有机碳/(g/kg)	全氮(N)/(g/kg)	全磷(P)/(g/kg)	全钾(K)/(g/kg)	铁游离度/%	CEC_7/(cmol/kg)(黏粒)	铝饱和度/%
0～20	5.21	4.19	45.30	2.33	0.42	20.2	62.1	52.6	22.9
20～40	5.26	4.09	8.60	0.68	0.27	22.1	58.2	25.9	59.7
40～100	5.33	4.02	4.53	0.43	0.24	23.3	60.6	29.3	65.8

8.3.3 扁担坳系（Biandan'ao Series）

土 族：壤质硅质混合型温性-普通铝质常湿雏形土

拟定者：张杨珠，周 清，张 义，欧阳宁相

分布与环境条件 该土系主要分布于浏阳市大围山花岗岩中山中上坡地带，海拔较高（1400～1500m），坡度较平缓（5°～10°）；成土母质为花岗岩风化物；土地利用状况为灌丛、林地，多保存为原生的山地矮林；中亚热带山地常湿气候，年均气温 11～12℃，年均降水量 2000～2200mm。

扁担坳系典型景观

土系特征与变幅 诊断层包括淡薄表层和雏形层，诊断特性有铁质特性、准石质接触面（>90cm）、常湿润土壤水分状况和温性土壤温度状况，诊断现象有铝质现象。土体发育较深厚，土体构型为 Ah-AB-Bw-BC，有效土层厚度一般>60cm，质地剖面以壤土-砂质壤土为主，润态色调以 10YR 为主，土体自上而下由稍松变坚实。表土有轻度侵蚀现象，底土中有较高比例（15%～80%）直径>2mm 的石英颗粒。表土存在腐殖质积累过程，有机碳含量介于 4.05～16.36g/kg，土壤 pH（H_2O）为 4.5～5.0，全铁含量介于 30.6～36.6g/kg，游离铁含量介于 14.1～15.5g/kg，铁的游离度介于 40.1%～50.5%。

对比土系 栗木桥下系，属于同一土族，地形相同，成土母质相同，但栗木桥下系地形部位不同，表层质地为砂质壤土，润态色调以 7.5YR 为主，无准石质接触面，因此为不同土系。

利用性能综述 该土系所处海拔高，热量较低，降雨量大。表土有机质和养分含量较高，质地偏砂性，抗水蚀能力弱，不宜剧烈人为扰动，宜加强天然林保护和植被恢复，继续封山育林，防止水土流失，发挥生态效益。

参比土种 中腐厚土花岗岩暗黄棕壤。

代表性单个土体 位于湖南省长沙市浏阳市大围山镇大围山自然保护区扁担坳景区（红莲寺景区之上，七星峰景区之下）的坡中上部位置，28°25′23.88″N，114°8′6.65″E，海拔 1497.8m，花岗岩中山中上坡地带，成土母质为花岗岩风化物，土地利用状况为林地、灌丛，50cm 深处土温为 13.4℃。野外调查时间为 2014 年 5 月 13 日，野外编号 43-LY08。

扁担坳系代表性单个土体剖面

Ah：0～12cm，浊黄橙色（10YR 6/4，干），棕色（10YR 4/4，润），大量细根，壤土，发育程度中等的中团粒状结构，少量石英颗粒，少量细根孔、粒间孔隙、动物穴，土体松散，向下层平滑模糊过渡。

AB：12～40cm，亮黄棕色（10YR 7/6，干），亮黄棕色（10YR 6/6，润），中量细根，砂质壤土，发育程度弱的中块状结构，少量石英颗粒，中量粗根孔、粒间孔隙，土体疏松，向下层平滑模糊过渡。

Bw：40～63cm，淡黄橙色（10YR 8/4，干），浊黄棕色（10YR 7/4，润），少量极细根，砂质壤土，发育程度弱的大块状结构，中量石英颗粒，少量粗粒间孔隙，土体稍坚实，向下层平滑模糊过渡。

BC：63～90cm，淡黄橙色（10YR 8/4，干），黄棕色（10YR 5/8，润），砂质黏壤土，发育程度很弱的中块状结构，大量石英颗粒，少量粗粒间孔隙，土体稍坚实，向下层平滑模糊过渡。

C：　90cm 以下，花岗岩风化物。

扁担坳系代表性单个土体物理性质

土层	深度 /cm	石砾 (>2mm，体积分数)/%	细土颗粒组成(粒径：mm)/(g/kg)			质地	容重 /(g/cm^3)
			砂粒 2～0.05	粉粒 0.05～0.002	黏粒 <0.002		
Ah	0～12	5	478	300	222	壤土	0.80
AB	12～40	3	440	377	184	砂质壤土	1.02
Bw	40～63	15	501	319	180	砂质壤土	1.25
BC	63～90	20	542	254	204	砂质黏壤土	1.43

扁担坳系代表性单个土体化学性质

深度 /cm	pH (H_2O)	pH (KCl)	有机碳 /(g/kg)	全氮(N) /(g/kg)	全磷(P) /(g/kg)	全钾(K) /(g/kg)	铁游离度 /%	CEC_7 /(cmol/kg) (黏粒)	铝饱和度 /%
0～12	4.6	4.1	16.36	0.85	0.51	30.2	40.1	62.4	75.8
12～40	4.5	4.1	9.79	1.13	0.88	31.9	42.4	90.0	78.8
40～63	5.0	4.3	5.20	0.53	0.48	27.0	50.5	73.8	75.5
63～90	4.9	4.3	4.05	0.37	0.57	28.1	42.0	56.5	65.1

8.3.4 栗木桥下系（Limuqiaoxia Series）

土 族：壤质硅质混合型温性-普通铝质常湿雏形土

拟定者：张杨珠，黄运湘，廖超林，张 义，欧阳宁相

分布与环境条件 该土系主要分布于湘东地区的花岗岩中山中坡坡腰地带，海拔较高（900～1000m），坡度较陡（25°～35°）；成土母质为花岗岩风化物；土地利用状况为林地，多为竹林、杉木林或常绿落叶阔叶混交林；中亚热带山地常湿气候，年均气温13～17℃，年均降水量 1700～2100mm。

栗木桥下系典型景观

土系特征与变幅 诊断层包括淡薄表层和雏形层，诊断特性有铁质特性、常湿润土壤水分状况和温性土壤温度状况，诊断现象有铝质现象。由花岗岩风化物坡积形成，土体较深厚，土体构型为 Ah-Bw-Ab，有效土层厚度一般>50cm，质地以砂质壤土为主，土壤润态色调以 7.5YR 为主，土体中下部含有 20%～30%的岩石碎屑，自上而下由稍松变坚实，土体底部埋藏有之前形成的表层土。土壤腐殖质积累过程较弱，有机碳含量介于 5.35～9.79g/kg，pH（H_2O）为 4.5～4.7，全铁含量介于 34.7～43.1g/kg，游离铁含量为 10.5～16.2g/kg，铁的游离度为 29.0%～39.7%。

对比土系 扁担坳系，属于同一土族，地形相同，成土母质相同，但扁担坳系地形部位不同，表层质地为壤土，润态色调以 10YR 为主，出现准石质接触面（>90cm），因此为不同土系。

利用性能综述 该土系所处地形部位坡陡，物质的坡积作用强烈。表土层深厚，质地偏砂性，表土抗蚀性差，人为干扰后容易形成水土流失。宜继续封山育林，保护和恢复地面植被，减少人为干扰，防止水土流失。

参比土种 厚腐花岗岩黄壤性土。

代表性单个土体 位于湖南省长沙市浏阳市大围山镇大围山自然保护区栗木桥景区，28°25′21.96″N，114°4′59.58″E，海拔 911m，花岗岩中山中坡地带，母质为花岗岩风化物，土地利用状况为林地，50cm 深处土温为 15.7℃。野外调查时间为 2014 年 5 月 14 日，野外编号 43-LY14。

栗木桥下系代表性单个土体剖面

Ah1：0～24cm，浊黄橙色（10YR 6/3，干），暗棕色（7.5YR 3/3，润），大量中根，砂质壤土，发育程度强的中团粒状结构，大量石英颗粒，大量中根孔、粒间孔隙，土体松散，向下层平滑明显过渡。

Ah2：24～60cm，浊黄橙色（10YR 6/3，干），暗棕色（7.5YR 3/3，润），中量中根，砂质壤土，发育程度强的中块状结构，中量石英颗粒，中量中根孔、粒间孔隙，土体松散，向下层平滑明显过渡。

Bw：60～80cm，浊黄橙色（10YR 7/3，干），浊棕色（7.5YR 5/3，润），大量粗根，砂质壤土，发育程度中等的中块状结构，大量石英颗粒，中量细根孔、粒间孔隙，土体疏松，向下层平滑明显过渡。

Ab：80～120cm，浊黄橙色（10YR 6/3，干），暗棕色（7.5YR 3/3，润），中量中根，壤土，发育程度强的中块状结构，大量石英颗粒，中量细根孔、粒间孔隙，土体疏松。

栗木桥下系代表性单个土体物理性质

土层	深度/cm	石砾(>2mm，体积分数)/%	细土颗粒组成(粒径：mm)/(g/kg)			质地	容重/(g/cm³)
			砂粒 2～0.05	粉粒 0.05～0.002	黏粒 <0.002		
Ah1	0～24	20	560	281	159	砂质壤土	0.87
Ah2	24～60	12	576	273	151	砂质壤土	0.88
Bw	60～80	24	498	323	180	砂质壤土	1.02
Ab	80～120	18	428	398	174	壤土	1.19

栗木桥下系代表性单个土体化学性质

深度/cm	pH (H_2O)	pH (KCl)	有机碳/(g/kg)	全氮(N)/(g/kg)	全磷(P)/(g/kg)	全钾(K)/(g/kg)	游离铁/(g/kg)	CEC_7/(cmol/kg)(黏粒)	铝饱和度/%
0～24	4.5	3.8	9.79	0.26	0.32	45.4	10.5	61.3	67.4
24～60	4.7	3.8	5.99	0.58	0.32	44.1	13.0	58.5	69.5
60～80	4.7	3.9	5.35	0.30	0.35	44.3	16.2	49.3	73.9
80～120	4.5	3.9	7.26	0.28	0.34	44.6	13.8	52.6	—

8.4　腐殖酸性常湿雏形土

8.4.1　七星峰下系（Qixingfengxia Series）

土　族：粗骨砂质盖粗骨质混合型温性-腐殖酸性常湿雏形土

拟定者：盛　浩，周　清，张　义，欧阳宁相

分布与环境条件　该土系分布于湘东地区的花岗岩中山山顶地带，海拔高（>1500m），坡度相对较平缓（10°～15°）；成土母质为花岗岩风化物；土地利用状况为草地、灌丛，多保存为原生的山地灌丛和草地；中亚热带山地常湿气候，年均气温 10～12 ℃，年均降水量 2000～2500mm。

七星峰下系典型景观

土系特征与变幅　诊断层包括暗瘠表层和雏形层，诊断特性有准石质接触面、腐殖质特性、常湿润土壤水分状况和温性土壤温度状况。土体发育较浅薄，土体构型为 Ah-Bw，有效土层厚度一般<50cm，在土体下部出现准石质接触面。土壤润态色调以 10YR 为主，剖面上呈砂质壤土-砂土的构型，土体自上而下由疏松变坚实，土体内含较高量（>30%）的花岗岩风化物。表土腐殖质积累过程强烈，有机碳含量为 21.23～81.83g/kg，pH（H_2O）和 pH（KCl）分别为 4.1～4.8 和 4.0～4.5，全铁含量为 36.1～36.9g/kg，游离铁含量为 12.8～14.0g/kg，铁的游离度为 35.4%～38.0%。

对比土系　上洞系，属于同一土类，相同母质，相同地形，但上洞系诊断特性有铁质特性、常湿润土壤水分状况和热性土壤温度状况，没有出现准石质接触面，诊断现象有铝质现象，表层质地为黏壤土，润态颜色色调以 7.5YR 为主，因此为不同土系。

利用性能综述　该土系所处海拔高，热量较差，土壤发育浅薄，半风化物和砂粒含量高。表土中有机质和养分很丰富。在坡度平缓的山顶，可适度开发并利用灌草丛发展牧业和观光旅游业，在坡度较陡地带，应加强保护和封山育林育草，防止水土流失，避免人为干扰和利用。

参比土种　麻沙草甸土。

代表性单个土体　位于湖南省长沙市浏阳市大围山镇大围山自然保护区内七星峰景区的山顶，28°25′41.69″N，114°4′0.23″E，海拔 1564m，花岗岩中山山顶地带，成土母质为花岗岩风化物，土地利用状况为灌丛、草地，50cm 深处土温为 13.1℃。野外调查时间为 2014 年 5 月 15 日，野外编号 43-LY22。

七星峰下系代表性单个土体剖面

Ah：0～19cm，黑棕色（10YR 3/2，干），黑色（10YR 2/1，润），大量细根，砂质壤土，发育程度中等的小团粒状结构，中量石英颗粒，大量细根、粒间孔隙、动物穴，土体疏松，向下层波状明显过渡。

Bw：19～46cm，灰黄色（10YR 6/2，干），棕色（10YR 4/4，润），中量极细根，砂土，发育程度弱的中块状结构，大量石英颗粒，中量细根、粒间孔隙、动物穴，向下层波状明显过渡。

C：　46cm 以下，花岗岩风化物。

七星峰下系代表性单个土体物理性质

土层	深度 /cm	石砾 (>2mm，体积分数)/%	细土颗粒组成(粒径：mm)/(g/kg)			质地	容重 /(g/cm^3)
			砂粒 2～0.05	粉粒 0.05～0.002	黏粒 <0.002		
Ah	0～19	17	502	300	197	砂质壤土	0.75
Bw	19～46	30	798	123	78	砂土	0.79

七星峰下系代表性单个土体化学性质

深度 /cm	pH (H_2O)	pH (KCl)	有机碳 /(g/kg)	全氮(N) /(g/kg)	全磷(P) /(g/kg)	全钾(K) /(g/kg)	游离铁 /(g/kg)	CEC /(cmol/kg)
0～19	4.1	4.0	81.83	4.59	0.95	29.2	14.0	33.2
19～46	4.8	4.5	21.23	0.88	0.91	44.7	12.8	11.9

8.5 铁质酸性常湿雏形土

8.5.1 上洞系（Shangdong Series）

土 族：黏壤质硅质混合型热性-铁质酸性常湿雏形土

拟定者：张杨珠，于 康，罗 卓，欧阳宁相

分布与环境条件 该土系分布于湘东南花岗岩中山中坡地带，海拔 800～1000m，坡度较陡（15°～25°）；成土母质为花岗岩风化物；土地利用状况为松、杉人工林地，中度人为活动扰动；中亚热带山地湿润季风气候，年均气温 15～16℃，年均降水量 1600～1800mm。

上洞系典型景观

土系特征与变幅 诊断层包括暗瘠表层和雏形层，诊断特性有铁质特性、常湿润土壤水分状况和热性土壤温度状况，诊断现象有铝质现象。土体发育非常深厚，土体构型为 Ah-Bw-BC，有效土层厚度一般>150cm，质地主要为黏壤土，润态色调以 7.5YR 为主。土体自上而下由极疏松变疏松，表土有机质有明显积累过程，有机碳含量介于 5.13～45.80g/kg，土壤 pH（H_2O）和 pH（KCl）分别介于 4.7～5.9 和 3.8～4.1，全铁含量介于 27.4～31.2g/kg，游离铁含量介于 18.8～20.8g/kg，铁的游离度介于 57.1%～75.8%。

对比土系 七星峰下系，属于同一土类，相同母质，相同地形，但七星峰下系有准石质接触面、腐殖质特性、常湿润土壤水分状况和温性土壤温度状况，表层质地为砂质壤土，润态色调以 10YR 为主，因此为不同土系。

利用性能综述 该土系海拔较高，坡度较陡，热量一般。土体非常深厚，较疏松，质地适中，易排水，通透性好，但存在排水过快、养分易流失的问题。表土有机质较丰富，但氮、磷素偏低。应封山育林，因地制宜发展人工林业，使荒地恢复地面植被，减少人为干扰，防止水土流失。

参比土种 厚腐厚土花岗岩黄红壤。

代表性单个土体 位于湖南省郴州市桂东县东洛乡上洞村，25°49′28.38″N，113°50′27.30″E，海拔 893m，花岗岩中山中坡地带，母质为花岗岩风化物，土地利用状况为有林地，50cm 深处土温为 17.1℃。野外调查时间为 2016 年 9 月 9 日，野外编号 43-CZ01。

上洞系代表性单个土体剖面

Ah：0～45cm，黄棕色（10YR 5/6，干），暗棕色（7.5YR 3/3，润），大量细根，黏壤土，发育程度强的小团粒状结构，大量中粒间孔隙、根孔、气孔、动物穴，土体极疏松，向下层平滑清晰过渡。

Bw：45～140cm，亮黄棕色（10YR 7/6，干），橙色（7.5YR 6/6，润），少量细根，黏壤土，发育程度强的中块状结构，大量细粒间孔隙、根孔、气孔，动物穴，土体疏松，向下层平滑模糊过渡。

BC：140～200cm，亮黄棕色（10YR 7/6，干），浊橙色（7.5YR 6/4，润），很少量中根，黏壤土，发育程度中等的大块状结构，大量细粒间孔隙、气孔、动物穴，土体疏松，大量极粗花岗岩碎屑。

上洞系代表性单个土体物理性质

土层	深度/cm	石砾(>2mm，体积分数)/%	细土颗粒组成(粒径：mm)/(g/kg)			质地	容重/(g/cm³)
			砂粒 2～0.05	粉粒 0.05～0.002	黏粒 <0.002		
Ah	0～45	0	433	288	278	黏壤土	0.98
Bw	45～140	0	403	283	313	黏壤土	1.30
BC	140～200	20	426	235	337	黏壤土	1.30

上洞系代表性单个土体化学性质

深度/cm	pH (H_2O)	pH (KCl)	有机碳/(g/kg)	全氮(N)/(g/kg)	全磷(P)/(g/kg)	全钾(K)/(g/kg)	铁游离度/%	CEC_7/(cmol/kg)(黏粒)
0～45	4.7	3.8	45.80	1.43	0.32	19.5	75.8	62.25
45～140	5.4	4.0	5.87	0.29	0.25	21.2	69.5	35.40
140～200	5.9	4.1	5.13	0.25	0.29	23.7	57.1	31.67

8.6 腐殖钙质湿润雏形土

8.6.1 双湖系（Shuanghu Series）

土 族：黏壤质硅质混合型热性-腐殖钙质湿润雏形土

拟定者：张杨珠，周 清，盛 浩，曹 俏，欧阳宁相

分布与环境条件 该土系分布于湘西北石灰岩低山上坡地带，海拔 250～350m，坡度 10°～15°；母质为石灰岩风化物；土地利用状况为人工林地，主要种植松、杉木、猕猴桃等林木和果树；中亚热带湿润季风气候，年均气温 16～18℃，年均降水量 1300～1400mm。

双湖系典型景观

土系特征与变幅 诊断层包括淡薄表层和雏形层，诊断特性有铁质特性、腐殖质特性、碳酸盐岩岩性特征、石质接触面、湿润土壤水分状况和热性土壤温度状况。土体发育较厚，土体构型为Ah-Bw，有效土层厚度一般>100cm，腐殖质层尤其深厚（>50cm），100cm 以下有石质接触面。土壤质地以粉砂质黏壤土为主，土壤润态色调为 7.5YR。土壤剖面上有机质积累过程较强，有机碳含量介于 16.15～19.57g/kg，土壤 pH（H_2O）和 pH（KCl）分别介于 6.7～6.9 和 5.7～6.0，全铁含量介于 32.5～43.6g/kg，游离铁含量介于 29.7～33.4g/kg，铁的游离度介于 72.4%～89.9%。

对比土系 源泉系，属于同一土类，成土母质均为石灰岩风化物，但源泉系 150cm 范围内未出现石质接触面，剖面下部埋藏有二元母质土壤，且剖面上部土壤未达到腐殖质特性，因此为不同亚类。

利用性能综述 该土系土壤质地适中，保水保肥能力强，土壤反应呈中性偏弱碱性反应，土壤有机质含量中等，盐基饱和度较高。植被覆盖度一般，人为干扰后土体出露，容易发生水土流失，应加强绿化荒山，植树造林，保持水土。

参比土种 中腐厚土棕色石灰土。

代表性单个土体 位于湖南省张家界市慈利县南山坪乡双湖村，29°19′31.15″N，110°54′30.56″E，海拔 283.5m，成土母质为石灰岩风化物，低山上坡地带，土地利用类型为林地，50cm 深处土温为 18℃。野外调查时间为 2017 年 11 月 27 日，野外编号 43-ZJJ02。

双湖系代表性单个土体剖面

Ah1：0～20cm，亮黄棕色（10YR 6/6，干），浊棕色（7.5YR 5/4，润），大量细根，粉砂质黏壤土，发育程度强的中团粒状结构，少量中粒间孔隙、根孔、气孔，少量小岩石碎屑，土体稍坚实，有中量腐殖质胶膜，向下层平滑清晰过渡。

Ah2：20～70cm，浊黄橙色（10YR 6/4，干），浊棕色（7.5YR 5/4，润），大量细根，粉砂质黏壤土，发育程度强的很小块状结构，少量中粒间孔隙、根孔、气孔、动物穴，少量的小岩石碎屑，土体稍坚实，有中量黏粒胶膜，向下层平滑渐变过渡。

Bw：70～110cm，浊黄橙色（10YR 6/4，干），浊棕色（7.5YR 5/3，润），大量细根，粉砂质黏壤土，发育程度中等的小块状结构，少量中粒间孔隙、根孔、气孔、动物穴，中量小岩石碎屑，土壤稍坚实，向下层平滑清晰过渡。

R：　110cm 以下，石灰岩。

双湖系代表性单个土体物理性质

土层	深度/cm	石砾(>2mm，体积分数)/%	细土颗粒组成(粒径：mm)/(g/kg)			质地	容重/(g/cm^3)
			砂粒 2～0.05	粉粒 0.05～0.002	黏粒 <0.002		
Ah1	0～20	5	80	531	389	粉砂质黏壤土	1.19
Ah2	20～70	5	131	533	336	粉砂质黏壤土	1.22
Bw	70～110	7	124	554	322	粉砂质黏壤土	1.14

双湖系代表性单个土体化学性质

深度/cm	pH (H_2O)	pH (KCl)	有机碳/(g/kg)	全氮(N)/(g/kg)	全磷(P)/(g/kg)	全钾(K)/(g/kg)	游离铁/(g/kg)	CEC_7/(cmol/kg)(黏粒)	盐基饱和度/%
0～20	6.7	5.7	18.43	1.67	0.90	8.4	33.4	65.2	67.6
20～70	6.9	6.0	16.15	0.97	0.89	7.0	32.6	62.5	76.3
70～110	6.9	5.8	19.57	1.33	0.79	7.0	29.7	64.5	76.7

8.7 棕色钙质湿润雏形土

8.7.1 源泉系（Yuanquan Series）

土 族：黏壤质硅质混合型非酸性热性-棕色钙质湿润雏形土

拟定者：张杨珠，黄运湘，满海燕，欧阳宁相

分布与环境条件 该土系主要分布于湘中地区石灰岩低丘中坡，海拔 50～150m；成土母质为石灰岩风化物；土地利用状况为林地，植被有竹林、杉木人工林和香樟次生林，植被覆盖度为90%～100%；中亚热带湿润季风气候，年均气温 16.0～18.0℃，年均降水量 1200～1350mm。

源泉系典型景观

土系特征与变幅 诊断层包括暗沃表层和雏形层；诊断特性包括热性土壤温度状况、湿润土壤水分状况和碳酸岩岩性特征。其土体构型为 Ah-Bw-2Bw，表层厚度为 25～35cm，盐基饱和度＞50%，腐殖质含量高，黏壤土-壤土质地剖面，pH（H_2O）介于 5.3～7.7，土壤有机碳含量介于 4.10～21.26g/kg，游离铁含量介于 20.4～26.6g/kg。

对比土系 双湖系，属于同一土类，成土母质均为石灰岩风化物，但双湖系 110cm 范围内出现石质接触面，剖面下部无埋藏层，且该土系具有腐殖质特性，因此为不同亚类。

利用性能综述 该土系由于典型土体位于坡中部，坡度较缓，利于土壤的堆积，土层较深厚；植被覆盖度高，淋溶层的腐殖质含量高，肥力好，淋溶层以下土壤有机质含量低，肥力差；土壤质地适中，耕性良好，但氮、磷含量较低，钾含量较高，植被长势良好，覆盖度较高，水土流失较轻。今后应继续封山育林，严禁乱砍滥伐，且由于含钾量较高，宜种植茶叶、竹类、杉木、油桐、油茶等，但应做好培肥、培土工作，促进植物生长。

参比土种 厚腐薄土红色石灰土。

代表性单个土体 位于湖南省娄底市双峰县梓门桥镇源泉村吴家组，27°32′42.0″N，112°11′36.2″E，海拔 93m，丘陵低丘中坡，成土母质上部为石灰岩风化物，下部为砂岩风化物，林地，50cm 深处土温为 20.6℃。野外调查时间为 2016 年 8 月 14 日，野外编号 43-LD04。

源泉系代表性单个土体剖面

Ah：　0～30cm，浊棕色（7.5 YR 5/4，干），暗红棕色（5YR 3/3，润），中量细根，黏壤土，发育程度中等的中团粒状结构，少量细根孔、气孔、动物穴和粒间孔隙，少量小石英颗粒，土体疏松，向下层不规则渐变过渡。

Bw：　30～85 cm，亮棕色（7.5 YR 5/6，干），亮红棕色（5YR 5/8，润），中量细根，壤土，发育程度中等的中团粒状结构，中量细根孔、气孔、动物穴和粒间孔隙，大量中石英颗粒，土体稍坚实，向下层平滑清晰过渡。

2Bw1：85～120cm，亮棕色（7.5 YR 5/8，干），浊红棕色（5YR 5/4，润），中量细根，黏壤土，发育程度强的小团粒状结构，中量很细根孔、动物穴和粒间孔隙，很少量小石英颗粒，土体坚实，向下层波状渐变过渡。

2Bw2：120～180cm，亮棕色（7.5 YR 5/8，干），浊红棕色（5YR 5/4，润），中量细根，黏壤土，发育程度强的中团粒状结构，少量细根孔和粒间孔隙，大量中石英颗粒，土体坚实。

源泉系代表性单个土体物理性质

土层	深度 /cm	石砾 (>2mm，体积分数)/%	细土颗粒组成(粒径：mm)/(g/kg)			质地	容重 /(g/cm^3)
			砂粒 2～0.05	粉粒 0.05～0.002	黏粒 <0.002		
Ah	0～30	15	280	418	301	黏壤土	1.5
Bw	30～85	45	283	484	233	壤土	1.4
2Bw1	85～120	12	257	380	363	黏壤土	1.5
2Bw2	120～180	25	269	382	348	黏壤土	1.5

源泉系代表性单个土体化学性质

深度 /cm	pH (H_2O)	有机碳 /(g/kg)	全氮(N) /(g/kg)	全磷(P) /(g/kg)	全钾(K) /(g/kg)	游离铁 /(g/kg)	CEC /(cmol/kg)
0～30	7.7	21.26	0.86	0.18	12.2	26.3	13.94
30～85	7.6	7.60	0.40	0.15	12.3	20.4	17.23
85～120	6.1	4.10	0.75	0.21	10.9	25.8	15.53
120～180	5.3	6.72	0.73	0.22	10.9	26.6	15.31

8.8　石质铝质湿润雏形土

8.8.1　小塘铺系（Xiaotangpu Series）

土　族：粗骨壤质硅质混合型酸性热性-石质铝质湿润雏形土

拟定者：张杨珠，张　亮，张　义，欧阳宁相

分布与环境条件　该土系主要分布于湘东北地区板、页岩低丘中坡地带，海拔 100～200m；成土母质为板、页岩风化物；土地利用状况为有林地，主要植被类型为常绿阔叶林；中亚热带湿润季风气候，年均气温 16.1～17.5℃，年均降水量 1328～1588mm。

小塘铺系典型景观

土系特征与变幅　诊断层包括暗瘠表层和雏形层；诊断特性和诊断现象包括准石质接触面、湿润土壤水分状况、热性土壤温度状况和铝质现象。土体浅薄，土壤发育程度低，土体构型为 Ah-Bw-C-R，土壤表层枯枝落叶丰富，表层有机质含量高，表层厚度为 13cm，土壤润态色调为 10YR，土壤质地为壤土，剖面板、页岩碎屑含量为 20%～60%。pH（H_2O）和 pH（KCl）分别介于 4.5～4.6 和 3.6～3.9，土壤有机碳含量介于 7.48～35.59g/kg，全铁含量为 37.8～41.7g/kg，游离铁含量为 19.8g/kg 左右，铁的游离度介于 49.2%～52.3%。

对比土系　岩门溪系，属于同一土类，成土母质均为板、页岩风化物，但岩门溪系土表至 50cm 范围内石砾含量小于 50%，且岩门溪系具有腐殖质特性，因此划为不同亚类。

利用性能综述　该土系土体浅薄，表土层稍黏着，通透性较好，黏粒含量较低，土壤呈酸性，表层有机质、氮、磷和钾含量较高，但下层含量较低。在改良利用上，由于坡地易受到水土冲刷，可整平土地，绿化荒山，保持水土。

参比土种　中腐板、页岩红壤性土。

代表性单个土体　位于湖南省岳阳市平江县瓮江镇小塘铺村板坡子组，28°41′37″N，113°28′04″E，海拔 124m，板、页岩低丘中坡地带，成土母质为板、页岩风化物，土地利用状况为有林地。50cm 深处土温为 18.9℃。野外调查时间为 2015 年 9 月 19 日，野外编号 43-YY03。

小塘铺系代表性单个土体剖面

Ah：0～13cm，浊红棕色（2.5YR 5/3，干），暗棕色（10YR 3/3，润），大量中根，壤土，发育程度强的大团粒状结构，大量中根孔、粒间孔隙、气孔、动物穴，大量小岩石碎屑，土体松散，向下层波状清晰过渡。

Bw：13～50cm，浊橙色（2.5YR 6/4，干），棕色（10YR 4/6，润），大量中根，壤土，发育程度中等的大团粒状结构，中量中根孔、粒间孔隙、动物穴，大量中岩石碎屑，向下层波状清晰过渡。

C：50～130cm，板、页岩风化物。

R：130～160cm，板、页岩。

小塘铺系代表性单个土体物理性质

土层	深度 /cm	石砾 (>2mm，体积分数)/%	细土颗粒组成(粒径：mm) /(g/kg)			质地	容重 /(g/cm^3)
			砂粒 2～0.05	粉粒 0.05～0.002	黏粒 <0.002		
Ah	0～13	30	315	483	202	壤土	1.21
Bw	13～50	60	495	323	182	壤土	1.24

小塘铺系代表性单个土体化学性质

深度 /cm	pH (H_2O)	pH (KCl)	有机碳 /(g/kg)	全氮(N) /(g/kg)	全磷(P) /(g/kg)	全钾(K) /(g/kg)	游离铁 /(g/kg)	CEC_7 /(cmol/kg) (黏粒)	铝饱和度 /%
0～13	4.5	3.6	35.59	2.41	0.42	20.9	19.8	71.1	73.8
13～50	4.6	3.9	7.48	0.94	0.35	21.6	19.8	47.6	78.9

8.9 腐殖铝质湿润雏形土

8.9.1 岩门溪系（Yanmenxi Series）

土 族：粗骨黏质高岭石型酸性热性-腐殖铝质湿润雏形土

拟定者：张杨珠，翟 橙，欧阳宁相

分布与环境条件 该土系主要分布于湘西地区板、页岩低山中坡地带，海拔 300～400m；土地利用类型为林地，生长有竹林、杉木人工林等植被，植被覆盖度为 90%以上；主要成土母质为板、页岩风化物；属中亚热带湿润季风气候，年均气温 16～17℃，年均降水量 1400～1500mm。

岩门溪系典型景观

土系特征与变幅 诊断层包括淡薄表层和雏形层；诊断特性及诊断现象包括准石质接触面、湿润土壤水分状况、热性土壤温度状况、腐殖质特性和铝质现象。其土体构型为 Ah-Bw-C，质地稍黏，质地构型为粉砂质黏壤土，土体稍坚实，地表有少量粗石砾，C 层有大量的土体岩石碎屑。pH（H_2O）和 pH（KCl）分别为 4.6 和 3.6，有机碳含量介于 12.87～30.56g/kg，全铁含量为 33.8～38.0g/kg，游离铁含量介于 30.6～37.0g/kg，铁的游离度介于 43.8%～52.9%。

对比土系 山农系，属于同一亚类，成土母质一致，地形部位和地表植被类似，但山农系土族控制层段内土壤矿物学类型为蛭石混合型，属于不同土族。

利用性能综述 该土系土层深厚，水热条件较好，宜种性广，但土壤质地黏，透水性差，土壤呈酸性，因此适宜种植旱粮、茶、橘等耐酸瘠农作物。该土系开发利用潜力较好，氮和磷含量丰富，在农业耕作时应增施有机肥、钾肥，适量掺沙等，以改善土壤结构，培肥地力。

参比土种 厚腐板、页岩红壤性土。

代表性单个土体 位于湖南省怀化市中方县新建乡岩门溪村，27°31′46″N，110°7′32″E，海拔 343m，低山中坡地带，成土母质为板、页岩风化物，林地。50cm 深处土温为 18.6℃。野外调查时间为 2016 年 10 月 27 日，野外编号 43-HH07。

岩门溪系代表性单个土体剖面

Ah：0～30cm，浊黄橙色（10YR 6/3，干），浊黄棕色（10YR 5/4，润），大量细根，粉砂质黏壤土，发育程度强的小团粒状结构，中量细根孔、气孔、动物穴、粒间孔隙，少量岩石碎屑，土体疏松，向下层平滑渐变过渡。

Bw：30～60cm，浊黄橙色（10YR 7/3，干），黄棕色（10YR 5/8，润），大量细根，粉砂质黏壤土，发育程度弱的小团粒状结构，中量细根孔、气孔、动物穴、粒间孔隙，大量岩石碎屑，土体疏松，向下层波状渐变过渡。

C：60～140cm，板、页岩风化物。

岩门溪系代表性单个土体物理性质

土层	深度 /cm	石砾 (>2mm，体积分数)/%	细土颗粒组成(粒径：mm) /(g/kg)			质地	容重 /(g/cm^3)
			砂粒 2～0.05	粉粒 0.05～0.002	黏粒 <0.002		
Ah	0～30	10	85	589	326	粉砂质黏壤土	1.07
Bw	30～60	45	124	506	370	粉砂质黏壤土	0.95

岩门溪系代表性单个土体化学性质

深度 /cm	pH (H_2O)	pH (KCl)	有机碳 /(g/kg)	全氮(N) /(g/kg)	全磷(P) /(g/kg)	全钾(K) /(g/kg)	游离铁 /(g/kg)	CEC_7 /(cmol/kg) (黏粒)	铝饱和度 /%
0～30	4.6	3.6	30.56	2.91	0.51	19.9	37.0	65.5	80.5
30～60	4.6	3.6	12.87	1.53	0.30	17.5	30.6	40.8	88.7

8.9.2 山农系（Shannong Series）

土　族：粗骨黏质蛭石混合型热性-腐殖铝质湿润雏形土

拟定者：张杨珠，黄运湘，周　清，盛　浩，满海燕，欧阳宁相

分布与环境条件　该土系主要分布于湘中地区雪峰山脉中段板、页岩低山中坡，海拔300～400m；成土母质为板、页岩风化物；土地利用类型为林地，生长杉木人工林、次生林等植被；中亚热带湿润季风气候，年均日照时数1350～1670h，年均气温16.1～17.1℃，年均降水量1400～1500mm。

山农系典型景观

土系特征与变幅　诊断层包括暗瘠表层和雏形层；诊断特性和诊断现象包括准石质接触面、热性土壤温度状况、湿润土壤水分状况、腐殖质特性、铝质现象和铁质特性。其土体构型为Ah-Bw，表层厚度为30～40cm。土层浅薄，但表层有机质和养分含量高，土壤质地为粉砂质黏壤土-粉砂质黏土，pH（H_2O）和pH（KCl）分别介于4.9～5.0和3.6～3.7，有机碳含量介于17.24～29.76g/kg，全铁含量为38.5～39.5g/kg，游离铁含量介于28.6～30.1g/kg，铁的游离度介于74.3%～76.2%。

对比土系　岩门溪系，属于同一亚类，成土母质一致，地形部位和地表植被类似，但岩门溪系土族控制层段内土壤矿物学类型为高岭石型，属于不同土族。

利用性能综述　该土系土层浅薄，质地适中，由于土壤中岩石碎屑多，不适宜耕种；土壤肥力好，有机质、磷和钾含量较高，但地形坡度比较陡，容易发生泥石流、滑坡等自然灾害，宜种植毛竹、杉木等林木，固持土壤，涵养水源。

参比土种　厚腐板、页岩红壤性土。

代表性单个土体　位于湖南省邵阳市洞口县长塘瑶族乡山龙村十组，27°6′19″N，110°30′57″E，海拔379m，低山中坡，成土母质为板、页岩风化物，林地，50cm深处土温为18.6℃。野外调查时间为2016年7月26日，野外编号43-SY01。

山农系代表性单个土体剖面

Ah：0～35cm，浊黄棕色（10YR 5/3，干），暗棕色（10YR 3/3，润），大量细根，粉砂质黏壤土，发育程度强的小团粒状结构，多量直径 0.5～2mm 的根孔、气孔、动物穴和粒间孔隙，大量中岩石碎屑，土体松散，向下层平滑清晰过渡。

Bw：35～65cm，浊黄橙色（10YR 7/4，干），黄棕色（10YR 5/6，润），中量细根，粉砂质黏土，发育程度中等的小团粒状结构，中量细根孔、气孔、动物穴和粒间孔隙，大量大岩石碎屑，土体松散，向下层波状模糊过渡。

C：65～120cm，板、页岩。

山农系代表性单个土体物理性质

土层	深度/cm	石砾(>2mm，体积分数)/%	细土颗粒组成(粒径：mm)/(g/kg)			质地	容重/(g/cm^3)
			砂粒 2～0.05	粉粒 0.05～0.002	黏粒 <0.002		
Ah	0～35	35	98	532	370	粉砂质黏壤土	1.1
Bw	35～65	60	61	502	437	粉砂质黏土	0.9

山农系代表性单个土体化学性质

深度/cm	pH (H_2O)	pH (KCl)	有机碳/(g/kg)	全氮(N)/(g/kg)	全磷(P)/(g/kg)	全钾(K)/(g/kg)	游离铁/(g/kg)	CEC/(cmol/kg)
0～35	5.0	3.7	29.76	2.17	0.49	17.09	30.1	26.95
35～65	4.9	3.6	17.24	1.51	0.35	13.63	28.6	24.30

8.10　黄色铝质湿润雏形土

8.10.1　山星系（Shanxing Series）

土　族：砂质硅质混合型热性-黄色铝质湿润雏形土

拟定者：张杨珠，黄运湘，周　清，廖超林，盛　浩，张　义

分布与环境条件　该土系分布于湘东北花岗岩低山中下坡地带，海拔650m，坡度较陡（25°～35°）；成土母质为花岗岩风化物；土地利用状况为林地，多为松、杉木人工林地，人为干扰作用强烈；中亚热带湿润季风气候，年均气温16～18℃，年均降水量1500～1600mm。

山星系典型景观

土系特征与变幅　诊断层包括淡薄表层和雏形层，诊断特性包括铁质特性、准石质接触面、湿润土壤水分状况和热性土壤温度状况，诊断现象有铝质现象。土体发育浅薄，不成熟，土体构型为Ah-BC，有效土层厚度一般<100cm。土壤质地为砂质黏壤土，土体润态色调以7.5YR为主。土体内石砾体积含量>10%，在土体50cm以下出现准石质接触面。土体上黏粒淀积作用较弱。表土腐殖质积累作用较强，土壤有机碳含量介于6.17～20.05g/kg，pH（H_2O）和pH（KCl）分别为4.7～5.5和3.8～4.2，全铁含量介于34.6～42.9g/kg，游离铁含量介于17.4～21.3g/kg，铁的游离度介于47.8%～56.4%。

对比土系　白马一系，属于同一土类，植被类型相似，但白马一系剖面下部有中量铁锰斑纹，且成土母质为第四纪红色黏土，因此为不同亚类。

利用性能综述　该土系土壤浅薄，质地偏砂，水肥易流失，表层有机质、氮和磷养分含量较低，钾素含量较高。石砾、砂粒含量较高，耕性较差。坡度大，土质疏松，抗蚀性差，极易发生水土流失，应加强封山育林，退耕还林，保持水土。

参比土种　中腐中土花岗岩黄红壤。

代表性单个土体　位于湖南省长沙市浏阳市大围山镇大围山自然保护区森林公园大门山星宾馆附近山坡上，28°25′41.69″N，114°4′0.23″E，海拔650m，花岗岩低山中坡地带，成土母质为花岗岩风化物，土地利用状况为有林地，50cm深处土温为17℃。野外调查时间为2014年5月15日，野外编号43-LY21。

山星系代表性单个土体剖面

Ah：0～11cm，浊棕色（7.5YR 6/3，干），黑棕色（7.5YR 3/2，润），大量中根，砂质黏壤土，发育程度强的小团粒状结构，少量细根孔、粒间孔隙，土体疏松，中量石英颗粒，向下层平滑模糊过渡。

BC：11～51cm，橙色（7.5YR 6/6，干），亮棕色（7.5YR 5/6，润），大量中根，砂质黏壤土，发育程度中等的中块状结构，很少量极细根孔、粒间孔隙，土体疏松，大量石英颗粒，向下层平滑模糊过渡。

C：51～100cm，花岗岩风化物。

R：100cm 以下，花岗岩。

山星系代表性单个土体物理性质

土层	深度 /cm	石砾 (>2mm，体积分数)/%	细土颗粒组成(粒径：mm)/(g/kg)			质地	容重 /(g/cm³)
			砂粒 2～0.05	粉粒 0.05～0.002	黏粒 <0.002		
Ah	0～11	14	497	239	264	砂质黏壤土	1.41
BC	11～51	24	624	141	236	砂质黏壤土	1.50

山星系代表性单个土体化学性质

深度 /cm	pH (H_2O)	pH (KCl)	有机碳 /(g/kg)	全氮(N) /(g/kg)	全磷(P) /(g/kg)	全钾(K) /(g/kg)	铁游离度 /%	CEC_7 /(cmol/kg) (黏粒)	铝饱和度 /%
0～11	5.5	4.2	20.05	1.63	0.58	41.5	47.8	55.8	20.6
11～51	4.7	3.8	6.17	0.59	0.37	39.0	56.4	59.8	79.2

8.11 斑纹铝质湿润雏形土

8.11.1 白马一系（Baimayi Series）

土 族：黏质高岭石混合型热性-斑纹铝质湿润雏形土

拟定者：张杨珠，周 清，张 亮，欧阳宁相

分布与环境条件 该土系分布于湘北地区第四纪红色黏土低丘下坡地带，海拔低（40～70m），坡度平缓（5°～10°）；成土母质为第四纪红色黏土；土地利用状况为有林地或自然荒地，大多人工种植马尾松、杉木人工林，人为干扰作用强烈；中亚热带湿润季风气候，年均气温16～17℃，年均降水量1300～1400mm。

白马一系典型景观

土系特征与变幅 诊断层包括淡薄表层和雏形层，诊断特性有铁质特性、湿润土壤水分状况、热性土壤温度状况和氧化还原特征，诊断现象有铝质现象。土体发育非常深厚，紧实，土体构型为Ah-AB-Bw-Bs，有效土层厚度>200cm，质地黏重，以粉砂质黏土或黏土为主。土壤高度风化，中度富铁铝化明显，剖面底部有中量铁锰斑纹。表土层厚度为20～30cm，人为干扰强烈的地段常有表土层的移除或埋藏。表土有机质积累过程较弱，有机碳含量2.06～15.53g/kg，pH（H_2O）和pH（KCl）分别介于4.6～5.5和3.8～4.0，铝饱和度≥60%，全铁含量介于35.3～38.3g/kg，游离铁含量介于26.7～31.6g/kg，铁的游离度介于73.6%～82.4%。

对比土系 于临系，属于同一土类，相同成土母质，但于临系诊断层有聚铁网纹层，土壤中度富铁铝化明显，Bw层以下出现大量聚铁网纹，土壤润态色调以5YR为主，因此为不同土系。

利用性能综述 该土系土体发育较深厚，水热条件良好。土壤质地黏重，保肥力强，但透水性差，土壤呈强酸性，宜种植耐酸性作物（如油茶、茶叶和柑橘），磷含量偏低，应加强有机物投入，深翻松土，掺沙客土，改善土壤通透性能，提高土壤肥力。荒地宜加强植树种草，恢复地面植被覆盖，植树造林，涵养水土。

参比土种 厚土层红土红壤。

代表性单个土体 位于湖南省岳阳市湘阴县长康镇白马村，28°38′14.45″N，

112°55′42.17″E，海拔 56m，第四纪红色黏土低丘下坡地带，成土母质为第四纪红色黏土，土地利用状况为次生常绿针阔叶林，50cm 深处土温为 19℃。野外调查时间为 2015 年 9 月 20 日，野外编号 43-YY06。

白马一系代表性单个土体剖面

Ah：0～20cm，棕色（7.5YR 4/4，干），暗红棕色（2.5YR 3/3，润），大量粗根，粉砂质黏土，大量粗粒间孔隙、根孔、气孔、动物穴，土体疏松，少量腐殖质胶膜，向下层平滑渐变过渡。

AB：20～55cm，橙色（7.5YR 6/8，干），红棕色（2.5YR 4/6，润），中量很粗根系，黏土，大量中粒间孔隙、根孔、气孔、动物穴，土体疏松，向下层平滑渐变过渡。

Bw：55～95cm，亮棕色（7.5YR 6/8，干），暗红棕色（2.5YR 4/6，润），少量中根系，黏土，中量中粒间孔隙、根孔和动物穴，土体稍坚实-坚实，向下层平滑渐变过渡。

Bs1：95～170cm，浊橙色（7.5YR 5/4，干），红棕色（2.5YR 4/8，润），很少量细根系，黏土，中量细粒间孔隙、根孔，土体很坚实，中量铁锰斑纹，向下层平滑渐变过渡。

Bs2：170～200cm，亮棕色（7.5YR 5/6，干），亮红棕色（2.5YR 5/8，润），很少量很细根系，黏土，少量细粒间孔隙和根孔，土体很坚实，大量铁锰斑纹。

白马一系代表性单个土体物理性质

土层	深度/cm	石砾(>2mm，体积分数)/%	细土颗粒组成(粒径：mm)/(g/kg)			质地	容重/(g/cm³)
			砂粒 2～0.05	粉粒 0.05～0.002	黏粒 <0.002		
Ah	0～20	0	85	474	441	粉砂质黏土	1.28
AB	20～55	0	231	351	418	黏土	1.26
Bw	55～95	0	173	396	431	黏土	1.28
Bs1	95～170	0	204	354	442	黏土	1.54
Bs2	170～200	0	248	337	415	黏土	1.64

白马一系代表性单个土体化学性质

深度/cm	pH (H_2O)	pH (KCl)	有机碳/(g/kg)	全氮(N)/(g/kg)	全磷(P)/(g/kg)	全钾(K)/(g/kg)	游离铁/(g/kg)	CEC_7/(cmol/kg)(黏粒)	铝饱和度/%
0～20	4.6	3.8	15.53	1.36	0.27	22.7	28.0	38.5	73.8
20～55	4.7	3.9	11.15	1.06	0.31	23.2	26.8	39.4	73.3
55～95	4.9	3.9	4.78	0.63	0.29	23.2	26.7	34.8	68.0
95～170	5.2	3.9	2.69	0.51	0.33	15.5	28.2	56.8	60.6
170～200	5.5	4.0	2.06	0.40	0.32	15.4	31.6	42.3	40.6

8.12 网纹铝质湿润雏形土

8.12.1 金盆山系（Jinpenshan Series）

土 族：黏质高岭石混合型热性-网纹铝质湿润雏形土

拟定者：张杨珠，周 清，盛 浩，张 亮，罗 卓，欧阳宁相

分布与环境条件 该土系主要分布于湘北地区第四纪红色黏土丘陵、岗地地带，在低丘顶部，地势较为平缓，海拔低（50～100m），坡度 5°～10°；成土母质为第四纪红色黏土；土地利用状况为有林地或自然荒地，植被多为人工种植的松、杉人工林或自然演替年限很短的次生常绿针阔叶林、灌丛；中亚热带湿润季风气候，年均气温 16～17℃，年均降水量 1200～1400mm。

金盆山系典型景观

土系特征与变幅 诊断层包括淡薄表层、雏形层和聚铁网纹层，诊断特性有铁质特性、湿润土壤水分状况和热性土壤温度状况，诊断现象有铝质现象。土体极为深厚，土体构型为 Ah-Bw-Bwl，有效土层厚度一般>200cm，表土有强烈人为扰动或剥离，土壤颜色色调以 10R 为主，土壤质地通体为黏土，土壤有机质含量低（<20g/kg），盐基饱和度<50%，聚铁网纹体积>10%。土壤腐殖质积累过程较弱，有机碳含量介于 1.99～11.77g/kg，pH（H_2O）和 pH（KCl）分别介于 4.3～4.8 和 3.6～3.7，全铁含量介于 67.3～81.5g/kg，土壤游离铁含量介于 48.6～63.1g/kg，铁的游离度介于 72.3%～85.5%。

对比土系 于临系，属于同一土族，相同母质，地形部位相同，表层质地相同，但于临系土壤中度富铁铝化明显，Bw 层以下出现大量聚铁网纹，土壤润态色调以 5YR 为主，因此为不同土系。

利用性能综述 该土系土体发育非常深厚，人为干扰强烈，表土易遭受剥离或水力侵蚀。土质黏重紧实，块状结构发育，土壤酸性强，土壤有机质、氮、磷和钾含量较低，土壤肥力水平低下，适宜发展耐酸性、耐瘠薄农作物和园林苗木。应减少人为干扰和破坏，恢复地面植被，促进次生植被演替。

参比土种 厚土层红土红壤。

代表性单个土体 位于湖南省益阳市赫山区沧水铺镇金盆山村丘岗顶部，28°29′17.88″N，112°24′27.36″E，海拔 66m，第四纪红色黏土低丘顶部，成土母质为第四

纪红色黏土，土地利用状况为有林地，50cm 深处土温为 19℃。野外调查时间为 2016 年 7 月 11 日，野外编号 43-YIY06。

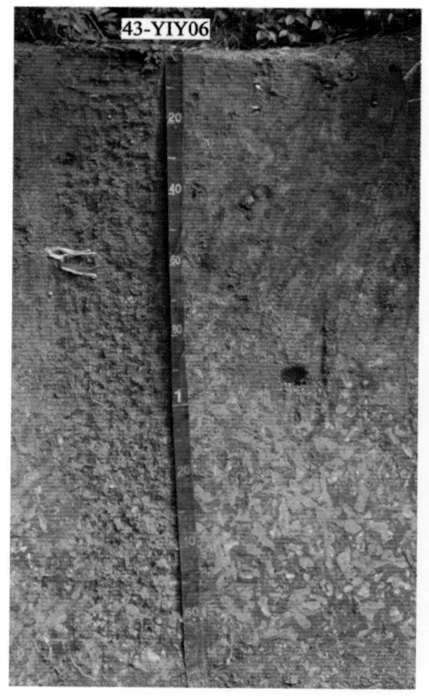

金盆山系代表性单个土体剖面

Ah：0～20cm，红色（10R 5/8，干），暗红色（10R 3/4，润），少量中根系，黏土，发育程度强的中块状结构，大量细粒间孔隙、根孔、气孔、动物穴，土体疏松，向下层平滑渐变过渡。

Bw：20～60cm，红色（10R 5/8，干），暗红色（10R 3/4，润），少量细根，黏土，发育程度弱的中块状结构，中量细粒间孔隙、根孔、气孔、动物穴，土体稍紧实，向下层平滑渐变过渡。

Bwl1：60～100cm，红色（10R 5/8，干），红棕色（10R 4/4，润），少量细根系，黏土，发育程度弱的大块状结构，少量很细粒间孔隙、气孔、动物穴，土体稍坚实，结构面上有少量铁锰斑纹，向下层平滑渐变过渡。

Bwl2：100～130cm，红橙色（10R 6/8，干），红色（10R 4/6，润），少量极细根系，黏土，发育程度弱的大块状结构，土体很坚实，结构面上有中量铁斑纹，向下层平滑渐变过渡。

Bwl3：130～170cm，红橙色（10R 6/6，干），红橙色（10R 6/8，润），黏土，发育程度弱的大块状结构，土体很坚实，结构面上有大量铁斑纹。

金盆山系代表性单个土体物理性质

土层	深度 /cm	石砾 (>2mm，体积分数)/%	细土颗粒组成(粒径：mm)/(g/kg)			质地	容重 /(g/cm^3)
			砂粒 2～0.05	粉粒 0.05～0.002	黏粒 <0.002		
Ah	0～20	0	110.6	355.8	533.5	黏土	1.42
Bw	20～60	0	192.8	262.7	544.4	黏土	1.41
Bwl1	60～100	0	308.8	204.5	486.7	黏土	1.43
Bwl2	100～130	0	295.8	261.1	443.1	黏土	1.47
Bwl3	130～170	0	260.2	259.9	479.9	黏土	1.50

金盆山系代表性单个土体化学性质

深度 /cm	pH (H_2O)	pH (KCl)	有机碳 /(g/kg)	全氮(N) /(g/kg)	全磷(P) /(g/kg)	全钾(K) /(g/kg)	游离铁 /(g/kg)	CEC_7 /(cmol/kg) (黏粒)	铝饱和度 /%
0～20	4.3	3.6	11.77	2.09	0.27	16.1	48.6	33.0	86.1
20～60	4.7	3.7	4.58	0.51	0.28	16.4	60.9	31.4	81.7
60～100	4.8	3.7	3.25	0.41	0.26	16.0	63.1	36.6	82.5
100～130	4.6	3.7	3.19	0.36	0.27	16.0	63.0	36.6	85.0
130～170	4.4	3.7	1.99	0.40	0.25	13.6	59.7	38.4	83.4

8.12.2　于临系（Yulin Series）

土　族：黏质高岭石混合型热性-网纹铝质湿润雏形土

拟定者：张杨珠，周　清，张　亮，欧阳宁相

分布与环境条件　该土系分布于湘北地区第四纪红色黏土低丘上坡地带，海拔低（60～80m），坡度平缓（5°～10°）；成土母质为第四纪红色黏土；土地利用状况为有林地或自然荒地，多为人工种植的松、杉林或自然演替年限很短的次生常绿针阔叶林、灌丛；中亚热带湿润季风气候，年均气温 16～17℃，年均降水量 1300～1400mm。

于临系典型景观

土系特征与变幅　诊断层包括淡薄表层、雏形层和聚铁网纹层，诊断特性有铁质特性、热性土壤温度状况和湿润土壤水分状况，诊断现象有铝质现象。土体发育极为深厚，土体构型为 Ah-Bw-Bl，有效土层厚度一般>200cm，土壤中度富铁铝化明显，Bw 层以下出现大量聚铁网纹。土壤润态色调以 5YR 为主，黏土-黏壤土构型。土体紧实，通体质地黏重，表层土壤受到中度侵蚀，黏粒下移不明显。土壤腐殖质积累过程较弱，有机碳含量介于 1.23～9.41g/kg，pH（H_2O）和 pH（KCl）分别介于 4.4～5.1 和 3.6～3.8，铝饱和度≥60%，全铁含量介于 40.8～58.4g/kg，土壤游离铁含量介于 29.5～44.8g/kg，铁的游离度介于 55.9%～77.8%。

对比土系　金盆山系，属于同一土族，相同母质，地形部位相同，表层质地相同，但金盆山系表土有强烈人为扰动或剥离，土壤润态色调以 10R 为主，因此为不同土系。

利用性能综述　该土系土体发育极为深厚，土体紧实，质地黏重，通透性差，耕作性能差。表土有机质和养分含量低，表土水土流失强度中等，土壤肥力水平低下。土壤呈强酸性，宜种植耐酸性农作物，土壤有效养分低，宜种耐瘠薄农作物。旱地应注重用地养地结合，荒地应植树种草，提高植被覆盖度，有林地应因地制宜发展松、杉人工林，防止水土流失。

参比土种　厚土层红土红壤。

代表性单个土体　位于湖南省岳阳市汨罗市古培镇于临村，28°44′30.23″N，113°3′19.67″E，海拔 69m，第四纪红色黏土低丘上坡地带，成土母质为第四纪红色黏土，土地利用状况为次生常绿针阔叶林，50cm 深处土温为 19℃。野外调查时间为 2015 年 9 月 19 日，野外编号 43-YY04。

于临系代表性单个土体剖面

Ah：0～20cm，暗红棕色（5YR 3/6，干），暗红棕色（5YR 3/6，润），中量中根，黏土，发育程度很强的小块状结构，大量中粒间孔隙、根孔、气孔、动物穴，少量小石英颗粒，结构面上有少量铁斑纹，向下层平滑清晰过渡。

Bw：20～60cm，浊红棕色（5YR 4/4，干），暗红棕色（5YR 3/6，润），少量细根，黏土，发育程度强的大块状结构，中量很细粒间孔隙和根孔，少量小石英颗粒，土体坚实，结构面上有中量铁斑纹，向下层平滑清晰过渡。

Bl1：60～100cm，红棕色（5YR 4/6，干），亮红棕色（5YR 5/8，润），少量极细根，黏土，发育程度强的大块状结构，中量细粒间孔隙，中量小石英颗粒，土体坚实，结构面上有中量铁锰斑纹、少量锰结核，向下层平滑渐变过渡。

Bl2：100～160cm，亮红棕色（5YR 5/8，干），红棕色（5YR 4/8，润），黏壤土，发育程度强的很大块状结构，少量细粒间孔隙，中量中石英颗粒，土体很坚实，结构面上有大量铁锰斑纹、中量锰结核，向下层平滑渐变过渡。

Bl3：160cm 以下，橙色（5YR 6/8，干），亮红棕色（5YR 5/8，润），黏壤土，发育程度中等的大块状结构，少量很细粒间孔隙，中量小石英颗粒，结构面上有大量铁锰斑纹和锰结核，土体极坚实。

于临系代表性单个土体物理性质

土层	深度 /cm	石砾 (>2mm，体积分数)/%	细土颗粒组成(粒径：mm)/(g/kg)			质地	容重 /(g/cm³)
			砂粒 2～0.05	粉粒 0.05～0.002	黏粒 <0.002		
Ah	0～20	3	217	333	449	黏土	1.51
Bw	20～60	5	175	319	506	黏土	1.50
Bl1	60～100	8	235	268	497	黏土	1.62
Bl2	100～160	20	342	276	382	黏壤土	1.65
Bl3	>160	23	362	277	361	黏壤土	1.69

于临系代表性单个土体化学性质

深度 /cm	pH (H_2O)	pH (KCl)	有机碳 /(g/kg)	全氮(N) /(g/kg)	全磷(P) /(g/kg)	全钾(K) /(g/kg)	游离铁 /(g/kg)	CEC_7 /(cmol/kg) (黏粒)	铝饱和度 /%
0～20	4.4	3.6	9.41	0.69	0.32	16.1	31.7	34.1	79.7
20～60	4.9	3.8	3.67	0.50	0.30	16.1	31.4	36.8	71.1
60～100	5.1	3.8	1.52	0.29	0.29	15.2	29.5	31.4	82.3
100～160	5.0	3.8	1.23	0.30	0.33	14.2	44.8	39.3	82.8
>160	5.1	3.8	1.30	0.29	0.34	13.3	35.9	36.9	74.4

8.13 普通铝质湿润雏形土

8.13.1 人字坝系（Renziba Series）

土 族：粗骨黏质伊利石混合型酸性热性-普通铝质湿润雏形土

拟定者：张杨珠，于 康，欧阳宁相

分布与环境条件 该土系位于湘南地区砂砾岩低丘中坡地带，海拔 200～300m；成土母质为砂、砾岩风化物；土地利用类型为果园，种植有柑橘等经济作物以及自然演替的矮小灌木，覆盖度为40%～50%，人为影响为植被轻度扰动；中亚热带湿润季风气候，年均气温17.7～19.2℃，年均降水量1530～1630mm。

人字坝系典型景观

土系特征与变幅 诊断层包括淡薄表层和雏形层，诊断特性包括准石质接触面、湿润土壤水分状况和热性土壤温度状况。土体厚度为 0～130cm，土体构型为 Ah-Bw，土壤表层质地为粉砂质黏壤土，土体自上而下为稍坚实-坚实-疏松。土壤通体色调为 7.5YR。土壤黏土矿物以伊利石、伊蛭混层为主，剖面砂岩碎屑含量为 20%～55%，pH（H_2O）和 pH（KCl）介于 4.1～4.4 和 3.4～3.5，土壤有机碳含量介于 6.50～17.42g/kg，全铁含量为 39.1～42.7g/kg，游离铁含量介于 25.4～29.0g/kg，铁的游离度介于 65.0%～70.5%。

对比土系 庄新系，属于同一土族，成土母质均为砂砾岩风化物，地形部位相似，但庄新系土地利用类型为林地，且土壤润态色调为 2.5YR，表层质地为黏土，因此为不同土系。

利用性能综述 该土系土体浅薄，1m 范围内出现准石质接触面，表层有机质和养分含量较高，土壤呈酸性，质地适中，土体岩石碎屑含量高，应加强封山育林，保护植被，防止水土流失。

参比土种 中腐砂岩红壤性土。

代表性单个土体 位于湖南省永州市江永县粗石江镇人字坝村，25°5′59″N，110°59′43″E，海拔为 216m，砂砾岩低丘中坡地带，成土母质为砂砾岩风化物，土地利用类型为果园。50cm 深处土温为 20.2℃。野外调查时间为 2016 年 9 月 28 日，野外编号 43-YZ04。

人字坝系代表性单个土体剖面

Ah：0～15cm，亮黄棕色（10YR 6/6，干），棕色（7.5YR 4/4，润），大量细根，粉砂质黏壤土，发育程度强的小团粒状结构，大量细粒间孔隙、根孔、气孔、动物穴，大量小岩石碎屑，土体稍坚实，向下层波状渐变过渡。

Bw：15～60cm，亮黄棕色（10YR 6/8，干），亮棕色（7.5YR 5/6，润），少量细根，粉砂质黏壤土，发育程度弱的小块状结构，中量细粒间孔隙、根孔、气孔、动物穴，大量中岩石碎屑，土体稍坚实，向下层平滑渐变过渡。

C：60～100cm，砂砾岩半风化物。

人字坝系代表性单个土体物理性质

土层	深度/cm	石砾(>2mm，体积分数)/%	细土颗粒组成(粒径：mm) /(g/kg)			质地	容重/(g/cm³)
			砂粒 2～0.05	粉粒 0.05～0.002	黏粒 <0.002		
Ah	0～15	20	183	457	360	粉砂质黏壤土	1.30
Bw	15～60	55	172	469	359	粉砂质黏壤土	1.21

人字坝系代表性单个土体化学性质

深度/cm	pH (H_2O)	pH (KCl)	有机碳/(g/kg)	全氮(N)/(g/kg)	全磷(P)/(g/kg)	全钾(K)/(g/kg)	游离铁/(g/kg)	CEC/(cmol/kg)
0～15	4.4	3.4	17.42	1.82	1.07	18.5	25.4	15.18
15～60	4.1	3.5	6.50	0.93	0.58	19.6	29.0	11.05

8.13.2 庄新系（Zhuangxin Series）

土 族：粗骨黏质伊利石混合型热性-普通铝质湿润雏形土

拟定者：张杨珠，周 清，欧阳宁相

分布与环境条件 该土系分布于湘中地区的砂岩低丘地区，海拔 30～100m，坡度相对较平缓（8°～15°）；成土母质为砂岩风化物；土地利用状况为其他林地或自然荒地，主要植被类型为毛竹、次生常绿针阔叶林，轻度人为干扰；中亚热带湿润季风气候，年均气温 17.0～17.5℃，年均降水量 1300～1400mm。

庄新系典型景观

土系特征与变幅 诊断层包括淡薄表层和雏形层，诊断特性有铁质特性、准石质接触面、湿润土壤水分状况和热性土壤温度状况，诊断现象有铝质现象。土体发育较浅薄，土体构型为 Ah-AB-BC，有效土层厚度一般大于 200cm，土壤质地以黏土和黏壤土为主，土壤润态色调以 25YR 为主，剖面表层较为松散，心土层和底土层稍坚实，BC 层的砂岩半风化物含量为 60%～85%。土壤腐殖质积累过程较强，有机碳含量介于 2.20～18.37g/kg，pH（H_2O）和 pH（KCl）分别介于 4.4～4.6 和 3.6～3.8，土壤剖面上黏粒和铁无明显迁移，全铁含量介于 47.2～50.8g/kg，游离铁含量介于 33.6～38.7g/kg，铁的游离度介于 67.8%～80.8%。

对比土系 人字坝系，属于同一土族，成土母质均为砂砾岩风化物，地形部位相似，但人字坝系土地利用类型为果园，土壤润态色调为 7.5YR，表层质地为粉砂质黏壤土，因此为不同土系。

利用性能综述 该土系地势平缓，水热丰富。土层浅薄，质地黏重，稍紧实，土体内有很少量石砾，保水保肥力强，通透性差，耕作性能一般。土壤有机质和氮素含量较丰富，但磷、钾素缺乏，呈强酸性。当前利用方式多为林地、荒地，适宜发展旱作农业，应注重补充有机质和矿质养料，增加地面植被覆盖。

参比土种 厚腐厚土砂岩红壤。

代表性单个土体 位于湖南省湘潭市湘潭县石潭镇新庄村白石组，27°44′39.41″N，112°41′38.52″E，海拔 59m，砂岩低丘中坡地带，成土母质为砂岩风化物，土地利用状况为其他林地，50cm 深处土温为 20℃。野外调查时间为 2015 年 8 月 30 日，野外编号

43-XT05。

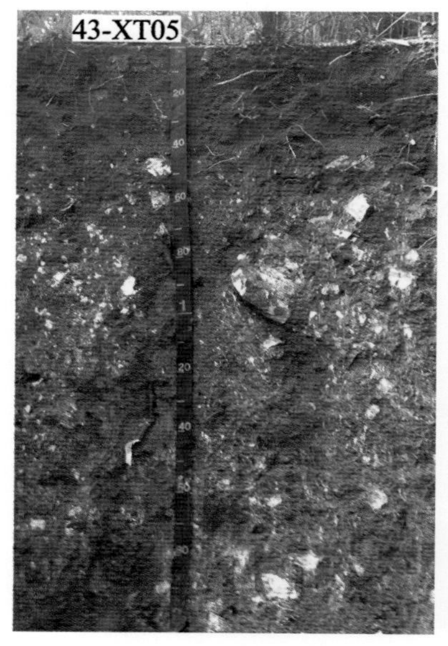

庄新系代表性单个土体剖面

Ah：0～20cm，亮红棕色（5YR 5/8，干），浊红棕色（2.5YR 4/4，润），中量中根系，黏土，发育程度强的小团粒状结构，大量中粒间孔隙、根孔、气孔、动物穴，向下层平滑渐变过渡。

AB：20～40cm，橙色（5YR 6/8，干），浊红棕色（2.5YR 4/4，润），中量细根，黏土，发育程度中等的小块状结构，大量细粒间孔隙、根孔、动物穴，少量小岩石碎屑，土体极疏松，向下层平滑渐变过渡。

BC1：40～110cm，橙色（5YR 6/8，干），红棕色（2.5YR 4/6，润），极少量极细根，黏壤土，发育程度弱的中块状结构，中量很细粒间孔隙、根孔，大量大岩石碎屑，土体稍坚实，向下层波状渐变过渡。

BC2：110～200cm，橙色（5YR 7/8，干），红棕色（2.5YR 4/6，润），黏壤土，发育程度很弱的大块状结构，少量很细粒间孔隙，大量很大岩石碎屑，土体很坚实，少量铁锰斑纹。

庄新系代表性单个土体物理性质

土层	深度 /cm	石砾 (>2mm，体积分数)/%	细土颗粒组成(粒径：mm)/(g/kg)			质地	容重 /(g/cm^3)
			砂粒 2～0.05	粉粒 0.05～0.002	黏粒 <0.002		
Ah	0～20	2	129	358	512	黏土	1.25
AB	20～40	10	193	299	508	黏土	1.02
BC1	40～110	60	276	348	377	黏壤土	1.34
BC2	110～200	85	324	311	365	黏壤土	1.46

庄新系代表性单个土体化学性质

深度 /cm	pH (H_2O)	pH (KCl)	有机碳 /(g/kg)	全氮(N) /(g/kg)	全磷(P) /(g/kg)	全钾(K) /(g/kg)	游离铁 /(g/kg)	CEC_7 /(cmol/kg) (黏粒)	铝饱和度/%
0～20	4.4	3.6	18.37	1.48	0.50	13.8	38.7	34.7	67.5
20～40	4.5	3.7	11.29	0.72	0.45	13.7	33.6	34.8	70.7
40～110	4.6	3.8	3.62	0.39	0.31	10.6	34.5	29.1	62.1
110～200	4.6	3.8	2.20	0.21	0.30	9.7	38.4	28.8	66.5

8.13.3 大窝系（Dawo Series）

土 族：粗骨壤质硅质混合型热性-普通铝质湿润雏形土

拟定者：张杨珠，周 清，盛 浩，张 义，欧阳宁相

分布与环境条件 该土系分布于湘东地区板、页岩低山上坡地带，海拔470～480m，坡度15°～25°；成土母质为板、页岩风化物；土地利用状况为林地，多种植人工杉木林、毛竹；中亚热带湿润季风气候，年均气温16～17℃，年均降水量1400～1600mm。

大窝系典型景观

土系特征与变幅 诊断层包括淡薄表层和雏形层，诊断特性有铁质特性、湿润土壤水分状况和热性土壤温度状况，诊断现象有铝质现象。土体较厚，土体构型为Ah-Bw-BC，有效土层厚度一般>100cm，土壤剖面质地构型为黏壤土-壤土，土体自上而下由松散变稍坚实，土体内板、页岩碎屑石砾体积一般>15%，土壤润态色调以5YR为主。土壤表层受到轻度侵蚀，腐殖质积累过程中等，有机碳含量介于2.72～17.35g/kg。黏粒和铁在土体上无明显迁移，全铁含量为36.2～41.9g/kg，土壤游离铁含量为19.7～25.8g/kg，铁的游离度为54.5%～62.4%。

对比土系 东流系，属于同一土族，但东流系成土母质为紫色砾岩风化物，地形为低丘地带，表层质地类型为砂质黏壤土，润态色调以2.5YR为主，因此为不同土系。

利用性能综述 该土系土壤质地适中，土层较深厚，但土壤偏紧实，土壤有机质和养分含量不高，土体内含有一定量的石砾，耕作性较差，不宜开展旱地农业生产，可适度发展林业，应选种耐旱耐瘠树种，加强封山育林，严禁乱砍滥伐，防止水土流失。

参比土种 厚腐厚土板、页岩红壤。

代表性单个土体 位于湖南省长沙市浏阳市大围山镇泥坞村大窝组（半山亭），28°25′38.58″N，114°3′31.02″E，海拔473m，低山上坡地带，成土母质为板、页岩风化物，土地利用状况为林地，50cm深处土温为17℃。野外调查时间为2015年4月23日，野外编号43-LY25。

大窝系代表性单个土体剖面

Ah：0～43cm，棕色（7.5YR 4/6，干），暗红棕色（5YR 3/6，润），大量细根，黏壤土，发育程度强的小团粒状结构，中量石英颗粒，中量细粒间孔隙，土体松散，向下层波状明显过渡。

Bw：43～75cm，亮棕色（7.5YR 5/8，干），暗红棕色（5YR 3/4，润），中量极细根，黏壤土，发育程度中等的中块状结构，中量细粒间孔隙，大量石英颗粒，土体松散，向下层波状明显过渡。

BC：75～160cm，橙色（7.5YR 6/8，干），极暗红棕色（5YR 2/3，润），少量极细根，壤土，发育程度弱的中块状结构，少量细粒间孔隙，大量石英颗粒，土体稍坚实。

大窝系代表性单个土体物理性质

土层	深度/cm	石砾(>2mm，体积分数)/%	细土颗粒组成(粒径：mm)/(g/kg)			质地	容重/(g/cm^3)
			砂粒 2～0.05	粉粒 0.05～0.002	黏粒 <0.002		
Ah	0～43	18	396	314	291	黏壤土	1.18
Bw	43～75	30	380	294	326	黏壤土	1.19
BC	75～160	45	403	353	244	壤土	1.34

大窝系代表性单个土体化学性质

深度/cm	pH(H_2O)	pH(KCl)	有机碳/(g/kg)	全氮(N)/(g/kg)	全磷(P)/(g/kg)	全钾(K)/(g/kg)	铁游离度/%	CEC_7/(cmol/kg)(黏粒)	铝饱和度/%
0～43	5.4	3.8	17.35	0.31	0.37	31.4	62.4	19.7	72.1
43～75	5.0	3.8	8.70	0.53	0.26	29.7	61.5	26.5	74.2
75～160	5.1	3.9	2.72	0.28	0.28	32.2	54.5	25.0	71.3

8.13.4 东流系（Dongliu Series）

土 族：粗骨壤质硅质混合型热性-普通铝质湿润雏形土

拟定者：张杨珠，周 清，盛 浩，欧阳宁相

分布与环境条件 该土系分布于湘东地区紫色砾岩低丘地带，海拔 100～250m，坡度 15°～25°；成土母质为紫色砾岩风化物；土地利用状况为其他林地或自然荒地，主要植被类型为马尾松人工林、次生林、灌丛，地表植被受人为轻度干扰；中亚热带湿润季风气候，年均气温 17～18 ℃，年均降水量 1500～1700mm。

东流系典型景观

土系特征与变幅 诊断层包括淡薄表层和雏形层，诊断特性有铁质特性、湿润土壤水分状况和热性土壤温度状况，诊断现象有铝质现象。土体发育深厚，土体构型为 Ah-Bw，有效土层厚度一般>200cm，表土层一般厚 30～40cm，腐殖质积累过程较弱，有机碳含量介于 2.09～20.98g/kg。土壤质地以砂质黏壤土为主，土壤润态色调以 2.5YR 为主，表土层和心土层较疏松，底土层稍坚实。30cm 以下土体内有超过 20%的石砾。pH（H_2O）和 pH（KCl）分别介于 4.4～4.8 和 3.6～3.9，全铁含量介于 34.0～43.0g/kg，土壤游离铁含量介于 16.7～17.4g/kg，铁的游离度介于 38.8%～51.3%。

对比土系 大窝系，属于同一土族，但大窝系母质为板、页岩风化物，地形部位为低山上坡地带，表层质地类型为黏壤土，润态色调以 5YR 为主，因此为不同土系。

利用性能综述 该土系位于低丘下部，水热丰富。土体深厚，偏砂性，通透性较好。表土有机质含量较高，但磷和钾含量偏低。土壤呈酸性，底层土壤中含有较多石砾，不宜农业耕作。应绿化荒山，植树造林，发展人工林、经济林和水源涵养林，防止水土流失，发挥生态效益。

参比土种 厚腐厚土酸性紫沙土。

代表性单个土体 位于湖南省株洲市茶陵县浣溪镇东流村，26°34′59.27″N，113°35′51.72″E，海拔 179m，紫色砾岩低丘下坡地带，成土母质为紫色砾岩风化物，土地利用状况为其他林地，50cm 深处土温为 20℃。野外调查时间为 2015 年 8 月 22 日，野外编号 43-ZZ07。

东流系代表性单个土体剖面

Ah：　0～35cm，浊橙色（5YR 7/3，干），暗红棕色（2.5YR 3/6，润），大量粗根，砂质黏壤土，发育程度很强的中团粒状结构，大量中粒间孔隙、根孔、气孔、动物穴，少量小岩石碎屑，土体松散，向下层平滑渐变过渡。

Bw1：35～60cm，浊橙色（5YR 6/4，干），红棕色（2.5YR 4/8，润），中量粗根，砂质黏土，发育程度强的中块状结构，中量细粒间孔隙、根孔、气孔、动物穴，大量中岩石碎屑，土体极疏松，向下层波状渐变过渡。

Bw2：60～130cm，浊橙色（5YR 7/4，干），红棕色（2.5YR 4/8，润），少量细根，砂质黏壤土，发育程度弱的大块状结构，中量细粒间孔隙、根孔，大量粗岩石碎屑，土体疏松，向下层波状渐变过渡。

Bw3：130～200cm，浅淡橙色（5YR 8/3，干），橙色（2.5YR 6/8，润），极少量中根，砂质黏壤土，发育程度很弱的大块状结构，中量细粒间孔隙、根孔，土体稍坚实，大量很粗岩屑。

东流系代表性单个土体物理性质

土层	深度 /cm	石砾 (>2mm，体积分数)/%	细土颗粒组成(粒径：mm)/(g/kg)			质地	容重 /(g/cm³)
			砂粒 2～0.05	粉粒 0.05～0.002	黏粒 <0.002		
Ah	0～35	5	505	179	316	砂质黏壤土	1.27
Bw1	35～60	26	462	177	361	砂质黏土	1.36
Bw2	60～130	30	505	169	325	砂质黏壤土	1.43
Bw3	130～200	36	530	180	290	砂质黏壤土	1.63

东流系代表性单个土体化学性质

深度 /cm	pH (H_2O)	pH (KCl)	有机碳 /(g/kg)	全氮(N) /(g/kg)	全磷(P) /(g/kg)	全钾(K) /(g/kg)	游离铁 /(g/kg)	CEC_7 /(cmol/kg) (黏粒)	铝饱和度 /%
0～35	4.4	3.6	20.98	1.13	0.16	10.3	16.8	40.7	86.5
35～60	4.5	3.9	6.18	0.62	0.14	11.4	16.7	24.7	81.9
60～130	4.6	3.8	3.60	0.38	0.12	11.6	16.7	27.1	76.9
130～200	4.8	3.6	2.09	0.26	0.13	11.3	17.4	29.6	72.5

8.13.5 傅家冲系（Fujiachong Series）

土 族：粗骨壤质硅质混合型热性-普通铝质湿润雏形土

拟定者：张扬珠，周 清，盛 浩，罗 卓，欧阳宁相

分布与环境条件 该土系分布于湘中地区砂岩低丘上坡地带，海拔 140～160m；成土母质为砂岩风化物；土地利用状况为有林地，种有油茶、灌木等；中亚热带湿润季风气候，年均气温 17～19℃，年均降水量 1300～1400mm。

傅家冲系典型景观

土系特征与变幅 诊断层包括淡薄表层和雏形层，诊断特性及诊断现象包括铝质现象、铁质特性、湿润土壤水分状况和热性土壤温度状况。土体构型为 Ah-Bw-BC，Ah 层厚度为 15～25cm，土壤质地为壤土，Bw 层和 BC 层铝饱和度大于 60%，土体润态色调为 7.5YR，BC 层岩石碎屑含量为 70%，土壤质地构型为壤土-砂黏壤土。pH（H_2O）和 pH（KCl）分别为 4.8 和 3.5～3.8，有机碳含量介于 2.68～18.04g/kg，全铁含量为 19.0～28.5g/kg，游离铁含量介于 14.0～16.7g/kg，铁的游离度介于 58.52%～75.26%。

对比土系 水庙系，属于同一土族，成土母质均为砂岩风化物，地形部位和植被类型相似，但水庙系表层质地为黏壤土，且剖面下部石砾含量比傅家冲系少 30%，因此为不同土系。

利用性能综述 该土系土质稍紧实，土壤肥力差，有机质、氮、磷和钾含量均低，土体内岩石碎屑较多，应因地制宜，种植绿化类乔木、灌木，种植绿肥改善土壤结构。

参比土种 厚腐厚土砂岩红壤。

代表性单个土体 位于湖南省益阳市桃江县灰山港镇傅家冲村，28°14′59″N，112°11′31″E，海拔 147m，低丘上坡，成土母质为砂岩风化物，土地利用状况为有林地。50cm 深处土温为 19℃。野外调查时间为 2016 年 6 月 28 日，野外编号 43-YIY03。

傅家冲系代表性单个土体剖面

Ah：0～20cm，浊棕色（7.5YR 5/4，干），棕色（7.5YR 4/3，润），大量中根，壤土，发育程度中等的大团粒状结构，大量中粒间孔隙、根孔、气孔、动物穴，中量中岩石碎屑，土体稍坚实，向下层平滑渐变过渡。

Bw1：20～80cm，浊橙色（7.5YR 6/4，干），亮棕色（7.5YR 5/8，润），中量中根，壤土，发育程度中等的小块状结构，中量细粒间孔隙、根孔、气孔、动物穴，大量大岩石碎屑，土体稍坚实，向下层平滑渐变过渡。

Bw2：80～120cm，浊棕色（7.5YR 5/4，干），亮棕色（7.5YR 5/8，润），中量细根，壤土，发育程度弱的大块状结构，少量极细粒间孔隙、根孔，土体坚实，大量很粗岩石碎屑，向下层波状渐变过渡。

BC：120～160cm，橙色（7.5YR 6/6，干），亮棕色（7.5YR 5/6，润），少量细根，砂黏壤土，发育程度弱的大块状结构，少量很细粒间孔隙，大量很粗岩石碎屑，土体坚实。

傅家冲系代表性单个土体物理性质

土层	深度 /cm	石砾 (>2mm，体积分数)/%	细土颗粒组成(粒径：mm)/(g/kg)			质地	容重 /(g/cm^3)
			砂粒 2～0.05	粉粒 0.05～0.002	黏粒 <0.002		
Ah	0～20	15	412	416	173	壤土	0.93
Bw1	20～80	35	436	357	207	壤土	1.31
Bw2	80～120	55	370	395	234	壤土	0.80
BC	120～160	70	717	61	223	砂黏壤土	—

傅家冲系代表性单个土体化学性质

深度 /cm	pH (H_2O)	pH (KCl)	有机碳 /(g/kg)	全氮(N) /(g/kg)	全磷(P) /(g/kg)	全钾(K) /(g/kg)	游离铁 /(g/kg)	CEC_7 /(cmol/kg) (黏粒)	铝饱和度/%
0～20	4.8	3.5	18.04	1.25	0.25	5.8	14.0	55.4	75.9
20～80	4.8	3.8	6.68	0.61	0.22	6.5	16.4	37.9	79.9
80～120	4.8	3.8	5.09	0.50	0.20	7.2	16.7	30.0	79.7
120～160	4.8	3.8	2.68	0.33	0.16	6.5	16.7	29.5	73.1

8.13.6 水庙系（Shuimiao Series）

土 族：粗骨壤质硅质混合型热性-普通铝质湿润雏形土

拟定者：张杨珠，黄运湘，周 清，盛 浩，满海燕，欧阳宁相

分布与环境条件 该土系位于湘中衡邵盆地的低山丘陵地带，海拔 300～550m，坡度 10°～20°；成土母质为砂岩风化物；土地利用状况为园地，大多种植柑橘，植被覆盖度为 50%～70%；中亚热带湿润季风气候，年均气温 16～17℃，年均降水量 1320～1400mm。

水庙系典型景观

土系特征与变幅 诊断层包括淡薄表层和雏形层，诊断特性包括准石质接触面、铁质特性、热性土壤温度状况和湿润土壤水分状况，诊断现象包括铝质现象。土层分异较清晰，土体构型为 Ah-Bw-BC，有效土层厚度为 60～130cm，腐殖质层浅薄，厚度 10～20cm。质地通体为黏壤土，Bw 层土壤粒状结构体强烈发育，结构体占土体>90%，土壤润态色调以 7.5YR 为主，一般在 80cm 以下土层出现准石质接触面。腐殖质积累过程较强，有机碳含量介于 3.37～23.34g/kg。pH（H_2O）和 pH（KCl）分别介于 4.3～4.7 和 3.4～3.8。土体铁的游离度很高，一般>80%，但黏粒和铁无明显的迁移和淀积，全铁含量介于 21.0～22.8g/kg，游离铁含量介于 18.4～20.4g/kg，铁的游离度在 89.4%～97.1%。

对比土系 洋楼系，属于同一土族，母质相同，但洋楼系地形部位为高丘中坡地带，润态色调以 7.5YR 为主，因此为不同土系。

利用性能综述 该土系现多辟为柑橘园，土层较厚，质地适中，土体疏松，既透水透气，又保水保肥。表土层有机质、氮含量较高，但磷和钾含量明显偏低，底土中有机质和养分匮乏。土体中含有一定量的石砾，耕作性较差。宜清理土体大块石砾，改良耕性。增施磷、钾肥和增加有机质的投入，培肥土壤，确保果树的养分供应。

参比土种 中腐厚土砂岩红壤。

代表性单个土体 位于湖南省邵阳市新宁县水庙镇水庙村，26°28′20.3″N，110°43′32.1″E，海拔 375m，低丘中坡下部，成土母质为砂岩风化物，园地，50cm 深处土温为 19℃。野外调查时间为 2016 年 7 月 29 日，野外编号 43-SY06。

水庙系代表性单个土体剖面

Ah：0～12cm，浊棕色（7.5YR 6/3，干），棕色（7.5YR 4/4，润），大量细根，黏壤土，发育程度强的小团粒状结构，大量细根孔、气孔、动物穴、粒间孔隙，少量小砂岩碎屑，土体较疏松，向下层波状清晰过渡。

Bw：12～48cm，浊橙色（7.5YR 7/4，干），浊棕色（7.5YR 5/4，润），中量细根，黏壤土，发育程度强的小块状结构，大量细根孔、气孔、动物穴、粒间孔隙，大量中砂岩碎屑，土体较疏松，向下层波状渐变过渡。

BC：48～110cm，浊橙色（7.5YR 7/4，干），浊棕色（7.5YR 5/4，润），少量细根，黏壤土，发育程度强的中块状结构，中量细根孔、气孔、动物穴、粒间孔隙，大量粗砂岩碎屑，土体较疏松，向下层平滑模糊过渡。

R：110cm 以下，砂岩。

水庙系代表性单个土体物理性质

土层	深度/cm	石砾(>2mm，体积分数)/%	细土颗粒组成(粒径：mm)/(g/kg)			质地	容重/(g/cm^3)
			砂粒 2～0.05	粉粒 0.05～0.002	黏粒 <0.002		
Ah	0～12	8	260	401	339	黏壤土	1.03
Bw	12～48	19	246	394	360	黏壤土	0.98
BC	48～110	40	310	354	337	黏壤土	1.09

水庙系代表性单个土体化学性质

深度/cm	pH (H_2O)	pH (KCl)	有机碳/(g/kg)	全氮(N)/(g/kg)	全磷(P)/(g/kg)	全钾(K)/(g/kg)	游离铁/(g/kg)	CEC_7/(cmol/kg)(黏粒)	铝饱和度/%
0～12	4.3	3.4	23.34	1.70	0.33	13.7	20.4	56.9	85.7
12～48	4.5	3.8	6.58	0.66	0.24	13.7	19.7	35.4	87.2
48～110	4.7	3.8	3.37	0.54	0.25	13.9	18.4	31.8	87.4

8.13.7 迎宾系（Yingbin Series）

土　族：粗骨壤质硅质混合型热性-普通铝质湿润雏形土

拟定者：张杨珠，黄运湘，满海燕，欧阳宁相

分布与环境条件　该土系分布于湘中地区雪峰山东南麓丘陵的顶部，海拔 210～230m，坡度较缓（5°～10°）；成土母质为石灰岩风化物；土地利用状况为旱地，农作物种植为番薯、花生；中亚热带湿润季风气候，年均气温 17～18℃，年均降水量 1200～1300mm。

迎宾系典型景观

土系特征与变幅　诊断层包括淡薄表层和雏形层，诊断特性有铁质特性、热性土壤温度状况、湿润土壤水分状况和氧化还原特征，诊断现象有铝质现象。土层深厚，一般＞200cm，土体构型为 Ah-Bw-BC，壤土-黏土-砂黏土的质地构型，土体内岩石碎屑体积≥10%。表土层较厚，有机质和养分含量大幅高于底土。表土腐殖质化过程较强，有机碳含量介于 1.12～29.10g/kg。pH（H_2O）和 pH（KCl）分别介于 4.5～6.4 和 3.5～5.7。铁的游离程度高，并在土体上有明显的迁移，在底层土壤中有积累。全铁含量介于 16.8～36.6g/kg，游离铁含量介于 12.9～30.2g/kg，铁的游离度介于 66.9%～85.3%。

对比土系　水庙系，属于同一土族，但母质为砂岩风化物，土壤润态色调以 7.5YR 为主，一般在 80cm 以下土层出现准石质接触面，黏粒和铁无明显的迁移和淀积，因此为不同土系。

利用性能综述　该土系土体较厚，耕作层有机质以及氮、磷和钾含量很高，但其下层土壤有机质和养分含量迅速降低。土体中石灰岩碎屑半风化或未风化体较高，耕作性较差。底土黏重坚实，作物较难向下扎根和生长，种植的花生、番薯产量低。宜增施有机肥，间套种绿肥，合理增施氮、磷、钾肥，提高土壤地力。地面覆盖度较低，肥沃的表土容易随水土流失，应修建农田灌溉设施，防止干旱缺水。

参比土种　红灰菜园土。

代表性单个土体　位于湖南省娄底市涟源市湄江镇迎宾村的丘陵低丘顶部，27°51′32.4″N，111°46′28.9″E，海拔 224m，成土母质为石灰岩风化物，旱地，50cm 深处土温为 19.9℃。野外调查时间为 2016 年 8 月 13 日，野外编号 43-LD03。

迎宾系代表性单个土体剖面

Ah：　0～20cm，灰棕色（7.5YR 6/2，干），暗红棕色（5YR 3/3，润），少量细根，壤土，发育程度强的中团粒状结构，中量细根孔、气孔、动物穴、粒间孔隙，中量很小石灰岩碎屑，土体疏松。

Bw：　20～90cm，淡黄橙色（7.5YR 8/3，干），浊橙色（5YR 6/4，润），壤土，发育程度弱的小团粒状结构，少量细动物穴、粒间孔隙，大量小石灰岩碎屑，土体坚实，中量铁斑纹，向下层不规则清晰过渡。

2BC1：90～170cm，橙色（7.5YR 6/8，干），亮红棕色（5YR 5/8，润），黏土，发育程度中等的中块状结构，少量细粒间孔隙，大量小岩屑，土体坚实，中量铁斑纹，向下层平滑模糊过渡。

2BC2：170～200cm，浊棕色（7.5YR 6/6，干），红棕色（5YR 4/8，润），砂黏土，发育程度弱的中块状结构，少量细粒间孔隙，中量小石灰岩碎屑，土体坚实，中量铁斑纹。

迎宾系代表性单个土体物理性质

土层	深度 /cm	石砾 (>2mm，体积分数)/%	细土颗粒组成(粒径：mm)/(g/kg)			质地	容重 /(g/cm^3)
			砂粒 2～0.05	粉粒 0.05～0.002	黏粒 <0.002		
Ah	0～20	10	427	374	199	壤土	1.18
Bw	20～90	25	451	345	205	壤土	1.74
2BC1	90～170	30	172	389	439	黏土	1.46
2BC2	170～200	15	479	159	363	砂黏土	1.53

迎宾系代表性单个土体化学性质

深度 /cm	pH (H_2O)	pH (KCl)	有机碳 /(g/kg)	全氮(N) /(g/kg)	全磷(P) /(g/kg)	全钾(K) /(g/kg)	铁游离度 /%	CEC_7 /(cmol/kg) (黏粒)	铝饱和度 /%
0～20	6.4	5.7	29.10	1.61	0.97	4.3	66.9	72.2	0
20～90	4.9	3.7	1.12	0.18	0.09	2.9	77.9	34.1	61.7
90～170	4.8	3.7	2.40	0.45	0.15	7.6	85.3	34.6	71.0
170～200	4.5	3.5	3.05	0.41	0.13	7.5	75.7	35.8	71.1

8.13.8　洋楼系（Yanglou Series）

土　族：粗骨壤质硅质混合型热性-普通铝质湿润雏形土

拟定者：张杨珠，于　康，欧阳宁相

分布与环境条件　该土系位于湘南地区高丘中坡地带，地势轻微起伏，坡度 5°～15°，海拔 250～400m；成土母质为砂岩风化物；土地利用类型为有林地，多以杉木人工林和次生常绿针阔叶林、灌木为主，人类扰动较强；中亚热带湿润季风气候，年均气温 17.0～18.5℃，年均降水量 1400～1600mm。

洋楼系典型景观

土系特征与变幅　诊断层包括淡薄表层和雏形层，诊断特性有准石质接触面、铁质特性、湿润土壤水分状况和热性土壤温度状况，诊断现象有铝质现象。土体发育较为深厚，土体构型为 Ah-Bw-BC，有效土层厚度一般＞100cm，壤土-黏壤土-砂黏壤土的质地构型，土体内岩石碎屑体积≥15%，土壤润态色调为 7.5YR。表土层较厚，有机质和养分含量大幅高于底土。表土腐殖质积累过程较强，土壤有机碳含量 4.07～23.52g/kg。土体上黏粒有弱的迁移，但铁无明显迁移。pH（H_2O）和 pH（KCl）分别介于 4.61～4.93 和 3.63～3.73。全铁含量介于 30.1～83.5g/kg，游离铁含量介于 23.3～27.6g/kg，铁的游离度介于 27.9%～91.8%。

对比土系　水庙系，属于同一土族，母质相同，但水庙系地形部位为低山丘陵地带，润态色调以 7.5YR 为主，在 80cm 以下土层出现准石质接触面，因此为不同土系。

利用性能综述　该土系土体较厚，较疏松，土质适中，略偏黏，通透性良好，保肥能力一般。土体中含有较多石砾，耕作性能较差。土壤有机质含量较高，但磷素缺乏，具有良好的造林立地条件，宜封山育林，发展松、杉人工林和果园，提高地面植被覆盖度，保持水土。

参比土种　厚腐厚土砂岩红壤。

代表性单个土体　位于湖南省永州市蓝山县塔峰镇洋楼村，25°20′21.17″N，112°10′38.87″E，海拔 309m，砂岩高丘中坡地带，成土母质为砂岩风化物，土地利用类型为有林地，50cm 深处土温为 20℃。野外调查时间为 2016 年 9 月 28 日，野外编号 43-YZ07。

洋楼系代表性单个土体剖面

Ah：0～25cm，亮黄棕色（10YR 6/6，干），棕色（7.5YR 4/4，润），大量细根，壤土，发育程度强的小团粒状结构，大量细粒间孔隙、根孔、气孔、动物穴，中量小石砾，土体疏松，向下层平滑渐变过渡。

Bw：25～95cm，黄棕色（10YR 6/6，干），浊棕色（7.5YR 5/4，润），大量中根，黏壤土，发育程度中等的小块状结构，中量细粒间孔隙、根孔、气孔、动物穴，土体疏松，大量中石砾，向下层平滑清晰过渡。

BC：95～150cm，黄橙色（10YR 7/8，干），亮棕色（7.5YR 5/6，润），中量中根，砂黏壤土，发育弱的大块状结构，中量细粒间孔隙、根孔、动物穴，土体稍坚实，大量粗石砾，向下层平滑渐变过渡。

洋楼系代表性单个土体物理性质

土层	深度 /cm	石砾 (>2mm，体积分数)/%	细土颗粒组成(粒径：mm)/(g/kg)			质地	容重 /(g/cm^3)
			砂粒 2～0.05	粉粒 0.05～0.002	黏粒 <0.002		
Ah	0～25	15	438.0	318.8	243.2	壤土	0.87
Bw	25～95	30	442.1	275.7	282.1	黏壤土	1.39
BC	95～150	40	502.0	234.0	264.0	砂黏壤土	1.58

洋楼系代表性单个土体化学性质

深度 /cm	pH (H_2O)	pH (KCl)	有机碳 /(g/kg)	全氮(N) /(g/kg)	全磷(P) /(g/kg)	全钾(K) /(g/kg)	游离铁 /(g/kg)	CEC_7 /(cmol/kg) (黏粒)	铝饱和度 /%
0～25	4.93	3.63	23.52	1.96	0.51	15.4	23.3	54.03	67.0
25～95	4.81	3.73	8.22	0.92	0.48	16.4	27.6	37.61	88.6
95～150	4.61	3.65	4.07	0.57	0.41	19.9	27.2	41.20	89.5

8.13.9　杨家桥系（Yangjiaqiao Series）

土　族：砂质硅质混合型热性-普通铝质湿润雏形土

拟定者：张杨珠，周　清，张　亮，罗　卓，欧阳宁相

分布与环境条件　该土系分布于湘北地区红岩盆地边缘和中部的部分低丘陵、岗地，地形部位多位于中坡地带，海拔 80～200m，坡度 10°～15°；成土母质为紫色砂、页岩风化物；土地利用状况为有林地，大多为杉木人工林、毛竹林或果园；中亚热带湿润季风气候，年均气温 16～17℃，年均降水量 1300～1500mm。

杨家桥系典型景观

土系特征与变幅　诊断层包括淡薄表层和雏形层，诊断特性有铁质特性、湿润土壤水分状况和热性土壤温度状况，诊断现象有铝质现象。土体发育较浅薄，土体构型为 Ah-Bw，有效土层厚度为 80～120cm，土壤质地通体为砂黏壤土，土壤颜色色调以 2.5YR 为主。土壤内石砾含量 8%～16%。土壤呈酸性，盐基饱和度<50%。土壤有机质积累弱，养分含量低，有机碳含量介于 4.25～9.89g/kg。CEC_7 介于 47.9～53.4cmol/kg（黏粒）。pH（H_2O）和 pH（KCl）分别介于 4.42～4.44 和 3.61～3.69，全铁含量为 29.7g/kg，土壤游离铁含量介于 25.0～27.2g/kg，铁的游离度介于 84.12%～91.83%。

对比土系　源头系，属于同一土族，地形部位相同，但源头系母质为花岗岩风化物，土体发育较厚，有效土层厚度一般>80cm，腐殖质层较厚，一般为 20～30cm，一般有 5～6cm 厚的枯枝落叶层，且润态色调以 10YR 为主，因此为不同土系。

利用性能综述　该土系水热条件好，地势较为平缓。土层发育较浅，土质很紧实，土壤有机质和养分总量低，但阳离子交换量较高，土壤供肥能力较强。应增施有机肥，大力种植旱地绿肥，实行用地养地相结合。

参比土种　厚腐厚土酸性紫色土。

代表性单个土体　位于湖南省常德市桃源县寺坪乡杨家桥村，28°40′35.40″N，111°17′57.12″E，海拔 109m，紫色泥页岩低丘中坡，成土母质为紫色砂、页岩风化物，土地利用状况为有林地，50cm 深处土温为 19℃。野外调查时间为 2016 年 7 月 20 日，野外编号 43-CD08。

杨家桥系代表性单个土体剖面

Ah：0～30cm，浊橙色（2.5YR 6/4，干），红棕色（2.5YR 4/8，润），砂黏壤土，发育程度强的小团粒状结构，大量细根，大量细粒间孔隙、根孔、气孔、动物穴，中量小岩石碎屑，土体疏松，向下层平滑渐变过渡。

Bw：30～80cm，橙色（2.5YR7/6，干），亮红棕色（2.5YR 5/8，润），中量细根，砂黏壤土，发育程度强的中块状结构，中量细粒间孔隙、根孔、动物穴，大量小岩石碎屑，土体疏松，向下层渐变过渡。

杨家桥系代表性单个土体物理性质

土层	深度/cm	石砾(>2mm，体积分数)/%	细土颗粒组成(粒径：mm)/(g/kg)			质地	容重/(g/cm^3)
			砂粒 2～0.05	粉粒 0.05～0.002	黏粒 <0.002		
Ah	0～30	8	587.9	183.7	228.4	砂黏壤土	1.56
Bw	30～80	16	545.6	181.6	272.8	砂黏壤土	1.27

杨家桥系代表性单个土体化学性质

深度/cm	pH (H_2O)	pH (KCl)	有机碳/(g/kg)	全氮(N)/(g/kg)	全磷(P)/(g/kg)	全钾(K)/(g/kg)	游离铁/(g/kg)	CEC_7/(cmol/kg)(黏粒)	铝饱和度/%
0～30	4.44	3.61	9.89	0.95	0.28	18.5	27.2	53.4	85.2
30～80	4.42	3.69	4.25	0.60	0.24	17.6	25.0	47.9	88.0

8.13.10 源头系（Yuantou Series）

土　族：砂质硅质混合型热性-普通铝质湿润雏形土

拟定者：张杨珠，张　亮，张　义，欧阳宁相

分布与环境条件 该土系分布于湘东北花岗岩低山丘陵、岗地，地形部位位于中坡地带，海拔 200～400m，坡度 15°～25°；成土母质为花岗岩风化物；土地利用状况为有林地或自然荒地，多种植马尾松、杉木人工林、毛竹，或经次生演替为常绿阔叶林、灌丛；中亚热带湿润季风气候，年均气温 16～18℃，年均降水量 1400～1500mm。

源头系典型景观

土系特征与变幅 诊断层包括淡薄表层和雏形层，诊断特性有湿润土壤水分状况和热性土壤温度状况，诊断现象有铝质现象。土体发育较厚，土体构型为 Ah-Bw-BC，有效土层厚度一般>80cm，腐殖质层较厚，一般为 20～30cm，一般有 5～6cm 厚的枯枝落叶层，土壤润态色调以 10YR 为主。质地剖面为砂质黏壤土-砂质壤土，土体中石砾含量较高，一般>10%。表土腐殖质积累过程较强，土壤有机碳含量介于 2.24～18.03g/kg，pH（H_2O）和 pH（KCl）分别为 4.7 和 3.9～4.0，全铁含量介于 12.1～13.2g/kg，游离铁含量介于 3.7～5.0g/kg，铁的游离度介于 30.3%～37.8%。

对比土系 杨家桥系，属于同一土族，地形部位相同，但杨家桥系母质为紫色砂、页岩风化物，土体发育较浅薄，有效土层厚度 80～120cm，土体黏粒在土壤剖面上有一定程度的迁移和淀积，但铁在剖面上没有明显移动，且润态颜色色调仅以 2.5YR 为主，因此为不同土系。

利用性能综述 该土系土层较深厚，通体偏砂性，通透性较好，但保水保肥力偏弱。表土层有机质和养分含量低，土壤肥力水平较低。土壤呈酸性，宜种植耐酸性园艺作物，具有较好造林立地条件，适宜杉木、马尾松和木荷人工针阔叶林和毛竹林生长，是较优良的森林土壤资源。

参比土种 厚腐厚土花岗岩红壤。

代表性单个土体 位于湖南省岳阳市平江县南江镇源头村泉水组，28°57′5.64″N，113°47′0.17″ E，海拔 287m，花岗岩丘陵上坡地带，成土母质为花岗岩风化物，土地利

用状况为有林地，50cm 深处土温为 18℃。野外调查时间为 2015 年 9 月 18 日，野外编号 43-YY01。

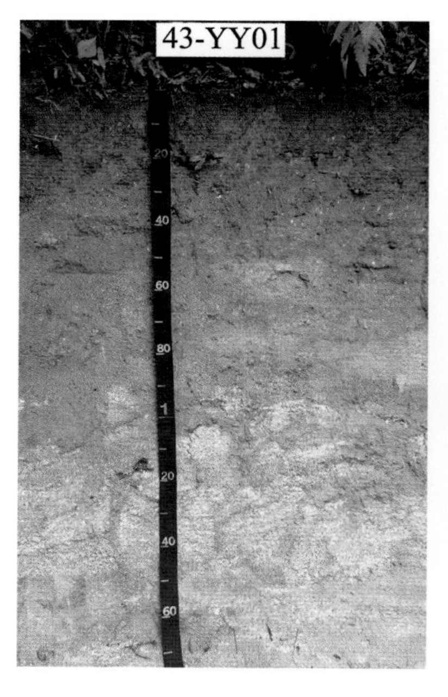

源头系代表性单个土体剖面

Ah：0～20cm，黄棕色（2.5Y 5/4，干），暗棕色（10YR 3/3，润），大量中根，砂质黏壤土，发育程度中等的中团粒状结构，大量中根孔、粒间孔隙、气孔、动物穴，土体松散，中量小石英颗粒，向下层平滑渐变过渡。

Bw：20～40cm，浅淡黄色（2.5YR 8/4，干），黄棕色（10YR 5/8，润），中量细根，砂质黏壤土，发育程度弱的小块状结构，大量细根孔、粒间孔隙、动物穴，土体疏松，大量很小石英颗粒，向下层平滑渐变过渡。

BC：40～90cm，浅淡黄色（2.5YR 8/4，干），亮黄棕色（10YR 6/8，润），很少量极细根，砂质壤土，发育程度很弱的小块状结构，中量细根孔、粒间孔隙，土体疏松，大量小石英颗粒，向下层平滑清晰过渡。

C：90cm 以下，花岗岩风化物。

源头系代表性单个土体物理性质

土层	深度/cm	石砾(>2mm，体积分数)/%	细土颗粒组成(粒径：mm)/(g/kg)			质地	容重/(g/cm³)
			砂粒 2～0.05	粉粒 0.05～0.002	黏粒 <0.002		
Ah	0～20	14	589	207	203	砂质黏壤土	1.36
Bw	20～40	20	577	205	219	砂质黏壤土	1.52
BC	40～90	45	686	163	151	砂质壤土	1.44

源头系代表性单个土体化学性质

深度/cm	pH (H_2O)	pH (KCl)	有机碳/(g/kg)	全氮(N)/(g/kg)	全磷(P)/(g/kg)	全钾(K)/(g/kg)	铁游离度/%	CEC_7/(cmol/kg)(黏粒)	铝饱和度/%
0～20	4.7	3.9	18.03	1.20	0.24	31.7	30.3	46.3	58.6
20～40	4.7	4.0	7.15	0.40	0.20	32.1	37.8	41.7	84.2
40～90	4.7	4.0	2.24	0.09	0.20	33.9	30.4	49.4	65.2

8.13.11 塘洞系（Tangdong Series）

土　族：黏质高岭石型热性-普通铝质湿润雏形土

拟定者：张杨珠，翟　橙，欧阳宁相

分布与环境条件　该土系分布于湘西地区低山、丘陵地带，海拔300～500m，坡度较缓（10°～15°）；成土母质为板、页岩风化物；地面轻度细沟侵蚀；土地利用方式为林地，多为松、杉人工林；中亚热带湿润季风气候，年均气温 16～17℃，年均降水量1300～1350mm。

塘洞系典型景观

土系特征与变幅　诊断层包括淡薄表层和雏形层，诊断特性有铁质特性、湿润土壤水分状况、热性土壤温度状况和准石质接触面，诊断现象有铝质现象。土体发育较浅，土体构型为Ah-Bw-BC，有效土层厚度为60～100cm，通体质地均一，土壤质地为粉砂质黏土，酸性。Ah层发育较深，厚度可达20～70cm，90cm以下出现明显的准石质接触面。土体内石砾含量在表土中较少，但在底土层可>20%。土壤腐殖质积累过程弱，有机碳含量介于5.86～11.63g/kg。pH（H_2O）和pH（KCl）介于4.30～4.45和3.39～3.45。土壤剖面上有弱的黏粒迁移，但无明显铁的迁移和淀积，全铁含量介于 29.5～34.9g/kg，游离铁含量介于19.9～23.2g/kg，铁的游离度介于57.1%～78.6%。

对比土系　胜利系，属于同一亚类，相同母质，但胜利系颗粒大小级别为黏壤质，矿物类型为硅质混合型，无准石质接触面，土壤润态色调以7.5YR为主，因此为不同土系。

利用性能综述　该土系地势较低、坡度较平缓，水热条件好。土层较浅薄，质地偏黏，保水保肥力强，通透性较差，土体内含有一定量的石砾，耕作性能一般。土壤有机质和养分含量偏低，酸性较强。目前以种植杉木人工林为主，适宜发展人工林、果园，但要注重防止水土流失。

参比土种　厚腐厚土板、页岩红壤。

代表性单个土体　位于湖南省怀化市新晃侗族自治县晃洲镇塘洞村，27°20′12.48″N，109°13′30.36″E，海拔388m，丘陵下坡地带，成土母质为板、页岩风化物，土地利用状况为林地，50cm深处土温为18℃。野外调查时间为2016年10月26日，野外编号43-HH05。

塘洞系代表性单个土体剖面

Ah：0～25cm，淡黄橙色（10YR 8/3，干），黄棕色（10YR 5/8，润），大量细根，粉砂质黏土，大量细根孔、气孔、粒间孔隙、动物穴，很少量小岩屑，土体疏松，向下层波状清晰过渡。

Bw：25～60cm，浊黄橙色（10YR 7/3，干），浊黄橙色（10YR 6/4，润），大量细根，粉砂质黏土，大量细根孔、气孔、粒间孔隙、动物穴，少量小岩屑，土体疏松，向下层平滑清晰过渡。

BC：60～90cm，橙白色（10YR 8/2，干），亮黄棕色（10YR 6/6，润），中量细根，粉砂质黏土，少量细根孔、气孔、粒间孔隙，大量粗岩屑，土体稍坚实，向下层波状清晰过渡。

塘洞系代表性单个土体物理性质

土层	深度/cm	石砾(>2mm，体积分数)/%	细土颗粒组成(粒径：mm)/(g/kg)			质地	容重/(g/cm³)
			砂粒 2～0.05	粉粒 0.05～0.002	黏粒 <0.002		
Ah	0～25	2	49.0	492.3	458.7	粉砂质黏土	1.22
Bw	25～60	5	45.8	467.1	487.1	粉砂质黏土	1.16
BC	60～90	45	63.3	483.2	453.5	粉砂质黏土	1.21

塘洞系代表性单个土体化学性质

深度/cm	pH (H_2O)	pH (KCl)	有机碳/(g/kg)	全氮(N)/(g/kg)	全磷(P)/(g/kg)	全钾(K)/(g/kg)	游离铁/(g/kg)	CEC_7/(cmol/kg)(黏粒)	铝饱和度/%
0～25	4.30	3.39	11.63	0.96	0.23	13.3	20.7	36.0	87.1
25～60	4.33	3.44	10.05	0.86	0.26	13.3	19.9	30.4	91.9
60～90	4.45	3.45	5.86	0.76	0.21	15.8	23.2	28.9	88.6

8.13.12 田星系（Tianxing Series）

土 族：黏质高岭石型热性-普通铝质湿润雏形土

拟定者：张杨珠，黄运湘，周 清，盛 浩，满海燕，欧阳宁相

分布与环境条件 该土系分布于湘中地区涟邵盆地西缘雪峰山脉中段的过渡地带的高丘下坡，海拔 300～500m，坡度 10°～20°；成土母质为花岗岩风化物；土地利用状况为林地，多为松、杉人工林；中亚热带湿润季风气候，年均气温 16.5～17.0℃，年均降水量 1300～1400mm。

田星系典型景观

土系特征与变幅 诊断层包括淡薄表层和雏形层，诊断特性包括铁质特性、热性土壤温度状况和湿润土壤水分状况，诊断现象有铝质现象。土体发育极为深厚，土体构型为 Ah-Bw，有效土层厚度一般>200cm，表土层厚度为 20～40cm，质地通体为黏壤土，土壤颜色色调以 7.5YR 为主。土壤腐殖质积累过程较弱，土壤有机碳含量为 2.08～13.78g/kg。pH（H_2O）和 pH（KCl）介于 4.6～5.1 和 3.8～4.0。黏粒和铁在土体上无明显的迁移和淀积，全铁含量介于 31.2～34.5g/kg，游离铁含量介于 15.2～20.3g/kg，铁的游离度介于 48.7%～60.4%。

对比土系 建塘系，属于同一亚类，地形部位相似，母质均为花岗岩风化物，但颗粒大小级别为黏壤质，为不同土族，质地的层次构型为砂黏壤土-壤土。石狮系，属于同一亚类，颗粒大小级别为黏质，但矿物学类型为伊利石型，属于不同土族。

利用性能综述 该土系土层深厚，土体内砂粒含量较多，通透性好，不利于保水保肥。土壤有机质含量中等，钾含量较高，但磷素非常缺乏。适宜深根性的林木、经济作物生长，但土壤抗蚀性差，利用过程中应注重提高地面植被覆盖，特别注重防止水土流失。

参比土种 厚腐厚土花岗岩红壤。

代表性单个土体 位于湖南省邵阳市隆回县七江镇田星村一组，27°25′5.6″N，110°56′47.0″E，海拔 416m，丘陵高丘下坡，成土母质为花岗岩风化物，林地，50cm 深处土温为 18℃。野外调查时间为 2016 年 7 月 30 日，野外编号 43-SY08。

田星系代表性单个土体剖面

Ah：0～30cm，浊橙色（7.5YR 7/4，干），亮棕色（7.5YR 5/6，润），少量粗根，黏壤土，发育程度强的中块状结构，中量中根孔、气孔、动物穴、粒间孔隙，土体坚实，向下层平滑渐变过渡。

Bw1：30～60cm，浊橙色（7.5YR 7/4，干），亮棕色（7.5YR 5/6，润），少量细根，黏壤土，发育程度强的大块状结构，大量细根孔、动物穴、粒间孔隙，土体坚实，向下层平滑模糊过渡。

Bw2：60～120cm，橙色（7.5YR 7/6，干），亮棕色（7.5YR 5/6，润），少量细根，黏壤土，发育程度强的大块状结构，中量细粒间孔隙，土体坚实，向下层平滑模糊过渡。

Bw3：120～165cm，橙色（7.5YR 7/6，干），亮棕色（7.5YR 5/6，润），很少量极细根，黏壤土，发育程度中等的大块状结构，中量细粒间孔隙，土体坚实，向下层平滑模糊过渡。

Bw4：165cm 以下，橙色（7.5YR 7/6，干），亮棕色（7.5YR 5/8，润），黏壤土，发育程度弱的很大块状结构，很少量很细粒间孔隙，土体极坚实。

田星系代表性单个土体物理性质

土层	深度 /cm	石砾 (>2mm，体积分数)/%	细土颗粒组成(粒径：mm)/(g/kg)			质地	容重 /(g/cm³)
			砂粒 2～0.05	粉粒 0.05～0.002	黏粒 <0.002		
Ah	0～30	2	368	266	366	黏壤土	1.38
Bw1	30～60	5	348	269	383	黏壤土	1.30
Bw2	60～120	5	357	274	369	黏壤土	1.45
Bw3	120～165	10	318	331	351	黏壤土	1.46
Bw4	>165	28	364	345	292	黏壤土	1.41

田星系代表性单个土体化学性质

深度 /cm	pH (H_2O)	pH (KCl)	有机碳 /(g/kg)	全氮(N) /(g/kg)	全磷(P) /(g/kg)	全钾(K) /(g/kg)	游离铁 /(g/kg)	CEC_7 /(cmol/kg) (黏粒)	铝饱和度 /%
0～30	4.8	3.8	13.78	1.07	0.20	26.2	15.2	36.1	77.4
30～60	4.6	3.8	5.44	0.46	0.15	24.3	16.4	33.0	92.1
60～120	4.9	4.0	3.75	0.33	0.19	24.7	16.8	30.8	89.0
120～165	5.0	3.9	3.20	0.36	0.15	23.7	20.3	32.3	85.2
>165	5.1	3.9	2.08	0.24	0.13	25.1	17.3	37.7	89.1

8.13.13 倒流坪系（Daoliuping Series）

土 族：黏质高岭石混合型热性-普通铝质湿润雏形土

拟定者：张杨珠，周 清，盛 浩，张 亮，罗 卓，欧阳宁相

分布与环境条件 该土系分布于湘北地区第四纪红色黏土丘陵岗地地带，位于低丘上坡，海拔 50～100m，坡度相对较平缓（5°～10°）；成土母质为第四纪红色黏土；土地利用状况为林地，多为次生常绿阔叶林、灌丛；中亚热带湿润季风气候，年均气温 16.5～17.0℃，年均降水量 1300～1500mm。

倒流坪系典型景观

土系特征与变幅 诊断层包括淡薄表层和雏形层，诊断特性有铁质特性、湿润土壤水分状况和热性土壤温度状况，诊断现象有铝质现象。土体发育极为深厚，土体构型为 Ah-BA-Bw，有效土层厚度>200cm，表土层深厚，厚度为 40～70cm，土壤质地剖面通体为黏土，土壤润态色调以 2.5YR 为主。土壤有机质积累过程微弱，有机碳含量介于 3.14～6.17g/kg。pH（H_2O）和 pH（KCl）介于 4.56～5.11 和 3.79～3.91。黏粒和铁在土体上无明显的迁移和淀积，全铁含量介于 33.2～42.9g/kg，游离铁含量介于 25.0～29.9g/kg，铁的游离度介于 58.4%～97.5%。

对比土系 新桥系，属于同一土族，有效土层厚度皆>200cm，土壤润态颜色色调均以 2.5 YR 为主，表层土壤质地相同，但新桥系地形部位及成土母质不同。蔡家岗系，属于同一土族，相同成土母质，相同地形，有效土层厚度皆>200cm，但蔡家岗系地形部位不同，颜色色调以 5YR 或 2.5YR 为主，因此为不同土系。

利用性能综述 该土系地势低，坡度缓，水热资源丰富。土层深厚，土质黏重，土体很紧实，保水保肥能力强，通透性差。土壤有机质和养分含量很低，酸性较强，土壤肥力水平低。人为干扰严重，当前主要利用方式为荒地或次生林地、人工林地，可开发利用为旱耕地。应特别注重改土培肥，补充有机质和矿质养料。

参比土种 厚土层红土红壤。

代表性单个土体 位于湖南省常德市汉寿县太子庙镇倒流坪村，28°46′19.2″N，111°56′8.16″E，海拔 58m，第四纪红色黏土低丘上部，成土母质为第四纪红色黏土，土地利用状况为林地，50cm 深处土温为 19℃。野外调查时间为 2016 年 7 月 11 日，野外编号 43-CD01。

倒流坪系代表性单个土体剖面

Ah：0～55cm，浊橙色（5YR 7/4，干），亮红棕色（2.5YR 5/6，润），中量粗根，黏土，发育程度强的小团粒状结构，大量很细粒间孔隙、根孔、气孔、动物穴，土体疏松，向下层平滑模糊过渡。

BA：55～120cm，橙色（5YR 6/6，干），浊红棕色（2.5YR 5/4，润），少量中根，黏土，发育程度强的小团粒状结构，大量细粒间孔隙、根孔、气孔、动物穴，土体疏松，向下层平滑渐变过渡。

Bw1：120～170cm，橙色（5YR 6/6，干），亮红棕色（2.5YR 5/8，润），少量细根，黏土，发育程度中等的中块状结构，中量细粒间孔隙、根孔、动物穴，土体稍坚实，有较小的铁锰斑纹，向下层平滑渐变过渡。

Bw2：170～250cm，橙色（5YR 6/6，干），亮红棕色（2.5YR 5/6，润），黏土，发育程度中等的中块状结构，少量很细粒间孔隙、根孔，土体坚实，少量小铁斑纹，较多黏粒胶膜。

倒流坪系代表性单个土体物理性质

土层	深度/cm	石砾(>2mm，体积分数)/%	细土颗粒组成(粒径：mm)/(g/kg)			质地	容重/(g/cm³)
			砂粒 2～0.05	粉粒 0.05～0.002	黏粒 <0.002		
Ah	0～55	0	135.2	355.4	509.4	黏土	1.24
BA	55～120	0	201.0	275.7	523.2	黏土	1.24
Bw1	120～170	0	187.2	315.9	496.9	黏土	1.43
Bw2	170～250	0	195.8	255.8	548.4	黏土	1.35

倒流坪系代表性单个土体化学性质

深度/cm	pH (H_2O)	pH (KCl)	有机碳/(g/kg)	全氮(N)/(g/kg)	全磷(P)/(g/kg)	全钾(K)/(g/kg)	游离铁/(g/kg)	CEC_7/(cmol/kg)(黏粒)	铝饱和度/%
0～55	4.56	3.80	6.17	0.87	0.28	17.4	25.0	29.1	89.2
55～120	5.11	3.91	5.03	0.65	0.26	17.8	25.6	27.7	78.9
120～170	4.71	3.83	4.50	0.77	0.32	16.8	28.6	35.1	79.3
170～250	4.56	3.79	3.14	0.56	0.32	16.4	29.9	30.3	86.9

8.13.14　嘉镇系（Jiazhen Series）

土　族：黏质高岭石混合型热性-普通铝质湿润雏形土

拟定者：张扬珠，翟　橙，罗　卓，欧阳宁相

分布与环境条件　该土系分布于湘西南地区板、页岩高丘中坡地带，海拔 300～350m；成土母质为板、页岩风化物；土地利用类型为林地，生长有马尾松、杉木人工林和次生常绿阔叶林的自然植被，植被覆盖度为 80% 以上；中亚热带湿润季风气候，年均日照时数 1336.9h，年均气温 18～19℃，年均无霜期 290d，年均降水量 1400～1500mm。

嘉镇系典型景观

土系特征与变幅　诊断层包括淡薄表层和雏形层，诊断特性和诊断现象包括铝质现象、铁质特性、湿润土壤水分状况和热性土壤温度状况。该土系经两次坡积发育而成，其土体构型为 Ah-Bw-Ah1b-Bw1b-Ah2b-Bw2b。剖面通体铝饱和度大于 80%，土壤质地构型为粉砂质黏壤土-粉砂质黏土。pH（H_2O）和 pH（KCl）分别介于 4.4～4.8 和 3.3～3.5。有机碳含量介于 3.20～11.63g/kg，全铁含量为 31.4～42.0g/kg，游离铁含量介于 24.4～32.5g/kg，铁的游离度介于 66.4%～85.6%。

对比土系　新桥系，属于同一土族，地形部位相似，但新桥系成土母质为花岗岩风化物，表层土壤质地为黏土，因此为不同土系。

利用性能综述　该土系土层深厚，水热条件较好，宜种性广，但由于土壤质地黏重，透水性差，土壤呈强酸性，因此适宜种植旱粮、茶、橘等耐酸瘠农作物。土壤有机质含量低，全氮含量低，该土系开发利用潜力较好，在农业耕作时应增施有机肥、氮肥、适量掺沙等，以改善土壤结构，培肥地力。

参比土种　厚腐厚土板、页岩红壤。

代表性单个土体　位于湖南省怀化市通道侗族自治县甘溪乡嘉镇村，26°17′49″N，109°36′23″E，海拔 348m，高丘中坡地带，土地利用类型为林地，成土母质为板、页岩风化物。50cm 深处土温为 19.1℃。野外调查时间为 2016 年 10 月 25 日，野外编号 43-HH02。

Ah：0～25cm，亮棕色（7.5YR 5/8，干），亮红棕色（5YR 5/8，润），大量中根，粉砂质黏壤土，发育程度强的大团粒状结构，大量细根孔、气孔、粒间孔隙、动物穴，少量岩石碎屑，土体疏松，向下层平滑清晰过渡。

嘉镇系代表性单个土体剖面

Bw：25～50cm，淡黄橙色（7.5YR 8/6，干），亮红棕色（5YR 5/8，润），大量中根，粉砂质黏壤土，发育程度强的中块状结构，大量细根孔、气孔、粒间孔隙、动物穴，少量岩石碎屑，土体疏松，向下层平滑清晰过渡。

Ah1b：50～60cm，浊橙色（7.5YR 7/4，干），亮红棕色（5YR 5/6，润），中量中根，粉砂质黏壤土，发育程度强的小块状结构，大量细根孔、气孔、粒间孔隙、动物穴，土体稍坚实，少量铁锰斑纹，向下层平滑清晰过渡。

Bw1b：60～75cm，淡黄橙色（7.5YR 8/4，干），亮红棕色（5YR 5/8，润），少量中根，粉砂质黏土，发育程度强的中块状结构，中量细根孔、气孔、粒间孔隙、动物穴，土体稍坚实，少量铁锰斑纹，向下层平滑清晰过渡。

Ah2b：75～90cm，浊橙色（7.5YR 7/4，干），亮红棕色（5YR 5/8，润），中量中根，粉砂质黏土，发育程度强的小粒状结构，中量细根孔、气孔、粒间孔隙、动物穴，土体疏松，向下层平滑渐变过渡。

Bw2b1：90～125cm，淡黄橙色（7.5YR 8/4，干），橙色（7.5YR 6/8，润），少量中根，粉砂质黏土，发育程度强的中块状结构，少量细根孔、气孔、粒间孔隙、动物穴，土体稍坚实，少量铁锰斑纹，向下层平滑渐变过渡。

Bw2b2：125～200cm，淡黄橙色（7.5YR 8/4，干），橙色（5YR 7/6，润），极少量中根，粉砂质黏土，发育程度中等的中块状结构，少量细气孔、粒间孔隙，土体坚实，少量铁锰斑纹。

嘉镇系代表性单个土体物理性质

土层	深度/cm	石砾(>2mm，体积分数)/%	细土颗粒组成(粒径：mm) /(g/kg)			质地	容重/(g/cm^3)
			砂粒 2～0.05	粉粒 0.05～0.002	黏粒 <0.002		
Ah	0～25	2	108	547	346	粉砂质黏壤土	1.41
Bw	25～50	10	155	468	377	粉砂质黏壤土	1.32
Ah1b	50～60	0	102	529	369	粉砂质黏壤土	1.37
Bw1b	60～75	0	99	468	433	粉砂质黏土	1.38
Ah2b	75～90	0	80	514	405	粉砂质黏土	1.30
Bw2b1	90～125	0	77	510	413	粉砂质黏土	1.47
Bw2b2	125～200	0	97	490	413	粉砂质黏土	1.53

嘉镇系代表性单个土体化学性质

深度/cm	pH (H_2O)	pH (KCl)	有机碳/(g/kg)	全氮(N)/(g/kg)	全磷(P)/(g/kg)	全钾(K)/(g/kg)	游离铁/(g/kg)	CEC_7/(cmol/kg)(黏粒)	铝饱和度/%
0～25	4.5	3.3	7.38	0.81	0.23	21.1	32.2	34.9	81.4
25～50	4.4	3.3	3.20	0.49	0.21	18.6	32.5	33.3	84.5
50～60	4.5	3.4	11.63	1.15	0.21	14.4	24.4	36.4	81.4
60～75	4.6	3.4	7.70	0.88	0.17	16.1	26.5	30.7	82.9
75～90	4.5	3.4	9.39	0.95	0.22	14.9	24.5	41.0	82.8
90～125	4.6	3.4	5.00	0.55	0.20	16.7	26.6	27.8	83.3
125～200	4.8	3.5	3.69	0.52	0.19	17.2	29.5	28.4	82.7

8.13.15　新桥系（Xinqiao Series）

土　族：黏质高岭石混合型热性-普通铝质湿润雏形土

拟定者：张杨珠，周　清，盛　浩，张　亮，罗　卓，欧阳宁相

分布与环境条件　该土系分布于湘北地区花岗岩风化物低丘地带，位于低丘中坡，海拔 50～155m，坡度 10°～20°；成土母质为花岗岩风化物；土地利用状况为有林地，多为松、杉人工林和毛竹林；中亚热带湿润季风气候，年均气温 16.5～17.0℃，年均降水量 1400～1600mm。

新桥系典型景观

土系特征与变幅　诊断层包括暗瘠表层和雏形层，诊断特性包括铁质特性、湿润土壤水分状况和热性土壤温度状况，诊断现象有铝质现象。土体发育极为深厚，土体构型为 Ah-Bw，有效土层厚度一般>200cm，表土层深厚，厚度一般为 30～50cm，土壤颜色色调以 2.5YR 为主，土壤质地剖面为黏土-黏壤土。土壤腐殖质积累过程较弱，有机碳含量介于 3.18～16.70g/kg。pH（H_2O）和 pH（KCl）分别介于 4.50～5.64 和 3.79～4.00。黏粒在土体上无明显迁移，铁有微弱的剖面迁移和淀积，全铁含量介于 41.1～51.7g/kg，游离铁含量介于 33.4～36.7g/kg，铁的游离度介于 68.8%～89.4%。

对比土系　倒流坪系，属于同一土族，有效土层厚度皆>200cm，土壤润态色调均以 2.5 YR 为主，表层土壤质地相同，但倒流坪系地形部位及母质不同。蔡家岗系，属于同一土族，相同母质，相同地形，有效土层厚度皆>200cm，但蔡家岗系地形部位不同，颜色色调以 2.5YR 为主，因此为不同土系。

利用性能综述　该土系土层深厚，表层有机质及养分含量较高，水热条件较好，宜种性广，但土壤质地黏重，土体透水性较差，土壤呈酸性，在农业耕作时应增施有机肥、氮肥、适量掺沙等，以改善土壤结构，培肥地力。

参比土种　厚腐厚土花岗岩红壤。

代表性单个土体　位于湖南省益阳市桃江县浮邱山乡新桥村，28°30′9″N，112°06′20.88″E，海拔 68.3m，花岗岩红壤低丘中坡，成土母质为花岗岩风化物，土地利用状况为有林地，50cm 深处土温为 19℃。野外调查时间为 2016 年 7 月 10 日，野外编号 43-YIY04。

新桥系代表性单个土体剖面

Ah：0～40cm，橙色（2.5YR 5/6，干），暗棕色（2.5YR 3/3，润），大量粗根，黏土，发育程度强的小团粒状结构，中量细粒间孔隙、根孔、气孔、动物穴，土体疏松，向下层波状渐变过渡。

Bw1：40～120cm，橙色（2.5YR 6/8，干），亮红棕色（2.5YR 5/8，润），中量中根，黏土，发育程度中等的小团粒状结构，少量细粒间孔隙、根孔、气孔、动物穴，少量很小岩石碎屑，土体疏松，向下层平滑模糊过渡。

Bw2：120～200cm，橙色（2.5YR7/6，干），橙色（2.5YR 6/8，润），少量细根，黏壤土，发育程度中等的小团粒状结构，少量很小粒间孔隙，土体疏松。

新桥系代表性单个土体物理性质

土层	深度 /cm	石砾 (>2mm，体积分数)/%	细土颗粒组成(粒径：mm)/(g/kg)			质地	容重 /(g/cm³)
			砂粒 2～0.05	粉粒 0.05～0.002	黏粒 <0.002		
Ah	0～40	2	242.1	283.1	474.8	黏土	1.01
Bw1	40～120	2	289.0	251.5	459.5	黏土	1.32
Bw2	120～200	0	267.2	353.4	379.4	黏壤土	1.36

新桥系代表性单个土体化学性质

深度 /cm	pH (H_2O)	pH (KCl)	有机碳 /(g/kg)	全氮(N) /(g/kg)	全磷(P) /(g/kg)	全钾(K) /(g/kg)	游离铁 /(g/kg)	CEC_7 /(cmol/kg) (黏粒)	铝饱和度 /%
0～40	4.50	3.79	16.70	1.03	0.17	8.7	33.4	36.0	80.6
40～120	4.75	3.85	4.57	0.37	0.16	9.0	35.6	33.4	80.1
120～200	5.64	4.00	3.18	0.24	0.14	9.0	36.7	39.3	74.8

8.13.16 石狮系（Shishi Series）

土 族：黏质伊利石型热性-普通铝质湿润雏形土

拟定者：张杨珠，黄运湘，满海燕，欧阳宁相

分布与环境条件 该土系分布于湘中地区衡阳盆地北部的丘陵上坡，海拔 100～200m，坡度相对较平缓（8°～15°）；成土母质为紫红色砂质泥岩风化物；土地利用状况为林地，多为松、杉人工林及毛竹和次生灌丛；中亚热带湿润季风气候，年均气温 17.5～18.0℃，年均降水量 1300～1400mm。

石狮系典型景观

土系特征与变幅 诊断层包括淡薄表层和雏形层，诊断特性包括铁质特性、铝质特性、热性土壤温度状况和湿润土壤水分状况。土壤发育较浅，土体构型为 Ah-Bw，有效土层厚度一般<100cm，质地通体为黏土，土体内有>15%的石砾，土壤基质色调为 5YR，表层厚度为 30～40cm。土壤腐殖质积累过程微弱，有机碳含量介于 2.36～8.30g/kg。pH（H_2O）为 4.8，pH（KCl）介于 3.5～3.6。在土壤剖面上，黏粒仅有微弱迁移，但铁有明显的迁移和淀积，全铁含量介于 49.9～67.0g/kg，游离铁含量介于 45.5～52.9g/kg，铁的游离度在 70.6%～97.9%。

对比土系 小湾冲系，属于同一亚类，但小湾冲系颗粒大小级别为黏壤质，矿物类型为硅质混合型，有效土层厚度一般>150cm，土壤润态色调以 10R 为主，因此为不同土系。

利用性能综述 该土系地势较平坦，水热资源丰富。土层较浅薄，质地黏重，紧实，土体内有一定量的石砾，保水保肥能力强，通透性差，耕作性能一般。土壤有机质和养分含量很低，肥力水平低下。当前土地利用方式多为荒地、林地，也可用作旱耕地，应注重充分补充有机质和矿质养料。

参比土种 厚腐中土酸性紫色土。

代表性单个土体 位于湖南省衡阳市衡阳县石市镇石狮村，27°12′37.7″N，112°26′30.7″E，海拔 139m，丘陵低丘上坡，成土母质为紫红色泥岩风化物，土地利用状况为林地，50cm 深处土温为 19℃。野外调查时间为 2016 年 8 月 24 日，野外编号 43-HY04。

石狮系代表性单个土体剖面

Ah：0～40cm，橙色（5YR 6/8，干），亮红棕色（5YR 5/8，润），多量细根，黏土，发育程度中等的小团粒状结构，中量细根孔、气孔、动物穴、粒间孔隙，土体疏松，向下层波状渐变过渡。

Bw：40～90cm，橙色（5YR 6/6，干），红棕色（5YR 4/8，润），中量细根，黏土，发育程度中等的小块状结构，大量细根孔、气孔、动物穴、粒间孔隙，土体疏松，中量岩石碎屑，向下层平滑渐变过渡。

CB：90～180cm，橙色（5YR 6/6，干），亮红棕色（5YR 5/8，润），很少量细根，黏土，发育程度强的中块状结构，少量中根孔、动物穴、粒间孔隙，大量岩石碎屑，土体稍坚实。

石狮系代表性单个土体物理性质

土层	深度/cm	石砾(>2mm，体积分数)/%	细土颗粒组成(粒径：mm)/(g/kg)			质地	容重/(g/cm^3)
			砂粒 2～0.05	粉粒 0.05～0.002	黏粒 <0.002		
Ah	0～40	15	184	326	490	黏土	1.25
Bw	40～90	20	179	318	503	黏土	1.55
CB	90～180	60	159	322	519	黏土	1.57

石狮系代表性单个土体化学性质

深度/cm	pH (H_2O)	pH (KCl)	有机碳/(g/kg)	全氮(N)/(g/kg)	全磷(P)/(g/kg)	全钾(K)/(g/kg)	游离铁/(g/kg)	CEC_7/(cmol/kg)(黏粒)	铝饱和度/%
0～40	4.8	3.5	8.30	0.53	0.23	19.6	47.0	38.9	85.4
40～90	4.8	3.6	2.84	0.39	0.25	28.3	52.9	49.1	86.6
90～180	4.8	3.5	2.36	0.43	0.25	23.6	45.5	35.9	86.7

8.13.17 蔡家岗系（Caijiagang Series）

土 族：黏质伊利石混合型热性-普通铝质湿润雏形土

拟定者：张杨珠，张 亮，罗 卓，欧阳宁相

分布与环境条件 该土系分布于湘北地区的第四纪红色黏土丘陵岗地低丘中坡地带，海拔60～70m，坡度5°～15°；成土母质为第四纪红色黏土；土地利用状况为果园，多种植柑橘；中亚热带湿润季风气候，年均气温16.5～17.0℃，年均降水量1200～1900mm。

蔡家岗系典型景观

土系特征与变幅 诊断层包括暗瘠表层和雏形层，诊断特性有铁质特性、湿润土壤水分状况和热性土壤温度状况，诊断现象有铝质现象。土体发育极为深厚，土体构型为Ah-Bw，有效土层厚度一般>200cm，表土层深厚，一般为30～50cm，土壤质地通体为粉砂质黏土，土体润态色调上部以5YR为主，下部以2.5YR为主。土壤腐殖质积累过程较强，有机碳含量介于2.79～28.13g/kg。pH（H_2O）和pH（KCl）分别介于4.38～5.31和3.56～3.93。黏粒在土体上有弱的淋溶迁移和淀积，铁在土壤剖面上有明显迁移和淀积，全铁含量介于45.6～55.4g/kg，游离铁含量介于18.6～32.1g/kg，铁的游离度介于58.2%～82.9%。

对比土系 倒流坪系，属于同一土族，有效土层厚度皆>200cm，但倒流坪系地形部位均不同，土壤润态色调以2.5 YR为主。新桥系，属于同一土族，相同母质，相同地形，有效土层厚度皆>200cm，但新桥系土壤润态色调以2.5 YR为主，地形部位不同。

利用性能综述 该土系地势低平，水热条件好。土层深厚，质地偏黏，保水保肥能力强，表土疏松，通透性一般。土壤有机质和氮素含量较丰富，但磷、钾素偏低。目前土地利用方式为果园，应增加果园地表植被覆盖度，补充有机质和磷、钾素，培肥地力。

参比土种 厚土层红土红壤。

代表性单个土体 位于湖南省常德市鼎城区蔡家岗镇蔡家岗村，29°13′9.12″N，111°37′2.64″E，海拔66m，第四纪红色黏土低丘中坡，成土母质为第四纪红色黏土，土地利用状况为果园，50cm深处土温为19℃。野外调查时间为2016年7月19日，野外编号43-CD06。

蔡家岗系代表性单个土体剖面

Ah：0～40cm，浊橙色（5YR 5/3，干），暗红棕色（5YR 3/3，润），大量细根，粉砂质黏土，发育程度强的中团粒状结构，大量细粒间孔隙、根孔、气孔、动物穴，土体疏松，向下层波状渐变过渡。

Bw1：40～80cm，浊橙色（5YR 6/4，干），浊红棕色（2.5YR 4/4，润），中量细根，粉砂质黏土，发育程度强的中块状结构，大量细粒间孔隙、根孔、气孔、动物穴，土体疏松，向下层平滑渐变过渡。

Bw2：80～140cm，亮红色（5YR 5/6，干），橙色（2.5YR 6/6，润），少量细根，粉砂质黏土，发育程度中等的中块状结构，少量中粒间孔隙、气孔、根孔、动物穴，土体稍坚实，中量铁锰胶膜，向下层平滑模糊过渡。

Bw3：140～180cm，橙色（5YR 6/6，干），橙色（2.5YR 6/6，润），少量细根，粉砂质黏土，发育程度中等的中块状结构，少量细粒间孔隙，土体稍坚实，中量铁锰胶膜。

蔡家岗系代表性单个土体物理性质

土层	深度/cm	石砾(>2mm，体积分数)/%	细土颗粒组成(粒径：mm)/(g/kg)			质地	容重/(g/cm³)
			砂粒 2～0.05	粉粒 0.05～0.002	黏粒 <0.002		
Ah	0～40	0	71	508	422	粉砂质黏土	0.92
Bw1	40～80	0	2	530	468	粉砂质黏土	1.08
Bw2	80～140	0	47	471	482	粉砂质黏土	1.34
Bw3	140～180	0	44	523	433	粉砂质黏土	1.43

蔡家岗系代表性单个土体化学性质

深度/cm	pH (H_2O)	pH (KCl)	有机碳/(g/kg)	全氮(N)/(g/kg)	全磷(P)/(g/kg)	全钾(K)/(g/kg)	游离铁/(g/kg)	CEC_7/(cmol/kg)(黏粒)	铝饱和度/%
0～40	4.38	3.56	28.13	2.15	0.34	17.7	18.6	45.3	73.7
40～80	4.68	3.72	6.49	0.77	0.27	20.0	24.3	39.7	74.5
80～140	5.05	3.83	3.11	0.59	0.27	19.5	29.5	47.5	36.7
140～180	5.31	3.93	2.79	0.48	0.26	19.0	32.1	40.2	33.2

8.13.18 鲁丑系（Luchou Series）

土　族：黏壤质氧化物型热性-普通铝质湿润雏形土

拟定者：张杨珠，盛　浩，欧阳宁相

分布与环境条件　该土系分布于湘北地区板、页岩丘陵地带，海拔50～200m，坡度相对较平缓（10°～15°）；成土母质为板、页岩风化物；土地利用状况为有林地，多为次生常绿阔叶林、松杉人工林；中亚热带湿润季风气候，年均气温16.8～17.2℃，年均降水量1300～1400mm。

鲁丑系典型景观

土系特征与变幅　诊断层包括淡薄表层和雏形层，诊断特性有铁质特性、湿润土壤水分状况和热性土壤温度状况，诊断现象有铝质现象。土体发育较浅薄，土体构型为Ah-Bw，有效土层厚度一般<100cm，土壤表层厚度为25～35cm，土壤质地通体为壤土，土壤润态色调以2.5YR为主。土壤腐殖质积累过程较弱，有机碳含量介于2.72～15.99g/kg，pH（H_2O）和pH（KCl）分别介于4.4～4.7和3.7～3.9。土体上黏粒无明显迁移，但铁有微弱迁移和淀积，全铁含量介于47.1～55.8g/kg，游离铁含量介于24.2～38.4g/kg，铁的游离度介于51.3%～68.9%。

对比土系　北峰山系，属于同一亚类，相同母质，有效土层厚度和土壤表层厚度均相同，黏粒均无明显迁移，但北峰山系土壤润态色调以7.5YR为主，表层土壤质地为黏壤土，铁在剖面上无明显迁移和淀积，因此为不同土系。

利用性能综述　该土系地势较低，坡度较缓，水热条件较好。土层较浅薄，质地适中，有很少量石砾，土壤保水保肥能力强，当前土地利用方式为林地，也适宜旱地农业开发利用。土壤有机质和养分含量较低，要注重加强有机质投入，补充矿质养料。

参比土种　厚腐中土板、页岩棕红壤。

代表性单个土体　位于湖南省岳阳市岳阳县杨林乡鲁丑村白屋组板、页岩低丘上坡地带，29°18′22″N，113°41′7″E，海拔103m，母质为板、页岩风化物，土地利用状况为有林地，50cm深处土温为19℃。野外调查时间为2015年9月25日，野外编号43-YY09。

鲁丑系代表性单个土体剖面

Ah：　0～30cm，橙色（5YR 6/6，干），红棕色（2.5YR 4/6，润），大量细根，壤土，发育程度强的大团粒状结构，大量粗根孔、气孔、动物穴、粒间孔隙，少量小岩石碎屑，土体松散，向下层平滑渐变过渡。

Bw：30～80cm，橙色（5YR 6/6，干），亮红棕色（2.5YR 5/6，润），中量细根，壤土，发育程度弱的大块状结构，中量中根孔、粒间孔隙，中量中岩石碎屑，土体稍坚实-坚实，向下层平滑清晰过渡。

C：　80～100cm，板、页岩风化物。

R：　100cm 以下，板、页岩。

鲁丑系代表性单个土体物理性质

土层	深度 /cm	石砾 (>2mm，体积分数)/%	细土颗粒组成(粒径：mm)/(g/kg)			质地	容重 /(g/cm^3)
			砂粒 2～0.05	粉粒 0.05～0.002	黏粒 <0.002		
Ah	0～30	4	229	507	264	壤土	1.11
Bw	30～80	15	292	456	252	壤土	1.40

鲁丑系代表性单个土体化学性质

深度 /cm	pH (H_2O)	pH (KCl)	有机碳 /(g/kg)	全氮(N) /(g/kg)	全磷(P) /(g/kg)	全钾(K) /(g/kg)	游离铁 /(g/kg)	CEC_7 /(cmol/kg) (黏粒)	铝饱和度 /%
0～30	4.4	3.7	15.99	0.49	0.21	17.8	24.2	55.6	81.4
30～80	4.7	3.9	2.72	0.46	0.23	18.6	38.4	51.4	81.5

8.13.19　芭蕉系（Bajiao Series）

土　族：黏壤质硅质混合型热性-普通铝质湿润雏形土

拟定者：张杨珠，盛　浩，欧阳宁相

分布与环境条件　该土系分布于湘北地区花岗岩低丘下坡地带，海拔 100～200m，坡度较平缓（8°～15°）；成土母质为花岗岩风化物；土地利用状况为次生林地、灌木或自然荒地，大多种植马尾松人工林、油茶经济林，植被覆盖度为 60%～70%；中亚热带湿润季风气候，年均气温 16～17℃，年均降水量 1300～1400mm，秋旱严重。

芭蕉系典型景观

土系特征与变幅　诊断层包括淡薄表层和雏形层，诊断特性有铁质特性、湿润土壤水分状况和热性土壤温度状况，诊断现象有铝质现象。土体发育深厚，土体构型为 Ah-Bw-BC，有效土层厚度一般>150cm，剖面质地为黏壤土-砂质黏壤土构型，土体内有≤10%的石砾。淋溶层的腐殖质化过程较强，地表有 3～6cm 厚的枯枝落叶层，土壤润态色调以 5YR 为主，有机碳含量介于 2.60～19.61g/kg。pH（H_2O）和 pH（KCl）介于 4.5～5.1 和 3.7～4.0。黏粒和铁在土体上无明显的迁移和淀积，全铁含量介于 31.2～41.3g/kg，游离铁含量介于 15.1～18.3g/kg，铁的游离度介于 41.9%～54.9%。

对比土系　建塘系，属于同一土族，相同母质，相同地形部位，但建塘系土体 40cm 以下有明显的坡积埋藏土层，表层土壤质地为砂黏壤土，颜色色调以 7.5YR 为主。土珠岭系，属于同一土族，相同地形部位，相同母质，但土珠岭系土壤颜色色调以 2.5YR 或 5YR 为主，因此为不同土系。

利用性能综述　该土系地势较平缓，土体深厚，质地适中，底土砂粒含量较高，通透性较好。土壤呈酸性，表土有机质、氮和钾含量较高，但磷素含量较低。荒山荒地适宜发展松、杉人工林及毛竹林和果园等经济作物，但人为干扰的坡地容易发生水土冲刷，注重恢复地表植被和防止水土流失。

参比土种　厚腐厚土花岗岩棕红壤。

代表性单个土体　位于湖南省岳阳市岳阳县张谷英镇芭蕉村新屋组，29°1′24.29″N，113°30′30.77″E，海拔 128m，花岗岩低丘下坡地带，成土母质为花岗岩风化物，土地利用状况为林地、灌木，50cm 深处土温为19℃。野外调查时间为2015 年9 月25 日，野外编号43-YY10。

芭蕉系代表性单个土体剖面

Ah：0～30cm，亮棕色（7.5YR 5/6，干），暗红棕色（5YR 3/6，润），大量中根，黏壤土，发育程度很强的大团粒状结构，大量粗根孔、粒间孔隙、气孔、动物穴，少量很小石英颗粒，土体极疏松，向下层平滑渐变过渡。

Bw1：30～75cm，亮棕色（7.5YR 5/8，干），暗红棕色（5YR 3/6，润），大量中根，黏壤土，发育程度强的中块状结构，中量中根孔、粒间孔隙、气孔、动物穴，少量很小石英颗粒，土体疏松，向下层平滑渐变过渡。

Bw2：75～100cm，橙色（7.5YR 6/6，干），红棕色（5YR 4/8，润），中量粗根，黏壤土，中量中根孔、气孔、粒间孔隙，发育程度中等的大块状结构，少量小石英颗粒，土体稍坚实，向下层平滑渐变过渡。

BC：100～170cm，橙色（7.5YR 6/8，干），红棕色（5YR 4/8，润），少量极细根，砂质黏壤土，发育程度弱的很大块状结构，少量细粒间孔隙，中量小石英颗粒，土体坚实，少量黏粒胶膜。

芭蕉系代表性单个土体物理性质

土层	深度 /cm	石砾 (>2mm，体积分数)/%	细土颗粒组成(粒径：mm)/(g/kg)			质地	容重 /(g/cm^3)
			砂粒 2～0.05	粉粒 0.05～0.002	黏粒 <0.002		
Ah	0～30	6	343	317	340	黏壤土	1.07
Bw1	30～75	8	344	321	335	黏壤土	1.26
Bw2	75～100	6	402	291	307	黏壤土	1.46
BC	100～170	10	519	233	248	砂质黏壤土	1.45

芭蕉系代表性单个土体化学性质

深度 /cm	pH (H_2O)	pH (KCl)	有机碳 /(g/kg)	全氮(N) /(g/kg)	全磷(P) /(g/kg)	全钾(K) /(g/kg)	游离铁 /(g/kg)	CEC_7 /(cmol/kg) (黏粒)	铝饱和度 /%
0～30	4.6	3.7	19.61	1.27	0.13	32.6	16.6	45.5	67.5
30～75	4.5	3.9	6.84	0.62	0.11	33.2	18.3	47.2	83.3
75～100	5.1	3.9	3.52	0.34	0.26	19.7	17.3	44.8	79.6
100～170	5.1	4.0	2.60	0.20	0.20	18.8	15.1	52.1	71.8

8.13.20　北峰山系（Beifengshan Series）

土　族：黏壤质硅质混合型酸性热性-普通铝质湿润雏形土

拟定者：张杨珠，周　清，盛　浩，张　亮，罗　卓，欧阳宁相

分布与环境条件　该土系分布于湘北地区板、页岩低丘中坡地带，海拔130～150m，坡度较陡（20°～35°）；成土母质为板、页岩风化物；土地利用状况为林地，多为自然演替的次生常绿阔叶林植被；中亚热带湿润季风气候，年均气温17～18℃，年均降水量1300～1400mm，降雨集中在每年3～8月，以6月最多。

北峰山系典型景观

土系特征与变幅　诊断层包括暗瘠表层和雏形层，诊断特性有铁质特性、湿润土壤水分状况和热性土壤温度状况，诊断现象有铝质现象。土层发育较浅薄，土体构型为Ah-Bw，有效土层一般<100cm，土壤表层厚度为25～35cm，土壤润态色调以7.5YR为主，土壤质地为黏壤土。腐殖质积累过程较强，土壤表层枯枝落叶厚3～6cm，土壤有机碳含量介于10.21～34.63g/kg。pH（H_2O）和pH（KCl）分别介于4.24～4.46和3.22～3.52。黏粒和铁在土壤剖面上无明显迁移、淀积，全铁含量为73.1～77.1g/kg，游离铁含量介于38.7～39.2g/kg，铁的游离度介于71.9%～78.1%。

对比土系　鲁丑系，属于同一亚类，同一母质，有效土层厚度和土壤表层厚度均相同，黏粒均无明显迁移，但鲁丑系土壤润态色调以2.5YR为主，表层土壤质地为壤土，铁有微弱迁移和淀积，因此为不同土系。

利用性能综述　该土系地势较低，热量条件好。土壤有机质和钾素含量较丰富，但磷素偏低，酸性强烈。坡度陡，土层发育较浅，但土质极紧实，灌溉不便，不宜开垦和利用。应加强现有植被保护，加强封禁、植树造林和种草，禁止开发利用，减少人为干扰活动，防止滑坡和水土流失。

参比土种　厚腐厚土板、页岩红壤。

代表性单个土体　位于湖南省益阳市赫山区谢林港镇北峰山村，28°32′4.2″N，112°17′15″E，海拔147.4m，板岩低丘中坡，坡型凸型，坡向北，成土母质为板、页岩风化物，土地利用状况为有林地，50cm深处土温为19℃。野外调查时间为2016年7月10日，野外编号43-YIY05。

北峰山系代表性单个土体剖面

Ah：0～30cm，浊橙色（7.5YR5/4，干），暗棕色（7.5YR 3/3，润），大量细根，黏壤土，发育程度强的小团粒状结构，大量很细粒间孔隙、根孔、气孔、动物穴，少量中岩石碎屑，土体疏松，向下层波状渐变过渡。

Bw：30～80cm，橙色（7.5YR 7/6，干），亮棕色（7.5YR 5/8，润），中量细根，发育程度强的小块状结构，中量细粒间孔隙、根孔，中量小岩石碎屑，土体疏松，向下层波状渐变过渡。

R：　80cm 以下，板、页岩风化物。

北峰山系代表性单个土体物理性质

土层	深度 /cm	石砾 (>2mm，体积分数)/%	细土颗粒组成(粒径：mm)/(g/kg)			质地	容重 /(g/cm^3)
			砂粒 2～0.05	粉粒 0.05～0.002	黏粒 <0.002		
Ah	0～30	5	299.5	420.8	279.7	黏壤土	1.35
Bw	30～80	20	343.9	356.5	299.6	黏壤土	1.40

北峰山系代表性单个土体化学性质

深度 /cm	pH (H_2O)	pH (KCl)	有机质 /(g/kg)	全氮(N) /(g/kg)	全磷(P) /(g/kg)	全钾(K) /(g/kg)	游离铁 /(g/kg)	CEC_7 /(cmol/kg) (黏粒)	铝饱和度 /%
0～30	4.24	3.22	34.63	1.95	0.53	32.89	38.7	38.5	83.2
30～80	4.46	3.52	10.21	1.02	0.58	33.60	39.2	26.9	85.5

8.13.21 建塘系（Jiantang Series）

土　族：黏壤质硅质混合型热性-普通铝质湿润雏形土

拟定者：张杨珠，黄运湘，满海燕，欧阳宁相

分布与环境条件　该土系分布于湘中地区花岗岩低丘陵的下坡地带，海拔 60～200m，坡度 10°～20°；成土母质为花岗岩风化物；土地利用状况为林地，多为人工种植杉木人工林、毛竹；中亚热带湿润季风气候，年均气温 17.5～18℃，年均降水量 1300～1400mm。

建塘系典型景观

土系特征与变幅　诊断层包括淡薄表层和雏形层，诊断特性有铁质特性、热性土壤温度状况和湿润土壤水分状况，诊断现象有铝质现象。土壤发育深厚，土体构型为 Ah-Bw-Ab-ABb-Bwb，有效土层厚度>200cm，表土层厚度>20cm，土壤质地以砂黏壤土为主，底土层中有 5%～50%的石砾。土体 40cm 以下有明显的坡积埋藏土层，厚度>120cm。土壤颜色色调以 7.5YR 为主。土壤有机质积累过程弱，土壤有机碳含量为 2.55～13.16g/kg。土壤呈酸性，pH（H_2O）和 pH（KCl）分别介于 4.4～4.7 和 3.7～3.9。土体上黏粒和铁无明显迁移和淀积，全铁含量介于 17.4～21.7g/kg，游离铁含量介于 9.5～15.0g/kg，铁的游离度在 52.4%～73.3%。

对比土系　芭蕉系，属于同一土族，相同母质，相同地形部位，但芭蕉系无坡积埋藏土层，表层土壤质地为黏壤土，润态色调以 5YR 为主。土珠岭系，属于同一土族，相同地形部位，相同母质，但土珠岭系土壤颜色色调以 2.5YR 为主，因此为不同土系。

利用性能综述　该土系土层深厚，质地砂壤，通透性好。但土壤质地偏砂性，容易漏水漏肥。土壤有机质、氮和磷含量低，但钾素较丰富。水热条件好，但坡陡，抗蚀性差。目前主要栽种杉木人工林，部分人为干扰严重的地方水土流失严重，土壤肥力退化，应注意封山育林，做好水土保持。

参比土种　厚腐厚土花岗岩红壤。

代表性单个土体　位于湖南省衡阳市衡山县沙泉乡建塘村，27°18′45.0″N，112°47′55.9″E，海拔 81m，低丘陵下坡，成土母质为花岗岩风化物，林地，50cm 深处土温为 20℃。野外调查时间为 2016 年 8 月 26 日，野外编号 43-HY07。

建塘系代表性单个土体剖面

Ah：0～25cm，浊橙色（7.5YR 6/4，干），浊橙色（7.5YR 4/4，润），大量细根，砂黏壤土，发育程度强的小团粒状结构，大量细根孔、气孔、动物穴、粒间孔隙，土体疏松，向下层平滑渐变过渡。

Bw：25～48cm，浊橙色（7.5YR 7/4，干），亮棕色（7.5YR 5/8，润），大量细根，砂黏壤土，发育程度强的小块状结构，中量细根孔、气孔、动物穴、粒间孔隙，土体稍坚实，向下层波状清晰过渡。

Ab：48～70cm，浊橙色（7.5YR 7/4，干），亮棕色（7.5YR 5/6，润），大量细根，砂黏壤土，发育程度强的小块状结构，中量细根孔、动物穴、粒间孔隙，中量小岩屑，土体疏松，向下层平滑渐变过渡。

ABb：70～100cm，浊橙色（7.5YR 7/4，干），亮棕色（7.5YR 5/8，润），多量细根，砂黏壤土，发育程度强的小块状结构，中量细根孔、动物穴、粒间孔隙，中量中岩屑，土体稍坚实，向下层平滑渐变过渡。

Bwb：100～200cm，橙色（7.5YR 7/6，干），亮棕色（7.5YR 5/8，润），中量细根，壤土，发育程度强的小块状结构，少量细根孔、粒间孔隙，大量中岩屑，土体坚实。

建塘系代表性单个土体物理性质

土层	深度/cm	石砾(>2mm，体积分数)/%	细土颗粒组成(粒径：mm)/(g/kg)			质地	容重/(g/cm^3)
			砂粒 2～0.05	粉粒 0.05～0.002	黏粒 <0.002		
Ah	0～25	2	507	243	250	砂黏壤土	1.15
Bw	25～48	5	486	248	265	砂黏壤土	1.21
Ab	48～70	15	472	250	279	砂黏壤土	1.18
ABb	70～100	20	491	258	252	砂黏壤土	1.19
Bwb	100～200	35	464	300	236	壤土	1.50

建塘系代表性单个土体化学性质

深度/cm	pH (H_2O)	pH (KCl)	有机碳/(g/kg)	全氮(N)/(g/kg)	全磷(P)/(g/kg)	全钾(K)/(g/kg)	游离铁/(g/kg)	CEC_7/(cmol/kg)(黏粒)	铝饱和度/%
0～25	4.6	3.7	13.16	0.73	0.17	31.9	14.3	47.2	73.1
25～48	4.4	3.8	6.93	0.51	0.15	29.5	15.0	51.3	81.5
48～70	4.5	3.9	6.72	0.47	0.10	24.8	9.5	32.0	75.0
70～100	4.5	3.9	5.35	0.33	0.13	29.4	10.6	33.2	80.4
100～200	4.7	3.9	2.55	0.20	0.12	28.5	13.4	46.3	75.2

8.13.22　李耳岗系（Liergang Series）

土　族：黏壤质硅质混合型热性-普通铝质湿润雏形土

拟定者：张杨珠，周　清，张　亮，罗　卓，欧阳宁相

分布与环境条件　该土系分布于湘北地区紫色土丘陵岗地中坡地带，坡度 10°～20°，海拔 80～200m；成土母质为紫色砂、页岩风化物；土地利用状况为自然荒地，上有杂木林；中亚热带湿润季风气候，年均气温 16～17℃，年均降水量 1300～1400mm。

李耳岗系典型景观

土系特征与变幅　诊断层包括淡薄表层和雏形层，诊断特性有铁质特性、湿润土壤水分状况和热性土壤温度状况，诊断现象有铝质现象。土体较浅薄，土体构型为 Ah-Bw，有效土层厚度一般<100cm，土壤质地为黏壤土，土壤润态色调为 2.5YR。土壤腐殖质积累过程弱，有机碳含量介于 2.38～11.39g/kg。pH（H_2O）和 pH（KCl）分别介于 4.85～4.88 和 3.55～3.57。黏粒和铁在剖面上无明显迁移，全铁含量介于 16.0～17.8g/kg，游离铁含量介于 13.5～14.2g/kg，铁的游离度介于 63.35%～84.71%。

对比土系　骡子系，属于同一土族，相同母质，地形部位相同，但骡子系有效土层为 50～100cm，土壤颜色色调以 2.5YR 为主，表层质地为粉砂壤土，50cm 以下有明显的准石质接触面，因此为不同土系。

利用性能综述　该土系坡度平缓，但土层较浅，土质偏黏，土体稍紧实，保水保肥力较强，通透性较差。土壤酸性强，应种植耐酸的农作物。土壤有机质和养分含量低下，肥力水平很低，应种植耐瘠薄的农作物，并补充有机肥和矿质养料。荒地应加强植树造林，发展人工林、经济林和果园，注重恢复地面植被，防止水土流失。

参比土种　厚腐厚土酸性紫色土。

代表性单个土体　位于湖南省常德市石门县蒙泉镇李耳岗村，29°23′14.64″N，111°23′9.96″E，海拔 107m，紫色泥页岩低丘中坡，成土母质为紫色砂、页岩风化物，土地利用状况为林地（杂木林），50cm 深处土温为 19℃。野外调查时间为 2016 年 7 月 17 日，野外编号 43-CD03。

李耳岗系代表性单个土体剖面

Ah：0～20cm，亮红棕色（5YR 5/6，干），暗红棕色（2.5YR 3/3，润），大量细根，黏壤土，发育程度强的中团粒状结构，大量细粒间孔隙、根孔、气孔、动物穴，土体疏松，向下层平滑渐变过渡。

Bw：20～90cm，亮红棕色（5YR 5/6，干），红棕色（2.5YR 4/6，润），中量细根，黏壤土，发育程度中等的中团粒状结构，中量中粒间孔隙、根孔、气孔、动物穴，少量中岩屑，土体疏松，向下层波状渐变过渡。

R：　90cm 以下，紫色砂、页岩。

李耳岗系代表性单个土体物理性质

土层	深度 /cm	石砾 (>2mm，体积分数)/%	细土颗粒组成(粒径：mm)/(g/kg)			质地	容重 /(g/cm^3)
			砂粒 2～0.05	粉粒 0.05～0.002	黏粒 <0.002		
Ah	0～20	0	404	280	316	黏壤土	1.45
Bw	20～90	10	277	432	291	黏壤土	1.43

李耳岗系代表性单个土体化学性质

深度 /cm	pH (H_2O)	pH (KCl)	有机碳 /(g/kg)	全氮(N) /(g/kg)	全磷(P) /(g/kg)	全钾(K) /(g/kg)	游离铁 /(g/kg)	CEC_7 /(cmol/kg) (黏粒)	铝饱和度 /%
0～20	4.85	3.55	11.39	0.89	0.17	17.4	13.5	53.3	73.4
20～90	4.88	3.57	2.38	0.38	0.13	18.5	14.2	70.2	71.3

8.13.23 龙塘湾系（Longtangwan Series）

土　族：黏壤质硅质混合型热性-普通铝质湿润雏形土

拟定者：张杨珠，周　清，盛　浩，张　亮，罗　卓，欧阳宁相

分布与环境条件 该土系分布于湘北地区板岩低丘、岗地地带，位于低丘中坡，坡度20°～30°，坡型为直线型，坡向北，海拔50～60m；成土母质为板、页岩风化物；土地利用状况为有林地或自然荒地，上有毛竹林；中亚热带湿润季风气候，年均气温16.5～17.0℃，年均降水量1400～1500mm。

龙塘湾系典型景观

土系特征与变幅 诊断层包括暗瘠表层和雏形层，诊断特性有铁质特性、湿润土壤水分状况和热性土壤温度状况，诊断现象有铝质现象。土体较厚，土体构型为Ah-Bw-BC，有效土层厚度一般>100cm，表土层深厚，一般为30～50cm，土壤颜色色调以5YR为主，土壤质地剖面为粉砂质黏土-砂黏壤土-壤土，50cm以下一般有>15%的石砾含量。地表枯枝落叶较丰富，淋溶层的腐殖质积累过程较强，有机碳含量介于1.99～20.30g/kg。pH（H_2O）和pH（KCl）介于4.31～4.51和3.60～3.61。黏粒和铁均无明显的剖面淋溶、迁移淀积，全铁含量介于68.2～71.7g/kg，游离铁含量介于52.6～56.3g/kg，铁的游离度介于73.3%～81.2%。

对比土系 胜利系，属于同一土族，相同母质，地形部位相同，但胜利系表层土壤质地为黏壤土，土体内有5%～20%的板、页岩碎屑，润态色调以7.5YR为主，黏粒和铁在土壤剖面上有一定的迁移和淀积。坪形系，属于同一土族，相同母质，地形部位相同，但坪形系表层土壤质地为黏壤土，润态色调以7.5YR为主，剖面上有明显的黏粒、铁迁移，黏粒和铁有明显的淀积。因此为不同土系。

利用性能综述 该土系土层较深厚，水热条件较好，表土质地稍黏，下部砂性较强，易漏水漏肥。坡度较陡，土体较紧实，石砾含量较高，农业耕作和生产性能一般。表土有机质含量较丰富，但磷素缺乏，土壤呈强酸性。在坡度较陡的地带宜发展林、草业，在平缓丘底部宜种植茶叶、柑橘等耐酸、耐瘠经济作物，注重补充有机质和磷素。

参比土种 厚腐厚土板岩红壤。

代表性单个土体 位于湖南省益阳市赫山区谢林港镇石桥村，28°31′52.32″N，112°18′0.72″E，海拔 59.2m，板岩低丘中坡，成土母质为板、页岩风化物，土地利用状况为有林地，50cm 深处土温为 19℃。野外调查时间为 2016 年 7 月 12 日，野外编号 43-YIY07。

龙塘湾系代表性单个土体剖面

Ah：0～40cm，浊橙色（5YR 5/6，干），暗棕色（5YR 3/3，润），大量细根，粉砂质黏土，发育程度强的小块状结构，中量细粒间孔隙、根孔、气孔、动物穴，少量小岩石碎屑，土体疏松，向下层平滑渐变过渡。

Bw：40～85cm，浅淡橙色（5YR 8/4，干），橙色（5YR 6/8，润），中量细根，砂黏壤土，发育程度强的中块状结构，中量细粒间孔隙、根孔、气孔、动物穴，中量小岩石碎屑，土体疏松，向下层平滑渐变过渡。

BC：85～115cm，浊橙色（5YR 7/4，干），橙色（5YR 6/6，润），少量细根，壤土，发育程度弱的中块状结构，少量粗粒间孔隙、气孔、动物穴，大量小岩石碎屑，土体稍坚实。

C： 115cm 以下，板、页岩风化物。

龙塘湾系代表性单个土体物理性质

土层	深度 /cm	石砾 (>2mm，体积分数)/%	细土颗粒组成(粒径：mm)/(g/kg)			质地	容重 /(g/cm³)
			砂粒 2～0.05	粉粒 0.05～0.002	黏粒 <0.002		
Ah	0～40	5	85.6	439.5	474.9	粉砂质黏土	1.42
Bw	40～85	15	566.3	155.9	277.8	砂黏壤土	1.48
BC	85～115	28	422.8	319.6	257.6	壤土	1.47

龙塘湾系代表性单个土体化学性质

深度 /cm	pH (H_2O)	pH (KCl)	有机碳 /(g/kg)	全氮(N) /(g/kg)	全磷(P) /(g/kg)	全钾(K) /(g/kg)	游离铁 /(g/kg)	CEC_7 /(cmol/kg) (黏粒)	铝饱和度 /%
0～40	4.31	3.61	20.30	2.13	0.40	26.2	52.6	37.3	74.8
40～85	4.51	3.61	13.39	0.97	0.44	28.6	52.7	38.1	67.8
85～115	4.45	3.60	1.99	0.91	0.45	31.0	56.3	30.3	75.6

8.13.24 骡子系（Luozi Series）

土 族：黏壤质硅质混合型热性-普通铝质湿润雏形土

拟定者：张杨珠，翟 橙，欧阳宁相

分布与环境条件 该土系分布于湘西地区紫红色砂页岩低丘中缓坡地带，海拔 80～200m，坡度 5°～10°，地面有轻度水蚀；成土母质为紫色砂、页岩风化物；土地利用状况为园地，植被覆盖度>70%；中亚热带湿润季风气候，年均气温 16.5～17.3℃，年均降水量 1300～1400mm。

骡子系典型景观

土系特征与变幅 诊断层包括淡薄表层和雏形层，诊断特性有铁质特性、湿润土壤水分状况、热性土壤温度状况和准石质接触面，诊断现象有铝质现象。土层较浅，土体构型为 Ah-Bw，有效土层厚度为 50～100cm，土壤颜色色调以 2.5YR 为主，质地构型为粉砂壤土-壤土，土体内有 5%～8%的石砾，50cm 以下有明显的准石质接触面。土壤有机质积累过程弱，土壤有机质和养分含量较低，土壤有机碳含量为 6.77～10.42g/kg，但 CEC_7 介于 40～80cmol/kg（黏粒），土壤供肥能力较强。土壤呈酸性，pH（H_2O）和 pH（KCl）分别介于 4.51～4.58 和 3.48～3.62。土体坚实，黏粒在土体上有微弱的迁移，但铁在土体上无明显迁移和淀积，全铁含量介于 23.7～24.3g/kg，游离铁含量介于 18.1～20.6g/kg，铁的游离度介于 74.6%～86.6%。

对比土系 李耳岗系，属于同一土族，相同母质，地形部位相同，但李耳岗系有效土层厚度一般<100cm，土壤润态色调以 2.5YR 为主，表层质地为黏壤土，剖面未出现准石质接触面，因此为不同土系。

利用性能综述 该土系地势平缓，水热条件好，质地适中，保肥供肥能力强，宜种性广，适宜发展多种旱地农作物，目前为果园。但土层较浅薄，有很少量砂石，土质偏紧实，通透性较差，土壤呈酸性，土壤有机质和磷、钾素含量低，宜增施有机肥和矿质复合肥，适当深耕，增强通透性。

参比土种 厚腐中土酸性紫色土。

代表性单个土体 位于湖南省怀化市麻阳苗族自治县隆家堡乡骡子村，27°43′43.32″N，109°45′20.88″E，海拔 104m，紫红色低丘陵中坡，母质为紫色砂、页岩风化物，果园，50cm 深处土温为 19℃。野外调查时间为 2016 年 10 月 28 日，野外编号 43-HH08。

骡子系代表性单个土体剖面

Ah：0～40cm，浊红棕色（2.5YR 5/3，干），浊红棕色（2.5YR 4/4，润），中量细根，粉砂壤土，团粒状，大量中根孔、气孔、粒间孔隙、动物穴，中量很小石砾，土体疏松，向下层平滑渐变过渡。

Bw：40～70cm，浊红棕色（2.5YR 5/4，干），红棕色（2.5YR 4/6，润），少量细根，壤土，大量细根孔、气孔、粒间孔隙、动物穴，中量很小石砾，土体疏松，向下层平滑清晰过渡。

R：70cm 以下，紫色砂、页岩。

骡子系代表性单个土体物理性质

土层	深度 /cm	石砾 (>2mm，体积分数)/%	细土颗粒组成(粒径：mm)/(g/kg)			质地	容重 /(g/cm^3)
			砂粒 2～0.05	粉粒 0.05～0.002	黏粒 <0.002		
Ah	0～40	5	244.8	513.8	241.4	粉砂壤土	1.31
Bw	40～70	8	314.5	420.5	265.0	壤土	1.27

骡子系代表性单个土体化学性质

深度 /cm	pH (H_2O)	pH (KCl)	有机碳 /(g/kg)	全氮(N) /(g/kg)	全磷(P) /(g/kg)	全钾(K) /(g/kg)	游离铁 /(g/kg)	CEC_7 /(cmol/kg) (黏粒)	铝饱和度 /%
0～40	4.58	3.48	10.42	1.26	0.65	19.7	20.6	67.9	61.0
40～70	4.51	3.62	6.77	0.99	0.20	19.6	18.1	49.2	77.1

8.13.25 坪形系（Pingxing Series）

土 族：黏壤质硅质混合型热性-普通铝质湿润雏形土

拟定者：张杨珠，周 清，盛 浩，欧阳宁相

分布与环境条件 该土系分布于湘东南地区板、页岩低丘中坡地带，海拔100～300m，坡度较陡（15°～25°）；成土母质为板、页岩风化物；土地利用状况为林地、灌丛，主要为人工种植的松、杉人工林及自然演替的灌丛、次生常绿阔叶林；中亚热带湿润季风气候，年均气温16.5～17.5℃，年均降水量1500～1600mm。

坪形系典型景观

土系特征与变幅 诊断层包括淡薄表层和雏形层，诊断特性有铁质特性、湿润土壤水分状况和热性土壤温度状况，诊断现象有铝质现象。土壤较深厚，土体构型为Ah-AB-Bw，有效土层厚度>100cm，底层为细土混有中量及以上岩屑，淋溶层为腐殖质层，腐殖质积累过程明显，地表枯枝落叶丰富，厚度为3～6cm，土壤有机碳含量为40～80g/kg。Bw层深厚，一般>80cm。土壤颜色色调以7.5YR或10YR为主，土壤剖面通体为黏壤土，底层板、页岩石砾含量2%～30%。土壤呈酸性，盐基不饱和。pH（H_2O）和pH（KCl）分别介于4.1～4.5和3.4～3.7。剖面上有明显的黏粒、铁迁移，黏粒和铁有明显的淀积，全铁含量介于23.4～35.5g/kg，游离铁含量介于18.7～24.9g/kg，铁的游离度介于70.2%～98.1%。

对比土系 龙塘湾系，属于同一土族，相同母质，地形部位相同，但龙塘湾系表层土壤质地为粉砂质黏土，润态色调以5YR为主，50cm以下一般有>15%的石砾含量，黏粒和铁均无明显的剖面淋溶、迁移淀积。胜利系，属于同一土族，相同母质，地形部位相同，胜利系表层土壤质地为黏壤土，土体内有5%～20%的板、页岩碎屑，润态色调以7.5YR为主，黏粒和铁在土壤剖面上有一定的迁移和淀积。因此为不同土系。

利用性能综述 该土系土层较深厚，质地稍黏，土壤保水保肥能力较强。表土土壤有机质、氮含量丰富，但磷和钾含量偏低。土壤酸性较强，底土紧实且含有一定量的石砾，耕作性一般。地势较低，水热条件好，但坡度较陡，目前以种植杉木人工林为主，宜退耕还林，增加植被覆盖，防止水土流失。

参比土种 厚腐厚土板、页岩红壤。

代表性单个土体 位于湖南省株洲市炎陵县三河镇坪形村矮基岭组，26°31′2.99″N，113°39′19.8″E，海拔190m，板、页岩低丘中坡地带，成土母质为板、页岩风化物，土地利

用状况为灌木林地，50cm 深处土温为 20℃。野外调查时间为 2015 年 8 月 21 日，野外编号 43-ZZ06。

坪形系代表性单个土体剖面

Ah：0～10cm，浊黄棕色（10YR 5/3，干），暗棕色（7.5YR 3/3，润），大量细根，黏壤土，发育程度强的小团粒状结构，大量细根孔、粒间孔隙、气孔、动物穴，极少量很小岩石碎屑，土体松散，向下层平滑渐变过渡。

AB：10～25cm，浊黄橙色（10YR 6/4，干），棕色（7.5YR 4/6，润），中量中根，黏壤土，中量中根孔、粒间孔隙，发育程度强的小块状结构，少量小岩石碎屑，土体松散，向下层平滑渐变过渡。

Bw1：25～65cm，浊黄橙色（10YR 7/4，干），浊橙色（7.5YR 6/4，润），中量中根，黏壤土，中量很细根孔、粒间孔隙，发育程度弱的中块状结构，中量大岩石碎屑，土体极疏松，向下层波状清晰过渡。

Bw2：65～110cm，淡黄橙色（10YR 8/4，干），橙色（7.5YR 6/8，润），少量中根，黏壤土，发育程度弱的大块状结构，中量很细根孔、粒间孔隙，大量很大岩石碎屑，土体疏松，向下层波状清晰过渡。

Bw3：110～150cm，黄橙色（10YR 8/6，干），橙色（7.5YR 6/8，润），很少量细根，黏壤土，发育程度弱的大块状结构，中量很细根孔、粒间孔隙，大量很大岩石碎屑，土体稍坚实-坚实。

坪形系代表性单个土体物理性质

土层	深度 /cm	石砾 (>2mm，体积分数)/%	细土颗粒组成(粒径：mm)/(g/kg)			质地	容重 /(g/cm^3)
			砂粒 2～0.05	粉粒 0.05～0.002	黏粒 <0.002		
Ah	0～10	2	358	325	317	黏壤土	0.94
AB	10～25	3	354	304	342	黏壤土	1.28
Bw1	25～65	16	421	269	310	黏壤土	1.55
Bw2	65～110	25	389	284	328	黏壤土	1.58
Bw3	110～150	30	352	286	362	黏壤土	1.61

坪形系代表性单个土体化学性质

深度 /cm	pH (H_2O)	pH (KCl)	有机碳 /(g/kg)	全氮(N) /(g/kg)	全磷(P) /(g/kg)	全钾(K) /(g/kg)	游离铁 /(g/kg)	CEC_7 /(cmol/kg) (黏粒)	铝饱和度 /%
0～10	4.1	3.4	35.99	1.87	0.31	12.3	18.7	60.2	88.0
10～25	4.3	3.6	12.40	0.84	0.25	13.7	21.1	33.1	82.6
25～65	4.5	3.7	3.95	0.52	0.28	17.0	24.9	27.2	77.6
65～110	4.5	3.6	3.95	0.44	0.23	15.8	23.9	28.0	71.0
110～150	4.5	3.6	3.23	0.47	0.20	14.2	22.7	25.8	82.4

8.13.26 卿家巷系（Qingjiaxiang Series）

土 族：黏壤质硅质混合型热性-普通铝质湿润雏形土

拟定者：张杨珠，于 康，欧阳宁相

分布与环境条件 该土系于湘南地区砂岩低丘的上坡地带，坡度为 5°～15°，海拔 150～300m；成土母质为砂岩风化物；土地利用类型为有林地，主要为人工种植的杉木、马尾松人工林，次生灌丛，人类扰动强度中等；中亚热带湿润季风气候，年均气温 16.9～18.2℃，年均降水量 1400～1700mm。

卿家巷系典型景观

土系特征与变幅 诊断层包括淡薄表层和雏形层，诊断特性有铁质特性、湿润土壤水分状况和热性土壤温度状况，诊断现象有铝质现象。土体深厚，土体构型为 Ah-Bw-BC，有效土层厚度一般>100cm，土壤质地通体为黏壤土，土体自上而下由稍坚实变坚实。土壤颜色以 7.5YR 或 10YR 为主，黏土矿物以伊利石、蛭石和伊蛭混层为主，高岭石次之。土壤有机质积累过程较弱，土壤有机碳含量介于 2.41～16.03g/kg。pH（H_2O）和 pH（KCl）介于 4.53～4.94 和 3.70～3.81。土壤黏粒和铁在土壤剖面上仅有微弱的迁移，全铁含量介于 23.9～26.6g/kg，游离铁含量介于 17.6～19.1g/kg，铁的游离度介于 72.0%～73.7%。

对比土系 小湾冲系，属于同一土族，地形相同，表层质地相同，但小湾冲系母质为紫色砂砾岩风化物，部位为下坡，土壤润态色调以 10R 为主，因此为不同土系。

利用性能综述 该土系土层较厚，石砾含量很多，土体稍紧实，质地偏黏性，保水保肥能力较强，但通透性较差。土壤有机质和养分含量低，旱地农业利用应补充有机肥和矿质养料。林业开发立地条件较好，适宜发展人工林、经济林、水源涵养林，灌丛荒地应加强造林和植被恢复，防止水土流失。

参比土种 厚腐厚土砂岩红壤。

代表性单个土体 位于湖南省永州市双牌县尚仁里乡卿家巷村，25°52′50.04″N，113°39′22.5″E，海拔 238m，砂岩红壤低丘上坡地带，成土母质为砂岩风化物，土地利用类型为有林地，50cm 深处土温为 20℃。野外调查时间为 2016 年 9 月 27 日，野外编号 43-YZ02。

卿家巷系代表性单个土体剖面

Ah：0～35cm，浊橙色（10YR 6/4，干），棕色（7.5YR 4/4，润），大量细根，黏壤土，发育程度强的很小团粒状结构，中量细粒间孔隙、根孔、气孔、动物穴，少量很小岩石碎屑，土体稍坚实，向下层平滑渐变过渡。

Bw1：35～75cm，亮黄棕色（10YR 7/6，干），橙色（7.5YR 6/6，润），中量细根，黏壤土，发育程度强的小块状结构，中量细粒间孔隙、根孔、气孔、动物穴，少量很小岩石碎屑，土体稍坚实，向下层平滑渐变过渡。

Bw2：75～120cm，黄橙色（10YR 7/8，干），橙色（7.5YR 6/6，润），黏壤土，中量细根，少量细粒间孔隙、根孔、动物穴，发育程度强的中块状结构，中量中岩石碎屑，土体坚实，向下层波状清晰过渡。

BC：120～140cm，亮黄棕色（10YR 7/6，干），橙色（7.5YR 6/6，润），较少量细根，黏壤土，发育程度强的大块状结构，少量细粒间孔隙、根孔，大量中岩石碎屑，土体坚实。

卿家巷系代表性单个土体物理性质

土层	深度 /cm	石砾 (>2mm，体积分数)/%	细土颗粒组成(粒径：mm)/(g/kg)			质地	容重 /(g/cm^3)
			砂粒 2～0.05	粉粒 0.05～0.002	黏粒 <0.002		
Ah	0～35	2	220.1	468.9	311.0	黏壤土	1.33
Bw1	35～75	5	239.0	418.5	342.5	黏壤土	1.32
Bw2	75～120	15	286.1	412.4	301.6	黏壤土	1.38
BC	120～140	45	254.8	443.7	301.6	黏壤土	1.51

卿家巷系代表性单个土体化学性质

深度 /cm	pH (H_2O)	pH (KCl)	有机碳 /(g/kg)	全氮(N) /(g/kg)	全磷(P) /(g/kg)	全钾(K) /(g/kg)	游离铁 /(g/kg)	CEC_7 /(cmol/kg) (黏粒)	铝饱和度 /%
0～35	4.55	3.70	11.03	0.98	0.23	6.8	17.6	30.22	92.9
35～75	4.53	3.81	16.03	0.58	0.21	6.8	18.3	39.38	91.6
75～120	4.72	3.79	3.27	0.50	0.22	7.9	19.1	29.22	90.0
120～140	4.94	3.73	2.41	0.38	0.20	6.4	18.7	25.22	87.9

8.13.27 胜利系（Shengli Series）

土 族：黏壤质硅质混合型热性-普通铝质湿润雏形土

拟定者：张杨珠，盛 浩，欧阳宁相

分布与环境条件 该土系位于湘北地区板、页岩低丘中坡地带，海拔30～80m，坡度相对较平缓（8°～15°）；成土母质为板、页岩风化物；土地利用状况为有林地，大多为人工种植的马尾松、杉木人工林和次生演替的常绿阔叶林，植被覆盖度>80%；中亚热带湿润季风气候，年均气温16.6～16.8℃，年均降水量1220～1380mm。

胜利系典型景观

土系特征与变幅 诊断层包括淡薄表层和雏形层，诊断特性有铁质特性、湿润土壤水分状况和热性土壤温度状况，诊断现象有铝质现象。土体构型为Ah-Bw-BC，土壤发育较厚，但厚度较少>120cm，地面枯枝落叶层厚3～6cm，土壤质地主要为黏壤土，土体内有5%～30%的板、页岩碎屑，土壤润态色调以7.5YR为主。淋溶层中腐殖质积累过程较强，有机碳含量介于2.69～25.08g/kg。pH（H_2O）和pH（KCl）分别介于4.2～4.3和3.4～3.6。黏粒和铁在土壤剖面上有一定的迁移和淀积，全铁含量介于32.7～39g/kg，游离铁含量介于21.3～26.3g/kg，铁的游离度介于54.1%～70.9%。

对比土系 龙塘湾系，属于同一土族，相同母质，地形部位相同，但龙塘湾系表层土壤质地为粉砂质壤土，润态色调以5YR为主，50cm以下一般有>15%的石砾含量，黏粒和铁均无明显的剖面淋溶、迁移淀积。坪形系，属于同一土族，相同母质，地形部位相同，坪形系表层土壤质地为黏壤土，润态颜色色调以7.5YR为主。因此为不同土系。

利用性能综述 该土系地势较平坦，土体发育较厚，质地偏黏，通透性一般。表层有机质和氮含量较高，但磷、钾素相对较低，农业开发利用时宜适当补充磷、钾素。土壤呈酸性，底土层紧实，土体内含有一定量的半风化或未风化板、页岩碎屑，耕作性较差。荒坡地的造林立地条件较好，适宜发展林业、果树、苗木等经济作物。

参比土种 厚腐厚土板、页岩红壤。

代表性单个土体 位于湖南省岳阳市云溪区云溪乡胜利村张家组，29°29′22.2″N，113°15′49.01″E，海拔48m，板、页岩低丘中坡地带，成土母质为板、页岩风化物，土地利用状况为有林地，50cm深处土温为19℃。野外调查时间为2015年9月25日，野外编号43-YY08。

胜利系代表性单个土体剖面

Ah：0～25cm，浊黄橙色（10YR 6/4，干），棕色（7.5YR 4/6，润），大量中根，黏壤土，大量粗根孔、气孔、动物穴、粒间孔隙，团粒状结构，少量小岩石碎屑，土体极疏松，向下层平滑渐变过渡。

Bw：25～45cm，亮黄橙色（10YR 7/6，干），棕色（7.5YR 4/6，润），中量细根，黏壤土，中块状结构，大量细根孔、气孔、动物穴、粒间孔隙，中量小岩石碎屑，土体疏松，向下层平滑清晰过渡。

BC：45～105cm，黄橙色（10YR 8/6，干），亮棕色（7.5YR 5/8，润），少量极细根，黏壤土，大块状结构，中量细根孔、粒间孔隙，中量中岩石碎屑，土体稍坚实-坚实，向下层平滑渐变过渡。

胜利系代表性单个土体物理性质

土层	深度 /cm	石砾 (>2mm，体积分数)/%	细土颗粒组成(粒径：mm)/(g/kg)			质地	容重 /(g/cm³)
			砂粒 2～0.05	粉粒 0.05～0.002	黏粒 <0.002		
Ah	0～25	5	293	418	289	黏壤土	1.09
Bw	25～45	15	279	408	313	黏壤土	1.38
BC	45～105	20	282	444	273	黏壤土	1.32

胜利系代表性单个土体化学性质

深度 /cm	pH (H_2O)	pH (KCl)	有机碳 /(g/kg)	全氮(N) /(g/kg)	全磷(P) /(g/kg)	全钾(K) /(g/kg)	游离铁 /(g/kg)	CEC_7 /(cmol/kg) (黏粒)	铝饱和度 /%
0～25	4.2	3.4	25.08	1.86	0.32	14.3	21.3	56.3	76.3
25～45	4.3	3.6	5.80	0.95	0.32	13.7	25.1	43.1	81.0
45～105	4.3	3.5	2.69	0.72	0.33	13.8	26.3	43.4	83.7

8.13.28 土珠岭系（Tuzhuling Series）

土　族：黏壤质硅质混合型热性-普通铝质湿润雏形土

拟定者：张杨珠，周　清，盛　浩，欧阳宁相

分布与环境条件 该土系分布于湘东地区花岗岩低丘地带，海拔 40～80m，坡度 15°～25°；成土母质为花岗岩风化物；土地利用状况为其他林地或自然荒地，植被类型为马尾松人工林；中亚热带湿润季风气候，年均气温 17.5～18.0℃，年均降水量 1400～1500mm。

土珠岭系典型景观

土系特征与变幅 诊断层包括淡薄表层和雏形层，诊断特性包括铝质现象、铁质特性、湿润土壤水分状况和热性土壤温度状况。土层发育非常深厚，土体构型为 Ah-Bw-BC，有效土层厚度>150cm。土壤颜色色调以 2.5YR 为主，土壤质地为黏壤土，土体内石砾含量为 5%～30%，表层土壤厚度为 20～40cm，存在水力侵蚀现象。土壤有机质积累过程弱，土壤有机碳含量为 1.28～5.82g/kg。土壤呈酸性，pH（H_2O）和 pH（KCl）分别介于 4.3～5.0 和 3.6～4.0。土壤剖面无明显黏粒和铁的淀积，全铁含量介于 33.7～40.8g/kg，游离铁含量介于 19.5～29.3g/kg，铁的游离度介于 57.9%～73.7%。

对比土系 芭蕉系，属于同一土族，母质均为花岗岩风化物，但芭蕉系在土系控制层段内的润态色调以 5YR 为主。建塘系，属于同一土族，相同母质，相同地形部位，但建塘系土体 40cm 以下有明显的坡积埋藏土层，表层土壤质地为砂黏壤土，颜色色调以 7.5YR 为主，为不同土系。

利用性能综述 该土系地势较低，水热条件好，土体非常深厚，土壤质地适中，通透性较好。土壤呈酸性，土壤有机质和氮、磷和钾含量很低，农业利用须补充有机肥和矿质养料。坡度陡，土壤抗蚀性差，植被被破坏后，容易发生水土流失。目前主要栽种杉木人工林，水土流失明显，应注意封山育林，保持水土。

参比土种 厚腐厚土花岗岩红壤。

代表性单个土体 位于湖南省株洲市醴陵市板杉乡土珠岭村，27°43′1.61″N，113°26′41.40″E，海拔 45m，花岗岩低丘上坡地带，成土母质为花岗岩风化物，土地利用状况为其他林地，50cm深处土温为19℃。野外调查时间为2015年8月23日，野外编号43-ZZ10。

土珠岭系代表性单个土体剖面

Ah：0～30cm，橙色（5YR 6/8，干），暗红棕色（2.5YR 3/6，润），大量很粗根系，黏壤土，发育程度强的大团粒状结构，大量细粒间孔隙、根孔、气孔、动物穴，中量中石英颗粒，土体疏松，向下层平滑渐变过渡。

Bw1：30～65cm，橙色（5YR 7/6，干），红棕色（2.5YR 4/8，润），少量粗根，黏壤土，发育程度强的大块状结构，中量很细粒间孔隙、根孔、动物穴，少量小石英颗粒，土体疏松，向下层平滑模糊过渡。

Bw2：65～120cm，橙色（5YR 7/6，干），红棕色（2.5YR 4/8，润），极少量细根，黏壤土，发育程度中等的大块状结构，少量很细粒间孔隙，中量小石英颗粒，土体疏松，向下层平滑模糊过渡。

BC：120～190cm，橙色（5YR 7/8，干），亮红棕色（2.5YR 5/8，润），黏壤土，发育程度弱的很大块状结构，少量很细粒间孔隙，大量小石英颗粒，土体极疏松。

土珠岭系代表性单个土体物理性质

土层	深度/cm	石砾(>2mm，体积分数)/%	细土颗粒组成(粒径：mm)/(g/kg)			质地	容重/(g/cm^3)
			砂粒 2～0.05	粉粒 0.05～0.002	黏粒 <0.002		
Ah	0～30	12	353	258	389	黏壤土	1.43
Bw1	30～65	5	384	261	355	黏壤土	1.48
Bw2	65～120	15	390	317	293	黏壤土	1.51
BC	120～190	30	397	411	192	黏壤土	1.46

土珠岭系代表性单个土体化学性质

深度/cm	pH (H_2O)	pH (KCl)	有机碳/(g/kg)	全氮(N)/(g/kg)	全磷(P)/(g/kg)	全钾(K)/(g/kg)	游离铁/(g/kg)	CEC_7/(cmol/kg)(黏粒)	铝饱和度/%
0～30	4.3	3.6	5.82	0.15	0.12	11.1	29.3	35.6	81.9
30～65	4.4	3.6	2.82	0.18	0.11	10.7	27.5	30.0	75.6
65～120	5.0	3.8	2.21	0.14	0.11	10.9	25.4	25.4	77.2
120～190	5.0	4.0	1.28	0.07	0.11	10.0	19.5	27.2	71.1

8.13.29 小湾冲系（Xiaowanchong Series）

土 族：黏壤质硅质混合型热性-普通铝质湿润雏形土

拟定者：张杨珠，周 清，盛 浩，欧阳宁相

分布与环境条件 该土系分布于湘东地区的紫色砂、页岩低丘下坡地带，海拔 40～150m，坡度较平缓（8°～15°）；成土母质为紫色砂、页岩风化物；土地利用状况为其他林地或自然荒地，主要植被类型为毛竹林、次生樟树天然常绿针阔叶林，地表植被受中度人为干扰；中亚热带湿润季风气候，年均气温 17.5～18℃，年均降水量 1400～1500mm。

小湾冲系典型景观

土系特征与变幅 诊断层包括淡薄表层和雏形层，诊断特性有铁质特性、湿润土壤水分状况和热性土壤温度状况，诊断现象有铝质现象。土体发育较深，土体构型为 Ah-BA-BC，有效土层厚度一般>150cm，质地通体为黏壤土，表层厚度为 30～40cm，土表有中度侵蚀。土壤润态色调以 10R 为主，表土层较疏松，心土层和底土层稍坚实。土壤腐殖质积累过程弱，土壤有机碳含量为 2.13～10.45g/kg。pH（H_2O）和 pH（KCl）分别介于 4.6～5.7 和 3.7～3.9。黏粒在剖面上无明显的迁移，但铁在土体上迁移和淀积明显，全铁含量介于 32.8～39.3g/kg，游离铁含量介于 16.8～19.7g/kg，铁的游离度介于 44.6%～58.4%。

对比土系 卿家巷系，属于同一土族，地形相同，表层质地相同，但卿家巷系母质为砂岩风化物，部位为上坡，土壤润态色调以 7.5YR 为主，因此为不同土系。

利用性能综述 该土系地势较平缓，土层深厚，质地稍黏，土壤保水保肥力较强，但通透性较差。土体内有大量石砾，底土层紧实，耕作性能一般。土壤有机质和磷、钾含量较低，农业利用应补充有机肥和矿质养料。当前利用方式为荒地，次生植被覆盖度一般，适宜营造人工林、经济林和果园，应注重提高植被覆盖，防止水土流失。

参比土种 厚腐中土酸性紫色土。

代表性单个土体 位于湖南省株洲市醴陵市泗汾镇双塘村小湾冲组紫色砂、页岩低丘下坡，27°31′1.32″N，113°28′2.51″E，海拔 76m，成土母质为紫色砂、页岩风化物，土地利用状况为其他林地，50cm 深处土温为 20℃。野外调查时间为 2015 年 8 月 23 日，野外编号 43-ZZ09。

小湾冲系代表性单个土体剖面

Ah：0～35cm，亮红棕色（2.5YR 5/6，干），暗红色（10R 3/6，润），大量很粗根，黏壤土，发育程度强的小块状结构，大量中粒间孔隙、根孔、气孔、动物穴，极少量很小岩石碎屑，土体疏松，向下层平滑清晰过渡。

BA：35～60cm，亮红棕色（2.5YR 5/8，干），红棕色（10R 4/4，润），中量粗根，黏壤土，发育程度中等的大块状结构，中量细粒间孔隙、根孔、气孔、动物穴，少量中岩石碎屑，土体稍坚实，向下层平滑渐变过渡。

BC1：60～110cm，浊红棕色（2.5YR 5/4，干），红色（10R 5/6，润），少量细根，黏壤土，发育程度很弱的大块状结构，中量很细粒间孔隙、根孔，大量粗岩石碎屑，土体坚实，向下层平滑渐变过渡。

BC2：110～175cm，橙色（2.5YR 6/6，干），红色（10R 4/6，润），极少量细根，黏壤土，发育程度很弱的很大块状结构，中量极细粒间孔隙、根孔，极大量很大岩石碎屑，土体很坚实。

小湾冲系代表性单个土体物理性质

土层	深度 /cm	石砾 (>2mm，体积分数)/%	细土颗粒组成(粒径：mm)/(g/kg)			质地	容重 /(g/cm^3)
			砂粒 2～0.05	粉粒 0.05～0.002	黏粒 <0.002		
Ah	0～35	0	307	344	349	黏壤土	1.46
BA	35～60	5	258	427	315	黏壤土	1.46
BC1	60～110	35	332	384	284	黏壤土	1.56
BC2	110～175	50	386	377	236	黏壤土	1.62

小湾冲系代表性单个土体化学性质

深度 /cm	pH (H_2O)	pH (KCl)	有机碳 /(g/kg)	全氮(N) /(g/kg)	全磷(P) /(g/kg)	全钾(K) /(g/kg)	游离铁 /(g/kg)	CEC_7 /(cmol/kg) (黏粒)	铝饱和度 /%
0～35	4.6	3.7	10.45	1.02	0.21	20.1	19.1	53.4	87.8
35～60	4.7	3.7	4.96	0.69	0.19	21.8	19.7	64.1	75.7
60～110	5.1	3.7	3.25	0.55	0.18	23.4	18.8	80.3	48.7
110～175	5.7	3.9	2.13	0.42	0.22	22.9	16.8	73.2	5.5

8.14 红色铁质湿润雏形土

8.14.1 起洞系（Qidong Series）

土 族：砂质硅质混合型非酸性热性-红色铁质湿润雏形土

拟定者：张杨珠，于 康，欧阳宁相

分布与环境条件 该土系分布于湘东南地区花岗岩高丘中坡地带，坡度较陡（25°～35°），海拔300～400m；成土母质为花岗岩风化物；土地利用类型为其他林地，常见杉木、马尾松人工林、毛竹林和低矮灌丛，人类影响为轻度扰动；中亚热带湿润季风气候，年均气温17.0～18.5℃，年均降水量1450～1550mm。

起洞系典型景观

土系特征与变幅 诊断层包括淡薄表层和雏形层，诊断特性有铁质特性、湿润土壤水分状况和热性土壤温度状况。土体发育极为深厚，土体构型为Ah-Bw-BC，有效土层厚度一般>150cm，土壤质地通体为砂壤土，疏松，土壤润态色调以5YR为主。土壤黏土矿物以高岭石为主，伊利石次之，少量伊利石蛭石混层。土壤腐殖质积累过程微弱，土壤有机碳含量介于3.84～7.30g/kg。pH（H_2O）和pH（KCl）分别介于4.9～5.5和3.6～3.9。黏粒和铁在土体上无明显的迁移和淀积，全铁含量介于43.3～47.8g/kg，游离铁含量介于6.9～21.2g/kg，铁的游离度介于29.6%～41.0%。

对比土系 保勇系，属于同一亚类，但保勇系母质为紫色砂、页岩风化物，土壤润色色调为10R，50cm以下一般有准石质接触面，底土中有大量铁锰斑纹和少量铁锰结核，因此为不同土系。

利用性能综述 该土系土层深厚，土体疏松，稍偏砂性，通透性好，但不利于保水保肥。地势较高，坡度陡，水分较容易流失。土壤有机质和氮、磷含量很低，但钾素丰富。适宜深根性的林木、苗木生长，但需注重增加地面植被覆盖、降低人为干扰，防止水土流失。

参比土种 厚腐花岗岩红壤性土。

代表性单个土体 位于湖南省郴州市资兴市何家山乡起洞村，26°0′40.37″N，113°30′39.30″E，海拔350m，花岗岩高丘中坡地带，成土母质为花岗岩风化物，土地利用类型为其他林地，50cm 深处土温为 19℃。野外调查时间为 2016 年 9 月 12 日，野外编号 43-CZ06。

起洞系代表性单个土体剖面

Ah：0～25cm，橙色（7.5YR 6/6，干），亮红棕色（5YR 5/6，润），大量细根，砂壤土，发育程度中等的小团粒状结构，大量细粒间孔隙、根孔、气孔、动物穴，少量小岩石碎屑，土体疏松，向下层波状清晰过渡。

Bw：25～75cm，橙色（7.5YR 8/3，干），橙色（5YR 6/6，润），少量细根，砂壤土，发育程度弱的小团粒状结构，大量细粒间孔隙、根孔、气孔、动物穴，大量小岩石碎屑，土体疏松，向下层波状渐变过渡。

BC：75～145cm，浊橙色（7.5YR 7/4，干），浊橙色（5YR 6/4，润），少量细根，砂壤土，发育程度弱的小团粒状结构，大量细粒间孔隙、根孔、动物穴，大量小岩石碎屑，土体疏松，向下层波状渐变过渡。

C：　145cm 以下，花岗岩风化物。

起洞系代表性单个土体物理性质

土层	深度/cm	石砾(>2mm，体积分数)/%	细土颗粒组成(粒径：mm)/(g/kg)			质地	容重/(g/cm³)
			砂粒 2～0.05	粉粒 0.05～0.002	黏粒 <0.002		
Ah	0～25	8	651	232	118	砂壤土	1.19
Bw	25～75	30	684	230	87	砂壤土	1.08
BC	75～145	40	579	285	136	砂壤土	1.32

起洞系代表性单个土体化学性质

深度/cm	pH (H_2O)	pH (KCl)	有机碳/(g/kg)	全氮(N)/(g/kg)	全磷(P)/(g/kg)	全钾(K)/(g/kg)	游离铁/(g/kg)	CEC_7/(cmol/kg)(黏粒)
0～25	4.9	3.6	7.30	0.54	0.80	30.6	19.6	93.28
25～75	5.4	3.9	3.84	0.22	0.50	32.9	21.2	133.2
75～145	5.5	3.9	5.58	0.23	0.31	31.4	6.9	86.8

8.14.2 鸡公山系（Jigongshan Series）

土 族：黏质高岭石型酸性热性-红色铁质湿润雏形土

拟定者：张杨珠，黄运湘，周 清，盛 浩，廖超林，张 义

分布与环境条件 该土系分布于湘东地区花岗岩低山坡地带，海拔 600～800m，坡度较缓（10°～15°）；成土母质为花岗岩风化物；土地利用状况为林地，多为保存较好的原生植被；中亚热带湿润季风气候，年均气温 14～15℃，年均降水量 1600～1700mm。

鸡公山系典型景观

土系特征与变幅 诊断层包括淡薄表层和雏形层，诊断特性有铁质特性、湿润土壤水分状况和热性土壤温度状况，诊断现象有铝质现象。土体发育深厚，土体构型为 Ah-Bw-BC，有效土层厚度为 120～180cm，土壤质地上下较为均一，多为黏壤土，随土层加深，砂性有所加强，土体自上而下由稍松变坚实。土体内含有 15%～50%的石砾，土壤颜色色调以 5YR 为主。土壤有机质积累过程弱，表层有机质、氮、磷含量低，土壤有机碳含量为 1.91～12.63g/kg。土壤酸性较强，pH（H_2O）和 pH（KCl）分别为 4.5～5.2 和 3.9～4.4。黏粒在土体上无明显迁移，但铁沿土壤剖面有明显迁移和淀积，全铁含量为 43.0～54.5g/kg，游离铁含量为 31.0～39.2g/kg，铁的游离度为 70.7%～75.4%。

对比土系 九里系，属于同一土族，但九里系成土母质为第四纪红色黏土，表层质地为粉砂质黏土，有效土层厚度一般>200cm，土壤润态色调以 10R 为主，底土中有 10%～30%的聚铁网纹体，因此为不同土系。

利用性能综述 该土系地势较高，坡度较平缓，热量条件不足。土层非常深厚，土壤质地适中，通透性好。水热条件较好，适宜常绿阔叶林、杉木、毛竹和茶叶的生长。土壤中含有一定量的石砾，耕性较差。土壤有机质、氮、磷含量低，肥力水平较低。砂砾含量较高，抗蚀性差，陡坡山坡容易发生水土流失。宜加强植被保护，减少樵采，保持水土。

参比土种 厚腐厚土花岗岩黄红壤。

代表性单个土体 位于湖南省长沙市浏阳市大围山镇泥坞村安洲组鸡公山，28°24′51.35″N，114°3′46.19″E，海拔 743m，花岗岩中低山中坡地带，成土母质为花岗岩

风化物，土地利用状况为林地，50cm 深处土温为 16℃。野外调查时间为 2014 年 5 月 14 日，野外编号 43-LY19。

鸡公山系代表性单个土体剖面

Ah：0～25cm，浊橙色（7.5YR 6/4，干），红棕色（5YR 4/8，润），中量粗根，黏壤土，发育程度很强的小团粒状结构，大量细根孔、粒间孔隙，大量石英颗粒，土体松散，向下层平滑模糊过渡。

Bw1：25～45cm，橙色（7.5YR 7/6，干），亮红棕色（5YR 5/8，润），中量中根，黏壤土，发育程度中等的中块状结构，大量细根孔、粒间孔隙，中量石英颗粒，土体松散，向下层平滑模糊过渡。

Bw2：45～100cm，淡黄橙色（7.5YR 8/6，干），亮红棕色（5YR 5/8，润），少量细根，黏壤土，发育程度中等的中块状结构，中量细根孔、粒间孔隙，大量石英颗粒，土体稍坚实，向下层平滑模糊过渡。

BC：100～160cm，淡黄橙色（7.5YR 8/4，干），亮红棕色（5YR 5/8，润），很少量细根，砂质黏壤土，发育程度弱的中块状结构，少量极细根孔、粒间孔隙，大量石英颗粒，土体稍坚实。

鸡公山系代表性单个土体物理性质

土层	深度/cm	石砾(>2mm，体积分数)/%	细土颗粒组成(粒径：mm)/(g/kg)			质地	容重/(g/cm^3)
			砂粒 2～0.05	粉粒 0.05～0.002	黏粒 <0.002		
Ah	0～25	20	359	251	390	黏壤土	1.18
Bw1	25～45	15	345	281	375	黏壤土	1.17
Bw2	45～100	20	445	212	343	黏壤土	1.37
BC	100～160	50	560	213	227	砂质黏壤土	1.35

鸡公山系代表性单个土体化学性质

深度/cm	pH (H_2O)	pH (KCl)	有机碳/(g/kg)	全氮(N)/(g/kg)	全磷(P)/(g/kg)	全钾(K)/(g/kg)	铁游离度/%	CEC_7/(cmol/kg)(黏粒)
0～25	4.5	3.9	12.63	0.65	0.31	27.1	71.5	34.4
25～45	5.2	4.4	6.44	0.69	0.31	28.0	70.7	29.6
45～100	4.8	4.0	2.53	0.16	0.19	31.8	75.4	36.8
100～160	4.9	4.1	1.91	0.10	0.28	37.7	71.9	49.0

8.14.3 九里系（Jiuli Series）

土 族：黏质高岭石型酸性热性-红色铁质湿润雏形土

拟定者：张杨珠，张 亮，罗 卓，欧阳宁相

分布与环境条件 该土系分布于湘北地区第四纪红色黏土丘陵岗地的上坡地带，海拔 50～200m，缓坡 5°～10°；成土母质为第四纪红色黏土；土地利用状况为自然荒地、次生常绿阔叶林；中亚热带湿润季风气候，年均气温 16.4～17.0℃，年均降水量 1250～1350mm。

九里系典型景观

土系特征与变幅 诊断层包括淡薄表层、雏形层和聚铁网纹层，诊断特性有铁质特性、湿润土壤水分状况和热性土壤温度状况。土体发育非常深厚，土体构型为 Ah-Bw-Bl，有效土层厚度一般>200cm，土壤质地剖面为粉砂质黏土-砂质黏壤土，土壤润态色调以 10R 为主，底土中有 10%～30%的聚铁网纹体。土壤腐殖质积累过程较弱，土壤有机碳含量介于 1.33～9.46g/kg。pH（H_2O）和 pH（KCl）分别介于 5.14～6.22 和 3.76～4.10。土体中黏粒和铁均有沿土壤剖面向下的垂直淋溶迁移和淀积，全铁含量介于 43.9～54.3g/kg，游离铁含量介于 29.5～46.1g/kg，铁的游离度介于 67.1%～93.8%。

对比土系 鸡公山系，属于同一土族，但鸡公山系成土母质为花岗岩风化物，表层土壤质地为黏壤土，有效土层厚度为 120～180cm，土壤颜色色调以 5YR 为主，因此为不同土系。

利用性能综述 该土系地势较低，坡度平缓，水热条件良好。土层深厚，质地黏重，土体很紧实，保水保肥性能好，但通透性差，耕作性能不良。土壤有机质和养分偏低，酸性，农业开发利用中应注重加强耕作、黏土改良、补充有机质和矿质养料。当前利用方式为荒地、次生林地，宜提高地面植被覆盖度，因地制宜造林、种草，防止土壤大面积裸露和水土流失。

参比土种 厚土层红土红壤。

代表性单个土体 位于湖南省常德市临澧县九里乡九里茶场，29°42′27.36″N，111°35′53.51″E，海拔 102m，第四纪红色黏土低丘上坡，成土母质为第四纪红色黏土，土地利用状况为自然荒地，50cm 深处土温为 18℃。野外调查时间为 2016 年 7 月 18 日，野外编号 43-CD04。

九里系代表性单个土体剖面

Ah：0～15cm，亮红棕色（2.5YR 5/8，干），红棕色（10R 4/4，润），中量细根，粉砂质黏土，发育程度强的中团粒状结构，大量细粒间孔隙、根孔、气孔、动物穴，土体疏松，向下层平滑渐变过渡。

Bw：15～60cm，橙色（2.5YR 6/8，干），红色（10R 5/8，润），少量细根，粉砂质黏土，发育程度强的中团粒状结构，中量中粒间孔隙、根孔、气孔、动物穴，土体疏松，向下层波状渐变过渡。

Bl1：60～105cm，橙色（2.5YR 7/8，干），红橙色（10R 6/8，润），少量细根，粉砂质黏土，发育程度中等的小块状结构，少量细粒间孔隙、根孔、动物穴，土体稍坚实，中量铁斑纹，向下层平滑渐变过渡。

Bl2：105～200cm，浅淡红橙色（2.5YR 7/4，干），红色（10R 5/6，润），砂质黏壤土，发育程度中等的大块状结构，土体坚实，大量铁斑纹。

九里系代表性单个土体物理性质

土层	深度 /cm	石砾 (>2mm，体积分数)/%	细土颗粒组成(粒径：mm)/(g/kg)			质地	容重 /(g/cm³)
			砂粒 2～0.05	粉粒 0.05～0.002	黏粒 <0.002		
Ah	0～15	0	92.6	479.0	428.4	粉砂质黏土	1.40
Bw	15～60	0	27.1	486.0	486.9	粉砂质黏土	1.34
Bl1	60～105	0	55.7	471.3	473.0	粉砂质黏土	1.58
Bl2	105～200	0	490.6	196.1	313.3	砂质黏壤土	1.37

九里系代表性单个土体化学性质

深度 /cm	pH (H_2O)	pH (KCl)	有机碳 /(g/kg)	全氮(N) /(g/kg)	全磷(P) /(g/kg)	全钾(K) /(g/kg)	游离铁 /(g/kg)	CEC_7 /(cmol/kg) (黏粒)
0～15	5.35	3.96	9.46	1.04	0.27	12.9	29.5	39.1
15～60	5.14	3.76	4.44	0.59	0.22	12.3	39.9	35.1
60～105	5.27	3.79	3.24	0.50	0.21	12.6	38.2	37.6
105～200	6.22	4.10	1.33	0.33	0.16	11.9	46.1	46.5

8.14.4　保勇系（Baoyong Series）

土　族：黏壤质硅质混合型非酸性热性-红色铁质湿润雏形土

拟定者：张杨珠，翟　橙，欧阳宁相

分布与环境条件　该土系分布于湘西地区低山、丘陵中缓坡，海拔 150～300m，坡度较平缓（10°～20°）；成土母质为紫色砂、页岩风化物；中轻度细沟侵蚀；土地利用状况为园地，多种植柑橘；中亚热带湿润季风气候，年均气温 16.5～17.0℃，年均降水量 1300～1400mm。

保勇系典型景观

土系特征与变幅　诊断层包括暗沃表层和雏形层，诊断特性有铁质特性、湿润土壤水分状况、氧化还原特征、热性土壤温度状况和准石质接触面。土体发育较浅，土体构型为 Ah-Bw，有效土层厚度一般<60cm，土壤质地剖面通体为粉砂壤土，土壤润态颜色色调为 10R，50cm 以下一般有准石质接触面，底土中有少量铁锰斑纹和大量铁锰胶膜。土壤腐殖质积累过程较弱，土壤有机碳含量介于 4.81～15.05g/kg。土壤呈弱酸性-中性，pH（H_2O）和 pH（KCl）均介于 6.74～7.49。黏粒和铁在土壤剖面上无明显迁移和淀积，全铁含量介于 29.6～32.4g/kg，游离铁含量介于 16.6～20.7g/kg，铁的游离度介于 41.1%～63.8%。

对比土系　起洞系，属于同一亚类，但起洞系母质为花岗岩风化物，土壤润态色调为 5YR 为主，土壤黏土矿物以高岭石为主，伊利石次之，少量伊利石蛭石混层，因此为不同土系。

利用性能综述　该土系土层深厚，水热条件较好，宜种性广，但由于土壤质地黏，透水性差，土壤呈微酸至微碱性，适宜种植橘等果树。该土系开发利用潜力较好，在农业耕作时应增施有机肥、氮肥和钾肥，适量掺沙等，以改善土壤结构，培肥地力。

参比土种　厚腐中土酸性紫色土。

代表性单个土体　位于湖南省怀化市洪江市沅河镇保勇村，27°12′46.07″N，109°42′38.87″E，海拔 235m，丘陵山地中坡，成土母质为紫色砂、页岩风化物，果园，50cm 深处土温为 19℃。野外调查时间为 2016 年 10 月 26 日，野外编号 43-HH04。

保勇系代表性单个土体剖面

Ah：0～25cm，浊黄棕色（2.5YR 5/3，干），暗红棕色（10R 3/3，润），大量细根，粉砂壤土，团粒状结构，中量细根孔、气孔、粒间孔隙、动物穴，土体疏松，中量石砾，向下层平滑清晰过渡。

Bw：25～55cm，浊红棕色（2.5YR 5/4，干），暗红色（10R 3/4，润），中量细根，粉砂壤土，块状结构，中量细根孔、气孔、粒间孔隙、动物穴，多量石砾，土体稍坚实，少量铁锰斑纹，大量铁锰胶膜，向下层波状渐变过渡。

R：55cm 以下，紫色砂、页岩。

保勇系代表性单个土体物理性质

土层	深度 /cm	石砾 (>2mm，体积分数)/%	细土颗粒组成(粒径：mm)/(g/kg)			质地	容重 /(g/cm³)
			砂粒 2～0.05	粉粒 0.05～0.002	黏粒 <0.002		
Ah	0～25	8	97.9	644.4	257.6	粉砂壤土	1.31
Bw	25～55	20	109.4	631.5	259.1	粉砂壤土	1.61

保勇系代表性单个土体化学性质

深度 /cm	pH (H_2O)	pH (KCl)	有机碳 /(g/kg)	全氮(N) /(g/kg)	全磷(P) /(g/kg)	全钾(K) /(g/kg)	游离铁 /(g/kg)	CEC_7 /(cmol/kg) (黏粒)
0～25	6.74	6.74	15.05	2.34	0.45	23.4	16.6	60.0
25～55	7.49	7.49	4.81	0.87	0.21	26.7	20.7	65.5

8.14.5 锦滨系（Jinbin Series）

土 族：壤质硅质混合型非酸性热性-红色铁质湿润雏形土

拟定者：张杨珠，翟 橙，欧阳宁相

分布与环境条件 该土系分布于湘西地区低丘中缓坡，海拔100～300m，坡度相对较平缓（10°～15°）；成土母质为紫色砂、页岩风化物，弱度细沟侵蚀；土地利用状况为林地，植被多为人工林或次生林；中亚热带湿润季风气候，年均气温 16.5～17.0℃，年均降水量 1400～1500mm。

锦滨系典型景观

土系特征与变幅 诊断层包括暗沃表层和雏形层，诊断特性包括铁质特性、湿润土壤水分状况、热性土壤温度状况和准石质接触面。土体发育较浅，土体构型为Ah-BW，有效土层厚度一般<100cm，土壤质地通体为壤土，土壤润态颜色色调以10R为主。土壤腐殖质积累过程弱，土壤有机碳含量介于3.50～10.22g/kg。土壤呈弱酸性-中性，pH（H_2O）和pH（KCl）分别介于6.33～6.45和4.93～5.08。黏粒和铁在土体上无明显淋溶迁移和淀积，全铁含量介于16.6～16.7g/kg，游离铁含量介于8.4～8.8g/kg，铁的游离度介于50.7%～64.2%。

对比土系 松柏系，属于同一土族，成土母质相同，地形部位和植被类型相似，但松柏系土层浅薄，土体厚度小于50cm，且土壤润态色调为2.5YR，因此为不同土系。

利用性能综述 该土系坡度较平缓，水热丰富。土层较浅，土体稍坚实，宜种性广。土壤呈弱酸性-中性，开发利用潜力较好。土壤有机质和磷素含量偏低，应注重补充有机物投入和增施磷肥。坡地上也需注重做好水土保持措施。

参比土种 厚腐中土酸性紫色土。

代表性单个土体 位于湖南省怀化市辰溪县锦滨乡锦滨村，27°57′7.56″N，110°11′20.40″E，海拔156m，低丘陵，成土母质为紫色砂、页岩风化物，土地利用状况为林地，50cm深处土温为19℃。野外调查时间为2016年10月28日，野外编号43-HH09。

锦滨系代表性单个土体剖面

Ah：0～36cm，浊红棕色（2.5YR 5/3，干），暗红棕色（10R 3/3，润），大量细根，壤土，粒状结构，中量细根孔、气孔、粒间孔隙、动物穴，土体疏松，向下层波状清晰过渡。

Bw：36～80cm，浊红棕色（2.5YR 5/4，干），红棕色（10R 4/4，润），中量细根，壤土，块状结构，中量中根孔、气孔、粒间孔隙、动物穴，土体稍坚实，中量中岩石碎屑，向下层波状清晰过渡。

R：80cm 以下，紫色砂、页岩。

锦滨系代表性单个土体物理性质

土层	深度 /cm	石砾 (>2mm，体积分数)/%	细土颗粒组成(粒径：mm)/(g/kg)			质地	容重 /(g/cm³)
			砂粒 2～0.05	粉粒 0.05～0.002	黏粒 <0.002		
Ah	0～36	5	429	370	201	壤土	1.23
Bw	36～80	15	462	381	157	壤土	1.38

锦滨系代表性单个土体化学性质

深度 /cm	pH (H_2O)	pH (KCl)	有机碳 /(g/kg)	全氮(N) /(g/kg)	全磷(P) /(g/kg)	全钾(K) /(g/kg)	游离铁 /(g/kg)	CEC_7 /(cmol/kg) (黏粒)
0～36	6.33	4.93	10.22	1.09	0.15	20.9	8.8	94.4
36～80	6.45	5.08	3.50	0.51	0.10	20.8	8.4	95.5

8.14.6 松柏系（Songbai Series）

土 族：壤质硅质混合型非酸性热性-红色铁质湿润雏形土

拟定者：张杨珠，罗 卓，于 康，欧阳宁相

分布与环境条件 该土系分布于湘南地区紫色砂、页岩低丘下坡地带，海拔 100～150m；成土母质为紫色砂、页岩风化物；土地利用类型为林地，生长有杉木人工林，林下生长芒萁、芒等草本和次生灌木，覆盖度为 40%～50%；中亚热带湿润大陆性季风气候，年均气温 16.9～18.4℃，年均降水量 1360～1460mm。

松柏系典型景观

土系特征与变幅 诊断层包括暗瘠表层和雏形层，诊断特性包括石质接触面、湿润土壤水分状况、热性土壤温度状况和铁质特性。土体厚度为 45cm，土体构型为 Ah-Bw-R，土壤表层质地为粉砂壤土，土体自上而下疏松。土体润态色调为 2.5YR。pH（H_2O）介于 7.7～7.8。土壤有机碳含量介于 8.35～15.91g/kg。全铁含量为 36.8～39.1g/kg，游离铁含量介于 15.9～16.3g/kg，铁的游离度介于 59.7%～61.8%。

对比土系 锦滨系，属于同一土族，地形部位和地表植被类型相似，成土母质均为紫色砂、页岩风化物，但锦滨系土体较深厚，深度大于 50cm，土壤润态颜色为 10R，因此为不同土系。

利用性能综述 该土系土体浅薄，50cm 范围内出现石质接触面，表层有机质和全钾含量较高，质地适中，地表植被覆盖度低，应加强封山育林，保护植被，防止水土流失。

参比土种 厚腐中土酸性紫色土。

代表性单个土体 位于湖南省郴州市永兴县湘阴渡街道松柏村，26°3′20″N，113°2′14″E，海拔 125m，酸性紫色土低丘下坡地带，成土母质为紫色砂、页岩风化物，土地利用类型为其他林地。50cm 深处土温为 20.0℃。野外调查时间为 2016 年 9 月 12 日，野外编号 43-CZ07。

松柏系代表性单个土体剖面

Ah：0～25cm，红棕色（5YR 4/6，干），暗红棕色（2.5YR 3/3，润），大量中根，粉砂壤土，中等发育的小团粒状结构，大量细粒间孔隙、根孔、气孔、动物穴，土体疏松，向下层平滑渐变过渡。

Bw：25～45cm，亮红棕色（5YR 5/6，干），红棕色（2.5YR 4/6，润），中量细根，粉砂壤土，发育程度弱的很小块状结构，中量细粒间孔隙、根孔、气孔、动物穴，土体疏松，大量小岩石碎屑，向下层平滑清晰过渡。

R：45～140cm，紫色砂、页岩。

松柏系代表性单个土体物理性质

土层	深度/cm	石砾(>2mm，体积分数)/%	细土颗粒组成(粒径：mm) /(g/kg)			质地	容重/(g/cm³)
			砂粒 2～0.05	粉粒 0.05～0.002	黏粒 <0.002		
Ah	0～25	10	202	622	175	粉砂壤土	1.26
Bw	25～45	45	175	669	157	粉砂壤土	1.49

松柏系代表性单个土体化学性质

深度/cm	pH (H_2O)	有机碳/(g/kg)	全氮(N)/(g/kg)	全磷(P)/(g/kg)	全钾(K)/(g/kg)	游离铁/(g/kg)	CEC/(cmol/kg)
0～25	7.8	15.91	1.46	0.84	23.5	15.9	20.65
25～45	7.7	8.35	1.00	0.72	23.6	16.3	22.09

8.15 普通铁质湿润雏形土

8.15.1 香花系（Xianghua Series）

土　族：黏质伊利石型非酸性热性-普通铁质湿润雏形土

拟定者：张杨珠，于　康，欧阳宁相

分布与环境条件　该土系分布于湘南地区石灰岩高丘中坡地带，海拔200～400m，坡度5°～15°；成土母质为石灰岩风化物；土地利用类型为其他林地，主要为杉木人工林、次生常绿针阔叶林、灌丛，植被覆盖受到人类轻度扰动；中亚热带湿润季风气候，年均气温17.5～19.0℃，年均降水量1437～1537mm。

香花系典型景观

土系特征与变幅　诊断层包括淡薄表层和雏形层，诊断特性有铁质特性、湿润土壤水分状况和热性土壤温度状况。土体发育深厚，土体构型为Ah-Bw-Ahb-Bwb-Bcb，有效土层厚度一般>140cm，土壤润态色调以7.5YR为主，土壤质地剖面通体为黏土，自上而下由疏松变坚实。土壤黏土矿物以伊利石为主，高岭石和蛭石次之，还有少量伊利石蛭石混合层。土壤腐殖质积累过程较弱，土壤有机碳含量介于7.50～11.83g/kg。土壤呈中性反应，pH（H_2O）和pH（KCl）分别介于6.19～6.74和5.43～6.74。黏粒和铁在土体上有明显的淋溶迁移和淀积，黏化率为1.11～1.15，全铁含量介于54.7～60.6g/kg，游离铁含量介于31.0～31.4g/kg，铁的游离度介于51.4%～61.0%。

对比土系　十八洞系，属于同一亚类，土壤润态色调相同，黏粒在土体上有明显的淋溶迁移和淀积，但十八洞系母质为板、页岩风化物，土壤黏土矿物主要为伊利石和蛭石，其次为高岭石和伊蛭混合混层矿物，铁在土壤剖面上无明显迁移，因此为不同土系。

利用性能综述　该土系地势低平，水热充沛。土层深厚，黏性较重，土壤保水保肥力较强，但通透性差。土壤有机质、全氮和全钾含量较低，尤其是磷素特别缺乏。当前利用方式为林地，也适合发展多种旱地农作物，应注重改良黏重土质，补充有机质和矿质养料。

参比土种　中腐厚土棕色石灰土。

代表性单个土体　位于湖南省郴州市宜章县杨梅山镇香花村，25°26′36.17″N，113°6′44.57″E，海拔313m，石灰岩高丘中坡地带，成土母质为石灰岩风化物，土地利用类型为其他林地，50cm深处土温为20℃。野外调查时间为2016年9月10日，野外编号43-CZ03。

香花系代表性单个土体剖面

Ah：0～20cm，亮黄棕色（10YR 6/8，干），浊棕色（7.5YR 5/4，润），大量细根，黏土，发育程度强的小团粒状结构，大量细粒间孔隙、根孔、气孔、动物穴，土体疏松，向下层平滑渐变过渡。

Bw：20～55cm，亮黄棕色（10YR 6/8，干），亮棕色（7.5YR 5/6，润），大量中根，黏土，发育程度强的中团粒状结构，中量细粒间孔隙、根孔、气孔、动物穴，土体疏松，向下层平滑清晰过渡。

Ahb：55～67cm，亮黄棕色（10YR 6/8，干），亮棕色（7.5YR 5/6，润），中量细根，黏土，发育程度强的中团粒状结构，中量细粒间孔隙、根孔、气孔、动物穴，土体坚实，向下层平滑渐变过渡。

Bwb：67～105cm，亮黄棕色（10YR 6/8，干），浊棕色（7.5YR 5/4，润），黏土，少量细根，中量细粒间孔隙、根孔、气孔、动物穴，发育程度强的小块状结构，土体坚实，少量小岩石碎屑，向下层不规则渐变过渡。

BCb：105～140cm，亮黄棕色（10YR 6/8，干），橙色（7.5YR 6/6，润），很少细根，黏土，发育程度强的中块状结构，少量细粒间孔隙，少量中岩石碎屑，土体坚实。

香花系代表性单个土体物理性质

土层	深度/cm	石砾(>2mm，体积分数)/%	细土颗粒组成(粒径：mm)/(g/kg)			质地	容重/(g/cm³)
			砂粒 2～0.05	粉粒 0.05～0.002	黏粒 <0.002		
Ah	0～20	0	158.7	341.9	499.4	黏土	1.00
Bw	20～55	0	121.5	307.7	570.7	黏土	1.08
Ahb	55～67	0	98.4	328.1	573.4	黏土	1.15
Bwb	67～105	5	110.8	332.8	556.4	黏土	1.03
BCb	105～140	10	70.9	374.2	554.9	黏土	1.14

香花系代表性单个土体化学性质

深度/cm	pH (H_2O)	pH (KCl)	有机碳/(g/kg)	全氮(N)/(g/kg)	全磷(P)/(g/kg)	全钾(K)/(g/kg)	游离铁/(g/kg)	CEC_7/(cmol/kg)(黏粒)
0～20	6.19	6.00	11.83	1.32	0.23	18.5	31.0	29.60
20～55	6.23	5.43	8.66	1.33	0.22	21.4	31.1	29.22
55～67	6.64	6.64	9.25	1.40	0.26	21.9	31.4	36.52
67～105	6.74	6.74	8.47	1.36	0.24	21.9	31.1	33.45
105～140	6.73	6.73	7.50	1.32	0.25	24.2	31.0	37.14

8.15.2　十八洞系（Shibadong Series）

土　族：黏质伊利石混合型非酸性热性-普通铁质湿润雏形土

拟定者：张杨珠，周　清，盛　浩，张　亮，曹　俏，欧阳宁相

分布与环境条件　该土系分布于湘西地区武陵山脉中段，海拔600～800m，坡度较陡（20°～25°）；成土母质为板、页岩风化物；土地利用类型为林地，多为松、杉木人工林或次生林；中亚热带湿润季风气候，年均气温16～17℃，年均降水量1300～1400mm。

十八洞系典型景观

土系特征与变幅　诊断层包括淡薄表层和雏形层，诊断特性包括准石质接触面、铁质特性、腐殖质特性、湿润土壤水分状况和热性土壤温度状况。土体发育较深，土体构型为Ah-Bw-BC，有效土层厚度一般>100cm，土壤润态色调为7.5YR。土壤质地剖面为粉砂质黏壤土-粉砂质黏土，岩石碎屑含量2%～40%。土壤黏土矿物主要为伊利石和蛭石，其次为高岭石和伊蛭混合混层矿物。pH（H_2O）和pH（KCl）分别介于5.57～5.96和4.34～5.20。土壤腐殖质积累过程较强，土壤有机碳含量介于7.85～33.90g/kg。黏粒在土体上有明显的淋溶迁移和淀积，但铁在土壤剖面上无明显迁移，全铁含量介于38.6～48.9g/kg，游离铁含量介于29.5～29.9g/kg，铁的游离度介于58.5%～74.5%。

对比土系　香花系，属于同一亚类，土壤润态色调相同，黏粒在土体上有明显的淋溶迁移和淀积，但香花系母质为石灰岩风化物，土壤黏土矿物以伊利石为主，高岭石和蛭石次之，还有少量伊利石蛭石混合层，铁在土壤剖面上有明显迁移，因此为不同土系。

利用性能综述　该土系土层较厚，土质偏黏，土体坚实度较高，保水保肥力较强，透水透气性较差。土壤呈中性反应，土壤有机质含量和氮、钾丰富，但磷素偏低，土壤肥力水平较高。地势较高，坡度陡，不宜发展旱地农作，应绿化荒山，因地制宜地发展人工林、经济林，提高地面植被覆盖度，保持水土。

参比土种　中腐厚土板、页岩黄壤。

代表性单个土体　位于湖南省湘西土家族苗族自治州花垣县双龙镇十八洞村，28°23′18.96″N，109°29′53.16″E，海拔729m，位于陡峭切割的低山中坡地带，成土母质为板、页岩风化物，土地利用状况为林地，50cm深处土温为17℃。野外调查时间为2017

年 7 月 28 日，野外编号 43-XX06。

十八洞系代表性单个土体剖面

Ah：0～20cm，黄棕色（10YR 5/6，干），棕色（7.5YR 4/4，润），中量细根，粉砂质黏壤土，发育程度强的中块状结构，大量细粒间孔隙、气孔、根孔、动物穴，少量小岩石碎屑，土体坚实，向下层平滑模糊过渡。

Bw：20～90cm，浊黄橙色（10YR 7/4，干），浊棕色（7.5YR 5/4，润），少量细根，粉砂质黏土，发育程度强的大块状结构，中量细粒间孔隙、气孔、根孔、动物穴，中量大岩石碎屑，土体坚实，向下层平滑渐变过渡。

BC：90～130cm，亮黄棕色（10YR 6/8，干），棕色（7.5YR 4/4，润），少量细根，粉砂质黏土，发育程度强的大块状结构，中量细粒间孔隙、气孔、根孔、动物穴，大量粗岩石碎屑，土壤稍坚实。

R：130cm 以下，板、页岩。

十八洞系代表性单个土体物理性质

土层	深度/cm	石砾(>2mm，体积分数)/%	细土颗粒组成(粒径：mm)/(g/kg)			质地	容重/(g/cm^3)
			砂粒 2～0.05	粉粒 0.05～0.002	黏粒 <0.002		
Ah	0～20	2	109.5	508.5	382.0	粉砂质黏土	1.30
Bw	20～90	10	51.8	521.5	426.8	粉砂质黏土	1.20
BC	90～130	40	24.2	544.5	431.2	粉砂质黏土	1.32

十八洞系代表性单个土体化学性质

深度/cm	pH(H_2O)	pH(KCl)	有机碳/(g/kg)	全氮(N)/(g/kg)	全磷(P)/(g/kg)	全钾(K)/(g/kg)	游离铁/(g/kg)	CEC_7/(cmol/kg)(黏粒)
0～20	5.96	5.20	33.90	2.02	0.33	46.9	29.7	50.58
20～90	5.57	4.34	15.41	1.02	0.27	44.6	29.9	30.93
90～130	5.94	4.82	7.85	1.06	0.25	50.8	29.5	29.44

8.15.3 榴花洞系（Liuhuadong Series）

土 族：黏壤质硅质混合型热性-普通铁质湿润雏形土

拟定者：张扬珠，周 清，盛 浩，罗 卓，欧阳宁相

分布与环境条件 该土系分布于湘东大围山地区板、页岩低丘中下坡地带，海拔 150～200m；成土母质为板、页岩风化物；土地利用状况为林地；中亚热带湿润季风气候，年均气温 16～17℃，年均无霜期 280d，年均日照时数 1500～1700d，年均降水量 1300～1600mm。

榴花洞系典型景观

土系特征与变幅 诊断层包括淡薄表层和雏形层，诊断特性和诊断现象包括铁质特性、铝质现象、湿润土壤水分状况和热性土壤温度状况。土体较深厚，深度>160cm，土壤发育较成熟，土体构型为 Ah-Bw-BC。土壤表层有轻度侵蚀，有机质和养分含量较高，质地为壤土，土壤润态色调以 10YR 为主，Bw 层和 BC 层板岩风化碎屑含量达 15%～50%。pH（H_2O）和 pH（KCl）分别介于 4.0～4.5 和 3.8～3.9。有机碳含量介于 2.92～14.89g/kg。全铁含量为 53.2～58.1g/kg，游离铁含量介于 23.5～26.8g/kg，铁的游离度介于 60.4%～66.5%。

对比土系 温溪系，属于同一土族，成土母质均为板、页岩风化物，地形部位和植被类型相似，但温溪系 100cm 范围内出现了二元母质埋藏层，且土壤润态色调为 7.5YR，因此属不同土系。

利用性能综述 该土系表层有机质含量较高，全磷含量偏低，土壤质地以壤土为主，质地适中，石砾含量高，利用上应加强封山育林，防止水土流失。

参比土种 厚腐厚土板、页岩红壤。

代表性单个土体 位于湖南省长沙市浏阳市大围山镇丰田村（榴花洞），28°27′31″N，113°56′06″E，海拔 185m，板、页岩丘陵中下坡地带，成土母质为板、页岩风化物，土地利用状况为林地。50cm 深处土温为 18.6℃。野外调查时间为 2015 年 5 月 6 日，野外编号 43-LY27。

榴花洞系代表性单个土体剖面

Ah：0～13cm，亮黄棕色（10YR 6/6，干），黄棕色（10YR 5/6，润），中量细根，壤土，发育程度很强的大团粒状结构，中量很细气孔、动物穴、粒间孔隙，中量大岩屑，土体松散，向下层平滑模糊过渡。

Bw1：13～48cm，亮黄棕色（10YR 6/6，干），亮黄棕色（10YR 6/6，润），中量细根，壤土，发育程度很强的中团粒状结构，中量很细气孔、动物穴、粒间孔隙，中量中岩屑，土体松散，向下层平滑模糊过渡。

Bw2：48～100cm，亮黄棕色（10YR 7/6，干），亮黄棕色（10YR 6/6，润），中量粗根，壤土，发育程度强的小团粒状结构，中量很细气孔、动物穴、粒间孔隙，中量中岩屑，土体疏松，向下层平滑模糊过渡。

BC：100～160cm，亮黄棕色（10YR 7/6，干），亮黄棕色（10YR 6/8，润），少量很粗根，黏壤土，发育程度中等的中块状结构，少量很细气孔、动物穴、粒间孔隙，中量很粗岩屑，土体稍坚实。

榴花洞系代表性单个土体物理性质

土层	深度/cm	石砾(>2mm，体积分数)/%	细土颗粒组成 (粒径：mm)/(g/kg)			质地	容重/(g/cm^3)
			砂粒 2～0.05	粉粒 0.05～0.002	黏粒 <0.002		
Ah	0～13	10	288	463	249	壤土	0.91
Bw1	13～48	15	300	459	241	壤土	1.12
Bw2	48～100	20	370	373	258	壤土	1.26
BC	100～160	50	284	414	303	黏壤土	1.19

榴花洞系代表性单个土体化学性质

深度/cm	pH/(H_2O)	pH/(KCl)	有机碳/(g/kg)	全氮(N)/(g/kg)	全磷(P)/(g/kg)	全钾(K)/(g/kg)	游离铁/(g/kg)	CEC_7/(cmol/kg)(黏粒)	铝饱和度/%
0～13	4.2	3.9	14.89	1.27	0.3	31.3	23.5	48.9	54.2
13～48	4.0	3.9	8.07	0.83	0.26	32.4	24.5	39.0	51.5
48～100	4.4	3.9	5.94	0.74	0.26	31.0	24.8	37.7	65.0
100～160	4.5	3.8	2.92	0.79	0.28	33.3	26.8	28.5	70.8

8.15.4 温溪系（Wenxi Series）

土 族：黏壤质硅质混合型酸性热性-普通铁质湿润雏形土

拟定者：张杨珠，盛 浩，罗 卓，欧阳宁相

分布与环境条件 该土系分布于湘北地区板、页岩丘陵岗地低丘坡麓地带，海拔 200～300m，坡度 20°～30°；成土母质为板、页岩风化物；土地利用状况为有林地或自然荒地，多种植马尾松、杉木人工林；中亚热带湿润季风气候，年均气温 16.0～16.5℃，年均降水量 1500～1600mm。

温溪系典型景观

土系特征与变幅 诊断层包括淡薄表层和雏形层，诊断特性有铁质特性、湿润土壤水分状况和热性土壤温度状况。土层较深厚，紧实，土体构型为 Ah-AB-Bw，有效土层厚度为 80～120cm，土壤质地上层为粉砂壤土，下层为砂质黏壤土，石砾含量 8%～30%，土壤颜色色调以 7.5YR 为主。地表枯枝落叶丰富，厚 3～6cm，Ah 层腐殖质积累较高，有机碳含量一般>30g/kg，土壤有机碳含量介于 6.60～29.00g/kg。土壤呈酸性至弱酸性，盐基不饱和，pH（H_2O）和 pH（KCl）分别介于 4.98～5.97 和 3.83～4.15。黏粒在剖面上有一定程度的迁移，铁在剖面底部形成淀积，全铁含量介于 28.6～42.2g/kg，游离铁含量介于 25.2～26.2g/kg，铁的游离度介于 62.2%～88.0%。

对比土系 五一系，属于同一土族，土壤润态色调相同，但五一系成土母质为砂质板岩风化物，在 100cm 以下出现准石质接触面，且 100cm 范围内未出现二元母质埋藏层，因此为不同土系。

利用性能综述 该土系土体较深厚，水热充沛，表土有机质、氮素丰富，阳离子交换量较高，土壤保肥能力较强。土质紧实，土体内含少量石砾，耕性较差。当前土地利用方式为林地，由于坡度陡，应减少人为干扰和利用，注重保持水土。

参比土种 厚腐厚土板岩红壤。

代表性单个土体 位于湖南省益阳市安化县田庄乡温溪村，28°18′44.64″N，111°15′45.36″E，海拔 226m，板岩低丘坡麓，成土母质为板、页岩风化物，土地利用状况为有林地，50cm 深处土温为 19℃。野外调查时间为 2016 年 6 月 27 日，野外编号 43-YIY01。

温溪系代表性单个土体剖面

Ah：0～20cm，灰棕色（7.5YR 6/2，干），灰棕色（7.5YR 4/2，润），中量细根，粉砂壤土，发育程度强的很大团粒状结构，大量中粒间孔隙、根孔、气孔、动物穴，土体疏松，向下层平滑渐变过渡。

AB：20～56cm，浊橙色（7.5YR 7/3，干），浊棕色（7.5YR 5/3，润），少量极细根系，粉砂壤土，发育程度强的中块状结构，中量中粒间孔隙、根孔，中量中岩石碎屑，土体疏松，向下层波状渐变过渡。

Bw：56～97cm，浊橙色（7.5YR 7/4，干），橙色（7.5YR 6/6，润），少量极细根系，砂质黏壤土，发育程度中等的大块状结构，中量细粒间孔隙，大量中岩石碎屑，土体稍坚实，向下层不规则渐变过渡。

2C：97～160cm，橙色（7.5YR 7/6，干），亮棕色（7.5YR 5/8，润），砂黏壤土，发育程度中等的大块状结构，少量很细粒间孔隙，少量中岩石碎屑，土体坚实。

温溪系代表性单个土体物理性质

土层	深度/cm	石砾(>2mm，体积分数)/%	细土颗粒组成(粒径：mm)/(g/kg)			质地	容重/(g/cm^3)
			砂粒 2～0.05	粉粒 0.05～0.002	黏粒 <0.002		
Ah	0～20	8	226	517	257	粉砂壤土	1.14
AB	20～56	15	123	611	267	粉砂壤土	1.18
Bw	56～97	30	480	228	292	砂黏壤土	1.37

温溪系代表性单个土体化学性质

深度/cm	pH(H_2O)	pH(KCl)	有机碳/(g/kg)	全氮(N)/(g/kg)	全磷(P)/(g/kg)	全钾(K)/(g/kg)	游离铁/(g/kg)	CEC_7/(cmol/kg)(黏粒)
0～20	4.98	3.83	29.00	2.66	0.43	12.1	26.0	69.4
20～56	5.97	4.15	7.91	0.81	0.32	11.4	25.2	44.4
56～97	5.43	4.04	6.60	0.62	0.23	12.1	26.2	40.8

8.15.5 五一系（Wuyi Series）

土 族：黏壤质硅质混合型酸性热性-普通铁质湿润雏形土

拟定者：张杨珠，于 康，欧阳宁相

分布与环境条件 该土系分布于湘东南地区砂板岩低山中坡地带，海拔600～700m，坡度较陡（15°～25°）；成土母质为砂质板岩风化物；土地利用类型为其他林地，生长有杉木、马尾松人工林、毛竹和次生灌木，植被存在中、轻度人为扰动；中亚热带湿润季风气候，年均气温15.8～17.3℃，年均降水量1500～1600mm。

五一系典型景观

土系特征与变幅 诊断层包括淡薄表层和雏形层，诊断特性有准石质接触面、铁质特性、湿润土壤水分状况和热性土壤温度状况，诊断现象有铝质现象。土壤剖面层次分异较为清晰，土体构型为Ah-Bw-BC，有效土层厚度一般>100cm，土体自上而下由疏松变极坚实，在100cm以下出现准石质接触面。土壤质地构型为粉砂质黏壤土-黏壤土，土体润态色调以7.5YR为主。土壤中有机质积累较弱，没有明显黏粒和铁的迁移积累现象。土壤黏土矿物以伊利石为主，伊利石蛭石混合次之，有极少量高岭石和蛭石。土壤有机碳含量介于3.05～14.54g/kg，pH（H_2O）和pH（KCl）分别介于4.72～5.26和3.66～3.78。全铁含量介于39.2～41.8g/kg，游离铁含量介于25.2～29.7g/kg，铁的游离度介于61.5%～75.7%。

对比土系 温溪系，属于同一土族，土壤润态色调相同，但温溪系成土母质为板、页岩风化物，有效土层厚度为80～120cm，剖面100cm范围内出现了二元母质埋藏层，且表层质地为壤土类，因此为不同土系。

利用性能综述 该土系土体发育较为深厚，质地适中，土体构型良好，通透性好，保水保肥。底土坚实，不利于植物根系生长。土壤有机质、氮、磷含量偏低，钾素含量较丰富。水热条件较好，适宜多种林木、果树生长。农业利用中应注重增施有机肥，补充氮磷复合肥。

参比土种 中腐厚土板岩黄红壤。

代表性单个土体 位于湖南省郴州市汝城县文明瑶族乡五一村，25°32′51.77″N，113°22′19.44″E，海拔606m，砂质板岩黄红壤低山中坡地带，成土母质为砂质板岩风化物，土地利用类型为其他林地，50cm深处土温为18℃。野外调查时间为2016年9月10日，野外编号43-CZ02。

五一系代表性单个土体剖面

Ah：0～20cm，亮黄棕色（10YR 6/8，干），棕色（7.5YR 4/6，润），大量细根，粉砂质黏壤土，发育程度强的中团粒状结构，大量细粒间孔隙、根孔、气孔和动物穴，少量中岩石碎屑，土体疏松，向下层平滑渐变过渡。

Bw：20～50cm，亮黄棕色（10YR 6/6，干），亮棕色（7.5YR 5/8，润），中量细根，黏壤土，发育程度强的小块状结构，中量细粒间孔隙、根孔、气孔和动物穴，土体疏松，中量粗岩石碎屑，向下层平滑渐变过渡。

BC：50～130cm，亮黄棕色（10YR 6/6，干），亮棕色（7.5YR 5/6，润），少量细根，黏壤土，发育中等的小块状结构，中量细粒间孔隙、根孔、气孔和动物穴，土体坚实，大量粗岩石碎屑，向下层平滑渐变过渡。

五一系代表性单个土体物理性质

土层	深度 /cm	石砾 (>2mm，体积分数)/%	细土颗粒组成(粒径：mm)/(g/kg)			质地	容重 /(g/cm^3)
			砂粒 2～0.05	粉粒 0.05～0.002	黏粒 <0.002		
Ah	0～20	4	169	437	395	粉砂质黏壤土	0.98
Bw	20～50	10	254	408	338	黏壤土	1.21
BC	50～130	30	246	427	328	黏壤土	0.93

五一系代表性单个土体化学性质

深度 /cm	pH (H_2O)	pH (KCl)	有机碳 /(g/kg)	全氮(N) /(g/kg)	全磷(P) /(g/kg)	全钾(K) /(g/kg)	游离铁 /(g/kg)	CEC_7 /(cmol/kg) (黏粒)
0～20	4.72	3.66	14.54	0.84	0.26	28.3	25.2	34.98
20～50	4.81	3.78	5.55	0.52	0.26	28.5	28.2	29.35
50～130	5.26	3.77	3.05	0.41	0.24	31.0	29.7	28.48

8.15.6 丁家系（Dingjia Series）

土 族：黏壤质硅质混合型非酸性热性-普通铁质湿润雏形土

拟定者：张杨珠，周 清，盛 浩，欧阳宁相，罗 卓

分布与环境条件 该土系分布于湘东地区砂页岩低丘中坡地区，海拔 150～250m；成土母质为砂、页岩风化物；土地利用状况为其他林地或自然荒地，主要植被类型为马尾松、樟等常绿针阔叶林，覆盖度为 70%～80%；中亚热带湿润季风气候，年均气温 17～18℃，年均无霜期 280d，年均日照时数 1640h，年均降水量 1300～1400mm。

丁家系典型景观

土系特征与变幅 诊断层包括淡薄表层和雏形层，诊断特性包括铁质特性、湿润土壤水分状况和热性土壤温度状况。土体较深厚，土体构型为 Ah-AB-Bw-C。表层腐殖质深厚，坡积现象明显，过渡层深厚，有机质和养分含量较高。土壤润态色调以 7.5YR 为主，剖面质地构型为黏壤土-砂质黏壤土，剖面有 10%～40%的砂岩碎屑。pH（H_2O）和 pH（KCl）分别介于 5.6～6.4 和 3.9～5.0。有机碳含量介于 4.42～19.30g/kg。全铁含量为 40～45.5g/kg，游离铁含量介于 14.8～19.0g/kg，铁的游离度介于 36.1%～47.1%。

对比土系 天星系，属于同一土族，地形部位相似，但天星系成土母质为石灰岩风化物，土地利用为果园，因此为不同土系。

利用性能综述 该土系土体深厚，表土层稍黏着，通透性较好，土壤呈酸性，表层有机质和氮、磷、钾含量较高，但下层含量较低，宜种植油茶、茶叶、柑橘等耐酸性园艺作物和大豆、番薯等耐瘠农作物。由于坡地易受到水土冲刷，可整平土地，绿化荒山，保持水土，林地需封山育林，保护植被。

参比土种 厚腐厚土砂岩红壤。

代表性单个土体 位于湖南省湘潭市湘乡市翻江镇丁家村狮子山组，27°51′35″N，112°11′34″E，海拔 190m，砂页岩低丘中坡地带，成土母质为砂、页岩风化物，土地利用状况为其他林地。50cm 深处土温为 18.9℃。野外调查时间为 2015 年 8 月 28 日，野外编号 43-XT01。

丁家系代表性单个土体剖面

Ah：　0～15cm，浊黄棕色（10YR 5/4，干），暗棕色（7.5YR 3/3，润），中量细根，黏壤土，发育程度强的中团粒状结构，大量中粒间孔隙、根孔、气孔和动物穴，少量小砂岩碎屑，土体疏松，向下层波状渐变过渡。

AB：15～50cm，浊黄棕色（10YR 5/3，干），暗棕色（7.5YR 3/4，润），少量中根，黏壤土，发育程度中等的大块状结构，大量中粒间孔隙、根孔、气孔和动物穴，中量中砂岩碎屑，土体疏松，向下层波状渐变过渡。

Bw1：50～90cm，浊黄棕色（10YR 5/3，干），暗棕色（7.5YR 3/4，润），少量中根，黏壤土，发育程度中等的大块状结构，大量中粒间孔隙、根孔、气孔和动物穴，中量粗砂岩碎屑，土体疏松，向下层波状渐变过渡。

Bw2：90～130cm，亮黄棕色（10YR 7/6，干），棕色（7.5YR 4/6，润），砂质黏壤土，发育程度弱的大块状结构，中量细粒间孔隙，大量粗砂岩碎屑，土体坚实，向下层波状渐变过渡。

C：　130～200cm，砂、页岩风化物。

丁家系代表性单个土体物理性质

土层	深度 /cm	石砾 (>2mm，体积分数)/%	细土颗粒组成(粒径：mm) /(g/kg)			质地	容重 /(g/cm^3)
			砂粒 2～0.05	粉粒 0.05～0.002	黏粒 <0.002		
Ah	0～15	10	382	398	221	黏壤土	1.31
AB	15～50	14	382	377	242	黏壤土	1.16
Bw1	50～90	20	435	318	246	黏壤土	1.42
Bw2	90～130	40	386	326	288	砂质黏壤土	1.49

丁家系代表性单个土体化学性质

深度 /cm	pH (H_2O)	pH (KCl)	有机碳 /(g/kg)	全氮(N) /(g/kg)	全磷(P) /(g/kg)	全钾(K) /(g/kg)	游离铁 /(g/kg)	CEC /(cmol/kg)
0～15	5.9	4.4	19.30	1.08	0.28	19.2	15.6	20.4
15～50	6.3	5.0	9.61	0.26	0.23	18.7	14.8	18.2
50～90	6.4	5.0	9.45	0.09	0.21	19.0	18.6	17.9
90～130	5.6	3.9	4.42	0.33	0.19	13.9	19.0	23.1

8.15.7 天星系（Tianxing Series）

土　族：黏壤质硅质混合型非酸性热性-普通铁质湿润雏形土

拟定者：张杨珠，周　清，张　亮，罗　卓，欧阳宁相

分布与环境条件　该土系分布于湘西北地区山地突起的丘陵地带，海拔 100～200m，坡度平缓（5°～10°）；成土母质为石灰岩风化物；土地利用类型为果园，种植柑橘；中亚热带湿润季风气候，年均气温 16.5～17.0℃，年均降水量 1300～1400mm。

天星系典型景观

土系特征与变幅　诊断层包括淡薄表层和雏形层，诊断特性包括湿润土壤水分状况、氧化还原特征、热性土壤温度状况和铁质特性。土体发育非常深厚，土体构型为 Ah-Bs，有效土层厚度一般>150cm，土壤润态色调为 7.5YR，土壤质地通体为黏壤土，土体内含有 5%～40%的石砾，表土以下稍坚实，75cm 以下有较多铁锰结核。土壤腐殖质积累过程较弱，土壤有机碳含量介于 3.82～13.78g/kg。pH（H_2O）和 pH（KCl）分别介于 6.32～6.70 和 4.85～6.70。全铁含量介于 41.5～46.2g/kg，游离铁含量介于 31.8～38.9g/kg，铁的游离度介于 72%～84%。

对比土系　丁家系，属于同一土族，地形部位类似，但丁家系成土母质为砂、页岩风化物，且土地利用类型为林地，所以为不同土系。

利用性能综述　该土系地势低平，水热丰富。土层深厚，质地偏黏，紧实度高，保水保肥力强，但通透性较差。土壤呈中性反应，土壤氮素和钾素较丰富，但土壤有机质和磷素含量偏低。适宜发展耕作农业，应注重翻耕改土，增强土壤通透性，增施有机肥和补充磷素。

参比土种　厚腐厚土灰岩黄红壤。

代表性单个土体　位于湖南省张家界市慈利县苗市镇天星村，29°33′35.88″N，111°15′2.75″E，海拔 124m，成土母质为石灰岩风化物，丘陵地区低丘下坡地带，土地利用类型为果园，50cm 深处土温为 18℃。野外调查时间为 2016 年 7 月 17 日，野外编号 43-ZJJ01。

天星系代表性单个土体剖面

Ah1：0～25cm，浊黄橙色（10YR 6/4，干），棕色（7.5YR 4/6，润），少量细根，黏壤土，发育程度强的小块状结构，大量细粒间孔隙、根孔、气孔、动物穴，少量中石砾，土体疏松，有很少量的铁锰结核，向下层平滑清晰过渡。

Ah2：25～70cm，亮黄棕色（10YR 6/6，干），亮棕色（7.5YR 5/6，润），中量中根，黏壤土，发育程度强的中块状结构，大量细粒间孔隙、根孔、气孔、动物穴，中量中石砾，土体疏松，有中量铁锰结核，向下层平滑清晰过渡。

Bs1：70～130cm，亮黄棕色（10YR 6/7，干），亮棕色（7.5YR 5/6，润），黏壤土，发育程度中等的大块状结构，中量细粒间孔隙，大量粗石砾，土体稍坚硬，有中量铁锰结核，向下层平滑模糊过渡。

Bs2：130～170cm，亮黄棕色（10YR 6/8，干），亮棕色（7.5YR 5/，润），黏壤土，发育程度中等的大块状结构，中量细粒间孔隙，大量粗石砾，土体稍坚硬，有中量铁锰结核。

天星系代表性单个土体物理性质

土层	深度 /cm	石砾 (>2mm，体积分数)/%	细土颗粒组成(粒径：mm)/(g/kg)			质地	容重 /(g/cm³)
			砂粒 2～0.05	粉粒 0.05～0.002	黏粒 <0.002		
Ah1	0～25	5	353	329	318	黏壤土	1.50
Ah2	25～70	15	358	341	301	黏壤土	1.53
Bs1	70～130	30	400	313	287	黏壤土	1.52
Bs2	130～170	40	371	305	323	黏壤土	1.52

天星系代表性单个土体化学性质

深度 /cm	pH (H_2O)	pH (KCl)	有机碳 /(g/kg)	全氮(N) /(g/kg)	全磷(P) /(g/kg)	全钾(K) /(g/kg)	游离铁 /(g/kg)	CEC_7 /(cmol/kg) (黏粒)
0～25	6.70	6.70	13.78	2.43	0.60	22.4	35.1	90.60
25～70	6.61	6.61	8.02	0.79	0.42	19.9	31.8	81.90
70～130	6.50	4.85	3.82	0.64	0.41	18.2	33.7	97.03
130～170	6.32	4.86	4.53	0.91	0.92	19.3	38.9	93.89

8.16 斑纹简育湿润雏形土

8.16.1 大观园系（Daguanyuan Series）

土 族：砂质硅质混合型酸性热性-斑纹简育湿润雏形土

拟定者：张杨珠，黄运湘，周 清，廖超林，盛 浩，张 义

分布与环境条件 该土系分布于湘东地区大围山花岗岩低山中坡地带，海拔600～800m；成土母质为花岗岩风化物；土地利用状况为旱耕地；中亚热带湿润季风气候，年均气温17～17.5℃，年均降水量1400～1600mm。

大观园系典型景观

土系特征与变幅 诊断层包括暗瘠表层和雏形层，诊断特性及现象包括氧化还原特征、铁质特性、潜育现象、湿润土壤水分状况和热性土壤温度状况。土体发育深厚，土体构型为Ap-Bs-Bw-Bg，有效土层厚度一般>120cm，表层土壤质地以壤土为主，土壤润态色调以10YR为主，土体自上而下由稍松变坚实，底土中有5%～15%的直径<2mm的铁斑纹。表层受人为耕作施肥影响，有机质和养分含量较高，土壤有机碳含量为13.38～16.96g/kg，有效磷含量50～60mg/kg，剖面底部有潜育现象。pH（H_2O）和pH（KCl）分别为4.0～5.6和3.4～4.1。全铁含量为33.5～42.1g/kg，游离铁含量为11.7～27.1g/kg，铁的游离度为35.0%～64.4%。

对比土系 鸡公山系，属于同一亚纲，同一地区，相同母质，但鸡公山系B层均有铁质特性，颗粒大小级别为黏质，矿物类型为高岭石型，土壤润态色调为5YR，且剖面底部无潜育现象，因此为不同土系。

利用性能综述 该土系海拔较高，地势平坦，水热条件一般。土层发育较深厚，表层有机质和养分含量较高，质地偏砂，保水保肥效果差，底部有潜育现象。土壤有机质和氮、磷养分含量偏低，但钾素丰富。当前土壤利用为旱耕地，种植蔬菜，应注重增施有机肥，补充磷素。

参比土种 黄红麻沙土。

代表性单个土体　位于湖南省长沙市浏阳市大围山镇钓鱼山庄旁山脚菜地，28°25′0.89″N，114°3′46.37″E，海拔 719m，花岗岩低山坡地带，成土母质为花岗岩风化物。土地利用状况为旱耕地，50cm 深处土温为 16℃。野外调查时间为 2014 年 5 月 15 日，野外编号 43-LY20。

大观园系代表性单个土体剖面

Ap：0～28cm，浊橙色（2.5Y 6/3，干），暗棕色（10YR 3/3，润），大量中根，壤土，发育程度很强的小团粒状结构，中量石英颗粒，大量中根、粒间孔隙，土体松散，向下层波状清晰过渡。

Bs：28～67cm，淡黄色（2.5Y 7/4，干），暗棕色（10YR 3/4，润），中量细根，壤土，发育程度中等的中块状结构，很少量极细根、粒间孔隙，中量石英颗粒，土体松散，结构面上有中量铁斑纹，向下层波状清晰过渡。

Bw：67～110cm，淡黄色（2.5Y 7/4，干），暗棕色（10YR 3/4，润），壤土，发育程度弱的中块状结构，中量石英颗粒，很少量极细粒间孔隙，土体稍坚实，向下层波状清晰过渡。

Bg：110～138cm，黄棕色（2.5Y 5/3，干），黑色（10YR 3/1，润），砂质壤土，发育程度弱的中块状结构，中量石英颗粒，很少量极细粒间孔隙，轻度亚铁反应，土体稍坚实。

大观园系代表性单个土体物理性质

土层	深度 /cm	石砾(>2mm，体积分数)/%	细土颗粒组成(粒径：mm)/(g/kg)			质地	容重 /(g/cm³)
			砂粒 2～0.05	粉粒 0.05～0.002	黏粒 <0.002		
Ap	0～28	11	491	314	195	壤土	—
Bs	28～67	7	447	333	220	壤土	—
Bw	67～110	9	446	335	220	壤土	—
Bg	110～138	10	530	302	168	砂质壤土	—

大观园系代表性单个土体化学性质

深度 /cm	pH (H_2O)	pH (KCl)	有机碳 /(g/kg)	全氮(N) /(g/kg)	全磷(P) /(g/kg)	全钾(K) /(g/kg)	铁游离度 /%	CEC_7 /(cmol/kg) (黏粒)
0～28	4.0	3.4	13.76	0.85	0.77	42.8	54.7	48.8
28～67	4.2	3.7	16.96	0.60	0.75	36.0	64.4	41.8
67～110	5.1	4.1	13.38	0.72	0.26	46.2	43.7	40.9
110～138	5.6	4.0	13.81	1.76	0.29	45.8	35.0	45.3

第9章　新　成　土

9.1　普通红色正常新成土

9.1.1　上湾系（Shangwan Series）

土　族：粗骨砂质硅质混合型酸性热性-普通红色正常新成土

拟定者：张杨珠，周　清，黄运湘，盛　浩，张　义，欧阳宁相

分布与环境条件　该土系分布于湘东地区紫色砂岩低丘上坡地带，海拔100～200m；成土母质为紫色砂、页岩风化物；土地利用状况为其他林地或自然荒地，主要植被类型为樟、杉木等常绿针阔叶林，覆盖度为30%～40%；中亚热带湿润季风气候，年均气温17～18℃，年均降水量1500～1600mm。

上湾系典型景观

土系特征与变幅　诊断层包括淡薄表层，诊断特性包括红色砂、页岩岩性特征，准石质接触面，湿润土壤水分状况，热性土壤温度状况和铁质特性。土体较浅薄，土壤发育程度低，土体构型为Ah-C-R，土壤表层受到侵蚀，表层厚度为20～30cm。土壤质地为砂质壤土，土壤润态色调为2.5YR，土体通体紧实，剖面中有较多岩石碎屑。pH（H_2O）和pH（KCl）分别介于5.6～6.6和4.5～5.5。有机碳含量介于3.0～4.0g/kg，全铁含量为31.8～38.0g/kg，游离铁含量介于10～20g/kg，铁的游离度介于37.1%～44.4%。

对比土系　湾塘系，属于同一亚类，成土环境、地形部位类似，地表植被相似，但湾塘系土族控制层段内颗粒大小级别为粗骨黏质，矿物学类型为蒙脱石型，因此为不同土族。

利用性能综述　该土系土体较浅薄，表土层稍黏着，通透性较好，砂粒含量较高，土壤呈酸性，表层有机质和氮、磷和钾含量较低。改良与利用措施：坡地易受到水土冲刷，可整平土地，绿化荒山，保持水土；大力种植旱地绿肥，实行用地养地相结合；增施有机肥，改善土壤结构，提高土壤肥力；实行测土配方施肥和平衡施肥。

参比土种　中腐中土酸性紫沙土。

代表性单个土体　位于湖南省长沙市浏阳市官渡镇南岳村上湾组，28°21′53″N，113°52′06″E，海拔 126m，低丘上坡地带，成土母质为紫色砂、页岩风化物，土地利用状况为其他林地。50cm 深处土温为 18.9℃。野外调查时间为 2014 年 5 月 12 日，野外编号 43-LY02。

上湾系代表性单个土体剖面

Ah：0～22cm，浊红棕色（2.5YR 5/4，干），浊红棕色（2.5YR 4/4，润），中量中根，砂质壤土，发育程度弱的中块状结构，中量细粒间孔隙和根孔，中量小岩屑，土体疏松，向下层平滑渐变过渡。

C：　22～56cm，紫色砂、页岩半风化物。

R：　56～180cm，紫色砂、页岩。

上湾系代表性单个土体物理性质

土层	深度/cm	石砾(>2mm，体积分数)/%	细土颗粒组成(粒径：mm)/(g/kg)			质地	容重/(g/cm³)
			砂粒 2～0.05	粉粒 0.05～0.002	黏粒 <0.002		
Ah	0～22	25	560	295	145	砂质壤土	1.22

上湾系代表性单个土体化学性质

深度/cm	pH (H_2O)	pH (KCl)	有机碳/(g/kg)	全氮(N)/(g/kg)	全磷(P)/(g/kg)	全钾(K)/(g/kg)	游离铁/(g/kg)	CEC/(cmol/kg)
0～22	6.1	5.0	3.7	1.20	0.54	19.6	15.0	11.4

9.1.2 湾塘系（Wantang Series）

土　族：粗骨黏质蒙脱石型酸性热性-普通红色正常新成土
拟定者：张杨珠，周　清，欧阳宁相，罗　卓

分布与环境条件　该土系分布于湘东地区紫色页岩低丘上坡地带，海拔 50～100m；成土母质为紫色砂页岩风化物；土地利用状况为林地，主要植被类型为马尾松、樟等常绿针阔叶林，覆盖度为 30%～40%；属中亚热带湿润季风气候，年均气温 16.7～18.3℃，年均降水量 1300～1500mm。

湾塘系典型景观

土系特征与变幅　诊断层包括淡薄表层，诊断特性包括红色砂、页岩岩性特征，准石质接触面，湿润土壤水分状况，热性土壤温度状况和铁质特性。土体浅薄，土体构型为 Ah-ACr-R，土壤表层受到中度侵蚀，有机质和养分含量低，剖面质地为粉砂壤土-粉砂质黏壤土，22cm 以下为母质层，土壤润态色调为 10R，剖面通体坚实，22～65cm 处出现中量锰斑纹。pH（H_2O）和 pH（KCl）分别介于 5.4～5.5 和 3.5～3.9，有机碳含量介于 4.4～10.1g/kg，全铁含量为 37.2～47.3g/kg，游离铁含量介于 15.3～20.2g/kg，铁的游离度介于 35.7%～42.7%。

对比土系　上湾系，属于同一亚类，成土环境、地形部位类似，地表植被相似，但上湾系土族控制层段内颗粒大小级别为粗骨砂质，矿物学类型为硅质混合型，因此为不同土族。

利用性能综述　该土系土体浅薄，表层养分含量低，供肥不足，心土层结构紧实，不利于作物根系发育。宜种植油茶、茶叶和柑橘等耐酸性园艺作物和大豆、番薯等耐瘠农作物。改良与利用措施：增施有机肥和实行秸秆还田，改善土壤结构，提高土壤肥力；实行测土配方施肥和平衡施肥。

参比土种　厚腐薄土酸性紫色土。

代表性单个土体　位于湖南省湘潭市湘潭县射埠乡湾塘村君子组，27°38′42″N，112°46′15″E，海拔 86m，低丘上坡地带，成土母质为紫色砂页岩风化物，土地利用状况为其他林地。50cm 深处土温为 19.4℃。野外调查时间为 2015 年 8 月 31 日，野外编号 43-XT06。

湾塘系代表性单个土体剖面

Ah：　0～22cm，亮红棕色（2.5YR 5/6，干），暗红色（10R 3/6，润），少量细根，粉砂壤土，发育程度弱的小块状结构，大量中粒间孔隙、根孔、气孔和动物穴，中量小岩屑，土体稍坚实，向下层平滑清晰过渡。

ACr：22～65cm，亮红棕色（2.5YR 5/8，干），红色（10R 4/6，润），粉砂质黏壤土，无结构，大量中等岩屑，裂隙中有中量大锰斑纹，土体很坚实，向下层平滑清晰过渡。

R：　65～130cm，紫色页岩。

湾塘系代表性单个土体物理性质

土层	深度 /cm	石砾 (>2mm，体积分数)/%	细土颗粒组成(粒径：mm)/(g/kg)			质地	容重 /(g/cm^3)
			砂粒 2～0.05	粉粒 0.05～0.002	黏粒 <0.002		
Ah	0～22	25	220	510	270	粉砂壤土	1.42
ACr	22～65	40	112	529	359	粉砂质黏壤土	1.52

湾塘系代表性单个土体化学性质

深度 /cm	pH (H_2O)	pH (KCl)	有机碳 /(g/kg)	全氮(N) /(g/kg)	全磷(P) /(g/kg)	全钾(K) /(g/kg)	游离铁 /(g/kg)	CEC /(cmol/kg)
0～22	5.5	3.9	10.1	0.34	0.67	24.9	15.3	30.0
22～65	5.4	3.5	4.4	0.61	0.64	27.9	20.2	33.3

9.2　石质湿润正常新成土

9.2.1　丹青系（Danqing Series）

土　族：粗骨质硅质混合型非酸性热性-石质湿润正常新成土

拟定者：张杨珠，周　清，盛　浩，张　亮，曹　俏，欧阳宁相

分布与环境条件　该土系位于湘西地区紫色砂砾岩低山中坡地带，海拔200～250m；成土母质为紫色砂砾岩风化物；土地利用类型为林地，生长有樟、蕨类等自然植被，植被覆盖度为80%～90%；属中亚热带湿润季风气候，年均气温17～18℃，年均降水量1400～1500mm。

丹青系典型景观

土系特征与变幅　诊断层包括淡薄表层，诊断特性包括石质接触面、湿润土壤水分状况和热性土壤温度状况。土体构型为Ah-AC-R，表层浅薄，厚度为5～15cm，质地为粉砂质黏壤土，土体自上而下由稍坚实变为坚实，紫色砂砾岩碎屑含量25%～75%。pH（H_2O）和pH（KCl）分别介于6.7～6.8和5.6～5.7。有机碳含量介于15.8～46.0g/kg。全铁含量为33.6～35.7g/kg，游离铁含量介于16.7～17.2g/kg，铁的游离度介于48.2%～49.7%。

对比土系　新市系，属于同一亚类，成土环境类似，但新市系土体有石灰反应，土族控制层段内颗粒大小级别为壤质，因此为不同土系。

利用性能综述　该土系土层浅薄，剖面中石砾含量高，石质接触面出现深度较浅，坡度较陡，应以封山育林、保持水土为主。

参比土种　薄腐薄土酸性紫沙土。

代表性单个土体　位于湖南省湘西土家族苗族自治州吉首市丹青镇清明村，28°21′33″N，109°58′03″E，海拔204.7m，低山中坡地带，成土母质为紫色砂砾岩风化物，灌木林地，50cm深处土温为18.7℃。野外调查时间是2017年7月29日，野外编号43-XX08。

丹青系代表性单个土体剖面

Ah：0～10cm，浊红棕色（2.5YR 4/4，干），暗红棕色（10R 3/2，润），粉砂质黏壤土，中量细根，发育程度弱的中块状结构，中量的中粒间孔隙、气孔、根孔和动物穴，中量岩石碎屑，土体稍坚实，向下层平滑渐变过渡。

AC：10～30cm，浊红棕色（2.5YR 5/4，干），暗红棕色（10R 3/3，润），少量细根，粉砂质黏壤土，无结构，大量岩石碎屑，土体坚实，向下层平滑渐变过渡。

R：　30cm 以下，紫色砂砾岩。

丹青系代表性单个土体物理性质

土层	深度/cm	石砾(>2mm，体积分数)/%	细土颗粒组成(粒径：mm) /(g/kg)			质地	容重/(g/cm³)
			砂粒 2～0.05	粉粒 0.05～0.002	黏粒 <0.002		
Ah	0～10	25	95	598	307	粉砂质黏壤土	0.91
AC	10～30	75	106	615	279	粉砂质黏壤土	1.53

丹青系代表性单个土体化学性质

深度/cm	pH (H_2O)	pH (KCl)	有机碳/(g/kg)	全氮(N)/(g/kg)	全磷(P)/(g/kg)	全钾(K)/(g/kg)	游离铁/(g/kg)	CEC/(cmol/kg)
0～10	6.7	5.6	46.0	2.85	0.52	25.5	16.7	25.9
10～30	6.8	5.7	15.8	1.13	0.33	27.1	17.2	17.1

9.2.2 百福系（Baifu Series）

土 族：粗骨壤质硅质混合型酸性热性-石质湿润正常新成土

拟定者：张杨珠，盛 浩，罗 卓，欧阳宁相

分布与环境条件 该土系分布于湘北地区板、页岩低丘下坡地带，海拔 90～110m；成土母质为板、页岩风化物；土地利用状况为林地，生长有毛竹、蕨类等自然植被；中亚热带湿润季风气候，年均气温 15～16℃，年均降水量 1600～1700mm。

百福系典型景观

土系特征与变幅 诊断层包括淡薄表层，诊断特性及诊断现象包括石质接触面、湿润土壤水分状况、热性土壤温度状况、铁质特性和铝质现象。土体浅薄，土壤表层枯枝落叶丰富，表层有机碳含量较高，土壤润态色调为 10YR，土体构型为 Ah-AC-R，土壤质地为粉砂质黏壤土-黏壤土。pH（H_2O）和 pH（KCl）分别介于 4.7～5.1 和 3.5～3.7，有机碳含量介于 11.0～31.5g/kg，全铁含量为 21.4～22.5g/kg，游离铁含量介于 14.4～15.7g/kg，铁的游离度介于 63.9%～76.9%。

对比土系 沈塘系，属于同一亚类，地形部位类似，地表植被相似，但沈塘系成土母质为紫色砂砾岩风化物，土族控制层段内颗粒大小级别为砂质，因此划为不同土族。

利用性能综述 该土系土体浅薄，土壤呈弱酸性，剖面岩石碎屑含量高，坡度陡峭，容易造成水土流失，不宜种植经济作物，应进行封山育林，保持水土。

参比土种 厚腐板、页岩红壤性土。

代表性单个土体 位于湖南省益阳市安化县小淹镇百福村，28°25′12″N，111°32′12″E，海拔 107m，低丘坡麓，成土母质为板、页岩风化物，土地利用状况为有林地。50cm 深处土温为 19.0℃。野外调查时间为 2016 年 6 月 28 日，野外编号 43-YIY02。

百福系代表性单个土体剖面

Ah： 0～20cm，浊黄橙色（10YR 6/3，干），浊黄棕色（10YR 4/3，润），大量粗根，粉砂质黏壤土，发育程度中等的中团粒状结构，大量中粒间孔隙、根孔、气孔和动物穴，大量粗岩石碎屑，土体疏松，向下波状渐变过渡。

AC：20～60cm，浊黄橙色（10YR 7/4，干），黄棕色（10YR 5/6，润），中量中根，无结构，大量粗岩屑，土体坚实，向下不规则突变过渡。

R： 60cm 以下，板、页岩。

百福系代表性单个土体物理性质

土层	深度/cm	石砾(>2mm，体积分数)/%	细土颗粒组成(粒径：mm)/(g/kg)			质地	容重/(g/cm^3)
			砂粒 2～0.05	粉粒 0.05～0.002	黏粒 <0.002		
Ah	0～20	25	129	534	337	粉砂质黏壤土	0.83
AC	20～60	75	392	277	331	黏壤土	1.03

百福系代表性单个土体化学性质

深度/cm	pH (H_2O)	pH (KCl)	有机碳/(g/kg)	全氮(N)/(g/kg)	全磷(P)/(g/kg)	全钾(K)/(g/kg)	游离铁/(g/kg)	CEC/(cmol/kg)
0～20	4.7	3.7	31.5	2.86	0.48	17.0	14.4	21.5
20～60	5.1	3.7	11.0	0.94	0.38	18.9	15.7	12.9

9.2.3 沈塘系（Shentang Series）

土 族：砂质硅质混合型酸性热性-石质湿润正常新成土

拟定者：张杨珠，盛 浩，张鹏博，张 义，欧阳宁相

分布与环境条件 该土系分布于湘北地区紫色砂砾岩低丘中坡地带，海拔 50～100m；成土母质为紫色砂砾岩风化物；土地利用状况为其他林地或自然荒地，主要植被类型为油茶、马尾松等常绿灌木，覆盖度为 30%～40%；中亚热带湿润季风气候，年均气温 17～18℃，年均降水量 1200～1300mm。

沈塘系典型景观

土系特征与变幅 诊断层包括淡薄表层，诊断特性及诊断现象包括准石质接触面、湿润土壤水分状况、热性土壤温度状况和铝质现象。土体较浅薄，土体构型为 Ah-C-R，表层厚度为 10～20cm，有机质和养分含量低，剖面表层质地为砂质壤土，48cm 以下为母岩层，土壤润态色调为 2.5YR，表层土体较为疏松，心土层和底土层稍坚实，pH（H_2O）和 pH（KCl）分别介于 4.3～4.7 和 3.4～3.8，有机碳含量介于 9.7～11.8g/kg，全铁含量为 12.6～12.8g/kg，游离铁含量介于 5.2～6.4g/kg，铁的游离度介于 37.9%～45.9%。

对比土系 丹青系，属于同一亚类，成土母质均为紫色砂砾岩风化物，地形部位和地表植被相似，但丹青系土族控制层段内颗粒大小级别为粗骨质，土壤酸碱性为非酸性，因此为不同土族。

利用性能综述 该土系土体浅薄，通透性较好，砂粒含量较高，土壤呈酸性，表层有机质和氮、磷、钾含量较低。改良与利用措施：坡地易受到水土冲刷，可整平土地，绿化荒山，保持水土；大力种植旱地绿肥，实行用地养地相结合。

参比土种 中腐薄土酸性紫沙土。

代表性单个土体 位于湖南省岳阳市岳阳县杨林乡沈塘村付家组，29°6′27″N，113°22′18″E，海拔 71m，低丘中坡地带，成土母质为紫色砂砾岩风化物，土地利用状况为其他林地。50cm 深处土温为 18.8℃。野外调查时间为 2015 年 9 月 26 日，野外编号 43-YY11。

沈塘系代表性单个土体剖面

Ah：0～15cm，亮红棕色（5YR 5/8，干），红棕色（2.5YR 4/8，润），中量细根，砂质壤土，发育程度弱的大团粒状结构，大量细粒间孔隙、根孔、气孔和动物穴，中量小岩屑，土体疏松，向下层平滑渐变过渡。

C：15～48cm，紫色砂砾岩风化物。

R：48～130cm，紫色砂砾岩。

沈塘系代表性单个土体物理性质

土层	深度/cm	石砾(>2mm，体积分数)/%	细土颗粒组成(粒径：mm)/(g/kg)			质地	容重/(g/cm³)
			砂粒 2～0.05	粉粒 0.05～0.002	黏粒 <0.002		
Ah	0～15	20	577	273	150	砂质壤土	1.17

沈塘系代表性单个土体化学性质

深度/cm	pH (H_2O)	pH (KCl)	有机碳/(g/kg)	全氮(N)/(g/kg)	全磷(P)/(g/kg)	全钾(K)/(g/kg)	游离铁/(g/kg)	CEC/(cmol/kg)
0～15	4.5	3.6	10.8	0.67	0.23	20.3	5.8	8.2

9.2.4 新市系（Xinshi Series）

土 族：壤质硅质混合型石灰性热性-石质湿润正常新成土

拟定者：张杨珠，黄运湘，满海燕，欧阳宁相

分布与环境条件 该土系分布于湘中盆地南缘向五岭山脉过渡地区的低丘上坡地带，海拔50～100 m；成土母质为紫色粉砂质页岩风化物；土地利用状况为林地，植被有杉木和松树，白茅较多，植被覆盖度为60%～70%；中亚热带湿润季风气候，年均气温18.0～20.0℃，年均降水量1300～1400mm。

新市系典型景观

土系特征与变幅 诊断层包括淡薄表层，诊断特性包括石质接触面、热性土壤温度状况、湿润土壤水分状况和铁质特性。土体构型为Ah-R，土表以下出现整块紫色粉砂质页岩，土层浅薄，肥力低，有效养分含量低，土壤质地为粉砂壤土，有石灰反应，pH（H_2O）介于7.9～8.3，有机碳含量介于10.9～13.3g/kg，全铁含量为21.5～25.5g/kg，游离铁含量介于13.6～16.6g/kg，铁的游离度在59.0%～62.7%。

对比土系 丹青系，属于同一亚类，地形部位和地表植被相似，成土母质类似，但属不同土族，丹青系土体无石灰反应，土族控制层段内颗粒大小级别为粗骨质，且石质接触面出现较深，划为不同土系。

利用性能综述 该土系土层浅薄，肥力低，保肥供肥性均不良，但钾、磷含量高，宜种植喜钾、喜磷作物，如花生、番薯等和柏木、核桃、银合欢、乌桕等耐旱、耐瘠、耐碱、耐高温的林木。

参比土种 薄土层石灰性紫色土。

代表性单个土体 位于湖南省衡阳市耒阳市新市镇新市村六组，26°36′51″N，112°55′52″E，海拔96 m，丘陵低丘上坡，成土母质为紫色粉砂质页岩风化物，林地，50cm深处土温为19.9℃。野外调查时间为2016年8月23日，野外编号43-HY01。

新市系代表性单个土体剖面

Ah：0～25cm，浊红棕色（2.5YR 5/4，干），暗红棕色（2.5YR 3/3，润），中量细根，粉砂壤土，发育程度中等的小团粒状结构，中量细根孔、气孔、动物穴和粒间孔隙，土体稍坚实，中量岩屑，强度石灰反应，向下层平滑清晰过渡。

R：25cm 以下，紫色粉砂质页岩。

新市系代表性单个土体物理性质

土层	深度 /cm	石砾 (>2mm，体积分数)/%	细土颗粒组成(粒径：mm) /(g/kg)			质地	容重 /(g/cm³)
			砂粒 2～0.05	粉粒 0.05～0.002	黏粒 <0.002		
Ah	0～25	10	173	682	145	粉砂壤土	1.4

新市系代表性单个土体化学性质

深度 /cm	pH (H_2O)	有机碳 /(g/kg)	全氮(N) /(g/kg)	全磷(P) /(g/kg)	全钾(K) /(g/kg)	游离铁 /(g/kg)	CEC /(cmol/kg)
0～25	7.9	12.1	1.53	0.72	25.4	15.1	20.8

9.3　普通湿润正常新成土

9.3.1　安洲系（Anzhou Series）

土　族：粗骨黏壤质硅质混合型酸性热性-普通湿润正常新成土

拟定者：张杨珠，黄运湘，周　清，廖超林，张　义，欧阳宁相

分布与环境条件　该土系分布于湘东大围山地区花岗岩低山山顶地带，海拔700～800m；成土母质为花岗岩风化物；土地利用状况为林地，生长有马尾松和杉木等自然植被；中亚热带湿润季风气候，年均气温16～17℃，年均降水量1300～1600mm。

安洲系典型景观

土系特征与变幅　诊断层包括淡薄表层，诊断特性及诊断现象包括准石质接触面、湿润土壤水分状况、热性土壤温度状况和铝质现象。土体浅薄，土壤发育不成熟，厚度为10～20cm，土体构型为Ah-C-R，土壤表层受到中度侵蚀，有机质和养分含量较低，表层土壤质地为黏壤土，土壤润态色调为5YR，土体自上而下由稍松变坚实，剖面花岗岩风化碎屑含量为30%～45%，pH（H_2O）和pH（KCl）分别介于4.3～4.5和3.5～3.7，有机碳含量介于3.5～16.5g/kg，全铁含量为48.0～55.2g/kg，游离铁含量介于15.7～20.4g/kg，铁的游离度介于28.3%～41.7%。

对比土系　五指石系，属于同一亚类，母质相同，成土环境类似，但五指石系土族控制层段内颗粒大小级别为粗骨壤质，因此为不同土族。

利用性能综述　该土系土层浅薄，表层全钾含量高，有机质、全氮和全磷含量偏低，土壤质地偏砂，石砾含量高，表层以下土壤紧实，地上植被覆盖度高，应加强封山育林，防止水土流失。

参比土种　薄腐花岗岩红壤性土。

代表性单个土体　位于湖南省长沙市浏阳市大围山（镇）安洲组钓鱼山庄后山山顶，28°25′06″N，114°3′45″E，海拔736m，花岗岩低山山顶地带，成土母质为花岗岩风化物，土地利用状况为林地。50cm深处土温为16.4℃。野外调查时间为2014年5月14日，野外编号43-LY18。

安洲系代表性单个土体剖面

Ah：0～10cm，橙色（7.5YR 6/6，干），亮红棕色（5YR 5/8，润），中量粗根，黏壤土，发育程度弱的小团粒状结构，大量中根孔和粒间孔隙，中量小石英颗粒，土体松散，向下层平滑模糊过渡。

C：10～34cm，橙色（7.5YR 6/6，干），亮红棕色（5YR 5/8，润），砂质黏壤土，无结构，土体稍坚实，向下层平滑模糊过渡。

R：34～150cm，花岗岩风化物。

安洲系代表性单个土体物理性质

土层	深度/cm	石砾(>2mm，体积分数)/%	细土颗粒组成(粒径：mm)/(g/kg)			质地	容重/(g/cm^3)
			砂粒 2～0.05	粉粒 0.05～0.002	黏粒 <0.002		
Ah	0～10	25	431	252	317	黏壤土	1.35

安洲系代表性单个土体化学性质

深度/cm	pH (H_2O)	pH (KCl)	有机碳/(g/kg)	全氮(N)/(g/kg)	全磷(P)/(g/kg)	全钾(K)/(g/kg)	游离铁/(g/kg)	CEC/(cmol/kg)
0～10	4.3	3.5	16.5	0.62	0.33	37.9	20.4	13.5

9.3.2 五指石系（Wuzhishi Series）

土 族：粗骨壤质硅质混合型酸性温性-普通湿润正常新成土

拟定者：周 清，盛 浩，张鹏博，张 义，欧阳宁相

分布与环境条件 该土系分布于湘东大围山花岗岩中山中坡地带，海拔 1500～1600m；成土母质为花岗岩风化物；土地利用状况为林地；中亚热带湿润季风气候，年均气温 12～13℃，年均降水量 1300～1600mm。

五指石系典型景观

土系特征与变幅 诊断层包括暗瘠表层，诊断特性及诊断现象包括准石质接触面、常湿润土壤水分状况、温性土壤温度状况、腐殖质特性和铝质现象。土层浅薄，表层厚度为 10～20cm，土体构型为 Ah-AC-C，表层腐殖质深厚，有机质和养分含量较高，土壤表层质地为壤土，土壤润态色调为 10YR，花岗岩半风化物含量为 20%～50%，pH（H_2O）和 pH（KCl）分别介于 4.6～4.7 和 3.7～4.0，有机碳含量介于 18.1～47.5g/kg，全铁含量为 44.4～48.8g/kg，游离铁含量介于 15.8～17.5g/kg，铁的游离度介于 30.1%～36.2%。

对比土系 安洲系，属于同一亚类，母质相同，成土环境类似，但安洲系土族控制层段内颗粒大小级别为粗骨黏壤质，母质层出现较浅，土壤润态色调为 5YR，因此为不同土族。

利用性能综述 该土系土壤浅薄，表层有机质和养分含量高，砂粒含量高，土壤呈酸性，坡度大，砾石含量高，应加强封山育林，防止水土流失。

参比土种 中腐花岗岩暗黄棕壤性土。

代表性单个土体 位于湖南省长沙市浏阳市大围山镇五指石旁，28°24′53″N，114°6′00″E，海拔 1560.4m，中山中坡地带，成土母质为花岗岩风化物，土地利用状况为林地。50cm 深处土温为 13.1℃。野外调查时间为 2014 年 5 月 15 日，野外编号 43-LY23。

五指石系代表性单个土体剖面

Ah：0～17cm，浊黄棕色（10YR 5/4，干），暗棕色（10YR 3/3，润），大量中根，壤土，发育程度中等的小团粒状结构，中量中等根孔、粒间孔隙、动物穴，中量小石英颗粒，土体极疏松，向下层波状模糊过渡。

AC：17～50cm，亮黄棕色（10YR 7/6，干），棕色（10YR 4/4，润），中量小根，壤土，无结构，大量小石英颗粒，土体疏松，向下层波状模糊过渡。

C：　50～85cm，花岗岩风化物。

五指石系代表性单个土体物理性质

土层	深度 /cm	石砾 (>2mm，体积分数)/%	细土颗粒组成(粒径：mm)/(g/kg)			质地	容重 /(g/cm^3)
			砂粒 2～0.05	粉粒 0.05～0.002	黏粒 <0.002		
Ah	0～17	20	403	412	185	壤土	0.79
AC	17～50	50	446	359	195	壤土	0.96

五指石系代表性单个土体化学性质

深度 /cm	pH (H_2O)	pH (KCl)	有机碳 /(g/kg)	全氮(N) /(g/kg)	全磷(P) /(g/kg)	全钾(K) /(g/kg)	游离铁 /(g/kg)	CEC /(cmol/kg)
0～17	4.6	3.7	47.5	2.83	1.20	32.9	15.8	24.2
17～50	4.7	4.0	18.1	1.60	0.89	34.3	17.5	18.3

参考文献

曹俏, 余展, 周清, 等. 2019. 湘北地区典型水稻土的发生特性及其在中国土壤系统分类中的归属. 土壤, 51(1): 168-177.

冯旖, 周清, 张伟畅, 等. 2016. 长沙市不同类型水耕人为土的理化性质研究. 湖南农业科学, (5): 41-44.

冯跃华, 张杨珠, 邹应斌, 等. 2005. 井冈山土壤发生特性与系统分类研究. 土壤学报, 42(5): 720-729.

高冠民, 窦秀英. 1965. 衡山之土壤. 土壤通报, (1): 35-38.

龚子同. 1999. 中国土壤系统分类——理论、方法、实践. 北京: 科学出版社.

龚子同, 黄荣金, 张甘霖. 2014. 中国土壤地理. 北京: 科学出版社.

龚子同, 王振权, 韦启璠, 等. 1992. 湘西山地的黄壤. 土壤, 21(2): 98-100.

龚子同, 张甘霖, 陈志诚, 等. 2007. 土壤发生与系统分类. 北京: 科学出版社.

郭彦彪, 戴军, 冯宏, 等. 2013. 土壤质地三角图的规范制作及自动查询. 土壤学报, 50(6): 1221-1225.

湖南省农业厅. 1987. 湖南土种志[内部资料].

湖南省农业厅. 1989. 湖南土壤. 北京: 农业出版社: 3-36.

湖南省统计局. 2017. 湖南统计年鉴 2016. 北京: 中国统计出版社.

湖南省土壤肥料工作站. 1981. 湖南省第二次土壤普查技术规程(修正草案)[内部资料].

黄昌勇, 徐建明. 2010. 土壤学. 北京: 中国农业出版社: 88-90.

黄承武, 罗尊长. 1994. 湖南省第四纪红土发育的自型土土种土属的划分//《中国土壤系统分类研究丛书》编委会. 中国土壤系统分类新论. 北京: 科学出版社: 450-453.

刘博学. 1983. 湘西八大公山自然保护区的土壤. 中南林学院学报, 3(2): 141-159.

刘博学. 1986. 湖南土壤的地理分布规律. 湖南师范大学自然科学学报, 9(3): 101-109.

刘博学. 1987. 湖南的红壤及其利用. 湖南师范大学自然科学学报, 10(2): 88-94.

刘杰, 张杨珠, 罗尊长, 等. 2012. 湘中南丘岗地区土壤发生特性及系统分类. 湖南农业大学学报(自然科学版), 38(6): 648-655.

罗卓, 欧阳宁相, 张杨珠, 等. 2018. 大围山花岗岩母质发育土壤在中国土壤系统分类中的归属. 湖南农业大学学报(自然科学版), 44(3): 301-308.

满海燕, 黄运湘, 盛浩, 等. 2018. 湘东两类母质发育水田土壤的发生特性及其系统分类. 浙江农业学报, 30(7) : 1194-1201.

欧阳宁相, 张杨珠, 盛浩, 等. 2017a. 湘东地区板岩红壤在中国土壤系统分类中的归属. 湖南农业科学, (4): 68-74.

欧阳宁相, 张杨珠, 盛浩, 等. 2017b. 湘东地区花岗岩红壤在中国土壤系统分类中的归属. 土壤, 49(4): 828-837.

欧阳宁相, 张杨珠, 盛浩, 等. 2017c. 湘东地区紫色土在中国土壤系统分类中的归属. 土壤通报, 48(6): 1281-1287.

欧阳宁相, 张杨珠, 盛浩, 等. 2018. 湘东第四纪红色黏土发育的典型土壤在中国土壤系统分类中的归属. 土壤, 50(4): 841-852.
彭涛, 欧阳宁相, 张亮, 等. 2017a. 湘东板页岩发育水耕人为土的土系分类初探. 湖南农业科学, (5): 43-47.
彭涛, 欧阳宁相, 张亮, 等. 2017b. 湘东花岗岩发育水稻土在中国土壤系统分类中的归属. 浙江农业学报, 29 (10) : 1726-1732.
彭涛, 张亮, 盛浩, 等. 2018. 湘东第四纪红土发育水稻土在中国土壤系统分类中的归属. 江苏农业科学, 46(20): 316-320.
祁承经. 1990. 湖南植被. 长沙: 湖南科学技术出版社.
韦启璠. 1993. 湘西石灰土特点及其系统分类//《中国土壤系统分类研究丛书》编委会. 中国土壤系统分类进展. 北京: 科学出版社: 105-119.
韦启璠, 龚子同. 1995. 湘西雪峰山土壤形成特点及其分类. 土壤学报, 32(增 1): 134-142.
吴甫成, 方小敏. 2001. 衡山土壤之研究. 土壤学报, 38(3): 256-265.
席承潘. 1994. 土壤分类学. 北京: 中国农业出版社.
于康, 欧阳宁相, 张杨珠, 等. 2019a. 郴州市典型土壤的发生特性及其在中国土壤系统分类的归属. 农业现代化研究, 40(1): 169-178.
于康, 欧阳宁相, 张杨珠, 等. 2019b. 湖南省土壤系统分类中年均土壤温度的估算法研究. 湖南农业科学, (12): 30-37.
余展, 张杨珠, 张亮, 等. 2018. 水耕人为土的发生学特性与系统分类研究进展. 土壤通报, 49(6): 1487-1496.
翟橙, 周清, 张伟畅, 等. 2018. 湖南长沙地区第四纪红土发育的水稻土在中国土壤系统分类中的归属. 江苏农业科学, 46(3): 224-230.
张甘霖, 龚子同. 2012. 土壤调查实验室分析方法. 北京: 科学出版社.
张甘霖, 李德成. 2016. 野外土壤描述与采样手册. 北京: 科学出版社.
张甘霖, 王秋兵, 张凤荣, 等. 2013. 中国土壤系统分类土族和土系划分标准. 土壤学报, 50(4): 826-834.
张杨珠, 周清, 黄运湘, 等. 2014. 湖南土壤分类的研究概况与展望. 湖南农业科学, (9): 31-38.
张杨珠, 周清, 黄运湘, 等. 2015a. 基于中国土壤系统分类体系的湖南省土壤系统分类研究 I. 湖南土壤系统分类的原则和指标及高级单元初拟. 湖南农业科学, (3): 43-48.
张杨珠, 周清, 黄运湘, 等. 2015b. 基于中国土壤系统分类体系的湖南省土壤系统分类研究 II. 湖南省土壤系统分类的高级单元检索. 湖南农业科学, (4): 48-56.
张杨珠, 周清, 盛浩, 等. 2014. 湖南省现行土壤分类体系中红壤分类的现状、问题与建议. 湖南农业科学, (21): 29-34.
张义, 张杨珠, 盛浩, 等. 2016. 湘东大围山地区板岩风化物发育土壤的发生特性与系统分类. 湖南农业科学, (5): 45-50.
中国科学院南京土壤研究所土壤系统分类课题组, 中国土壤系统分类课题研究协作组. 1993. 中国土壤系统分类(首次方案). 北京: 科学出版社.
中国科学院南京土壤研究所土壤系统分类课题组, 中国土壤系统分类课题组研究协作组. 1995. 中国土壤系统分类(修订方案). 北京: 中国农业科技出版社.
中国科学院南京土壤研究所土壤系统分类课题组, 中国土壤系统分类课题组研究协作组. 2001. 中国土壤系统分类检索. 3 版. 合肥: 中国科学技术大学出版社.
朱翔. 2014. 湖南地理. 北京: 北京师范大学出版社: 3, 22.
Nyle C B, Ray R W. 2019. 土壤学与生活. 14 版. 李保国, 徐建明, 等译. 北京: 科学出版社: 55.
Arduino E, Barberis E, Marsan F A, et al. 1986. Iron oxides and clay minerals within profiles as indicators of soil age in Northern Italy. Geoderma, 37(1): 45-55.
Buol S W, Southard R J, Graham R C, et al. 2011. Soil Genesis and Classification. 6th ed. New Jersey: John Wiley & Sons: 138-139.
Busacca A J. 1987. Pedogenesis of a chronosequence in the Sacramento Valley, California, USA, I. Application of a soil development index. Geoderma, 41(1-2): 123-148.
IUSS Working Group WRB. 2015. World Reference Base for Soil Resources 2014, update 2015 International soil classification system for naming soils and creating legends for soil maps. World Soil Resources Reports No. 106. FAO, Rome.
Soil Survey Staff in USDA. 2014. Keys to Soil Taxonomy. 12th ed. Washington: United States Government Publishing Office.
Yaalon D H. 1970. Paleopedology: Origin, Nature, and Dating of Paleosols. Jerusalem: Israel University Press: 29-39.

索　　引

A

B

C

D

F

G

H

J

L

X

Y

Z

(S-0014.01)
ISBN 978-7-5088-5705-3

定价：**398.00** 元